Les origines de l'astronomie chinoise

LÉOPOLD DE SAUSSURE

CAMBRIDGE
UNIVERSITY PRESS

CAMBRIDGE
UNIVERSITY PRESS

University Printing House, Cambridge, CB2 8BS, United Kingdom

Cambridge University Press is part of the University of Cambridge.
It furthers the University's mission by disseminating knowledge in the pursuit of
education, learning and research at the highest international levels of excellence.

www.cambridge.org
Information on this title: www.cambridge.org/9781108080620

This edition first published 1930
This digitally printed version 2015

ISBN 978-1-108-08062-0 Paperback

CAMBRIDGE LIBRARY COLLECTION

Books of enduring scholarly value

Astronomy

From ancient times, humans have tried to understand the workings of the world around them. The roots of modern physical science go back to the very earliest mechanical devices such as levers and rollers, the mixing of paints and dyes, and the importance of the heavenly bodies in early religious observance and navigation. The physical sciences as we know them today began to emerge as independent academic subjects during the early modern period, in the work of Newton and other 'natural philosophers', and numerous sub-disciplines developed during the centuries that followed. This part of the Cambridge Library Collection is devoted to landmark publications in this area which will be of interest to historians of science concerned with individual scientists, particular discoveries, and advances in scientific method, or with the establishment and development of scientific institutions around the world.

Les origines de l'astronomie chinoise

Descended from French Protestants who had emigrated to Geneva, Léopold de Saussure (1866–1925) began his career in the French navy. Before retiring with the rank of lieutenant in 1899, he had learned Chinese and how to accurately observe the stars. The study of ancient Chinese astronomy then became the focus of his scholarly energies, and he made a number of significant contributions. Posthumously published in 1930, this work gathers together eleven of the twelve articles that originally appeared in the journal *T'oung Pao* between 1907 and 1922. In his preface, the French orientalist Gabriel Ferrand (1864–1935) quotes a letter, written by Saussure a month before his death, noting a shift of opinion: he now believed China had been influenced by the Middle East rather than vice versa. Irrespective of the question of priority, Saussure's work here reveals the depth of his understanding of the Chinese system.

Cambridge University Press has long been a pioneer in the reissuing of out-of-print titles from its own backlist, producing digital reprints of books that are still sought after by scholars and students but could not be reprinted economically using traditional technology. The Cambridge Library Collection extends this activity to a wider range of books which are still of importance to researchers and professionals, either for the source material they contain, or as landmarks in the history of their academic discipline.

Drawing from the world-renowned collections in the Cambridge University Library and other partner libraries, and guided by the advice of experts in each subject area, Cambridge University Press is using state-of-the-art scanning machines in its own Printing House to capture the content of each book selected for inclusion. The files are processed to give a consistently clear, crisp image, and the books finished to the high quality standard for which the Press is recognised around the world. The latest print-on-demand technology ensures that the books will remain available indefinitely, and that orders for single or multiple copies can quickly be supplied.

The Cambridge Library Collection brings back to life books of enduring scholarly value (including out-of-copyright works originally issued by other publishers) across a wide range of disciplines in the humanities and social sciences and in science and technology.

Les Origines

de

L'Astronomie Chinoise

par

Léopold de Saussure

LIBRAIRIE ORIENTALE ET AMÉRICAINE

MAISONNEUVE Frères — ÉDITEURS

3, Rue du Sabot — PARIS-VIᵉ

Reproduction photomécanique posthume d'articles parus
dans le *T'oung Pao*

PRÉFACE

Originaires de la Lorraine, les De Saussure s'étaient ralliés à la Réforme. Comme tant d'autres familles protestantes françaises, ils émigrèrent à Genève, antérieurement à la révocation de l'Édit de Nantes. Des savants tels que le bisaïeul de Léopold, Horace-Bénédict, et son grand-oncle Théodore, « et d'autres encore qui ont fait tant d'honneur à la Genève des XVIIIᵉ et XIXᵉ siècles (1) », rendirent le nom de Saussure illustre. Le père de Léopold, Henri (1829-1905), « s'il était avant tout un entomologiste de renom universel, avait aussi marqué dans la science genevoise comme géologue, géographe, anthropologiste, agriculteur et publiciste. Il avait beaucoup voyagé, et ses travaux sur les Antilles et le Mexique sont bien connus (*ibid.*, p. 26) ». Son frère Ferdinand (1857-1913), resté citoyen suisse, fut cependant des nôtres, dans une certaine mesure, par ses neuf années de magistral enseignement à l'École des Hautes-Études de la Sorbonne (1881-89, 1890-91). Ce génial linguiste « avait produit le plus beau livre de grammaire comparée qu'on ait écrit, semé des idées et posé de fermes théories, mis sa marque sur de nombreux élèves, et pourtant, il n'avait pas rempli toute sa destinée (2) ». Telle est « cette famille de gentilshommes français réfugiés à Genève où la plus haute culture intellectuelle est depuis longtemps une tradition (*ibid.*, p. CLXV) ».

Léopold de Saussure naquit à Genève le 30 mai 1866. Il eut de bonne heure un goût passionné pour la mer. Ayant demandé et obtenu sa réintégration dans la qualité de Français, il entra à l'École Navale et fit carrière dans la Marine de Guerre. Des circonstances de famille lui firent prendre sa retraite de très bonne heure, en 1899, comme lieutenant de vaisseau, alors qu'il aurait pu prétendre aux plus hauts grades de la hiérarchie.

---

(1) J'emprunte la plupart de ces renseignements biographiques à l'excellente nécrologie de M. Raoul Gautier, directeur de l'Observatoire de Genève, parue dans *Le Globe*, organe de la Soc. de Géog. de Genève, t. 65, 1926, bulletin de novembre 1925-mai 1926, p. 25 et suiv. D'autres renseignements m'ont été obligeamment fournis par Mᶫᶫᵉ Hermine de Saussure.

(2) A. Meillet, notice nécrologique dans *Bull. de la Soc. de linguistique de Paris*, t. XVIII, p. CLXV-CLXXV; la citation ci-dessus à la fin.

Les hasards de la navigation l'avaient conduit en Extrême-Orient où il se mit à l'étude des langues, mœurs et coutumes des pays qu'il visita. Dès 1892, *Le Globe* publie des *Notes sur la Corée* (t. XXXI, p. 45 et suiv.): en 1895 (t. XXXIV, p. 23 et suiv.), une seconde note sur *La Chine et les Puissances occidentales*. En 1899, après sa mise à la retraite, Léopold de Saussure fait paraître un livre, trop peu connu, intitulé : *Psychologie de la colonisation française,* dont l'extrait suivant vaut d'être reproduit :

« [Notre] système funeste [de colonisation], qui paralysera nos efforts dans l'avenir comme dans le passé, ne résulte pas de la volonté ou de l'initiative de nos dirigeants. Il nous est imposé fatalement par des sentiments, par des croyances, par des concepts héréditaires qui font partie de notre caractère national. La foi ancienne dans l'unité originelle du genre humain et dans la vertu immanente d'une formule universelle s'est incarnée en France sous une forme nouvelle dans la philosophie du xviiie siècle; elle a acquis, en se rajeunissant ainsi, une force d'expansion dont le déclin n'a pas encore sonné. Louis IX, voulant s'attirer l'appui du grand Khan pour conquérir la Syrie, pensa que le meilleur moyen était de « l'atraire en notre croyance »; il lui envoya des moines pour lui montrer « comment il devait croire ». Il s'attira ainsi une réponse dédaigneuse et son projet échoua. Paul Bert, arrivant au Tonkin, afin d'« atraire », lui aussi, les Annamites à nos croyances politiques, eut pour premier soin de faire afficher [la déclaration] des Droits de l'Homme à Hanoï. Le proconsul anticlérical n'obtint pas plus de succès que le saint roi. Ces deux actes, si éloignés l'un de l'autre, sont caractéristiques par leur identité: ils proviennent, au fond, des mêmes dogmes, de la même conception de l'humanité, de la même foi naïve dans la vertu d'une formule pour « atraire » à nous les races les plus irréductibles. Les erreurs de notre croisade coloniale ne diffèrent pas essentiellement de celles des croisades médiévales.

« De même que les anciens conquérants espagnols voyaient dans les curieuses civilisations de l'Amérique centrale des pratiques diaboliques indignes d'être respectées et qu'il importait de vouer à une destruction immédiate, de même, dans les civilisations de l'Indochine, dans ces monuments de la tradition et de la sagesse de peuples affinés, nous ne voyons que des institutions hostiles à notre domination et que nous nous efforçons de saper pour transformer ces races à l'image de la nôtre· La colonisation espagnole était basée sur l'assimilation par les croyances religieuses au nom d'un idéal dogmatique et absolu. La colonisation française est basée sur l'assimilation politique et sociale au nom d'un idéal non moins dogmatique et non moins absolu (1). »

Léopold de Saussure avait au plus haut degré de la curiosité dans l'esprit et il était, comme dit Saint-Simon dans ses portraits d'hommes d'action, « plein de vues », vues nouvelles et profondes comme le

(1) *Le Globe. loc. cit.,* article nécrologique, p. 28-29.

montrent ses belles études sur l'astronomie chinoise. Annamitisant,
puis sinologue, il est, en outre, « familiarisé comme marin avec la théorie
et la pratique des mouvements célestes (*T'oung pao*, 1907, p. 304) ».
En cette double qualité d'orientaliste et d'astronome, il va, pendant
vingt ans, montrer l'inexactitude des opinions courantes, les rectifier
et enseigner la véritable doctrine scientifique.

Ses premiers articles sur ce sujet paraissent en 1907 dans la *Revue
générale des Sciences* sous le titre de *L'astronomie chinoise dans l'antiquité* (numéro du 28 février) et dans les *Archives des Sciences physiques
et naturelles* de Genève (15 juin et 15 juillet de la même année) : *Prolégomènes d'astronomie primitive comparée* et *Note sur les étoiles fondamentales des Chinois*. En même temps, pour justifier ses corrections et
ses théories nouvelles par des documents, de Saussure publiera dans le
T'oung pao et le *Journal asiatique* tous les textes nécessaires. Le premier
en date est *Le texte astronomique du Yao-tien* (*T'oung pao*, 1907, pp.
301-390). En voici le début : « Un vent de folie semble avoir soufflé sur
la discussion des fameuses « Instructions de Yao ». Les Français seuls
(Gaubil et Biot) sortent indemnes, étant morts avant le début de l'épidémie.

Dans cette note sont étudiés les travaux antérieurs sur l'astronomie
chinoise. De Saussure rappelle d'abord l'œuvre du Père Gaubil et de
J.-B. Biot. « Lorsque j'exposerai, dans un volume (1), dit-il (*ibid.*, p. 305),
tout l'ensemble de la question, je pourrai, à loisir, exprimer et justifier
mon admiration pour ces deux hommes, dont l'un a donné l'*analyse* et
l'autre la *synthèse* des notions chinoises. Mais je dois me borner ici à
rechercher comment il se fait que, en dépit de leurs travaux, la critique
ait pu si complètement dérailler. C'est donc leurs insuffisances et leurs
lacunes que nous avons à mettre en évidence ; et cette enquête, loin de
rabaisser leur œuvre, en rehaussera plutôt la valeur en expliquant comment ses mérites ont pu rester inefficaces. »

Suivent, sous la rubrique : *Inconséquences et contradictions des interprétations admises*, une critique pénétrante et décisive des études du
Révérend John Chalmers, de J. Legge, de G. Schlegel de Leyde et de
S. M. Russel, professeur d'astronomie au *T'ong wen koüan*, de Pékin ;
puis, du *Zodique lunaire* d'Ideler ; de *La Théorie* de Biot ; de *The lunar
zodiac* de W.-D. Whitney. A propos de l'auteur des *Matériaux pour
servir à l'histoire comparée des sciences mathématiques chez les Grecs et les
Orientaux* (2 vol., Paris, in-8°, 1845-1849), L. P. E. A. Sédillot, de
Saussure écrit : « Tandis que la prétendue « réfutation » de Whitney est
postérieure à la mort de Biot, celle de Sédillot fut publiée du vivant de
celui-là peu après la publication des articles de Biot dans le *Journal des
Savants*. Biot, cependant, n'y fait aucune allusion dans ses *Études sur*

(1) La maladie de de Saussure et sa mort prématurée ne lui ont pas permis
d'écrire ce livre. Les nombreux articles et mémoires qu'il a publiées à ce sujet —
ceux qui ont paru dans le *T'oung pao* sont reproduits dans le présent volume —
en tiennent lieu dans une certaine mesure.

l'astronomie chinoise (Paris, 1862). On comprend-assez bien son dédain pour des attaques qui dénaturaient ses arguments, plus encore que celles de Whitney, et passaient ses découvertes sous silence. Biot a eu tort cependant de mépriser cette pauvre dialectique, car elle a été le point de départ de la déviation de la critique; elle a inspiré la « réfutation » de Whitney et déterminé ainsi l'éclipse d'un demi-siècle qu'ont subie ses idées et celles de Gaubil (*ibid.*, pp. 375-376) ». Après avoir rappelé les procédés de discussion de Sédillot, de Saussure ajoute: « De pareils procédés de polémique (renouvelés trente ans plus tard par Whitney) ne sauraient être qualifiés trop sévèrement. L'intelligence de Sédillot ne pouvant être suspectée, c'est au parti pris le plus tendancieux qu'il convient d'attribuer la fausseté de cette singulière critique qui, avec celle de son émule américain, a pesé pendant si longtemps sur l'histoire des orgines chinoises (*ibid.*, pp. 379-380). » Et enfin (p. 381): « Ayant ainsi triomphé à bon marché de sa « bête noire », Sédillot a proclamé sa victoire dans son *Hisoire des Arabes* (notamment p. 358), ce qui n'a pas peu contribué à répandre les erreurs dont nous verrons le point d'aboutissement dans l'ouvrage de Ginzel. (1) » Et de Saussure conclut ainsi son mémoire sur le *Texte astronomique du Yao-tien* : « Les ouvrages de Chalmers, Legge, Schlegel, Russel, Whitney, Sédillot, Kühnert et Ginzel, pour autant qu'ils concernent le texte du Yao-tien et l'origine des *sieou* (mansions lunaires], doivent être considérés comme nuls et non avenus. Il n'en reste pas, je pense, pierre sur pierre. Si ces auteurs avaient simplement fait fausse route, cela n'aurait eu rien d'étonnant ni de blâmable; mais ils ont écarté, avec obstination, les judicieux avis de Gaubil et de Biot : *Errare humanum est, diabolicum perseverare* (*ibid.*, p. 338 (2). »

Pendant vingt ans, sans répit ni relâche, de Saussure poursuit ses publications sur les origines de l'astronomie chinoise, tant dans le *Journal asiatique*, le *T'oung pao* et des revues anglaises d'Extrême-Orient, que dans les *Archives des Sciences physiques et naturelles* de Genève. Cet ancien marin a un goût atavique de l'enseignement et j'en ai eu

---

(1) Sur Sédillot cf. également cette appréciation de l'abbé Nau : «...Aussi (*l'Almageste*) a-t-il toujours été fort peu lu et M. Sédillot a-t-il pu, durant de longues années, donner comme nouvelle une inégalité qui figurait dans Ptolémée. L'Académie et l'opinion se passionnèrent pour la « troisième inégalité lunaire » quand M Munk, hébraïsant, vint montrer, *sept ans plus tard*, qu'elle se trouvait déjà dans Ptolémée, sans avoir toutefois la portée qu'on lui attribuait (*le Livre de l'ascension de l'esprit sous la forme du ciel et de la terre, cours d'astronomie rédigé* en 1279, *par* Grégoire ABOU'LFARAG, dit BAR-HEBRAEUS, trad. F. Nau, Paris, 1900, in-8, p. xiii et p. 29, note 3). » De sa fausse découverte, Sédillot conclut dans ses *Matériaux* (t. I, 1845, p. 50) que « sous ce rapport, les écrits des Delambre et des Laplace doivent être rectifiés, et désormais il ne sera plus permis de parler des travaux de Tycho-Brahé, sans citer Aboul-Wéfa qui l'a précédé, sans mentionner sa belle découverte, *due*, comme il nous l'apprend lui-même, *à ses propres observations*... »! Les mots en italiques ont été soulignés par Sédillot lui-même.

(2) Cf. *T'oung-pao*, 1907, la note rectificative et complémentaire à l'article sur le *Texte astronomique du Yao-tien*.

témoignage par ses enfants. Dans les revues d'orientalisme, il s'attache
à apprendre l'astronomie aux sinologues et aux arabisants; dans les
Archives, il montre aux astronomes et aux physiciens ce que nous
révèlent les textes orientaux correctement interprétés par un astronome
orientaliste. Cette lutte ininterrompue de près d'un quart de siècle contre
des idées courantes erronées se poursuit dans des circonstances tragiques.
Le mal mystérieux — c'est ainsi qu'il le qualifie dans une lettre privée
à mon adresse — dont souffre de Saussure restreint son activité et lui
impose des périodes de repos; pendant des semaines, il doit garder le
lit. Ces arrêts sont relativement fréquents pendant son dernier séjour
en montagne, à Rossinière, où il avait fini par se fixer complètement.
D'autre part, il n'a à sa disposition que sa bibliothèque personnelle,
naturellement limitée. Malgré ces conditions défavorables de santé et
de documentation scientifique qui excusent les lacunes de son travail,
l'œuvre accompli est de premier ordre. Il est vivement à souhaiter qu'un
sinologue se rencontre quelque jour pour la continuer.

A ma connaissance, les publications de L. de Saussure n'ont été
étudiées que par P. Puiseux. Dans le *Journal des Savants* d'octobre 1908,
l'illustre astronome récemment décédé, ayant eu connaissance de quatre
articles parus en 1907 (*L'Astronomie chinoise dans l'antiquité*, dans *Revue
générale des Sciences*, Paris, 28 février 1907; *Prolégomènes d'astronomie
primitive comparée*, dans *Archives des Sciences physiques et naturelles*,
Genève, 15 juin 1907; *Note sur les étoiles fondamentales des Chinois*,
ibid., 15 juillet 1907; *Le texte astronomique du Yao-tien*, dans *T'oung-
pao*, 1907), s'est exprimé ainsi :

« Il est généralement connu que les Chinois ont attaché de longue
date une grande importance à l'astronomie; que leurs empereurs tenaient
à s'entourer d'observateurs officiels; que les missionnaires européens, au
xviie et au xviiie siècles, ont dû le grand crédit dont ils ont joui à la
cour de Chine à ce qu'ils possédaient, pour prédire les mouvements
célestes, des méthodes supérieures à celles de leurs rivaux indigènes.

« Quelques siècles plus tôt, il est probable que les rôles eussent été
renversés et que les astronomes de l'Occident auraient pu venir demander à la Chine des leçons utiles. Il résulte en effet d'un document mis en
lumière par le P. Gaubil, mais récemment encore mal interprété, que,
deux mille ans avant notre ère, les Chinois avaient déjà fondé la description du ciel sur des bases rationnelles et précises. Ils savaient déterminer
la durée de l'année, les dates des saisons. Ils rattachaient ces dates à
l'observation de certaines étoiles, aussi judicieusement choisies que
nous pourrions le faire aujourd'hui. Et, pour arriver à ce résultat, ils
devaient noter les heures de passages d'étoiles par le méridien, posséder
des garde-temps (horloges ou clepsydres), en un mot posséder les méthode
devenues chez nous, depuis deux siècles, la base de l'astronomie de précision, mais dont les Egyptiens, les Chaldéens, les Grecs et les Arabes ne
semblent avoir tiré aucun parti.

« Telle est la thèse hardie que L. de Saussure développe dans les quatre études récentes dont nous avons donné les titres et dont la dernière résume et complète les autres.

« Cette entreprise, si le succès la couronne, intéressera vivement les astronomes, en leur montrant qu'ils ont eu, dans l'application de leurs méthodes actuelles, des devanciers longtemps insoupçonnés. Elle constituerait aussi pour l'érudition française une véritable victoire. En effet, si la théorie de L. de Saussure est, par certains côtés, nouvelle, elle emprunte ses arguments essentiels aux écrits déjà anciens de deux de nos compatriotes, le P. Gaubil et Jean-Baptiste Biot. Le caractère spécial de l'astronomie chinoise est peut-être noyé chez le P. Gaubil dans des développements un peu confus, mais il est affirmé avec force par Biot dans de lumineux articles insérés au *Journal des Savants* en 1839 et 1840.

« Bientôt après, un phénomène étrange s'est produit. D'assez nombreux érudits, à la suite de Biot, ont traité de l'astronomie chez les anciens peuples de l'Orient. Ce sont, pour les nommer à peu près dans l'ordre d'apparition de leurs travaux, Sédillot, Chalmers, Whitney, Schlegel, Legge, Russel, Ginzel. Tous ont pris, dans le problème, une position nettement contraire à celle de Biot. Pour eux, le document fondamental du *Yao-tien* est controuvé. Il ne peut remonter à la date vénérable qu'on lui assigne, car tous les recueils scientifiques chinois ont été englobés au IIIᵉ siècle avant notre ère dans une destruction générale. Les étoiles équatoriales que le vieux texte mentionne, que la tradition subsistante permet d'identifier, et dont Biot a signalé le choix intentionnel et précis, ne sont qu'un plagiat, une adaptation malhabile du zodiaque lunaire des Indiens. Devant cette quasi unanimité de la critique, l'opinion de Biot a été comme submergée ; depuis de longues années elle n'avait pas trouvé de défenseurs.

« L. de Saussure n'a pas craint de se placer en travers de ce courant d'apparence irrésistible. Pour lui, l'explication de Biot n'est pas renversée ni même ébranlée. Il suffit de la compléter quelque peu pour qu'elle s'impose avec une force invincible. Si l'on peut, nous dit-il, reprocher quelque chose à l'illustre auteur, ce n'est pas d'avoir méconnu ou forcé le sens du texte chinois ; c'est de s'être contenté d'une démonstration, trop sommaire et de n'avoir pas barré la route par avance aux objections qui devaient surgir.

« Mais si la version du P. Gaubil et de Biot, la première en date, a la vérité pour elle, d'où vient que des hommes éminents, à des titres divers, dans la science et la critique, se sont trouvés d'accord pour la rejeter ?

« Dès que l'on y regarde d'un peu près, cet accord cesse d'être imposant. Les historiens modernes de l'astronomie chinoise ont trop souvent suivi leurs prédécesseurs sans les contrôler. Tous ont écrit sous l'empire de cette idée, que l'étude du ciel, chez les anciens, est essentiellement zodiacale et écliptique, qu'elle est née du désir d'assigner la route des astres mobiles parmi les étoiles. Et cela, en effet, peut se soutenir si l'on ne parle que des races indo-germaniques.

« Partant de cette notion, on ne peut guère manquor de trouvor le
texte du *Yao-tien* obscur ou suspect. On sera tenté de diminuor son autorité, de lui contester sa date, par exemple d'admettre, avec le professeur
Weber, de Berlin, que la destruction des livres ordonnée par/l'emperour
Ts'in-che-houang-ti a eu un effet radical, de sorte que nous ne savons
rien de ce que les Chinois ont pu noter dans le ciel antérieurement au
IIIᵉ siècle avant notre ère.

« Mais l'interprétation de Biot fait intervenir comme élément essentiel
la haute antiquité du *Yao-tien*. Quatre étoiles y sont désignées comme
marquant les milieux des saisons. Ces quatre étoiles divisaient l'équateur
en quadrants égaux 2.200 ans avant notre ère. Elles ne remplissaient
pas cette condition mille ans avant, ni mille ans après, moins encore
aux dates plus récentes. On rejettera donc, comme fondée sur une erreur
historique, la version de Biot, et l'on se croira dispensé d'examiner des
concordances qu'il emprunte à l'astronomie. De fait les commentateurs
modernes passent à côté de ces preuves sans leur faire l'honneur de les
discuter.

« Or, ces preuves, mises sous formes graphiques par L. de Saussure,
sont au contraire tellement précises et claires qu'elles nous obligent à
rapporter à la date traditionnelle au moins une partie du *Yao-tien*. Ce
document n'aurait pu être forgé à une date ultérieure que par un faussaire
sachant appliquer correctement la précession des équinoxes. C'est une
hypothèse qu'il n'y a pas même lieu d'envisager.

« Cela ne veut pas dire que le texte nous soit parvenu inaltéré. Édouard
Chavannes, dont l'autorité est grande en ces matières, y voit des fragments
d'un ancien almanach, enchâssés dans un traité plus récent. Gaubil et
Biot, conduits par un heureux instinct, sont allés droit au plus important.
Leurs successeurs se sont laissé égarer par un contexte de valeur moindre,
plutôt fait pour obscurcir la pensée primitive. Mais un astronome, même
étranger à l'exégèse des textes chinois (tel est notre cas, nous devons
l'avouer), ne manquera pas de retenir comme capitale la mention de
quatre étoiles qui, observées aux méridiens, à la même heure solaire,
au milieu des saisons, conduisent à quatre dates concordantes pour le règne
de Yao. Toutes les tentatives faites pour assigner à l'observation de ces
quatre étoiles une heure solaire variable, comme celle du crépuscule,
aboutissent à un échec manifeste. Le calcul fait correctement donne alors
pour les quatre dates correspondantes du *Yao-tien* des écarts de 20 à
30 siècles.

« En l'absence de tout autre renseignement, on pourrait dire que
l'on est en présence d'une coïncidence heureuse, mais fortuite. A cela
L. de Saussure oppose de nombreux indices qui témoignent dans le même
sens : la tradition, d'abord, qui place précisément à 42 siècles de nous
le règne de Yao; les nombreux textes qui ont amené Gaubil à reconnaître, malgré lui, en quelque sorte, que les anciens Chinois rapportaient
les étoiles à l'équateur, et non à l'écliptique, comme tout l'Occident le
faisait récemment encore; enfin, d'autres livres mis en lumière depuis

Biot et qui montrent la persistance de cette pratique. Ainsi dans les
Mémoires historiques de *Se-ma-T'sien*, publiés par Édouard Chavannes
en 1895, l'étoile polaire est appelée le Faîte du Ciel, la région polaire
le Palais Central. Ils attribuent aux étoiles circompolaires des influences
occultes, une prédestination religieuse. Ils ne font intervenir aucun
mythe solaire, aucune considération écliptique et zodiacale.

« Mais tous ces arguments empruntés à l'érudition, et que nous n'avons
point qualité pour apprécier, pouvaient être laissés de côté, tant est
précise la preuve astronomique, tirée de la situation des étoiles fondamentales usitées à toutes les époques et auxquelles une tradition constante a gardé les mêmes noms.

« En effet, ainsi que Biot l'a reconnu et que L. de Saussure le montre
avec encore plus d'évidence, ces étoiles fondamentales, toutes à proximité de l'équateur, se partagent en trois groupes : quatre étoiles qui
passaient au méridien, au milieu des saisons, en même temps que le Soleil
moyen; quatre autres introduites longtemps après pour remplacer les
premières, quand l'arrangement primitif eut été troublé par la précession des équinoxes; vingt étoiles enfin qui correspondent en angle
horaire aux circompolaires principales, soit à leur passage supérieur,
soit à leur passage inférieur. Les cercles horaires ainsi matérialisés se
succèdent à des intervalles très inégaux. Mais c est la disposition même
des circompolaires existantes qui impose cette irrégularité.

« Telle est la rigueur de ces coïncidences que toute théorie qui veut.
sans en tenir compte, motiver autrement le choix des étoiles fondamentales, doit être considérée comme faisant fausse route. L'astronomie
chinoise, loin d'être une importation indienne, est profondément originale.
Elle a devancé de loin tout l'Occident dans la voie ouverte pour nous
par Römer et qui a donné bientôt après de si éclatants résultats entre
les mains de Bradley.

« Ainsi à une époque où l'Europe ne possédait ni science, ni histoire,
l'étude du ciel avait déjà provoqué en Asie des effets considérables dans
deux directions bien diverses. L'observateur primitif, s'il a l'imagination vive et le goût poétique, sera surtout frappé du spectacle changeant des grands luminaires : soleil, planètes et comètes. Il voudra en
prédire la marche et les conjonctions. Ainsi naîtra l'astronomie zodiacale et écliptique. L'homme chez qui dominent l'humeur paisible et le
sens pratique verra dans la révolution diurne des étoiles une horloge
naturelle destinée à régler ses actes. Il s'efforcera de construire des
machines qui se conforment à ce mouvement régulier. Il trouvera ensuite
dans ces machines elles-mêmes un moyen de suppléer les astres devenus
invisibles et finalement de décrire le ciel. Les deux tendances sont, au
même degré, naturelles et légitimes. Et si quelque chose, en cette matière.
doit être un sujet d'étonnement, ce n'est pas que la Chine ait si vite
acquis les notions de l'équateur et du méridien : c'est plutôt que l'Occident ait mis si longtemps à en reconnaître la puissance. »

Cet important compte-rendu fut publié également dans le *T'oung pao* (1908, p. 708-713) dont Édouard Chavannes était alors l'un des directeurs.

De Saussure a varié d'opinion dans ses recherches sur l'astronomie chinoise. Il était tout d'abord incliné à croire que le système astronomique iranien avait été emprunté à la Chine, mais de nouvelles études l'ont amené à adopter l'opinion inverse, ainsi qu'il l'indique lui-même dans une lettre adressée au docteur Legendre, publiée par celui-ci dans *La Nature* (15 mai 1926, supplément, p. 157).

« Dans le domaine de l'étude de l'astronomie et de la cosmogonie chinoises antiques, écrit de Saussure à la date du 2 juillet 1925, je reste un isolé. Sous ce rapport l'article que vous avez publié dans *l'Illustration* du 27 juin 1925 [*Race blanche et race jaune*] m'intéresse au plus haut point, car il est en connexion intime avec les conclusions auxquelles· j'ai été conduit par ma découverte de *l'identité complète* (dans les détails comme dans les traits généraux) de la cosmologie iranienne avec celle de la Chine. Vous pouvez voir ce que j'ai publié dans le *Journal asiatique* : *Le système cosmologique sino-iranien* (t. CCII, avril-juin 1923, pp. 235-297) et *La série septénaire cosmologique et planétaire* (t. CCIV, avril-juin 1924, pp. 333-370). Tout d'abord, j'ai incliné à croire le système *importé* de Chine en Iran, mais j'ai bientôt reconnu le *contraire*. Les iranistes allemands ont reconnu l'exactitude de mes constatations (voir les annotations de H. Junker et de H. Lommel dans l'article précité de 1923, p. 237, note; p. 295, note). Dans le *Journal asiatique* de janvier-mars 1924 (t. CCIV, pp. 1-100), M. Henri Maspero a publié un article intitulé : *Légendes mythologiques dans le Chou-king*, dans lequel, tout en déclinant la discussion d'ordre technique, il affirme que l'astronomie et le système cosmogonique classiques ont été importés postérieurement à Confucius. Il ne me sera pas difficile de réfuter cette assertion et de montrer que, indépendamment des mythes grossiers encore en cours au 5e siècle avant notre ère (probablement autochtones, antéhistoriques, communs aux peuplades sauvages indochinoises), le *remarquable système indo-iranien* avait été implanté en Chine et considéré comme antique, *avant* l'élaboration préconfucéenne du *Chou-king*. Cette première étape de la démonstration constituera déjà un terrain d'entente, mais je ne puis l'admettre que comme une concession provisoire utile à la dialectique. Car l'importation du système aryen remonte *plus haut* : à la dynastie des « Hsia » [ou « Hia » qui régna de 2205 à 1766 avant notre ère], dont le calendrier incontesté est une *évidente application* du système indo-iranien. Autant que j'en puis juger actuellement, il y aurait eu une pénétration *continue* des concepts *aryens* depuis l'antiquité légendaire chinoise.

« Je résume ainsi les conclusions de l'analyse astronomique comparée : dans la haute antiquité (25e siècle environ [avant notre ère]) s'est constitué un système, foncièrement différent du système babylonien, basé sur la division homologue du ciel et de la terre en cinq régions, dont une centrale, siège du souverain, et quatre périphériques, système essentiellement *polaire et équatorial*, fondé sur le zodiaque dit *lunaire*, dont le principe établi sur l'observation de la pleine lune au méridien est *incompatible* avec le principe *chaldéo-grec* établi sur l'observation sidéro-solaire à l'horizon. Ce système, tant dans l'Inde, dans l'Iran qu'en Chine, a conservé les quatre points cardinaux du ciel identiques, correspondant aux équinoxes et solstices du 25ᵉ siècle. Ces quatre astérismes cardinaux sont indiqués dans le *Chou-king* et si M. H. Maspero peut écarter l'évidence qui en résulte, c'est qu'il s'interdit « de faire l'histoire de l'astronomie ». Sur le lien de ce texte du *Yao-tien* avec le calendrier chinois, voir *Une interpolation du Che-ki* dans le prochain numéro du *Journal asiatique* (1). Le calendrier des « Hsia » et le texte du *Yao-tien* témoignent d'une science plus avancée que celle de Hammourabi. On est ainsi amené à admettre que l'Inde a précédé Babylone. D'autre part, le symbolisme *zoaire*, comme vous le signalez, confirme une origine *occidentale* des symboles chinois. Vous connaissez sans doute les vues de M. d'Ardenne de Tizac et de M. Gieseler. Mais ces auteurs ne remontent pas, je crois, aux temps antiques.

« Cet exposé se résume dans la connexion entre nos recherches, lesquelles aboutissent à la constatation d'une *importation en Chine* des éléments de supériorité de la race blanche. Mais cette importation, d'après les données du système astronomico-cosmologique, est beaucoup plus ancienne que l'on ne le croit généralement. »

De Saussure mourait un mois après avoir écrit cette lettre. Elle contient donc les idées dernières auxquelles l'avaient conduit ses longues et patientes recherches.

Le présent volume reproduit les articles publiés dans le *T'oung-pao* sur les origines de l'astronomie chinoise. On ne peut qu'être reconnaissant à sa famille d'avoir assumé ce pieux devoir.

Gabriel FERRAND
Ministre Plénipotentiaire.

———————

(1) T. CCVI, avril-juin 1925, p. 265-302. Ce fascicule a paru plusieurs mois après la date indiquée sur la couverture par suite de retards apportés à son impression, et de Saussure n'a pas pu corriger les épreuves de son article (cf. p. 302, note).

LE TEXTE ASTRONOMIQUE DU YAO-TIEN

AVANT-PROPOS.

Un vent de folie semble avoir soufflé sur la discussion des fameuses «Instructions de *Yao*». Les Français seuls (Gaubil et Biot) sortent indemnes, étant morts avant le début de l'épidémie [1]).

Je dis: «*semble* avoir soufflé» car il n'y a là, naturellement, qu'une apparence; et mon intention n'est certes pas de porter atteinte à la réputation universelle et justement méritée d'un Legge ou d'un Whitney [2]). Les lois de la logique ne gouvernent pas le monde, pas même le monde scientifique. Nombreux sont les facteurs qui limitent l'indépendance de la pensée; aussi le plus grand savant peut-il perdre pied lorsqu'il s'aventure au dehors du cadre habituel de sa maîtrise.

Les coq-à-l'âne que nous allons relever ne peuvent cependant s'expliquer par un défaut de compétence astronomique. Le sujet ne

---

1) On en trouve cependant le germe chez eux, car ils admettent, sans y insister, l'interprétation qui jettera leurs successeurs en pleine incohérence. J'ai constaté en outre, après la rédaction de cet article, qu'une bonne part des erreurs revient à l'orientaliste Sédillot.

2) Le cas de Whitney est, on le verra, bien distinct. Il n'a pris qu'une part indirecte à la discussion, mais a exercé néanmoins sur elle une grande influence par la confusion qu'il y a portée.

comporte que des notions fort élémentaires. D'ailleurs le professeur
Russell et le Rév. John Chalmers étaient astronomes; le Dr. Legge se
trouvait renseigné par l'astronome Pritchard, son collègue à l'université
d'Oxford; le Dr. Schlegel a écrit un gros livre sur l'uranographie;
et le professeur Whitney avait débuté dans les mathématiques avant
de se vouer à la linguistique [1]).

D'autre part, un astronome professionnel n'est pas nécessairement
qualifié pour traiter de l'astronomie primitive, domaine dont la
méthode et les prolégomènes n'ont pas encore été établis, ce qui
laisse le champ libre aux fantaisies individuelles. Flammarion nous
apprend que Le Verrier était complètement réfractaire aux aperçus
philosophiques suggérés par l'étude des astres; aussi ce calculateur
génial eût-il été probablement un médiocre historien de sa science.
De même, l'ingénieur le mieux renseigné sur l'industrie moderne
pourrait fort bien n'avoir que des vues contestables sur l'évolution
des instruments de silex.

Si, contrairement à mon opinion, le *criterium* de la logique
permettait de pénétrer dans la conscience d'autrui, nous ne pourrions que suspecter gravement la sincérité dialectique de Whitney
et la clairvoyance des autres auteurs. Mais comme de telles déductions
seraient par trop simplistes, le problème subjectif reste entier. Et
si jamais quelque psychologue entreprend d'étudier le mécanisme
des croyances scientifiques, il trouvera matière à réflexion dans l'analyse
de la discussion du *Yao-Tien*.

1) P.S. De même MM. Ginzel, Williams et Kühnert sont astronomes. Et Sédillot a
fait preuve de compétence astronomique dans ses études sur la science arabe.

BIBLIOGRAPHIE ET ABRÉVIATIONS.

L.   *Sacred Books of the East.* Vol. III. Introduction du Dr. J. Legge, pages 24—29, avec un graphique du Rev. C. Pritchard, prof. d'astr. à l'Université d'Oxford. — Oxford 1879.

C.   Dissertation sur l'ancienne astronomie chinoise, par le Rév. John Chalmers, dans les *Prolégomènes* de la première traduction du *Chou-king* par le Dr. Legge. 1869.

S.   *Uranographie chinoise,* par le Dr. G. Schlegel. Leyde. 1875.

R.   Discussion of astronomical records in ancient Chinese books in the *Journal of the Peking Oriental Society.* Vol. II. N° 3, par S. M. Russell, prof. d'astronomie au *T'ong Wen Koan* à Pékin.

W.   *XII. On the Lunar Zodiac of India, Arabia and China,* dans: *Oriental and Linguistic Studies,* second series. Par W. D. Whitney, professor at Yale College. New York. 1874.

M. H.   *Les Mémoires Historiques de Se-Ma Ts'ien* par E. Chavannes. Paris, Leroux. 1895...

R. G. S.   L'astronomie chinoise dans l'antiquité, par L. de S. *Revue Générale des Sciences,* 28 février. Paris 1907.

A. P.   Prolégomènes d'astronomie primitive comparée, par L. de S. *Archives des Sciences Physiques et Naturelles.* Genève, 15 juin 1907. — Note sur les étoiles fondamentales des Chinois. *Ibid,* 15 juillet 1907. (En vente à Paris chez Le Soudier).

J. des S.   Articles de J. B. Biot dans le *Journal des Savants.* 1839—1840.

Etudes.   *Etudes sur l'astronomie indienne et sur l'astronomie chinoise* par J. B. Biot. Paris, 1862.

Obs.   *Observations Mathématiques,* etc. publiées par le P. Souciet, S.J. Paris 1732. Tomes II (Histoire) et III (Traité) de l'*Astronomie chinoise* par le P. Gaubil.

Ginzel.   Handbuch des *Mathematischen und Technischen Chronologie,* par F. K. Ginzel, prof. d'astronomie. 1er vol. Leipzig, 1906.

Ideler.   *Ueber die Zeitrechnung der Chinesen,* par L. Ideler. Berlin 1839.

Epping.   *Astronomisches aus Babylon.* 1889.

Hoefer.   Histoire de l'Astronomie. Paris 1874.

Sédillot.   *Matériaux pour servir à l'histoire des mathématiques.* — Paris, 1845—1849. 2 vol.

Williams.   Memoir on Chinese Comets. (*épuisé*).

F. Kühnert.   *Der chinesische Kalender* nach *Yao's* Grundlagen... (*T'oung Pao.* 1891, n° 1).

I. L'oeuvre du P. Gaubil et de J.-B. Biot.

Les éléments de la question m'étaient inconnus lorsque je fus amené incidemment à m'en occuper. En lisant l'an dernier les M. H., mon attention fut attirée par cette annotation de M. Chavannes: «D'après les commentateurs chinois, les observations étaient faites à 6 heures du soir». Je n'avais jamais eu l'occasion de réfléchir sur les origines de l'astronomie, mais j'étais familiarisé, comme marin, avec la théorie et la pratique des mouvements célestes [1]). Je fus très surpris d'apprendre ainsi que la mesure des intervalles méridiens remontait à une antiquité si reculée; et plus encore de constater que la critique ne paraissait envisager l'intérêt du document qu'au seul point de vue de son utilisation chronologique; il est cependant plus important de connaître un état de civilisation que sa date; or la mesure du temps, appliquée aux phénomènes célestes, dénote un degré de développement très remarquable. Pour tirer l'affaire au clair, je me procurai les deux études les plus récentes indiquées à la même page [2]) par Chavannes: celles MM. Legge et Russell. Quelle ne fut pas ma surprise en constatant qu'elles ne supportent pas un instant la discussion astronomique [3]). Frappé du fait que les méprises de ces deux auteurs avaient pu rester tant d'années sans être relevées, j'ai tenu à publier nes premières rectifications dans une Revue générale, afin d'«aérer la question» en la soumettant à la fois au contrôle des astronomes et des sinologues.

Depuis lors, M. Chavannes a bien voulu me signaler d'autres

---

1) J'ai pu constater, depuis lors, de grandes analogies entre l'astronomie chinoise et la nautique. Toutes deux sont apparentes, équatoriales, horaires et utilitaires. Le *Tcheou li* dit que l'astronome officiel doit emporter avec lui (dans les déplacements de l'empereur) les *Temps du Ciel*; nos tables s'appellent également *La Connaissance des Temps*. On n'y trouve les positions écliptiques pas plus que dans celles des Chinois.

2) M. H. t. I, p. 48.

3) Voy. R. G. S., p. 136.

travaux relatifs au même sujet [1]). Eu en prenant connaissance, je vis que les erreurs de MM. Legge et Russell ne sont pas des cas isolés et que toute la critique avait fait fausse route en ce qui concerne l'astronomie antique de la Chine.

Un état de choses aussi général doit avoir des causes d'ordre général. Elles ne sont pas difficiles à discerner; mais je ne puis les indiquer ici que très sommairement, les limites de cette étude ne me permettant pas d'analyser, comme il conviendrait de le faire, les qualités et les défauts des deux auteurs qui ont fondé nos connaissances sur l'astronomie chinoise: le P. Gaubil et J. B. Biot.

Lorsque j'exposerai, dans un volume, tout l'ensemble de la question, je pourrai à loisir exprimer et justifier mon admiration pour ces deux hommes, dont l'un a donné l'*analyse* et l'autre la *synthèse* des notions chinoises. Mais je dois me borner ici à rechercher comment il se fait que, en dépit de leurs travaux, la critique ait pu si complètement dérailler. C'est donc leurs insuffisances et leurs lacunes que nous avons à mettre en évidence; et cette enquête, loin de rabaisser leur oeuvre, en rehaussera plutôt la valeur en expliquant comment ses mérites ont pu rester inefficaces.

*

Les caractéristiques de l'astronomie chinoise sont: 1° sa très haute antiquité. 2° l'originalité de sa méthode foncièrement équatoriale et horaire. 3° son identité à travers tous les âges, depuis *Yao* jusqu'à l'avènement de la dynastie actuelle.

Le P. Gaubil écrivait à une époque où l'on ne concevait guère la question des origines; il était imbu, comme ses collègues, de la méthode grecque essentiellement écliptique. Il a compulsé tous les documents chinois, en a retiré les renseignements intéressants par extraits abrégés; puis il les envoyait à ses correspondants d'Europe, au fur et à mesure, sans chercher à les coordonner, à les mettre

---

1) C. S. et W. Voy. Bibliographie.

d'accord, à en tirer des vues générales. Par suite de cette manière
de procéder, ses ouvrages sont quelque peu chaotiques. «C'est une
mine — a dit Biot — mais une mine qu'il faut savoir exploiter».
Un astronome étranger aux choses de la Chine, un sinologue peu
familiarisé avec celles du ciel, risqueront d'y puiser des idées fort
erronées. Le P. Gaubil s'étant mis au travail sans posséder d'abord
aucune compétence en astronomie chinoise, se méprend fréquemment,
et donne, par exemple, jusqu'à quatre définitions contradictoires des
Tchong-ki. Mais ces défauts apparents sont des gages précieux de
l'ingénuité de sa documentation; et il est fort heureux qu'il n'ait pas
cherché à disserter sur les généralités. Nous lui demandons avant
tout des documents originaux et sur ce point, le seul qui importe,
il nous satisfait presque entièrement.

L'esprit lucide de Biot a mis en ordre ce trésor et en a tiré
une théorie générale que Gaubil avait déjà indiquée sans avoir su
toutefois la formuler nettement.

Inconsciemment persuadé que l'écliptique est la base nécessaire
de l'astronomie et du calendrier, le P. Gaubil constate pas à pas
qu'il en est autrement à la Chine. Mais il doute longtemps de la
généralité du fait: «Il est certain, dit-il, que sous les Han on
rapportait les lieux des astres à l'équateur; mais est-on bien sûr
qu'il en fût ainsi dans l'antiquité?» — Puis enfin, arrivant à
l'éclipse du *Chou-king*, il proclame que la présence du soleil dans
Fang doit s'entendre de la position du *soleil moyen* dans cette
division et que dès l'antiquité «on rapportait les lieux à l'équateur».

Biot dira plus simplement: «*L'astronomie chinoise est équatoriale*».
On voit la nuance: il n'a pas modifié les opinions de Gaubil, il les
a condensées sous une forme plus claire.

A mon tour je dis: *L'astronomie chinoise est équatoriale et horaire.*
En cela je ne modifie pas les idées de Biot, ni par conséquent celles
de Gaubil, j'en complète seulement la formule dont l'insuffisance

didactique est démontrée par le fait qu'elle n'a pas réussi, depuis
un demi-siècle, à retenir l'attention des auteurs. Et comme cette
incompréhension ne s'est pas manifestée seulement chez ceux qui
ont écrit sur l'astronomie chinoise, mais tout aussi bien chez les
historiens de l'astronomie en général, j'ajoute: A l'inverse de la
méthode chaldéo-grecque qui est *écliptique, angulaire, vraie et annuaire*,
celle de la Chine est *équatoriale, horaire, moyenne et diurne*.

Comment les particularités caractéristiques de l'astronomie chinoise
ont-elles pu échapper à la critique postérieure à Biot? Il est indéniable, nous allons le constater, que ces auteurs ont fort peu
approfondi les sujets sur lesquels ils prononcent avec tant de
désinvolture. Mais leur légèreté ne suffit pas à expliquer une méprise
aussi unanime, et il faut reconnaitre que Biot, en dépit de l'élé-
gance et de la clarté de son style, n'a pas bien présenté la dialectique
de la question.

D'abord, il n'a pas assez tenu compte du public auquel il
s'adressait, composé surtout d'historiens, de sinologues, aussi d'astronomes mais qui n'étaient pas familiarisés comme lui avec l'historique
de la science [1]). Il a omis de résumer ses conclusions dans un
chapitre final. D'autre part, la discussion se présentait, de son
vivant, sous un jour très différent. Biot n'a pas eu l'occasion d'écrire,
à tête reposée, quelque Traité d'astronomie chinoise. Ses articles de
1840 ne portent même pas un nom, si ce n'est celui de l'ouvrage
d'Ideler dont ils constituent un compte rendu et une réfutation;
ses *Etudes* (1862), entreprises à l'âge de 87 ans, sont également
une oeuvre de polémique contre la théorie du zodiaque lunaire des
indianistes.

Enfin, il n'a jamais discuté à fond le texte du *Yao-Tien*, probablement parce que les mots 以定, dont les sinologues lui im-

_____

1) Biot était membre de l'Académie française, de celle des Sciences et de celle des
Inscriptions Il a beaucoup étudié l'astronomie des Grecs, des Egyptiens et des Arabes.

posaient une traduction littérale, l'embarrassaient comme contraires aux principes du calendrier et à sa théorie. Aussi dans ses articles de 1840 laisse-t-il de côté la teneur de ce texte, n'en retenant qu'une conséquence indirecte [1]). A la veille de sa mort, conduit par le programme de ses *Etudes* à s'expliquer sur l'interprétation de ce texte, il semble en aborder pour la première fois les difficultés; et dans des pages fort embrouillées il accumule contradictions et invraisemblances [2]).

Son hypothèse sur l'origine stellaire et solaire des divers *sieou*, qu'il croyait avoir été créés simultanément au 24e siècle, impliquait à la fois la négation et l'affirmation de l'emploi de la clepsydre. Il a donc éludé, plus ou moins consciemment, la question du *garde-temps* et l'a présentée sous une forme préalable, accessoire et que le lecteur peut considérer comme hypothétique [3]).

De ces diverses circonstances résulte que la dialectique de Biot et de Gaubil, laisse beaucoup à désirer. On doit y suppléer par une étude attentive et remanier par un travail personnel l'enchaînement des démonstrations historiques et mathématiques qui assurent notre connaissance de l'astronomie chinoise.

Mais les auteurs qui leur ont succédé n'ont pas pris cette peine. Ils se sont laissé influencer par une prétendue réfutation des théories de Biot et, sans tenir autrement compte de ses travaux, ils ont échafaudé des interprétations fantaisistes qui depuis 1862 ont étrangement altéré la question. Nous allons montrer qu'elles sont contraires aux faits et aux documents; contraires aux caractères de l'astronomie chinoise; contraires enfin aux lois du ciel et à tout ce que l'on peut induire sur les premières étapes de la science.

---

1) Voy. ci-dessous p. 319 et 348.

2) J'en ai dit quelques mots (lt. G. S. p. 139) et j'aurai l'occasion d'y revenir.

3) J. des S. p. 29. — Etudes p. 369. — *Post-Scriptum*. Je viens de constater, en effet, que Sédillot l'a considérée non-seulement comme hypothétique, mais comme arbitraire.

II. Genèse de l'astronomie.

Pour constater à quel point la critique a méconnu la question, il faut lire le premier volume de l'ouvrage tout récent de Ginzel [1]). Ni dans l'exposé des procédés généraux de l'astronomie primitive, ni dans la description de l'astronomie chinoise, l'auteur ne parait soupçonner la distinction que nous allons établir. Son incompétence en sinologie est — il est vrai — manifeste; mais le caractère impersonnel de sa compilation n'en démontre que mieux l'absence complète de cette distinction dans les nombreux ouvrages qu'il a compulsés.

L'écliptique et l'équateur. Ce ne sont pas des bergers, mais bien des sociétés sédentaires, agricoles et hiérarchisées qui ont fondé l'astronomie. Les mobiles en ont été utilitaires (calendériques) puis religieux; la curiosité scientifique n'est intervenue que beaucoup plus tard.

Le mouvement des astres se manifeste sous deux formes: la révolution diurne et la révolution annuelle [2]). Le point de vue utilitaire peut s'emparer de la première pour fixer les heures de la nuit: tel a été en Chine le point de départ de l'astronomie. Mais ailleurs, c'est le besoin de fixer les dates *annuelles* qui a servi de cadre à l'évolution.

Si l'axe de la Terre était normal à son plan de translation, les deux méthodes se seraient confondues; mais comme il n'en est pas ainsi, les mouvements annuels se produisent dans un plan *oblique* par rapport aux trajectoires diurnes. Il en est résulté que les deux méthodes, zodiacale et équatoriale, sont restées profondément distinctes.

---

1) Voy. à la Bibliographie.

2) Les historiens de l'astronomie, Bailly, Delambre, Hoefer (1874), Wolff (1877), Ginzel (1906) ont, naturellement, fait cette distinction qui est élémentaire au point de vue technique. Mais ils n'en ont pas vu les conséquences au point de vue phylogénique.

Origines de l'astronomie zodiacale.

Dans la phase primitive, les peuples ont en général évalué la période qui ramène les saisons à 12 lunaisons. Les déboires causés par cette supputation erronée de l'année solaire (improprement nommée *année lunaire*) les a conduits à chercher des repères sidéraux.

La position sidérale de la lune s'observe directement, *de visu*, parceque son éclat n'est pas assez fort pour effacer celui des principales étoiles. Il en est de même des planètes. Or, il importe de le remarquer puisque ce fait a échappé aux auteurs [1]) dont nous allons examiner les idées, pour observer ces positions sidérales il est absolument inutile de compliquer cette constatation *de visu* en faisant intervenir la révolution diurne. Les primitifs suivent du regard la course des astres mobiles comme nous suivons une course de chevaux sur un hippodrome dont une partie nous est masquée par des bouquets d'arbres. Le fait que ces astres mobiles diparaissent derrière des nuages, ou sous l'horizon, est tout-à-fait secondaire. Il interrompt momentanément l'observation, mais n'en modifie pas le procédé *direct*.

Le problème sidéro-solaire. Toutefois, la lune et les planètes ne peuvent servir de repères annuels [2]); le problème qui se pose aux primitifs est donc sidéro-solaire. Si la position sidérale du soleil pouvait être constatée directement, comme pour la lune, ce problème se résoudrait simplement en observant le retour de l'astre au milieu d'une même constellation. Mais cela est impossible parce que le soleil et les étoiles ne sont jamais visibles simultanément.

Toutes les tendances de l'astronomie zodiacale ont inconsciemment

1) Whitney excepté.
2) Sauf Jupiter. Une tradition chinoise nous a conservé le souvenir de son emploi, sans doute fort antérieur à *Yao*, puis maintenu sous une forme religieuse jusqu'aux *Tcheou*.

pour but de tourner cette difficulté. Et tous les peuples (sauf les Chinois) l'ont résolue de la même manière, par le procédé des *couchers* (et levers) *héliaques* qui présente l'avantage d'être évident, simple, exact et de fournir une réponse à toutes les questions du problème que j'ai appelé «sidéro-solaire».

Les couchers héliaques. La course annuelle du soleil parmi les étoiles a pour conséquence de faire varier, suivant la saison, l'aspect du ciel à une heure donnée, par exemple à la tombée de la nuit. De telle sorte que les constellations qui, à une certaine date de l'année, apparaissent au crépuscule dans la partie méridionale du ciel, s'avancent progressivement ($de.1° \subset 4^m$, par jour) vers l'ouest. La durée de leur visibilité diminue donc incessamment et il arrive (trois mois après) qu'elles sont, à la tombée de la nuit, si voisines de l'horizon qu'elles se couchent immédiatement après leur apparition. Les étoiles dont elles se composent cessent successivement d'être visibles: elles se couchent *héliaquement.* Le soleil dans sa marche rétrograde tend à les rejoindre; elle restent quelque temps [1]) noyées dans ses feux. Puis elles font leur réapparition ... mais à l'opposé, à l'Orient, où leur lever précède l'aurore; elles ne sont donc alors visibles qu'un instant; puis à mesure que le soleil s'éloigne d'elles, la durée de leur apparition se prolonge.

L'emploi du coucher héliaque est indépendant de toute notation horaire. Comment les primitifs noteront-ils donc la variation progressive de la position du firmament? Chercheront-ils à la repérer dans la partie méridionale du ciel? — Il leur faudrait pour cela: 1° Concevoir le plan méridien, notion à laquelle les Grecs ne sont pas parvenus d'eux-mêmes et qu'ils ont empruntée tardivement à l'étranger (Hérodote). 2° Objectiver ce plan dans un signal matériel. 3° Orienter ce signal par un procédé géométrique. 4° Noter l'heure à laquelle

---

1) Variable selon la latitude du lieu et de l'astre. En général un mois. — Pour plus de détails, voy. A. P.

se produit cette situation méridienne. En d'autres termes, ces «primitifs» devraient faire intervenir gratuitement la révolution diurne par un procédé complexe et savant, et créer des repères artificiels pour suppléer à *l'absence de tout repère naturel dans la partie méridionale du ciel* [1]).

Il est logiquement évident — et les documents historiques confirment cette induction — qu'aucun peuple primitif n'a songé à cette solution qui n'est qu'un fantastique anachronisme doublé d'une contradiction. La situation sidéro-solaire se trouve, en effet, toute indiquée, par contiguïté [2]), à l'horizon, repère naturel servant à la fois: à masquer la lumière du soleil, à faire apparaitre les étoiles et à fixer leur position par cette simple considération qu'elles se trouvent visibles au dessus de lui et invisibles au dessous. Et notons ceci: bien que le coucher des astres soit mêlé à la révolution diurne [3]), cette révolution *n'intervient pas* dans l'observation. Peu importe l'heure et l'endroit (variables) où se produit le coucher du soleil. Il suffit de constater, au crépuscule, si telle étoile est encore visible ou déjà invisible *indépendamment de toute considération horaire*.

Le lever (ou le coucher) héliaque d'une étoile indique ainsi, à 4 ou 5 jours près, une date annuelle. Le lever héliaque de Sirius, par exemple, prévenait les anciens Egyptiens de l'imminence de l'inondation du Nil.

L'emploi de ce procédé élémentaire suscite automatiquement les progrès de l'astronomie zodiacale. Le pratique des couchers héliaques

---

1) Telle est, nous le verrons, l'hypothèse admise par tous les auteurs, qui voient néanmoins dans le *Yao-Tien* un procédé «rudimentaire» pour déterminer les saisons; alors que ce texte indique en réalité *un principe savant ne servant pas à déterminer les saisons*.

2) Si le soleil se trouve par exemple dans la constellation zodiacale n° 5, la constellation n° 6 parait au crépuscule au couchant et la constellation n° 4 précède l'aurore.

3) Si la révolution diurne n'existait pas, le coucher héliaque se produirait tout aussi bien et indiquerait alors en outre la longitude géographique, car la disparition des astres se produirait *successivement* aux divers points du globe. Cette disparition se prolongerait pendant tout un semestre comme celle du soleil aux pôles.

conduit en effet à constater que chaque étoile se couche perpétuellement au même point de l'horizon, tandis que le soleil se couche à l'O S O en hiver et à l'O N O en été. Les observateurs sont donc ainsi amenés à dresser la liste des constellations du *futur zodiaque*, qui sont précisément celles dont le coucher héliaque se produit au même endroit que le coucher du soleil. Ils constatent que le soleil se meut dans différents orbes et que sa route annuelle est *immuable* et *oblique*. Ils dressent la liste des constellations zodiacales, ils évaluent leur amplitude d'après le nombre de jours séparant leurs couchers, ils établissent en outre, approximativement, la durée de l'année d'après l'intervalle des couchers héliaques d'une même étoile. Ils comprennent, enfin, (ce qui n'était nullement indispensable au début) que la disparition successive de chaque constellation est due à sa conjonction solaire; et que la date de cette conjonction est exactement indiquée, pour une étoile, par la moyenne entre ses coucher et lever héliaques. Bien plus tard, ils égalisent les 12 Signes par une fiction et sont amenés à inventer des instruments de mesure *angulaire* (armilles). Même dans cette phase scientifique, les couchers héliaques rendent encore des services pour fixer (à 5° près) la longitude des planètes (Cf. Epping *op. cit.*).

L'évolution de l'astronomie zodiacale chaldéo-grecque [1]) est ainsi clairement expliquée: elle est homogène et naturelle, depuis l'origine anté-historique jusqu'à Hipparque et au XVII° siècle de notre ère.

Origines de l'astronomie chinoise.

A l'opposé de la méthode chaldéo-grecque qui est écliptique, annuaire, vraie et angulaire, la méthode chinoise est équatoriale diurne, moyenne et horaire. D'où provient cette antithèse? — Du mobile originel.

---

1) Et égyptienne pour autant que nous la connaissons.

Tandis que la première est née des préoccupations agricoles qui exigent des repères *annuels*, la deuxième doit son point de départ au désir de mesurer les heures de la nuit; ce qui l'a portée à considérer d'abord exclusivement la révolution diurne, à une époque très reculée où l'année était encore règlée par le nombre des lunaisons ou par la planète Jupiter.

J.-B. Biot a découvert et démontré que les divisions équatoriales (*sieou*) sont en corrélation avec les circompolaires [1]).

Mais il croyait que ce système avait été imaginé à l'époque de *Yao* et que les *sieou* stellaires avaient été créés en même temps que l'emploi solaire des *sieou* mentionnés par le *Yao- tien*. Il a rappelé très succinctement que des documents historiques montrent le grand intérêt que les Chinois portaient aux circompolaires. Mais il n'a guère expliqué leur utilisation; il semble qu'il ait senti et éludé l'objection suivante: «Vous dites que les heures étaient déterminées par la position des astres (*sieou* stellaires); dès lors, comment la position des astres pouvait-elle être définie par l'heure (*sieou* solaires)?» — Mais l'argument n'est pas valable, car la première opération remonte à une phase primitive antérieure à l'invention de la clepsydre, et c'est elle qui a conduit à la seconde et à l'emploi du garde-temps [2]).

La méthode diurne. «La Grande Ourse, dit Homère, est la seule constellation qui ne se baigne pas dans les flots de l'Océan». D'autre part Bailly nous apprend que les Grecs attribuaient à un des héros du siège de Troie, l'idée de fixer la durée de faction des sentinelles au moyen de la rotation des circompolaires qui, de 6^h

---

1) (V. ci-dessous p. 349). On appelle *circompolaires* les étoiles qui sont assez voisines du pôle pour ne jamais disparaître sous l'horizon. La hauteur du pôle étant égale à la latitude, les circompolaires de la Chine primitive (36°) sont les étoiles qui restent franchement au dessus de l'horizon, à une trentaine de degrés du pôle au maximum.

2) Sur ce dernier point, voy. R. G. S. Mais cet article est antérieur à ma conception des origines et je retire ce que j'y ai dit sur la priorité des *sieou* solaires.

en 6^h se trouvent: verticalement au dessus du pôle, horizontalement à gauche, verticalement au dessous, horizontalement à droite.

Mais tandis que ce procédé est resté secondaire en Grèce, il a été développé en Chine au point de devenir la base de l'astronomie et surtout de la métaphysique [1]) du ciel. Aussi en trouvons-nous l'écho, sous une forme religieuse, chez le duc grand astrologue, 'Se-Ma Ts'ien [2]).

L'étoile polaire base concrète de l'astronomie chinoise. Il serait un peu candide de supposer, comme le fait Hoefer [3]), que l'astronomie est née de la curiosité et du raisonnement géométrique. Il faut aux primitifs un objet concret. L'horizon, puis la route oblique parcourue par les astres mobiles, ont servi de repère sensible à la méthode écliptique. Mais l'équateur est une notion purement idéale et il semble incroyable au premier abord qu'une astronomie équatoriale ait pu se constituer *directement* sans passer par la forme zodiacale. Les concordances géométriques découvertes par Biot rendent cependant fort bien compte de la chose, si on l'éclaire par la tradition analogue des Grecs, comparée aux vieux textes chinois, notamment aux 天官.

De même en effet que l'astronomie zodiacale a pour élément primordial l'*horizon*, repère naturel qui l'a menée à la notion raisonnée de l'*écliptique*; de même l'astronomie diurne a pour élément primordial le *méridien, conçu comme la verticale de l'étoile polaire,* repère naturel qui l'a menée à la notion raisonnée de l'*équateur* (Contour du Ciel).

Si, comme nous l'avons dit, il n'existe aucun repère naturel dans la partie *méridionale* [4]) du ciel, il n'en est pas de même dans

___

1) Il serait impropre de l'appeler «astrologie». J'en montrerai ailleurs l'importance sociale et l'élévation philosophique.

2) Voy. ci-dessous, p. 354. Les Aztèques, lors de la conquête du Mexique, se trouvaient engagés dans la même voie que les Chinois. Les heures de la nuit étaient annoncées au son des conques, d'après le passage méridien des étoiles. (Voy. A. P.).

3) Voy. Bibliographie.

4) Remarquez l'étymologie de ce mot qui lie chez nous l'idée du méridien à celle du Midi.

la partie septentrionale, où l'étoile polaire objective le centre de la
révolution diurne et où la Grande Ourse lui sert d'aiguille indicatrice.

Genèse de la notion du méridien. Pour apprécier l'instant où une
circompolaire passe au dessus ou au dessous du pôle, il a suffi de
dresser un piquet vertical 臬 et de se placer derrière lui de manière à
masquer la polaire. Mais si celle-ci est voilée par les nuages, renoncera-
t-on pour cela à l'observation? — Non, car il suffit d'avoir indiqué
sa direction par un deuxième signal, ou par une corde fixée au
sommet du premier et tendue dans la direction de la polaire, comme
l'indique le 周髀. Et si les circompolaires elles-mêmes sont invisibles, renoncera-t-on pour cela à l'observation? — Non, car le
firmament est un bloc solidaire; et les Chinois, ont remarqué que
telle et telle étoile éloignée du pôle correspond à telle ou telle circompolaire et passe en même temps au méridien. Ainsi s'expliquent
les deux corrélations découvertes par Biot. Ainsi s'explique qu'après
avoir conçu le méridien face au Nord, les Chinois l'aient employé
face au Sud en prolongeant jusqu'à l'équateur la direction PA.
(P étant le pôle et A une circompolaire. Voy. p. 349.)

Extension de la méthode diurne aux problèmes annuaires. Le fait
saillant qui a attiré l'attention des Chinois dans la rotation diurne des
circompolaires, notamment de la Grande Ourse, c'est d'abord leurs positions cardinales de 6^h en 6^h, en croix, autour du pôle, puis la modification progressive et trimestrielle de ces positions (qui avancent insensiblement de 4^m par jour); par suite de laquelle, si la Grande Ourse, par
exemple, se trouve à une date donnée: à droite du pôle à 6 heures du soir,
au dessus du pôle à minuit, etc.; elle se trouvera trois mois plus tard:
au dessus du pôle à 6^h du soir, à gauche du pôle à minuit, etc. De
telle sorte qu'on peut dresser le tableau de roulement suivant:

printemps	0^h	6^h	12^h	18^h
été	6^h	12^h	18^h	0^h
automne	12^h	18^h	0^h	6^h
hiver	18^h	0^h	6^h	12^h

En d'autres termes, une des remarques fondamentales de l'astronomie chinoise est que *les quartiers de la révolution diurne* concordent tous les trois mois avec *les quartiers de la révolution annuelle.* Quoique axiomatique, cette constatation, bientôt formulée sous une forme métaphysique, offre une très grande utilité au point de vue didactique; on devrait même l'enseigner aux élèves de l'Ecole Navale; car, au moyen de 4 jalons équatoriaux, elle permet de se rendre compte, à toute époque, d'une manière très simple, de la position annuaire du firmament par rapport à la révolution diurne. C'est dans ce but de simplification et de vulgarisation, que l'antique almanach dont le *Yao-tien* nous a miraculeusement conservé les débris, rappelle le nom des 4 étoiles qui passent au méridien à 6 heures du soir aux dates cardinales. Pourquoi 6 heures plutôt que 8 heures ou toute autre heure? — Parce que $4 \times 6 = 24$. — 6 heures représentent le quart de la révolution diurne, comme un trimestre représente le quart de la révolution annuelle. Tous les trois mois, les quartiers de la première concordent donc avec ceux de la seconde. Le texte du *Yao-Tien* équivaut ainsi en quelque sorte au tableau suivant, dont on remarquera l'analogie avec le précédent qui représente la *phase-primitive* de l'*astronomie équatoriale* et montre l'origine circumpolaire de la méthode.

	鳥	火	虛	昴
printemps	* 6^h	12^h	18^h	0^h
été	0^h	* 6^h	12^h	18^h
automne	18^h	0^h	* 6^h	12^h
hiver	12^h	18^h	0^h	* 6^h

Voilà ce que les interprètes des Han ont expliqué très clairement [1]) et ce que les auteurs modernes se sont obstinés à ne pas comprendre.

---

1) Voy. ci-dessous, p. 336, et ce que dit *So-Ma*, p. 354.

III. Examen du texte.

Les méprises des auteurs dont nous allons discuter l'interprétation ont toutes un point de départ commun: une erreur de critique philologique à laquelle Chavannes a mis fin en montrant [1]), indépendamment de toute induction astronomique, que la partie authentique du texte provenait d'un ancien almanach et qu'il fallait la séparer du contexte, très postérieur, dans lequel elle a été enchassée.

«La critique la plus délicate est indispensable pour reconnaître dans certains chapitres du *Chou-King* les éléments d'âges divers qui les composent; pour ne prendre qu'un exemple, la rédaction du *Yao-Tien* ne doit pas être reportée à l'empereur *Yao* qui est un souverain mythique; elle est vraisemblablement de l'époque des *Tcheou*; dans ce chapitre, cependant, se trouve incorporée une observation astronomique qui ne peut avoir été faite que vers l'an 2200 avant notre ère et qui nous indique ainsi la date la plus ancienne à laquelle on puisse remonter dans l'histoire chinoise» [2]).

Sans avoir sû faire cette distinction philologique, le P. Gaubil, avec son bon sens habituel, a laissé le contexte dans l'ombre et n'a retenu qu'un fait: c'est que le document indique indirectement que les positions cardinales du soleil se trouvaient alors dans les 4 *sieou* mentionnés (mais dans un ordre différent) [3]). Il ne s'est pas demandé, toutefois, pourquoi, au lieu d'indiquer simplement les conjonctions, le texte rapportait la situation sidéro-solaire à 6^h du soir; quels instruments il impliquait, quelles inductions on en pouvait tirer sur l'origine des *sieou*, etc,

[1]) M. II. p. 48.

[2]) E. Chavannes *in* Revue de Synthèse historique, décembre 1900, p 280. — Dans la R. G. S j'ai critiqué l'opinion exprimée quelques années auparavant par l'éminent sinologue (M. II p. 48); je n'avais pas connaissance alors de cet article.

[3]) Si *Iliu*, par exemple, passe au méridien à 6^h du soir à l'équinoxe automnal, il en résulte qu'il est en conjonction avec le soleil au solstice d'hiver et passe alors au méridien à midi (0^h). (Voy. le tableau p. 317).

Dans ses articles de 1840, Biot a éludé la discussion du texte en déduisant, comme Gaubil, l'indication des conjonctions; et dans ses *Etudes*, il insiste sur l'obligation de prendre à la lettre les voyages des *Hi* et des *Ho*.

Quant aux critiques postérieurs, ils ont poussé le respect du contexte jusqu'à contredire les lois les plus élémentaires de l'astronomie. Et plutôt que de récuser ce contexte, ils ont préféré supprimer (comme nous le verrons) une partie du texte authentique.

Rappelons que le document consiste essentiellement dans les propositions suivantes [1]):

以閏月正四時	歲三百六十六日	夜永星昴以定中冬	夜中星虛以正中秋	日永星火以正中夏	日中星鳥以殷中春

Je ne referai pas ici l'exposé de l'interprétation que j'en ai donnée (R G. S.) et me bornerai aux explications indispensables à la réfutation que nous allons entreprendre.

L'authenticité de ce document est garantie par la loi de précession. Son sens est certain; on peut l'établir par diverses voies convergentes: 1° par la simple discussion astronomique résultant de la position des étoiles dont les noms sont restés les mêmes (*Hiu* et *Mao*) et par l'identification par symétrie des noms archaïques *Niao* et *Ho* [2]).

---

1) Suivant les passages, les versions et les éditions, on trouve les succédanés:
定 殷 正 王。中 仲。 Et: 300 + 60 + 6 jours.

2) Ces 4 étoiles divisent en effet les *sieou* en 4 groupes de 7; voy. p. 348 et 365 ce que l'on en peut inférer.

2° par les commentaires antérieurs à la découverte de la précession.
3° par l'analogie des autres documents anciens (M. H., *Tcheou-li*,
Hia-Siao-Cheng) [1]). 4° par la répartition des 28 étoiles déterminatrices, dans la haute antiquité [2]). 5° par les inductions tirées de
l'astronomie primitive comparée. (Voy. A. P.).

Les points suivants sont définitivement acquis: le texte ne peut
se rapporter aux couchers héliaques; ni même aux *sieou* qui passent
au méridien à l'heure du coucher du soleil. Il indique exactement,
par leurs étoiles déterminatrices, les divisions équatoriales qui contiennent les positions cardinales du soleil et qui passent par conséquent à 6 heures du soir aux dates cardinales.

Au lieu d'associer chacune des étoiles cardinales à la date où
elle se trouve en conjonction solaire (*Mao* printemps, *Niao* été, etc.),
pourquoi donc le texte indique-t-il celle qui passe à 6 heures du soir
(*Niao* pr., *Ho* été, etc.)? Nous avons vu que les origines polaires
de l'astronomie chinoise rendent fort bien compte de cette méthode
conventionnelle, dont aucun auteur ne semble avoir remarqué
l'existence, et qui présentait l'avantage de tourner la difficulté
provenant de la non-visibilité simultanée des étoiles et du soleil.
En reportant la situation sidéro-solaire à 6 heures du soir, les
Chinois pouvaient, en effet, «voir» la position du soleil parmi les
étoiles... mais par une anticipation d'un trimestre. En regardant,
par exemple, les Pléiades (*Mao*) passer au méridien à 6 heures au
solstice d'hiver, ils avaient sous les yeux la situation telle qu'elle
devait se produire trois mois plus tard, à midi.

A plus de quarante siècles de distance, l'Almanach Hachette a
repris l'idée de vulgarisation qui inspira celui de *Yao*. En tête de
chaque trimestre, il a coutume de publier une vignette représentant

---

1) On pourrait supprimer le *Yao-Tien* sans modifier nos certitudes sur le caractère de
l'astronomie antique.

2) Cet argument a été particulièrement mis en valeur par Biot.

l'état du ciel. Mais à quelle heure convenait-il de rapporter ce spectacle? S'il avait choisi la tombée de la nuit, les 4 quartiers du ciel se seraient présentés d'une manière dissymétrique, par suite de la variabilité de cette heure; certaines parties n'y eussent pas figuré et d'autres eussent fait double emploi. L'Almanach Hachette a donc choisi 9 heures du soir; mais il ne mentionne pas les positions cardinales du soleil, ce qui eût été cependant intéressant. L'almanach de *Yao* résoud le problème d'une autre manière, qui présente un inconvénient [1]): il rapporte la situation du firmament à un moment (6^h) où les étoiles sont encore invisibles (sauf en hiver); mais qui présente, par contre, un grand avantage: celui de rapporter le centre du spectacle aux positions cardinales du soleil.

Lorsque j'ai indiqué cette nouvelle interprétation du texte (qui confirme astronomiquement celle que Chavannes a révélée d'après la seule critique philologique), je n'avais pas encore remarqué que *Se-Ma Ts'ien* fait allusion, à diverses reprises, à cette méthode conventionnelle, encore usitée de son temps, qui consiste à mettre en évidence les positions trimestrielles de la révolution annuelle en les rapportant aux quartiers de la révolution diurne:

Quand on fait usage [de la méthode] de 6 heures du soir, ce qui indique c'est l'étoile *Piao*... etc. (M. H. III. 341).

IV. La détermination des saisons.
(Suite du chapitre III.)

Le lettré qui, à une époque très postérieure, a enchassé les débris de l'Almanach de *Yao* dans un contexte symétrique énumérant les « *Instructions de l'Empereur* » n'était sans doute pas grand

---

1) Cet inconvénient est un effet de l'incompatibilité de l'obliquité du zodiaque avec la méthode équatoriale. Mais la quantité dont les étoiles cardinales se trouvaient éloignées du méridien à l'heure de leur apparition indiquait la dissymétrie tropique.

clerc en astronomie. Paraphrasant les mots 以定, il semble avoir imaginé que les relations indiquées par les 4 propositions sidérales du texte constituaient le procédé par lequel les anciens avaient pu *découvrir* les dates tropiques.

Or — c'est là un des phénomènes les plus curieux de cette discussion fertile en surprises — cette explication fantaisiste a tellement impressionné les critiques européens, *même astronomes*, qu'ils ont aveuglément admis cette hérésie astronomique, et longuement disserté sur l'ingénieux moyen de *déterminer les saisons par les étoiles culminantes*. C'est là cependant un simple non-sens, comme nous allons le voir.

Le problème tropique.

Les questions qui se posent inconsciemment aux primitifs et dont la solution marque les premières étapes de l'astronomie, se résument en deux catégories que j'appelle: le problème *sidéro-solaire* et le problème *tropique* [1]).

Une astronomie purement écliptique et une astronomie purement équatoriale pourraient fort bien parvenir par leurs procédés purement *sidéro-solaires* à déterminer la durée exacte de l'année et à la diviser en quartiers. Mais ces quartiers seraient alors arbitrairement définis et ne correspondraient pas aux saisons; car il n'existe *aucune relation* de causalité entre les positions sidérales du soleil et les phases tropiques.

La distance des étoiles est, en effet, tellement immense que l'aspect du ciel n'est modifié en rien par le déplacement de la Terre sur son orbite.

Les phénomènes tropiques sont causés par l'inclinaison de l'axe

---

1) Il eût été plus logique de réunir l'exposé de ces deux problèmes fondamentaux dans le chapitre III. Je n'ai pas voulu le faire, afin de les mieux distinguer et de ne pas rompre la relation qui rattache le texte à la solution polaire du problème sidéro-solaire.

de la Terre sur le plan de cet orbite, d'où résulte l'obliquité de l'écliptique. Il est par conséquent impossible d'obtenir aucune donnée tropique en considérant l'écliptique seul, ou l'équateur seul. La méthode chaldéo-grecque des couchers héliaques permet bien de dresser la liste des constellations zodiacales, mais elle n'indiquera jamais que le *solstice* correspond à tel coucher héliaque. La méthode chinoise des passages méridiens permet bien de constater l'heure à laquelle telle étoile passe au méridien, mais elle n'indiquera jamais que cette heure (ou cette étoile) correspond au *solstice*.

Puisque le problème tropique résulte de l'intersection de l'écliptique par l'équateur (méthode zodiacale) ou de l'équateur par l'écliptique (méthode horaire) il ne peut être résolu que par l'observation des phénomènes tropiques causés par cette intersection.

Les procédés qu'on en peut tirer donnent des résultats plus ou moins précis suivant la relation plus ou moins directe existant entre ces phénomènes et l'inclinaison des deux grands cercles.

Les variations météorologiques et physiologiques, rappelées à juste titre par le *Yao-Tien*, sont bien d'ordre tropique mais ne fournissent pas d'indications précises.

Par contre, l'obliquité de la route solaire se manifeste dans la variation de 3 éléments susceptibles d'être mesurés:

1°. La durée relative du jour et de la nuit.

2°. Le déplacement du lever du soleil sur l'horizon.

3°. La hauteur du soleil (ou sa longueur d'ombre).

La première de ces variations, mentionnée par le texte, ne peut servir à une détermination exacte sans un garde-temps très précis; elle ne constitue donc pas un procédé réellement employé par les primitifs.

La seconde a été remarquée dès les temps préhistoriques [1]). Elle

---

1) Les alignements de Carnac (Morbihan) et les galeries du tumulus sont orientés vers le lever du soleil printanier.

devait attirer l'attention des peuples qui pratiquaient l'observation des levers héliaques, surtout dans les pays où l'atmosphère est pure, l'horizon rectiligne, et dont les monuments sont exactement orientés (Égypte). Mais ce procédé n'est indiqué nulle part dans les documents chinois.

La troisième variation, au contraire, devait attirer l'attention d'un peuple dont l'astronomie fut basée, dès l'origine, sur un signal vertical et sur l'observation des passages méridiens. Aussi le calendrier chinois, si haut qu'on puisse remonter, est-il toujours fondé sur la date du solstice d'hiver, déterminée par l'ombre méridienne *maxima*, observation qui devait conduire, en second lieu, à l'évaluation de l'année tropique. Mais, il importe de le remarquer, l'exactitude d'une telle évaluation est très secondaire et son insuffisance ne pouvait entraîner aucune erreur sensible dans un calendrier basé sur le contrôle expérimental du contact tropique. Pendant plus de vingt siècles nous voyons le calendrier chinois admettre l'approximation julienne (365^j $^1/_4$) sans qu'il en soit résulté, comme en Russie, une erreur accumulée; car le calendrier chinois n'a jamais été perpétuel. Dans la haute antiquité, sa situation à l'égard de l'approximation 366^j (indiquée par le texte) se trouvait identique à la situation postérieure à l'égard de l'approximation julienne [1]).

Le repérage sidéro-tropique. Après avoir déterminé les dates tropiques par un procédé tropique, alors on peut les associer à un repère sidéral qui permettra, au besoin, de les retrouver. Après avoir déterminé, au moyen du gnomon, la date du solstice d'hiver, les Chinois ont constaté qu'à cette date l'étoile *Mao* passait au méridien à 6 heures du soir.

---

1) On peut en outre expliquer de plusieurs manières l'utilité qui a pu faire admettre le nombre pair 366. Je l'exposerai ailleurs. Le P. Gaubil estime, avec les astronomes chinois, que le texte fait allusion à l'année pleine (366^j) qui se produisait tous les 4 ans. Cela est très plausible. Peu importe, d'ailleurs. Le fait capital est que la précision sidéro-tropique du texte certifie l'emploi du gnomon.

Mais cette corrélation est seulement *conservatoire* et ne peut en aucune façon avoir servi à une détermination *originelle*. De même, lorsque nous avons fixé, au préalable, l'heure de nos repas, nos montres nous servent ensuite à la déterminer; mais il serait absurde de penser que nos montres indiquent l'heure de nos repas «parce qu'elles ont faim». De même encore, les Egyptiens ayant constaté que la crue du Nil se produisait peu après le lever héliaque de Sirius, utilisaient cette corrélation pour prévoir l'imminence de l'inondation; mais il serait absurde de supposer que les Egyptiens ont connu *originellement* la crue du Nil par le moyen de Sirius, alors que c'est au contraire la constatation de ce phénomène tropique qui a attiré leur attention sur le fait sidéral. Les Egyptiens ont admis, néanmoins, que l'inondation tropique était *régie* par la déesse sidérale. C'est là un lien fictif qu'expliquent les tendances religieuses et l'ignorance des lois astronomiques; mais il est singulier de trouver l'expression d'une idée analogue sous la plume d'un professeur d'astronomie qui attribue la détermination des dates tropiques, en Chine, à l'observation des «étoiles culminantes».

Le texte du *Yao-tien* dit — il est vrai — que les 4 étoiles «servent à déterminer» les dates cardinales. Mais il serait déplacé, d'abord, de reprocher aux astronomes antiques une erreur que certains astronomes modernes ont aggravée en l'adoptant. Il est manifeste, en outre, que cette formule n'avait pas le sens, qu'on lui attribue, d'un procédé usité en *pratique*. Car le texte dit: *Le jour moyen* (et l'étoile Niao) *servent à déterminer...* etc. Pourquoi donc les critiques ont-ils voulu voir dans le second terme, plutôt que dans le premier, un procédé réellement employé? Le texte dit en outre que «le mois intercalaire sert à déterminer les 4 saisons». Et *Se-Ma T'sien* dira encore, 20 siècles plus tard, que «la Grande Ourse détermine les 4 saisons». On ne supposera pas, je pense, que le calendrier des Han fut établi sur la Grande Ourse. Le texte du

Yao-Tien reflète simplement le mysticisme métaphysique des Chinois ; et la raison pour laquelle il emploie l'expression 以定 est du même ordre que celle pour laquelle *Se-Ma* a intitulé son Traité 天官.

On chercherait vainement, d'ailleurs, dans ce Traité, une allusion au procédé des «étoiles culminantes». Il rappelle, au contraire, que la date tropique n'est indiquée que par des indices tropiques, parmi lesquels, comme le *Yao-Tien*, il cite à juste titre les variations météorologiques et physiologiques (p. 400):

«Quand les cerfs perdent leurs cornes, quand les tiges des orchidées apparaissent, quand les sources tressaillent, ce sont des moyens de connaître approximativement que le jour du solstice d'hiver est arrivé. Mais le témoignage le plus important et le plus précis est l'ombre du gnomon.»

Aux inventeurs de la théorie des «culminations» je dédie ces sages maximes du duc grand astrologue.

V. Inconséquences et contradictions des interprétations admises.

Il serait par trop long d'énumérer séparément les erreurs contenues dans les études de Chalmers (C), de Legge (L), de Schlegel (S) et de Russell (R) [1]. Nous allons donc grouper d'abord celles qui leur sont communes; puis nous examinerons ensuite brièvement celles qui leur sont particulières.

C. L. S. R.

1°. On a beau tourner et retourner le texte, il n'y a pas moyen d'échapper à la nécessité d'admettre qu'il s'agit de passages au méridien. D'ailleurs les commentateurs indigènes ne mettent pas le fait en doute. Nos 4 auteurs ne pouvaient donc se soustraire à cette obligation. Mais comme l'observation méridienne est une opération

---

1) Voy. Bibliographie.

savante qui contraste avec leur hypothèse d'une astronomie rudimentaire, ils se trouvent inconsciemment embarrassés d'avoir à parler de «passages au méridien». A cette expression ils subtituent alors celle de *culmination* qui présente l'avantage de déplacer la question.

Lorsqu'un astre passe au méridien, il culmine. Mais ce dernier terme fait allusion à sa hauteur (maxima) tandis que la premier se rapporte à son angle horaire (nul). Aucun de ces auteurs n'entend soutenir que les Chinois observaient le maximum de la hauteur. Mais en faisant usage du mot *culmination* ils sont bien aises de n'avoir pas à expliquer comment le plan méridien avait été conçu et repéré.

2°. Ils imaginent que le texte indique le moyen de «déterminer les saisons», au fur et à mesure, à une époque où l'on ne savait pas encore en fixer les limites à l'avance, c'est-à-dire à une époque où l'astronomie était très rudimentaire. Et aucun d'eux ne se demande pourquoi les Chinois n'observaient pas tout simplement les couchers (ou levers) héliaques, qui fixent à 5 jours près le retour des dates annuelles, procédé élémentaire qui s'est imposé à tous les primitifs.

3°. Sans formuler la moindre surprise, ils admettent qu'un peuple encore réduit à ne pouvoir prévoir la durée des trimestres, cherchait la solution du problème sidéro-solaire en faisant intervenir gratuitement la révolution diurne dans la considération de la révolution annuelle; et qu'il tentait cette détermination complexe dans la partie méridionale du ciel où ne se trouve aucun repère naturel! (v. p. 312).

4°. Ils admettent ainsi qu'avant d'exister l'astronomie chinoise était déjà *équatoriale*. Mais ils n'admettent pas cependant qu'elle fut *horaire*, ce qui est le complément indispensable de toute astronomie équatoriale, et ce qui résoudrait immédiatement le problème en le ramenant dans le droit chemin.

Aucun d'eux n'exprime les motifs de son hypothèse; ils marchent

à l'aveugle. Mais on peut suppléer à leur silence en reconstituant
ainsi le fil inconscient de leurs idées: «Nous admettons — se disent-
ils à leur insu — les passages méridiens, parcequ'il n'y a pas moyen
de les éluder; mais nous nous refusons à attribuer l'invention de la
clepsydre à une antiquité si reculée. Or comme le révolution diurne
(que nous avons dû faire intervenir) implique nécessairement une
considération horaire, il faut que les Chinois aient observé les passages à une *heure naturelle*».

Le coucher du soleil fournit une *heure naturelle* mais inutilisable ici;
car, si l'on rejette l'idée d'un garde-temps, il faut que le phénomène employé comme repère indique à *la fois* la position du soleil,
et celle du firmament. Au coucher du soleil, les étoiles sont invisibles; il n'y a donc pas de détermination sidéro-solaire. Une seule
solution se présente: il faut que le texte se rapporte à l'instant de
l'apparition des étoiles; car, à ce moment, la position du firmament
est indiquée *de visu* par le plan méridien, et la position du soleil
est indiquée par l'affaiblissement de son éclat [1]). Cette solution
alambiquée parait tellement certaine à ces auteurs qu'ils l'admettent
sans la moindre discussion critique.

5°. Aucun d'eux ne s'étonne que les Chinois aient choisi des
étoiles de 3e et de 4e grandeur pour l'application d'un procédé déjà
inadmissible même avec des astres de 1e grandeur.

6°. Aucun d'eux ne remarque que la diversité d'éclat des étoiles
du texte (2e, 3e, 4e et 4e gr.) donnerait des délais de visibilité
différents [2]). R. fixe uniformément ces délais à 40m. Comme cette
limite, absolument insuffisante, recule déjà de 8 siècles l'époque (2300)
de *Yao*, il se trouve embarrassé pour lui donner une valeur plus

---

1) En supposant constante la relation entre la situation du soleil et sa puissance lumineuse, relation troublée par les variations atmosphériques.

2) D'ailleurs l'état variable de la lune modifie tellement l'heure des apparitions que
ce procédé imaginaire est inapplicable et inéxistant.

raisonnable et se borne à dire que le texte parait se rapporter à une époque postérieure de «plusieurs» siècles. Quand à L., il élimine la difficulté en considérant comme négligeable l'intervalle qui sépare le coucher du soleil de la visibilité des étoiles [1])!

7°. Nous arrivons maintenant à une énormité, incroyable surtout de la part d'un professeur d'astronomie. La rotation de la Terre sur elle-même étant perpétuellement uniforme, il s'en suit que, dans la révolution diurne, les intervalles équatoriaux égaux passent au méridien à des intervalles horaires égaux. Les étoiles du texte divisant l'équateur en 4 quadrants sensiblement équivalents, il est manifeste qu'*elles ne peuvent passer au méridien à des intervalles inégaux.* A moins de faire règner le bon roi *Yao* sur une contrée équatoriale (où le soleil se couche à 6^h en toute saison) il est donc impossible de rapporter le texte aux heures du coucher du soleil, lesquelles à la latitude de la Chine primitive (36°) sont: 6^h, $7^h 15$, 6^h, $4^h 45$ [2]). Il est déjà surprenant de voir ces auteurs chercher à concilier l'inconciliable; mais ce qui est plus surprenant encore, c'est que deux d'entre eux (L. R.) croient y avoir réussi! J'ai montré (R. G. S. p. 136) par quels moyens: R. en éliminant un des résultats et en commettant une grosse faute de calcul sur l'autre; L. en se déclarant satisfait des indications de son graphique, sans indiquer les chiffres (cependant directement lisibles sur sa graduation) qui dénotent trente siècles d'écart! Quant à C. et S. ils s'apercoivent que les étoiles

---

1) Il dit en effet que le texte se rapporte *at dusk*, puis établit son graphique pour le *sunset*.

2) Le lecteur peut apprécier très facilement la force de cette incompatibilité. Il n'a qu'à porter sur un cercle les positions cardinales du soleil (0^h, 6^h, 12^h, 18^h); puis, à partir de ces 4 points, marquer la position de chaque étoile respectivement à 6^h, $7^h 15$, 6^h, $4^h 45$ en sens inverse des aiguilles d'une montre. Il constatera alors que les intervalles *interstellaires* seront: $7^h 15$, $7^h 15$, $4^h 45$, $4^h 45$. L'intervalle entre les deux étoiles solsticiales *devrait* donc être $7^h 15 + 7^h 15 = 14^h 30$ alors qu'il *est* en réalité de $11^h 52^m$ (R. G. S. p. 141). Ce qui (à raison de 5^m par siècle) donne trente siècles d'écart dans l'évaluation chronologique basée sur la précession.

passent au méridien à 6^h et non pas au crépuscule; mais au lieu d'ouvrir les yeux sur leur erreur, ils ne comprennent pas ce qu'il y a d'intentionnel dans cette concordance. Ils ne soupçonnent même pas que les positions de ces étoiles sont celles du soleil équatorial aux dates cardinales! C., avec une gravité vraiment comique, se déclare «à même de démontrer» que ces étoiles n'étaient pas visibles (ce qui est évident à première vue) et que, par conséquent, *Yao* a voulu nous mystifier en affirmant des choses «qu'il ne pouvait pas connaître», à moins toutefois — ajoute-t-il — qu'il n'ait tenu ces renseignements «de Noé lui-même»! — Quand à S. il explique qu'en théorie les étoiles passaient bien à 6 heures du soir, mais qu'en pratique on observait ce passage à la tombée de la nuit. J'ai renoncé à saisir le sens de cette distinction.

8°. Après cette hérésie astronomique en voici une autre encore plus forte: ces 4 auteurs, dont deux au moins [1]) sont spécialistes, imaginent que les saisons tropiques ont été *déterminées*, originellement au moyen d'étoiles. Ce prétendu procédé n'est qu'un pur non-sens comme je l'ai montré plus haut (p. 325).

9°. Aucun d'eux n'est surpris du fait qu'il y eût déjà, dans une phase aussi primitive, des astronomes officiels occupant de hautes charges; ni que le souverain leur ordonne de calculer les conjonctions. Aucun d'eux ne signale l'analogie du texte avec celui du *Hia-Siao-Cheng* [2]) et de l'éclipse du *Chou-King*.

10°. Voici maintenant le bouquet. Tout ce bel échafaudage d'incompatibilités historiques et astronomiques repose en dernière analyse sur un aveugle respect de la traduction littérale des caractères 以 定. Il est assurément fort louable de ne pas s'écarter de la

---

1) R. et C. Quoiqu'on ne connaisse pas au juste le rôle joué par le Rév. Pritchard, professeur d'astronomie à Oxford, il paraît inadmissible qu'il ait établi le graphique du Dr. Legge, sans avoir collaboré à son interprétation astronomique.

2) Sauf R., mais il n'en voit que le côté chronologique. Aucun de ces auteurs ne mentionne l'interprétation de Biot ou de Gaubil. (Sauf S., très partiellement).

teneur d'un texte, à condition toutefois de ne pas aller jusqu'à violenter les lois du ciel et de la logique. Dans l'idée préconçue que les «Instructions de l'Empereur» indiquent un procédé pratique pour déterminer, au fur et à mesure, les saisons, nos 4 auteurs sont obligés d'admettre que les Chinois ne savaient pas en prédire la date et que, par conséquent, *ils ne connaissaient pas la durée de l'année!* Or le texte même dont on tient tant à respecter la teneur indique cette durée avec une exactitude qui fixe immédiatement à 5 *heures près* la limite des saisons! Il mentionne en outre l'usage du mois intercalaire qui suppose un calendrier régulier,

Comment donc ces auteurs ont-ils concilié leur théorie avec cette partie décisive du texte? — De la manière la plus simple: ils ont éliminé la phrase qui indique la durée de l'année et le mois inter-calaire. Nous avons là un très curieux et quadruple exemple de la facilité avec laquelle l'esprit dominé par une croyance peut écarter, paisiblement, une objection qui le gêne.

Ni C, ni L, ni S, ni R [1]), ne font la moindre allusion à cette partie du texte, ni au problème général de la durée de l'année dont la solution est cependant capitale dans l'évolution d'une astro-nomie: car elle en clôt la phase primitive et ouvre celle que l'on peut nommer *scientifique.*

Je laisse au lecteur le soin de grouper, s'il le peut, dans une formule, les contradictions et les anachronismes dont la combinaison représente l'interprétation actuellement admise de ce précieux document ainsi que les idées régnantes sur les origines de l'astronomie en général. Il est singulier de constater combien peu les astronomes ont réfléchi sur les premières étapes de leur science. On peut dire, sans exagération, que les techniciens chinois, depuis les *Han,* se

---

1) R. y fait allusion dans son exorde, mais n'en parle plus dans la discussion, ni dans ses conclusions sur «la grossière détermination des saisons».

sont montrés supérieurs en cela à leurs confrères européens du
XIXᵉ siècle. Si le spectre de l'empereur *Yao* s'intéresse encore aux
choses du ciel et rôde parfois aux alentours du *T'ong Wen Koan*,
il a dû s'égayer des commentaires dont les Barbares de l'Ouest ont
agrémenté ses fameuses «Instructions».

Relevons maintenant les particularités de ces diverses études:

L.

En ce qui concerne le Dr. Legge, je n'ai rien à ajouter à ce
que j'ai dit R. G. S. p. 136, sauf la rectification suivante:

Il m'a échappé que le célèbre sinologue n'admettait pas la définition
des *sieou* posée par Gaubil, Ideler et Biot, et qu'il s'est rallié à la
théorie des *astérismes* que nous réfuterons plus loin. Cela explique
pourquoi il traduit: «L'étoile *est dans* Hiu» au lieu de «l'étoile Hiu».

Par ailleurs, ce fait ne modifie guère les incompatibilités horaires
de son interprétation. Toutefois l'écart de 30 siècles que j'avais
relevé se réduit à 25 siècles. Dont acte.

C.

Le Rév. J. Chalmers, astronome et missionnaire, n'a pas seulement
traité de la question du Chou-King, dans les *Prolégomènes* de la
traduction du Dr. Legge (1869) mais aussi de toute l'ancienne
astronomie chinoise qu'il présente sous le jour le plus faux. J'examinerai en détail son étude dans mon prochain ouvrage; je ne
puis envisager ici que la partie relative à notre texte.

Cet auteur n'a pas le moindre soupçon du caractère équatorial
de l'astronomie chinoise qu'il assimile à celle des anciens Grecs en
isolant des citations purement démotiques [1]). Il semble ignorer

---

1) On ne trouve dans Gaubil aucune allusion aux couchers héliaques; et en effet
ce procédé écliptique est inutilisable dans une astronomie équatoriale. Mais Confucius
remarquant «qu'à telle époque *Fang* était encore visible à l'horizon», C. part de là pour

totalement les travaux de Gaubil et des techniciens chinois. Il commente le *Yao-Tien* dans des termes empruntés au langage de Ptolémée:
«D'après ce document, dit-il, qui indique les étoiles employées pour
marquer les *signes cardinaux du zodiaque*, les équinoxes étaient
dans *Taurus* et *Scorpio* et les solstices dans *Leo* et *Aquarius*...
Yao en quelques phrases pompeuses (?) donne à entendre qu'il est
d'avance parfaitement renseigné sur les résultats des observations
qu'il ordonne à ses astronomes de faire. Mais ceux-ci trouvèrent-ils
ces étoiles comme *Yao* leur avait dit qu'ils les trouveraient? *We
are supposed to believe that they did, of course.* Mais comme on ne
nous le dit pas, nous réclamons la liberté d'en douter». — Puisque C.
estime qu'à cette époque et pendant vingt siècles encore, les Chinois
en étaient réduits à la méthode grossière des levers héliaques et de
la succession zodiacale, comment s'explique-t-il que le texte indique
nou pas la constellation en conjonction ou en contiguïté, mais celle
qui passe au méridien? Il reste muet sur ce point; mais il admet
que les *Hi* et les *Ho* ont fait réellement le voyage au Tonkin et
autres lieux cardinaux du futur empire et qu'arrivés là.... ils
n'ont pu constater la «culmination» des étoiles parce qu'elle se
produisait à 0 heures, heure à laquelle, sauf en hiver, elles sont
invisibles. En tout ceci, on le voit, il ne précise pas la méthode
employée pour l'observation méridienne. C. imagine, semble-t-il, que
ces astronomes ont fait ce long voyage pour assister simplement au
spectacle d'une «culmination»; et il ne se demande pas quel parti
ils en auraient pu tirer, alors même qu'elle eût été visible? Se
figure-t-il qu'on peut déduire une date, même approximative, en

---

dire que *postérieurement à Méton et à Calippe* (!) (c'est-à-dire au IVᵉ siècle) les Chinois en
étaient encore réduits à établir leurs calendriers sur de grossières observations de levers
héliaques; ce qui implique qu'ils ne connaissaient pas encore la durée de l'année (bien que
cette expression «durée de l'année» soit absente de toute l'étude de C.). Cette dissertation
est un des meilleurs exemples qu'on puisse citer de l'absence complète de méthode, qui
règne encore, dans la critique de l'évolution de l'astronomie

contemplant une culmination? Et pourquoi donc ces astronomes n'observaient-ils pas tout bonnement les couchers héliaques, qui n'exigent ni plan méridien, ni notation horaire?

Mais voilà qui est plus fort. La seule excuse qui puisse atténuer l'inanité de cette dissertation, est que l'auteur se refuse implicitement à admettre l'emploi de la clepsydre. S'il l'admettait, la question qu'il pose: «Comment *Yao* pouvait-il savoir cela?» recevrait immédiatement une réponse [1]) sans aucune intervention de Noé. Or, le voilà maintenant qui examine l'hypothèse suivant laquelle *Ho* aurait emporté une clepsydre dans ses bagages pour aller assister au spectacle de la culmination de *Mao* (hiver):

Il a pu voir l'étoile longtemps avant sa culmination; mais à moins d'avoir une bonne montre, il n'a pu constater qu'elle culminait à 6 heures; et sa clepsydre, à supposer qu'il en eût une, aurait été gelée!

Outre qu'il semble difficile de refuser aux Chinois de cette époque l'usage du feu et des maisons d'habitation dans lesquelles on peut empêcher l'eau de geler, si *Ho* avait une clepsydre, *Yao* en possédait une également, et dès lors le texte est expliqué. En vérité, une telle argumentation semble relever plutôt de la bouffonnerie que d'une critique sérieuse. [2]).

S.

Avec Schlegel, maintenant, nous arrivons à l'extrême limite où un esprit, sain par ailleurs, peut se laisser aller en tirant, sans aucun frein, des déductions imaginaires de notions astronomiques

---

1) Je n'entends pas par là adopter la théorie de la détermination des saisons par les étoiles; je me place au point de vue de l'auteur, qui se demande seulement comment *Yao* avait pu déterminer l'heure.

2) Néanmoins Schlegel a trouvé ce raisonnement si admirable qu'il le reproduit avec approbation (*Ur.* p. 6). Par ailleurs, il va sans dire que l'intervention personnelle de *Yao* et les prétendus voyages des astronomes n'ont rien à démêler avec la partie authentique du texte.

purement livresques, acquises en dehors de toute pratique instrumentale. De telles aberrations, je le répète, eussent été impossibles si les historiens de l'astronomie avaient établi les étapes successives et l'enchaînement nécessaire des besoins et des procédés qui expliquent les premiers pas de la science.

La distinction entre l'astronomie annuaire et écliptique chaldéo-grecque basée originellement sur l'horizon, et l'astronomie diurne, équatoriale, des Chinois basée sur l'étoile polaire, montre immédiatement que le texte du *Yao-Tien* implique la clepsydre. L'interprétation de L. C. et R. consiste à méconnaitre cette distinction, à prendre l'expression 以 定 au pied de la lettre et à concilier le texte, par une accumulation d'incompatibilités, avec l'idée qu'ils se font d'un procédé primitif d'ailleurs inéxistant. Toutefois, grâce au silence qu'ils gardent sur le moyen pratique d'observer une «*culmination*», ils arrivent à se maintenir tant bien que mal dans le cadre de l'histoire. Tel n'est pas le cas de S. Ayant compris de travers un passage parfaitement clair de Gaubil, il en déduit que le texte du *Chou-King* ne se rapporte pas au règne de *Yao* mais à une époque antérieure.... de 18000 ans! Puis, enchanté de cette découverte, il en fait la clef de voûte d'un gros ouvrage sur l'Uranographie chinoise. Il est arrivé à cette belle déduction de la manière suivante:

J'ai cité (R. G. S. p. 139), un passage capital du P. Gaubil [1]) que personne n'a remarqué (sauf S. et moi), et qui a échappé à Biot lui-même [2]). Dans cette page décisive, Gaubil montre que,

---

1) Obs. t. III, p. 8.

2) Biot dit en effet (*Etudes* p. 367): «Selon Gaubil l'observation se faisait le soir au coucher du soleil, et le lieu actuel de cet astre dans les divisions équatoriales se concluait de celle qui se voyait dans le méridien au même instant. Mais cette explication n'est valable que pour les deux équinoxes...» J'ai déjà fait remarquer que Biot avait éludé, dans ses articles, la question de la méthode indiquée par le texte de *Yao* et qu'ayant à en parler dans les dernières pages de ses *Etudes*, il est tombé dans des contradictions. L'explication n'est pas plus valable pour les équinoxes que pour les solstices, puisque les étoiles sont invisibles au coucher du soleil. Biot a mal lu le passage. (*Lettres édif.*, XIV, p. 311.)

bien antérieurement à la découverte de la précession (qui seule eût
permis de forger cette interprétation) les techniciens chinois connaissaient parfaitement le sens traditionnel du texte de *Yao* touchant
«les 4 étoiles qui répondent aux 4 saisons». Ils les présentent comme
une quadrature solidaire faisant concorder 4 fois par an les quadrants
de la révolution diurne avec ceux de la révolution annuelle. «Les
interprètes des Han, dit Gaubil, assurent qu'il s'agit *des étoiles
qui passent au méridien à midi, à minuit, à 6ʰ du soir et à 6ʰ du
matin»* etc. Il semble impossible de se méprendre sur un texte
aussi clair, qui équivaut au tableau ci-dessus (p. 317) et dont le
sens confirme celui du texte de *Yao*; à savoir que, au printemps par
exemple, si *Niao* passe au méridien à 6 heures du soir, il s'en suit
que *Mao* a passé à midi (en conjonction solaire) et que *Ho* passera à
à minuit, etc. D'ailleurs Gaubil se donne, bien inutilement, la peine
de détailler, dix lignes durant, ces conséquences axiomatiques. Le
Dr. Schlegel ne comprenant pas qu'il s'agit de la révolution *diurne*,
de 6ʰ en 6ʰ, à chacune des dates cardinales, a cru que Gaubil voulait dire:

«Il s'agit des étoiles qui passent au méridien à midi [au prin-
temps] à minuit [en été] à 6 heures du matin [en automne] et à
6 heures du soir [en hiver]...» quoique cette idée bizarre soit formellement contredite par la suite des explications (vraiment superflues)
du savant missionnaire.

De cette colossale méprise va sortir une fantastique discussion
astronomique. Mais je préfère céder la parole à l'éminent sinologue
hollandais (p. 17):

«Nous avons établi dans notre critique précédente que les faits énoncés
dans le *Chou-King* n'étaient *vrais qu'en théorie*: aussi les commentateurs de

ce livre diffèrent-ils immensément entre eux sur l'heure de l'observation [1]). *Ngan-Kouo*, entre autres, supposait qu'au soir de l'équinoxe vernal les sept constellations de *Niao* étaient visibles. Les interprètes du temps des *Han*, comme nous le dit le P. Gaubil, assuraient que dans le *Yao-Tien* il s'agit des étoiles qui passent au méridien à midi, à minuit, à 6 heures du matin et à 6 heures du soir. M a i s c e c i e s t i m p o s s i b l e à l'égard des étoiles nommées dans le *Yao-Tien*, car, selon ce livre, *Sing* répondait au printemps et devait donc culminer le matin du jour de l'équinoxe [2]); *Fang* répondait à l'été et devait culminer à midi du solstice [3]); etc... Or ceci est impossible pour aucune époque... Les interprètes des Han ont senti cette difficulté et ont alors décidé tout arbitrairement que l'observation avait eu lieu à 6ʰ du soir; et *en effet si on admet cette heure, l'observation s'accordera avec les faits consignés dans l'histoire, quoique ce ne sera toujours qu'une observation théorique et non visuelle.* Mais nous le répétons, cette décision est tout-à-fait *arbitraire et contraire au texte du Chou-King*, qui dit expressément (?) que l'observation avait lieu le matin au printemps, à midi pendant l'été, etc...

«Nous en tirons la conclusion qu'on dut observer le matin les étoiles qui se lèvent héliaquement; à midi (en théorie) les étoiles qui passaient le méridien; le soir, les étoiles qui se couchaient héliaquement; et la nuit, les étoiles culminantes. De telle sorte qu'au printemps c'étaient les levers héliaques et à l'automne les couchers héliaques qu'on observait; tandis qu'en été on observait (en théorie) à midi les étoiles qui passaient le méridien, et pendant l'hiver les étoiles culminantes à minuit...» Le changement de face du ciel, dit Dupuis [4]), se manifeste surtout au méridien où chaque étoile passe tous les jours quatre minutes plus tôt..» J'ai dit que c'était surtout au méridien que ce phénomène s'observait *parceque l'horizon ne peut pas toujours servir à cette observation* par la raison que les jours croissant en été, la nuit retarde sa marche et que l'étoile qui devait se trouver en station à l'Orient à son commencement est déjà levée: l'effet contraire résulte de l'accélération de la nuit en hiver. La raison de cette variation est tirée de la marche oblique du soleil... On doit donc préférer le

---

1) L'immensité de ces différences n'existe que dans l'imagination de S. par suite de la manière dont il a compris les explications de Gaubil. *Ngan Kouo* donne simplement l'interprétation démotique de ce renseignement d'almanach, effectivement destiné à indiquer l'aspect général du ciel, mais dans lequel nous cherchons, en outre, les méthodes astronomiques de la haute antiquité.

2) S. sous-entend ici: [et non à midi comme le dit Gaubil].

3) [et non à minuit comme le dit Gaubil].

4) J'ai soutenu la thèse contraire (p. 312). Ce Dupuis a échafaudé, au commencement du XIXᵉ siècle, d'abracadabrantes théories analogues à celle de S., basées sur la haute antiquité des signes zodiacaux égyptiens, reconnus, depuis lors, contemporains des Ptolémées. (Voy. A. P. à la bibliographie).

méridien ou une hauteur quelconque d'étoile, plutôt que de prendre le commencement de la nuit qui varie tous les jours.

Analysons la subjectivité de ce passage qui résume la théorie de l'auteur:

En premier lieu, sa conviction s'appuie sur le *contexte* des propositions sidérales (*Yao* ordonna d'observer le lever du soleil, etc...). Quoiqu'on ne voie dans le document aucun lien entre ces *Instructions* et les propositions sidérales (et que ces deux éléments appartiennent à des époques sans doute très différentes), S. est persuadé que l'observation de *Niao* (= *Sing*) se rapporte au matin parcequ'elle est précédée de la mention du lever du soleil. Sur ces entrefaites, il tombe sur le passage de Gaubil. Ce dernier expose que, d'après les astronomes des *Han*, il s'agit des étoiles qui se succèdent au méridien de 6^h en 6^h. Mais au lieu d'énumérer les quarts du jour dans leur ordre naturel (0^h, 6^h, 12^h, 18^h) Gaubil écrit au courant de la plume: «à midi, à minuit, à 6^h du matin et à 6^h du soir» ne pouvant prévoir que cette interversion entraînerait un *quiproquo*. S., ayant déjà une conviction arrêtée, se figure que ces diverses heures se rapportent, non pas à une *même révolution diurne*, mais à des dates cardinales différentes! Il se trouve ainsi confirmé dans son opinion; seulement, l'interversion de Gaubil l'embarrasse et il déclare gravement que, à aucune époque, un tel ordre n'a pu se réaliser, ce qui est l'évidence même. Attribuant alors sa propre méprise aux astronomes chinois, il déclare «qu'ils ont senti la difficulté»! Puis il s'aperçoit (d'après la suite des explications de Gaubil) que ces interprètes des *Han* rapportent tout bonnement le texte à 6 heures du soir; mais cela ne lui ouvre pas les yeux et il s'imagine qu'il y a là deux interprétations différentes et que les Chinois ont formulé *arbitrairement* la deuxième (6^h) pour échapper à l'incompatibilité de la première! Pour ne pas suivre leur exemple, il la tourne d'une autre manière et déclare: que deux propositions du texte se rapportent à la méthode des *Culminations* et les deux autres à celle des *Levers héliaques!* Mais comment légitimer ce panachage? — Il se persuade alors que le procédé des levers (ou couchers) héliaques n'est pas praticable aux solstices; ce qui montre qu'il disserte sur l'astronomie primitive sans même savoir ce qu'est un coucher héliaque [1]).

Les autres déductions auxquelles S. est alors conduit sont encore plus fantastiques. L. C. et R. accumulent, nous l'avons vu, bien des non-sens; mais, cependant, ils ont encore un léger fil directeur dans les ténèbres où ils tâtonnent: ils se rendent vaguement compte qu'à défaut d'heure artificielle, une seule solution permet d'interpréter le texte, en le rapportant à l'heure naturelle où la position du firmament et celle du soleil sont indiquées simultanément par l'affaiblissement de la clarté diurne qui fait apparaître les étoiles [2]). Si l'on ne rapporte pas le texte à cette limite de visibilité, on tombe dans un nouveau non-sens: car s'il est impossible d'observer les étoiles à 6 heures, il est non moins impossible d'observer le soleil à la nuit close. A la question de C.: «comment les Chinois pouvaient-ils connaître la position des étoiles avant leur apparition?» se substitue l'autre question non moins embarrassante: comment pouvaient-ils connaître l'angle horaire du soleil après la disparition

---

1) Remarquez que le lever héliaque de Sirius, dont le rôle fut si important en Egypte, avait lieu *précisément aux environs du solstice!* Par ailleurs, voici d'où provient ce nouvel accroc aux lois astronomiques: S. a cherché, sur son globe à cercles mobiles, le coucher (ou lever) héliaque des 2 étoiles solsticiales du texte. Or, comme les 4 étoiles de *Yao* ont été choisies en vue d'une méthode équatoriale, de 6^h en 6^h, elles se couchent à 0^h, 6^h, 12^h, 18^h, aux dates cardinales et *ne peuvent* par conséquent se trouver près de l'horizon au crépuscule. Au lieu de reconnaître l'incompatibilité (évaluée dans la note de la p. 329) du texte avec la méthode zodiacale, il déclare que cette méthode est inapplicable aux solstices! Ce qui équivaut à dire que «par suite de l'obliquité de l'écliptique» il ne se produit ni aurore ni crépuscule aux solstices! (V. p. 312).

2) Aucun d'eux cependant n'a conscience de cette interprétation qui seule pourrait justifier leur thèse: L. confond indifféremment *at dusk* et *sunset*. C. et R. sont uniquement préoccupés de la visibilité des étoiles et admettent l'hypothèse de la clepsydre sans s'apercevoir que le problème est alors résolu.

complète de son action lumineuse? Il s'agit en effet d'une détermination *sidéro-solaire* faisant intervenir *deux* éléments. Si donc on ne rapporte pas le texte à l'unique donnée *naturelle* où ces deux éléments (sidéral et solaire) sont impliqués, il faut admettre l'emploi d'un instrument *artificiel* destiné à conserver l'angle horaire de l'élément invisible dans le but de le comparer à l'angle horaire de l'élément visible. Or S., ne se rendant aucun compte de ce postulat, admet que l'on observait le passage au méridien *à minuit* (!). Mais comment donc savait-on qu'il était minuit? — En supputant le trajet parcouru par les étoiles dans leur révolution diurne on peut bien en déduire une division de la nuit (et nous avons montré que telle est l'origine de l'astronomie chinoise); mais alors c'est la position de l'étoile qui donne l'heure, et non l'heure qui détermine la position sidéro-solaire. Pour connaître cette position sidéro-solaire (correspondance de *Niao* avec l'équinoxe etc.) il faut d'ailleurs une détermination *tropique*. Mais S., sans songer à expérimenter lui-même le cercle vicieux qu'il attribue aux primitifs, imagine qu'en regardant le ciel «*à simple vue*»[1]) on peut en déduire *à la fois* l'heure diurne et la date tropique! Tout cela est de la pure folie.

Aussi les conclusions sont-elles dignes des prémisses:

Voilà donc enfin l'accord parfait des deux solstices et équinoxes avec les signes qui doivent les annoncer et *qu'on ne pourra jamais trouver moyennant une autre méthode d'observation*... Seulement, il est nécessaire de remonter à une époque assez reculée... La précession des équinoxes étant de 50".2563 par an nous aurons à rétrograder d'environ 17908 années.

Après avoir évalué ensuite la variation de la précession, il conclut:

L'an 16916 avant l'ère chrétienne serait ainsi celui de l'invention des quatre signes cardinaux en question. Il va sans dire, cependant, que cette date n'est pas précisément rigoureuse; les obervations étant faites à la simple vue... peuvent comprendre des erreurs susceptibles d'influencer sur le chiffre obtenu. En la comptant grossièrement pour 18500 ans on ne sera peut-être pas trop éloigné de la vérité.

---

1) C'est-à-dire sans signal méridien, gnomon, ni clepsydre. Ur. p. 14.

Et telle est sa confiance dans ses étourdissantes déductions qu'il termine ainsi son ouvrage:

«Nous avons présenté notre explication sous le titre d'une Hypothèse; non pas parce que nous doutons des bases de notre travail, mais en souvenir de l'avis de Voltaire...».

R.

Nous abordons maintènant la plus récente de ces quatre études; la plus inconcevable aussi, car elle émane d'un professeur d'astronomie.

Lorsque l'histoire commence, écrit M. Russell, des progrès considérables ont été réalisés en astronomie. En Chine, le zodiaque avait été divisé en 28 constellations. Les saisons avaient été déterminées au moyen d'étoiles culminantes et on avait une bonne approximation de la durée de l'année. Les lieux du soleil et de la lune avaient été déterminés d'après leurs emplacements parmi les étoiles.

Ces lignes contiennent diverses erreurs.

1° Parmi les progrès «considérables» (*no small*) alors réalisés par les Chinois, R. ne signale pas le gnomon; il est donc clair que la détermination des dates tropiques par le fameux procédé des culminations d'étoiles est, dans sa pensée, une détermination *originelle* et non pas seulement *conservatoire*. Or ce prétendu procédé n'est qu'un simple non-sens astronomique, comme je l'ai dit plus haut.

2° Les *sieou*, dont il est question ici, ne sont pas des constellations et ne constituent pas un zodiaque. Ce dernier terme évoque en effet une idée essentiellement écliptique, alors que les *sieou* sont foncièrement équatoriaux.

3° Depuis les travaux de Biot (1840) il ne devrait plus être permis d'affirmer qu'il y avait originellement 28 *sieou*; il faudrait au préalable prendre la peine, sinon de réfuter, du moins de contester ou de mentionner son hypothèse si vraisemblable (v. p. 348).

4° A aucune époque de l'histoire nous ne voyons les Chinois déterminer la position des astres mobiles d'après leurs lieux « parmi les étoiles » et c'est là un des traits caractéristiques de leur méthode équatoriale, expliqué par l'origine horo-polaire.

Il est manifeste, en effet, surtout après l'emploi du mot *zodiaque*, que l'auteur entend dire ici que les Chinois employaient la méthode écliptique, chaldéo-grecque, consistant à indiquer les lieux des astres mobiles *dans l'intérieur des groupes stellaires*, et qu'il fait allusion au texte du *Yao-Tien* (« lorsque l'histoire commence... »); alors, que, précisément, ce texte antique nous montre (comme tous les autres textes postérieurs) un repérage horaire dans lequel les *sieou* jouent le rôle de divisions équatoriales, rôle incompatible avec leur conception en tant qu'astérismes [1]).

Je ne suivrai pas plus loin R. dans sa discussion: je renvoie le lecteur à ce que j'en ai déjà dit [2]). Je me bornerai a deux remarques complémentaires.

1° La grosse faute de calcul qui sert de clef de voûte a son interprétation montre avec évidence qu'il ne s'est pas aperçu de la concordance des 4 étoiles du texte avec les positions cardinales du soleil sur l'équateur. En effet, comme il fixe le délai de visibilité de ces étoiles d'une manière uniforme (en dépit de leur diversité d'éclat) il en résulte qu'il doit s'attendre à obtenir des heures d'apparition symétriques, comme celles du coucher du soleil. Et puisqu'il retranche de ces résultats symétriques la valeur *constante* du passage au méridien de ces étoiles (6^h) il doit s'attendre encore à trouver des résultats symétriques. Or il accepte, sans en être surpris, des résultats, égalisés par une faute de calcul, au solstice d'été et aux équinoxes; et il élimine comme aberrant le résultat relatif au solstice d'hiver. Donc, de deux choses l'une: ou bien il admet que des intervalles égaux

1) Voy. ci-dessous p. 369.
2) R. G. S. p. 137 et ci-dessus p. 326.

de l'équateur se succèdent à des heures inégales; ou bien il ne s'est pas aperçu de la concordance des 4 *sieou* avec les positions cardinales du soleil. Cette deuxième explication, évidemment la seule acceptable, montre que l'auteur traite de la question du *Yao-Tien* sans même soupçonner ce qui constitue, depuis 2000 ans, le fond du débat et la valeur indiscutable du document.

2° Dans la R. G. S. et ci-dessus, j'ai attribué à l'auteur l'idée, plus ou moins consciente, qu'à défaut de clepsydre le texte ne peut être rapporté qu'à l'heure d'apparition des étoiles où la position sidéro-solaire se trouve empiriquement déterminée. Or cette appréciation favorable se trouve démentie par R. qui, dans ses conclusions, regrette que les Chinois n'aient pas indiqué «les heures d'observation»! Mais s'ils étaient à même d'indiquer les heures artificielles, à quoi bon choisir alors l'heure naturelle de l'apparition? En y regardant de plus près, j'ai constaté que le raisonnement (d'ailleurs sous-entendu) de l'auteur n'est pas celui que je lui ai attribué: l'interprétation de R. est au fond celle de C.; avec cette différence, toutefois, que C. constate l'incompatibilité du texte avec l'observation réelle des étoiles et fait intervenir Noé; tandis que R., grâce à une faute de calcul, croit avoir trouvé une solution en masquant sous le mot «*plusieurs*» un écart de 8 siècles, d'ailleurs obtenu en fixant à 40^m le délai de visibilité d'étoiles de 4e grandeur; ce qui donnerait 15 siècles d'écart avec un délai plus convenable.

On peut donc reconstituer ainsi la genèse des idées de R. et de C.: ils n'ont pas vu que le problème sidéro-solaire comporte deux solutions: ou bien l'observation crépusculaire par contiguïté (coucher héliaque); ou bien l'invention d'un garde-temps *dont le but est de conserver la position* du mobile invisible pendant qu'on observe directement l'autre [1]).

---

1) Il est inutile de mentionner ici la 3e solution, celle d'Hipparque, qui consiste à mesurer angulairement la longitude du soleil par l'intermédiaire de la lune.

Ces deux auteurs ne soupçonnent même pas que la conception
et l'emploi du plan méridien supposent une astronomie fort développée; ils attribuent cependant cette méthode à des primitifs et y
ajoutent encore, implicitement, l'invention et l'emploi de la clepsydre; après avoir tacitement accordé aux Chinois ces deux notions
remarquables, ils ne s'aperçoivent pas que le problème est résolu
et persistent à y voir le fait d'une astronomie grossièrement rudimentaire; ils se préoccupent seulement (parceque le texte parle
d'étoiles) de vérifier si ces étoiles étaient réellement visibles. Ils ne
comprennent donc pas, ce qui est l'essence du problème sidéro-
solaire, qu'il faut observer *deux* éléments pour obtenir une détermination; et que la clepsydre permet aussi bien de rapporter la
position invisible des étoiles à celle du soleil visible (jour), que la
position invisible du soleil à celle des étoiles visibles (nuit). Si donc
R. entre en matière en calculant la limite de visibilité des étoiles,
ce n'est pas du tout (comme je l'ai cru, R. G. S.) parceque l'instant précis de cette limite permettrait d'éliminer l'hypothèse de la
clepsydre; c'est simplement parcequ'il recherche si, dans la haute
antiquité, on a pu observer ces étoiles aux dates indiquées. En
regrettant que les Chinois n'aient pas mentionné les heures, il
montre en effet qu'il ne répugne pas à admettre l'emploi d'un
garde-temps; seulement il ne se rend pas compte que l'emploi de
ce garde-temps supprime la nécessité de la visibilité des étoiles.

Par ailleurs il admet que les Chinois choisissaient précisément
(pour déterminer la saison!) l'instant où ni le soleil ni les étoiles
ne sont visibles (40^m après le coucher du soleil); et il discute les
résultats de ces observations-limites, non pas seulement pour en
supputer la date minima, mais comme si telle était bien la
méthode employée. Il semble retomber ainsi dans la première

hypothèse que je lui ai prêtée. En réalité ces auteurs ne se meu-
vent ni dans une hypothèse ni dans une autre: on ne trouve chez
eux qu'incohérence et contradictions.

VI. Le zodiaque lunaire d'Ideler.

Dans mon article de la R. G. S. destiné à établir, devant un
public de mathématiciens, que le texte du *Yao-Tien*, pris isolément,
suffit à démontrer le développement remarquable de l'astronomie
chinoise à une époque antérieure à l'an 2000, j'ai éliminé systématiquement la question de l'origine des autres *sieou*, non mentionnés
dans le document [1]). Les auteurs dont nous venons d'examiner les
opinions ont également limité la discussion au texte du *Chou-king*.
Mais nous devons maintenant considérer les hypothèses relatives à
la genèse des *sieou*. Car cette question a été liée par d'autres auteurs
à celle de l'interprétation de notre texte.

Lorsqu'on eût appris en Europe que les Chinois possédaient un
«zodiaque» de 28 constellations, on ne tarda pas à l'assimiler au
zodiaque lunaire des 28 *nakchatras* hindous, identifié lui-même au
zodiaque lunaire des 27 *manazil* arabes. Indépendamment de la
question de priorité, l'opinion que les 28 *sieou* chinois constituaient
un *zodiaque lunaire* s'accrédita chez les savants comme un fait acquis
et hors de discussion.

Ce caractère axiomatique de l'opinion reçue touchant l'origine
lunaire des *sieou* apparait nettement dans l'étude d'Ideler intitulée
Zeitrechnung der Chinesen, Berlin 1837—1839. Le savant chronologiste allemand professait «ne pas s'intéresser aux questions hypo-

---

1) Par suite de cette position dialectique, j'ai été amené a formuler des vues sensiblement différentes de celles qui résultent de l'examen comparé des autres sources.

thétiques». Et, en effet, il ne considérait évidemment pas celle de l'origine des *sieou* comme telle, puisqu'il n'a jugé à propos de l'appuyer par aucune preuve.

Depuis les plus anciens temps, dit-il, il existe en Chine un zodiaque de 28 parties réglé sur le cours périodique de la lune. Il y a d'abord été employé pour définir les lieux de cet astre, du soleil et des planètes... La dénomination générique des divisions chinoises est *sieou*. La caractère chinois qui les désigne peut aussi se prononcer *su* et signifie *une auberge pour la nuit*. Il peut aussi se traduire par le verbe *se reposer*. D'après cette dernière signification, j'ai adopté le terme de *stations de la lune* pour les désigner.

L'assertion contenue dans la première phrase (*réglé sur le cours de la lune*) sera démentie par Ideler lui-même qui, tout-à-l'heure, confessera qu'il n'a pu découvrir aucun rapport entre la répartition des *sieou* et le cours de cet astre.

Quant à la seconde phrase, elle contient la même erreur que celle de M. Russell [1]), si elle signifie que les *sieou* constituaient un repérage écliptique à la mode chaldéo-grecque.

En ce qui concerne le sens originel du mot *sieou* (3e phrase) je renvoie le lecteur à ce que j'en dirai p. 372; bornons-nous à remarquer le raisonnement d'Ideler: ce sont des *stations*, donc des stations *de la lune*.

C'est tout. Ces quelques lignes représentent toute l'argumentation du savant qui ne s'intéresse pas aux questions hypothétiques.

Il faut noter cependant qu'il mentionne la lune, *en premier lieu*, parmi les astres mobiles repérés «d'abord» par ce prétendu zodiaque. Le lecteur est ainsi porté à croire que cet ordre de préférence fait allusion à des textes antiques démontrant l'emploi spécialement lunaire des *sieou*. Or le plus ancien texte connu est celui du *Yao-Tien* et il indique les positions *équatoriales du soleil* et non pas les positions *écliptiques de la lune!* Nous verrons qu'il en est de même

[1]) Ci-dessus, p. 342.

de tous les autres documents antiques et qu'il faut arriver à l'ère relativement moderne pour trouver des indications sur la position de la lune dans les *sieou*. Il est indubitable que dès l'antiquité les divisions équatoriales ont dû servir à repérer le cours de la lune comme des autres astres mobiles; mais il est d'autant plus inexact d'affirmer leur spécialité lunaire que cet emploi est précisément le seul que les textes ne montrent pas.

A défaut d'indices historiques, la répartition astronomique des *sieou* indique-t-elle une relation lunaire? Ideler ne s'est pas fait illusion sur ce point:

Il est fort surprenant, dit-il, que les intervalles des 28 divisions chinoises présentent de si grandes inégalités; quelques unes n'ayant, même dans les anciens temps, que 2°42′ de longueur équatoriale, d'autres très voisines, plus de 30°. Il est également singulier que l'on ait choisi de si petites étoiles pour déterminatrices tandis qu'il y en avait tout auprès de très brillantes... Je présume que ce *désordre apparent* des stations de la lune est basé sur de vieilles concordances du lever de cet astre avec les étoiles qui passaient en même temps au méridien. Mais je n'ai pas été assez heureux pour découvrir le principe qui a décidé le choix de ces étoiles; s'il y a eu un tel principe, l'emploi qu'on en a fait a dû être très grossier: car, par aucune combinaison possible une station [lunaire] n'a pu contenir 26 ou 33 degrés alors que la station voisine en contenait seulement 4 ou même 2.

Whitney, plus logique en cela, affirmera qu'un zodiaque lunaire est nécessairement écliptique, et contestera le caractère équatorial de l'ancienne astronomie chinoise, comme aussi la définition des *sieou* basée sur les déterminatrices. Ideler admet à la fois l'observation des passages au méridien et le caractère zodiacal des *sieou*. Rien ne montre mieux la méconnaissance, encore persistante, de la distinction que j'ai établie au chap. III, si ce n'est la compilation de Ginzel qui entasse indifféremment les idées de Whitney et celles d'Ideler, sans même informer le lecteur que le caractère zodiacal des *sieou* a été contesté et réfuté par Biot.

VII. La théorie de Biot.

Biot répondit à Ideler dans le courant de la même année[1]). Il n'avait rien encore publié sur l'astronomie chinoise, mais l'étudiait depuis long-temps d'une manière approfondie. Il n'a pas seulement tiré parti des travaux de Gaubil: grâce à la collaboration de Stanislas Julien, et de son fils Edouard Biot, il a découvert et versé au débat des documents inédits de première importance.

Biot a abordé le problème de l'origine des *sieou* sans idée préconçue et d'une manière parfaitement objective. Le plus ancien document astro-nomique remontant au 24ᵉ siècle (d'après la tradition), il reconstitua par le calcul, sur un globe céleste, le ciel chinois de cette époque en y portant les 28 étoiles déterminatrices, les positions cardinales du soleil et les cir-compolaires principales mentionnées par les anciens textes. La destina-tion primitive des *sieou* se manifesta alors avec une grande évidence. Je la résume dans un tableau auquel le lecteur pourra se référer lorsque j'au-rai à montrer combien l'exposé de sa théorie a été dénaturé par Whitney.

Numéros des sieou.	Leur nombre.	Leur destination.	Confirmations historiques
1. 8. 15. 22. (de 7 en 7.)	B 4	Première quadra-tùre datant du 24ᵉ siècle environ, servant à repérer les positions cardinales du soleil.	Le texte du *Yao-Tien*, d'après lequel ces 4 *sieou* passent au mér. à 6ʰ du s., ce qui équivaut à dire qu'ils contiennent les positions cardinales du soleil.
2. 3. 4. 5. 6. 9. 10. 11. 12. 13. 15. 17. 18. 19. 20. 23. 24. 25. 26. 27.	A 20	Ces *sieou* sont ré-partis de manière à correspondre sur l'é-quateur, aux grandes circompolaires.	Le *Hia-Siao-Cheng* mention-ne les passages au méridien supérieur et inférieur des cir-compolaires et une relation circompolaire de *Tsan*.
7. 14. 21. 28. (de 7 en 7.)	B' 4	Deuxième quadra-ture datant du 12ᵉ siècle environ, servant à repérer les positions cardinales du soleil.	Biot a démontré que le duc de *Tcheou* a fait des in-novations astronomiques et s'est occupé spécialement de fixer le lieu du solstice.

1) Le premier article du J. des S. 1839, n'est qu'une introduction. Les 5 autres sont de 1840.

Catégorie A. La catégorie (A), la plus nombreuse, comprend une vingtaine de *sieou* dont la répartition a été manifestement choisie pour correspondre à celle des principales circompolaires [1]. Biot a établi cette concordance sur deux particularités qui entrainent une certitude inattaquable, mais que Whitney ne mentionne même pas :

1° Aux *grandes lacunes* dans la répartition naturelle des circompolaires correspondent de *grands intervalles* corrélatifs dans la répartition des étoiles déterminatrices. Aux groupements compactes des circompolaires correspondent, au contraire, de faibles intervalles entre les déterminatrices.

2° Les déterminatrices sont *diamétralement opposées* par couples, et cela avec une exactitude qui élimine d'emblée l'hypothèse d'une coïncidence fortuite. Cette symétrie diamé-trale démontre que l'on observait le passage des circompolaires au méridien *supérieur* et au méridien *inférieur*. De telle sorte qu'une même circompolaire (A) se trouvait repérée par deux *sieou* opposés (a et a'). L'étoile déterminatrice (a) était choisie sur le prolongement équatorial de la direction P A, tandis que (a') était choisie, à l'opposé, sur le prolongement équatorial de la direction A P. La remarquable symétrie des déterminatrices (a) et (a') s'explique ainsi par le fait qu'elles ont été choisies, sur le même cercle horaire, au moment des passages méridiens [2].

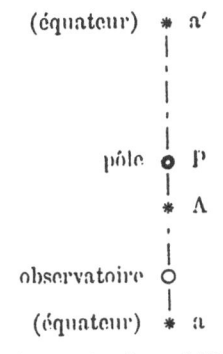

Projection du plan méridien.

---

1) Deux d'entre eux sont hétérogènes. (V. p. 390).

2) De même que si nous prolongeons sur un globe terrestre la direction Pôle-Paris et Paris-Pôle nous obtiendrons sur l'équateur deux points diamétralement opposés, sur le méridien [0°, 180°] de Paris.

Biot a résumé ainsi ces deux constatations contre lesquelles on n'a fait valoir jusqu'ici aucune objection, si ce n'est celle du silence:

(Correspondance des lacunes.) «On est d'abord frappé de voir que l'ensemble des 28 divisions chinoises, au temps dont il s'agit, offrent deux grands vides diamétralement opposés et occupant sur l'équateur des intervalles de 26° 28' et de 30°34'. Ce sont les stations appelées Tsing et Teou; elles répondent à deux époques de la révolution diurne pendant lesquelles il ne passait au méridien aucune des étoiles circompolaires que les anciens Chinois observaient spécialement. Après ces deux stations, les plus étendues sont Ouey et Pi, la première ayant 17°49' de longueur équatoriale, la seconde 18°6'. Elles sont aussi opposées en ascension droite et répondent à une absence de circompolaires. Deux autres encore présentent une étendue presque aussi grande, ce sont Goey 18°48' et Tchang 16°39'. Elles offrent la même particularité.

(Opposition diamétrale.) «[Réciproquement, il n'y a pas une seule des étoiles circompolaires mentionnées plus haut qui n'ait une *division* équatoriale correspondant exactement ou de très-près, à ses passages supérieurs et inférieurs pour cette époque...] [1]) Ceci, joint à la fixation des points solsticiaux et équinoxiaux, produit, dans les ascensions droites des déterminatrices, des oppositions par couples qu'on remarque dans le plus grand nombre d'entre elles et qui les place alors, deux à deux, dans un même cercle horaire presque exact. Pour que l'on puisse aisément en juger, voici le tableau de ces oppositions, avec la mesure de l'angle compris entre les cercles horaires des déterminatrices correspondantes: [2])

---

1) Ce passage [que j'ai mis entre crochets] est le seul que Whitney ait retenu, alors qu'il n'exprime pas une condition précise et nécessaire. Il l'a en outre dénaturé en substituant le terme *étoile déterminatrice* au mot *division* qui exclut l'idée d'une correspondance rigoureuse. D'autre part, si, comme je le crois, l'origine des *sieou* est antérieure au 24e siècle, le déplacement du pôle a pu altérer ces correspondances sans avoir d'effet appréciable sur les oppositions des déterminatrices (par suite de leur éloignement du pôle). W. a donc omis les deux relations essentielles que je résume dans ces deux formules: *Correspondance des lacunes* et *Opposition diamétrale.*

2) J. des S. 1840, p. 232. Si Biot avait étudié ces oppositions sur un tableau *graphique*, il aurait pu constater qu'elles ne sont pas seulement *diamétrales* mais aussi *cardinales*. Influencé par ses idées, j'ai cru (R. G. S) que le texte du *Yao-Tien* indiquait une destination spécialement *solaire* de la quadrature B. J'ai abandonné cette hypothèse depuis que le diagramme ci-dessous m'a révélé le caractère général des répartitions cardinales, évidemment obtenues (dans la phase *stellaire* primitive) au moyen des positions trimestrielles de la Grande Ourse.

Numéros d'ordre des divisions comparées.	Leur dénomination.	Leur différence d'ascension droite en — 2357.	Valeur de la dissymétrie.
1—15	Mao-Tang	182° 7′	2° 7′
2—17	Pi-Ouey	179° 51′	0° 9′
3—18	Tse-Ky	179° 34′	0° 26′
5—19	Tsing-Teou.	183° 7′	3° 7′
6—20	Kouey-Nieou	179° 1′	0° 59′
7—21	Lieou-Nieou.	180° 47′	0° 47′
8—22	Sing-Hiu	175° 38	4° 22′
9—23	Tchang-Goey	178° 7′	1° 53′
10—24	Y-Tche	180° 16′	0° 16′
11—25	Tchin-Py	178° 59′	1° 1′
13—27	Kang-Leou	175° 20′	4° 40′
14—28	Ti—Oey	177° 10′	2° 50′

Quelques *sieou*, on le voit, ne répondent pas à la symétrie; on verra plus loin que ces exceptions confirment la règle. Il faut remarquer, en outre, que cette symétrie diamétrale des *sieou* n'est aucunement indispensable à la théorie de leur origine circompolaire qui aurait pu fort bien être basée sur le *seul* passage au méridien supérieur. C'est une propriété *surajoutée* prouvant que l'on observait le double passage, et cela avec une précision qui constitue le plus ancien témoignage d'une méthode scientifique.

Catégories B et B′. Ces deux quadratures englobent les positions cardinales du soleil aux environs du 24ᵉ et du 12ᵉ siècles. La deuxième B′ ne contient *aucune* circompolaire notable dans trois de ses divisions et a manifestement été créée dans le but spécial de repérer les positions solaires. La première, B, a sûrement servi à cet usage comme en témoigne le texte du *Yao-Tien*: mais il ne me parait pas vraisemblable qu'elle ait été créée dans ce but, comme le croyait Biot. (V. p. 350, note 2).

Il admettait, d'autre part, que les catégories A et B avaient été créées *simultanément*, vers l'époque de *Yao*, A par des considérations purement *stellaires*, B par des considérations à la fois *solaires* et *stellaires*. Ce dernier point a donné lieu à la méprise fondamentale de la pseudo-réfutation de Whitney, lequel n'ayant relevé dans un tableau final que l'emploi *stellaire* de B a pu ainsi méconnaître son emploi solaire et faire abstraction du témoignage du *Yao-Tien* [1]).

Quant à la quadrature B', sa création a été attribuée par Biot à l'initiative réformatrice du duc de *Tcheou*; cette hypothèse me paraît presque indubitable.

On peut considérer, en effet, comme *démontrée*, la corrélation des anciens *sieou* avec les circompolaires. Cela étant, il est très remarquable que la quadrature B ne contienne précisément *aucune* des circompolaires notables mentionnées par les catalogues chinois, sauf dans une seule de ses 4 divisions.

Or, il est établi par une démonstration de Biot que le duc de *Tcheou* a opéré des déterminations solsticiales et a fixé au 2e degré de *Niu* le lieu sidéral du solstice d'hiver [2]). Il est donc extrêmement probable qu'il a créé ce *sieou* pour repérer cette observation; car aucune étoile ne convient mieux à ce but; s'il est exact que les *sieou* de B (dénués de circompolaires) n'existaient pas auparavant, les positions cardinales du soleil se trouvaient éloignées de toute étoile déterminatrice et il est fort naturel que ce prince astronome

---

1) Whitney, qui a fort mal lu les articles de 1840, ne s'est pas aperçu de l'existence d'une quadrature B dans la théorie de Biot. Cette omission rectifie, par hasard, un point erroné de cette théorie, mais en supprime du même coup la base historique (*Yao-Tien*) ce qui a permis à W. de nier l'antiquité des *sieou*.

2) Gaubil, en effet, a trouvé la mention de ces déterminations dans des documents *antérieurs* à la découverte de la précession. (D'ailleurs ce sont ces déterminations qui ont suggéré cette découverte). Laplace qui les a calculées a été étonné de leur exactitude. En outre, Biot en a fourni une deuxième preuve très curieuse, d'après les documents signalés par Stanislas Julien. (Voy. ci-dessous p. 370).

et réformateur ait désiré les jalonner au moyen d'une quadrature analogue à celle dont les Anciens avaient fait usage à l'époque de *Yao*.

D'ailleurs, si l'attribution de cette quadrature au duc de *Tcheou* venait a être décidément réfutée, cela ne modifierait en rien les constatations de Biot relatives aux autres *sieou*. Il faudrait seulement considérer alors comme inexpliquée l'origine de cette quadrature et s'émerveiller des singulières coïncidences auxquelles elle se prête.

Confirmations tirées des 史記. Les M. H. qui n'étaient pas encore traduits du temps de Biot, apportent une éclatante confirmation aux idées qu'il a mises en lumière, tant sur le caractère équatorial de l'astronomie chinoise que sur l'origine des *sieou*; ils confirment également mon hypothèse sur la genèse horo-polaire de cette astronomie, exposée au chapitre III.

On ne peut, en effet, lire le Traité des *Gouverneurs du Ciel* sans être frappé par ces traits essentiels:

1°. Absence complète de tout mythe solaire, de toute considération écliptique et zodiacale, d'où résulte une physionomie opposée à celle que présenterait un traité analogue cháldéen ou grec.

2°. Caractère purement équatorial et horaire des divisions et de la conception générale de l'astronomie.

3°. L'équateur placé sous la dépendance du pôle et des grandes circompolaires.

4°. Origine lointaine, archaïque, de ces principes qui affectent par conséquent une forme religieuse. (Mythes polaires).

Ainsi, par exemple, les anciens royaumes feudataires devenus provinces de l'empire sont associés astrologiquement à des *sieou* déterminés. Mais ces influences occultes sont présidées elles-mêmes par les circompolaires de la Grande Ourse (北斗). L'astrologie officielle avait ainsi conservé sous une forme métaphysique le souvenir de la genèse des *sieou* dont les astronomes ne connaissaient plus l'intention technique originelle:

«Les 28 mansions président aux 12 provinces; le Boisseau les dirige toutes ensemble; l'origine de cela est ancienne» [1]).
(Le Boisseau) détermine les quatre saisons . . . il fait évoluer les divisions (horaires) et les degrés (de l'équateur) [2]).

Ces phrases que je n'avais pas encore remarquées, lorsque j'ai été amené à concevoir la genèse astronomique exposée plus haut, la confirment sous une forme métaphysique, mais explicite, qui résume le sens de nos tableaux des pages 316 et 317.

Notons en outre que *Se-Ma*, commence sa description du ciel par la région polaire (Le Palais Central) et que l'étoile polaire, appelée le *Faîte du Ciel*, est considérée comme la résidence de l'*Unité du Ciel* [3]).

VIII. „The Lunar Zodiac" de Whitney.

Après avoir étudié les admirables articles du J. des S., ce fut pour moi un sujet de stupéfaction de constater les écarts de la critique postérieure et son silence obstiné à l'égard de Biot. La clef

---

1) M. H. t. III, p. 405.

2) 建四時。移節度。

3) Gaubil remarque que cette expression désignait autrefois une étoile qui fut précisément l'étoile polaire aux environs du 26e siècle. Fréret, sur les indications de Gaubil, l'a identifiée à x Dragon, mais Biot (J. des S. p. 235) a montré qu'il a mal compris les indications du missionnaire. Ce fait remarquable n'a guère été pris en considération parce que l'on ne croyait pas à la haute antiquité des méthodes chinoises; mais comme on peut établir, par démonstration, que cette époque est précisément celle de l'origine des *sieou*, la coïncidence prend une valeur décisive.

de ce mystère ne me fut donnée que lorsque M. Chavannes m'eût signalé l'article de Whitney, que nous allons maintenant analyser.

Dans cette diatribe, en effet, W. a tourné en dérision les idées de Biot; et il y a si bien réussi que personne depuis lors n'a osé s'en réclamer. Mais comme sa pseudo-réfutation repose sur la négation de tout document antérieur à l'Incendie des Livres, les auteurs qui ont traité ultérieurement de la question du *Yao-Tien* ne pouvaient pas davantage, sans pétition de principe, se prévaloir d'une démonstration qui excluait l'objet de leur étude. Ils ont donc pris le parti le plus simple: celui de ne citer ni Biot ni Whitney, tout en acceptant cependant les conclusions de ce dernier et en gardant un silence négatif sur celles du premier [1]).

Si Biot s'était borné à étudier les principes de l'astronomie chinoise, son oeuvre n'eût pu être ainsi méconnue. Mais comme le dogme du zodiaque lunaire lui paraissait fondé sur l'analogie des *sieou* et des *nakchatras*, il eut la curiosité d'analyser ces derniers et crut pouvoir affirmer leur origine chinoise [2]).

A l'incursion de Biot dans leur domaine, les indianistes répondirent par une contre-offensive. Ils coupèrent même les ponts derrière eux en acceptant le principe d'une origine commune des deux systèmes; de telle sorte que si l'Inde n'avait pas emprunté les *sieou* aux Chinois, la Chine avait nécessairement emprunté les *nakchatras* aux Hindous. Dans cette lutte sans merci, la retraite était impossible: il fallait vaincre ou périr.

---

1) Cet état de choses, qui a ramené le zodiaque lunaire et l'écliptique comme bases de l'astronomie chinoise, se manifeste tout au long de la compilation récente de Ginzel (Leipzig 1906) que j'examinerai en détail dans mon prochain ouvrage. L'auteur ne mentionne pas les articles de 1840 dans sa liste bibliographique.

2) Je me propose d'examiner ailleurs cette question sur laquelle je n'ai actuellement aucune opinion arrêtée, n'ayant pu encore me renseigner sur le sens des textes hindous.

Le célèbre professeur Weber, de Berlin, prit la direction des opérations. Cependant Biot, passant sur les derrières de l'ennemi, attaquait la vieille forteresse de l'astronomie hindoue et la détruisait de fond en comble; elle ne' s'est pas relevée de ses ruines.

Cette diversion, toutefois, ne lui procurait aucun avantage stratégique, car l'indianiste Whitney avait déjà commencé à démanteler cette citadelle reconnue indéfendable. Et ce succès, étranger au théâtre de la lutte, ne pouvait préserver Biot du coup terrible que le professeur Weber se préparait à lui asséner: ce dernier, en effet, ayant appris qu'un certain empereur *Ts'in Che Hoang Ti* avait autrefois ordonné la destruction des livres, proclama qu'il n'existait plus aucun texte chinois ancien et sapa ainsi toute la base historique de la démonstration du savant français.

En vain objectera-t-on que la littérature classique, les traditions et de nombreux documents ont survécu intacts à la proscription du IIIᵉ siècle [1]). En vain objectera-t-on que l'argument de Weber, en ce qui concerne les *sieou*, équivaut à dire que nous ne pouvons rien savoir du zodiaque grec antérieurement à l'incendie de la Bibliothèque d'Alexandrie. En vain objectera-t-on que cet argument n'a pu avoir de prise sur des sinologues, comme le Dr. Legge, qui ont précisément commenté les preuves astronomiques de l'authenticité de notre texte. En vain objectera-t-on que Biot a montré dans ses *Etudes* de 1862 l'inanité de cet argument. Les conséquences d'un coup droit s'apprécient par les effets qu'il a produits et non par des dissertations sur les règles de l'escrime. Or il est incontestable que le coup du professeur Weber a entraîné la défaite totale de Biot et submergé sa mémoire pendant un demi-siècle [2]).

---

1) Voy. à ce sujet la critique de Chavannes: M. H. Introd. chap. III.
2) On l'a cité parfois sur des points secondaires, étrangers à sa théorie, mais jamais plus on n'a mentionné ses découvertes.

Il est vrai de dire que la victoire de Weber n'eût pas été si décisive, ni surtout si durable, si son lieutenant Whitney ne l'avait parachevée après la disparition de Biot. La démonstration de Whitney s'appuie cependant, comme sur un roc, sur celle de Weber : ce dernier avait dit qu'il ne saurait exister aucun document antérieur à l'incendie des livres ; Whitney ne mentionne jamais l'argument de l'incendie dont l'effet sur certains lecteurs pourrait être douteux ; mais il affirme que « de par l'autorité de Weber (*as Weber maintains*) il n'existe aucun document antérieur au III⁰ siècle ».

Si efficace qu'ait été l'intervention de Whitney, il convient donc d'attribuer au général en chef l'honneur d'une victoire si écrasante.

*

Dans la préface de ses Asiatic and Linguistic Studies, W. nous apprend que l'étude *On the Lunar Zodiac* est une réédition de plusieurs articles antérieurs. L'auteur débute par des considérations sur la théorie, nécessairement écliptique, du zodiaque lunaire en général ; puis compare les *astérismes* hindous, arabes et chinois dont il affirme l'identité foncière et la commune origine. Il examine ensuite la théorie de Biot et la réfute dans le but de démontrer que les *sieou* ne sont qu'une importation relativement récente, en Chine, des *Nakchatras* hindous. Nous n'avons à envisager ici que la partie de cette étude relative à notre sujet, c'est-à-dire la prétendue réfutation de la théorie de Biot touchant l'origine des *sieou* :

M. Biot, dit Whitney, établit deux points principaux :
1°. Les *sieou* ne sont pas des constellations, des groupes stellaires, mais des étoiles isolées servant, comme dans notre astronomie moderne, de repères auxquels sont rapportées les planètes ou d'autres étoiles voisines ; et, pour autant qu'ils divisent le ciel en régions, ces régions sont comprises entre le cercle de déclinaison [1]) de chacune de ces déterminatrices et le cercle de déclinaison de la suivante.

---

1) Le cercle de déclinaison, ou cercle horaire, est à une étoile ce que le méridien est à un lieu géographique.

2°. Les *sieou* n'ont rien à voir avec le cours de la lune ni avec l'écliptique; 24 d'entre eux furent choisis aux environs de l'an 2357 av. J.-C. [1]), d'après deux considérations: leur proximité à l'équateur d'alors et la concordance approximative (*near correspondence*) de leurs cercles de déclinaison avec ceux des principales circompolaires. Les 4 autres furent ajoutés vers l'an 1100 dans le but de marquer les équinoxes et solstices de cette époque. Examinons ces deux parties de la théorie de Biot dans l'ordre inverse.

Auparavant, examinons à notre tour ce compte rendu très clair, mais inexact, tracé par Whitney.

Il n'y a rien à reprendre au premier paragraphe. Car Biot lui-même n'a pas vu que la première destination des *sieou* (repérage des circompolaires) appartient à une phase antérieure, complètement distincte de celle que le *Yao-Tien* leur attribue déjà (repérage horaire des astres mobiles) [2]).

Mais le second paragraphe dénature absolument la théorie de Biot, comme on peut le constater d'après le tableau de la page 348.

a) W. n'attribue à cette théorie que deux catégories de *sieou*, A et B', comprenant respectivement 24 et 4 *sieou* (total 28), alors qu'elle en comporte trois A, B, B', comprenant respectivement 20 + 4 + 4 *sieou* (total 28). Il omet ainsi la quadrature B, celle-là même dont le *Yao-Tien* mentionne explicitement les applications tropiques, celle-là même qui a fixé au 24° siècle les recherches de Biot. Au lieu de présenter la date choisie (2357) comme suggérée par le plus ancien texte chinois (ainsi que Biot l'a expliqué tout au long page 231), W. donne à croire à ses lecteurs qu'elle a été déduite de quelque calcul arbitraire.

---

1) Biot a choisi cette date, celle de l'accession au trône du *Yao* traditionnel, pour baser sa reconstitution exacte du ciel antique. Divers auteurs qui, à part cela, ne mentionnent guère les idées de Biot, lui attribuent l'opinion que ses recherches vérifiaient spécialement cette date précise. Il n'a jamais eu cette prétention, démentie par la manière dont il discute l'abscisse négative de *Ho*. (J. des S. p. 234.)

2) Voy. ci-dessus p. 320.

Comme le texte du *Yao-Tien* se rapporte d'une manière certaine aux passages méridiens, cette preuve historique de la méthode et du caractère équatorial de l'astronomie antique appuie solidement l'hypothèse relative à la catégorie A; et comme ce texte mentionne une quadrature tropique B, il appuie en outre solidement l'hypothèse relative aux catégories B et B'. W. a lu d'une manière tellement superficielle la théorie dont il entreprend la réfutation qu'il ne s'est même pas aperçu de la mention du document du Yao-Tien et de l'existence d'une quadrature B, point de départ historique des recherches de Biot. Et par cette singulière omission il supprime naturellement la principale base documentaire de l'argumentation de Biot.

Toutefois, si W. a fait preuve ici d'une grande légéreté, sa bonne foi était entière lorsqu'il écrivit ces lignes [1]). Mais nous verrons plus loin qu'avant de les faire imprimer il s'est aperçu de son erreur et a constaté l'existence d'une quadrature B appuyée sur l'autorité d'un texte. Il se retranchera alors derrière celle du professeur Weber qui nie tout document antique. Mais il ne s'agit ici ni de l'opinion de Weber ni même de celle de Whitney. Il s'agit seulement de l'opinion de Biot, dont W. prétend donner à ses lecteurs un compte rendu fidèle; d'autant plus fidèle que Biot est mort et que le public de philologues auquel il s'adresse le croira sur parole [2]).

b) La deuxième méprise de Whitney est aussi étonnante que la première, étant donné sa compétence en astronomie. Il omet les deux découvertes de Biot que j'ai appelées (p. 350) la correspondance des lacunes et l'opposition diamétrale.

---

1) La méprise de W. est atténuée par deux faits signalés plus haut (p. 319 et 352): 1° Biot a éludé la teneur littérale du texte en en déduisant les conjonctions. 2° Les 4 *sieou* du *Yao-Tien* ont effet un emploi stellaire en outre de leur emploi solaire. (V. note 1, p. 352).

2) Whitney est mort, lui aussi; je me fais donc un devoir d'analyser sa réfutation avec exactitude. Ses disciples américains le considèrent, à juste titre, comme une gloire nationale et me reprendraient vivement si je m'écartais de l'équité. Je souhaite d'ailleurs que mes lecteurs contrôlent mes remarques d'après le texte.

En échange, il attribue à Biot un principe d'après lequel l'étoile déterminatrice devrait correspondre à la projection équatoriale de la circompolaire (en d'autres termes, d'après lequel (a) devrait se trouver sur l'alignement PA. Dans le passage [que j'ai mis entre crochets p. 350] Biot semble bien formuler ce 3e principe *indépendant* des deux premiers, mais non pas dans le sens rigoureux que W. lui suppose; car le nombre des circompolaires étant bien supérieur à celui des *sieou* stellaires une même étoile déterminatrice (a) sert à repérer parfois plusieurs circompolaires, (A) et (A') Lorsque Biot dit dans ce passage: «il n'y a pas une seule des circompolaires qui n'ait une *division* correspondant exactement *ou de très* près à ses passages supérieurs *et inférieurs*» il exprime le fait indéniable que les *sieou* sont fort judicieusement répartis de manière à repérer commodément ces passages. Whitney, dans le principe unique qu'il substitue aux principes de Biot, supprime: 1° l'opposition diamétrale. 2° la correspondance des *grandes* lacunes. 3° le mot *division* de la phrase ci-dessus, qu'il remplace par *étoile déterminatrice*, comme si Biot avait affirmé la *near correspondance* de chaque circompolaire avec une déterminatrice, ce qui est impossible puisque le nombre des premières est supérieur à celui des dernières.

Néanmoins, quoique sa critique porte sur un principe que Biot n'a pas formulé, W. n'arrive à relever qu'un écart de 6°, dans un cas exceptionnel! Car, en effet, ce principe a bien dû être appliqué à l'origine, sans quoi l'opposition diamétrale serait inexplicable. Mais, remarquons-le, si la création des *sieou* est, comme je le crois, très antérieure à *Yao*, le déplacement du pôle a rapidement altéré les alignements PA tandis qu'il est resté sans influence appréciable sur les oppositions diamétrales aa'. (V. p. 349).

La première découverte de Biot (*correspondance des lacunes*), suffit à établir la corrélation circompolaire des *sieou*; si les Chinois n'avaient observé que les passages au méridien *supérieur*, cette corrélation serait l'unique principe de la répartition des déterminatrices; à elle seule, elle satisferait à leur emploi comme étoiles fondamentales. Or W. ne mentionne même pas cette correspondance irrécusable.

La deuxième découverte de Biot (*opposition diamétrale*), qui démontre la double observation au méridien *supérieur* et *inférieur*, dénote un choix tellement intentionnel que j'arrive difficilement à réaliser une telle symétrie dans l'expérience (à laquelle je procède actuellement) d'une division analogue de notre équateur moderne. Or W. ne mentionne même pas cette correspondance irrécusable.

Aux critiques de détail qui remplissent les pages 389—391, il suffit de répondre: «Que pensez-vous de la correspondance des lacunes? Quelle est votre opinion sur l'opposition diamétrale?»

Comment W. a-t-il pu ne pas s'apercevoir des deux découvertes qui supportent toute l'argumentation astronomique de Biot? Sa «discussion» nous le montre clairement: elle porte uniquement sur le tableau final, composé de 28 cases, annexé au 5ᵉ article, tableau dans lequel Biot a cherché à reconstituer les raisons qui ont pu militer en faveur du choix de chaque *sieou* pris isolément. Il examine donc là une question d'application, non de principe, dans laquelle interviennent des considérations d'opportunité imposées entre autres par la configuration fortuite du ciel, et qui sont affaire d'appréciation. Je suis bien loin de penser que Biot a deviné juste en chaque cas [1]), surtout depuis que j'expérimente les difficultés des conditions

---

1) Un fait, cependant, montre sa perspicacité à cet égard. A propos du *sieou* n° 16 (*Sin*) il dit: «Le choix de cette petite étoile est difficile à justifier. Le peu de longueur équatoriale de la division pourrait faire penser qu'elle a été établie concurremment avec *Fang* pour spécifier la position de l'équinoxe automnal». Telle n'est pas sa destination originelle, mais on verra plus loin (p. 389) que *Sin* a, en effet, une origine hétérogène et que Biot a deviné ainsi ce que nous apprennent les anciens commentateurs cités par Chavannes.

requises et que j'attribue à une date antérieure la création des *sieou*. Mais cette question d'application est indépendante de l'affirmation des principes.

Dans ce tableau, Biot n'avait donc pas à rappeler ces principes, exposés tout au long de l'article cinquième; et il est évident que W. après avoir feuilleté cet article a cru qu'ils étaient condensés dans ce tableau final. Cela nous explique comment il a pu ignorer non-seulement les deux découvertes de Biot touchant la catégorie A, mais encore l'existence de la quadrature B et du texte du *Chou-King*, ainsi que l'élégante démonstration de Biot relative à la détermination solsticiale opérée par le duc de *Tcheou*; comment il a pu ignorer, en un mot, tout le *substratum* historique et astronomique de la théorie qu'il entreprend de réfuter!

Si cette ignorance était entière, nous pourrions admettre qu'il n'a pas agi de parti-pris. Mais tel n'est pas le cas. Car après avoir dit:

Notons que tout ce récit des origines tel que Biot le présente est pure hypothèse de sa part. Il n'est pas fondé le moins du monde (*in the least*) sur aucun document ou tradition dans la littérature chinoise..,

il s'est aperçu que cette assertion est inexacte; cela ressort de la page 389:

La [déterminatrice] suivante, α de la Mouche, sans relation définissable avec aucune circompolaire est déclarée par M. Biot avoir été ajoutée au système par *Tcheou-kong* aux environs de l'an 1100 *comme nous l'avons précédemment indiqué*[1]). La mansion *Mao* qui lui succède est marquée par η Tauri: celle-ci aussi n'a aucune relation circompolaire, mais trouve sa raison d'être dans le fait qu'elle marquait l'équinoxe vernal de 2357 av. J.-C.; ce sur quoi Biot s'appuie même pour en faire le point de départ des séries entières — sans aucun support de la part des autorités chinoises ainsi que Weber le maintient.

Cette phrase équivoque est la cheville ouvrière de la réfutation de W.; il ne pourrait lui donner une forme moins ambiguë sans renoncer à publier son article. S'il attaque la théorie de Biot ce

---

1) Pourquoi, dès lors, n'a-t-il pas indiqué également ce qui suit?

n'est pas, en effet, pour proposer quelque autre destination antique des *sieou* chinois, mais bien pour démontrer qu'ils ont été importés à une date relativement récente. Il ne lui suffit donc pas de contester les relations circompolaires. Il doit en outre soutenir que Biot a inventé arbitrairement l'ancienneté des *sieou*. S'il admet qu'un document authentique atteste l'antiquité d'un nombre, même restreint, de *sieou*, la situation devient critique sinon désespérée.

Or il s'aperçoit maintenant que Biot fonde sur un texte la réalité d'une quadrature (*B*) et que, dans son exposé, il a omis de mentionner non-seulement ce texte mais aussi cette quadrature.

Heureusement Weber est là; et son autorité va supprimer l'obstacle. L'intervention de l'indianiste allemand révèle que l'on passe de l'examen astronomique à la question historique : mais le lecteur apprend seulement par cet indice que Biot s'appuie ici sur un texte. Non-seulement Whitney s'abstient de mentionner le nom du *Chou-king*, mais il évite même d'indiquer le motif qui fait appeler Weber à la rescousse.

Je ne puis d'ailleurs garantir la bonne traduction de cette phrase singulière :

On which account it is even made by Biot the starting-point of the whole series — as Weber maintains, without any support from the chinese authorities. (p. 389—390.)

Le sens ésotérique me parait être celui-ci :

Biot fait de cette quadrature du 24ᵉ siècle, directement confirmée par un texte, la clef de voûte de son hypothèse relative à 3 catégories (the whole series) de *sieou*. Mais Weber nous est garant que les lettrés chinois ne savent rien d'un prétendu livre appelé le *Chou-King*.

Or, remarquons-le, alors même que cela serait vrai, Whitney n'a plus le droit de maintenir son précédent exposé de la théorie de Biot. Car dans ce compte rendu dont il fait l'objet de sa réfutation,

Biot seul est en cause et non pas Weber ou les lettrés chinois [1]).

La quadrature du *Chou-king* n'est d'ailleurs pas le seul argument historique que Whitney a rencontré en épluchant les détails du tableau de Biot. Lorsqu'il arrive à la case n° 4 (*Tsan*), il relève bien que Biot ne lui a pas trouvé de corrélation circompolaire directe ; mais il s'abstient de faire part au lecteur d'une autre relation circompolaire historiquement établie et que Biot rappelle ainsi *dans cette même case n° 4* :

> Tandis que la station *Tsan* traversait le méridien, le timon de la Grande Ourse pendait verticalement en bas, et cela est spécifié dans le *Hia-Siao-Cheng.*

Ici, W. ne fait pas appel à Weber pour nier l'existence du calendrier de la 1e dynastie. Il supprime simplement la mention de ce document, mention qu'il a *nécessairement lue,* et qui suffit à ruiner sa thèse sur l'importation récente des *sieou* [2]).

Après avoir ainsi mis en lumière le mécanisme de cette « réfutation », revenons en arrière pour en examiner les rouages secondaires.

> On nous demande de croire, dit-il, que *Tcheou-Kong* ajouta les 4 derniers éléments au système, simplement parce qu'ils se trouvent en concordance avec les points cardinaux du ciel à cette époque et parcequ'ils ne vérifient pas l'hypothèse que l'on nous demande d'adopter pour les 24 autres. Mais il n'y a rien de convaincant ni même de plausible à cela. Si l'origine du système est celle

---

1) Tout ceci nous explique pourquoi W. a tenu à discuter les deux points dans l'ordre inverse (voy. ci-dessus p. 358). Il peut affirmer ainsi, d'abord, que la théorie ne comporte qu'une seule quadrature sans base historique ; puis glisser sur la constatation du texte du *Chou-king.* S'il adoptait l'ordre naturel, l'ambigüité de cette constatation ne suffirait plus : il ne pourrait affirmer l'existence d'une seule quadrature *selon Biot* après avoir reconnu, même à mots couverts, la mention de la quadrature de *Yao* et son importance comme *starting-point.*

2) Remarquez d'ailleurs que W. ne s'attache pas à réfuter spécialement les articles de 1840, mais tout aussi bien les *Etudes* de 1862. Il n'a donc pu ne pas y lire les pages où Biot répond à Weber, cite l'opinion des sinologues (notamment de S. Julien) sur l'authenticité des documents antiques, énumère ces documents et en reproduit les passages en question.

qu'affirment tous les auteurs qui ne partagent pas les idées de Biot, les 4 groupes (stellaires) en question sont fort bien en place et on aurait pu difficilement les omettre dans le choix des astérismes... Dans une série de groupes intentionnellement choisis selon une égale répartition le long de l'écliptique et dont le nombre (28) est divisible par 4, il n'est pas surprenant de trouver 4 groupes d'environ 90° concordant, à une époque ou à une autre, avec les solstices et les équinoxes.

Non-seulement l'argument invoqué ici par W. n'est pas valable en fait, mais il n'est même ·pas *recevable* en droit.

W. discute, en effet, la théorie de Biot, laquelle est basée sur la définition des *sieou* telle que l'entendent les astronomes chinois, le P. Gaubil et Ideler, à savoir celle qui les limite par les 28 étoiles déterminatrices dont Ideler ne pouvait s'expliquer « le désordre apparent et les inégalités d'amplitude allant de 3⁰ jusqu'à 30⁰ ». Que viennent donc faire ici les « *astérismes* » de Sédillot, des Arabes ou des Védas, *également répartis le long de l'écliptique*, puisqu'il s'agit d'une théorie qui démontre précisément le choix intentionnel des *sieou* chinois, *inégalement répartis selon l'équateur?* Cette dialectique est vraiment étrange.

En fait, l'affirmation de Whitney (que les probabilités expliquent aisément la coïncidence) relative à un système étranger à la question, se trouve justifiée en ce qui concerne les divisions chinoises. Le diagramme ci-dessous montre, en effet, que les *sieou* ne sont pas seulement symétriques par couples opposés, mais aussi par quadratures cardinales (ce dont Biot ne s'est pas aperçu). Il est donc naturel que les équinoxes et solstices d'une époque quelconque tombent dans 4 divisions, numérotées de 7 en 7. Mais W. ne peut faire état de cette propriété puisqu'il passe sous silence la découverte de Biot sur la symétrie des *sieou*. En outre, *pour la troisième fois*, il supprime la démonstration historique et documentaire de Biot; il affirme au lecteur que l'hypothèse est basée *simplement* sur une coïncidence banale et s'abstient de mentionner la *triple* preuve des déterminations opérées par le duc de *Tcheou*.

Nous pénétrons maintenent dans un cercle d'idées plus étendu, où Whitney ne s'attaque plus seulement à l'hypothèse de Biot sur l'origine des *sieou*. Il va contester maintenant *le caractère équatorial de l'astronomie chinoise et la nature des sieou* tels qu'ils résultent des travaux de Gaubil. W. toutefois ne se rend pas compte de cette extension de sa polémique et invoquera même l'autorité de Gaubil; car il part de l'idée que l'antiquité de l'astronomie chinoise, son caractère et l'origine des *sieou* ne font qu'une seule et même chose arbitrairement inventée par Biot.

Voyons les arguments:

1°. Whitney fait le total et la moyenne des distances des 28 étoiles déterminatrices à l'équateur (*déclinaisons*) et à l'écliptique (*latitudes*). Il trouve que le résultat est en faveur... de l'équateur. Le lecteur ne comprend dès lors pas bien pourquoi W. en triomphe et raille Biot d'avoir fourni lui-même la preuve de ses erreurs. Voici l'explication de cette apparente contradiction: W., qui parait tout ignorer de l'astronomie chinoise et qui n'a (pas plus que les autres auteurs) réfléchi sur la définition, l'origine et la raison d'être de la méthode équatoriale, imagine que Biot s'appuie sur le résultat de cette moyenne pour établir le caractère équatorial de l'astronomie chinoise, ce qui serait en effet un peu aventuré. Ce caractère équatorial est démontré par l'observation horaire du passage méridien des étoiles (*Yao-Tien*) et non par leur proximité oe l'équateur. Pour apprécier cette dernière, il faut d'abord tenir compte des deux conditions très astreignantes auxquelles satisfont ces étoiles (et que W. ignore), puis rechercher si les Chinois disposaient d'étoiles *mieux* situées, ce qui n'est pas le cas. Pour repérer le solstice, ils avaient Régulus

(1° grandeur) à 1° de l'écliptique [1]) et ils lui préfèrent α Hydrae (2° grandeur) située a 22° de l'écliptique mais à 1° seulement de l'équateur! La moyenne ne signifie rien [2]), par suite de l'irrégularité de la distribution fortuite; il faut considérer le maximum: or aucune des 28 étoiles ne dépasse 20° de déclinaison [3]), alors que si elles étaient zodiacales nous les trouverions réparties à droite et à gauche de l'écliptique.

2°. *La signification de certains noms de sieou* ([Di] = le Filet; *Fang* = le Carré) *indique une collectivité d'étoiles et non des astres isolés.*

Personne ne conteste qu'en dehors des *sieou* techniques, il existe dans l'uranographie chinoise des *astérismes* très anciens dans lesquels ont été choisies les étoiles déterminatrices. C'est un fait dont Biot n'a pas eu à s'occuper et qui n'apparait que fort rarement dans les documents de Gaubil, parce qu'ils traitent en général des ouvrages techniques et non démotiques. Mais jamais le mot *sieou* ne se trouve appliqué à ces astérismes. Dans mon prochain ouvrage j'établirai en détail, à l'aide des textes, originaux et commentaires, cette distinction en apparence assez complexe. Je ne pourrais le faire ici sans sortir inutilement du cadre de cette étude, car deux lignes suffisent à démontrer que la question des astérismes est étrangère à la discussion des *sieou* antiques, comme on le verra dans le paragraphe suivant.

---

1) Aussi les zodiaques arabe et hindou n'ont-ils pas manqué de l'employer.

2) W. le reconnait d'ailleurs puisqu'il admet que l'avantage en faveur de l'équateur n'est pas un argument contre l'écliptique.

3) La vitesse du passage au méridien est proportionnelle à la longueur du degré de longitude. Un coup d'oeil jeté sur une carte montre que cette longueur, à 20° de latitude, est sensiblement la même que sur l'équateur. Une étoile située à 20° convient donc très bien à l'observation méridienne.

D'autre part, même si les *sieou* se trouvaient répartis sur l'écliptique, il faudrait en conclure qu'ils proviennent d'un système zodiacal antérieur, mais cela ne modifierait pas la constatation de leur emploi équatorial.

3°. « *Le missionnaire Gaubil*, dit W., *le père et le fondateur de nos connaissances sur l'astronomie Chinoise, parle toujours des sieou comme de constellations et définit, çà et là, les groupes dont l'un ou l'autre sont composés.* [1])

Voilà qui est un peu fort! Comment W. a-t-il pu découvrir ce passage absolument exceptionnel, (le seul à ma connaissance) où Gaubil parle des *astérismes* précisément parce qu'il analyse l'antique dictionnaire *Eul-Ya* (爾雅) qui n'est pas un ouvrage d'astronomie? Puisque W. connait si bien les opinions du fondateur de nos connaissances, pourquoi ne cite-t-il pas celles qui se rapportent au texte du *Chou-king*, au caractère équatorial de l'astronomie antique et à l'identité des *sieou* anciens et modernes?

Quoi qu'il en soit, examinons l'argument, qui va se retourner d'une manière décisive contre son auteur. Ce sera une occasion d'en finir avec une confusion, due à la terminologie défectueuse de Gaubil, et dont maint sinologue semble avoir été aussi victime.

Lorsque les Jésuites arrivèrent en Chine, au XVIIᵉ siècle, ils y trouvèrent deux sortes de divisions en usage : a) les 28 *sieou* servant à fixer l'intervalle horaire des positions sidérales par rapport à 28 étoiles déterminatrices, dont ils furent chargés de relever les coordonnées pour l'encyclopédie de *K'ang Hi*. b) Une division équatoriale de la sphère en 12 parties temporairement égales (qui découpe par conséquent le cercle oblique en 12 parties angulairement inégales) servant principalement à fixer la règle d'intercalation luni-solaire.

Tout imprégnés de principes grecs, ces missionnaires ne purent concevoir le caractère équatorial de l'astronomie chinoise. Je montrerai

---

1) W. cite ici en note ce passage de Gaubil (Obs. t. III, p. 32) : «On voit encore que la Constellation *Fang* est si bien désignée par le nombre de 4 étoiles dont elle est composée et dont la Lucide est la principale.

prochainement que leur réforme du calendrier n'a été fondée que sur une méprise, qui se perpétue encore chez les auteurs les plus récents, Ginzel, Kühnert etc. (sans compter les Russell, Chalmers etc.).

Les Jésuites attribuèrent donc, par une assimilation erronée, les mots *zodiaque, signes du zodiaque* aux 12 *tchong ki* chinois [1]). Restait à trouver un terme pour désigner l'autre système de division : les *sieou*. Or, par analogie, il était tout indiqué de les appeler *Constellations* puisqu'on appelait *Signes* les *Tchong ki*. Le lecteur non familiarisé avec l'ancienne terminologie de notre astronomie grecque ne saisit peut-être pas bien la raison ; je vais donc la lui expliquer :

Lorsqu'Hipparque eût découvert la précession des équinoxes, une question se posa aux astronomes d'Alexandrie : attacherait-on la nouvelle division écliptique (en 12 parties de 30°) aux repères sidéraux ou au repère tropique de l'équinoxe ? Dans le premier cas, les 12 *Signes* resteraient perpétuellement en correspondance avec les *Constellations* de même nom, mais la longitude du soleil n'aurait bientôt plus les valeurs cardinales (0°, 90°, 180°, 270°) aux dates tropiques cardinales. Dans le second cas, elle conserverait ces valeurs, mais les *Signes* ne correspondraient bientôt plus aux *Constellations*. Ce dernier inconvénient était d'autant plus minime que les 12 Signes n'ont pas de réelle concordance avec les groupes stellaires *inégaux* dont ils ont emprunté les noms ; on se décida donc pour le second parti. Il en est résulté qu'au XVIII° siècle, par exemple, l'étoile située dans «l'Oeil du Taureau» ne se trouvait plus dans le *Signe* du Taureau [2]).

Le même situation s'est produite en Chine. Le duc de *Tcheou* ne soupçonnant pas le mouvement de précession, avait fixé l'origine des *Tchong Ki* au lieu sidéral du solstice d'hiver, et c'est ce qui a permis à Biot de reconstituer cette détermination d'après le point initial arbitraire qu'il présentait sous les *Han*. Mais lorsque les Chinois eurent découvert la précession, ils attachèrent les *Tchong Ki* à la date du solstice et non à son lieu sidéral ; ils les maintinrent ainsi en contact tropique.

Les Jésuites ayant attribué le nom de *Signes* à la division tropique, donnèrent donc, par analogie, le nom de *Constellations* à la division sidérale. C'était

---

1) Il serait plus correct de dire les 12 *k'i* 氣 . Mais ne pouvant aborder ici cette question, je conserve les expressions (et l'orthographe) de Gaubil et de Biot.

2) Notre astronomie a renoncé aux signes et compte les longitudes de 0 à 360 ; mais il n'en était pas encore ainsi au temps de Gaubil.

très logique. Toutefois, on ne doit jamais perdre de vue que cette assimilation cache une différence: le système grec se rapporte à l'écliptique et le système chinois à l'équateur.

Ces explications n'étaient d'ailleurs pas indispensables, car il ne s'agit pas de savoir pourquoi Gaubil emploie le terme *Constellation*, mais quel est l'objet de cette appellation; or, pour réduire à néant l'argument de Whitney (ou plutôt pour le retourner avec précision contre lui) il suffit de prendre le point d'aboutissement de l'histoire des *sieou*, à savoir le tableau des coordonnées mesurées par les Jésuites en 1682 pour l'Encyclopédie de *K'ang Hi*, ou par Gaubil lui-même en 1734 (Obs. t. III). Comment, dans ces tableaux les Constellations sont-elles définies? Quelles sont les coordonnées dont ils se composent? — Elles y sont définies *uniquement* par leurs étoiles déterminatrices; et les coordonnées sont *uniquement* celles de ces étoiles déterminatrices [1]).

Comment un critique tel que W. peut-il s'appuyer sur l'emploi d'un mot, sans même vouloir examiner la définition de ce mot qui inflige un démenti à sa théorie? Ces simples constatations empruntées à Gaubil suffisent à rejeter son appel à l'autorité de Gaubil. Mais pour couper court à de semblables *quiproquos*, je veux préciser une conséquence qui en résulte: non-seulement les *sieou* sont limités par des étoiles fondamentales, mais en outre, ils ne *peuvent* pas correspondre aux *astérismes*, de par les affirmations mêmes des partisans de cette dernière interprétation.

W., en effet, citant l'opinion de l'astronome anglais Williams [2]), nous dit que les divisions chinoises sont marquées par des astérismes

---

1) Il en est de même des autres tableaux des *sieou* sous les diverses dynasties à partir des Han antérieurs.

2) Auteur d'une étude sur les comètes chinoises.

qui en forment *la partie centrale ou principale*. Soit donc deux astérismes (b B bb) et (a A a). Ce que Gaubil nomme *Constellation* et ce
que tous les astronomes chinois nomment *sieou*, c'est l'intervalle AB
compté selon l'équateur; en d'autres termes l'intervalle horaire du
passage méridien des deux étoiles A et B spécialement choisies,
dans ces groupes, comme déterminatrices.

Par conséquent: l'astérisme qui donna son nom à l'étoile déterminatrice est coupé en deux par les *sieou*; une moitié de
l'astérisme fait partie du *sieou* de même nom et l'autre se trouve
englobée dans le *sieou* précédent. Aucun auteur européen n'a encore
remarqué ce fait évident auquel certains textes chinois, que je pro-
duirai ultérieurement, font une allusion manifeste. Cela montre
combien peu les partisans [1]) de l'exclusive théorie des astérismes ont
étudié les ouvrages de Gaubil.

Le même nom *Mao* 昴, par exemple, s'applique ainsi à trois
objets différents:

1° A l'astérisme nommé *les Pléïades*, amas stellaire compacte
dont la largeur est seulement de 2°.

2° A une étoile spécialement choisie dans ce groupe, η Tauri [2]);
qui, dans ce cas, se trouve être la plus brillante

---

1) Sédillot, Williams, Whitney. Aucun d'eux n'était d'ailleurs sinologue.

2) J'ai indiqué (R. G. S. p. 142) la raison pour quoi j'estime que, dans l'esprit des
techniciens chinois, le vrai sens du mot 宿 est cette acception n° 2 (station, étoile
fondamentale, jalon) et non pas l'acception n° 3 (fuseau; mansion, 舍). J'ai trouvé dans
Gaubil deux confirmations de ce fait: 1° Dans les tableaux, traduits des Traités chinois,
des *sieou* sous diverses dynasties à partir des Han antérieurs, il intitule la première colonne
Constellations et indique dans les deux autres colonnes les coordonnées équatoriales. Or, la
distance polaire d'une constellation (dépourvue d'ailleurs de réalité) ne signifie rien. Est-ce
la distance *moyenne* du groupe stellaire? — Non, puisque ces tableaux indiquent précisément les coordonnées des 28 *étoiles*. Retraduisons les donc en chinois; et alors le mot *sieou*
dans l'acception n° 2 correspond très bien aux autres colonnes.

2° A propos de l'interprétation du texte du *Yao-Tien* par les astronomes *Han*, il dit:
«Ils assurent que l'astre *Ho* est la Constellation *Fang*, etc.». Nous retrouvons ici les qua

3° A l'intervalle équatorial (c'est-à-dire au fuseau horaire) de 10°, compris entre les passages au méridien de η Tauri et de ε Taureau. Intervalle qui englobait une des positions cardinales du soleil au temps de *Yao*, comme l'indique avec exactitude le texte du *Chou-King* qui mentionne 4 *sieou* équivalents et symétriques, comme le montre la figure de la p. 389.

Sans vouloir prendre à son compte la singulière argumentation de W., quelque sinologue m'objectera peut-être: «Vous nous démontrez, en effet, que Gaubil entend par *Constellations*, des intervalles ne correspondant à aucune particularité uranographique, appelées *sieou* par les techniciens chinois; mais est-on bien sûr que les textes antiques se rapportent à ces divisions théoriques et non à de simples astérismes?

A cette question je puis répondre affirmativement en m'appuyant sur deux sortes de preuves. La preuve astronomique est tellement nette, tellement brutale, qu'elle impose la certitude rationnelle sans pénétrer dans le sens intime de ceux qui n'ont pas eu l'occasion de tourner et de retourner les chiffres et les textes. Je commencerai donc par l'argument historique qui n'est pas absolu.

Dans sa dissertation [1]) sur l'éclipse du *Chou-King*, Gaubil, dont la compétence en matière sino-astronomique était alors bien supérieure à ce qu'elle était lorsqu'il rédigea ses premières impressions, s'attache à démontrer que la position du soleil dans *Fang* doit s'entendre, comme dans l'ère moderne, de la position du *soleil moyen équatorial*

---

lités et les défauts de Gaubil: son exactitude méticuleuse et la forme (heureusement peu châtiée) de ses renseignements. Un astre *isolé* ne peut être un groupe *collectif*. Mais sous ce charabia nous devinons le texte: 星火宿方也。 C'est-à-dire: «l'étoile *Ho* du *Yao-tien* n'est autre que notre propre jalon moderne *Fang*». Antérieurement aux *Han* on disait simplement 二十八星, les 28 étoiles (fondamentales).

1) Obs. t. II. — V. aussi les *Lettres Édifiantes*.

dans le *sieou* Fang. Il rappelle que les *sieou* déterminés par les Jésuites sont «*par démonstration*» identiques aux *sieou* des Han antérieurs. Puis il montre que de l'avis de tous les astronomes des Han, les *sieou* de cette dynastie sont identiques à ceux de l'antiquité.

Il aurait pu ajouter que *par démonstration* la définition technique des *sieou* a été employée par le duc de *Tcheou*; et que, dans sa partie archaïque et sûrement authentique, le *Tcheou-Pei* nous montre que la division du Contour du Ciel (équateur) était considérée au début de la dynastie *Tcheou* comme remontant à la haute antiquité.

A ces inductions, d'ordre historique et traditionnel, considérées par Gaubil comme équivalant à la certitude, les découvertes de Biot ont apporté une confirmation décisive et absolue: pour trancher la question, il suffit en effet de prononcer les formules fatidiques dont nous avons indiqué le sens, page 350: *Correspondance des lacunes, Opposition diamétrale*; ou de regarder le diagramme ci-dessous.

Tant qu'un partisan de la Théorie des Astérismes n'aura pas expliqué ces deux propriétés manifestement intentionnelles de la répartition des étoiles déterminatrices dans la haute antiquité, répartition déduite, sans intervention d'aucun élément hypothétique, des seules coordonnées modernes insérées dans l'Encyclopédie de *K'ang Hi*, la critique la plus exigeante pourra considérer comme certaines l'identité des *sieou* antiques et modernes et leur origine datant de l'époque très reculée où l'on observait la rotation diurne des circompolaires.

Il ne nous reste plus maintenant qu'à rappeler les conclusions de Whitney, qui ont pesé si lourdement sur la critique et embourbé les auteurs suivants dans des fondrières aboutissant à une impasse:

Tout ceci implique la complète et irrémédiable déchéance des vues de M. Biot touchant les *sieou* et leur histoire. Et il m'est très difficile de comprendre comment un savant, qui semble avoir fait preuve par ailleurs d'une bonne foi entière dans ses exposés et ses raisonnements au point de mettre entre nos mains [1]) les moyens de renverser ses conclusions erronées, a pu *se permettre à ce point d'ignorer et d'omettre* une partie très importante de l'évidence du sujet qu'il traite [2]). Je n'ai pas la moindre propension à suggérer qu'il n'a pas cru agir de bonne foi; mais il faut vraiment que son parti-pris ait été bien fort pour fausser ainsi son jugement à un tel degré. Ce sujet était un de ceux sur lesquels il avait un sentiment personnel intense, avec l'idée que son argumentation avait été méconnue et bafouée par les indianistes».

Ces lignes, qui se retournent mot pour mot contre leur auteur, ne sont-elles pas inouïes de la part de celui qui, non-seulement « s'est permis d'ignorer et d'omettre » tous les points essentiels de la question, mais qui a dénaturé, d'une manière si étrange, la théorie de son adversaire après avoir constaté, à deux reprises, l'inexactitude de l'exposé qu'il en donne?

Je n'ai aucune propension, moi non plus, à suspecter sa bonne foi. Il serait absurde de supposer qu'un critique de la valeur de Whitney ait pu délibérément attacher son nom à une réfutation sciemment injustifiée; car indépendamment de sa sincérité bien connue, il ne pouvait ignorer que la critique a raison, tôt ou tard, des supercheries scientifiques. Aussi l'explication psychologique de cette étonnante production ne peut-elle être que celle qu'il a émise à l'égard de Biot: il a été aveuglé par le parti-pris [3]). Ce parti-pris semble avoir été fondé, chez lui, sur un élément logique et sur un élément d'ordre affectif. Sa conviction touchant l'identité et la commune origine des *zodiaques lunaires* était « intense ». Et comme l'importation des *sieou*

---

1) Allusion au tableau des déclinaisons dont la moyenne a permis à W. de «renverser» la théorie équatoriale de l'astronomie chinoise!

2) Allusion à l'emploi du mot *constellation* par Gaubil!

3) W. était d'un caractère droit mais entier

dans l'Inde lui paraissait impossible, et cependant certaine si l'on admettait leur antiquité, il a fait inconsciemment le raisonnement classique opposé naguère à la découverte de la circulation du sang: «Cela ne peut être, donc cela n'est pas».

D'autre part, son affection pour Weber — son maître et ami — semble avoir contribué à aiguiser sa partialité. Et il faut peut-être ajouter à cette influence, son animosité contre Max Müller, dont il avait dénoncé les fantaisies linguistiques et qui était devenu son ennemi personnel. Il le raille, en effet, d'avoir avalé ce qu'il appelle ailleurs les «bourdes» (*blunders*) de Biot.

Son autorité et sa compétence en ont imposé longtemps. Les étrangers, sur ses affirmations tranchantes, ont jugé inutile de rechercher, ou de se faire traduire, les articles incriminés de 1840. La critique les a méconnus et a fait fausse route [1]).

Whitney a commis ainsi une grave injustice à l'égard de Biot. Je suis heureux d'avoir été désigné par le sort pour la signaler et la réparer.

IX. Sédillot.

Tandis que la prétendue «réfutation» de Whitney est postérieure à la mort de Biot, celle de Sédillot fut publiée de son vivant (1845—1849) peu après ses articles du Journal des Savants. Biot, cependant, n'y a fait aucune allusion dans ses Etudes de 1862. On comprend assez bien son dédain pour des attaques qui dénaturaient

---

1) Une bonne part de la responsabilité revient cependant à Chalmers dont les Prolégomènes sont antérieurs, je crois, aux premiers articles de W., et ont emprunté une grande influence à la célébrité du Dr. Legge sous les auspices duquel ils ont été publiés. C. n'a tenu aucun compte des travaux de Gaubil.

ses arguments, plus encore que celles d~ Whitney, et passaient ses
découvertes sous silence. Biot a eu tort cependant de mépriser cette
pauvre dialectique car elle a été le point de départ de la déviation
de la critique; elle a inspiré la « réfutation » de Whitney et déterminé ainsi l'éclipse d'un demi-siècle qu'ont subi ses idées et celles
de Gaubil.

Quoi qu'il en soit, voyons les faits en cause. Sédillot, enthou-
siasmé pour les Arabes, se complait à dénigrer les Chinois. Il veut
absolument que les *sieou* constituent les *astérismes* d'un zodiaque
lunaire importé en Chine par les Arabes au temps de la dynastie
mongole.

Or, Gaubil, (dont Sédillot recherche avidement les sévères appré-
ciations sur les superstitions astrologiques des Chinois) donne les
tableaux des *sieou*, définis par leurs étoiles déterminatrices sous diverses dynasties, depuis les *Han* orientaux jusqu'aux *Ts'ing*, et fait
remarquer que, par démonstration, les *sieou* modernes sont identiques
aux *sieou* du premier siècle avant J.-C.; Biot, par ses découvertes
sur la répartition des *sieou* dans la haute antiquité établit, en outre,
que les *sieou*, dès l'origine, sont identiques aux *sieou* modernes. Sédillot ferme les yeux sur ces évidences. Apporte-t-il, du moins,
quelque preuve en faveur de l'introduction d'un zodiaque lunaire
arabe en Chine, sous la dynastie mongole? Remarquez que ce fait
n'est pas impossible *a priori* et pourrait fort bien s'être produit
indépendamment de l'existence antérieure et démontrée des *sieou*
techniques et des *astérismes* démotiques. Sédillot ne l'entend pas
ainsi; il envisage bien cette hypothèse et déclare ne pas contester
que, dans l'antiquité, les Chinois aient pu posséder quelque zodiaque
lunaire autochtone; mais il n'en affirme pas moins que les 28 *sieou*,
tels que nous les connaissons, ne sont autres que le zodiaque arabe

importé dans les temps modernes. Il s'appuie pour le «démontrer» sur l'identité du nombre (28) et sur le fait que l'astérisme appelé par les Arabes *al Calb*, le Coeur (du Scorpion) est également nommé 心 (coeur) par les Chinois! Il oublie de nous expliquer comment *Se-Ma Ts'ien*, *K'ong Ngan Kouo* et divers documents antérieurs à l'incendie des livres peuvent mentionner *Sin* plus de mille ans avant son «importation»!

Pour les Chinois, dit-il p. 542, la comparaison de leurs groupes stellaires avec les mansions arabes présente des résultats plus curieux encore. Lorsque les étoiles déterminatrices, qui ont suggéré tant de considérations, tant de calculs, tant de hautes hypothèses, sont rattachées aux constellations dont elles font partie et que les Chinois eux-mêmes ont adoptées, on voit reparaître, comme par enchantement, les diverses parties du système des Arabes, et l'on est obligé d'avouer tout d'abord que ce sont bien réellement les 28 domiciles de la lune, et nullement des divisions indépendantes des mouvements de notre satellite.

Whitney citera ce passage, et, sur l'autorité de Sédillot, montrera, dans un tableau synoptique, l'identité des *astérismes* chinois, hindous et arabes. Puis Ginzel reproduira à son tour ce tableau, en affirmant la commune origine asiatique des «*zodiaques lunaires*», sans même mentionner la source à laquelle il l'emprunte! Mais Sédillot lui-même, où l'a-t-il puisé? Pour substituer la théorie des *astérismes* à celle des *divisions équatoriales*, il faudrait 1° réfuter les preuves historiques et géométriques (de Gaubil et de Biot) qui établissent la filiation de ces divisions; 2° produire l'origine authentique et la délimitation des 28 *astérismes*. Sédillot et Ginzel oublient de réfuter le premier point; puis ils oublient de nous renseigner sur le second.

Sédillot, sur ce point capital, se borne à renvoyer, *en note*, à un travail de De Guignes «déjà cité». Le lecteur suppose, naturellement, que dans cette précédente citation, la documentation de De Guignes a été contrôlée avec soin et qu'elle a été trouvée compatible

avec l'hypothèse d'une importation. Mais il n'en est rien. Après
d'assez longues recherches, j'ai fini par découvrir que ce renvoi
(base de l'argumentation de l'auteur) fait allusion à la note 7 de la
page 283, note *dont l'objet est tout autre* et dans laquelle, après diverses références, il ajoute: Voy. aussi les dissertations insérées par
De Guignes dans les Mémoires de l'Académie des Inscriptions, tome
XLVI, p. 534—579 et 399—411. — M. Ginzel ignore probablement
que là se trouve l'origine de son tableau synoptique anonyme.
J'aurai l'occasion de l'examiner lorsque je traiterai de la question
des *astérismes*, question étrangère au sujet de la présente étude,
comme nous l'avons vu.

L'inanité de cette thèse pourrait nous dispenser d'en dire plus long.
Mais il ne sera pas inutile, cependant, de montrer par quels procédés
dialectiques Sédillot a «réfuté» les découvertes de Biot:

> Si l'on s'en réfère à de récents articles publiés dans le Journal des Savants,
> dit-il p. 472, les anciens astronomes du Céleste empire avaient adopté une di-
> vision du ciel en 28 parties, sans l'appliquer toutefois d'une manière spéciale
> aux mouvements de la lune; ils auraient employé astronomiquement cette di-
> vision pour rapporter à 28 étoiles exactement définies, les passages méridiens
> du soleil et des planètes, ainsi que les équinoxes et les solstices;...
>
> Mais autant la raison est disposée à comprendre l'emploi de 27 ou de 28
> constellations, dès qu'il s'agit de la révolution périodique de la lune qui fait le
> tour du ciel en vingt-sept jours et demi environ; autant elle répugne à recon-
> naître, dans ce nombre *vingt-huit*, des alignements d'étoiles distribuées arbi-
> trairement sur la voûte céleste. Si les Chinois n'ont jamais eu de zodiaque lu-
> naire, le choix de 28 astérismes ainsi répartis ne peut être justifié (et nous le
> démontrerons [1]) par des motifs plausibles.
>
> D'un autre côté, *on* [2]) calcule l'étendue équatoriale de chaque division en
> prenant la distance des étoiles déterminatrices entre elles, de β Capricorne, par
> exemple, à ε Verseau; de η Pléiades à ε Taureau, etc.; de telle sorte que la
> circonférence entière se trouverait partagée en 28 constellations; mais il n'en

---

1) Cette «démonstration» consiste, nous allons le voir, à passer sous silence les découvertes de Biot. Et il intitule cela: *Matériaux pour servir à l'histoire...!*

2) Lisez: J. B. Biot.

est rien. Les étoiles *déterminatrices* font partie de groupes entièrement distincts,
et souvent fort éloignés les uns des autres. Il y a dans tel astérisme jusqu'à
16 étoiles, dans tel autre 10, dans tel autre 4, etc. Le tableau B montre que
les 28 constellations, dans leurs extrêmes limites, ne contiennent sur la surface
du ciel que 170° 42′ selon l'écliptique, et 178° 32′ selon l'équateur. *Par conséquent* [1]) le calcul du nombre de degrés qui se trouvent entre les étoiles déterminatrices n'a plus aucune valeur scientifique ; et c'est ici qu'on peut reconnaître
*comment les questions qui touchent à l'histoire, prises uniquement du point
de vue mathématique nous entrainent quelquefois loin du but que nous poursuivons.*

Cette dernière remarque se trouve, en effet, pleinement justifiée ;
car Sédillot ferme les yeux sur l'évidence *historique* de la nature
des *sieou* pour ne retenir qu'une simple coïncidence arithmétique
(l'analogie des nombres 27 et 28).

Parceque l'équinoxe vernal tombait au temps d'Yao, c'est-à-dire l'an 2357
av. J.-C., au milieu des Pléiades [2]), *on* commence par reconstruire le ciel pour
cette époque, au moyen de globes célestes à pôles mobiles ; et comme ces globes
ne représentent pas le déplacement qu'éprouve le plan de l'écliptique en vertu
des perturbations planétaires, *on* invoque les formules les plus précises de la
mécanique céleste pour fixer les positions exactes des 28 déterminatrices des
divisions stellaires des Chinois, à cette époque si ancienne ; puis l'*on* conclut de
ce travail l'existence présumée de quatre constellations sur vingt-huit, il y a
près de cinq mille ans. *On* saute ensuite de 2357 à 1111 : et après avoir refait
de semblables calculs, *on* obtient quatre nouvelles constellations.... Et encore
faut-il considérer comme authentiques des textes d'une origine aussi suspecte,
assurément, que les traités d'astronomie indienne, si sévèrement jugés : le
dictionnaire *Eul-Ya*, entre autres, et le recueil des rites des *Tcheou* où Gaubil
n'a pas vu qu'il était fait mention d'*officiers chargés spécialement d'observer
les vingt-huit constellations* dont, il est vrai, *on* ne donne pas les noms (p. 480).

De pareils procédés de polémique (renoûvelés trente ans plus tard
par Whitney) ne sauraient être qualifiés trop sévèrement. L'intelligence de Sédillot ne pouvant être suspectée, c'est au parti-pris le

---

1) Notez cette dialectique : S. n'a même pas indiqué la source chinoise de ce tableau B,
ni réfuté les tableaux de Gaubil et les preuves de Biot établissant la véritable nature des
sieou. Il s'appuie donc sur ce qu'il faut démontrer.

2) Inexact : il tombe dans le *sieou* Mao mais hors de l'astérisme *Mao*. (V. p. 389).

plus tendancieux qu'il convient d'attribuer la fausseté de cette singulière critique qui, avec celle de son émule américain, a pesé pendant si longtemps sur l'histoire des origines chinoises.

S. prétend tout d'abord que Biot a été amené à restituer l'état du ciel en 2357, par la mention (il n'indique pas dans quel document) d'un lieu sidéral de l'équinoxe vernal; et que cette vérification l'a conduit à supposer l'existence de quatre constellations (?).

Il n'est cependant pas nécessaire d'avoir approfondi la question, il suffit d'avoir feuilleté les articles de Biot pour constater que le texte du *Yao-Tien* mentionne, non pas spécialement l'équinoxe vernal, mais les *quatre* phases tropiques auxquelles il associe les *quatre* divisions stellaires dont Biot est accusé d'avoir inventé l'existence. Et que le résultat de la reconstitution du ciel de *Yao* a été, non pas l'existence de ces quatre constellations, mais la découverte de deux relations stellaires : l'*opposition diamétrale* et la *correspondance des lacunes*[1]) qui démontrent d'une manière irréfutable l'antiquité des *sieou* et leur identité avec les *sieou* modernes. S. n'en souffle mot; à trois reprises il raille Biot d'avoir « fait appel aux formules les plus précises de la mécanique céleste» (dont l'emploi est cependant justifié par le rapide changement des relations circompolaires); mais il omet de dire dans quel but Biot a fait ces calculs et quels en ont été les *résultats*.

Il renouvelle ensuite la même ironie à propos de la quadrature du duc de *Tcheou*, en s'abstenant, comme précédemment, d'indiquer les preuves astronomiques et historiques de l'hypothèse de Biot.

Après avoir ainsi escamoté l'argumentation de son adversaire, S. affecte de croire qu'elle repose sur l'authenticité des textes du

---

1) Voy. ci-dessus p. 349.

Eul-Ya et du *Tcheou-Li*; il met en doute la réalité du passage où ce dernier livre ordonne d'observer les 28 étoiles 星 (et leurs inter- valles 弓). Cela est spécifié cependant dans deux passages bien connus, dont Biot a indiqué le folio.

Il est superflu de faire remarquer que les nombreuses mentions des *sieou*, non-seulement dans le dictionnaire *Eul-Ya*, mais dans le *Chi-King*, le *Chou-King*, le *Hia-Siao-Cheng*, etc. ne font que confirmer les certitudes établies par Biot, *indépendamment* de ᵤ₌ démonstration.

Dans le même ouvrage, Sédillot a consacré tout un chapitre à l'astronomie chinoise qu'il analyse à sa manière, suivant la méthode dont nous venons de montrer l'esprit. M'étant imposé de ne pas sortir ici de la question du *Yao-Tien*, je rendrai compte ailleurs de cette extraordinaire critique.

Ayant ainsi triomphé à bon marché de sa « bête noire », Sédillot a proclamé sa victoire dans son *Histoire des Arabes* [1]), ce qui n'a pas peu contribué à répandre les erreurs dont nous verrons le point d'aboutissement dans l'ouvrage de Ginzel.

X. Kühnert.

Si peu objectives que soient les « réfutations » de Sédillot et de Whitney, elles ont cependant un mérite, celui de mentionner les articles de 1840 et la théorie de Biot sur l'origine des *sieou*.

Les auteurs de la période suivante (C. L. S. R.) n'y font plus aucune allusion, nous l'avons vu. Cependant ils ont encore un mérite, celui de mentionner les propositions sidérales du texte.

---

1) Exemple: «Quant au zodiaque lunaire, dont M. Biot a essayé récemment, par une misérable confusion de mots, de faire, bien à tort, honneur aux Chinois...» (p. 358).

Les auteurs de la période suivante (Kühnert et Ginzel) n'y font plus aucune allusion, nous allons le voir. Cependant Kühnert a encore un mérite, celui d'admettre l'existence d'un texte authentique dans le *Yao-Tien*.

Ginzel n'y fera plus même allusion, si ce n'est d'une manière très vague et dubitative.

Cette évolution régressive — dont le *processus* négatif pouvait difficilement aller plus loin — est au fond très logique. Le texte du *Yao-Tien*, en effet, dont l'authenticité est garantie par la précession, certifie avec évidence l'emploi du gnomon et de la clepsydre. Puisque la critique était fermement décidée à ne pas admettre ces conséquences nécessaires, elle n'avait d'autre ressource que de faire disparaitre tout ou partie du document.

Cette élimination s'est opérée en deux temps: on a d'abord fait abstraction de la partie du texte relative à la durée de l'année et au mois intercalaire, ce qui a permis [1]) de réduire à rien la valeur des propositions sidérales. Puis, par un cercle vicieux, on a fait ensuite abstraction des propositions sidérales pour ôter presque toute valeur à la partie du texte dont l'omission avait permis à C. L. S. R. d'établir leurs conclusions. Grâce à cette pétition de principe, il ne reste plus rien du tout. Et Ginzel pourra ainsi prononcer le « mot de la fin » en attribuant à une simple hypothèse de Biot la notion de la durée de l'année et des *sieou* au temps de *Yao*.

Nous avons rendu compte de la première partie de cette opération critique; examinons maintenant la deuxième.

L'étude de Kühnert est intitulée: *Le Calendrier chinois d'après les bases de* Yao *et les probabilités de leur développement progressif.*

---

1) En passant outre, d'ailleurs, à diverses incompatibilités (V, p. 327).

«Où doit-on chercher, dit-il, la base de la supputation du calendrier de Yao'?

«La source en est dans la 2e section du Yao-Tien qui commence ainsi:

«Puis il ordonna à Hi et à Ho, en respectueuse conformité avec (leurs obser-vations du) vaste ciel, de calculer (le mouvement et la position du) soleil (de la) lune (et du) Zodiaque 1)... » (etc.)

«Pour les parties de ce texte qui se rapportent aux observations astrono-miques, il convient de renvoyer à l'Uranographie chinoise de G. Schlegel (pages 4 à 30) où ce profond connaisseur en matière chinoise a donné la première et la seule interprétation correcte de ce texte.

Puisque M. Kühnert, qui est astronome professionnel, donne sa pleine approbation à la fantastique théorie de Schlegel, je ne puis que renvoyer le lecteur à l'examen de cette théorie pour tout ce qui concerne « la partie du texte relative aux observations astrono-miques». Cependant, puisque d'après Schlegel lui-même, ce texte ne se rapporte pas à l'époque de Yao, mais à un état du ciel an-térieur de 18000 ans, comment son interprétation peut-elle servir de base au calendrier de Yao? C'est une énigme.

D'autre part, puisque M. K. s'en remet à la compétence astro-nomique de S. pour   la partie relative aux observations» quelle est celle dont il va discuter le sens? Il nous l'explique, p. 52:

«Comment l'exégèse se présente-t-elle maintenant?

«A mon avis on ne saurait négliger:

«1°) Ce qui va être dit des observations astronomiques». (J'ai vainement cherché le passage auquel l'auteur fait ici allusion. Il nous a dit d'ailleurs qu'il s'en remettait à l'opinion de S. sur ce point).

«2°) Que l'époque des observations sera fixée d'après les conditions terrestres 2) telles que: «The people are dispersed in the fields, and birds and beasts breed and copulate» etc.

---

1) Une des particularités de l'antique astronomie chinoise est qu'elle ne contient pas trace de zodiaque; c'est là une conséquence de son caractère équatorial. Pour quelle raison, d'après quel indice, M. Kühnert traduit-il ici 星 par zodiaque?

2) irdischen Zustände. C'est-à-dire (je suppose) les variations physiologiques ou météo-rologiques mentionnées par le texte.

Ainsi donc, de ce texte précieux, éclairé par la documentation de Gaubil et par les découvertes de Biot, M. K. laisse de côté l'essentiel (les propositions sidérales si précises) et veut baser sa critique sur l'époque où les bêtes copulent.

« 3°) qu'il est dit 定四時 et 成歲 ».

Pour pouvoir discuter utilement ces deux termes du texte, il faudrait d'abord établir le principal et admettre (ou réfuter) les travaux de Gaubil et de Biot sur le caractère de l'astronomie de cette époque. M. K. n'en ayant pas la moindre idée, sa dissertation sur la forme de l'année et sur le mois intercalaire est entièrement dépourvue de base. Je crois avoir trouvé, cependant, l'explication de cette singulière limitation de sa critique : nous avons vu que Schlegel a oublié la mention du mois intercalaire et de la durée de l'année, mention incompatible avec son hypothèse des déterminations trimestrielles. Le Dʳ Kühnert, fervent admirateur de cette théorie, admet que *Yao* ne fait que reproduire un cliché servant depuis 18000 ans à déterminer les saisons (en dépit du changement du ciel); il ne peut donc pas faire état d'un texte qui ne se rapporte pas à l'époque de *Yao* et doit se borner à glaner les passages oubliés par Schlegel. Il ne nous dit pas, toutefois, sur quel indice se fonde cette distinction du texte en deux parties, l'une relative au temps de *Yao* et l'autre antérieure de 18000 ans.

Tout ceci est vraîment bien étrange, et je ne pense pas avoir exagéré en disant au début qu'un vent de folie semble avoir passé sur cette discussion.

XI. Ginzel.

Notre étude étant consacrée à l'examen de la discussion du *Yao-Tien,* il semble que l'ouvrage du prof. Ginzel n'y devrait pas figurer puisqu'il ne fait pas mention de ce texte sinon d'une manière vague et dubitative :

Weber a montré qu'on ne trouvait pas de mention des *sieou* antérieurement au IIIe siècle av. J.-C. On ne peut douter cependant que l'usage des stations lunaires ne se soit répandu en Chine avant cette époque, alors même qu'on ne pourrait les faire remonter, comme Biot, au temps de Yao.

Mais c'est précisément par ce côté négatif que son opinion nous intéresse. Elle résume le point d'aboutissement où la question, ainsi traitée, devait parvenir. Les interprétations de tous ces auteurs étant contradictoires, se détruisent mutuellement. Petit à petit, les propositions les plus précises et les plus certaines du texte se sont dissoutes par suite des incompatibilités qu'on leur prêtait. Et par émasciation progressive il n'est plus rien resté de ce précieux document.

L'un assure que les *sieou* ont été introduits en Chine par les Arabes, l'autre sous les *Han*; un troisième déclare qu'on n'en trouve pas trace avant les *Ts'in.* D'autres au contraire les font remonter à l'époque de *Yao* ou bien encore à 18000 ans avant J.-C. Pour les uns ils constituent un zodiaque lunaire; pour les autres, non. Pour les uns ce sont des divisions très inégales définies par leurs étoiles déterminatrices, pour les autres ce sont de simples astérismes, etc.

On conçoit, dans ces conditions, l'embarras qu'a dû éprouver le prof. Ginzel lorsqu'il s'est agi de résumer ces opinions contradictoires. Il avait entrepris l'œuvre très utile de rassembler toutes nos connaissances sur les données chronologiques et astronomiques des peuples du monde entier. On ne saurait exiger d'un savant qui assume une tâche de ce genre, une compétence spéciale dans les divers domaines historiques et philologiques où il doit puiser ses matériaux. Cependant, à défaut d'autre compétence, M. Ginzel, étant astronome, eût pu très facilement découvrir la vérité parmi ces opinions incompatibles s'il avait établi tout d'abord les principes directeurs de l'astronomie primitive comparée. Les prolégomènes que j'ai récemment publiés sur ce sujet sont sans doute bien frustes, mais ils constituent cependant une pierre de touche très suffisante pour contrôler les données contradictoires. M. Ginzel, en effet, n'avait qu'à se poser les questions suivantes:

L'astronomie du peuple considéré est-elle fondée sur l'écliptique ou sur l'équateur?

Quels sont, dans l'un ou l'autre cas, les procédés, en nombre très limité, qui ont pu servir à résoudre le problème sidéro-solaire et le problème tropique?

Si M. Ginzel avait seulement soupçonné la distinction entre la méthode zodiacale et la méthode équatoriale, il n'eût pu passer, les yeux fermés, à côté des explications vingt fois répétées de Gaubil et de Biot sur le caractère fondamental de l'astronomie chinoise [1]).

M. Ginzel a si peu entrevu ce fait capital qu'il présente toute l'astronomie chinoise comme zodiacale et écliptique. Aussi est-il à souhaiter que l'auteur refasse entièrement, dans un des prochains volumes, ce chapitre presque complètement inexact.

---

[1]) Je n'avais pu prendre jusqu'ici connaissance des travaux de Gaubil que dans le recueil de Souciet. Tout récemment j'ai pu me procurer le tome XIV des *Lettres Édifiantes* (éd. de Lyon).

Les remarques du savant missionnaire sur le caractère équatorial de la méthode chinoise depuis l'origine «jusqu'à l'arrivée des Jésuites» y sont encore plus précises et plus assurées que dans son premier ouvrage. En outre, il a beaucoup mieux compris la portée du texte du *Yao-Tien*.

seulement il considère les *sieou* comme constituant un zodiaque lunaire importé en Chine, mais il attribue un caractère écliptique même aux *Tchong-K'i* et aux *Tsie-K'i* (qu'il appelle d'ailleurs les « *Tsie* » et les « *K'i* »).

Quant aux découvertes de Biot sur la répartition antique des *sicou*, il n'en fait, bien entendu, aucune mention. Je me propose de relever prochainement les nombreuses méprises que contiennent ce chapitre. En ce qui concerne la question dont nous nous occupons ici, il suffit d'y constater l'absence de toute vue précise sur le texte du *Yao-Tien*.

Conclusion.

Frappé de l'aspect équatorial et horaire du texte du *Yao-Tien* et ayant été amené à constater les erreurs des interprétations de MM. Legge et Russell, les seules dont j'eusse alors connaissance, j'ai montré dans la R. G. S. ce que l'on peut induire de ce document considéré en soi [1]), abstraction faite des autres sources de renseignements que nous possédons sur l'ensemble des *sieou*.

Ce premier travail était en cours de publication lorsque les études de Chalmers, Schlegel et Whitney me furent signalées. Je m'aperçus alors que non-seulement le texte de *Yao* mais tous les documents relatifs à l'antique astronomie des Chinois se trouvaient actuellement méconnus par suite d'un incroyable dévoiement de la critique, dévoiement dont les conséquences, au point de vue des origines, sont fort importantes.

Le présent article était ainsi destiné à compléter la réfutation

------

1) Ces deux auteurs avaient en effet envisagé la question sous ce seul rapport.

entreprise dans le précédent [1]). Mais avant que l'impression en fût commencée, j'ai constaté que d'autres auteurs (notamment MM. Kühnert et Ginzel) ont développé et consacré les mêmes erreurs.

D'autre part, j'ai découvert que la prétendue réfutation des idées de Biot par Whitney avait été visiblement suggérée par la lecture des ouvrages de Sédillot, orientaliste arabisant distingué, dont la partialité tendancieuse, a été évidemment le point de départ de cette singulière aventure de la critique moderne.

Avant de réédifier, objectivement, une théorie de l'ancienne astronomie chinoise, il m'a paru nécessaire de faire, au préalable, table rase de toutes les erreurs accumulées depuis soixante ans dans ce domaine. Il faut donc considérer ce qui précéde comme un simple travail préalable de démolition et de déblaiement. Sous ce rapport mes conclusions seront nettes:

Les ouvrages de Chalmers, Legge, Schlegel, Russell, Whitney, Sédillot, Kühnert et Ginzel, pour autant qu'ils concernent le texte du *Yao-Tien* et l'origine des *sieou*, doivent être considérés comme nuls et non avenus. Il n'en reste pas, je pense, pierre sur pierre. Si ces auteurs avaient simplement fait fausse route, cela n'aurait en soi rien d'étonnant ni de blâmable; mais ils ont écarté, avec obstination, les judicieux avis de Gaubil et de Biot: *Errare humanum est, diabolicum perseverare.*

---

1) L'article complémentaire, annoncé dans la R. G. S., était destiné, primitivement, à traiter de l'origine du calendrier.

Appendice.

Situation équatoriale des *sieou* en l'an 2357 avant J.-C.

Les *Etudes* de Biot ont pour but d'établir le caractère *antique* et *équatorial* de l'astronomie chinoise. Ces deux points sont démontrés, d'une manière irréfutable, par la symétrie de la répartition antique des *sieou*. Cependant Biot, dans cet ouvrage, n'a même pas *mentionné* cette découverte qu'il avait faite 22 ans auparavant! Non-seulement il n'en a pas compris la grande valeur dialectique, mais il n'en a pas vu la rigueur géométrique. Cela provient de ce qu'il opérait sur un globe céleste, procédé qui ne permet pas d'embrasser synoptiquement l'ensemble des *sieou*; puis de ce qu'il a présenté les faits dans des tableaux numériques qui en rendent fort mal compte.

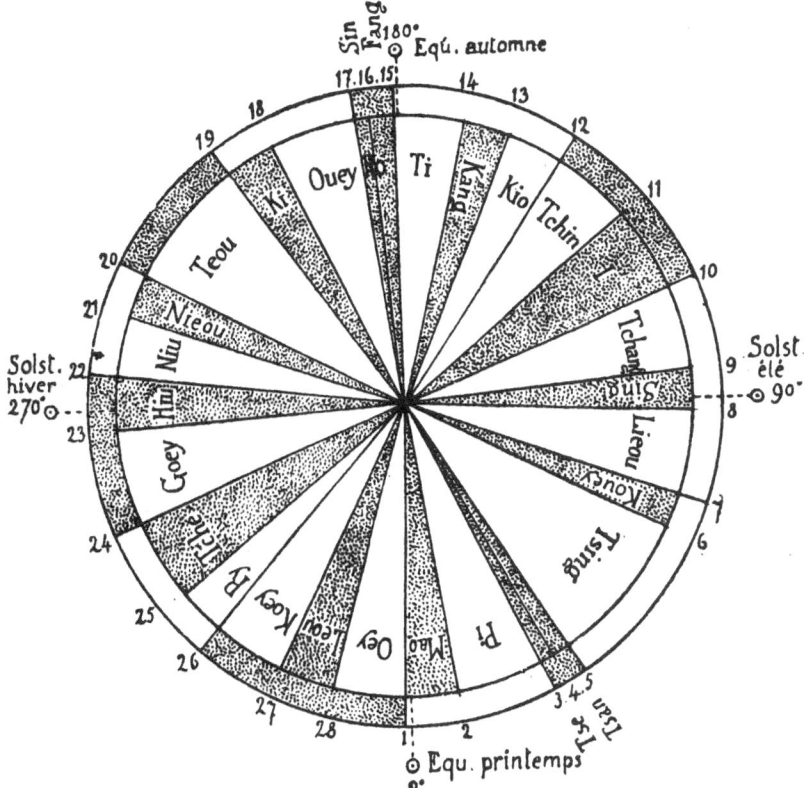

S'il avait pensé à dresser le diagramme [1]) ci-contre, il eût été bien difficile à ses détracteurs de contester les règles qu'il a énoncées; en outre, il aurait

---

1) Ce diagramme est extrait de la *Note sur les étoiles fondamentales des Chinois* (A.P.) où l'on trouvera la discussion de ces faits; discussion d'où il résulte que l'origine des *sieou* doit être antérieure au 24ᵉ siècle.

vu lui-même qu'elles ne souffrent *aucune exception*, contrairement à ce qu'il croyait.

N'est-il pas évident, en effet, que les étoiles 4 et 16 sont hétérogènes et ont été choisies en vertu d'une règle spéciale et postérieure [1]), dont il reste à découvrir la raison d'être?

Supprimons donc ces deux étoiles par la pensée et considérons les divisions 3 + 4, 15 + 16, comme ne constituant respectivement qu'un seul *sieou*. Dès lors l'opposition diamétrale ne comporte plus aucune exception. La symétrie 12—26 laisse à désirer, mais 12 s'oppose néanmoins manifestement à 26.

L'adjonction des étoiles 4 et 16, ainsí que l'inexactitude du couple 12—26, (dont l'oeil fait abstraction sur le diagramme) ont entraîné la suppression de 4 couples (sur 14) dans le tableau de Biot.

D'autre part, Biot a constaté, plus loin, que les étoiles 4 et 16 n'ont aucun emploi circompolaire. Et il a présenté ce fait comme une *nouvelle infraction* à sa théorie; alors qu'au contraire il la confirme d'une manière éclatante, puisque ces étoiles hétérogènes qui font exception à la seconde règle sont précisément *les mêmes* qui font exception à la première. De telle sorte que si l'on considère ces étoiles comme obéissant à une troisième règle inconnue, la théorie de Biot ne souffre plus *aucune* exception!

Le caractère spécial des étoiles 4 et 16, certifié ainsi par l'examen astronomique, est en outre *historiquement* confirmé: 1° par les anciens commentaires qui nous apprennent que *Ho = Fang + Sin* (ce que nous avions déjà induit du diagramme); 2° par les correspondances géo-astrologiques (indiquées sur le pourtour du diagramme, d'après M. H. III, p. 384) qui, des petites divisions 3 + 4, 15 + 16, font des *unités* astrologiques, attestant ainsi leur situation hétérogène et exceptionnelle.

---

1) C'est peut-être à cette institution complémentaire que fait allusion l'obscur passage du *Chun-Tien*; car la segmentation de *Ho*, qui a donné naissance au *sieou Fang*, doit être comprise entre les règnes de *Yao* et de *Tchong-K'ang*.

Se-Ma Ts'ien dit à trois reprises que ce texte se rapporte aux 7 étoiles de la Grande Ourse (et non aux 7 planètes). D'autre part le *Hia-Siao-Cheng* indique une relation entre *Tsan* (4) et une position de la Grande Ourse (v. p. 364). Il est donc probable que ces deux étoiles hétérogènes sont en rapport avec «l'évolution de la Balance de Jade». C'est ce que je me propose de vérifier prochainement au moyen d'un globe système Biot qui me permettra également, je l'espère, de déterminer la date d'origine des *sieou*.

LES ORIGINES DE L'ASTRONOMIE CHINOISE

INTRODUCTION.

Au début de ce long exposé de l'astronomie antique des **Chinois**, je voudrais placer une remarque d'ordre général qui résume l'article préliminaire tendant à la réfutation de tous les travaux (ceux de Gaubil et Biot exceptés), consacrés jusqu'ici au texte du *Yao-tien*.

De telles réfutations, pour être bien comprises, exigent certaines notions spéciales que le lecteur ne possède pas toujours. Mais, dans ce cas particulier, la discussion technique est en quelque sorte superflue si l'on observe que tous ces auteurs ont erré simplement parcequ'ils ont traité du sujet *sans savoir de quoi il s'agissait*.

Les inconséquences de leurs interprétations découlent d'un fait primordial: ils ne connaissent pas les éléments de la question, ils ignorent la nature du débat, ils ne savent pas en quoi consiste le texte qu'ils discutent.

On pourrait donc se borner à examiner leurs prémisses et il n'est pas indispensable d'en suivre le développement.

Ainsi, dans le texte du *Yao-tien*, le fait essentiel sur lequel insistent les astronomes chinois (même antérieurement à la découverte de la précession), c'est d'abord que les 4 *sieou* mentionnés sont équidistants et se succèdent de 6^h en 6^h au méridieu: c'est aussi que ces 4 *sieou* marquent les positions cardinales du soleil au 24e siècle; ce fait essentiel tant de fois signalé par Gaubil, puis par Biot, n'est pas affaire d'interprétation mais de constatation préliminaire; ce n'est pas l'objet du débat mais son point de départ. Si les auteurs postérieurs disaient: «Nous u'ignorons pas que. d'après Gaubil, les termes du *Yao-tien* correspondent aux positions cardinales du soleil et divisent les *sieou* en parties égales, mais nous contestons cette assertion», alors il y aurait là une question d'interprétation. Mais il est clair que ces auteurs ne chercheraient pas à faire concorder les intervalles égaux de ces 4 termes avec les intervalles très inégaux du coucher du soleil s'ils avaient eu connaissance des données essentielles du texte; d'ailleurs leur ignorance de ces données éclate avec évidence tout au long de leurs raisonnements.

Chacun peut s'en assurer facilement d'après les extraits que nous en avons donnés, et comprendre par là que si nous sommes amené à frapper d'ostracisme les travaux sur lesquels se fonde l'opinion accréditée, cela tient simplement à ce fait extraordinaire, dont on ne trouverait sûrement pas l'équivalent dans aucune autre branche de la critique historique, qu'une pléiade de savants a discuté pendant plus d'un demi-siècle un texte unique par sa valeur et son antiquité, sans savoir, au fond, de quoi il y était question, alors que les éléments en avaient été mis en lumière dès l'an 1730 par un homme dont les ouvrages sont classiques et bien connus.

Cet état d'esprit ne se manifeste d'ailleurs pas seulement dans la discussion du *Yao-tien*. Il est général et semble être *de règle* dans tout ce qui concerne l'astronomie antique. Nous pourrions en citer comme exemple le silence absolu que l'on a fait autour de la question du caractère équatorial do l'astronomie chinoise sur lequel Gaubil et Biot reviennent avec tant d'insistance. Non seulement on ne discute pas les faits qu'ils signalent, mais on ne les mentionne pas ¹). Toutefois, comme il est possible que leur pensée ait été mal comprise, prenons un autre exemple plus concret.

S'il est un fait sur lequel toute divergence semble impossible, c'est bien l'identification des étoiles déterminatrices chinoises. En 1683, l'empereur *K'ang-hi* chargea les missionnaires jésuites, renseignés par les astronomes officiels, d'en mesurer les coordonnées,

---

1) Ce parti pris est inconsciemment inspiré, au fond, par la crainte de paraître manquer de sens critique en attribuant à l'antiquité des notions incompatibles avec l'idée que chacun peut se faire de la vraisemblance historique. Mais il aurait mieux valu s'abstenir complètement que de discuter sans prendre connaissance des documents.

Le public sinologique ne pouvait, naturellement, se former une opinion que d'après l'ensemble des travaux les plus récents, dont le silence à l'égard de Gaubil et de Biot indiquait assez qu'il ne fallait pas tenir compte de leurs conclusions. Cette opinion moyenne à l'égard de l'astronomie antique, à en juger d'après deux ouvrages dernièrement parus (Ginzel, *op. cit.*; E. Harper Parker, *Ancient China simplified*), se résume dans les deux points suivants: 1° Le texte du *Yao-tien* a une certaine valeur au point de vue chronologique et fixe aux environs de l'an 2300, une date qui donne quelque consistance aux légendes des temps semi-mythiques (chez Ginzel, nous l'avons vu, cette valeur chronologique elle-même s'évanouit). 2° Le calendrier chinois remonte bien, authentiquement, à la 1ᵉ dynastie.

En ce qui concerne le premier point, il serait intéressant de savoir d'après quelle autorité les sinologues reconnaissent au texte du *Yao-tien* une valeur chronologique. Si c'est d'après Gaubil (ou Biot) leur opinion est fondée; mais si c'est d'après les auteurs postérieurs elle manque absolument de base. D'après leur conception du problème, ces auteurs devraient en effet conclure que les 4 termes du texte donnent des résultats discordants, dont l'écart est de 25 siècles et dont la moyenne indique le 16ᵉ siècle avant J.-C. (T. P. 1907, n° 3, p. 343).

En ce qui concerne le second point, le livre, par ailleurs si intéressant, de M. Harper Parker montre à quelles idées, singulièrement régressives, on en arrive aujourd'hui sur la nature du calendrier antique; ce qui n'est pas surprenant, puisque le calendrier des Chinois n'est qu'une émanation de leur astronomie antique dont l'étude objective est comme frappée d'interdit depuis un demi-siècle.

M. Parker enseigne à ses lecteurs, non comme une opinion personnelle mais comme un fait allant de soi et hors de conteste, que les dynasties *Chang* et *Tcheou* durent changer l'origine de l'année civile pour compenser l'erreur accumulée par la règle d'intercalation dans l'espace d'un *millenium* (p. 67). — Nous serons amenés à l'examen du calendrier après avoir terminé celui de l'astronomie; en attendant, que M. Parker me permette de lui poser une question: si telle est la raison de ces changements, le calendrier impérial, ainsi rectifié, devrait se rapprocher le plus du calendrier primitif. Ce sont donc les *Tcheou* qui devraient avoir le calendrier de *Tsin* et *Tsin* qui devrait avoir celui des *T'cheou*. Comment se fait-il, au contraire, que la 1ᵉ lune de *Tsin* soit restée à l'antique origine, à la lune 寅, au 立春、夏正月?

en degrés chinois, pour les insérer dans son dictionnaire encyclo-
pédique. Gaubil, aidé de lettrés chrétiens, renouvela cette opération
avec des instruments plus perfectionnés en 1726. Dans le recueil
de Souciet, il ne se borne pas à reproduire ces deux documents; il
y ajoute encore les tableaux des intervalles ou des coordonnées
de ces étoiles mesurés sous diverses dynasties depuis les *Han antérieurs* [1]).

Ces déterminations concordantes suffisent déjà à établir le diagramme antique des *sieou* sans qu'il soit nécessaire de savoir à quelles
étoiles de notre propre nomenclature correspondent les déterminatrices
chinoises; car le calcul de précession s'applique tout aussi bien à
un point abstrait qu'à un astre donné. Mais si l'on veut, en outre,
préciser le nom occidental de chacune de ces étoiles, leurs coordonnées
peuvent laisser un doute entre certaines étoiles très voisines; il est
alors utile de consulter les cartes uranographiques des traités chinois
dans lesquelles on voit la position des déterminatrices parmi les
groupes stellaires; et l'identification est alors d'autant plus aisée que
les Jésuites ont indiqué la grandeur (l'éclat) des étoiles. Biot et
Schlegel ont ainsi corroboré les indications en coordonnées par ces
documents uranographiques.

Dans cette question d'identification il peut subsister quelque
ambiguïté dans tel ou tel cas, dans ces limites très étroites, mais
cela n'a pas d'importance: ce qui est inadmissible, c'est que l'on
prétende nous donner comme «déterminatrices chinoises» des étoiles
absolument différentes, éloignées de la position authentique, non pas
de 10′ ou 20 mais de *plusieurs degrés*.

Tel est cependant le cas du tableau des *Hauptsterne* produit par
Ginzel [2]). Son ouvrage, par son caractère récent et synthétique, fait
autorité; la liste bibliographique qu'on y trouve à la suite de chaque
chapitre donne à penser que l'auteur a consulté les travaux compétents.
Pourtant, ce tableau contient des erreurs si nombreuses et si con-

---

1) *Obs.* II, p. 178; III, pp. 80 à 105.   2) *Op. cit.* I, p. 487.

sidérables qu'il fait disparaître la symétrie des *sieou* et les traits caractéristiques de leur répartition dont nous allons tirer des renseignements inédits.

Là encore, comme dans la question du *Yao-tien*, il est évident qu'il s'agit d'une affaire de documentation et non d'interprétation. Nous ne pouvons supposer que M. Ginzel ait écarté délibérément les données des astronomes chinois et jésuites sans mentionner le fait, et leur ait substitué une autorité anonyme sans dire les raisons de sa préférence. Il a seulement oublié de lire Gaubil et Biot, et de se renseigner sur les conditions dans lesquelles l'identification de ces étoiles a été faite.

Cette remarque, d'ordre général, nous évitera dans la suite bien des digressions inutiles. Toutes les fois que nous rencontrerons ces opinions singulières, qui vont à l'encontre des faits établis sans les réfuter ni les mentionner, nous passerons outre en renvoyant simplement le lecteur à ce que nous venons de dire ici.

*

Si Gaubil et Biot ont ouvert la voie et l'ont maintenue dans la bonne direction, ils sont bien loin de l'avoir parcourue jusqu'au bout. Biot est allé plus loin que Gaubil. Disposant de formules beaucoup plus exactes et d'un globe perfectionné, il découvrit dans la répartition antique des étoiles déterminatrices certains rapports de la plus haute importance.

Il édifia alors une théorie qui l'engagea dans une polémique avec les indianistes et que nous avons défendue contre les attaques injustifiées de Whitney.

Cependant cette théorie (qui rendait assez bien compte des faits connus de lui) est fausse. Biot imaginait que les astronomes antiques avaient créé de toutes pièces la série des 28 étoiles, en les choisissant librement, délibérément, d'après certaines considérations. Parvenu à ces conclusions dès 1840 il ne les a plus modifiées et n'est pas allé au delà.

Mais nous avons franchi une étape nouvelle, en traçant le diagramme équatorial de la répartition antique des étoiles déterminatrices. Ce diagramme nous a révélé à première vue un fait singulier au sujet duquel nous avons émis tout d'abord une supposition entièrement controuvée. Depuis lors, en cherchant l'explication de cette énigme nous avons trouvé une issue par laquelle nous pénétrons dans une bien plus haute antiquité. Car loin d'avoir été créés de toutes pièces vers l'époque de *Yao*, les *sieou* proviennent d'éléments beaucoup plus primitifs représentant plusieurs étapes antérieures de l'astronomie. L'analyse de leur répartition l'établit clairement.

*

Si Gaubil et Biot ont été jusqu'ici nos seuls guides, s'ils ont été seuls à affirmer l'existence, aux environs du 24ᵉ siècle, d'une méthode précise et savante qui créa toutes les institutions caractéristiques de l'astronomie chinoise, parvenus à ce point ils ne nous sont plus d'aucun secours.

L'un et l'autre, en effet, ont entièrement négligé ou méconnu tout un ordre de faits importants: celui des traditions uranographiques, notamment la composition, la répartition, et la fonction astrologique des astérismes chinois. Or, par suite de la continuité du développement de la civilisation chinoise chez un même peuple depuis ses origines lointaines, l'uranographie traditionnelle nous a conservé des témoignages sans lesquels il serait bien difficile de trouver l'explication des faits révélés par l'analyse des *sieou*.

Un homme a parfaitement compris l'importance de cette source d'information antéhistorique: c'est Schlegel. Sans doute, ses raisonnements astronomiques sont d'une faiblesse et même d'une extravagance telles qu'il n'y a lieu d'en tenir aucun compte; mais son interprétation des faits n'en diminue en rien la valeur, et il apporte une multitude de documents.

Parmi ces faits, il en est un d'ordre général, celui-là même qui a lancé Schlegel dans sa fantastique théorie: l'interversion des Palais du printemps et de l'automne; et c'est celui-là même qui, d'emblée, donne l'explication de l'origine des *sièou* et de l'énigme posée par leur diagramme.

Si Schlegel a erré, ce n'est d'ailleurs pas de sa faute; car les historiens de l'astronomie ayant omis de classer et d'énumérer les procédés, en nombre très limité, dont disposent les primitifs, chaque auteur est amené à se faire une opinion personnelle, sans le secours d'aucun principe directeur, dans un domaine souvent étranger à sa compétence.

*

Parmi ces procédés primitifs, il en est un qui n'est mentionné par aucun des historiens de l'astronomie [1]. Il n'était connu que des seuls indianistes. Or ce procédé amène précisément l'interversion qui se manifeste dans l'uranographie chinoise puisqu'il fixe les époques par le lieu sidéral de la pleine lune, c'est-à-dire par *opposition*.

Ce sont ainsi les textes védiques qui donnent la clef des formes archaïques de l'astronomie chinoise. Dès lors, l'identité des astérismes hindous et chinois, proclamée par les indianistes, reprend toute sa valeur en démontrant la communauté d'origine des deux systèmes; et cette communauté d'origine est nécessairement placée dans la haute antiquité, puisque l'existence de ces systèmes, dans l'Inde et en Chine, est elle-même démontrée antique.

Une question se pose alors: quel est le lieu d'origine de ce zodiaque commun aux deux peuples? Mais elle est résolue immédiatement puisque nous assistons, en Chine, à l'élaboration progressive des sieou.

1) Sauf Ginzel, le plus récent.

L'horizon s'ouvre ainsi d'une manière inattendue, et l'histoire de l'astronomie antique des Chinois prend un intérêt bien supérieur à celui qu'on lui a prêté jusqu'à ce jour.

A. L'ORIGINE DES SIEOU.

I. Méconnaissance de leur symétrie.

La répartition symétrique des étoiles fondamentales, ce chef-d'oeuvre des astronomes de l'antiquité, n'est pas restée insoupçonnée seulement des savants occidentaux qui ont disserté sur le zodiaque lunaire; elle a été ignorée des Chinois eux-mêmes depuis deux mille ans tout au moins.

L'histoire de l'astronomie chinoise, comme celle de la Chine, peut en effet se diviser en deux périodes, dont la seconde — l'ère moderne — commence avec l'avènement des *Ts'in* ou l'incendie des livres. Or, si l'astronomie antique ne nous est connue que par les mentions indirectes des classiques et par l'analyse scientifique de ses institutions, l'astronomie moderne, au contraire, dès ses débuts sous les premiers *Han*, nous est directement accessible par ses oeuvres didactiques et techniques où elle enregistre toutes ses connaissances comme aussi toutes les traditions antiques qui ont survécu à la longue décadence des *Tcheou*. Dès le règne de l'empereur *Ou*, les astronomes discutent le texte du *Yao-tien* et affirment l'identité des *sieou* anciens et modernes. Tout ce qui s'est écrit depuis cette époque a été conservé par les générations suivantes et résumé dans les encyclopédies. Si donc la symétrie des *sieou* avait été connue lors de la rénovation de l'astronomie, le fait aurait sûrement été consigné soit dans les traités de l'époque, soit dans le *T'ien-yuen-li-li* ou dans l'encyclopédie de *Kang-hi*, où il n'en est fait aucune mention.

Comment cette symétrie, qui parait tellement évidente sur un diagramme, a-t-elle pu échapper ainsi aux auteurs chinois et européens? Nous aurons à revenir sur cette question après avoir établi, au préalable, ce que fut la destination originelle des *sieou* et pourquoi elle a été perdue de vue. Bornons-nous ici à remarquer que deux circonstances ont concouru à masquer cette symétrie: 1° Le déplacement de l'équateur l'a passablement altérée au cours des siècles. 2° Les étoiles hétérogènes 4 et 16 rompent l'ordre de numérotation de telle sorte qu'il est fort difficile de constater l'opposition diamétrale si l'on ne dispose que de tableaux numériques: le graphique seul révèle aux yeux l'ordre de la répartition.

II. Symétrie diamétrale des Palais 宮.

Si les Chinois ont perdu de vue la répartition diamétrale des *sieou*, il est d'autres propriétés symétriques de ces divisions qu'ils connaissent fort bien. Ils savent que les 4 *sieou* mentionnés dans le *Yao-tien* contenaient les positions cardinales du soleil, d'où il suit que ces *sieou* divisent la circonférence en quadrants égaux. Ils savent en outre que chacun de ces quadrants contient 7 *sieou*; et enfin, que si l'on considère chacun des *sieou* du *Yao-tien* non plus comme la limite mais comme le centre d'un groupe, on obtient également 4 quadrants de 7 *sieou* appelés *Palais oriental, septentrional, occidental* et *méridionnal*.

De ces diverses propriétés de la répartition des *sieou* ne découle nullement — remarquons-le — qu'ils soient symétriques par couples diamétraux; à telle enseigne que cette symétrie diamétrale n'existe que pour 13 couples, le 14e étant absolument irrégulier; il n'en découle nullement, non plus, que les palais soient nécessairement égaux entre eux, bien que leurs centres soient équidistants.

Ceci posé, notons ce fait bien curieux: si aucun des auteurs mêlés à la discussion n'a songé à dresser le diagramme des *sieou*, personne n'a pensé davantage à tracer celui des *palais* qui révèle cependant des choses intéressantes.

Le premier palais commence à l'étoile *Kio*[1]) et comprend les *sieou* 12, 13, 14, 15, 16, 17, 18.

Le second palais comprend les *sieou* 19, 20, 21, 22, 23, 24, 25.

Le troisième palais comprend les *sieou* 26, 27, 28, 1, 2, 3, 4.

Le quatrième palais comprend les *sieou* 5, 6, 7, 8, 9, 10, 11.

D'après cette répartition, on voit immédiatement sur le diagramme que les palais sont symétriques, étant limités par des étoiles symétriques; mais qu'ils sont, par paires, très inégaux entre eux: il y a deux grands palais (été et hiver) et deux petits palais (printemps et automne). Si nous relevons avec un rapporteur l'étendue de chacun d'eux (ou si nous prenons dans les tableaux de Biot l'ascension droite des 4 étoiles qui les limitent), nous trouvons les chiffres suivants:

Palais oriental	(printemps)	70° 50
septentrional	(hiver)	101° 10'
occidental	(automne)	75° 40'
méridionnal	(été)	112° 20'
		360°

En faisant la moyenne pour chaque couple[2]):

$$\text{Printemps, automne:} \quad \frac{70° \, 50' + 75° \, 40'}{2} = 73° \, 15'$$

$$\text{Hiver, été} \qquad : \quad \frac{101° \, 10' + 112° \, 20'}{2} = 106° \, 50'$$

Les petits palais sont donc aux grands palais dans la proportion de 73 à 107.

Dans un précédent article (T. P. 1907 n° 3, p. 329), j'avais fait remarquer que si les étoiles du *Yao-tien* avaient été choisies par rapport au crépuscule (comme tant d'auteurs l'ont soutenu contre

---

1) C'est la seule étoile de 1ᵉ grandeur parmi les 28 déterminatrices; nous verrons, dans un autre article, le rôle spécial qu'elle joua dans une période primitive. — De même le *Boisseau méridionnal*, où commence le 2ᵉ palais avait une fonction particulière dont le terme 星紀 est un vestige.

2) Nous verrons (ci-dessous p. 166) que les étoiles 12—26 doivent leur défaut de symétrie à une circonstance imposée aux fondateurs des *sieou*. Sans cette inexactitude exceptionnelle du couple 12—26 les palais opposés seraient sensiblement égaux.

toute évidence) leurs intervalles seraient représentés par l'heure du coucher du soleil aux solstices, $4^h 45^m$ et $7^h 15^m$. En constatant la grande inégalité des palais, ma première idée fut donc de vérifier si cette inégalité ne serait pas en rapport avec celle du jour et de la nuit solsticiaux c'est-à-dire avec les heures du coucher du soleil, rapport indiquant un procédé primitif basé sur l'horizon. Or, précisément, il se trouve que les grands palais sont aux petits palais comme le jour maximum est à la nuit minima, ou ce qui revient au même, comme l'heure du coucher du soleil en été est à celle de l'hiver:

$$\frac{73°}{107°} = \frac{9h\,44^m}{14^h\,16^m} = \frac{4h\,52^m}{7^h\,8^m}$$

Nous discuterons plus tard cette curieuse coïncidence, d'ailleurs en partie fortuite.

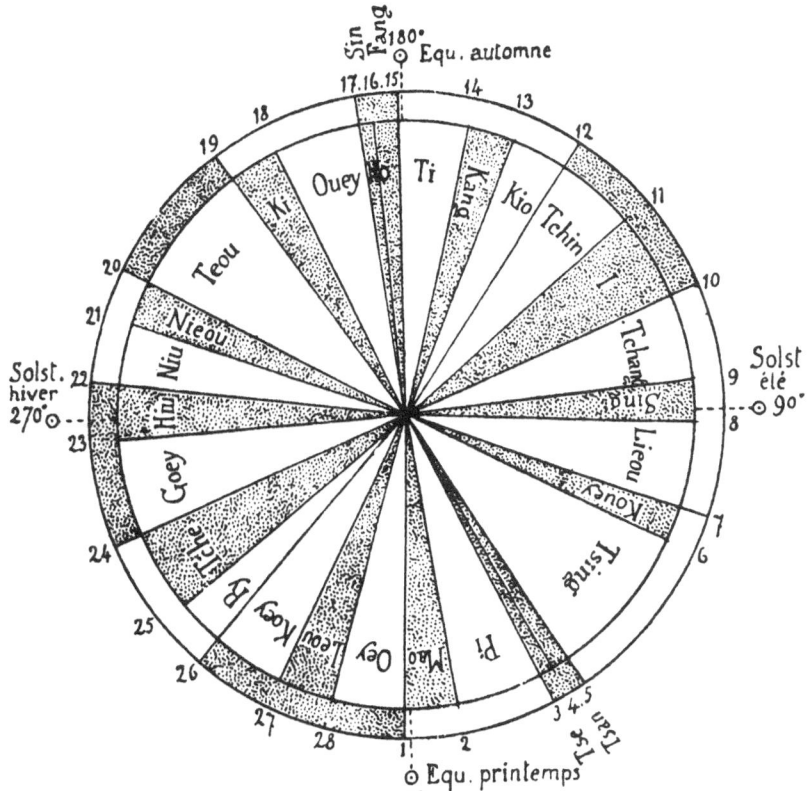

Fig. 1. — *Situation équatoriale des sieou au 24ᵉ siècle.*

III. Sin et T'san 心 參.

Parmi les civilisations primitives, il en est qui nous sont connues par les monuments de la pierre. En constatant le petit nombre de ceux qui sont restés debout, les premiers archéologues ont pu croire que notre connaissance de ces civilisations serait à tout jamais très limitée. Mais en fouillant le sol, une multitude de documents nouveaux sont mis au jour; et dans un même endroit les vestiges superposés de plusieurs époques successives apparaissent d'une manière inattendue.

L'ancienne civilisation chinoise ne nous a pas laissé de monuments architecturaux, mais des traditions écrites. En ce qui concerne l'astronomie, le plus ancien texte est celui du *Yao-tien*; aussi était-on porté à penser qu'il marquait une limite à nos recherches sur le passé de cette science. Il n'en est rien. Le sol de la littérature chinoise est jonché de débris beaucoup plus anciens et une quantité de documents apparaissent à qui veut bien prendre la peine de les rechercher.

Le diagramme des *sieou* nous est un premier exemple de ces sources inédites d'information. L'encyclopédie de *K'ang-hi* n'est certes pas un monument ancien; mais relevons dans cet ouvrage moderne la position des 28 étoiles déterminatrices; calculons leur situation équatoriale pour l'époque où la tradition place la genèse des institutions astronomiques: nous voyons aussitôt apparaitre une répartition géométrique insoupçonnée qui nous révèlera successivement de nombreux faits. Parmi ces faits, il en est un qui attire au premier coup d'oeil l'attention: c'est le caractère visiblement hétérogène des étoiles 4 et 16 qui font une exception manifeste au système, non-seulement par leur dissymétrie mais encore par leur situation singulière au milieu de petites divisions.

J'avais supposé tout d'abord: 1° que ces étoiles étaient postérieures au reste du système. 2° qu'elles étaient en rapport avec la position de la Grande Ourse [1]). Ces deux hypothèses sont entièrement controuvées. Loin d'être postérieures au reste du système ces deux étoiles, *Sin* et *Tsan*, lui sont bien antérieures et nous reportent dans le lointain des origines, vers une phase primitive où les Chinois employaient un procédé astronomique rudimentaire encore en usage chez les insulaires de la Malaisie.

✱

Les exceptions astrologiques. Nous avons déjà remarqué [2]) que le caractère spécial des étoiles 4 et 16 se trouve confirmé par les correspondances géo-astrologiques, attribuées à l'empereur *Ou*, qui établissent une relàtion entre certaines parties du ciel et les diverses régions de l'empire. Dans ces correspondances, indiquées sur le pourtour du diagramme, on voit en effet que les petites divisions 3 + 4, 15 + 16, au centre desquelles se trouvent les étoiles hétérogènes, constituent des unités et marchent de pair avec les autres segments beaucoup plus étendus, ce qui atteste leur nature exceptionnelle. (*Fig.* 1).

Or les documents utilisés par Schlegel dans son *Uranographie chinoise* confirment cette exception. Cela est d'autant plus remarquable que cet auteur a émis les idées les plus erronées sur l'origine des *sieou* et ne s'est pas aperçu de leur symétrie:

> Les astrologues prétendent cependant que le domicile *Sin* doit être solitaire au ciel comme l'est le soleil dont il est l'image. «Le coeur, disent-ils, est le prince céleste. On doit le tenir vide et pur ... Pour cette raison, chaque *sieou* a huit degrés de paranatellons et *Sin* seul n'en a point. C'est la beauté naturelle des principes célestes et il n'est pas permis de prendre d'autres astérismes et de les classer sous lui» [3]).

Laissons de côté les raisons mystiques par lésquelles les astrologues ont voulu expliquer la situation exceptionnelle de *Sin*; le fait

---

1) *T'oung Pao* 1907, n° 3, p. 390.   2) *Ibid.*

3) *Uranographie* p. 152, avec le texte du 天元曆理.

en lui-même est le suivant: on ne doit pas classer d'autres étoiles sous la rubrique *Sin*; il faut donc, dans certains cas, faire abstraction du *sieou Sin*; ce qui revient à dire que l'espace *Fang + Sin* (appelé *Ho* dans le *Yao-tien*) ne compte alors que pour une seule division (15 + 16). Or c'est précisément ce que nous avions induit du diagramme. Et nous allons voir qu'il en est de même de *Tsan* 參 et *Tse* 觜 (3 + 4) [1]).

L'astérisme *Tsouï* [= *Tse*] appartenait primitivement à celui de *Tsan* dont il forme la tête et on ne l'en a séparé qu'*environ onze siècles avant notre ère quand on inventa la division astrologique des 28 domiciles planétaires* (!) [2]). Car *Tsan* et *Tsouï* ont la même ascension droite et n'ont jamais pu marquer successivement l'entrée de la lune dans ces astérismes... Une autre preuve que *Tsouï* et *Tsan* formaient primitivement une seule constellation, est que les astrologues ne placent aucun autre astérisme dans le domicile de *Tsouï*, mais qu'ils sont tous placés sous celui de *Tsan*.

Si nous écartons les assertions fantaisistes que contient ce passage [3]) il reste cette constatation que *Tse + Tsan* ne font qu'une seule division.

Seulement cette division s'appelle *Tsan*. Cela semble au premier

---

1) Je conserve la transcription de Gaubil, suivie par Biot, afin que le lecteur puisse se reporter à leurs tableaux. Ces auteurs ne donnant pas les caractères chinois, tout changement d'orthographe pourrait créer des malentendus. « D'après *Tchang-cheou-tsie*, dit M. Chavannes, il faut prononcer *tse*; la prononciation *tsoei* est indiquée par le dictionnaire de *K'ang-hi* ». (M. H. III, 352).

2) Les 28 *sieou* étaient constitués dès l'époque de *Tchoan-hiu* et de *Yao*. Mais comme Schlegel soutient que le texte du *Yao-tien* ne se rapporte nullement au temps de *Yao* mais à une époque antérieure de 17000 ans, il cherche à se persuader que les *sieou* ne datent que du début de la dynastie *Tcheou* sous le prétexte que la plus ancienne mention de leur nombre (28) se trouve dans le *Tcheou-li*.

Par ailleurs l'hypothèse de Biot sur l'adjonction de 4 *sieou* au début de la dynastie *Tcheou* doit être définitivement écartée comme nous le verrons plus loin.

3) L'*Uranographie chinoise* est un précieux recueil de textes et de documents; il contient en outre des aperçus très justes. L'auteur a eu le grand mérite de voir qu'une quantité de faits traditionnels attestent la haute antiquité et la précision de l'astronomie chinoise. Mais la thèse fondamentale de ce livre repose comme nous l'avons dit (T. P. 1907 n° 3. p. 338) sur une série de non-sens et de cercles vicieux. Nous aurons plus tard à reprendre et à compléter l'examen de cet important ouvrage.

abord contraire à ce que nous avons énoncé, à savoir que *Sin* et *Tsan* ne font pas partie des divisions symétriques. Mais il n'y a là qu'une apparence, car les étoiles déterminatrices 3 et 4 (*Tse* et *Tsan*) appartiennent toutes deux à la grande constellation d'Orion dont l'ensemble porte en chinois le nom de *Tsan*; il faut donc distinguer l'acception générique *Tsan* appliquée à l'ensemble *Tse* + *Tsan* de l'acception *Tsan* qui sert à caractériser le *sieou* irrégulier déterminé par l'étoile 4. S'il restait un doute sur ce point, il n'y aurait qu'à consulter les cartes jointes à l'ouvrage de Schlegel où l'on voit clairement que *Tse* (la tête d'Orion) se trouve sur l'équateur antique et continue la ligne des *sieou* réguliers *Weï-Mao-Pi* tandis que la ceinture d'Orion *Tsan* en est fort éloignée.

Se-ma ts'ien, lui aussi, ne compte *Tsan* et *Tse* que pour une seule division :

> Il parait considérer la mansion *Tsoei* (*Tse*) — dit M. Chavannes — comme ne faisant qu'un avec la mansion *Chen* (*Tsan*); ces deux mansions ont en effet la même ascension droite et ne déterminent pas des régions différentes du ciel [1]).

Se-ma, on le voit, classe également *Tse* dans *Tsan* de telle sorte que c'est *Tse* qui se trouve éliminé de la liste, alors que d'après notre théorie c'est *Tsan* qui devrait l'être. Mais en dehors de la raison que nous venons de donner (à savoir que *Tsan* est le nom générique des *sieou* d'Orion) il en est une autre qui explique pourquoi, au temps de *Se-ma*, *Tse* se trouvait subordonné à *Tsan*: c'est l'interversion de *Tsan* et *Tse* causée par le déplacement du pôle. Nous examinerons plus loin cette curieuse particularité.

Nous pouvons d'ailleurs résumer nos constatations sous la forme suivante qui concilie les faits et les textes: les *sieou* 3 et 4, 15 et 16, sont, dans certaines circonstances, considérés comme ne formant qu'une seule division $Ho = 3 + 4$, $Tsan = 15 + 16$.

---

1) M. H. III, p. 352.

C'est précisément ce que nous avions induit du seul diagramme des *sieou* antiques tel qu'il résulte du calcul de précession appliqué aux 28 étoiles déterminatrices de l'encyclopédie de *K'ang-hi*.

*

Haute antiquité du couple Sin-Tsan. Dans son Histoire de l'astronomie chinoise, passant en revue les anciens textes relatifs à l'astronomie, le P. Gaubil dit incidemment[1]):

> L'empereur *Yao* avait ordonné à des grands d'observer au pays de *Tay-yuen-fou*, capitale de la province de *Chan-si*, les étoiles d'Orion; et d'observer les étoiles du Scorpion au pays de *Kouey-te-fou*, ville de la province de *Ho-nan*. Ou n'a point le détail de ces observations.

L'astérisme *Sin* n'est autre que le coeur du Scorpion, et *Tsan* la constellation Orion. Ce passage cité par Gaubil associe donc les deux groupes stellaires dont les étoiles déterminatrices occupent une position si manifestement exceptionnelle. A lui seul ce texte ancien suffirait à démontrer que l'irrégularité des *sieou* 4 et 16 n'est pas due à une imperfection dans le choix des étoiles fondamentales, mais qu'elle est intentionnelle, comme nous l'avions inféré de prime abord, et doit être attribuée à une fonction spéciale des astérismes *Sin* et *Tsan*.

Ce que fut cette fonction, nous allons pouvoir le dire; car le texte cité par Gaubil — et dont cet auteur n'a pas compris le caractère légendaire[2]) — se trouve complété par une foule de traditions et d'étymologies soigneusement recueillies par Schlegel dans

---

1) Lettres édifiantes, édition de Lyon 1819, t. XIV, p. 312.

2) Gaubil n'avait aucune idée de ce que pouvait être l'astronomie rudimentaire des primitifs et ne s'intéressait qu'aux faits susceptibles d'être rapportés à une méthode connue. Par suite de cette tournure d'esprit il a négligé ou dédaigné tous les renseignements relatifs à la règle des *Cho-ti*, aux astérismes, etc. — Biot n'ayant eu guère d'autre documentation que celle de Gaubil a encouru le même reproche. C'est ce qui explique en partie l'aveuglement de la critique postérieure en ce qui concerne le texte du *Yao-tien:* les opinions de Gaubil et de Biot ont paru suspectes parcequ'elles ne tiennent aucun compte de la question des astérismes (quoique cette question ne puisse modifier en rien l'interprétation de ce texte).

son *Uranographie chinoise*. Schlegel, à son tour, a méconnu entièrement le véritable sens de ces traditions, qu'il rapporte, cela va sans
dire, à sa fameuse théorie dont nous avons montré l'inanité. Mais
les documents qu'il assemble n'en ont que plus de valeur. Pour les
interpréter il suffit de se placer, par la pensée, dans la situation
des peuples primitifs qui ne sont pas encore parvenus à la conception — encore moins à la détermination — de l'année tropique et
qui cherchent des repères sidéraux pour marquer le cours des saisons.
L'induction est d'ailleurs bien simplifiée par le fait que cette phase
primitive subsiste encore chez plusieurs peuples et l'évidence du
rapprochement est d'autant plus grande que ces peuples emploient
précisément les constellations dont il est ici question: Orion et le
Scorpion.

Die Bewohner von Timor, der Südwestinseln, die Batta, Tenggan u. a.,
selbst die halbwilden Dajak (Borneo) haben Kentniss von einigen Sternen, wie
vom Orion, den Plejaden, vom Siebengestirn, und regeln nach deren Stellungen
das Ampflanzen, die Bewasserung und die Ernte. Auf der nächsthöheren Kulturstufe suchen die Naturvölker bereits die Zeit durch die Bewegung des
Mondes, wenn auch in nur primitiver Weise, zu messen, und zwar durch den
Umlauf, der sich unmittelbar dem Auge darbietet, also durch den sich wiederholenden Stand des Mondes bei denselben Sternen resp. durch seine wachsende
Entfernung von letzteren, d. h. durch den siderischen Umlauf Hierauf beruht
z. B. die Kenong-Rechnung der Atchinesen. Indem diese letzteren dabei vom
Sternbild des Skorpion ausgehen, anderseits aber die Auf- und Untergänge der
um 180° vom Skorpion abstehenden Plejaden verfolgen, gelangen sie zu einem
rohen Naturjahre für ihren Landbau. Die Orion und die Plejadenjahre haben
sich aus solchen Anfängen ausgebildet; sie fassten hauptsächlich dort Wurzel,
wo sich der mythologische Sagenkreis auf die Gestirne erstreckt hatte. Anderseits gaben die Konjunctionen des Mondes mit denselben hellen Sternen oder,
um volkstümlich zu sprechen, der zeitweise sich wiederholende Aufenthalt des
Mondes in den gleichen Sternbilder *den Anstoss zur späteren Bildung eines
wichtigen Zeitelementes, der Mondstationen* [1].

*

Il n'est pas douteux que *Sin* et *Tsan* aient joué dans la haute

1) Ginzel, *op. cit.* I, p. 59.

antiquité chinoise un rôle analogue, que nous préciserons tout à l'heure.

Remarquons d'abord un fait capital: seuls de tous les astérismes chinois, *Sin* et *Tsan* portent l'un et l'autre le qualificatif 辰 qui plus tard a pris la signification d'*heure*, mais désignait primitivement les marques célestes servant à fixer les époques [1]). Cette appellation confirme définitivement ce que nous venons de dire sur le caractère exceptionnel du couple *Sin-Tsan*. Nous possédons, d'ailleurs, des documents plus explicites encore; le commentaire suivant, du *Tch'oen ts'ieou*, n'associe pas seulement les noms de ces deux constellations opposées, il dit qu'elles servent à déterminer les temps, montrant ainsi que le souvenir des procédés primitifs subsistait encore au temps de Confucius, sous cette forme quasi-religieuse qui s'attache aux anciennes formules relatives aux cinq éléments, aux saisons et aux régulateurs célestes: 大火爲大辰、伐爲大辰、北極亦爲大辰。大火謂心星、伐爲參星。大火與伐、所以示民時之早晚。[春秋、昭十七年、公羊傳]。 «Le *Grand-feu* c'est le *Grand-horaire*; le *Guerrier* c'est le *Grand-horaire*; et le Pôle nord est aussi le *Grand-horaire*. Le *Grand-feu* c'est l'astérisme *Sin*, le *Guerrier* c'est la constellation Orion. Le *Grand-feu* et le *Guerrier* servent a annoncer au peuple le matin et le soir des époques» [2]). Par cette dernière expression il faut entendre le printemps et l'automne. Nous verrons, en effet, que *Sin* (= *Grand feu*) est intimément lié à la fête du renouvellement du

---

1) Heavenly bodies which mark the times. (Dict. Wells Williams).

2) Schlegel traduit: annoncer le matin et le soir des époques *du* peuple (p. 146). D'autre part il traduit 辰 par *Horus* parce que, d'après sa théorie, l'astronomie égyptienne dérive en ligne directe de l'uranographie chinoise. Ne partageant pas cette manière de voir, j'ai traduit conventionnellement *tch'en* par *Horaire*. — Toutefois, sans accepter aucunement l'idée d'une origine commune, on peut reconnaître que le mot *Horus* correspond très bien au *tch'en* chinois si les citations de Plutarque et de J.-L. Ideler rapportées par Schlegel (pp. 147, I; 699, II) donnent une étymologie exacte, il serait alors établi que l'origine et l'évolution de notre mot grec *heure* sont analogues à celles du mot *tch'en*.

feu, au printemps; et *Tsan* à l'automne. 時 之 早 晚 se justifie très bien ici, car à l'époque de Confucius le mot 辰, sans perdre sa signification originelle relative à la révolution annuelle, comportait surtout la signification nouvelle, *heure*, relative à la révolution diurne. Le commentateur explique ainsi le sens ancien par le sens actuel. C'est d'ailleurs une idée familière aux Chinois et le thème favori de léur astronomie antique, que les constellations divisent le jour comme l'année en parties homologues, de telle sorte que les astérismes du printemps et de l'automne sont aussi ceux du matin et du soir. (T. P. 1907, p. 317.)

Ce dualisme de deux constellations opposées qui semblent se poursuivre éternellement [1]), le lever d'Orion faisant toujours coucher le Scorpion, comme le Scorpion fait coucher Orion par son lever, a donné lieu au mythe chinois des deux frères ennemis, qui se trouve dans le *Tso-tchoan* 1e année du duc *Tchao*: 子 產 曰。昔 高 辛 氏 有 二 子。伯 曰 閼 伯、季 曰 實 沈。居 曠 林。不 相 能 也、日 尋 干 戈 以 相 征 討。后 帝 不 臧、遷 閼 伯 于 商 丘、主 辰。遷 實 沈 于 大 夏、主 參。[左 傳、昭 公 一 年]。«Dans la haute antiquité, dit *Tse tch'an*, *Kao-sin* avait deux fils; l'aîné s'appelait *O-pe*, le cadet *Che-tch'en*. Ils demeuraient dans une grande forêt. Ne pouvant se souffrir l'un l'autre, ils cherchaient chaque jour des armes pour se combattre. Le successeur de *Kao-sin* (*Yao*), désapprouvant cela, envoya *O-pe* à *Chang kieou* (dans le Ho-nan) pour y présider à la constellation *Tch'en* (Scorpion). Puis il envoya *Che-tch'en* à *Ta-hia* (dans le Chen-si) afin d'y présider à l'astérisme *Tsan* (Orion)».

Notons que l'identification de *O-pe* au Scorpion est parfaitement

---

1) Schlegel observe avec raison que ces mêmes constellations ont donné naissance, chez les Grecs, à la fable d'Orion piqué par le Scorpion. D'ailleurs si l'on considère l'identité de la position du guerrier chez les deux peuples, il ne semble guère possible de mettre en doute leur commune origine.

établie [1]) et que le nom du fabuleux *Che-tch'en* n'est autre que celui de la dodécatémorie jovienne où se trouve Orion.

Conclusion. Il serait peu judicieux de supposer que l'emploi des deux grandes constellations, Scorpion et Orion, pour repérer le printemps et l'automne, fut inauguré par les Chinois à l'époque où ils instituèrent l'admirable symétrie des *sieou*. Le choix d'étoiles diamétralement symétriques a exigé, comme nous le montrerons, des observations minutieuses et un plan méridien très exactement orienté. Cette création des *sieou*, ainsi que le texte du *Yao-tien*, nous révèlent aux environs du 24e siècle une astronomie vraîment savante, méthodique, instrumentale, basée sur le plan méridien, le gnomon et la clepsydre. Tout au contraire, le procédé consistant à noter le retour des saisons au moyen des principales constellations est des plus rudimentaires; il appartient à une phase très primitive.

Le couple hétérogène *Sin-Tsan*, enchâssé dans les couples symétriques, est donc un vestige des plus anciens âges, vestige consacré par la religion astrale qui fut celle de la haute antiquité. Chez les primitifs, un repère choisi dans le ciel ne garde pas longtemps son caractère utilitaire et conventionnel. L'idée de cause et d'effet leur est étrangère. Une constellation, un astre, dont l'apparition est concomittante à tel phénomène annuel, ne tarde pas à devenir la divinité et l'auteur de ce phénomène. *Sin* et *Tsan*, associés d'abord au printemps et à l'automne, président ensuite à ces saisons. Il n'y a donc pas lieu d'être surpris de ce que les techniciens de l'antiquité aient cru devoir conserver parmi les couples nouveaux, méthodiquement déterminés, l'ancien et vénérable couple dont la grossièreté allait rompre l'ordre de numérotation des étoiles symétriques.

IV. Le zodiaque lunaire asiatique.

Les Hindous et les Arabes ont, on le sait, un zodiaque lunaire

_____

[1]) 大火閼伯之星。[星經]。 *Ur.*, p. 396.

composé de 28 (ou de 27) astérismes. Ces astérismes ne sont pas des constellations, mais des groupes constitués par certaines étoiles spécialement choisies; 2, 3, 4 étoiles, parfois davantage.

Or ces astérismes, hindous et arabes, sont en grande majorité identiques aux 28 astérismes dont les *sieou* portent respectivement le nom. Les variantes entre les trois systèmes sont de peu d'importance et il est impossible de ne pas souscrire à l'affirmation, exprimée entre autres par Whitney, de leur commune origine:

> No one, I am confident, can examine the correspondences and differences of the three systems without being convinced that they are actually three derivative forms of the same original [1]).

Sur la commune origine de ces systèmes on peut faire trois hypothèses:

1) Ou bien les Hindous (et les Arabes) ont emprunté ce zodiaque aux Chinois. (Biot).

2) Ou bien les Chinois l'ont emprunté aux Hindous (Whitney) ou aux Arabes (Sédillot).

3) Ou bien les Arabes, les Hindous et les Chinois l'ont reçu d'une autre source, par exemple de Babylone. (Weber).

Chacune de ces hypothèses a trouvé son défenseur. Mais remarquons ceci: aucun d'eux n'a envisagé le cas où ce zodiaque aurait été exporté de Chine, ou importé en Chine, *dans la haute antiquité*.

Cependant, si l'on veut bien examiner les faits, on ne tarde pas à constater que cette solution du problème s'impose inéluctablement. Trois points sont, en effet, absolument démontrés:

1°. De l'avis unanime des indianistes, les *nakchatras* existaient dans l'Inde dès la période védique.

---

1) *Oriental and linguistic studies*, II, p. 356. — Le liste de W. contient, en ce qui concerne les astérismes chinois, certaines erreurs que nous aurons à relever.

2°. Les 28 astérismes chinois 二十八星 existent en Chine depuis la haute antiquité [1]).

3°. La commune origine des *nakchatras* et des astérismes chinois est incontestable, de par leur identité foncière.

De ces trois propositions résulte avec évidence que la bifurcation des deux systèmes ne peut être placée que dans la haute antiquité.

Mais alors se présente une objection d'ordre purement subjectif: si le problème est posé d'une manière aussi limpide, comment se fait-il que cette évidence n'ait jamais été reconnue?

La réponse est bien simple. Le premier point a été contesté par Biot sans raisons valables. Le second point a été contesté par Weber et Whitney au moyen d'une argumentation dénuée de tout fondement et qui démontre seulement leur profonde ignorance du sujet.

Depuis lors, personne n'a repris la question sauf Ginzel qui, dans son ouvrage récent, la résume de la manière suivante:

Passant outre, et sans les mentionner, aux objections (d'ailleurs non recevables) de Biot, il constate, d'après les indianistes, l'antiquité des *nakchatras*. Puis, en ce qui concerne la Chine, trompé par les affirmations des Weber et des Whitney comme aussi par les incohérences de tous les auteurs qui ont traité de l'astronomie antique, il imagine que l'on ne sait rien de positif à ce sujet. Toutefois il admet que les indianistes sont allés trop loin en niant tout document antérieur à l'incendie des livres. Il conclut donc par une sorte de cote mal taillée entre les opinions contradictoires en disant:

Weber a montré qu'on ne trouvait pas de mention des *sieou* antérieurement au III° siècle avant J.-C. On ne peut douter cependant que la connaissance des stations lunaires ne se soit répandue en Chine avant cette époque, alors même qu'on ne pourrait la faire remonter, comme Biot, au temps de Yao.

---

1) Les 28 astérismes sont antérieurs aux 28 *sieou* qui en précisent les intervalles. L'antiquité des *sieou* est démontrée par le texte du *Yao-tien* corroboré par leur diagramme symétrique.

Tel était, en 1905, l'état de la question. Il est facile de montrer qu'il y a là une série de méprises et de malentendus.

*

Indépendamment de l'identité des astérismes, il y a un autre trait commun aux systèmes hindou et chinois: ce sont les étoiles déterminatrices. En Chine ces étoiles qui servent de limites aux 28 *sieou* existent depuis l'antiquité; nous avons vu u'elles ont été choisies par paires diamétralement symétriques, (sauf deux, intercalées exceptionnellement pour une raison spéciale). Dans l'Inde, ces étoiles, appelées *jogatara* (*junction-stars* selon Whitney) n'apparaissent pas dans les textes anciens.

Il y a donc deux questions distinctes: 1° celle des astérismes. 2° celle des déterminatrices. Ceci dit, nous pouvons retracer l'historique de cette discussion confuse.

*

Théorie de Biot. En 1840, Biot ayant étudié la repartition des 28 étoiles chinoises au 24ᵉ siècle, déclara qu'elles avaient été uniquement choisies en vue-de repérer le passage au méridien de certaines positions célestes remarquables [1]). En conséquence, il affirmait que le nombre des ces étoiles n'avait aucun rapport avec la révolution de la lune. Et comme on lui objectait l'analogie du zodiaque lunaire hindou, il entreprit de démontrer que ce zodiaque n'était qu'une importation relativement récente, un plagiat des *sieou* chinois remaniés par les Hindous.

Cette théorie de Biot prêtait le flanc à la critique, car elle était très incomplète et partiellement erronée. Elle n'envisageait que la question des *déterminatrices* et laissait entièrement de côté celle des *astérismes*. Cette lacune singulière provient de ce que Biot ne con-

---

1) V. T. P., 1907, n° 3, p. 348.

nàissait- guère que la documentation de Gaubil qui s'occupe seulement des *sieou* et ne parle jamais des astérismes [1]).

Réponse de Weber. Les indianistes avaient donc beau jeu pour
répondre. Il leur eût suffi d'inviter Biot à s'expliquer sur l'origine
et la composition des astérismes chinois, sur leur indentité avec les
astérismes hindous. Pour défendre sa théorie, Biot eut été alors obligé
de soutenir qu'en Chine les astérismes dérivaient des 28 étoiles, et
que les Hindous, en empruntant les étoiles, avaient aussi adopté les
astérismes. Tout cela eût été bien invraisemblable.

Mais au lieu de porter la discussion sur les insuffisances et les
lacunes de la théorie de Biot, le célèbre indianiste Weber eût l'étrange
idée de la contester en niant tout simplement l'existence d'anciens
documents chinois.

C'était absurde. Même en supposant fausse la théorie de Biot
et même en admettant que les étoiles déterminatrices ne datent pas
de la haute antiquité, les textes du *Chou-king* et du *Hia-siao-tcheng*
dont l'autenticité est garantie par la loi de précession certifient la
très ancienne origine des astérismes. En outre Biot avait révélé,
dans la répartition des *sieou*, des rapports qui, bien loin d'avoir été
exagérés par lui, sont au contraire plus précis qu'il ne le croyait
(comme le montre notre diagramme). A ces preuves Weber oppose
deux arguments: 1° Il se déclare incompétent en ce qui concerne
les rapports découverts par Biot mais observe que beaucoup de
mathématiciens se sont trompés dans des cas analogues. 2° Il prétend que l'incendie des livres infirme tous les documents antérieurs
au III° siècle avant J-C.

Ce dernier argument, remarquons-le, pourrait être appliqué tout
aussi bien aux éclipses du *Tch'oen-ts'ieou*. Les anciens documents
astronomiques garantissent l'authenticité des textes plus encore que
les textes ne garantissent celle de ces documents.

---

1) *Ibid.* p. 368.

Réplique de Biot. A son tour, Biot avait la partie belle. Il répondit à Weber en publiant ses *Etudes sur l'astronomie indienne et sur l'astronomie chinoise* (1862) dans lesquelles, mettant à profit une nouvelle traduction du *Sûrya-Siddhânta*, il complète sa démonstration touchant l'origine chinoise des étoiles hindoues, puis réfute sans peine les opinions de Weber sur l'inauthencité des textes chinois.

Mais ce second travail de Biot présente les mêmes lacunes que celui de 1840 et donne prise aux mêmes objections. Il reste muet sur la question des astérismes et passe sous silence le fait capital de l'identité des astérismes hindous et chinois.

Réponse de Whitney. Dix ans après la mort de Biot, Whitney entreprend de réfuter son affirmation de l'origine chinoise du zodiaque hindou. Après avoir exposé les preuves de l'antiquité des astérismes lunaires dans l'Inde et l'emploi rituel qui en était fait, il montre leur identité foncière avec les astérismes chinois. Puis il aborde la soi-disant réfutation de la théorie de Biot dont il présente au lecteur un résumé tendancieux qui passe sous silence le fait principal (la quadrature de *Yao*) et ne fait aucune mention des preuves sur lesquelles elle repose (texte du *Yao-tien*, symétrie diamétrale et correspondance des lacunes).

Nous avons déjà examiné en détail cette extraordinaire dialectique [1]) mais seulement en ce qui concerne le texte du *Yao-tien* et les *sieou*. Il nous reste à l'envisager ici sous un jour plus général.

La théorie, proprement dite, de Biot, c'est-à-dire l'explication qu'il a donnée de l'origine des *sieou* et de la raison d'être de leur répartition, est entièrement erronée comme nous allons le voir tout à l'heure. Mais les *faits* sur lesquels elle s'appuie ne sauraient être contestés. Si la théorie de Biot est fausse, il ne s'en suit nullement que le système des *sieou* ne soit pas antique. Si le système des *sieou* n'est pas antique, il ne s'en suit nullement que le système

1) T. P., 1907, n° 3, p. 357.

des astérismes ne le soit pas. Il y a donc ici trois questions distinctes et puisque Whitney prétend contester la possibilité d'un emprunt fait aux Chinois par les Hindous, la seule qu'il soit utile d'aborder est la dernière. Or cet auteur s'attache précisément à celle qui est étrangère au débat, et encore en la dénaturant de telle façon que ses arguments restent inefficaces contre une théorie par ailleurs erronée.

Il est vrai que Whitney est arrivé à enchevêtrer ces trois questions distinctes en s'abritant derrière l'affirmation de Weber «qu'il n'existe aucun document chinois antérieur au IIIᵉ siècle».

*

Résumons maintenant ce débat incohérent. Nous constatons que tous ces auteurs ont raison et que tou   ont tort. i ont raison lorsqu'ils restent dans les limites de leur compétence, et tort lorsqu'ils s'aventurent à traiter des sujets dont ils ignorent les premiers éléments. Et en définitive nous arrivons à la conclusion que les trois points suivants demeurent incontestables:

1°. L'antiquité du zodiaque lunaire des Hindous.

2°. L'antiquité des *sieou*, *a fortiori* des astérismes chinois.

3°. L'identité des astérismes chinois e'. hindous.

Ce qui permet d'affirmer que les deux systèmes ont une origine commune et antique.

Nous allons assister maintenant à la formation progressive de ce zodiaque en Chine, ce qui nous permettra d'affirmer, en toute certitude, que les Hindous l'ont emprunté, très anciennement, aux Chinois.

V. Les fêtes préhistoriques.

C'est un lieu commun de dire qu'il y eut chez les anciens peuples, d'abord une année lunaire, puis une année solaire. Mais comme il est facile d'être victime des mots à double entente, cherchons à tirer les définitions au clair.

Il n'y a pas — à proprement parler — d'année lunaire, car une année de la lune serait sa révolution, c'est-à-dire une lunaison. En fait, tous les modes d'années en usage, se rapportent à l'année solaire qui produit le cours des saisons.

Cela va de soi, dira-t-on; aussi bien les adjectifs lunaire, solaire, sont-ils relatifs à la manière de supputer la période et non pas au fait même de l'année.

D'accord. Mais toute période suppose deux éléments: le contenant et le contenu; le point de départ et l'évaluation de la durée.

Or l'élément primordial, originel, n'est pas l'évaluation de la durée, c'est le point de départ.

L'expression *année lunaire* n'exprime qu'une *durée*. Et par suite de l'empire des mots sur les idées, on n'a retenu de l'année lunaire que cette durée, en négligeant la question, essentielle, du point de de départ.

Il est bien évident, cependant, que la forme primitive de l'année n'est pas celle des Arabes, pasteurs nomades, qui comptent indéfiniment par douzaines de lunes, de telle sorte que leur Nouvel-an tombe successivement dans toutes les saisons, ne laissant à leurs fêtes religieuses aucun rapport avec les phases tropiques.

Sauf cette exception, qui n'est qu'apparente [1]), l'élément primordial du calendrier, c'est le point de départ, c'est-à-dire le mode servant à repérer l'année.

Au stade le plus élevé, l'année est repérée par l'observation directe de la situation tropique du soleil, au moyen du gnomon par exemple; c'est à ce stade supérieur que les Chinois étaient parvenus dès l'aube de leur histoire.

---

1) L'année arabe (comme aussi l'année vague des Egyptiens) n'est en effet, à l'origine, qu'une évaluation de l'année solaire: seulement le point de départ a été ensuite négligé et l'on n'a retenu que l'élément *durée*.

Au stade moyen, l'année est repérée par les étoiles. Mais comme les étoiles ne peuvent fournir aucune indication sur la date tropique, ce procédé consiste simplement à stabiliser le repère tropique du stade inférieur:

Au stade inférieur, l'année est repérée par les signes météorologiques et surtout physiologiques du cours des saisons, notamment par le moment où les conditions d'une fête religieuse se trouvent réalisées, c'est-à-dire le moment où les produits végétaux et animaux destinés à être offerts en holocauste sont disponibles. [1])

Faute d'avoir remarqué l'importance du repère dans la genèse du calendrier, on s'en est tenu, en fait de classification, aux qualificatifs *lunaire* et *solaire*, dont l'insuffisance a conduit à l'adoption du moyen terme *luni-solaire* appliqué à tout calendrier intercalaire, ce qui met le comble à la confusion: à telle enseigne que le calendrier des Romains est alors porté sur la même ligne que celui des Chinois lesquels sont, en réalité, parvenus au stade supérieur deux mille ans avant les Grecs et les Romains.

*

Ce n'est pas ici le lieu de montrer les conséquences que ce défaut de classification a entraînées dans l'étude de l'astronomie primitive. [2]) Nous sommes conduits, cependant, à en signaler une.

Chez la plupart des peuples civilisés de l'antiquité, on trouve deux fêtes religieuses dites du printemps et de l'automne. Et comme ces fêtes sont célébrées à l'équinoxe, on en a conclu qu'elles sont relatives à l'*année solaire*. Il est clair cependant que la fête de Pâques, par

---

1) Il faut citer pour mémoire le repère scandinave de la grande marée équinoxiale qui peut être rattaché à ce stade, quoiqu'il ne soit pas d'ordre météoro-physiologique.

2) Une de ces conséquences a été, comme nous l'avons vu, la méconnaissance du texte du *Yao-tien* et du caractère de l'astronomie chinoise.

Il eut, en effet, été impossible de supposer qu'un procédé sidéral peut *servir a déterminer* 以定 la date du solstice, si l'on avait établi d'abord la distinction entre les points de repère sidéral et tropique.

exemple, même dans ses précédents avatars [1], n'a pas été instituée pour célébrer la lune équinoxiale, mais que la lune équinoxiale a servi à en stabiliser l'époque rituelle. Non seulement ces fêtes du printemps et de l'automne (et d'autres, analogues, telles que la fête du renouvellement du feu) sont antérieures au calendrier *solaire*, mais elles sont même antérieures au calendrier *lunaire*, voire à la conception de l'année *dite* lunaire.

Il ne faudrait pas croire, en effet, que la constatation de 12 lunaisons dans l'année soit tellement simple qu'elle s'impose d'elle-même au primitif. Le sauvage, qui ne sait même pas approxima-tivement son âge, se soucie peu de compter les lunes. Les nègres du Congo, qui sont agriculteurs, qui font des échanges et possèdent une numération décimale, ne savent pas combien il y a de lunai-sons dans l'année. «Pour fixer une époque future, dit le Dr Cureau [2]), ils comptent une lune, deux lunes, trois lunes. Mais au delà de trois, l'évaluation leur parait trop compliquée et ils renoncent à compter».

Autrement plus primitif est le besoin d'offrir à la divinité un sacrifice propitiatoire au printemps pour protéger les cultures et écarter les maladies; et un sacrifice d'actions de grâces (ou plutôt de partage) en automne pour lui porter en offrande les prémisses des récoltes. Ces rites, ainsi que celui du renouvellement du feu — lié aux origines du culte du foyer [3]), — plongent dans le lointain du passé préhistorique.

Après les besoins religieux, viennent, progressivement, les besoins sociaux. Lorsque les récoltes sont terminées, le moment est venu d'échanger les produits. C'est la foire de l'automne. On profite de cette assemblée pour traiter les affaires politiques. On nomme les chefs; on convoque les vassaux; on concerte les expéditions de guerre.

---

1) Cf. E. Mahler. *Etudes sur le calendrier égyptien, Annales du Musée Guimet*, p. 48.
2) *Psychologie des races nègres. Revue Générale des Sciences* 1900.
3) Fustel de Coulanges. *La Cité antique.*

La rite annuel est ainsi le fait **primordial**. Ce rite étant établi, alors l'évaluation de l'intervalle (12 lunes) découle de l'expérience. L'année *dite* lunaire, comme toute autre année, suppose nécessairement un point de départ: non pas arbitraire, non pas accessoire; mais essentiel et fondamental. Ce point de départ est toujours une fête religieuse, dont l'époque est fixée par l'état de la vie physiologique. Nos paysans, eux-mêmes, règlent leurs cultures sur les indices de la vie physiologique; l'importance du calendrier, pour eux, réside surtout dans la fixation des fêtes religieuses et des foires.

Par suite des nou.eaux besoins créés par l'unification religieuse et politique, il a fallu fixer d'une manière de plus en plus précise la réunion des assemblées. Là encore, les premiers **progrès** ont porté sur le repérage du point de départ et non sur l'évaluation de l'intervalle. Il est plus simple, en effet, de fixer un rendez-vous au jour de la pleine lune que de compter les lunes de l'année. Le caractère lunaire de ces fêtes en déterminait le *jour* bien avant qu'on en sût préciser le *mois*, opération pour laquelle l'intercalation est à peu près indispensable.

Nous pouvons même aller plus loin et dire que les fêtes primitives furent repérées au moyen des constellations, antérieurement à la constitution d'une année lunaire normale. Ce fait n'est probablement pas général: il semble bien que certains peuples, les Latins par exemple, se sont lancés dans les complications inextricables de leur année lunaire empirique, sans avoir sû établir, au préalable, leurs repères astronomiques. Mais l'exemple des primitifs actuels [1]) confirme l'induction que l'agencement d'une année lunaire systématique est plus compliqué que l'observation des grandes constellations dont le retour périodique fixe très simplement une époque de l'année.

---

1) V. ci-dessus p. 137.

Le Renouvellement du Feu et la Grande Foire.

Revenons maintenant à nos deux constellations *Sin* et *Tsan*, le coeur du Scorpion et Orion; et supposons que nous n'ayions pas d'autres renseignements à leur sujet que ceux dont nous avons fait l'exposé.

Ces deux astérismes sont associés, nous l'avons vu, au printemps et à l'automne. D'autre part il existe en Chine deux sacrifices équinoxiaux évidemment bien antérieurs à la connaissance des équinoxes. Interrogé sur le sens du sacrifice d'automne, Confucius répondait: «Je l'ignore. Celui qui connaitrait sa signification gouvernerait le royaume aussi facilement qu'on regarde la paume de la main».

A première vue, il semblerait donc naturel de supposer que les astérismes *Sin* et *Tsan* servaient de repère à la date de ces sacrifices. En nous reportant au diagramme des *sieou* [1]), nous voyons, en effet, que ces astérismes se trouvent à proximité du soleil équinoxial (situé de l'an 4000 à l'an 3000 dans *Ouey* et *Pi*); et que, par conséquent, par leur lever ou coucher héliaque, *Sin* et *Tsan* étaient convenablement placés pour repérer les sacrifices. Nous pourrions être confirmés dans cette hypothèse par le fait que d'autres peuples ont associé Orion au printemps [2]).

Mais nous sommes arrêtés net dans cette voie, par un argument sans réplique: *Sin* n'est pas associé à l'automne, époque à laquelle il reçoit la visite du soleil, mais bien au printemps. Inversement, *Tsan* (Orion) n'est pas associé au printemps mais à l'automne. Pour qui connait la minutieuse exactitude des Chinois dans le parallélisme et la symétrie, surtout lorsqu'il s'agit d'anciennes formules traditionnelles, le fait est déjà établi par les textes que nous avons cités:

---

1) Ci-dessus p. 131.

2) Horus, dit Plutarque, est cette température heureuse de l'air qui conserve et nourrit tout, par le principe humide dont il est imprégné. Tel est le printemps près des signes duquel est situé Orion, appelé Horus par les Egyptiens. (Voy. ci-dessus, p. 138, note).

ils mentionnent *Sin* et *Tsan*, non pas *Tsan* et *Sin*. La chose est, par ailleurs, incontestable et incontestée. L'uranographie, l'astrologie et l'astronomie chinoises la précisent d'une manière certaine. Chacun sait que le firmament chinois est divisé en 4 palais[1]) symbolisés par le Dragon, l'Oiseau, le Tigre et la Tortue; que le Dragon (représenté précisément par la constellation du Scorpion) est le palais du printemps (oriental); et le Tigre, celui de l'automne (occidental).

Nous devons donc abandonner complètement l'idée que ces constellations aient servi à repérer le printemps et l'automne par leurs levers ou couchers héliaques, puisqu'elles leur sont associées par *opposition*, non par conjonction; à moins d'adopter la théorie de Schlegel qui, pour expliquer cette inversion, place l'origine des traditions uranographiques à l'époque où la situation sidéro-solaire se trouvait diamétralement opposée, c'est-à-dire 13000 ans avant l'époque de *Yao*[2]).

Mais il y a plus. Nous devons renoncer, en outre, à l'hypothèse que ces constellations aient été en rapport avec les sacrifices (plus tard équinoxiaux) du printemps et de l'automne. L'astrologie, l'uranographie, l'histoire, enfin les traditions et coutumes perpétuées dans certaines provinces établissent, en effet, de la manière la plus cer-

---

1) Plus le palais central qui est la calotte circumpolaire.

2) Si Schlegel au lieu d'étayer sa théorie par une série de non-sens astronomiques et de cercles vicieux, s'était contenté de la limiter aux deux grandes constellations qui représentent manifestement une phase très primitive, elle mériterait d'être prise un instant en considération. Nous possédons, en effet, des silex très artistement burinés qui datent d'une époque au moins aussi ancienne; et il me paraît probable que dès cette époque magdalénienne les grandes constellations servaient à repérer l'année. Mais comment serait-il possible d'admettre que l'association respective de deux astérismes au printemps et à l'automne ait pu se maintenir pendant la période suivante, d'environ 7000 ans, au cours de laquelle ces astérismes répondaient à l'hiver et à l'été? et qu'elle se soit ainsi perpétuée jusqu'à la période suivante (encore de 7000 ans) où ces astérismes se sont retrouvés en correspondance avec le printemps et l'automne mais en ordre inverse? — D'ailleurs la théorie de Schlegel, même émondée de ses absurdités, tombe à plat devant le principe du zodiaque lunaire qui explique les faits, textes en main, et dont cet auteur ne connaissait pas l'existence.

taine que *Sin* 心, le coeur du Dragon (Scorpion) *alias* 大火 (le Grand Feu) ou 辰 (l'Indicateur), servait à repérer la fête du renouvellement du feu, laquelle avait lieu à la 3ᵉ lune du printemps qui a toujours conservé son nom primitif de 辰 [1]).

L'association de *Sin* à la fête antique du renouvellement du feu au mois d'avril étant démontrée, il en résulte que *Tsan* (Orion) vu sa position, correspondait à la 8ᵉ ou 9ᵉ lune (septembre—octobre). Cette époque pourrait suggérer un rapprochement entre cet astérisme et le sacrifice d'automne, originellement lié aux offrandes des prémisses de la récolte, en Septembre.

Nous n'avons pas, sur ce point, des indications aussi formelles que celles relatives à *Sin*. Néanmoins les traditions montrent bien le rôle de *Tsan*. Mais avant d'examiner les faits, il nous faut dire quelques mots du caractère général de l'uranographie et de l'astrologie chinoises.

L'astrologie occidentale, d'origine chaldéenne, qui s'est perpétuée jusqu'à nos jours, avait pour but et pour thème principal l'*horoscope* basé sur l'influence des planètes et des éléments. Lorsque l'ambassadeur d'Espagne disait du roi Henri II qu'il était *saturnien*, chacun,

---

[1]) 火蒼龍之中星(堯典傳)。火爲大火(左傳)。大火心星也(爾雅)。心又名火星(星經)。季春出火(周禮)。 Chez les habitants du Fou-kien, dit Schlegel, la fête du feu est encore célébrée au printemps vers le mois d'Avril (p. 143). Dans l'île d'Hainan une année est encore appelée un feu: 今瓊州西鄉音、謂一年爲一火(廣東通志)。 L'époque de cette fête sous les premières dynasties est indiquée par les textes: 魯國大夫梓愼曰。火出于夏爲三月、于商爲四月、于周爲五月(五經類編)。 Schlegel, qui n'ignore cependant pas les changements dynastiques du calendrier, imagine, on ne sait pourquoi, que la 3ᵉ lune des *Hia*, la 4ᵉ des *Chang*, la 5ᵉ des *Tchou*, représentent trois époques différentes de l'année tropique et se croit obligé, en conséquence, de démontrer que, dans la suite, on replaça cette fête à sa date primitive. Cette date n'a jamais varié: c'est le mois 辰, le 5ᵉ de l'année solsticiale. (*Ur.* p. 140).

à cette époque, entendait parfaitement le sens de cette psychologie; certaines expressions telles que *lunatique, jovial, martial*, etc., sont restées dans la'langue. Elles proviennent d'une haute antiquité.

Par ailleurs, les efforts tentés pour expliquer l'origine des noms et figures de nos constellations sont restés vains.

Il n'en est pas de même en Chine, où la continuité du développement, chez un même peuple, a conservé les traditions primitives. Le thème principal de l'astrologie chinoise n'est pas l'horoscope; c'est l'idée que les occupations, rurales et politiques, afférentes aux diverses saisons sont des rites gouvernés par le firmament. Ce thème, qui se manifeste déjà dans le *Yao-tien* est ressassé par les innombrables Réglements des lunes 月令, par les almanachs, par les traités d'astrologie et par les 星經 (uranographies).

Prenons, par exemple, le palais de l'automne où se trouve Orion. Nous y voyons défiler les symboles de la maturité des grains, de leur récolte, de la confection du vin de céréales (酉 la cruche). On déclare alors que tout est achevé, terminé, parfait. [1]) Puis commence la vie publique. Les criminels sont exécutés: «Selon la loi naturelle, dit l'*Exégèse des Souverains célestes*, l'automne tue; selon la loi terrestre, l'Ouest répond à l'élément Métal; de par ces deux lois l'excédant des choses est retranché. Pour cette raison les *armes et les peines ont toutes leurs symboles dans la région occidentale du ciel.* (*Ur.*, p. 354) [2]). Vient alors la grande assemblée de fin d'année, la foire, le grand Marché; Orion et tous les petits astérismes

---

[1]) 酉秀也。秀者物皆成也(爾雅)。秋日收成
(Schlegel p. 352).

[2]) 天之道、秋爲殺。地之道、西爲金、皆所
以裁物之過也。故兵刑皆列象於西方。[天皇
會通]。 Voir aussi le règlement des lunes du *Li-ki:* 仲秋之月、乃命
有司申嚴百刑 斬殺必當。[禮記、月令]。 Cf. Ancient
China simplified, p. 108.

avoisinants en marquent les symboles: on y voit les vassaux con-
voqués [1]), la diversité des langues [2]). Orion lui-même, comme beaucoup d'autres astérismes, porte différents noms et symbolise plusieurs
faits. Il s'appelle le Marché céleste; et le Livre des Rites parle de
ce marché d'automne pour lequel on diminuait les taxes. [3]) Il préside aux prisons et aux massacres, il correspond à l'élément *métal*
et à l'Occident [4]). Tous ces attributs suffisent déjà à établir que
cette constellation indique une époque de l'année opposée à celle
du renouvellement du feu; mais ils le cèdent en importance à la
figure symbolique qu'elle est censée représenter: le Guerrier.

Rien dans la disposition des étoiles d'Orion, n'évoque assurément
l'image d'un guerrier. Aussi est-il extrêmement remarquable que
les Grecs comme les Chinois y aient vu un guerrier dont la position est identique dans les deux sphères. La seule différence est
celle-ci: l'Orion grec est armé du glaive; le *Tsan* chinois porte une
hache, instrument de guerre beaucoup plus primitif; dans l'un et
l'autre cas, l'arme est représentée par les mêmes étoiles. [5])

---

1) Schlegel traduit le nom de l'astérisme 諸王 par *le ban des rois*. Il semble en
effet que ce symbole date d'une époque où le caractère 王 désignait les chefs de région,
comme le montre leur pluralité 諸. Sous les *Tcheou* il y eut bien plusieurs rois mais
ils ne portaient pas ce titre dans la hiérarchie officielle. Les commentaires astrologiques
parlent de vassaux: 諸王主宗社、藩屏王室。又主朝會。
明則諸侯奉上.(星經)。諸王暗、則下臣專政
(天皇會通)。

2) 九州殊口九星在畢之下 (ibid).

3) 參又名天市 (星經)。仲秋之月易關市 (禮
記、月令)。

4) 參金星也 主斬刈。參又爲天獄、主殺伐
(星經)。

5) L'étoile au Nord-Est est l'épaule gauche et préside au général de l'aile gauche...
L'étoile au Sud-Est est la jambe gauche et préside au général de l'arrière-garde .. Quand

Il faut noter en outre un fait important qui n'a jamais été signalé. Ideler observe, avec raison, que les Chinois attribuent aux constellations, un symbolisme arbitraire sans chercher aucunement dans la disposition des étoiles la figuration des diverses parties de l'objet indiqué. Par exemple les astérismes dont nous venons de montrer le sens (le Ban des rois, les Dialectes des régions, la Cruche) ne répondent à aucun symbolisme graphique. On peut ajouter, en outre, que les groupes chinois sont, en général, de petits astérismes et non de grandes constellations.

Or ces deux règles ne souffrent que trois exceptions: le Scorpion, Orion et la Grande Ourse (en Chine: le Dragon, le Guerrier, et le Boisseau ou Chariot). Ces trois constellations sont précisément celles qui attirent l'attention des peuples les plus primitifs et qui sont observées par les sauvages actuels [2]).

Ces rapprochements tendent à montrer que dans les divers attributs d'Orion, le symbolisme du Guerrier est le plus ancien, et provient, comme le rite du renouvellement du feu, des temps préhistoriques. Ce symbolisme s'accorde d'ailleurs avec les autres attributs, tous relatifs au milieu ou à la fin de l'automne. C'est, en effet, après avoir terminé les récoltes que les peuples sédentaires peuvent s'occuper des affaires militaires, tout naturellement traitées au moment où les échanges commerciaux nécessitent une assemblée générale. C'est également l'époque où les nomades tentent de venir piller les greniers bien garnis.

---

ces étoiles sont claires, les soldats de l'empire seront braves... etc. — *Tsan* s'appelle aussi le *Guerrier auguste*, et la *Hache de guerre*.

參東北星爲左肩、主左將 ... etc. 明則天下兵精.[經星主占]。
參又名參伐、鈇鉞。 *Ur.* p. 393.

2) V. ci-dessus p. 137).

＊

Résumons maintenaut les données que nous venons de recueillir.

Les astérismes *Sin* et *Tsan* sur lesquels notre attention a été attirée par leur situation exceptionnelle dans le diagramme des *sieou* antiques, représentent la forme la plus primitive, la plus rudimentaire, de l'astronomie chinoise. Ils étaieut associés à deux rites antéhistoriques, le renouvellement du feu à la 3ᵉ luue, la grande assemblée d'automne à la 9ᵉ lune.

Pour dire approximativement dans quelle période de l'antiquité ces conditions se sont réalisées, il se suffit pas de se reporter au diagramme équatorial des *sieou*: car s'il est exact que *Tsan* (Orion) se couche lorsque *Sin* (le cœur du Scorpion) se lève, cette opposition ne se réalise ni sur l'équateur, ni sur l'écliptique. Elle résulte seulemeut de l'inclinaison de l'horizon sur l'axe du firmameut, c'est-à-dire de la latitude de la Chine. Oriou se trouve, en effet, fort éloigné de l'écliptique et assez loin de l'équateur antique. L'opposition du couple *Sin-Tsan* uous reporte à uue époque très primitive où l'observation rudimeutaire des astres était en rapport avec l'horizon. Élle est du même ordre que l'inégalité des palais à laquelle nous avons fait allusiou (p. 131).

Le globe à pôles mobiles montre que dans la haute antiquité Antarès (*Sin*) se levait cosmiquement un peu après l'équinoxe (sa latitude australe étant de 5°); il u'était douc franchement visible au crépuscule qu'à la fiu de la luue équiuoxiale, ce qui explique son association à la 3ᵉ lune, non à la 2ᵒ. [1]

Le Scorpiou 辰 correspond ainsi à la fois à la 2ᵉ et à la 3ᵉ luue: à la 3ᵉ par sou apparitiou, à la 2ᵉ par le priucipe cosmique des méthodes postérieures. Ceci nous explique pourquoi le mois 辰

---

[1] La fête du renouvellement du feu était placée officiellement au 105ᵉ jour de l'aunéc solsticiale (voy. les textes, *Ur*, pp. 141, 143), c'est-à-dire 14 jours après l'équinoxe'

est le 3ᵉ de l'année lunaire et pourquoi — grâce à l'inégalité des palais et emplacements lunaires (*fig.* 2) — la position sidérale de ce mois est néanmoins dans le Scorpion.

Cette fiction de la symétrie du couple *Sin-Tsan*, qui lui a valu son insertion parmi les *sieou* réguliers, se manifeste par une hybridité analogue en ce qui concerne Orion. *Tsan*, symbole de l'automne, est censé correspondre à la 8ᵉ lune ¹), le mois équinoxial; mais *Tse*, son voisin, présage la maturité des grains (7ᵉ lune) 觜 明 則 五 穀 熟. Le grand marché et le symbolisme militaire correspondent plutôt à la 9ᵉ lune. Ce dernier parait le plus ancien; mais de l'association de *Sin* et de *Tsan* à la 3ᵉ et à la 9ᵉ lune on ne peut tirer, vu leur dissymétrie et la grossièreté du procédé consistant à noter l'apparition d'aussi vastes constellations, aucune donnée chronologique.

Quoi qu'il en soit, le couple *Sin-Tsan*, vestige d'un degré d'évolution que nous trouvons de nos jours chez les peuplades de la Malaisie est, en tous cas, antérieur à une phase astronomique beaucoup plus avancée dont les institutions se sont développées au 27ᵉ siècle, comme nous l'établirons ultérieurement.

VI. Le principe du zodiaque lunaire.

Sin et *Tsan* annonçaient deux dates du printemps et de l'automne, non par contiguïté solaire (lever ou coucher héliaque) mais par opposition. On pourrait donc penser que le procédé d'observation qui avait fait adopter ces deux repères était celui du lever acronyque.

Mais le lever acronyque d'une constellation n'attire pas spécialement l'attention des primitifs, car ce n'est pas un fait absolument

---

1) L'étymologie du mot *Tsan* 參 est en rapport manifeste avec les *trois* 叄 étoiles du Baudrier d'Orion que nous appelons les *Trois rois*; il s'écrivait autrefois 曑, composé de 晶 qui signifie «l'influence fraîche et claire de la 8ᵉ lune» et de la phonétique 㐱: 本作曑、从晶、㐱聲。八月涼風天氣晶。 (*l'r.* p. 397.)

concret. Lorsqu'un astérisme se lève acronyquement — c'est-à-dire
à l'opposé du soleil — au crépuscule, il était déjà visible précédemment: 15 jours, un mois auparavant, il se levait une heure,
deux heures après le coucher du soleil; 15 jours, un mois plus tard,
s'étant levé une heure, deux heures avant le coucher du soleil, il
continuera à paraître au firmament dès la tombée de la nuit. Il
n'y a là rien de comparable au fait concret de la disparition totale
ou de la réapparition subite qui caractérise les levers ou couchers
héliaques.

Toutefois, il est un astre dont le lever acronyque attire l'attention: c'est la lune; car lorsque la lune se lève acronyquement, elle est
pleine. La constellation où elle se trouve et dans laquelle elle sé-
journera toute la nuit, est — naturellement — opposée elle aussi
au soleil.

Or les anciens textes sanscrits montrent explicitement que les
nakchatras hindous — foncièrement identiques aux astérismes chinois —
servaient précisément à localiser le plein de la lune et à déterminer
ainsi une époque de l'année. Tel sacrifice, disent-ils, doit être
célébré lorsque la lune est pleine dans tel astérisme. [1]

Le plein de la lune ne peut, en effet, se produire dans une
constellation donnée qu'à une même époque de l'année solaire. Car
le soleil parcourant chaque mois un des douze signes de l'écliptique,
lorsqu'il se trouve dans le signe n° 3, par exemple, l'opposition de
la lune ne peut avoir lieu que dans le signe n° (3 + 6 =) 9. Inversement si la pleine lune se produit dans le signe n° 3, c'est que
le soleil se trouve dans le signe n° 9. Ce procédé primitif, révélé
par les textes védiques, nous explique la raison de l'association de
Sin et de *Tsan* au printemps et à l'automne, respectivement. Cette
explication serait valable alors même qu'elle nous viendrait d'un
peuple quelconque. Mais ici elle ne s'impose pas seulement par

---

1) Whitney *op. cit.* p. 360. — Ginzel *op. cit.* p. 319.

analogie: les textes hindous s'appliquent, en outre, directement aux astérism s chinois par suite de la commune origine des deux systèmes.

Du même coup, l'antériorité du système chinois se trouve démontrée; car les documents nous ont fait remonter à une époque où les deux 辰, embryon du zodiaque lunaire, étaient seuls employés. [1]) Dans l'Inde, le système apparait déjà tout constitué. En Chine nous le voyons se former graduellement.

Le principe du lieu sidéral de la pleine lune et le principe du lever héliaque n'exigent, ni l'un ni l'autre, un zodiaque intégralement constitué. A l'origine, ils ne s'appliquaient qu'à la détermination d'une seule époque ou de deux époques spéciales de l'année. En Egypte par exemple, le lever de Sirius annonçait l'inondation du Nil. C'est seulement plus tard, lorsque la subdivision artificielle de l'année eût été établie, que l'on pensa à en établir la continuité dans le ciel et que les zodiaques solaires ou lunaires furent complétés systématiquement. Aussi avons-nous vu qu'en Chine les deux *Indicateurs* archaïques, *Sin* et *Tsan*, enchâssés dans les *sieou* postérieurs, y occupent une situation tellement exceptionnelle qu'elle saute aux yeux.

*

L'étude du développement progressif du zodiaque chinois, entre l'époque embryonnaire où il comportait seulement deux astérismes, jusqu'à l'époque de sa perfection où fut réalisée la symétrie savante des étoiles déterminatrices, fera l'objet de plusieurs articles consécutifs. Les faits étant très complexes, nous ne pouvons les résumer par anticipation. Aussi, pour compléter ce que nous avons à dire sur le principe même du zodiaque lunaire en général, est-il préférable de quitter la Chine et de laisser Whitney nous expliquer la

---

1) Aussi les palais du printemps et de l'automne sont-ils seuls intervertis; ceux de l'été et de l'hiver sont nommés par conjonction, non par opposition. Nous aurons à revenir sur ce fait.

formation du zodiaque hindou: car n étant pas entravé par la connaissance des faits réels, il peut se laisser aller plus librement à
l'induction.

Puisqu'il y a seulement 12 ou 13 lunaisons dans l'année, pourquoi y a-t-il 27 ou 28 astérismes dans le zodiaque? — C'est, dit
Whitney, parce que les primitifs se sont servis de la lune elle-
même pour jalonner la route moyenne qu'elle parcourt dans le
firmament (l'écliptique). La révolution sidérale de la lune étant de
$27^{1}/_{3}$ jours [1]), en suivant sa marche journalière parmi les étoiles
on est amené à choisir 27 ou 28 stations.

Mais, comme il n'y a que 12 (ou 13) lunaisons dans l'année,
la pleine lune ne peut se produire chaque année dans tous les
astérismes; pour repérer la date rituelle des sacrifices, il a donc
fallu grouper les 28 *nakchatras* en 12 divisions, chaque division
comprenant 2 ou 3 astérismes. Ces divisions dans lesquelles se produit le plein de la lune correspondent donc aux 12 mois de l'année
et ont fini par donner leurs noms aux mois hindous. Ainsi par
exemple le mois *Câitra* est le mois où la pleine lune se produit
dans la division marquée par l'astérisme *Citrâ* (n° 12) et qui comprend les astérismes 12 + 13.

*

Ces explications de Whitney paraissent très plausibles; nous
verrons cependant que les faits n'en laissent subsister qu'un bien
petit résidu.

En ce qui concerne l'Inde, notamment, les choses ne se sont
pas passées ainsi, pour cette raison que les Hindous ont reçu des
Chinois leur zodiaque tout constitué. D'autre part, l'institution originelle (chinoise) ne répond pas à l'application des principes for-
mulés par Whitney.

---

1) La révolution synodique (lunaison) est plus longue (29j,5) parceque le soleil, lui
aussi, se déplace parmi les étoiles, dans le même sens que la lune.

D'après Whitney lui-même, les numéros des *nakchatras* qui constituent les groupes mensuels sont: 1. 3. 6. 8. 10. 12. 14. 16. 19. 21. 25. 27. [1]).

Puisque les astérismes hindous et chinois sont équivalents, portons ces numéros sur notre diagramme (p. 170). Aussitôt nous remarquons un fait singulier:

Quoique les petits palais du printemps et de l'automne soient aux grands palais de l'hiver et de l'été dans la proportion de 75° à 105° [2]), les groupes mensuels hindous viennent s'y adapter, à raison de trois par palais. De telle sorte que les lunes des saisons équinoxiales se trouvent tassées dans un petit espace $\left(\dfrac{75}{3} = 25°\right)$ et ne représentent en moyenne qu'une durée de 25 jours; tandis que les lunes des saisons solsticiales sont au large dans un vaste espace $\left(\dfrac{105}{3} = 35°\right)$ et représentent en moyenne une durée de 35 jours.

Les indianistes — qui par ailleurs ont ignoré jusqu'ici, comme les sinologues, la symétrie primitive des astérismes — peuvent-ils donner une explication de cette singulière répartition, dont les palais chinois indiquent d'emblée l'origine? Si non, cette nouvelle preuve, ajoutée aux précédentes, établira, je suppose, d'une manière suffisante la provenance chinoise du zodiaque hindou.

Mais il y a mieux encore. La répartition sidérale des douze lunes hindoues ne cadre pas seulement avec l'inégalité des palais chinois; elle est elle-même d'origine chinoise. Les Chinois possèdent, en effet, eux aussi, une répartition des 28 astérismes en 12 groupes et il est facile de constater que celle des Hindous n'en est que la reproduction.

La démonstration est ainsi complète. Jusqu'ici on s'était borné à reconnaître l'identité des astérismes chinois et hindous. Cette

---

1) *Op. cit.* p. 361.

2) 75 : 105 suivant l'écliptique; 73 : 107 suivant l'équateur. Voir les coordonnées des étoiles-limites dans les tableaux de Biot.

identité de la division du ciel en 28 parties s'étend maintenant à celles en 12 et en 4 parties. En outre, dans chacun dè ces trois cas, nous pouvons établir l'antériorité du système chinois, sa raison d'être et les conditions originelles de sa formation.

VII. Origine chinoise des mois sidéro-lunaires hindous.

Dans notre prochain article nous verrons que les divers cycles duodénaires chinois remontent à une double origine: lunaire et jovienne. Si, en effet, l'année compte 12 lunaisons, la révolution de Jupiter compte aussi 12 années. Ces deux faits ont donné lieu, en Chine, à deux cycles distincts dont le point de départ sidéral est absolument différent.

L'antique origine de l'année lunaire chinoise était le *primum ver*, le 立春. Dans la haute antiquité, le soleil se trouvait à ce moment de l'année tropique entre les astérismes 26 et 27 (en *Koey* 奎).

A cette époque reculée (28e siècle environ), les *sieou* n'existaient pas encore, et l'on ne savait pas localiser la position (invisible) du soleil. Mais on employait, depuis longtemps déjà, le principe du zodiaque lunaire, appliqué tout d'abord, comme nous l'avons vu, à deux seules constellations (兩辰), *Sin* et *Tsan*. Or à l'opposé du lieu sidéro-solaire du *primum ver* 立春 se trouve une étoile de 1e grandeur, 龍角 *la Corne du Dragon* (l'Epi de la Vierge). Cette étoile *Kio* 角 joue dans l'astronomie présolsticiale des Chinois un rôle capital: elle est *princeps signorum*, comme' l'a très bien vu Schlegel. Dans la numérotation, archaïque, qui est restée usitée jusqu'à nos jours concurremment à la numérotation (antique également) débutant par *Mao*, elle porte le n° 1 [1]). L'astrologie lui a conservé

---

1) Ainsi, par exemple, Ginzel parait ignorer qu'il existe en Chine une énumération identique à celle des Hindous et commençant par *Mao = Krittika*. Il se sert uniquement de la numérotation basée sur *Kio*, même dans son tableau synoptique (v. pp. 72, 487, 489).

Il existe en outre une troisième énumération, basée sur *Py* 壁, qui apporte encore une nouvelle confirmation à notre théorie. (Voir ci-dessous p. 166 et le prochain article). Gaubil emploie la numérotation *Kio* et Biot la numérotation *Mao*.

les noms caractéristiques de *Racine du ciel* 天根 et de *Chef des astérismes* 宿之長 Elle marque l'origine du palais du printemps, *alias* palais du Dragon et de l'Orient.

Schlegel en a déduit, naturellement, que cette étoile indiquait *par son lever héliaque* l'origine de l'année civile, lunaire, 16000 ans avant J.-C.[1]). Mais si nous substituons au procédé du lever héliaque le principe du zodiaque lunaire révélé par les textes hindous, il devient évident que le rôle primordial de l'étoile *Kio* lui vient de sa situation exactement opposée au lieu sidéro-solaire du *Li-tch'un*: la pleine lune qui se produisait à droite de *Kio* était la dernière de l'année écoulée; la pleine lune qui se produisait à gauche de *Kio* était la première lune 正月 de la nouvelle année.

Puisque les Hindous ont emprunté aux Chinois leurs repères célestes et le principe qui les utilise, nous pouvons déjà inférer que l'année védique commençait, elle aussi, par le *primum ver*. Toutefois, pour en supputer le point de départ sidéral, il faut tenir compte de la différence des époques. Le système chinois ne s'est répandu à l'Ouest que postérieurement à l'invention de l'astronomie solsticiale (dont fait partie la numérotation basée sur *Mao*). Une dizaine de siècles s'est écoulée entre l'époque où *Kio* se trouvait exactement opposé au *Li-tch'un* solaire et celle où les Hindous ont pu adopter le principe du zodiaque lunaire. Le signe sidéro-lunaire du *primum ver* devait alors tomber à une douzaine de degrés (au moins) à droite de *Kio*, c'est-à-dire en plein dans la dodécatémorie chinoise *Choen-wei* 鶉尾 = 翼 + 軫 = 10 + 11, appelée *Phalgunî* dans le système hindou.

Or, nous lisons dans l'ouvrage de Ginzel, page 320:

Das Frühlingsfest ist nach den älteren Vorschriften immer an die *Phâlgunî pûrnamâsî* verband.

Cette coïncidence n'a jamais été remarquée, car on ignorait

---

1) *Ur.* p. 88.

jusqu ici que *Kio* jouait en Chine le même rôle que *Phalgunî* dans l'Inde et servait à localiser la première pleine lune de l'année civile.

*

Le cycle de Jupiter. L'étoile *Kio*, *princeps signorum*, marquait, comme nous le verrons, l'origine d'un zodiaque lunaire de 12 animaux, dont le premier terme était le *Dragon*, emblème du souverain. Mais ce zodiaque archaïque, que nous reconstituerons dans notre prochain article, ne se manifeste dans l'Inde que sous la forme symétrique par laquelle il fut régularisé, un peu plus tard, au temps de l'astronomie solsticiale; nous ne le citons donc ici que pour mémoire.

Au 27ᵉ siècle se constitua un autre cycle sidéral, celui de la planète Jupiter. Il présente cette particularité persistante que son point de départ *Sing-ki* 紀星, (*the Record star*, l'astérisme-repère) n'est pas le même que celui de l'année.

Une autre particularité de ce zodiaque archaïque, qui dénote une astronomie encore rudimentaire, est que sa division grossière du ciel en 12 parties semble avoir été faite en deux moitiés, partant l'une et l'autre du point d'origine, en sens inverse. De telle sorte que le premier et le dernier terme se trouvent très rapprochés et tombent sur deux *sieou* contigus, *Teou* et *Ki* (Nᵒˢ 19 et 18). (Fig. 2 et 3).

Ce cycle archaïque de Jupiter, fut, lui aussi régularisé trois siècles plus tard par l'astronomie solsticiale; mais, chose curieuse, tandis que le zodiaque des animaux se manifeste dans la répartition hindoue sous sa forme régularisée et symétrique, celui de Jupiter y apparaît sous sa forme fruste et archaïque.

La série solsticiale. L'invention du gnomon et de la clepsydre amène aux environs de l'an 2400 une révolution radicale dans l'astronomie chinoise. Au principe du zodiaque lunaire *par opposition*, on substitue les lieux cardinaux du soleil.

Depuis lors et jusqu'à nos jours, le lieu sidéral du solstice d'hiver,

point de départ de l'année astronomique de cette époque, à savoir le
sieou Hiu (n° 22), situé lui-même au centre de la dodécatémorie *Hiuen-hiao*, est resté invariablement — en dépit de la précession — l'origine absolue et typique du *Contour du Ciel* chinois, marquée du signe initial 子.

Toutefois, pendant une période de transition qui dut être très courte, on ne prit pas tout d'abord comme point de départ astronomique le lieu du solstice, *Hiu*, mais le lieu de l'équinoxe du printemps *Mao* (n° 1). Non pas parceque cet astérisme (les Pléiades) marquait l'équinoxe du printemps, mais bien *parcequ' il correspondait au solstice d'hiver* par son passage au méridien à 6^h du soir, comme l'attestent avec certitude le texte du *Yao-tien*, les commentaires des *Han* et le calcul astronomique. [1])

*

Examinons maintenant avec attention le diagramme du ciel chinois constitué par les astronomes de la grande époque créatrice du 24e siècle (fig. 2 et 3). Nous y constatons un fait capital: c'est que les différents repères qui ont servi, à des époques différentes, de points de départ, y sont tous situés à l'*origine* ou au *centre* des palais.

On a voulu, évidemment, concilier l'ancien *Li-tch'un* lunaire *Kio* (12) avec le nouveau *Li-tch'un* solaire *Py* (26), avec les solstices et équinoxes (*Hiu*, *Mao*) et aussi avec l'origine du cycle jovien *Sing-ki* [= *Teou* (19)]. L'on y est parvenu, empiriquement, grâce à l'inégalité des palais, grâce aussi à l'inexactitude de la symétrie des couples 12—26, 5—19, qui limitent les palais. Par suite de ce raccordement dont nous étudierons plus tard le détail, le *Li-tch'un*

---

1) 星昴以定中冬。 Cf. T. P. 1907, pp. 319, 317, 336. Nous omettons une autre période de transition qui sera exposée dans l'article suivant: on ne passa pas brusquement du lieu *sidéro-lunaire* de l'origine de l'année civile au lieu *sidéro-solaire* de l'origine de l'année astronomique. On passa d'abord de *Kio* (*opposition lunaire*) à *Py* (*conjonction solaire*), puis de *Py* à *Mao* et à *Hiu*. En d'autres termes, il y eut d'abord abandon du principe du zodiaque lunaire, puis ensuite adoption de l'année astronomique.

Kio ne se trouve pas au milieu de l'intervalle du solstice à l'équinoxe (comme ce serait le cas s'il avait été choisi au 24ᵉ siècle) mais l'axe équinoxial *Mao-Fang* (1—15) constitue la bissectrice des palais équinoxiaux et de l'intervalle des anciens repères 12, 19.

*

Répartition des divisions duodénaires dans les sieou. Chaque palais contient 7 *sieou* et 3 dodécatémories. Le nombre 7 n'étant pas divisible par 3, la répartition des 7 *sieou* dans les 3 dodécatémories s'est faite d'après le principe suivant:

Les divisions cardinales qui contiennent les positions trimestrielles du soleil (mentionnées par le *Yao-tien*) reçoivent 3 *sieou*; les autres, 2. On obtient donc la distribution suivante:

2, 3, 2. — 2, 3, 2. — 2, 3, 2. — 2, 3, 2. —

Ceci posé, il y a deux manières de comprendre le choix de 12 *sieou* caractérisant les 12 dodécatémories:

Printemps (*Est*)	Hiver (*Nord*)	Automne (*Ouest*)	Eté (*Sud*)
12, 13, 14, **15**, 16, 17, 18.	19, 20, 21, **22**, 23, 24, 25.	26, 27, 28, **1**, 2, 3, 4.	5, 6, 7, **8**, 9, 10, 1
13, **15** 17	20 **22** 24	27 **1** 3	6 **8** 10
12 14 17	**19** 21 24	**26** 28 3	**5** 7 10

On peut, d'abord, tenir à mettre en évidence les *sieou* centraux et cardinaux **15, 22, 1, 8,** ce qui entraine nécessairement la désignation des deuxième et pénultième *sieou* de chaque palais; d'où la liste duodénaire suivante:

13, 15, 17. — 20, 22, 24. — 27, 1, 3. — 6, 8, 10.

Dans ce cas, l'intervalle de 3 *sieou* se trouve reporté à la séparation des palais (20—17, 27—24, 6—3, 13—10). Telle est la répartition du *zodiaque régulier* des 12 animaux. [1])

---

[1]) Dans notre prochain article nous montrerons la raison d'être et l'antiquité de cette répartition des 12 animaux. En attendant, je dois prévenir le lecteur que le zodiaque des

On peut, d'autre part, tenir à mettre en évidence, non pas le *centre* mais l'*origine* latérale de chaque palais et de chaque dodéca-témorie; d'où la liste duodénaire suivante:

12, 14, 17. — 19, 21, 24. — 26, 28, 3. — 5, 7, 10.

Dans ce cas, l'intervalle de 3 *sieou* se trouve reporté entre le 3e et le 6e *sieou* de chaque palais (17—14, 24—21, 3—28, 10—7). Telle est la répartition du *zodiaque régulier* de Jupiter (cité ici seulement pour mémoire).

Quant au zodiaque archaïque de Jupiter, dont nous avons signalé la singulière répartition, il tombe sur les divisions suivantes:

19, 21, 23. — 26, 28, 2. — 5, 7, 11. — 14, 16, 18.
de telle sorte que le premier *sieou* (19) et le dernier (18) sont contigus. [1])

*

Revenons maintenant à la sélection duodénaire des *nakchatras*. Elle tombe, avons-nous dit, sur les numéros:

27, 1, 3. — 6, 8, 10. — 12, 14, 16. — 19, 21, 24.
qui se répartissent, comme les succédanés chinois, à raison de 3 par palais.

Mais ici intervient un fait important: parmi les 28 astérismes hindous, il y a trois paires d'astérismes consécutifs (9—10, 18—19, 24—25) qui portent respectivement le même nom, différencié seulement par l'adjectif *antérieur* (*pûrva*) et *postérieur* (*uttara*) [2]).

9, pûrva Phalgunî.	10, uttara Phalgunî.
18, pûrva Ashâdhâ.	19, uttara Ashâdâ.
24, pûrva Bhâdrapadâs.	25, uttara Bhâdrapadâs.

animaux est actuellement considéré comme d'origine turque et d'importation relativement récente en Chine. Ce zodiaque des 12 animaux n'intervient pas d'ailleurs ici en tant que tel, mais seulement par son mode de répartition dans les *sieou*; on peut donc, au besoin, éliminer provisoirement la question des animaux et n'envisager que celle de la numérotation.

1) Ce zodiaque archaïque est celui que M. Chavannes reproduit dans son tableau A. Voir M. H. III, p. 654 (et 653).

2) Whitney, *op. cit.* pp. 353, 361.

Notons que ces trois astérismes-doubles font, tous les trois, partie de la série duodénaire (Whitney omet de le faire remarquer), ce qui prouve que ce triple changement de nom est en rapport avec la question des mois sidéro-lunaires.

Notons en outre que ce déplacement de trois noms ne peut être expliqué par la précession des équinoxes puisqu'il se produit en sens inverse.

Rappelons-nous maintenant que *Kio* (12) est l'antique repère du *Li-tch'un* sidéro-lunaire, c'est-à-dire le point de départ de l'année civile. Or, si nous considérons le deuxième semestre, nous constatons que la série hindoue reproduit exactement la répartition chinoise du cycle des animaux régularisé par l'astronomie solsticiale (fig. 3):

Hindou: 27, 1, 3. — 6, 8, 10.—

Chinois: 27, 1, 3. — 6, 8, 10.—

Quant au premier semestre, (12--26), visiblement dérivé du cycle archaïque de Jupiter, s'il possède moins de valeur probante pour la démonstration de l'origine chinoise des institutions astronomiques hindoues, il offre un très grand intérêt pour la confirmation de l'authenticité du zodiaque archaïque de Jupiter dont la forme s'est conservée, en Chine, on ne sait comment, probablement dans quelque Etat vassal semi-tartare. L'origine chinoise des institutions hindoues étant, en effet, (à mon sens) abondamment démontrée par l'identité des astérismes, l'examen comparé du cycle duodénaire doit servir bien plutôt à la critique des formes archaïques chinoises qu'à une démonstration superflue de leur importation dans l'Inde.

*

Il me semble que l'hypothese suivante mérite d'être prise en considération [1]):

---

[1]) *Post-scriptum.* On trouvera dans le prochain article la confirmation de cette hypothèse par la série des anciens mois turcs. Peut-être les indianistes, en se plaçant au point de vue de l'importation antique du zodiaque chinois, pourront-ils trouver des indices nouveaux dans les textes.

Les Hindous ont adopté d'abord le zodiaque archaïque de Jupiter. Puis, lorsqu'ils ont eu connaissance d'une meilleure répartition duodénaire (zodiaque des animaux), ils ont remanié le premier en le combinant avec le second[1]). A cet effet, ils ont transporté de 18 en 12 l'une des étapes duodénaires.

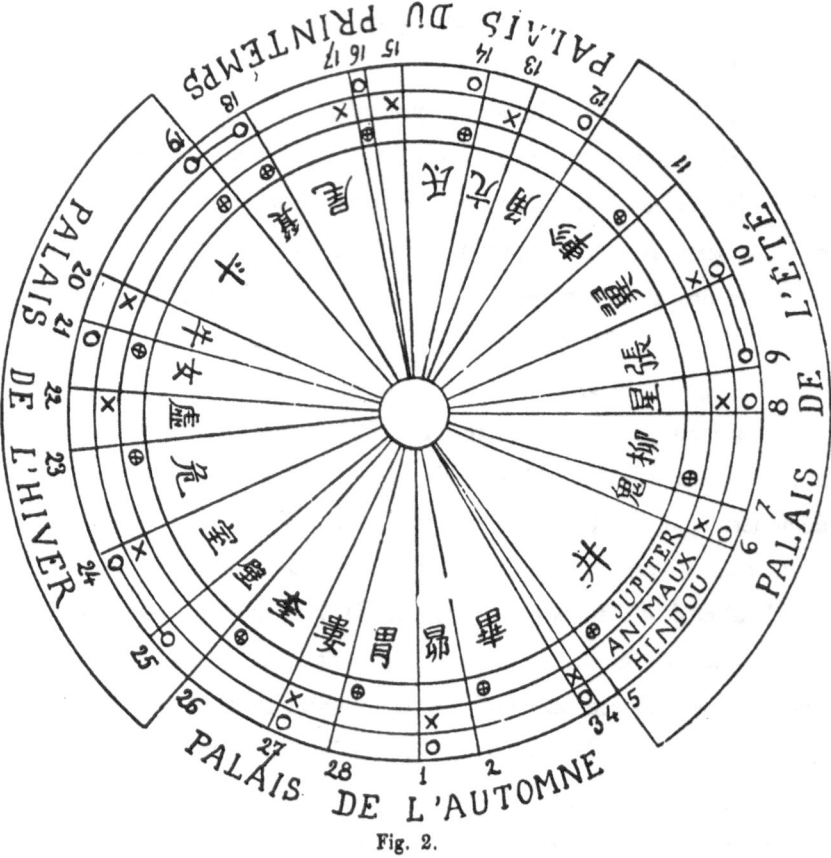

Fig. 2.

Cette hypothèse se base sur les raisons suivantes:

1°. Aucun auteur (à ma connaissance) n'a encore fait remarquer que le cycle de Jupiter existe chez ces deux peuples: les Chinois et les Hindous[2]).

---

1) On peut supposer que les divers zodiaques chinois ont été adoptés simultanément en diverses contrées et se sont mêlés dans la suite. Ginzel parle de variantes locales (p. 320)

2) Ginzel, qui s'étend longuement sur le cycle jovien hindou, ne mentionne même pas celui des Chinois, dont il paraît ignorer l'existence.

2°. Si l'on rejette l'idée du transport de 18 en 12, alors il faut admettre qu'au temps de l'*Ashâdhâ antérieur* il y avait 4 lunes dans le *petit* palais du printemps (12, 14, 16, 18) et seulement 2 dans le *grand* palais de l'été (21, 24) ce qui est invraisemblable.

3°. Le cycle jovien archaïque chinois présente trois particularités remarquables: *a*) la première et la dernière division tombent sur des *sieou* contigus (19 et 18). *b*) Le choix 16, 14, (qui néglige le lieu solsticial) est évidemment présolsticial. *c*) Il saute les divisions 12 et 13, lieu de l'origine lunaire de l'année civile, probablement pour ne pas mêler le domaine de la divinité Jupiter avec celui de la divinité Lune. Ces trois particularités se retrouvent dans la répartition hindoue.

4°. Le même transport (de 18 en 12) se manifeste dans le passage du zodiaque archaïque au zodiaque régulier (de Jupiter) en Chine: le n° 18 est supprimé. Par contre, les *sieou* lunaires délaissés, 12 et 13, deviennent une dodécatémorie jovienne dont le nom caractéristique 壽星. fait allusion au rôle primordial de l'antique *princeps signorum, Kio* 角 [1])

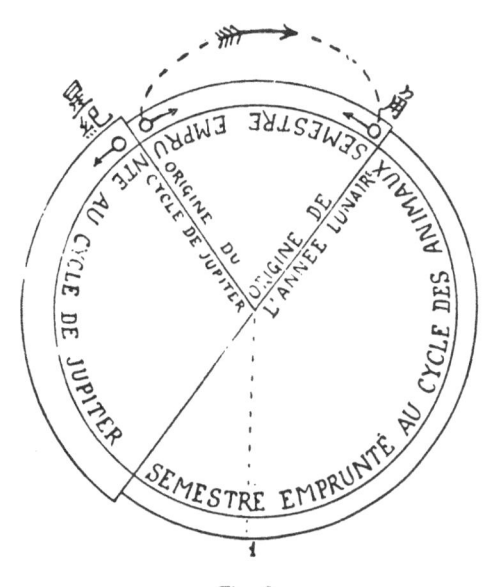

Fig. 3.

1) Schlegel (p. 88) traduit 壽星 par l'*Ancien des Constellations;* les Jésuites, par *Multorum annorum sydus* (*Obs.* III, p. 98). *Cheou sing,* dit le *Eul-ya,* comprend exactement les *sieou Kio* et *Kang* (12 et 13). 爾雅曰。壽星之次直角亢之宿也。

Dans cette hypothèse on aurait donc:

      Hindou: 14, 16, 18. — 19, 21, 24. —

      Chinois: 14, 16, 18. — 19, 21, 23. —

*

Par quelle voie, à quelle époque de l'antiquité s'est produite cette extraordinaire importation des cycles chinois (*sieou* et dodécatémories) dans l'Inde? Cette question historique est en dehors de notre compétence. Nous présenterons cependant, dans notre prochain article, quelques remarques à ce sujet.

VIII. L'interversion de Tse et de Tsan.

Les astérismes constitutifs d'un zodiaque [1]) étant choisis de distance eu distance le long de l'écliptique où de l'équateur, le déplacement du pôle ne peut, dans les conditions normales, intervertir leur ordre de succession.

Le cercle décrit par le pôle (en 26000 ans) parmi les étoiles est, en effet, assez petit [2]); et dans l'espace de 40 siècles son dé-

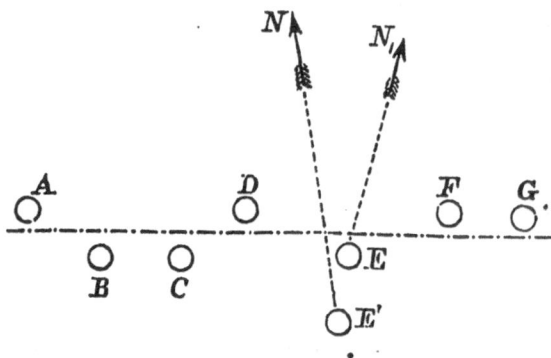

placement est peu considérable. Dans une série longitudinale d'astérismes A, B, C... le changement de la direction du Nord (de N en N_1) est donc incapable d'en intervertir l'ordre (A, C, B... au lieu de A, B, C...) si ces

---

1) Après avoir contesté, avec Biot, le caractère zodiacal des *sieou*, je suis amené maintenant à accepter ce terme. Mais il doit être bien entendu que nous le prenons dans un sens général, et nou spécialement écliptique. Nous verrons, en effet, que le caractère équatorial de l'astronomie chinoise remonte à une époque antérieure à la créa on des *sieou*.

2) Son rayon est égal à l'inclinaison de l'écliptique, soit 23° environ.

astérismes ont été désignés, comme le dit Whitney, par les étapes quotidiennes de la lune dans sa marche de l'Ouest à l'Est.

Pour qu'un tel phénomène se produise, il faut qu'une constellation (E') ait été introduite dans le système zodiacal de par des considérations étrangères à son principe, dans la même région latitudinale que E. Encore le fait ne sera-t-il sensible que si l'on précise la position mutuelle des deux astérismes E, E', au moyen d'étoiles déterminatrices, *e, e'*; car alors, suivant que *e* passe au méridien avant *e'*, ou inversement, on pourra attribuer aux termes zodiacaux l'ordre D E E' F ou l'ordre D E' E F.

*

Tel est précisément le cas exceptionnel des astérismes *Tse* et *Tsan*: leur ordre primitif s'est interverti. L'explication en est bien simple; et si nous la présentons ici, en anticipant encore sur l'examen détaillé que nous ferons plus tard de chaque astérisme, c'est que cette explication découle du caractère spécial du couple *Scorpion-Orion* et confirme ce que nous venons de dire sur l'origine chinoise du zodiaque hindou.

A la suite du tableau des coordonnées relevées par les Jésuites en 1683 par ordre de l'empereur *K'ang-hi*, Gaubil ajoute laconiquement: «On aurait du mettre *Tsan* avant *Tse*. On ne l'a pas fait, pour garder l'ordre de l'ancien catalogue». En effet, d'après la valeur des longitudes, l'ordre naturel serait: *Pi, Tsan, Tse, Tsing*, etc.

Dans ce tableau, les Jésuites rapportent les étoiles déterminatrices à l'écliptique. Or la position des étoiles à l'égard de l'écliptique est invariable; l'équateur seul se déplace au cours des siècles parmi elles.

La remarque de Gaubil nous fait ainsi constater un premier point intéressant: c'est que l'ordre traditionnel de la liste des *sieou* est équatorial, non pas écliptique; ce qui est conforme au caractère équatorial de l'astronomie chinoise, basée sur le méridien, par conséquent sur le pôle et l'équateur.

Mais l'interversion signalée par Gaubil ne se produit pas seulement lorsque l'on rapporte les 28 divisions équatoriales à l'écliptique Elle se manifeste également lorsqu'on les rapporte à l'équateur moderne.

Biot a été nécessairement amené à s'en apercevoir: ayant calculé les ascensions droites (longitudes équatoriales) de ces étoiles pour l'an 2357 avant J.-C. et pour l'an 1800 après J.-C., il ne put faire concorder l'ordre de succession dans un même tableau, sinon en affectant la division *Tse* du signe négatif (—).

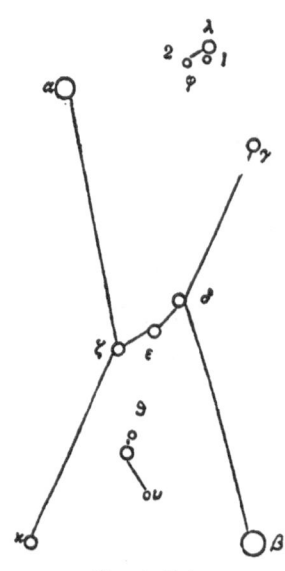

Fig. 4. Orion.

A quelle époque cette curieuse interversion s'est-elle produite? Le globe à pôles mobiles montre que ce fut au XIIIe siècle de notre ère, sous les Y*uen*. Nous arrivons au même résultat en comparant l'amplitude des *sieou* mesurée sous les diverses dynasties: vers l'an 1280, *Ko-cheou-king* ne trouve à la division *Tse* qu'une valeur à peu près nulle (0° 5') [1]).

Puisque les deux étoiles *Tse* et *Tsan* qui limitent la division *Tse* se trouvaient, sous la dynastie mongole, sur un même cercle horaire et franchissaient simultanément le méridien, il en était déjà à peu près de même sous les *Han*: aussi *Se-ma ts'ien* ne compte-t-il ces deux *sieou* que pour un seul [2]). Et dans l'antiquité, elles ne se succédaient qu'à 9m d'intervalle.

Elles ont été choisies, en effet, dans une même région latitudinale: *Tse* est la tête du guerrier Orion, *Tsan* en est le corps. La position du guerrier étant perpendiculaire à l'équateur, les deux

---

1) *Obs.* II, p. 107.

2) Ci-dessus, p. 135.

déterminatrices *Tse* (λ Orionis) et *Tsan* (δ Orionis) ont à peu près la même ascension droite.

Ce choix, inexplicable selon la théorie de Whitney, se justifie très bien si l'on se reporte aux faits que nous avons établis. *Tsan* a été enchâssé parmi les couples symétriques pour une raison traditionnelle et comme corrélatif de *Sin*. Ces deux 辰 font exception au système; ils ont été intercalés, d'une manière identique, au milieu des petites divisions 3 + 4, 15 + 16 qui jouent, nous l'avons vu, un rôle spécial en astrologie.

Le corps d'Orion *Tsan* représentant un élément archaïque en dehors de la symétrie, il a fallu choisir, à côté de lui, un astérisme répondant aux conditions normales: c'est *Tse*, la tête du guerrier, qui fait partie de l'ensemble de la constellation désignée par le nom générique *Tsan* tout en en restant distinct en tant que *sieou*.

L'autre 辰, *Sin*, a été traité d'une manière semblable: les *sieou* voisins ont été pris dans le *Scorpion*, comme *Tse* dans le *Dragon*. L'analogie apparait plus complète encore si l'on remarque que le baudrier d'Orion, auquel l'étoile déterminatrice *Tsan* est empruntée, s'appelle en chinois 参 心, le *cœur* du guerrier *Tsan*, de même que 心 est le *cœur* du Dragon 龍. Les étoiles hétérogènes 4 et 16 représentent ainsi non-seulement les deux 辰 mais encore le *cœur* de ces figures primitives.

Par ailleurs l'interversion survenue dans la succession horaire des étoiles d'Orion n'avait aucune raison de se produire en ce qui concerne le Scorpion. Le Dragon (= Scorpion) rampe horizontalement, dans le sens de l'équateur, tandis que le Guerrier (Orion) se tient debout normalement à l'équateur. Or le déplacement du pôle, comme nous l'avons expliqué, ne peut intervertir que l'ordre des étoiles choisies latitudinalement.

*

Tel est le respect des Chinois pour les institutions traditionnelles et pour le legs de l'antiquité, que la liste des étoiles déterminatrices a traversé quarante siècles d'histoire sans subir la moindre
altération. Quoique le déplacement du pôle en eut fait disparaitre
la symétrie originelle et que la raison d'être des divisions minuscules se fut évanouie, ils ne se permirent d'y faire aucun changement.
Alors même que la précession eut interverti leur ordre, ils s'obsti-
nèrent sous les trois dernières dynasties a conserver l'ordre ancien,
que l'empereur *K'ang-hi* imposa aux missionnaires européens. Mais
dans l'Inde, où ce système, d'importation étrangère, n'était pas
lié à un ensemble de traditions qui en expliquait le sens et en
maintenait l'intégrité, ses apparentes anomalies ne pouvaient être
conservées indéfiniment.

Parmi ces anomalies apparentes, la plus inadmissible était le
choix des astérismes *Tse* et *Tsan* : en premier lieu ces astérismes ne
pouvaient représenter deux étapes successives de la lune puisqu' ils
ont la même longitude; en second lieu *Tsan* (Orion) déborde à la
fois sur la droite et sur la gauche de *Tse*, de telle sorte que, dans
le sens longitudinal, *Tse* (la tête d'Orion) se trouve enclavée dans la
constellation *Tsan* (le corps d'Orion); enfin l'un et l'autre de ces
astérismes se trouve très éloigné de l'écliptique (13° et 23°).

Puisque la raison d'être de cette anomalie est entièrement expliquée par les origines chinoises du système, il est intéressant de
voir ce qu'elle est devenue dans l'Inde. L'identité foncière des
astérismes hindous et chinois n'exclut pas, en effet, certaines variantes; et lorsque ces variantes s'expliquent par l'incompatibilité des
conditions originelles chinoises avec l'application du système chez

un peuple étranger, elles apportent une confirmation nouvelle de l'origine chinoise de l'institution.

Voyons donc ce que dit Whitney des astérismes d'Orion (N⁰ˢ 3 et 4):

N°. 3. The third determining group is the little triangle of faint stars in Orion's head.

It is not a little strange that the framers of the system should have chosen for marking the third station this faint group, ₋ₙ the neglect of the brilliant and conspicuous pair, β and ζ Tauri, or the tips of the Bull's horns. There is hardly another case where we have so much reason *to find fault* with their selection.

N°. 4. At this point there is a great discordance among the systems. The Hindu asterism appears to be the brilliant α Orionis, while the chinese *Tsan* includes the seven conspicuous stars of Orion; thus effectually enveloping its predecessor, whose province is reduced to a mere fragment. There is probably some decided corruption here. The Arab *manzil* has been moved, with good judgement, nearer to the ecliptic... (*Op. cit.* p. 351).

Après ce que nous avons dit, au long de cet article, tout commentaire serait superflu. Constatons seulement que, d'après l'opinion théorique qu'il s'est faite du système originel, Whitney est amené à donner son approbation au succédané arabe (qui en réalité en est le plus éloigné) et à déclarer fautif le modèle chinois.

Toutefois, si Whitney estime que la variante chinoise représente une *corruption*, il s'abstient du moins de la corriger et rend compte exactement de sa composition. Cette sage réserve n'a pas été imitée par d'autres. Trouvant, sans doute, inexplicable la présence de deux déterminatrices sous le même cercle horaire, ils en ont conclu à une erreur dans la tradition chinoise et l'ont rectifiée *motu proprio* en décidant que la déterminatrice *Tsan* était....x Orionis (comme chez les Hindous). [1]

A propos d'une petite difficulté dans l'interprétation d'un ancient

---

1) Située à 5° de la véritable (δ Orionis). Voy. ci-dessus, Introduction, p. 124.

document rituel, M. Chavannes fait une remarque qui se trouve ici bien en place: „Un critique européen, dit-il, serait disposé à admettre une faute de texte et à lire *un* au lieu de *deux*; mais les Chinois n'ont pas de telles hardiesses ...".

Ils n'ont pas de telles hardiesses; aussi ont-ils transmis, intacte, pendant plus de quarante siècles la liste des 28 étoiles, dont notre diagramme démontre aujourd'hui l'authenticité, mais que la critique occidentale n'a pu conserver deux siècles sans éprouver le besoin de la remanier.

IX. Insuffisance de la théorie de Biot.

Lorsqu'en 1839, Biot découvrit que la répartition horaire des *sieou* est en rapport avec celle des grandes circompolaires, il en conclut aussitôt que cette répartition avait *pour but* de repérer le passage méridien de ces étoiles. Ceci posé, il en a déduit que les *sieou* n'avaient rien de commun avec la destination d'un zodiaque lunaire.

Tout en acceptant d'abord cette hypothèse, j'ai fait des réserves sur deux points dont elle ne rendait pas compte[1]). Puis j'ai été amené à constater qu'elle était fausse; non pas que les faits nouveaux interprétés par Biot soient inexacts, mais au contraire parce qu'ils sont trop précis pour recevoir de sa théorie une explication satisfaisante.

Ce que Biot a pris pour le *but* de la répartition des *sieou* n'est qu'un moyen d'exécution. Le véritable but de cette répartition est la *symétrie diamétrale* dont nous avons produit le diagramme inédit. Et les circompolaires n'interviennent que pour permettre de réaliser cette symétrie.

---

1) T. P. 1907, n° 3, pp. 314 et 360.

*

Dans l'idée de Biot, les Chinois se proposaient de choisir une étoile équatoriale (*a*) aussi près que possible de l'alignement PA, au moment du passage au méridien supérieur de la circompolaire A [1]; et une étoile (*a'*) aussi près que possible de l'alignement AP au moment du passage au méridien inférieur de cette même circompolaire A.

AP et PA n'étant qu'un seul et même alignement, prolongé dans deux directions, les deux étoiles ainsi choisies, *a* et *a*, se trouvent diamétralement opposées. Mais ce fait, dans la théorie de Biot, n'est qu'une conséquence secondaire. Il y a attaché si peu d'importance qu'il n'a même pas pensé à le mentionner dans ses *Etudes* de 1862. Les termes dans lesquels il le signale, en 1840, montrent assez, d'ailleurs, qu'il n'y voyait qu'une simple conséquence:

Ceci... *produit* dans les ascensions droites des déterminatrices, des oppositions par couples que l'on remarque dans le plus grand nombre d'entre elles... (*Ibid.* p. 350).

S'il en est ainsi, comment expliquer que la symétrie diamétrale des déterminatrices se trouve plus exactement réalisée que leur correspondance avec les circompolaires?

Considérons l'exactitude des couples suivants qui représentent déjà près de la moitié du zodiaque [2]:

Nos des sieou.	Dissymétrie.	Grandeur des étoiles.
2—17	0° 9'	4e—4e
3—18	0° 26'	4e—4e
6—20	0° 59'	5e—3e
7—21	0° 47'	4—4
10—24	0° 16'	4—2
11—25	1° 1'	3—2

1) *Ibid.* p. 351.   2) *Ibid.* p. 349.

Il est évident que la théorie de Biot ne saurait en rendre compte; la symétrie a été le *but* que les astronomes antiques se sont proposé d'atteindre, et non pas une simple *conséquence* du repérage des grandes circompolaires.

Le fait est encore mieux établi par cette constatation que les couples les plus exacts sont ceux composés des plus petites étoiles, à peine visibles à l'oeil nu, choisies uniquement pour réaliser cette symétrie. Tandis que les couples les plus inexacts sont ceux qui limitent les palais et qui sont composés de grandes étoiles ayant joué antérieurement un rôle spécial, telles que *Kio* 角 (de 1ᵉ grandeur).

Le doute, enfin, devient absolument impossible lorsqu'on constate — comme nous le ferons plus tard — que les étoiles déterminatrices n'ont pas été choisies librement dans la zone équatoriale (selon l'idée de Biot) mais dans une liste d'astérismes préexistants, ce qui limitait singulièrement le choix dans certains cas.

*

L'observation des passages au méridien supérieur et inférieur des circompolaires n'a donc pas été le *but* de la répartition des *sieou* mais le *moyen* de réaliser leur symétrie. Dès lors l'hypothèse complémentaire de Biot sur la création postérieure de 4 *sieou* au temps du duc de *Tcheou* n'a plus de fondement et disparait.

De cette considération résulte un fait extrêmement important: Biot affirmait que le nombre des *sieou* n'avait aucun rapport avec la lune et provenait de l'addition de 4 *sieou* aux 24 *sieou* primitifs.

L'adjonction ultérieure de ces 4 *sieou* étant définitivement écartée, il faut revenir au nombre primitif de 28. D'autre part, l'identité des astérismes hindous et chinois, négligée par Biot, reprend

tonte   valeur. Il devient donc évident que les 28 étoiles déterminatrices des Chinois proviennent d'un zodiaque lunaire de 28 astérismes préexistants.

Enfin, puisque la répartition des étoiles déterminatrices a été
visiblement inspirée par le désir d'obtenir des couples diamétralement opposés, la question suivante se présente nécessairement à
l'esprit: étant donné un zodiaque lunaire, quel intérêt y a-t-il à
choisir, dans ses astérismes, des étoiles diamétralement opposées l'une
à l'autre?

La réponse s'impose d'elle-même et jette un jour inattendu sur
l'origine des *sieou*. Le fait saillant du mouvement de la lune est
son *opposition diamétrale* au soleil (pleine lune). Et l'étude de ce
mouvement est singulièrement facilitée si l'on connait avec exactitude des lieux symétriques servant à repérer sa course.

Biot a donc eu tort de nier que les *sieou* pussent provenir d'un
zodiaque lunaire. Ils constituent, en somme, un *zodiaque luni-solaire
perfectionné*. Mais il ne faut pas oublier que c'est grâce à ses découvertes, et en suivant sa méthode, que nous sommes arrivés à la
démonstration de ce fait; tandis que les premiers partisans du
zodiaque lunaire contestaient la valeur des documents et la réalité
d'une antique astronomie équatoriale fondée sur l'observation du
passage des astres au méridien.

Biot a eu raison de ne pas se laisser influencer par les affirmations prématurées touchant l'origine des *sieou* et de s'en tenir à la
voie tracée par Gaubil; en suivant la filière historique, il a établi
la continuité de l'astronomie chinoise, le caractère spécial de ses
méthodes, et son origine antique. Les traits distinctifs et la destination primitive du zodiaque lunaire ayant disparu bientôt après la
création des *sieou*, il était fondé à dire qu'on n'en voyait pas trace

dans l'histoire chinoise [1]). Personne n'aurait pu soupçonner que l'identité des astérismes hindous provenait d'un emprunt fait à la Chine dès la haute antiquité. C'est cependant à cette conclusion certaine que nous arrivons en reprenant l'œuvre, interrompue, de Biot et en remontant plus haut que lui dans le cours des siècles passés.

---

[1] En outre, quoique l'intervention des grandes circompolaires n'ait été à l'origine qu'un *moyen* de réaliser la symétrie des *sieou*, le mysticisme astrologique y a bientôt vu un lien mystérieux entre le palais central et les quatre palais équatoriaux. La *correspondance des lacunes* a pris ainsi un caractère religieux. (*Ibid.* p. 354).

B. LES CINQ PALAIS CÉLESTES.

Les institutions de l'astronomie antique étant solidaires entre elles, nous ne pouvons pousser plus loin l'étude des *sieou* sans donner un premier aperçu des autres divisions du ciel, qui elles-mêmes ne peuvent être analysées à fond sans la connaissance détaillée des *sieou*. Nous aurons donc à revenir plus tard sur chacun de ces sujets après en avoir indiqué les traits principaux.

1. Origine de la théorie des cinq éléments.

Le domaine des sciences physico-chimiques est celui qui est le plus inaccessible aux civilisations primitives, car il n'en est aucun où les impressions des sens soient plus constamment déroutées; la couleur, l'odeur et la consistance des corps composés ne présentant souvent aucune analogie avec celles de leurs éléments.

La même remarque pourrait s'étendre aussi à l'astronomie si l'on considère cette science comme destinée à nous renseigner sur le faible rôle de notre planète dans l'univers; car, en effet, le mouvement de la Terre est contraire au sens commun. Mais il n'en est pas ainsi si l'on fait abstraction de cette conception moderne. Par suite de l'immensité des distances stellaires, le parcours annuel de notre planète ne produit aucun changement appréciable dans la perspective des astres, hormis les planètes qui, seules, ont pu nous renseigner sur la réalité[1]). En fait, l'astronomie *apparente* est la science dont les civilisés primitifs peuvent le mieux pénétrer les lois; d'autant qu'ils y sont incités par deux puissants mobiles: l'utilité calendérique et le sentiment religieux.

Il n'est donc pas surprenant que l'astronomie chinoise ait atteint dans la haute antiquité un développement de beaucoup supérieur à celui des sciences physico-chimiques. Toutefois, si la physique antique se résume simplement dans l'antithèse de deux principes[2]), si la chimie antique se résume dans l'évolution de cinq éléments[3]), leur théorie est néanmoins très·remarquable par sa conception unitaire du déterminisme universel.

La synthèse de ces idées fondamentales dont l'histoire, les rites et les notions des Chinois sont imprégnés depuis leurs origines lointaines, sera exposée à la fin de cette étude, comme conclusion. Mais il est indispensable d'en esquisser ici les lignes principales, car les institutions astronomiques en découlent directement.

*

Les anciens Grecs expliquaient l'alternance des saisons par une cause météorologique et, en définitive, anthropomorphique: le vent du Nord et le vent du Sud chassaient alternativement le soleil vers les régions africaines et européennes, comme un ballon voguant au gré des courants aériens. Il fallait alors expliquer la raison de ce retour périodique du vent: c'était Eole qui le déchaînait en ouvrant les cavernes où il était enfermé.

«C'est le soleil, dit Hérodote, qui, brûlant tout sur son passage,

---

1) Encore Jupiter, qui intéressa particulièrement les Chinois, est-il si éloigné que son mouvement moyen peut être rapporté sans erreur trop sensible à la terre immobile.

2) L'un, 陽 (*yang*) = chaud, sec, mâle; l'autre 陰 (*yn*) = froid, humide, femelle.

3) La terre, le bois, le métal, le feu et l'eau.

cause la sécheresse de l'air dans les régions du midi. Mais si le siège des saisons venait à changer; si l'endroit du ciel où sont maintenant fixés le borée et l'hiver devenait le siège du *notus* et du midi; alors le soleil, repoussé du milieu du ciel par l'hiver et le borée, se dirigerait vers l'intérieur de l'Europe comme il va maintenant vers l'intérieur de la Lybie».

On croyait que le borée sortait d'une caverne où il était renfermé: c'est Pline qui rapporte cette opinion comme toute naturelle sans la rejeter ni l'admettre[1]).

Dans cette conception des Grecs, nous voyons poindre déjà le caractère fondamental de leur astronomie et sa complète opposition avec la conception chinoise. Ce qui attire, en effet, l'attention des Grecs dans l'alternance des saisons, c'est le va-et-vient du soleil au Sud et au Nord (de l'équateur), c'est son mouvement latitudinal; considération qui aboutit nécessairement, dès l'éveil de la pensée géométrique, au principe de l'obliquité de l'écliptique et au rôle fondamental du plan écliptique, base de l'astronomie grecque.

Pour les Hellènes, le fait caractéristique de l'hiver est donc que *le soleil est au Sud*. Pour les Chinois, au contraire, le fait essentiel de l'hiver est, comme nous allons le voir, que *le soleil est au Nord*.

*

Le spectacle du perpétuel changement des saisons semble avoir

---

1) *La conception de l'obliquité de l'écliptique* par Letronne (*Journal des Savants* 1839) — «C'est là, je pense — dit l'auteur — la vraie origine de l'outre d'Homère».

Une conséquence de cette singulière explication grecque était que les contrées hyperboréennes jouissaient d'un climat tempéré, tandis que le *Tcheou-pei* 周髀 affirme nettement l'existence d'une zone polaire glaciale.

Les Hyperboréens furent placés successivement en Scythie, en Gaule, en Bretagne. «Enfin, dit Letronne, on prit un grand parti. Plusieurs auteurs les mirent au pôle même *sub ipso siderum cardine* d'où il était sûr qu'on ne pourrait plus les déloger. C'est la position définitive que leur assignent Pomponius Mela et Pline. Ce dernier paraît, il est vrai, avoir peu de foi dans ces récits, car il se permet, ce qui lui arrive rarement, le correctif sceptique *si credimus*; mais il faut convenir qu'au point où en était la connaissance du globe, cette opinion, ainsi poussée à l'extrême, devenait le comble de l'absurde.

plongé les Chinois, dès les âges lointains, dans une stupéfaction dont ils ne sont pas encore complètement revenus.

Cet étonnement se justifie, au fond, très bien si l'on se place dans la situation de primitifs dont l'esprit s'ouvre à la pensée philosophique[1]).

Ils ont expliqué ce fait par la prédominance alternative des deux principes, *yn* et *yang*, et par la révolution continue de cinq éléments.

Les deux principes, 陰 陽, sont localisés dans le ciel, quoique leur effet se manifeste aussi sur la terre; les cinq éléments sont surtout terrestres quoiqu'ils aient leurs régions homologues au ciel.

L'hiver provient de ce que le soleil pénètre dans la sombre région (équatoriale) où le 陰 *yn* — principe négatif de la mort, du froid et de l'humidité — prédominé sur le 陽 *yang*. Les constellations de cette région longitudinale correspondent ainsi au *Nord*, corrélatif azimutal du froid, de l'humidité et des ténèbres.

Cette théorie ne tient aucun compte, on le voit, du mouvement latitudinal du soleil, et contient en germe le caractère essentiellement *équatorial* de l'astronomie chinoise. La région septentrionale, où le soleil subit l'influence maxima du principe négatif est une région *longitudinale* du *Contour du ciel* 天周正北.

L'apogée de l'action du principe des ténèbres *yn* est marqué par la longueur *maxima* de la nuit. Mais dès le solstice, ce principe, tout en restant encore très supérieur au *yang*, perd du terrain; à l'équinoxe, il y a égalité; puis le *yang* l'emporte à son tour pour décliner après le solstice d'été.

___

1) Cette attribution de la pensée philosophique aux Chinois de la haute antiquité paraîtra sans doute un énorme anachronisme à maint sinologue. Mais je ne crains pas d'avancer que dès le 27e siècle l'astronomie chinoise reflète une métaphysique très remarquable, affectant un caractère religieux.

A côté de cette religion, les anciens Chinois en eurent d'autres, d'ordre naturiste et anthropomorphe. (Voir notamment l'étude de M. Chavannes sur le *dieu du sol*, Congrès de l'hist. des religions 1900). Mais on se tromperait singulièrement, je crois, en supposant que la grossièreté de ces cultes infirme l'hypothèse d'une métaphysique très ancienne. Notre Moyen-âge eut, surtout, le culte des reliques; on ne saurait en inférer, cependant, qu'il n'ait eu d'autres doctrines plus élevées.

La combinaison sans cesse variable de ces deux principes physiques met en jeu, dans le monde terrestre, l'action des cinq éléments chimiques dont l'un, *la terre*, est central et les autres cardinaux.

2
PRINTEMPS = EST
(*Bois*)

5	1	4
HIVER = NORD	CENTRE	ETÉ = SUD
(*Eau*)	(*Terre*)	(*Feu*)

AUTOMNE = OUEST
(*Métal*)
3

Le *bois* triomphe de la *terre* en l'absorbant.

Le *métal* triomphe du *bois* en le coupant.

Le *feu* triomphe du *métal* en le fondant.

L'*eau* triomphe du *feu* en l'éteignant.

La *terre* triomphe de l'*eau* en l'absorbant.

Ce cycle est logique et ne pourrait être établi d'une manière quelconque. D'autre part, l'association du *bois* au printemps, saison de la pousse des arbres, est toute indiquée; celle de l'été au *feu* et de l'hiver à l'*eau* ne l'est pas moins, puisqu'elle exprime la prédominance du *yang* et du *yn*. Quant à l'automne, c'est la saison meurtrière qui détruit l'oeuvre du printemps comme le fer coupe le *bois* et châtie les rebelles [1]).

Mais notons de suite un fait important, qui donne la clef de bien des énigmes et sans la compréhension duquel les antiques conventions astronomiques restent indéchiffrables; c'est l'interversion des palais du Printemps et de l'Automne, que nous avons déjà mentionnée dans le précédent article [2]).

La révolution chimique des 5 éléments implique un désaccord avec la révolution physique des 2 principes. La série 1, 2, 3, 4, 5 saute du Printemps à l'Automne, puis de l'Eté à l'Hiver. Toutefois cette inter-

---

1) Voy. T. P. 1909, p. 154.

2) *Ibid.* pp. 151, 160.

version est symétrique et par conséquent acceptable pour l'esprit chinois. Et il arrive qu'elle se combine très heureusement avec une autre inversion, d'ordre astronomique.

La soleil, en effet, parcourt les constellations en sens rétrograde, dans une direction inverse de son mouvement diurne apparent. En quittant (de droite à gauche) la région hivernale des ténébres, il pénètre, au printemps, dans le palais de l'automne; puis de l'été; puis du printemps.

Les Chinois appellent donc *palais du printemps* la région où séjourne le soleil en automne, et inversement. Il est vrai que cette interversion s'explique par le principe du zodiaque lunaire, appliqué tout d'abord aux deux Indicateurs *Sin* et *Tsan*; car les pleines lunes du printemps se produisent bien dans le palais *dit* du printemps et celles de l'automne dans le palais *dit* de l'automne [1]). Mais alors, suivant ce principe d'opposition, il aurait fallu nommer *palais de l'hiver* celui où se produisent les lunes d'hiver, *palais de l'été* celui où se produisent les lunes de l'été.

Il est extrêmement probable que le principe lunaire appliqué à *Sin* et *Tsan* fut étendu, comme dans l'Inde, à tout le contour du ciel; nous trouverons dans le zodiaque des animaux des vestiges de cette phase primitive. Mais l'avènement de la théorie des cinq éléments a rompu cette continuité dont elle ne pouvait s'accomoder.

Le printemps est le matin de l'année, l'automne en est le soir. Aussi répugnait-il aux Chinois, plus soucieux de symétrie que de logique, d'appeler *printanier* la quartier occidental, et *automnal* le quartier oriental. D'autre part il leur répugnait encore davantage de nommer *estival* le côté du nord et *hivernal* le côté du midi.

Mais la nature elle-même indiquait la solution de ces postulats contradictoires par l'interversion de l'ordre astronomique dans la révolution des éléments; et cette solution allait tout concilier: il suffisait de suivre le nouveau *principe solaire* (conjonction) dans les palais sol-

---

1) *Ibid.* fig. 2, p. 170.

sticiaux; et de conserver l'ancien *principe lunaire* (opposition) dans les palais équinoxiaux. L'astronomie, la physique, la chimie et la tradition quasi-religieuse relative à *Sin* et à *Tsan* se trouvaient ainsi eu harmonie. On obtient alors le schéma (ci-dessus, p. 259) auquel nous aurons continuellement à nous reporter.

II. Le Palais central et le Royaume du milieu.

中宮、中國。

Nous avons vu que pour les Chinois, la région Nord du ciel n'implique aucunement l'idée latitudinale; cette région Nord est simplement un quartier longitudinal, en ascension droite, précisément celui où le soleil est bien au Sud de l'équateur.

Ne craignons pas d'insister sur cette idée fondamentale. Le Contour du ciel 天周 (l'équateur) comporte des points cardinaux: nord, est, sud, ouest, qui sont les lieux solsticiaux et équinoxiaux correspondant respectivement à l'hiver, au printemps *par opposition*, à l'été, et à l'automne *par opposition*; ce qui justifie l'habitude qu'ont les astronomes d'énumérer les saisons dans l'ordre sidéral 冬秋夏春.

Le pourtour de l'équateur étant ainsi assimilé aux quatre points cardinaux de l'horizon, il s'en suit tout naturellement que la zone polaire n'est pas la région *nord* mais la région *centrale*.

Ainsi s'établit, d'une manière logique, le parallélisme des cinq éléments conçus dans le ciel et sur la terre.

PALAIS CENTRAL.
Palais: oriental, méridional, automnal. hivernal.

TERRE.
Bois, feu, métal, eau.

DOMAINE IMPÉRIAL.
Orient, sud, occident, nord.

Tandis que les palais équatoriaux liés aux quatre saisons, plongent alternativement sous l'horizon, il est une partie du ciel qui reste toujours visible: c'est la calotte circompolaire. A la latitude de la Chine primitive (37°) elle comporte un rayon de 37°, soit une trentaine de degrés si l'on néglige la partie embrumée de l'horizon où les étoiles ne sont pas visibles. Cette calotte est appelée le *palais central* (et non pas le palais *septentrional* quoiqu'il contienne les *septem triones* 北斗 [1]). Il y a ainsi un parallélisme complet entre le *Ciel* 天 et le *Dessous du Ciel* 天下 c'est-à-dire l'Empire. Au palais central céleste, correspond la terre centrale 中國 ; aux quatre palais cardinaux célestes, correspondent les quatre régions cardinales terrestres plus ou moins barbares, où la civilisation s'en va déclinant en raison de son éloignement du foyer central.

Mais la symétrie va plus loin. Le *palais central du ciel* a lui-même un centre: l'étoile polaire 天乙 l'As du ciel, *alias* 太一 l'Unité suprême [2]), *alias* 上帝 *Chang ti* l'Empereur d'en haut. Et le *Dessous du ciel* a, lui aussi, un centre: c'est l'Empereur 帝, le Fils du Ciel 天子, l'Homme Unique 一人. Son palais est le centre de l'univers terrestre; il y donne audience tourné face au *Sud*, comme l'étoile polaire [3]).

III. Les quatre animaux symboliques.

Chacun des palais cardinaux est symbolisé par un animal et par une couleur.

Au printemps correspond le Dragon vert.

A l'été   l'Oiseau rouge.

---

1) L'appellation de *centre* appliquée au pôle ne contredit nullement celle de 北極 ou de 北斗, car le pôle *nord* (le plus voisin de l'horizon nord) s'oppose au pôle *sud* (le plus voisin de l'horizon sud).

2) Ce sont deux étoiles distinctes qui ont été *successivement* polaires (V. ci-dessous, p. 273).

3) «Se tourner vers le Nord» signifie, on le sait, devenir sujet. Lorsque le duc de *Tcheou* exerce la régence «il se tourne vers le Sud»; puis, à la majorité de son neveu, il se tourne derechef vers le Nord (M. H. IV, p. 95). — Lorsque le roi *Tch'eng* s'adresse à son oncle, il dit: «Moi, le petit enfant»; mais de suite après, en tant que Fils du Ciel, il lui dit: «Moi, l'Homme Unique». (*Chou-king*).

A l'automne le Tigre blanc.

A l'hiver   la Tortue (et le noir)[1]).

Le vert est tout indiqué pour correspondre à la saison verdoyante du printemps et le rouge à la saison du feu. Le noir (que les primitifs ne distinguent pas du bleu[2]) est attribué naturellement à l'hiver. Quant au blanc, c'est la couleur métallique, donc automnale.

Le *Dragon*, emblême du souverain est associé au printemps; probablement, comme le dit Schlegel, parceque cet animal fabuleux fut à l'origine un saurien, ayant réellement existé en Chine, et qui sortait au printemps de l'engourdissement hibernal.

L'*Oiseau* dont le nom est resté à l'étoile centrale du palais de l'été[3]), n'est autre que la caille, comme le montre le nom des dodécatémories estivales:

«Les anciens — dit un recueil cité par Schlegel (p. 72) — ne pre-

---

1) Il n'y a pas — que je sache — de texte attribuant la couleur noire à la tortue dans l'énumération des palais, quoique cette couleur soit, au dire de 鄭康成, celle des tortues de la région nord (*Ur.* p. 60); cela provient de ce que la tortue a été remplacée par le *Sombre guerrier* 玄武 sous l'influence d'une légende rapportée par M. Chavannes (M. H. I, p. 47).

La tortue est associée au mythe, visiblement astronomique, de *Fo-hi* instituant les huit trigrammes, qui représentent tout simplement la proportion du 陰 et du 陽 au milieu et à la limite de chaque saison. Nous verrons, lorsque nous aborderons l'analyse des *sieou*, que les couples les plus exactement symétriques sont intermédiaires et que les plus inexacts sont ceux qui marquent la limite des saisons: ils datent d'une époque antérieure, où l'équateur était divisé en 8 parties. Chaque palais se composait alors de deux moitiés ce qui fait au total 10 (en comprenant le palais central) d'où le cycle dénaire. La modification des trigrammes attribuée au roi *Wen* 文王 correspond au changement survenu dans la position sidérale des lunes, et par suite dans le calendrier. Tout cela concorde exactement avec les indications révélées par la répartition hindoue et turque ainsi qu'avec la règle des *Cho-ti*. Il est singulier que le Dr Legge n'ait pas été renseigné par les commentateurs sur le sens astronomique du 易經, qui éclate dès la première ligne: «*In the first, we see the dragon lying hid (in the deep). It is not the time for active doing*». L'hiver (*what is great and originating*) dure en effet jusqu'à ce que la Corne du Dragon commence à apparaître au crépuscule, le lever 朧 de la pleine lune du *primum ver* ayant alors lieu dans le *Dragon* 龍

2) Dr Cureau, *op. cit. Revue générale des Sciences* 1904.

3) 星鳥以正中春 (*Yao-tien*).

naient pas toujours de grands objets pour symboles, et l'*Oiseau* rouge des astronomes n'est que l'image de la caille. Pour cette raison les sept astérismes du sud s'appellent *Tête de la caille, Feu* (= coeur) *de la caille, Queue de la caille.* Il y a deux espèces de caille: la rouge et la blanche. Celle en question est la caille rouge. Sa couleur est rouge jaunâtre; elle est hérissée en haut et chauve en bas. *Elle apparaît avec l'été et disparaît à l'automne.* En volant elle se tient près des plantes; tout ceci est semblable à la nature du feu» 古人取象不必大
物。天文家朱鳥乃取象於鶉、故南方朱鳥七
宿曰鶉首鶉火鶉尾是也。鶉有兩種、有丹鶉、
有白鶉。此丹鶉也。色赤黃而又銳上禿下、
夏出秋藏、飛必附草、皆火類也。

Ou comprend aisément la légende superstitieuse à laquelle se prête cet oiseau migrateur et qui lui a fait symboliser l'été. Au commencement de l'été on constate un beau jour la présence des cailles, qui précédemment n'existaient pas dans le pays. D'où viennent-elles? Personne ne les a vu arriver, car elles voyagent de nuit. A la fin de l'été elles partent, de nuit, sans tambours ni trompettes; que sont-elles devenues? On crut alors qu'elles naissaient du feu de l'été et qu'en automne elles se métamorphosaient en lapins[1]).

Daus les siècles postérieurs l'oiseau symbolique de l'été est devenu un animal fabuleux, le Phénix 鳳皇者鶉火之禽、陽之
精也。(*Ur.* p. 69)

Le *Tigre* symbole de l'automne n'est autre qu'Orion, qui porte le nom de tigre concurremment à ceux de Guerrier et de Marché céleste[2]). L'association du tigre à l'automne peut s'expliquer de diverses manières. La légende rapporte que *Hwang-ti* dressait des tigres pour la guerre et

---

1) Nous reviendrons sur ce mythe à propos du zodiaque des 12 animaux. Il me paraît probable (vu la propagation des institutions sidérales de la Chine vers l'Ouest) que le mythe du phénix renaissant de ses cendres tire son origine de l'oiseau né des feux de l'été.

2) 參爲白虎。(M. H. III, p. 352).

le nom de tigre est resté associé à celui de guerrier (M. H. I, p. 28); Du Halde, cité par Schlegel dit que le tigre de Chine est de couleur blanchâtre; selon le *Chouo-wen* c'est un animal de la région ouest 虎 西方獸; enfin, il descend, parait-il, des montagnes en automne pour rôder près des habitations[1]).

La *tortue*, dont le dos est rond comme le ciel et le ventre plat comme la terre; qui porte sur sa carapace les signes cabalistiques dont *Fo-hi* sut comprendre le sens; l'animal froid dont le principe vital se manifeste à peine et qui recherche l'humidité; tel est le symbole de l'hiver.

*

Sur l'ensemble de ces quatre emblêmes il y a une remarque importante à faire: les animaux équinoxiaux, le Dragon et le Tigre sont les seuls qui répondent à une réalité uranographique, le Scorpion et Orion. L'Oiseau et la Tortue sont censés remplir toute la longueur des palais de l'été et de l'hiver; comme ces palais solsticiaux sont, nous l'avons vu, beaucoup plus grands que les autres, chacun de ces deux animaux occupe près d'un tiers du ciel. Ils ne répondent donc à aucune constellation et le caractère factice de leur localisation est évident.

Cela est confirmé par la double figuration du Tigre. Le Dragon, comme nous avons déjà eu l'occasion de le remarquer, est une constellation qui s'étend longitudinalement; il remplit donc tout naturellement le petit palais du printemps, depuis *Kio* jusqu'à *Wei* (la corne et la queue du Dragon). Orion au contraire est placé transversalement, de telle sorte que le Tigre n'occupe qu'une faible partie du palais de

---

1) *Ur.* p. 67. Il semble que le mythe grec d'Orion s'inspire à la fois des symboles chinois du guerrier et du tigre. L'Odyssée nous représente Orion, aux enfers, poussant devant lui le troupeau des animaux qu'il a tués sur la terre. Le *Tsan* chinois n'est pas un chasseur, mais un guerrier pieux qui châtie les rebelles; l'idéogramme 伐 (homme armé de la lance) a pris le sens de punir (voy. T. P. 1909, pp. 154, 155). D'autre part le tigre est chasseur; il est le maître des animaux 虎曰獸君 dit le *Chouo-wen.* 百獸之長 (*Ur.* p. 66).

l'automne. On a donc imaginé, pour la symétrie, un autre Tigre, indépendant du premier, et qui s'étend sur toute la longueur du palais de l'automne[1]). Nous avons là un nouvel indice du fait qu'entre l'époque primitive où l'on se servait seulement de deux astérismes opposés (*Sin* et *Tsan*) et l'époque où s'élabora le système des cinq éléments (27e siècle environ) il dut exister un zodiaque lunaire continu, par opposition, duquel on retrancha ensuite les palais solsticiaux nommés dorénavant par *conjonction solaire*.

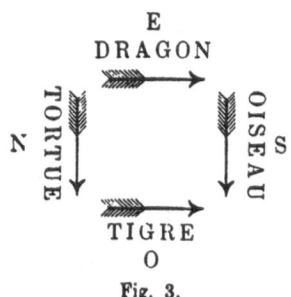

Fig. 3.

Avant de quitter ce sujet, faisons encore une autre remarque, indispensable à la compréhension de l'ordre des mois hindous et turcs; c'est que les quatre animaux emblématiques sont disposés de la manière suivante: le dragon et le tigre ont leur tête au sud et leur queue au nord; l'oiseau et la tortue ont leur tête à l'ouest et la queue à l'est.

西方皆有七宿、各成一形。東方成龍形、西方成虎形、皆南首而北尾。南方成鳥形、北方成龜形、皆西首而東尾。[邢昺爾雅疏]。(*Ur*. p. 1).

---

1) Schlegel, de par les nécessités de sa théorie, suppose au contraire que le tigre limité à Orion dérive du tigre étendu sur tout le palais de l'automne: «*Tsan* est aussi nommé le *Tigre blanc* d'après la grande constellation occidentale du Tigre blanc qui occupait primitivement [lisez: 14000 ans avant *Yao*] cette partie du ciel» (p. 397).

Les deux acceptions se trouvent dans les traités uranographiques: 觜爲虎首、伐爲虎尾、參爲虎身。奎婁胃昴畢觜參白虎之宿。(Les termes 觜、伐、參 sont diverses parties d'Orion).

IV. La doctrine des cinq Empereurs.

Nous avons vu que la théorie des cinq éléments établissait un parallélisme entre la région centrale du ciel et l'empire, entre l'étoile polaire et l'empereur. Par ailleurs nous avons constaté précédemment que toutes les occupations trimestrielles avaient leurs symboles dans la région correspondante du firmament. De telle sorte que l'univers céleste agissait incessamment sur le monde terrestre par l'efficace des cinq éléments, suivant un déterminisme physico-chimique d'origine sidérale.

Cette conception unitaire des forces de la Nature semble avoir donné lieu, dès la haute antiquité, à un corollaire qui se rattache à elle par un lien logique mais non pas nécessaire. La puissance du souverain frappe l'imagination des primitifs comme un fait supra-humain. L'empereur est le Fils du Ciel; mais le Ciel, dans l'idée chinoise, n'agit pas à la manière d'un dieu anthropomorphe; il se manifeste par des lois physiques et par l'intermédiaire des cinq éléments. La série des empereurs se succédant les uns aux autres, chacun avec son individualité et son caractère propres, suggérait ainsi un rapprochement avec la révolution des cinq éléments. On fut alors porté à penser qu'un souverain tenait sa puissance virtuelle de l'élément *terre*, son successeur de l'élément *bois* et ainsi de suite.

Plus tard, lorsque les dynasties héréditaires se furent constituées et arrivèrent successivement au pouvoir, la même idée directrice fit attribuer à chacune d'elles l'influence d'un élément prépondérant. Aussi chaque fondateur de dynastie avait-il soin de modifier les emblêmes et les rites, notamment la couleur officielle, pour les mettre en harmonie avec l'agent virtuel dont il tenait le pouvoir.

Plus tard encore, la métaphysique de la puissance impériale prit une forme nouvelle. Postérieurement à l'époque confucéenne, on divinisa spécialement cinq empereurs plus ou moins légendaires de la haute antiquité qui personnifièrent les cinq éléments, sous les noms d'empereur jaune, d'empereur vert, d'empereur rouge, d'empereur blanc et d'empereur noir.

Il convient donc de distinguer trois choses: d'abord la théorie générale des cinq éléments, inséparable de la genèse des divisions du ciel; ensuite l'application de cette théorie à la puissance virtuelle des souverains ou des dynasties; et enfin l'identification de cinq empereurs antiques aux cinq éléments de la nature. L'indépendance de cette dernière doctrine ne me semble pas avoir été suffisamment marquée; et comme nous aurons à faire intervenir continuellement la théorie proprement dite des cinq éléments dans l'examen des institutions astronomiques de la haute antiquité, il ne sera pas inutile de rechercher, d'abord, s'il y a des objections, d'ordre historique, à cette manière de voir.

*

Pour les temps les plus reculés de l'histoire chinoise — dit M. Chavannes — l'idée directrice des généalogies parait avoir été la théorie des cinq éléments. Les cinq empereurs ne sont que les symboles des grandes forces naturelles qui se succèdent en se détruisant les unes les autres. Cette doctrine philosophique passait pour avoir été professée par Confucius lui-même .... Il ne semble pas que cette application de la philosophie à l'histoire remonte à une haute antiquité ni même que Confucius puisse en être regardé comme l'auteur: *la théorie des cinq éléments a peut-être son germe dans de vieilles spéculations cosmologiques*; mais elle ne prit son développement et sa forme systématique qu'avec *Tseou yen* qui vivait au IIIe siècle avant notre ère; il serait même possible que le conseiller *Tch'ang-Ts'ang* qui mourut en 142 avant J.-C., ait été le premier à couler l'histoire dans ce moule métaphysique [1]).

Ce que M. Chavannes appelle la théorie des cinq éléments est, on le voit, ce que nous considérons comme la doctrine des Cinq Empereurs divinisés. Les indices que l'on peut tirer de l'étude de l'astronomie antique sont d'ailleurs conformes à l'opinion de l'éminent historien sur le caractère relativement récent de cette doctrine.

En premier lieu, les récits traditionnels sur les empereurs de la haute antiquité s'accordent d'une manière frappante avec les diverses

[1) M. H. I, p. CXLIII.

étapes que la critique technique permet d'assigner au développement de l'astronomie chinoise et que nous fixons plus particulièrement aux 27ᵉ et 24ᵉ siècles. La perfection de cette astronomie suppose un État centralisé et un niveau intellectuel remarquable. Ce qui implique l'existence non pas de cinq empereurs mais d'une longue série de souverains, dout la mémoire s'est perdue par suite de la tendance des anciens Chinois à ne considérer dans l'histoire que certains modèles de vertu.

En second lieu, bien loin que la doctrine des Cinq Empereurs soit l'aboutissement logique de la théorie des cinq éléments, elle en est une déformation manifeste; non pas seulement parcequ'elle introduit dans la conception des forces naturelles un anthropomorphisme qui en était absent, mais aussi parcequ'elle en altère la symétrie. Les cinq éléments terrestres correspondent, en effet, aux cinq palais célestes. Si donc on assimile cinq empereurs aux cinq éléments, l'empereur jaune correspondra à la terre (centre), l'empereur blanc à l'ouest, etc. Mais si, maintenant, on les divinise en les plaçant au ciel, l'empereur jaune devra correspondre au palais central (à l'étoile polaire), l'empereur blanc au palais occidental, etc. Le personnage connu sous le nom de *Hwang-ti* 黃帝 serait donc ainsi assimilé à *Tai-i* 太一, l'Unité suprême et au *Chang-ti* 上帝 l'Empereur d'en haut, ce qui est impossible puisqu'il est précédé dans les légendes historiques par d'autres souverains et ne représente nullement l'origine des choses. La doctrine factice des cinq Empereurs s'est butée inévitablement à cette difficulté et l'a résolue d'une manière peu élégante: l'empereur jaune, loin de trôner dans le palais central, est logé à la même enseigne que l'empereur rouge et partage avec lui le palais méridional ¹).

L'origine de la doctrine des cinq Empereurs est une déviation aua-

1) M. H. III, p. 512, note 2.
Cette doctrine des cinq Empereurs est née de l'altération progressive du symbolisme primitif sous la double influence d'un anthropomorphisme envahissant et du déclin de l'astronomie primitive dont les causes principales sont: l'affaissement du pouvoir central sous les *Tcheou*; la précession des équinoxes qui dérange l'ordre ancien; enfin la méthode solsti-

logue. Dans la haute antiquité l'élément naturiste de la religion est impersonnel, mais le culte des ancêtres vient se combiner avec lui. En tant que Fils du Ciel, tout souverain mort se confond avec l'étoile polaire 太一 (le duc de *Tcheou* s'adressant aux rois défunts *Wen* et *Wou* se tourne vers le nord) de même qu'en Egypte tout pharaon devient Osiris. Mais en tant qu'ancêtre, le souverain mort conserve son individualité; il n'est donc pas surprenant que l'empereur rende à ses prédécesseurs un culte distinct dans cinq temples différents, associés aux cinq éléments par l'efficace desquels ils ont régné [1]).

---

ciale, basée sur le gnomon, qui a rendu inutiles les repères de la phase archaïque sidéro-lunaire.

Un autre exemple typique de cette évolution. nous est fourni par *Kio*, le repère fondamental de l'ancienne année lunaire. La première pleine lune étant celle qui avait lieu dans le Dragon — c'est-à-dire à gauche de l'Epi qui en marquait la première corne et la gueule (la seconde corne et le cou étant dans *Kang*) — on constatait immédiatement par la position sidérale de la lune la date du 立春, par conséquent du 孟春＝正月 et l'on savait si l'année précédente avait eu 12 ou 13 lunaisons. La règle des *Cho-ti* (à laquelle nous consacrerons un article) permettait de suivre trois mois à l'avance la marche graduelle de la pleine lune qui se présentait finalement devant la gueule du Dragon, comme une mouche devant un lézard. Le caractère utilitaire, calendérique, de ce repère a subsisté dans les appellations de *Kio* 角＝天門＝天根＝壽星＝壽宮, dans le mot 朧 et dans cette métaphore que le Dragon ne dort plus lorsqu'il tient sa perle (à la bouche) 龍有珠常不睡: en effet, le dragon printanier, jusque là invisible au crépuscule, caché sous terre, *in the deep* (ci-dessus, p. 263) se réveille à partir du moment où il a happé la pleine lune.

Mais l'astronomie solsticiale ayant fait tomber de plus en plus en désuétude l'emploi du repère sidéro-lunaire, et les anciens termes sidéraux prenant un caractère de plus en plus anthropomorphe, on en vint à adorer *Cheou-sing* dans le «Palais de la Longévité» (M. H. III, pp. 472, 411). *Sseu-ma Ts'ien* n'entend plus guère le sens de l'astronomie primitive; ses commentateurs encore moins; et dans les siècles suivants on perdit tellement le souvenir de ce qu'était *Cheou-sing* qu'on le confondit avec Canopus 老人星 (Dict. Wells Williams; M. H. III, pp. 353 et 446 note 2).

1) M. Chavannes (M. H. I, p. 57) cite un document très intéressant qui me semble expliquer non-seulement l'origine de la doctrine des cinq Empereurs, mais aussi l'attribution de *Hwang-ti* comme ancêtre de *Yao* à la 5e génération. Remarquez par ailleurs les noms physico-astronomiques des anciens empereurs 甲, 乙, etc. 黃帝; l'empereur *K'ou* épouse une fille de *Tsiu-tseu* 娵訾 (nom de la 8e division jovienne). Le nom de *Hiuan-hiao* 玄囂 rappelle celui de la 2e division, orthographiée 玄枵. — Enfin le *Eul-ya* associe *Tchouan-hiu* au *sieou* solsticial, *Hiu*: 顓頊之虛虛也.

*

Ce point de départ étant donné, on peut suivre dans les textes la formation progressive de la doctrine des cinq Empereurs jusqu'à l'inconséquence finale à laquelle elle aboutit lorsqu'elle est obligée de caser deux empereurs dans le même palais. Et ces textes sont d'autant plus valables qu'ils appartiennent aux chroniques de *Ts'in*, épargnées, on le sait, par l'édit de proscription; car cette doctrine, comme M. Chavannes l'a fait remarquer[1]) semble originaire de cet Etat semi-turc.

Le culte ancestral ayant, dès la haute antiquité, associé certains souverains défunts aux éléments naturistes, on substitua, dans l'Etat de *Ts'in*, un empereur à chacun des animaux symboliques qui présidaient aux saisons. C'est ainsi que dès l'an 672 le duc *Siouen* sacrifiait à l'empereur vert[2]). Mais à cette époque le sens des dogmes astronomiques était encore trop présent à l'esprit pour qu'on put avoir l'idée de placer ces génies des saisons et des palais équatoriaux sur un rang d'égalité avec l'étoile polaire et le palais central. Ces empereurs célestes ne furent donc pas appelés « *les empereurs suprêmes* » mais simplement « *les empereurs* ». Il n'y en avait pas *cinq*, mais seulement *quatre*, l'élément central restant sous la dépendance de l'empereur suprême, polaire. Cela est marqué (à la même page) par le fait que le duc suivant, *Mou*, voit apparaître en songe l'Empereur suprême, qui continue par conséquent à rester essentiellement unique.

Aussi lorsque les *Ts'in* possédèrent l'empire n'y avait-il encore que quatre empereurs[3]). Mais par suite de la décadence où tomba l'astronomie vers la fin des *Tcheou*, ces quatre empereurs, qui devraient correspondre aux quatre régions cardinales, sont appelés: *vert, jaune, rouge, blanc*. Le *jaune* est mis, par erreur à la place du *noir*. Cette méprise provient de ce qu'il y a deux sortes de *nord*: le nord équatorial[4]) et le nord polaire. Les couleurs étant affectées aux éléments, qui sont ter-

---

1) T. P. 1906, p. 97.
2) M. H. III, p. 423.
3) M. H. III, p. 446.
4) Ci-dessus, p. 262).

restres, l'empereur jaune ne peut être placé au ciel si ce n'est, du moins, dans le palais central auquel n'est affecté ni couleur ni animal symbolique. Mais, en confondant le nord polaire et le nord équatorial, on l'a mis à la place de l'empereur noir.

Le fondateur de la dynastie *Han*, visitant les temples, demanda quels étaient les empereurs auxquels on sacrifiait sous les *Ts'in*. On lui répondit: «Les quatre Empereurs sont les empereurs blanc, vert, jaune, rouge». *Kao-tsou* répliqua: «J'avais entendu dire qu'il y avait au Ciel cinq Empereurs; or en voici seulement quatre; comment cela se fait-il?» Personne n'en sachant l'explication, *Kao-tsou* dit alors: «Je le sais. C'est qu'ils m'attendaient pour être au nombre complet de cinq». Alors il institua le sacrifice à l'Empereur noir et donna au sanctuaire le nom de lieu saint du nord [1]).

Lieou-pang, le bon buveur, s'arroge une place parmi les souverains célestes avec la même désinvolture dont il usa lorsque, simple chef de village, il s'en attribua une au banquet des fonctionnaires, trouvant encore le moyen de ne pas payer son écot.

En conséquence de ce joyeux coup d'État, on aurait dû se décider à reconnaître l'identité de *T'ai i* et de l'empereur céleste correspondant à l'élément central (jaune). C'eût été une hérésie, car *Hwang Ti* n'est pas *T'ai i*, mais la symétrie eût été sauve. On ne voulut pas commettre cette hérésie, et néanmoins on conserva cinq Empereurs: il fallut donc en loger deux en un même palais.

L'origine de la doctrine bâtarde des cinq Empereurs est donc assez claire: elle provient de l'erreur initiale qui fit placer (postérieurement à l'an 424) l'empereur jaune parmi les points cardinaux équatoriaux; puis de la plaisanterie de *Lieou pang* qui trancha le noeud gordien en se plaçant lui-même au rang des divinités célestes.

*

M. Chavannes ne faisant pas de distinction entre le doctrine anthro-

---

1) M. H. III, p. 449.

pomorphique des cinq Empereurs et la théorie naturiste des cinq éléments, a été naturellement amené à considérer l'expression *T'ai i* 太
一 (la grande Unité) comme un concept philosophique, alors qu'elle
désigne un fait concret, l'étoile polaire:

L'empereur *Ou*, dit-il, créa une hiérarchie entre les dieux du Ciel et il
plaça au dessus des cinq empereurs d'en haut une divinité suprême appelée
T'ai i, la grande Unité: cette création de la réflexion abstraite devait jouer
aux siècles suivants un certain rôle dans les systèmes des philosophes. (M. H.
I, p. XCVII).

Comme nous avons eu déjà l'occasion de le faire remarquer à propos du cycle de Jupiter et comme nous l'exposerons d'une manière plus
complète lorsque nous traiterons des cycles duodénaires, la notation
sidérale 子丑寅 qui sert de trait d'union à tous les succédanés
zodiacaux a fini par perdre aux yeux du public (mais non pas des
techniciens) sa signification uranographique originelle[1]). Il en a été
de même pour les appellations successives de l'étoile polaire 天一
(27ᵉ siècle) 太一 (23ᵉ siècle) 帝 (12ᵉ siècle)[2]). A l'origine, les

---

1) Un fait analogue s'ait produit dans le monde occidental; nous désignons les mois
de l'année par les signes ♒, ♉, ♈, ♉ etc., indépendamment de la précession; avec cette
différence toutefois que ces idéogrammes évoquent directement le nom des constellations,
tandis qu'en Chine 子 se lit *tseu* et non pas 玄枵, 虛, ou 鼠. Les astronomes
chinois savent fort bien que 子 représente le *yn* 陰, le nord et minuit parce qu'à
l'époque créatrice l'astérisme 虛 était solsticial. Mais, en dehors des spécialistes, les
termes cycliques ont perdu leur sens sidéral et ne représentent plus qu'un symbole physique ou chronologique. Aussi *Siu-fa* 徐發, l'auteur du *T'ien yuen li li*, s'égaye-t-il
fort de l'ignorance des lettrés en astronomie; «Ils n'y entendent rien», dit-il à propos de
l'origine des 12 animaux: 儒家不解.

2) «Il est hors de doute, dit Gaubil, qu'ils observaient l'étoile polaire et lui donnaient
un nom chinois. Dans le *Chou-king*, chapitre *Hong-fan*, l'empereur est désigné par le caractère du pôle. Cette idée de l'empereur sous le titre du pôle est clairement marquée par
Confucius. L'empereur est regardé en Chine de tout temps comme le Fils du Ciel et
comme le ciel même. Les caractères *Tien y* et *Tay y* ont à peu près le même sens et
expriment le ciel. Confucius en disant que le *Ciel* est *Un Grand* fait clairement allusion
au caractère du ciel 天 composé de *un* 一 et de *grand* 大. Cela supposé, les étoiles
Tay y et *Tien y* qu'on voit dans les plus anciens catalogues chinois et qui sont dans la
queue du Dragon paraissent avoir été successivement polaires selon ces catalogues et

termes 天一, 太一, 大一 (= 天) exprimaient le fait concret de l'immobilité de l'étoile centrale qui préside, face au sud, à la révolution des quatre régions équatoriales, comme l'empereur 一人 préside, face au sud aux quatre régions terrestres.

D'ailleurs sous les *Han* le sens stellaire de *T'ai i* n'était pas encore perdu comme il le fut quelques siècles plus tard lorsqu'on se mit à discourir sur la métaphysique de l'Unité suprême. *Sseu-ma ts'ien*, en tête de son traité des *Gouverneurs du ciel* nous dit que «dans le Palais central l'étoile *T'ien-ki* (Faîte du ciel) est la résidence constante de l'Unité suprême (*T'ai-i*)»; et plus loin que «en ligne droite de la cavité du Boisseau sont trois étoiles qui forment un cône dont la pointe est tournée vers le nord; tantôt elles sont visibles, tantôt non. On les appelle *T'ien i* (l'Unité céleste)». *Sseu-ma*, on le voit, ne nomme pas la polaire de son époque *T'ai-i* nom réservé à une autre étoile autrefois polaire, mais il dit que la polaire actuelle est la résidence de *T'ai i*. La fonction apparaît ainsi distincte de l'individualité de l'étoile[1]). Dans le traité des sacrifices *Fong* et *Chan*, *Sseu-ma* nous montre l'empereur *Wou* se rendant au temple de la Longévité pour échapper à une maladie qui mettait ses jours en danger: «Dans le palais de la Longévité celui que vénérait le plus la Princesse des esprits était *T'ai-i*. Ses

---

désignent le Souverain. L'an 2259 *Tay y* fut le plus près du pôle et était l'étoile polaire; et l'an 2667 l'étoile *Tien y* était la polaire. (Lettres édif. p. 828). — Cf. Biot, *J. des S.* 1840, p. 235. — Russel, *Astronomical Records*. — *Ur.* p. 507. — Nous exposerons plus tard le détail des faits, avec un graphique.

1) La conservation de ces anciens noms polaires en dépit du déplacement du pôle est une des manifestations les plus étonnantes du traditionalisme chinois; elle révèle dès la haute antiquité les qualités de précision et d'exactitude qui ont caractérisé plus tard les annales de ce peuple. Le fait que ces étoiles ont été polaires n'est d'ailleurs pas attesté seulement par leurs noms et par le calcul trigonométrique, mais par les attributs astrologiques que leur prêtent les traités et par la double haie stellaire des dignitaires de la cour dont les deux premières étoiles étoiles (le *Pivot de gauche* et le *Pivot de droite* 左右樞) marquent exactement le pôle du 28ᵉ siècle (environ), la trajectoire du pôle passant *entre* ces deux étoiles, α et ι Dragon. (Cf. Flammarion, *Astr. pop.* p. 47). Ajoutons que, même après la découverte de la précession, les Chinois rapportant ce mouvement à l'équateur ne pouvaient calculer théoriquement le déplacement du pôle.

assistants étaient *Ta-kin*, *Sseu-ming* et d'autres qui tous l'accompagnaient». Nous avons vu que le palais de la Longévité se rapporte à 壽星 repère de la nouvelle année et par conséquent symbole de longévité; *Sseu-ming* (et probablement *Ta-kin*) désigne une étoile circompolaire. Il est donc évident que *T'ai i* est ici, comme partout, l'étoile polaire et nòn une création de l'esprit philosophique [1]).

Tout ce chapitre des *Mémoires historiques* nous montre l'ancien culte naturiste et sidéral évoluant vers l'anthropomorphisme et l'abstraction [2]). Dans l'antiquité, l'anthropomorphisme — avons-nous dit — ne s'attache qu'au culte des ancêtres; si l'étoile polaire symbolise un personnage, c'est *Chang ti* 上帝 et non pas *T'ai i*. Sous ce rapport le chapitre *Chouen-tien*, où apparaît la première mention de l'Empereur d'en haut, est un document du plus grand intérêt.

Aussitôt après avoir reçu l'abdication de *Yao* dans le temple ancestral, *Chouen* fait acte de Fils du Ciel en sacrifiant, non pas au Ciel naturiste mais au Ciel ancestral, à l'Empereur d'en haut. *Chouen* est, il est vrai, représenté comme d'humble extraction et son père est encore en vie. Mais rappelons-nous ce que Fustel de Coulanges a établi d'une manière définitive [3]): le culte des ancêtres n'est pas lié à la filiation cousanguine (*genitor*) mais à la filiation religieuse (*paterfamilias*); en Chine, comme à Rome, comme partout, les serviteurs par-

---

1) M. H. III, p. 473.

2) Les bas-reliefs du *Chan-toung* qui datent du IIe siècle de notre ère nous montrent le dieu de la Grande Ourse assis au milieu de ses étoiles (E. Chavannes, *La sculpture sur pierre en Chine*).

3) Cet illustre historien, dont on a trop souvent voulu considérer l'œuvre comme paradoxale, s'est appuyé uniquement sur les documents de l'antiquité classique. Il n'en est que plus intéressant de constater l'identité des mêmes rites (mariage, clientèle, adoption, fondation des villes etc.) en Chine et en Egypte. (Cf. notamment: A. Moret *Le rituel du culte divin en Egypte*, Ann. du Musée Guimet. F. Farjenel *L'empire chinois*). Jusqu'ici les rapprochements de cette nature aboutissaient invariablement à la théorie de la fondation de la nation chinoise par une *colonie d'émigrants chaldéens*. Mais les progrès de la science préhistorique nous font entrevoir d'immenses périodes où les peuples n'étaient nullement compartimentés dans des régions fermées. Dès les temps paléolithiques, l'ambre et le corail circulaient dans l'intérieur des terres.

ticipent aux sacrements; le fils indigne en est exclu, le fils adoptif y est admis. *Chouen*, en tant que fils, sacrifie à l'Empereur d'en haut et par ce terme il faut entendre le pôle astronomique anthropomorphisé par le culte des ancêtres. C'est ce que M. Chavannes a bien marqué dans sa traduction du *Chouen-tien*:

> Nous rencontrons dans ce texte pour la première fois la fameuse expression *Chang ti* 上 帝 qui a donné lieu à tant de controverses. Nous ne pouvons pas entamer à ce sujet une longue discussion dans une note: nous nous bornerons à faire remarquer que, la théorie des cinq *Chang-ti* étant intimément liée à celle des cinq éléments qui ne prit corps que vers le IVe siècle avant notre ère, il est très vraisemblable que, dans les plus anciens textes, le terme *Chang-ti* désigna une divinité unique. En second lieu, cette divinité est *identifiée par la plupart des commentateurs avec l'étoile polaire*; nous ne voyons aucune raison (je parle des raisons scientifiques) de regarder cette identification comme une perversion tardive d'un monothéisme primitif, et par conséquent nous l'adoptons comme l'expression de l'ancienne croyance religieuse des Chinois. Enfin, nous croyons que les mots «Empereur d'en haut» sont ceux qui rendent le mieux le sens du terme *Chang-ti* [1]) parce que c'est à leur image que les hommes conçoivent leurs dieux et que par conséquent le plus élevé en dignité parmi les êtres célestes doit être appelé l'Empereur d'en haut, tout comme ici-bas on appelle Empereur celui à qui tous obéissent. (M. H. I, p. 60).

Les raisons qui nous font considérer comme peu ancienne la doctrine des cinq Empereurs sont inverses de celle exprimée ici par M. Chavannes; car c'est précisément parceque la théorie des cinq éléments est très antique que la doctrine des cinq Empereurs n'a pu s'établir avant que les concepts astronomiques aient perdu leur sens primitif. Devant nous séparer de M. Chavannes sur ce point, nous sommes d'autant plus heureux d'adopter son opinion sur le caractère polaire du *Chang-ti*. Cette identification étant établie dans l'ordre anthropomorphique il semble difficile de ne pas l'étendre à *T'ai i*, corrélatif

---

1) Quoique la traduction *Empereur d'en haut* soit en effet la meilleure, elle ne reproduit cependant pas intégralement le sens chinois. Les mots 上 下 signifiant à la fois *haut et bas, supérieur et inférieur*, le terme 上 帝 suggère une idée de suprématie incompatible, à l'origine, avec la pluralité illogique de la doctrine des *cinq Empereurs supérieurs*.

naturiste de *Chang ti*, qui n'est pas à l'origine une entité philosophique mais une très petite étoile, à peine visible à l'oeil nu (comme plusieurs déterminatrices équatoriales), à laquelle les catalogues chinois assignent une place qui fut précisément celle du pôle antique.

V. La religion physico-astronomique de la haute antiquité.

L'esprit scientifique est un fils du génie grec. Les Grecs seuls ont eu le désir de pénétrer les lois de la nature pour satisfaire le besoin de connaître, la curiosité désintéressée. Partout ailleurs les mobiles du progrès scientifique, ont été d'ordre utilitaire et religieux [1]). L'utilité de la connaissance des mouvements célestes est la mesure du temps, la calendérique. Par ailleurs, l'orientation méridienne des anciens palais ou tombeaux chinois et égyptiens ne présente aucune utilité, en dehors du sentiment religieux [2]).

Aussi pour comprendre l'éclosion précoce de l'astronomie en Chine ou en Chaldée, il faut s'abstraire de nos idées modernes qui nous représentent cette science comme une branche très spéciale des mathématiques [3]). Si l'on se place dans la situation des primitifs parvenus, comme

---

1) Même chez les Grecs, la science primitive est utilitaire. Exemple: la géométrie; mais après avoir découvert les règles de la mesure du terrain, ils ont eu le désir d'aller plus loin. — Je me permettrai de renvoyer le lecteur, pour le développement des idées résumées dans ce chapitre, à deux articles de la *Revue Scientifique: Comment les Chinois conçoivent leur civilisation* (19 janvier 1895) et *Le point de vue scientifique* (12 janvier 1901).

2) L'extraordinaire exactitude de la symétrie des *sieou*, dont la haute antiquité paraît au premier abord invraisemblable, n'est donc pas un fait isolé dans l'histoire des origines de la civilisation. Les pyramides égyptiennes révèlent une perfection analogue dans la détermination de la méridienne.

3) Il n'est pas exagéré de dire que le mouvement des astres était plus familier au public dans l'antiquité que de nos jours. Le calendrier perpétuel a fait disparaître l'intérêt utilitaire qui s'attachait autrefois à l'observation vulgaire des astres. Chacun sait maintenant que la terre tourne autour du soleil; mais précisément cette notion, par sa complexité, nuit à la compréhension des mouvements apparents. Combien de gens, instruits et cultivés par ailleurs, n'ignorent-ils pas les faits les plus élémentaires, par exemple que la pleine lune se lève au crépuscule? L'an dernier, un particulier s'aperçut que la planète Mars rétrogradait parmi les étoiles; il crut devoir signaler ce phénomène à un journal, pensant avoir fait une découverte étonnante. Les plus grands journaux de Paris reproduisirent cette

les Chinois du 28ᵉ siècle, à un degré remarquable de développement
intellectuel, on conçoit aisément l'impression profonde, *sacra horror*,
que dut produire sur eux le spectacle énigmatique des constellations
et la régularité de leur succession progressive au cours des saisons.

C'est le Ciel, c'est le firmament, et non pas le soleil, qui produit
les saisons et les changements de la végétation [1]); cette influence physique est étendue tout naturellement au domaine moral. Aussi le souverain terrestre, Fils du Ciel, peut-il jeter le trouble dans les mouvements célestes s'il s'écarte de ses devoirs. Par suite de la même idée,
le souverain terrestre, vicaire du Ciel, préside indifféremment aux lois
physiques et aux lois morales sur la terre [2]).

Il faut bien comprendre ce point pour apprécier l'importance religieuse de la confection du calendrier, privilège du Fils du Ciel.

La domaine impérial étant sur la terre le corrélatif du palais central (polaire) dans le ciel, les quatre régions de l'Empire correspondant aux quatre palais équatoriaux, la division duodénaire s'appliquant
également à l'équateur céleste et à l'horizon terrestre, les choses du
Ciel et de la Terre sont indissolublement solidaires entre elles. Aussi
la promulgation du calendrier n'est-elle pas envisagée au seul point
de vue utilitaire de la computation des époques, mais surtout au point
de vue religieux de l'accord du Ciel et de la Terre. Le premier devoir

---

nouvelle avec des commentaires inouïs. (Voy. les anecdotes citées à cette occasion par le
Bull. de la Sᵗᵉ astr. de France). Lamartine, dans une romance souvent chantée dans les
salons a dit que (le soir): «Vénus se lève à l'horizon». J'ai beaucoup surpris un ingénieur
distingué en lui avouant que cette assertion ne me paraissait pas vraisemblable. De nos
jours, en dehors des astronomes, il n'y a plus guère que les marins qui, par nécessité pro-
fessionnelle et par l'habitude du service de nuit, soient familiarisés comme les Anciens
avec les mouvements célestes.

1) Les Chaldéens avaient une conception analogue. Dans la Genèse le jour et la nuit
préexistent au soleil.

2) Lorsqu'une éclipse prédite n'avait pas lieu on félicitait l'empereur. — Sous les
Han le souverain donne des grades et de l'avancement aux dieux terrestres. — *Tsay-Yong*,
dans un texte que nous aurons à citer, dit que le Ciel a 12 divisions, et que la Terre
aussi a 12 divisions auxquelles président le Souverain et les ministres.

du Souverain est de faire connaître au peuple les conditions de cet accord, c'est-à-dire d'indiquer la limite des saisons et la situation de l'année terrestre (civile) par rapport à l'année céleste (astronomique). S'il manque à ce devoir, s'il néglige le calendrier, il n'en résulte pas seulement des inconvénients pour son peuple; il commet à l'égard du Ciel, dont il est le vicaire, une irrévérence qui met en danger son droit divin, son Mandat céleste 天命 et qui diminue d'autant sa *vertu* 德 c'est-à-dire la puissance virtuelle de sa dynastie.

Mais l'empereur, quoique Fils du Ciel, n'est qu'un homme comme un autre; il n'est nullement considéré comme omniscient. Pour bien gouverner il doit avant tout bien choisir ses ministres. Si ses ministres le conseillent mal, il est responsable de leurs erreurs devant le Ciel, mais eux en sont responsables devant lui.

La confection du calendrier étant le premier devoir du souverain vis-à-vis du Ciel et du peuple, si des erreurs s'y introduisent par la négligence des ministres ou des astronomes, l'empereur en est responsable devant le Ciel, mais ces ministres ou astronomes en sont responsables devant lui; car ils ont commis une faute dont les conséquences dynastiques sont très graves.

Aussi, dès la haute antiquité comme sous la dynastie tartare actuelle, voyons-nous que le prétexte politique le plus efficace dont un empereur puisse user pour briser un ministre trop puissant est de l'accuser d'avoir négligé le calendrier; car il est sûr de trouver dans l'opinion publique un appui moral basé sur le sentiment religieux de l'importance de la faute commise. Dans des cas analogues et pour le même motif, nos anciens rois ne manquaient pas d'intenter un procès en sorcellerie.

Un des premiers chapitres du *Chou-king*, au début de la 1e dynastie, nous montre l'empereur, sur le point d'attaquer un prince rebelle, lui faire avant tout grief de négligence astronomique:

«Ohé, hommes des six armées, j'ai une harangue à vous adresser. Le prince de *Hou* méprise avec hauteur *les cinq éléments*; il néglige et abandonne les trois principes régulateurs. C'est pourquoi le Ciel supprime et interrompt son mandat; maintenant je ne fais qu'exécuter avec respect le châtiment céleste. (Harangue de *Kan.* — M. H. I, p. 164).

Dans un autre chapitre du *Chou-king*, celui qui mentionne l'éclipse de *Tchong k'ang*, nous voyons les astronomes héréditaires, dont la charge est une des plus importantes de l'Etat et qui sont des seigneurs feudataires, en révolte contre l'autorité impériale. Le prince de *Yn* envoyé pour les châtier leur fait également grief, devant ses troupes, d'avoir négligé leurs devoirs astronomiques. Lorsque l'éclipse s'est produite et que l'alarme fut donnée, *Hi* et *Ho*, qui avaient, semble-t-il, trop banqueté la veille, ne sortirent pas de leur torpeur[1]).

On pourrait en dire autant des Règles de *Yao* et de *Chouen* en ce qui concerne les rites d'ordre physico-astronomique; et sous ce rapport je ne puis souscrire entièrement à l'opinion de M. Chavannes s : le défaut de valeur historique des anciennes annales; pour cette raison que la théorie des cinq éléments s'étant — à mon sens — constituée au 27e siècle, l'importance attachée dans ces textes plus ou moins légendaires aux points cardinaux ne me semble aucunement l'indice d'idées modernes.

Ces récits, dit M. Chavannes, excitent notre suspicion, car ils sont d'une symétrie étrange: si l'empereur *Yao* envoie un fonctionnaire dans l'est, il faudra de nécessité qu'il en délègue un autre au sud, un troisième à l'ouest et un dernier au nord; chacun de ces officiers présidera à la saison qui correspond,

---

1) «La harangue de *Kan*, dit M. Chavannes, me paraît, malgré sa brièveté, un des monuments les plus remarquables et à coup sûr les plus authentiques de la haute antiquité; elle est singulièrement plus vivante que les Règles de *Yao* et de *Chouen* ou que le tribut de *Yun*. Par contre le savant traducteur des *Che-ki* estime que l'authenticité du *Châtiment de Yn* est plus que douteuse (M. H. I, pp. 166 et CXXXVI). Au point de vue auquel nous nous plaçons ici le fait n'a pas d'importance car, quelle que soit l'époque où il fut rédigé, ce chapitre exprime sûrement des idées antiques.

dans la théorie des cinq éléments, à celui des points cardinaux où il séjourne. Si l'empereur *Chouen* fait une inspection, il ira d'abord à l'orient, puis au midi, puis à l'occident, puis au nord; il accomplira chacun de ces voyages dans le mois qu'une association d'idées philosophiques lie à telle ou telle direction de l'espace; il achèvera sa tournée en un an; il restera à la capitale quatre ans pour recevoir successivement les vassaux des quatre points cardinaux. La sixième année, qui sera la première d'un nouveau cycle de cinq, il recommencera ce qu'il a fait dans la première année. (p. CXL).

Si, avec Chalmers et Whitney, on considère que les institutions fondamentales de l'astronomie chinoise n'apparaissent qu'au IIIᵉ siècle avant notre ère, et si l'on fixe à la même époque la genèse de la théorie des cinq éléments, il est certain que cette symétrie cosmologique apparaîtra dans les textes anciens comme un singulier anachronisme. Mais il en va tout autrement lorsqu'on constate que la théorie des cinq éléments et les institutions fondamentales de l'astronomie sont intimément solidaires; qu'elles ont pris naissance dans la haute antiquité; et que leur bloc forme la matière première de toutes les idées systématiques de la science, de la politique et de la morale chinoises.

Chez tous les peuples, les rois ont senti la nécessité d'étayer leur droit divin sur l'observance méticuleuse du rituel sacré; et ceux de France ou d'Espagne se sont même soumis à la tyrannie d'une étiquette dont on ne voit souvent guère l'utilité originelle.

Lorsque Louis XVIII fuyait devant l'aigle impériale, le prince de Condé crut devoir s'informer si S. M. accomplirait le «lavement des pieds» dans l'auberge de village où elle se trouvait jetée, par le malheur des temps, au jour anniversaire de cette cérémonie. L'importance attachée à de tels rites, dans les temps modernes, ne fait pas trouver invraisemblable que les souverains chinois aient cru devoir conformer leurs tournées d'inspection à l'ordre cosmologique des points cardinaux considérés comme le symbole suprême des lois divines et humaines[1]).

---

1) Un missionnaire me faisait un jour remarquer, à Nankin, que des ouvriers terrassiers, parlant entre eux de leur travail, disaient: «plus au nord, plus à l'est» où nous dirions «plus à droite, plus à gauche». Le Chinois sait toujours où se trouve le nord, comme le musulman connaît toujours la direction de la Mecque.

En suivant l'ordre dans lequel le soleil parcourt les quatre régions célestes[1]) l'empereur affirmait sa qualité de Fils du Ciel, comme en lavant les pieds des mendiants le roi franc affirmait son caractère sacerdotal et sa qualité de Fils aîné de l'Eglise[2]).

*

Tandis que chez les Grecs, l'astronome est un philosophe, un *ami de la vérité*[3]), une individualité scientifique sans mandat officiel, le plus souvent en délicatesse avec le clergé de sa cité; en Chine au contraire l'astronomie est intimément liée au souverain pontificat du Fils du Ciel. Elle est une fonction de l'Etat; elle est l'expression de l'ordre social et religieux. Et cette conception, sans être formulée d'une manière aussi explicite dans les temps modernes que dans les écrits anciens, pénètre tellement l'opinion publique et le sentiment populaire que nous voyons l'empereur *K'ang hi* reproduire, dans une circonstance sur laquelle on n'a pas assez attiré l'attention, le réquisitoire dont la Harangue de *Kan* nous a conservé le souvenir.

Le jeune souverain supportait impatiemment la tutèle de ses régents lorsqu'un des missionnaires jésuites alors incarcérés depuis plusieurs années, parvint à lui faire savoir que le calendrier impérial contenait diverses erreurs. On voit de suite quelle magnifique occasion se présentait à l'intelligent monarque de battre en brèche l'autorité de ses tuteurs. Conseillers responsables, ils avaient fait commettre au Fils du Ciel, et à son insu, le plus grave manquement à ses devoirs religieux. «Aussitôt — dit Du Halde — ce Prince, comme s'il eût été question

---

1) Il les parcourt en réalité dans l'ordre inverse; mais nous avons vu que l'interversion des palais équinoxiaux établit l'accord avec le mouvement diurne.

2) Nous verrons plus loin que l'empereur est identifié au soleil, subordonné lui-même à l'étoile polaire et qui n'occupe dans le ciel chinois que le second rang. Le dragon étant la région où le soleil naît (Est) devient pour cette raison l'emblème impérial. *Sin* (cœur du dragon) est le *Prince céleste* 天君. «L'empereur apparait au signe 震 (matin, printemps)», dit le 易經. A l'origine, le Fils du Ciel devait donc parcourir les quatre régions dans l'ordre solaire des saisons.

3) C'est l'expression de Ptolémée en parlant d'Hipparque.

dn salut de l'Empire, convoqua l'Assemblée générale de tous les princes, des mandarins de la première classe, des principaux officiers de
tous les Ordres et de tous les tribunaux de l'Empire».

Nous aurons à étudier en détail cette comédie politique qui sonna
le glas de l'astronomie chinoise. Elle est importante non-seulement
pour l'histoire des conceptions chinoises mais aussi pour celle de l'idée
constamment erronée (sauf chez Gaubil et Biot) que les Occidentaux
se sont faite de la méthode chinoise, la jugeant invariablement au travers du prisme grec. Dans la discussion orageuse qui suivit, les Chinois
avaient entièrement raison (sauf pour la position des planètes) et les
prétendues erreurs calendériques relevées par le P. Verbiest n'existaient
que dans son imagination, comme le prouve la démonstration trigonométrique qu'il exécute devant l'empereur en rapportant à l'écliptique
ce que l'astronomie et le calendrier chinois rapportent à l'équateur.

*

La religion physico-astronomique dont la terminologie est basée
sur la notation sidérale et sur les divisions célestes de la période créatrice des 27e et 24e siècles, a traversé toute l'histoire chinoise. Grâce
à l'homogénéité et à la continuité de la civilisation de ce grand peuple,
nous pouvons reconstituer, dans ses moindres détails et dans ses réformes progressives, cette science antique dont l'intérêt dépasse le cadre
de l'histoire proprement chinoise puisqu'elle constitue les plus anciens
titres de l'histoire intellectuelle du genre humain.

Par suite de la pauvreté des annales primitives, les documents astronomiques sont la source la plus importante des informations que nous
possédons sur l'origine de cette civilisation dont les croyances furent,
avant tout, cosmologiques. La reconstitution de l'astronomie antique
ne fournit pas seulement des indices chronologiques: elle nous révèle
tout un système philosophique, religieux, social, qui suppose un état
intellectuel remarquablement développé.

V. Les mois turcs.

Dans le précédent article nous avons examiné la répartition des mois sidéro-lunaires hindous dans les palais de l'équateur chinois. Depuis lors, en cherchant un renseignement bibliographique à la dernière page consacrée par Ginzel à la Chine, mes yeux sont tombés par hasard sur la liste des mois qui ouvre à la page d'en face (499) le chapitre relatif au calendrier turc préislamique (*Alttürkisch*). Ces noms de mois — dont j'ignorais complètement l'existence — présentent cette double particularité que dix d'entre eux sont ordinaux (comme ceux de nos mois *septembre*, *8bre*, *9bre*, *10bre*) mais que leur ordre semble bizarre: *Grand mois, Petit mois, Premier, Deuxième, Sixième, Cinquième, Huitième, Neuvième, Dixième, Quatrième, Troisième, Septième.*

Pour quiconque connaît les pairs chinois et leur interversion, l'explication de cette série est d'emblée évidente. Il paraît cependant que l'origine de cette liste turque (comme celle du zodiaque des 12 animaux) est réputée un insondable mystère; ce qui n'est d'ailleurs pas très étonnant puisque l'étude de l'astronomie chinoise, à laquelle on ne peut rien comprendre si l'on n'en admet pas l'antiquité, a été pour ainsi dire abandonnée depuis l'intervention de Whitney.

Ginzel, sans affirmer l'origine chinoise du système, fait cette remarque judicieuse qu'au temps d'*Albiruni* [1] le mois n° 1 n'était pas le premier de l'année mais le troisième, et qu'en Chine on trouve la même particularité, le premier mois *Yn* correspondant au troisième terme de la série duodénaire. Ce rapprochement, toutefois, n'explique pas le désordre apparent de l'énumération, sur lequel Ginzel ne fournit aucun éclaircissement.

*

Dans cette liste turque, la première chose qui attire l'attention est son groupement trimestriel, par palais:

---

[1] Abou Raïhan Mohammed ben Ahmed Al Biruni, né à Khiva (962—1048) s'es occupé d'une façon toute spéciale de la chronologie des peuples orientaux, en particulier des peuples de l'Inde. (*La Grande Encyclopédie*).

G. P. 1. — **2**. 6. 5. — 8. 9. 10. — 4. 3. **7**. —

L'évidence du fait autorise à dire immédiatement qu'il y a eu transposition des numéros 2 et 7. D'où, la rectification suivante que nous admettrons provisoirement sous réserve d'une justification ultérieure:

G. P. 1. — **7**. 6. 5. — 8. 9. 10. — 4. 3. **2**. —

Il ne reste plus qu'à distribuer ces groupes dans le firmament, c'est-à-dire dans les quatre palais équatoriaux.

Les mois G et P (grand, petit) correspondant aux numéros manquants 11 et 12, le premier groupe 11, 12, 1, est nécessairement celui de l'hiver; et nous constatons par là que le calendrier turc révélé par les noms de mois n'est autre que celui des *Yn*.

Dans la haute antiquité, en effet, le repère de l'année lunaire étant *Kio* 角 point d'origine du palais du Dragon, le printemps comprenait les mois 1, 2. 3.; le palais de l'hiver comprenait par conséquent les mois 10, 11, 12. Mais, comme nous l'avons dit, l'Epi (= 角) ne repérait exactement le *primum ver* que dans la phase proprement lunaire de la haute antiquité. Déjà au 24ᵉ siècle cette étoile était plus proche de l'équinoxe que du solstice; et à l'avènement de la 2ᵉ dynastie (*Chang*, alias *Yn*) le 立春 tombait à une quinzaine de degrés *à droite* de l'Epi, c'est à dire en plein dans la division 鶉尾 (= 10 + 11) qui correspond au *Phalgunî* des Hindous[1]).

La première lune était donc sortie du palais du printemps; celui-ci correspondait en réalité aux lunes 2, 3 4, et le palais de l'hiver aux lunes 11, **12**, 1. La lune solsticiale était par conséquent devenue la douzième; car si le *primum ver* avait changé de dodécatémorie, le solstice, lui, n'était pas encore sorti de *Hiuen-hiao*[2]).

---

1) T. P. 1909, pp. 164, 170.

2) Cette différence tient à deux raisons: 1° Le *primum ver* correspond à la limite latérale tandis que le solstice correspond au centre, d'une division sidérale duodénaire. Le premier repère est donc faussé dès sa création par le mouvement de précession, tandis qu'un déplacement de 15° est nécessaire pour changer la division solsticiale. 2° Le repère *Kio* a été choisi plus anciennement que le repère solsticial d'où l'inégalité des palais, d'où

*

Les mois 11, 12, 1 correspondant à l'hiver, il semble en découler
que 7, 6, 5 correspondent au printemps, etc. Mais rappelons-nous que
nous avons fait à la liste turque une rectification provisoire en modifiant l'ordre visiblement interverti des numéros 2 et 7. Rappelons-nous
d'autre part que les palais chinois du printemps et de l'automne sont
eux-mêmes intervertis lorsqu'on leur applique le principe solaire et que
les astronomes disent indifféremment 冬春夏秋 ou 冬秋夏
春. Ces deux remarques nous font déjà entrevoir que la position renversée des numéros turcs 7 et 2 provient de l'adoption successive (et
hybride) des deux systèmes:

$$\text{G. P. 1.} - \begin{Bmatrix} 2. \; 3. \; 4. \\ 7. \; 6. \; 5. \end{Bmatrix}. - 8. \; 9. \; 10. -$$

$$\text{G. P. 1.} - \begin{Bmatrix} 2. \; 6. \; 5. \\ 7. \; 3. \; 4. \end{Bmatrix}. - 8. \; 9. \; 10. -$$

Nous ne pouvons donc pas dire, d emblée, quels sont les mois relatifs au printemps, quels sont les mois relatifs à l'automne, puisqu'il y
a eu interversion et mélange. Mais notons ceci: lorsqu'on énumère les
divisions célestes, soit dans le sens diurne, soit dans le sens rétrograde,
on obtient 2, 3, 4, 5, 6, 7 ou 7, 6, 5, 4, 3, 2. En aucun cas on n'ob-
tiendra l'ordre turc 2, 3, 4, 7, 6, 5. L'ordre turc n'est donc pas l'ordre
continu astronomique.

Quel est-il alors? — La réponse n'est pas difficile à trouver. Si l'on
songe que les Turcs ont emporté jusqu'en Asie mineure le zodiaque
des 12 animaux et le culte des cinq éléments chinois, on peut déjà
soupçonner que leur liste de mois suit la révolution des cinq éléments
dans l'ordre indiqué par les animaux symboliques. Nous avons vu

_____

une avance supplémentaire de 5 siècles dans l'erreur de ce repère par rapport à la rétrogradation solsticiale.

   La raison d'être du changement calendérique des *Yn* et des *Tcheou* sera exposée en
détail ultérieurement.

(p. 266) que le Dragon et le Tigre sont tournés vers le sud; que l'Oiseau et la Tortue sont tournés vers l'ouest; que, partant de l'élément central (naturellement absent de l'équateur puisqu'il en est le centre ou le pôle), la révolution des éléments passe au Bois (qui absorbe la terre) puis au Métal (qui fend le bois), puis au Feu (qui fond le métal) puis à l'Eau (qui éteint le feu). Portons donc sur une circonférence l'ordre et la

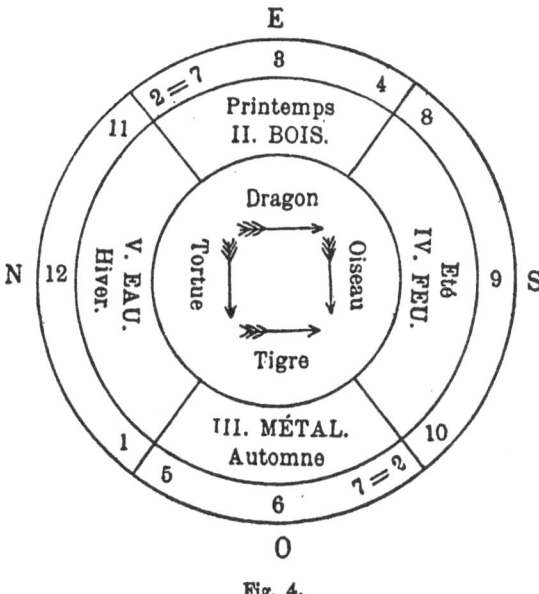

Fig. 4.

direction des éléments ou de leurs symboles; puis énumérons les mois sidéraux-lunaires du calendrier des *Yn* en commençant par l'hiver; nous aurons:

$$11, 12, 1, \quad 2, 3, 4, \quad 8, 9, 10, \quad 5, 6, 7.$$

Hiver	Printemps	Eté	Automne
N	E	S	O

Ceci est l'ordre dans le sens direct, qui suppose les palais équi-noxiaux régis par le principe d'opposition lunaire établi au 27ᵉ siècle lors de la création systématique de la théorie des cinq éléments. Mais au 24ᵉ siècle apparaît un système continu, purement astronomique, qui se manifeste dans le texte du *Yao-tien*, dans la détermination précise des *sieou*, dans leur liste commençant par *Mao* et dans la notation solsticiale 子丑寅. Ces documents nous montrent qu'il y eut à cette époque une réaction contre l'ancien système hybride semi-lunaire et semi-solaire et que l'on rompit la corrélation entre les palais, les saisons et les éléments. Cela nous est confirmé, de la manière la plus claire, par ce texte du *Kouo-yu* 國語 dont Gaubil ne pouvait soupçonner le véritable sens n'ayant jamais prêté attention à la question des palais:

> L'astrologie était en grande partie la source des désordres au temps de *Chao-hao*. C'est par le moyen des astronomes que *Tchouan-hiu* remédia au mal. L'ancien livre *Kouo-Yu* dit que l'empereur *Tchouan-hiu* coupa la communication du ciel avec la terre[1]).

La corrélation des palais célestes et des éléments terrestres a été en effet éliminée de l'astronomie parfaitement rationnelle de cette époque créatrice, dont la notation continue n'a jamais été modifiée dans les siècles postérieurs. Mais cette correspondance s'est perpétuée dans l'astrologie uranographique dont le symbolisme suppose, nous l'avons vu, l'interversion des palais. La réforme des empereurs *Tchouan-hiu* et *Yao*[2]) a eu cependant un contre-coup dans les formules astrologiques: il semble en effet que les astrologues cherchèrent à mettre leur zodiaque d'accord avec la série astronomique continue. Ils firent passer, par

---

1) *Lettres édifiantes*, p. 305. Nos citations se rapportent toujours à l'édition de Lyon 1819 que nous désignerons dorénavant par l'abréviation, L. E. à ajouter à la liste précédemment donnée T. P. 1907, p. 303). — Il est remarquable que le système du *Yao-tien* se rapporte à une époque un peu antérieure à *Yao* (2400); que le *Eul-ya* dise que l'astérisme *Hiu* n'est autre que le *Hiu* de *Tchouan-hiu* et que le *Kouo-yu* prête à ce souverain l'initiative d'avoir rompu la corrélation astrologique entre les palais et les éléments; corrélation qui d'ailleurs s'est perpétuée dans l'astrologie uranographique après avoir été éliminée de l'astronomie technique. — Lorsqu'on constate la parfaite objectivité de ces traditions (et d'autres concernant *Hwang-ti*), on éprouve quelque peine à admettre que ces anciens empereurs soient des personnages mythiques.

2) *Yao* prit contre les devins les mêmes mesures que son grand-père (*Ibid.*).

exemple, le Tigre — qui n'est autre qu'Orion — à l'opposé; mais il ne purent arriver à faire passer le Dragon dans l'ancien palais de l'automne car le symbolisme en était trop fortement lié à la règle des *Cho-ti*, et au lever (朧) de la lune printanière; d'où il est résulté que le Dragon et le Tigre se trouvent actuellement dans le même palais, alors qu'ils représentent l'ancienne opposition de *Sin* et de *Tsan*. Ces incohérences ont fait tomber de plus en plus l'usage du zodiaque astrologique des 12 animaux jusqu'au jour où il fut remis en vogue, probablement par la dynastie semi-turque des *Ts'in*.

Nous traiterons en détail de la forme originelle, archaïque, de ce zodiaque dans un article suivant; si nous anticipons sur cet exposé c'est seulement pour expliquer l'ordre des mois turcs. La réforme de *Tchouan hiu* ayant eu pour conséquence de supprimer l'interversion des palais du printemps et de l'automne, les symboles de l'automne se trouvent diamétralement déplacés: le n° 7 (Orion) s'en va à l'opposé, au n° 2; le n° 6 s'interchange avec le n° 3; le n° 5 avec le n° 4.

Nous avions précédemment déduit la liste (A):

11, 12, 1. — 2, 3, 4. — 8, 9, 10. — 5, 6, 7.

Remplaçons les constellations du printemps et de l'automne par leurs équivalents diamétraux. Nous aurons (B).

11, 12, 1. — 7, 6, 5. — 8, 9, 10. — 4, 3, 2.

Comparons maintenant à ces deux listes théoriques, la série historique donnée par Albiruni (C):

G, P, 1. — 2, 6, 5. — 8, 9, 10. — 4, 3, 7.

La conclusion s'impose d'elle-même:

La liste des mois turcs suivait l'ancienne correspondance des 12 animaux avec l'ordre interverti des palais (A). Cette liste a été ensuite remaniée conformément à la suppression de l'inversion des palais équinoxiaux (B). Toutefois, on a fait une exception pour les numéros 2 et 7 qui ont été laissés à leur place primitive parce qu'il semblait inadmissible de placer le Dragon et le Tigre dans le même palais.

*

Il nous reste à expliquer le remplacement des numéros 11 et 12 par les noms *Grand mois*, *Petit mois*.

Nous avons vu que la répartition de la série turque dans les palais est celle du calendrier des *Yn*.

Lorsque la dynastie des *Tcheou* arriva au pouvoir, elle remania la répartition des lunes dans les palais, ce qui occasionna une modification des huit trigrammes du *Yi-king* [1]).

La répartition originelle des lunes dans le palais solsticial était: 10, 11, 12. Celle des *Yn* fut 11. 12. 1. Celle des *Tcheou* fut: 1, 2, 3.

A l'époque où les Turcs adoptèrent le calendrier des *Tcheou*, les noms de mois avaient probablement déjà perdu leur sens numéral (comme nos mois septembre, octobre, etc.); on ne songea donc pas à les modifier conformément au nouveau système. Toutefois, il eût été particulièrement choquant d'appeler «*onzième*» et «*douzième*» les deux premiers mois de l'année. On prit donc l'habitude de les appeler *Grand mois* (de 30 jours), *Petit mois* (de 29 jours).

VI. Renseignements fournis par la numérotation turque.

Il est fort heureux que les peuples turcs aient donné à leurs mois des noms ordinaux, car cette numérotation nous fournit des renseignements très précis sur certains points obscurs des zodiaques chinois et hindous. Nous aurons à en faire usage, plus tard, pour la reconstitution du zodiaque sidéral primitif des 12 animaux; et puisque dans notre précédent article nous avons affirmé la provenance chinoise du cycle duodénaire hindou, nous allons montrer combien la liste turque confirme cette assertion et quelle singulière précision elle apporte (en la modifiant) à l'hypothèse que j'avais faite au sujet du déplacement d'une station lunaire mensuelle (de 18 en 12) [2]).

---

1) Voy. p. 263, note.
2) T. P. 1909, p. 170.

*

La liste duodénaire hindoue, nous l'avons vu, reproduit textuellement le zodiaque régularisé des 12 animaux dans les palais de l'automne et de l'été; dans ceux de l'hiver et du printemps elle suit le zodiaque archaïque de Jupiter.

Deux particularités remarquables de ce zodiaque de Jupiter, avons-nous dit, sont: 1° qu'il commence à l'astérisme repère (*Sing-ki* 星 紀). 2° qu'il semble avoir été établi dans deux directions opposées à partir de cette origine, de telle sorte que son commencement et sa fin sont marquées par deux *sieou* contigus, nᵒˢ 18 et 19.

Je n'avais pu trouver la raison d'être de ces deux faits. La série turque les indique avec évidence:

Pourquoi le zodiaque de Jupiter commence-t-il à *Sing-ki* (*alias* 建星) et pourquoi va-t-il dans deux directions opposées? Parceque Jupiter est la planète relative à l'élément *bois* et au printemps [1]). Or, comme le montre la liste turque, l'énumération se faisait dans la direction des quatre animaux symboliques (indiquée par les flèches). Le fait que

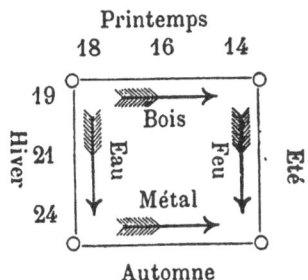

j'avais constaté est donc bien réél: mais cette double direction partant de *Sing-ki* (entre 18 et 19) n'est pas en rapport avec l'énumération astronomique continue; elle suppose l'interversion des palais chinois suivant l'ordre des éléments. Il faut lire: printemps, automne, été, hiver (voy. p. 266).

Cette double particularité se retrouvant dans la liste hindoue, il est déjà visible que lors de son importation dans l'Inde, à l'époque védique, l'énumération se faisait, comme chez les Turcs, dans l'ordre interverti des palais et non pas dans l'ordre astronomique continu. Plus tard, les

---

1) Le fait étant bien connu, il est inutile de multiplier les textes qui l'établissent. Voy. M. H. IJI, p. 356. — Dict. Wells Williams, p. 309. — Etc.

Hindous ont abandonné ce système astrologique condamné en Chine par les empereurs *Tchouan Hiu* et *Yao*, et c'est cette réforme qui a créé l'usage des expressions *pûrva Ashâdhâ, uttara Ashâdhâ*. Le fait va être confirmé d'une manière péremptoire.

*

Une troisième particularité du zodiaque *archaïque* de Jupiter est, nous l'avons vu, qu'il saute les *sieou* 12 et 13, *Kio* et *Kang* (alias *Cheou sing*) division primordiale de l'année sidéro-lunaire. Cette particularité n'a rien de surprenant: elle est expliquée par ce que nous venons de dire.

Les astres mobiles, la lune et Jupiter entre autres, marchent de droite à gauche parmi les étoiles. Par conséquent, dans la désignation astronomique, les *sieou* servant à caractériser les divisions duodénaires sont nécessairement ceux qui se trouvent à la *droite* de ces divisions. Dans le palais du printemps, par exemple, composé des divisions *T'ien kan* 天根 $= 12 + 13 + 14$ [1]), *Ta-ho* 大火 $= 15 + 16$, *Si-mou* 析木 $= 17 + 18$, la lune pénètre par le n° 12 et sort par le n° 18.

←—⫷⫷

| 18. 17 | 16. 15. | 14. 13. 12 |

Les divisions sidéro-lunaires sont donc caractérisées par les *sieou* de droite: 12, 15, 17.

Si, au contraire, nous adoptons l'ordre astrologique, le dragon étant tourné vers le sud, les divisions duodéuaires se trouveront caractérisées par les *sieou* de *gauche*, 18, 16, 14.

⫸⫸—→

| 18. 17 | 16. 15 | 14. 13. 12 |

La série hindoue combine ces deux systèmes dans le palais du printemps: elle comporte les numéros 12, 14, 16. D'autre part le nom

---

1) Je dis *T'ien kan* au lieu de *Cheou sing*; on trouvera plus loin le justification de cette distinction.

Ashâdhâ antérieur resté au numéro 18 montre qu'autrefois 18 faisait partie de la série duodénaire comme en Chine: 18, 16, 14. Comme il est inadmissible qu'il y ait eu 4 divisions lunaires dans le petit palais du printemps, j'en avais conclu à un transport du numéro 18 au numéro 12. Ce transport, en fait, provient simplement de l'adoption de la série astronomique (à partir de la droite) et de l'abandon de la série astrologique (à partir de la gauche). Chez les Chinois cette substitution a donné 12, 15, 17, au lieu de 18, 16, 14. Dans l'Inde elle a donné 12, 14, 16 au lieu de 18, 16, 14. Les Hindous n'ont vu aucun inconvénient à grouper ensemble les astérismes 16, 17, 18 au lieu du trio 12, 13, 14, n'ayant pas comme les Chinois une raison impérieuse de conserver les anciennes unités uranographiques. De cette manière 14 et 16 restaient en place et le changement de système n'entraînait qu'une seule modification: 12 au lieu de 18.

*

Que cette variante (englobant 16, 17, 18 dans une même division) soit proprement hindoue ne me paraît pas douteux. Car à aucune époque les Chinois n'auraient commis l'hérésie d'adjoindre 16 (= *Sin*) le coeur du Dragon à la queue du Dragon. *Sin* est trop intimément lié à l'antique tradition qui l'a fait nommer 火 *le feu* pour avoir pu être distrait de la division *Ta-ho* 大 火. Mais si le trio 16, 17, 18 est proprement hindou, nous trouvons des cas analogues en Chine où, dans les remaniements produits par les réformes astronomiques, de tels groupements plus ou moins orthodoxes ont été constitués. Nous en avons vu déjà un exemple (p. 289) dans l'association du Dragon et du Tigre en un même palais. Nous en trouverons d'autres lorsque nous discuterons la composition originelle des zodiaques. Et nous pouvons dès maintenant citer deux cas de ce genre, mis en lumière par le principe de la série turque.

*

Dans le précédent article j'ai appelé *«zodiaque archaïque de Jupiter»* la liste sidérale duodénaire que M. Chavannes a trouvée dans un ancien commentaire du *Tcheou-li*[1]). A première vue cette liste m'avait paru fantaisiste. Mais comme le cycle officiel de Jupiter est visiblement régularisé par l'astronomie solsticiale[2]), comme d'autre part il a dû certainement exister une forme archaïque antérieure à ce cycle symétrique; comme enfin l'examen de cette liste révèle des particularités dont la raison d'être s'explique[3]); j'en ai conclu qu'on pouvait la considérer comme archaïque.

Mais la composition véritablement primitive du zodiaque de Jupiter ou du zodiaque des 12 animaux ne peut être reconstituée que par la critique uranographique, car ces zodiaques sont d'ordre sidéral. Or le zodiaque du commentateur du *Tcheou-li* ne soutient pas un instant la discussion astronomique; par contre, si on lui applique le principe révélé par la liste turque, on constate immédiatement que cet ancien zodiaque a été composé tout simplement d'après une règle factice de numérotation.

Cette règle est la suivante: on prend dans chaque palais le 1er, le 3e et le 5e *sieou* de telle sorte que l'intervalle de 3 *sieou* est reporté à la fin de chaque palais[4]),

Partant de *Sing-ki* (entre 18 et 19) en suivant l'orientation des animaux symboliques, nous aurons la répartition de la fig. 5.

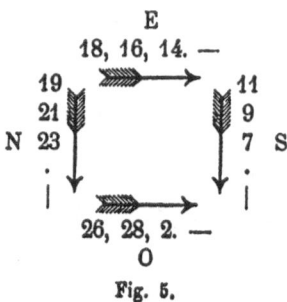

Fig. 5.

La liste en question[5]) suit cette règle dans trois palais et s'en écarte dans celui de l'été: 5, 7, 11, au lieu de 7, 9, 11. En se reportant à la fig. 2 (p. 170) on comprendra aisément la raison d'être de cette discordance:

L'oiseau symbolique de l'été étant tourné face au sud, l'application de la règle aurait donné: 11, 9, 7. Mais

1) M. H. III, pp. 653, 654.   2) T. P. 1909, p. 168.
3) Par exemple la contiguïté des sieou 18 et 19.
4) Nous avons constaté précédemment deux autres règles: 2, 4, 6 et 1, 3, 6 (p. 167).
5) 19, 21, 23. — 26, 28 2. — 5, 7, 11. — 14, 6, 18. — (Voy. p. 168).

alors la double direction des animaux symboliques aurait produit l'effet suivant:

Dans chaque palais la division comportant 3 *sieou* (que nous appelerons le *trio*) se trouvant à la place occupée par la tête de l'animal symbolique (marquée sur la figure par la pointe de la flèche et par le tiret —), les *trios* du S et de l'O seront contigus; de telle sorte qu'il y aura au SO un énorme intervalle de 6 *sieou* (nos 2, 3, 4, 5, 6, 7) sans relai duodénaire [1]).

Par contre, à l'opposé, deux relais duodénaires 18 et 19 se trouvent contigus.

Cette double anomalie de la répartition astrologique a été corrigée par les Hindous et par les Chinois; il est intéressant de comparer les remaniements qu'ils y ont apportés.

Corrections chinoises. L'astronomie solsticiale de *Tchouan-hiu* et de *Yao* supprima l'ancien principe astrologique et régularisa le cycle d'une manière symétrique par rapport aux solstices et équinoxes (V. p. 167).

Mais en dehors de cette réforme officielle et technique, le zodiaque cité par M. Chavannes montre que les astrologues cherchèrent à réformer leurs cycles, d'une manière hybride et empirique. Nous avons déjà trouvé deux manifestations de ce fait dans les mois turcs et dans le zodiaque des animaux où la suppression de l'interversion des palais a été acceptée mais d'une manière incomplète.

Cette réforme bâtarde (et bien conforme à l'esprit chinois) a été la suivante:

1° La première défectuosité (contiguïté des numéros 18 et 19 a été maintenue.

2° La deuxième défectuosité (contiguïté des *trios* S et O) a été palliée en reportant au S, et non plus au SO, la rencontre des deux directions opposées.

---

1) Cet intervalle déjà énorme lorsqu'on l'envisage sous le seul aspect de la numérotation, l'est encore davantage si l'on tient compte de son amplitude sidérale. Car il englobe le vaste *sieou Tsing* et comprend en tout 113°, près du tiers de l'équateur.

La contiguïté des *trios* est ainsi évitée; mais il reste néanmoins un intervalle de 5 *sieou* (nᵒˢ 7, 8, 9, 10, 11) au milieu du palais de l'été sans qu'on puisse dire au juste où est la limite des divisions duodénaires; il est probable que l'une comprend les *sieou* 11 + 10 et l'autre les *sieou* 7 + 8 + 9. Cette rencontre de deux directions opposées au milieu d'un palais est contraire à toute règle et aboutit à la désignation du premier (11) et du dernier (5) *sieou* du palais ce qui ne doit se produire dans aucun des trois systèmes en usage.

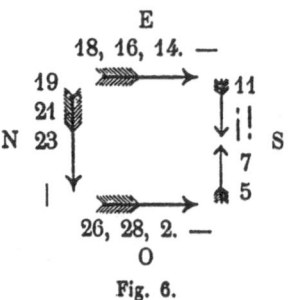

Fig. 6.

Corrections hindoues. Voyons maintenant ce qu'ont fait les Hindous. Les remaniements qu'ils ont apportés au zodiaque astrologique basé sur la direction des animaux symboliques sont tellement manifestes que nous les avons signalés avant même que la série turque nous eût renseigné sur le principe du zodiaque antérieur et sur la raison d'être de sa réforme.

1° La première défectuosité (contiguïté des nᵒˢ 18 et 19) a disparu d'elle-même par suite de l'abandon du principe astrologique des animaux et de l'adoption du principe d'énumération continue dans une seule direction; car alors en désignant les *nakchatras* de droite à gauche on a obtenu: 12, 14, 16 au lieu de 18, 16, 14. (V. p. 292).

2° La deuxième défectuosité (contiguïté des *trios* S et O) a été éliminée par la suppression de tout un semestre du zodiaque antérieur, c'est-à-dire par la suppression des deux palais où la double direction se rencontre; et par la substitution du zodiaque régulier de l'astronomie solsticiale, dans toute cette partie du ciel, au zodiaque antérieur.

Cette substition nous indique la raison d'être des noms *pûrva Phalgunî* et *pûrva Ashâdhâ*[1]).

---

1) En effet, le zodiaque antérieur (basé sur la règle 1, 2. — 3, 4. — 5, 6, 7. —) comportait dans le palais de l'été les nᵒˢ 11, 9, 7 (fig. 5); le nᵒ 9, *Phalgunî antérieur,*

Ces deux remaniements peuvent se résumer en une seule formule :
Les Hindous, comme les Chinois, comme les Turcs, ont à un moment
donné renoncé à l'ancien système astrologique basé sur l'interversion
des palais et la direction des animaux symboliques. Ils ont substitué à
l'ancien zodiaque astrologique le nouveau zodiaque symétrique, en adoptant également l'énumération continue (basée sur $Mao = Krittica$). Toutefois ils n'ont pas jugé à propos de réaliser une substitution intégrale
et ils ont conservé une partie de l'ancienne répartition duodénaire.

La raison en est évidente : l'ancien zodiaque lorsqu'il est lu dans le
sens astronomique (de droite à gauche) se trouve bien mieux réparti
parmi les étoiles que le nouveau, dans le premier semestre. Il suffit
de regarder la fig. 2 (p. 170) pour s'en convaincre.

Un des inconvénients de l'ancien zodiaque était que le vaste *sieou*
n° 5 (*Tsing*) tombait sur un *trio* (7 + 6 + 5). Or si la nouvelle répartition supprime cet inconvénient, elle en crée un nouveau de même
nature, car les étapes 17 et 20 se trouvent fort éloignées par suite de la
vaste amplitude de *Teou* (19) tandis que les étapes 15, 17 sont très
rapprochées par suite de l'amplitude infime de *Sin* (16) [1]). Les Hindous
ont donc jugé inopportun d'opérer dans le premier semestre une réforme
qui eût empiré la répartition sidérale et ils se sont bornés à l'introduire
dans le second semestre où elle avait sa raison d'être.

3° Cette juxtaposition de deux parties hétérogènes exigeait toutefois
un raccordement. On voit en effet (fig. 2) que si leur jonction se faisait

---

en faisait donc partie et 'fnt remplacé par le n° 10 *Phalgunî postérieur* (fig. 2). De même
Ashâdhâ antérieur (n° 18) faisait partie du premier système. Il est vrai que le n° 19 en
faisait également partie, mais par suite de l'interversion des palais ces deux numéros,
quoique contigus, étaient alors séparés par un intervalle de 3 mois. Le mois lunaire correspondant à 19 ne pouvait donc porter le nom d'*Ashâdhâ* affecté à 18.

1) En réalité, comme l'a très bien vu *Siu-fa*, le zodiaque régulier des animaux, en
rapport avec le *yn* et le *yang*, ne marque pas l'origine latérale des divisions mais le centre
des saisons ; *Fang* est donc le centre du trio 14 + 15 + 16 (V. p. 167). Toutefois, si l'on
ne considère que les étapes sidérales marquées par ce zodiaque, sa répartition duodénaire
devient mauvaise.

normalement en 8. 10, 12, 14, il n'en était pas de même en 21, 23, 27, 1, où un intervalle de 4 *nakchatras* se serait produit entre 23 et 27. Les Hindous ont donc déplacé de 23 en 24 l'ancienne étape du zodiaque de Jupiter.

Mais alors, dira-t-on, pourquoi les *nakchatras* 24 et 25 portent-ils le nom de *pûrva Bhâdrapadâs* et de *uttara Bhâdrapadâs*, puisque 25 ne fait partie d'aucun système chinois et que 24 fait partie du système postérieur? L'explication ne peut être, en effet, trouvée dans la substitution du système chinois régulier au système antérieur. Mais, par contre, il est très remarquable qu'en Chine aussi les n°ˢ 24 et 25 portaient autrefois le même nom *Tche* 室 et que le nom *P'i* appliqué au n° 25 représente une forme *postérieure*.

Les n°ˢ 24 et 25, en Chine comme dans l'Inde, sont deux moitiés

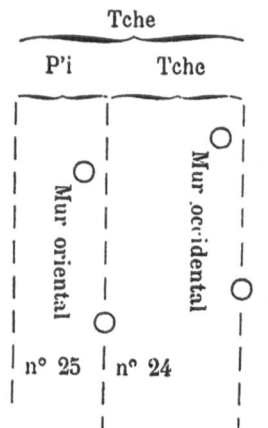

du carré de Pégase. Dans l'astrologie chinoise ce carré représente un édifice rituel, d'où le nom de Mur occidental et de Mur oriental. Ce dernier seul s'est conservé et est devenu le nom du *sieou* n° 25 (*Toung P'i*, mur oriental 東壁; et par abréviation *P'i*, le mur). Ce carré de Pégase, sous le nom générique de *Tche* (*l'édifice*) préside à la construction des maisons. En astrologie *Tche* + *P'i* = *Tche*, de même que *Tsan* + *Tse* = *Tsan* (p. 134). C'est pourquoi *Sseu-ma ts'ien* omet *P'i*, comme aussi *Tse*, dans l'une des deux énumérations qu'il donne des *sieou* [1]).

Le couple 11—25 qui a scindé en deux segments le *Tche* primitif est, comme on peut s'y attendre, un des plus exactement symétriques

---

1) Dans l'une *P'i*, lieu du *Li-tch'ouen*, joue un rôle primordial comme *princeps signorum*. (V. ci-dessus, p. 163, note; et M. H. III, p. 301). Dans l'autre au contraire *P'i* disparaît dans le nom générique *Tche*: «On remarquera, dit M. Chavannes, que *Sseu-ma ts'ien* omet de mentionner la mansion *l'ʼi*». M. H. III, p. 356.

(Ci-dessus, pp. 179, 180, 263). Le n° 25 est donc, en Chine, postérieur au n° 24.

Faute d'avoir compris que dans l'astronomie antique *Tche* englobait *P'i*, *Siu-fa* a fait une erreur de raisonnement sur laquelle Schlegel a basé de fantastiques déductions (*Ur.* p. 21). Discutant l'antique tradition suivant laquelle le *Li-tch'ouen* se trouvait sous le règne de l'empereur *Tchouan-Hiu* au 5e degré de *Tche*, l'auteur du *T'ien yuen li li* dit qu'il n'a pu en être ainsi, vu que le solstice d'hiver (devant se trouver à 45° du *Li-tch'ouen*) serait tombé dans *K'ien-nieou* (n° 20) alors qu'au temps de *Yao* il était encore dans *Hiu* (n° 22): 若立春日在營室五度、冬至宜退轉四十五度、應在牽牛。初堯時、冬至日已在虛、安得顓頊時、冬至日反在牽牛。此必無之理。*Siu-fa* ignore deux choses: 1° qu'à l'origine les degrés se comptaient sur l'équateur comme sur l'horizon, dans le sens du mouvement diurne, règle qui s'est conservée chez les astrologues jusque sous les *Han*, ce dont l'éminent indianiste A. Barth a témoigné sa surprise dans une lettre citée par M. Chavannes [1]). 2° que *P'i* faisait alors partie de la division *Tche*.

En tenant compte de ces deux faits, marquons à l'aide d'un rappor-

---

[1]) M. H. IV, p. 555. Puisque l'occasion s'en présente, nous pouvons répondre à une autre question posée par M. Barth: «Où *Sseu-ma ts'ien* place-t-il l'équinoxe?». Nous le savons avec précision puisque le duc grand astrologue fit partie de la commission du calendrier *T'ai tch'ou* qui fixa le solstice d'hiver au 26e degré de *Teou* et l'équinoxe au 4e degré de *Leou* (前漢書, XXI, 1e partie, p. 11 r°. — *Obs.* III, pp. 102, 104. — M. H. 1, p. XXXIV). Mais ce renseignement ne sera pas d'un grand secours pour déterminer l'époque de la création des *sieou*: d'abord parce que cette institution existait depuis plus de 2000 ans lorsque *Sseu-ma ts'ien* vint au monde; ensuite parce que les Chinois (tout en déterminant au fur et à mesure le lieu actuel du solstice) rapportent toujours la description du ciel à la situation originelle, typique, normale, de la période créatrice (24e siècle) où le solstice était au point *zéro* (子): 冬至時如子爲正北。Ou, comme dit le *Eul-ya*: 北陸、虛也.

teur le *Li-tch'ouen* de *Tchouan-hiu* au 5ᵉ degré de *P'i* sur notre fig. 1
(p. 131) puis marquons le solstice d'hiver à 45° de ce point: nous obtenons exactement le solstice du *Yao-tien*.

*

La comparaison des séries turque et hindoue nous ouvre d'autres
aperçus.

Le repère sidéro-lunaire des Chinois, *Kio*, qui servait à préciser,
d'une manière très simple et infaillible, la première lune 正 月 de l'année, n'indiquait correctement l'origine du printemps que dans la haute
antiquité; la précession l'a dérangé, à partir du 27ᵉ siècle, à raison d'un
jour par 72 ans, soit de 14 jours en 1000 ans. A l'avènement des *Yn* il
était erroné d'un demi-mois ce qui occasionna un changement de numérotation des mois.

Dans l'article précédent, j'avais fait remarquer que les Hindous
n'avaient pu accepter le repère originel *Kio* puisqu'à l'époque (nécessairement postérieure à l'astronomie solsticiale) où ils adoptèrent les institutions chinoises, le *primum ver* tombait en plein dans *Chouen-wei* 鶉
尾 (= *Phalguni*); mais je n'avais pas cru pouvoir spécifier si ce déplacement avait été opéré par les Hindous eux-mêmes ou s'ils l'avaient reçu
des Chinois.

La série turque donne à cette dernière alternative la plus grande
vraisemblance. Les institutions chinoises n'ont pu en effet parvenir aux
Aryens que par une propagation à travers les contrées touraniennes et
iraniennes. Les Turcs, qui n'existaient pas encore en tant que tels, les
ont évidemment héritées de leurs ancêtres *Hiong-nou*. Et puisque nous
voyons le calendrier des *Yn* perpétué chez ces Touraniens, intermédiaires indispensables entre la Chine et l'Iran; puisque d'autre part nous

voyons les moindres détails des divisions sidérales hindoues reproduire les formes chinoises, il ne reste plus aucune raison de supposer que *Phalgunî* fait exception à la règle. Les Touraniens nommant *Cheou-sing* le 2ᵉ mois (conformément au calendrier des *Yn*) on peut dire à coup sûr que la même particularité dans la série hindoue (*Caîtra* = *Cheou sing* = 2ᵉ mois) révèle l'adoption du calendrier des *Yn* par les Aryens, ce qui est intéressant au point de vue de la chronologie védique [1]).

*

Nous pouvons aller plus loin et dire qu'après avoir adopté le calendrier des *Yn*, les Hindous ont accepté ensuite la réforme des *Tcheou*, ce qui montre que l'influence de la Chine sur la région occidentale n'a pas été un fait accidentel mais continu.

D'après Whitney, en effet, la série des mois hindous est la suivante [2]): 1 *Mâgha*, 2 *Phâlguna*, 3 *Caîtra*, etc.

D'autre part, d'après Ginzel (p. 320) les textes les plus anciens montrent la fête du printemps liée à la pleine lune dans *Phâlgunî*, d'où la liste des mois primitifs: 1 *Phâlguna*, 2 *Caîtra*, 3 *Vâiçâkha*, etc.

Caîtra (= *Cheou-sing* = *Kio* l'antique repère chinois) correspondant au calendrier des *Hia*, *Phâlgunî* correspond à celui des *Yn*, *Mâgha* à celui des *Tcheou*.

Le déplacement du *princeps signorum* de *Phâlgunî* en *Mâgha* correspond au changement calendérique ordonné par *Wou-Wang* vers l'an 1100.

*

En résumant l'ensemble de ces constatations, nous sommes amenés

---

1) Les *Yn* ont régné du 17ᵉ au 12ᵉ siècle.

2) *Op. cit.* p. 361.

à nous faire uue idée bien différente de celle de Whitney sur le zodiaque lunaire en général.

Pourquoi la série duodénaire hindoue est-elle si inégalement répartie dans le firmament?

Whitney attribuait cette inégalité à la grossièreté d'un procédé consistant à désigner sommairement 28 étapes journalières de la lune, puis à grouper tant bien que mal ces étapes en 12 stations mensuelles.

Les raisons de cette inégalité sont tout autres:

1° Les stations duodénaires hindoues sont groupées dans les palais chinois à raison de 3 par palais.

2° Les palais chinois sont très inégaux entre eux parcequ'ils sont limités par les 4 astérismes ècliptiques (*Kio, Teou, Kouei, Tsing*) qui se lèvent acronyquement au déluт de chaque saison; ce repérage basé sur l'horizon et la route écliptique de la lune est un procédé primitif antérieur à la méthode équatoriale et méridienne; aussi les limites des palais sont-elles constituées, nous l'avous vu, par les couples les plus inexacts [1]).

3° Non-seulement les palais (qui comprennent chacun 7 *sieòu*) sont

---

1) Ce procédé qui fait intervenir la position écliptique du soleil (par son coucher) et la latitude (par le lever des étoiles) a eu pour effet de donner aux palais chinois une amplitude sensiblement proportionnelle au jour et à la nuit maxima. En effet, à la limite des saisons (45 ou 46 jours avant et après les solstices), le jour et la nuit sont beaucoup plus près de leur valeur solsticiale que de leur valeur équinoxiale. A la latitude de 37°, la proportion est la suivante:

Solstices: 72 : 108.
Limite des saisons chinoises: 77 : 103.
Equinoxes: 90 : 90.

Si les étoiles chinoises avaient été choisies rigoureusement sur l'écliptique à leur lever cosmique, l'amplitude des palais serait dans la proportion 77 : 103. Comme il ne pouvait en être ainsi (par suite d'une lacune d'astérismes sur l'écliptique, *Kouei* a été pris en dehors, sur l'équateur) les chiffres théoriques se sont trouvés entachés d'une erreur qui a majoré la proportion. (V. ci-dessus, p. 131).

très inégaux entre eux, mais en outre les *sieou* d'un même palais sont très inégaux entre eux (leur valeur variant de 7° à 30°) pour des raisons purement chinoises (équatoriales, circompolaires, relatives à la symétrie diamétrale et au couple archaïque *Sin-Tsan*).

4° Cette grande inégalité des palais et des *sieou* étant donnée, on s'est tellement peu soucié d'obtenir une répartition sidérale équidistante qu'on a groupé les *sieou* d'après une simple règle de numérotation, abstraite des contingences uranographiques:

$$2 + 3 + 2. - \text{ou bien}: 2 + 2 + 3. -$$

5° En outre, avant d'adopter l'ordre d'énumération astronomique continu 1, 2, 3, 4, 5, etc., on suivait l'ordre astrologique basé sur la position des animaux symboliques et partant de 建星 = *pûrva Ashâdhâ* en sens inverse: 18, 16, 14, etc.

*

Ainsi que je l'ai dit dans l'Introduction (p. 127), c'est le principe du zodiaque lunaire (par opposition) exposé par Whitney et Ginzel qui m'a fait comprendre la raison d'être de l'association de *Sin* et de *Tsan* au printemps et à l'automne (par opposition), de l'inversion des palais chinois et du rôle de *Kio* comme repère du *Li-tch'ouen*. J'avais cru tout d'abord, d'après ces auteurs, que les Hindous faisaient un emploi astronomique continu de ce zodiaque par opposition, c'est-à-dire qu'ils déterminaient *diverses* époques de l'année, diverses dates rituelles de sacrifices, par la situation de la pleine lune parmi les étoiles. Mais le caractère conventionnel et théorique de la répartition des astérismes duodénaires me fait mettre en doute qu'une telle utilisation pratique ait jamais été faite par les Hindous.

Comme je l'ai dit plus haut, l'année lunaire est un mode de subdivision de l'année solaire et suppose un point de départ non lunaire (tropique ou sidéral). Ce point de départ qui fixe la 1ᵉ lune 正 月 étant donné, la division mensuelle de l'année en cours l'est également puisque il n'y a plus qu'à compter les lunaisons successives de 1 à 12. Si à la douzième lune le repère astronomique montre que l'année solaire ou sidérale n'est pas terminée, c'est alors qu'il y a lieu de compter une 13ᵉ lune supplémentaire; puis le cycle recommence.

C'est une erreur dans laquelle sont tombés la plupart des auteurs qui ont traité de l'astronomie primitive en général, et du texte du *Yao-tien* en particulier, de croire que l'on employait un grand nombre de repères «servant à déterminer 以 定» les diverses parties de l'année[1]). De telles déterminations seraient superflues:

Une seule suffit pourvu qu'elle soit bonne.

Or la règle établissant que la première pleine lune de l'année est celle qui se produit à gauche de tel astérisme (*Kio* ou *Phalgunî*) n'est pas seulement bonne: elle est excellente et suffit à tous les besoins jusqu'au jour où le progrès de l'astronomie solsticiale permet de prévoir les cas d'intercalation.

D'autre part, à l'époque où leur système fut importé dans l'Inde il y avait déjà longtemps que les Chinois employaient le gnomon, et la règle sidérale fixant la 1ᵉ lune n'était plus qu'un souvenir traditionnel.

Pour toutes ces raisons, il est invraisemblable que les Hindous aient fait du zodiaque duodénaire un emploi calendérique continu au cours de l'année. Qu'ils aient donné aux 12 mois le nom de la division correspondante, cela est très naturel (les Chinois en ont fait autant pour

---

[1] Dès mon premier article (R. G. S. p. 141) j'ai montré que dans le texte du *Yao-tien* l'étoile du solstice d'hiver (visible à 6ʰ du soir) est la seule qui soit déterminée par observation, les 3 autres étant désignées par la division de l'équateur en parties égales.

les années de Jupiter); mais qu'ils aient déterminé des dates d'après ce zodiaque abstrait des contingences sidérales, voilà ce qui me paraît bien improbable.

Whitney n'apporte aucun texte à l'appui de son opinion. Quant à Ginzel il cite bien deux exemples; mais ces exemples viennent précisément tomber sur *Phalgunî* et *Maghâ* c'est-à-dire sur le 1er mois du calendrier des *Yn* et sur le 1er mois du calendrier des *Tcheou* successivement adoptés par les Hindous[1]).

---

1) Wie bereits erwähnt, benützten die Priester die Stellung des Mondes in den *nakshatra* dazu, um die Zeit der Opferhandlungen festzulegen: es wird angegeben, dass z. B. ein gewisses Opfer dann vorzunehmen sei, wenn der Mond in das *nakshatra maghâ* getreten (d. h. mit den betreffenden Sternen dieses Mondhauses) in Konjunktion ist. Besonders wird der Vollmond und Neumond genannt, namentlich der erstere, auf den die *nakshatra* bezogen werden, z. B. ein Opfer ist zu bringen bei *phâlgunî pûrṇamâsî*, d. h. in der Vollmondsnacht, die im Mondhause *phâlgunî* stattfinden wird. (p. 319).

C. LA SÉRIE QUINAIRE ET SES DÉRIVÉS.

La conception des cinq palais célestes auxquels correspond, dans l'univers terrestre, le royaume du Milieu entouré des quatre parties cardinales de l'Empire, est la clef de voûte de la cosmologie et de l'astromonie chinoises. Cette théorie quinaire se combine avec une autre idée fondamentale de la haute antiquité: la conception dualistique du *yin* et du *yang*, dont nous avons déjà dit quelques mots et que nous étudierons plus tard en détail.

Suivant cette dernière conception, chacun des 5 éléments peut se décomposer en deux parties, l'une *yin* l'autre *yang*, d'où résulte une série de dix termes: $2 \times 5 = 10$. Mais dans certains cas (par exemple lorsqu'il s'agit des saisons) où le dédoublement de l'élément central ne se justifierait pas, on se trouve en présence d'une série de neuf termes: $2 \times 4 + 1 = 9$. Dans d'autres cas encore (relatifs par exemple aux demi-saisons) l'élément central est absent, d'où une série de huit termes: $2 \times 4 = 8$. Enfin, les principes *yin* et *yang*, qui correspondent au nord et au sud, sont parfois consi

---

1) Voy. T. P. 1909, pp. 121 (A) et 255 (B).

dérés dans leurs rapports avec les quatre points cardinaux, ce qui
donne lieu à une série de six termes: $4 + 2 = 6$. Nous allons examiner successivement ces divers composés des théories quinaire et
binaire.

I. La série dénaire.

Depuis un temps immémorial, les anciens Chinois ont compté
les jours au moyen d'un cycle sexagésimal obtenu par la combinaison d'une série dénaire (甲, 乙, 丙, etc.) et d'une série duodénaire (子, 丑, 寅, etc.), cycle qui plus tard a servi à marquer
les années.

De toutes les institutions astronomiques, ce cycle est la seule
dont la haute antiquité n'ait pas été contestée [1]). Cette situation
de faveur provient de ce que son ancienneté est révélée directement
par les textes et s'impose à la critique historique indépendamment
de toute considération d'ordre astronomique. Tandis que l'antiquité
des *sieou* ou du cycle zoaire, par exemple, ne peut s'établir que par
une analyse technique, celle du cycle sexagésimal (et par conséquent de ses deux séries constitutives) se manifeste d'emblée à
l'historien.

Il y a là un fait intéressant à noter, car, comme nous allons
le voir, les séries dénaire et duodénaire contiennent les éléments
essentiels de l'ancienne astronomie; de sorte que l'on ne peut plus
admettre l'antiquité du cycle sans être amené du même coup à reconnaître l'existence de la grande période créatrice dont nous four-
nirons par ailleurs des preuves décisives et convergentes.

Nous ne nous occuperons pas ici de l'origine du cycle sexagésimal mais seulement des deux séries dont il se compose. Il est
évident, en effet, que ces deux séries n'ont pas été inventées en

---

1) Il ne faut pas entendre par là que son origine astronomique ait été reconnue;
aucun auteur n'a vu que cette série dérive des cinq palais célestes.

vue de leur combinaison sexagésimale et que cette dernière n'est qu'une utilisation postérieure de deux éléments préalablement existants [1]). La série duodénaire sera examinée dans les articles suivants, consacrés aux divers cycles duodénaires; nous allons étudier d'abord la série dénaire pour faire suite au précédent article relatif aux *Cinq palais célestes* et à la *Théorie des cinq éléments*. Cette série dénaire n'est en effet qu'une manifestation de la conception quinaire qui sert de base fondamentale à l'astronomie antique.

II. Evidences historiques de l'antiquité de la série dénaire.

Comme M. Chavannes l'a fait remarquer dans son étude sur le calendrier des *Yin*, les anciens Chinois ont utilisé le cycle sexagésimal pour établir des périodes de concordance entre l'année, la lunaison et la série de 60 jours. Une anecdote bien connue du *Tso tchouan* nous montre que vers le milieu du VIe siècle avant notre ère les lettrés, tout en continuant à se servir du cycle sexagésimal pour marquer le *rang* du jour, avaient perdu l'habitude de l'employer pour l'évaluation de longues périodes, tandis que cet usage s'était conservé dans le peuple:

Dans la 30e année du duc *Siang* un vieillard à qui on demandait son âge répondit: «Je suis un homme de peu et je ne sais pas compter les années; mais je suis né en une année dont le premier jour du premier mois était *kia-tseu*; il y a eu 445 jours *kia-tseu* depuis lors, et depuis le dernier de ces jours un tiers du cycle s'est écoulé». Ceux qui l'interrogeaient ne comprirent pas bien sa réponse.... L'explication n'était pourtant pas difficile: chaque jour *kia-tseu* commençant un cycle de 60 jours l'âge du vieillard était de

$$(444 \times 60) + 20 = 26.660 \text{ jours,}$$

c'est-à-dire en nombre rond 73 ans. La difficulté qu'on eut à interpréter les paroles de cet homme montre que, dès le milieu du VIe siècle avant notre ère, on avait cessé d'employer le cycle de 60 jours pour noter le temps.

---

1) Cette induction, déjà légitime en soi, est confirmée par les textes. Nous y voyons en effet que dans l'antiquité les années étaient comptées par séries de 12 et non de 60 (Cf. *Le cycle de Jupiter* T. P. 1908 p. 455) et que les jours étaient comptés par séries de 10 (V. ci-dessous, p. 225).

Si maintenant nous remontons au XIIe siècle nous trouvons la notation cyclique des jours courramment et officiellement usitée. Dans le récit des évènements qui amenèrent la chûte de la dynastie *Yin*, le *Chou-king* nous montre le roi *Wou* 武王 franchissant le fleuve au jour *wou-wou* 戊午 puis attaquant les forces impériales au jour *kia-tseu* 甲子 [1]).

A une époque plus reculée encore, le livre des *Yin* [2]) rapporte que «la 1e année de l'empereur *T'ai kia*, au 12e mois, au jour 乙丑, *I yin* sacrifia au roi défunt. D'autre part, dans le nom même de l'empereur *T'ai kia* 太甲, comme de tous ses successeurs dans la dynastie *Yin* (大庚，小甲, etc.) on trouve un des signes de la série dénaire. Et cette curieuse coutume commence à se manifester dès la dynastie *Hia*, aux environs du 22e siècle, avec 大庚 · 仲庚，少庚 [3]).

Aussi bien, les auteurs qui se sont occupés de l'ancien calendrier chinois sont-ils d'accord sur la haute antiquité de la série dénaire [4]). Cela étant, et bien qu'il soit difficile de se prononcer

---

1) Le *Tcheou-chou* rapporte qu'une éclipse de lune eut lieu au jour 丙子 en la 35e année de 文王. Le *Chou-king* dit que le duc de *Tcheou* sacrifia, à *Lo-yang*, aux jours 丁巳 et 戊午 ; etc. Il est inutile de multiplier ces exemples.

2) *Chou-king*, p. IV, ch. IV. D'après la chronologie du *T'ong kien kang mou*, *T'ai kia* régna de 1753 à 1720 av. J.-C.

3) Ces noms, il est vrai, sont orthographiés 大康，仲康，少康. Mais l'identité originelle de 康 *K'ang* et de 庚 *Keng* ne semble pas douteuse lorsqu'on voit les *Annales sur bambou* appeler 小庚 le 6e souverain de la 2e dynastie dénommé 太康 dans la liste traditionnelle (Cf. le tableau synoptique de Legge, C. C. vol III, prol. p. 184); et lorsqu'on observe que 太康 serait une anomalie parmi les noms toujours cycliques des empereurs *Yin* si 康 n'était pas l'équivalent de 庚.

4) Cf. CHALMERS, *Astronomy of ancient Chinese*. CHAVANNES, *Le calendrier des Yin*. Ces études ne mentionnent pas le caractère cyclique des noms des anciens empereurs. Mais Chavannes y a fait allusion dans une note des *Mémoires Historiques* (I, p. 175): «D'après *Hoang-fou Mi*, l'appellation de *Wei* [ancêtre à la 6e génération de *T'ang* le Victorieux] était 上甲. A partir du roi *Wei*, tous les souverains de la dynastie *Yin* ont, dans leurs noms, un des dix caractères cycliques. D'après les commentateurs, ces caractères

sur la valeur historique des écrits relatifs à l'empereur *Yu*, il est très remarquable de voir le *Chou-king* attribuer à cet antique personnage les paroles suivantes: «Je ne restai auprès de ma femme que les jours *sin, jen, kouei, kia*». 辛壬癸甲 sont les trois derniers et le premier des termes de la série dénaire. The natural inference from their use here — dit Chalmers — is that they were invented to divide the month into three equal parts (three decades); and that in course of time they were combined ith the twelve branches to make the famous Chinese cycle of sixty». Nous avons vu que la première mention du cycle *sexagésimal* apparaît sous *T'ai kia* (vers l'an 1750); le fait que les traditions relatives à *Yu* (vers l'an 2200) montrent un système (dénaire) plus primitif de numération des jours, constitue une forte présomption en faveur de l'objectivité historique de ces anciens documents.

III. Origine astronomique de la série dénaire.

Le seul auteur qui, à ma connaissance, ait envisagé la question de l'origine des 十 干 est M. Chavannes:

La série dénaire, dit-il [1]), semble n'être déterminée par aucun phénomène physique. C'est ce qui explique sans doute pourquoi elle reste toujours semblable

---

servaient à désigner le jour de leur naissance. — On remarque cette même particularité dans les noms des ancêtres des princes de *Ts'in*.

Nous lisons d'autre part un peu plus haut (p. 169):

«L'appellation 履癸 de l'empereur *Kie* est assez suspecte... Il serait singulier que *Kie* fut le seul de tous les souverains de la dynastie *Hia* dont le nom se terminât par un des caractères du cycle dénaire. Ce n'est que sous la dynastie *Yin* que les noms des souverains présentent cette particularité.» Cette dernière assertion, comme je viens de le dire, me semble incompatible avec la remarque «que *tous* les souverains *Yin* ont un nom cyclique» y compris 康; j'ajouterai ceci: 1°) Chavannes pense que *Sseu-ma Ts'ien* fait une confusion en appelant *Li Kouei* le dernier empereur de la dynastie *Hia*. Cependant les *Annales sur bambou*, dont les noms d'empereurs semblent puisés à une source originale, nomment cet empereur 帝癸. 2°) Le prédécesseur de ce souverain porte également un nom cyclique 孔甲. — Le fait d'ailleurs ne présente pas d'importance, ici, puisque l'antiquité de la série dénaire est hors de cause.

1) *Le calendrier des Yin, op. cit.* p. 493.

à elle-même: qu'il s'agisse du soleil, de la lune ou de Jupiter, le commencement du cycle est toujours *kia* 甲 ; au contraire, dans la série duodénaire qui est réglée par des phénomènes physiques, le commencement du cycle qui est *tseu* 子 pour les jours, est *yin* 寅 pour les lunaisons. Une nouvelle preuve que la série dénaire n'est pas fondée en réalité, c'est que, si le texte des *Mémoires historiques* et du *Eul ya* est identique pour la série duodénaire, il présente des variantes essentielles pour la série dénaire; on ne comprenait donc plus, dès le IIᵉ siècle avant notre ère, la raison d'être de celle-ci.

Après avoir ainsi dénié au cycle dénaire une origine physique, M. Chavannes la lui concède néanmoins en présentant, au choix, deux hypothèses fort judicieuses:

Peut-être le principe de la série dénaire doit-il être cherché dans la philosophie des nombres qui, comme la doctrine pythagoricienne en Grande-Grèce, brilla chez les Chinois d'un vif éclat. Sans pouvoir invoquer aucun texte précis qui justifie cette hypothèse, nous remarquons certaines concordances numériques qui ne sont pas sans avoir d'étroites relations avec le cycle sexagésimal. Ainsi le principe *Yang* représente l'unité et par suite les nombres impairs 1, 3, 5, 7, 9. Le principe *Yin* représente la dualité et par suite les nombres pairs 2, 4, 6, 8, 10. 5 est donc le nombre moyen du *Yang*, comme 6 est le nombre moyen du *Yin*; or 5 et 6 sont comme les générateurs des deux séries de 10 et de 12 termes. Cependant on pourrait aussi expliquer la série dénaire en la faisant dériver de la théorie des cinq éléments.

Il n'est pas nécessaire de choisir entre ces deux hypothèses: toutes les deux sont exactes. La série dénaire provient de la combinaison des théories binaire et quinaire; et ces deux théories ne sont pas seulement d'ordre physique ou numérique: elles sont astronomiques et constituent la base de la cosmologie antique.

Le pôle entouré des quatre quartiers qui président aux saisons; le noyau civilisé entouré des barbares qui habitent les quatre régions cardinales; telle est l'analogie fondamentale qui inspire la conception chinoise de l'univers. La théorie des 5 éléments en dérive immédiatement mais elle n'en est pas le support primitif; car le nombre possible des éléments n'est pas déterminé d'une manière évidente et concrète; il ne s'impose pas nécessairement [1]). La théorie des cinq éléments dérive des cinq palais célestes et non pas les cinq palais de la théorie des éléments. En Chine c'est le concept astronomique qui est fondamental.

Il en est de même de la théorie dualistique du *yin* et du *yang*; ces deux principes ne sont pas conçus *in abstracto*: ils sont localisés dans le firmament où ils produisent l'été et l'hiver; ils sont symbolisés par le jour et la nuit [2]).

De ces deux théories, binaire et quinaire, sort par voie de conséquence naturelle la série dénaire.

Les éléments correspondent en effet aux saisons et les saisons aux palais célestes. Or chacun des palais équatoriaux est scindé en deux parties par les équinoxes et solstices; dans chacun de ces demi palais (ou demi-saisons) la proportion du *yin* et du *yang* se trouve inverse. D'où l'importance attachée, dans la haute antiquité, à la division de l'équateur en 8 parties c'est-à-dire aux limites des saisons et aux positions cardinales du soleil [3]).

---

1) Les Grecs, les Hindous, avaient quatre éléments parmi lesquels ne figurent ni le *bois* ni le *métal*. L'idée géniale de considérer la *terre* comme l'élément central est spécifiquement chinoise; elle établit un lien entre la physique, la politique, l'astronomie et la cosmologie.

2) Chavannes fait observer avec raison que la théorie du *yin* et du *yang* se manifeste dans le texte du *Yao-tien*. On y trouve également les palais célestes (et le symbole de l'un d'eux 鳥). Cf. M. H. I, p. 47, n. 2).

3) Cette division de l'équateur en huit demi-saisons est celle qui est représentée par les huit trigrammes (dits de *Fou-hi*) de la haute antiquité.

Lorsque nous arriverons à l'analyse des *sieou*, nous verrons apparaître très nettement cette même division sidérale en huit parties. Parmi les couples d'étoiles déterminatrices diamétralement opposées, il en est seulement quatre qui se proposent de diviser l'équateur en segments tropiques équivalents. Les autres couples ne tiennent aucun compte de l'amplitude des segments et visent seulement à réaliser une opposition diamétrale aussi exacte que possible. Aussi les quatre couples tropiques sont-ils les plus inexacts comme opposition et emploient-ils les étoiles les plus belles tandis que les couples symétriques et exacts ont utilisé des étoiles de 4e et même de 5e grandeur.

Les astronomes chinois ont d'ailleurs conservé le souvenir d'une ancienne division du Contour du Ciel en 8 *tsie-ki* 節氣 et l'attribuaient à *Chen-nong*. (Gaubil. *Obs.* III, p. 44). Voir aussi dans le *Tso tchouan* (17e année du duc *Tch'ao*) la légende des huit officiers de *Chao hao* préposés aux huit dates tropiques. Et ci-dessous (pp. 243 et 245) les huit cieux et les huit ouvertures des esprits ou des vents.

Les termes 甲乙丙丁 désignent les quatre demi-palais (ou demi-saisons) du premier semestre tropique. Les termes 庚辛壬癸 désignent les quatre demi-palais (ou demi-saisons) du second semestre.

Quant aux termes 戊 et 己 ils se rapportent à l'élément central. Cet élément central, la *terre*, subit en effet comme les autres l'influence du *yin* et du *yang*; il se décompose comme eux en deux parties. La terre comporte des montagnes (*yang*) et des plaines (*yin*); sa population comprend le Souverain, la Cour (*yang*) et le peuple (*yin*), le principe actif et le principe réceptif [1]). L'élément central *terre* est donc scindé lui aussi; et d'après une règle constante (cp. *Hong-fan*, *Li-ki*, etc.) ce qui correspond au *centre* (le pôle, le souverain, la terre) se place au *milieu* lorsque la série circulaire se trouve rangée en série linéaire. Les termes afférents à l'élément *terre* prennent donc les numéros 5 et 6 dans la série dénaire.

Correspondances astrologiques des 十干

Palais.	天干	Noms astrologiques.		Manifestations dualistiques.			Planètes.
E *Bois*	甲 乙	閼逢 旃蒙	1 2	*Sapin* *Bambou*	en tant que *yang* »	*yin*	Jupiter 木星
S *Feu*	丙 丁	柔兆 彊圉	3 4	*Flambée de bois* *Flamme de lampe*	» »	*yang* *yin*	Mars 火星
Centre *Terre*	戊 己	著雍 屠維	5 6	*Colline* *Plaine*	» »	*yang* *yin*	Saturne 土星
O *Métal*	庚 辛	上章 重光	7 8	*Armes* *Chaudron*	» »	*yang* *yin*	Vénus 金星
N *Eau*	壬 癸	玄黓 昭陽	9 10	*Vagues* *Ruisseaux*	» »	*yang* *yin*	Mercure 水星

---

1) Ce dualisme se retrouve dans le culte: Le prince a un dieu du sol pour son propre usage, et un autre pour son peuple (*Li-ki*).

Il suffit d'ailleurs d'ouvrir un traité ou dictionnaire chinois pour y trouver les équivalences, bien connues, entre les éléments, les signes dénaires, les saisons et les planètes [1]).

Mais comme jusqu'ici l'origine astronomique des diverses institutions de l'antiquité (théorie des cinq éléments, série dénaire, cycle zoaire, etc.) n'avait pas été signalée, ces équivalences étaient considérées en quelque sorte comme arbitraires, modernes et même variables. M. Chavannes, par exemple, pense que la théorie des cinq éléments fut importée en Chine peu avant les *Han* et il ne croit pas que les équivalences quinaires «actuelles» fussent déjà établies au temps de *Sseu-ma Ts'ien*:

« Les éléments étant rangés dans l'ordre où ils se produisent les uns les autres, nous avons aujourd'hui les correspondances suivantes entre les éléments, les couleurs et les caractères cycliques:

bois	*kia yi*	vert
feu	*ping ting*	rouge
terre	*wou ki*	jaune
métal	*keng sin*	blanc
eau	*jen kouci*	noir.

A l'époque de *Sseu-ma Ts'ien* les correspondances devaient être autres entre les éléments et les caractères cycliques, puisque les éléments étaient rangés dans l'ordre où ils triomphaient les uns des autres c'est-à-dire dans l'ordre suivant: terre, bois, métal, feu, eau.» (M. H. III, p. 471).

En se reportant à sa propre traduction M. Chavannes pourra aisément constater que les équivalences qu'il suppose postérieures à *Sseu-ma Ts'ien* sont indiquées en détail dans le traité des Gouverneurs du Ciel [2]). Ces correspondances sont en effet immuables.

---

1) Le tableau ci-dessus est emprunté au dict. Wells Williams (p. 309). J'y ai ajouté la première colonne (conforme à la dernière) et j'ai mis en évidence la place occupée par l'élément central.

2) D'abord par l'ordre d'énumération des planètes, puis explicitement: «La planète Jupiter est dite correspondre à l'Est et au Bois; elle préside au printemps; les jours qui

Elles existaient aussi bien à l'époque de *Yao* que sous les *Han* ou sous la dynastie actuelle. Chaque signe cyclique par sa signification même est lié à un élément, à un palais céleste, à une saison. 甲 et 乙, comme nous allons le voir, représentent idéographiquement un bourgeon fermé et un bourgeon ouvert, symboles du printemps; et le printemps, saison de la pousse des arbres et des vertes frondaisons, correspond à l'élément *bois* localisé dans le palais du Dragon vert. Lorsque les anciens disent que l'automne tue et détruit l'oeuvre du printemps, cela ne signifie pas que le Métal doit occuper un rang contigu à celui du Bois; bien au contraire, ces éléments antithétiques correspondent à des saisons diamétralement opposées, l'une *yin* l'autre *yang*.

M. Chavannes confond donc deux choses: les équivalences cosmologiques qui sont immuables, et l'ordre d'énumération des éléments qui est variable; cette confusion l'amène à supposer dans le *Hong-fan* une faute de texte qui ne me paraît pas s'y trouver:

«L'ordre dans lequel les cinq éléments y sont énumérés est assez singulier; les commentateurs chinois cherchent à en rendre compte au moyen d'une théorie qui combine les dix premiers nombres avec les principes *yin* et *yang*; cette explication est peu vraisemblable et il est plus simple d'admettre une faute de texte; si en effet on intervertit les rangs respectifs du bois et du métal, les éléments se trouveront énumérés dans l'ordre où ils triomphent les uns des autres: l'eau triomphe du feu qui triomphe du métal, qui triomphe du bois, qui triomphe de la terre, laquelle à son tour triomphe de l'eau. Comme nous savons que cet ordre est celui dans lequel sont faites les plus anciennes énumérations des cinq éléments (cf. tome I, Introd., p. CXCI) il est tout naturel qu'il se retrouve dans le Grand Plan». (M. H. IV, p. 219).

Il y a trois ordres d'énumération: a) celui dans lequel les éléments se détruisent et que M. Chavannes appelle l'ordre *ancien*;

lui sont affectés sont *kia* et *yi*... etc...» (M. H. III, pp. 356, 364, 367, 371, 379). Voir aussi le *Yue ling* du *Li-Ki*.

b) celui dans lequel les éléments se produisent et que M. Chavannes considère comme postérieur à *Sseu-ma Ts'ien*; *c*) celui du *Hong-fan* que M. Chavannes suppose fautif.

Désignons par 1, 2, 3, 4, le rang des saisons dans l'année; nous aurons:

Ordre de

destruction (*a*)	production (*b*)	Hong-fan (*c*)	
4 eau	1 bois	N eau	hiver
2 feu	2 feu	S feu	été
3 métal	terre	E bois	printemps
1 bois	3 métal	O métal	automne
terre	4 eau	terre	

Comme on le voit, l'ordre *b* est tout simplement l'ordre naturel des saisons. Suivant une règle antique qui se manifeste dans la série dénaire et dans la disposition des 9 sections du *Hong-fan*, le terme *central* est placé au *centre* de la liste.

Quant à l'ordre *c* dans lequel le *Hong-fan* énumère les 5 éléments, c'est celui des couples *yin* et *yang*: d'abord les deux solstices *yin* et *yang*; puis les deux équinoxes *yang* et *yin*. Chacun sait que Confucius a choisi l'un de ces couples comme titre de son livre d'histoire: le *Tch'ouen ts'ieou*, c'est-à-dire «Les révolutions annuelles», les Annales [1]).

---

[1]) Une erreur de texte dans le passage en question du *Hong fan* est d'ailleurs d'autant moins admissible que les 5 saveurs sont énumérées, un peu plus loin, dans le même ordre que les 5 éléments.

IV. Etymologie des signes de la série dénaire.

Nous avons vu que la critique historique ne conteste pas l'antiquité de la série dénaire. Par ailleurs nous démontrerons dans la suite de cette étude que les palais célestes, la théorie des cinq éléments et la théorie dualistique datent pour le moins de la période créatrice du 24e siècle. Mais, sans anticiper sur les démonstrations à venir, nous avons un moyen de constater la solidarité originelle de la série dénaire avec les théories binaire et quinaire de la science antique: c'est d'examiner l'étymologie des idéogrammes qui la composent.

Chose curieuse, cette idée ne semble être encore venue à personne. Les dictionnaires chinois indiquent bien, séparément, l'origine supposée des dix signes, mais ils ne font aucune remarque sur la signification générale de l'ensemble; et les dictionnaires européens reproduisent, sans commentaire, ces indications. Ce silence s'explique cependant car les lettrés chinois n'ayant jamais mis en doute la haute antiquité des théories binaire et quinaire, ne pouvaient s'étonner de les trouver dans la figuration des signes cycliques. Quant aux auteurs occidentaux, Schlegel seul s'est occupé des origines de l'astronomie antique et quoiqu'il ait fait des recherches sur l'étymologie de la série duodénaire il n'a pas pensé à examiner celle de la série dénaire.

Ne possédant aucune compétence en paléographie, je laisse aux spécialistes le soin de discuter la valeur de ces étymologies traditionnelles et me bornerai à reproduire les indications que le dictionnaire de Wells Williams a puisées dans le 埶文備覽. Il importe peu, en effet, que l'étymologie assignée à tel ou tel des signes dénaires soit contestable; il s'agit seulement de savoir si, dans son ensemble, l'idéographie de la série dénaire ne révèle pas une conformité manifeste avec les principes cosmologiques de la science antique. Or cette conformité apparaît, ce me semble, d'une manière bien nette.

*

Les deux premiers termes de la série, 甲 et 乙 , correspondent au *Palais oriental* (printemps). Il faut donc. s'attendre à trouver dans leurs idéogrammes respectifs un symbole des deux phases successives du printemps, 甲 correspondant à la première moitié de cette saison (du *Li-tch'ouen* à l'équinoxe) et 乙 à la deuxième (de l'équinoxe à la fin du printemps).

Or 甲 représente originellement un bourgeon fermé [1]) et 乙 un bourgeon ouvert [2]). Il serait difficile de trouver un symbolisme plus significatif [3]).

Les deux termes suivants 丙 et 丁 correspondent au *Palais méridional* et aux deux moitiés de l'été.

Or 丙 représente originellement le principe *yang* faisant son entrée [4]) et 丁 un aiguillon d'abeille [5]).

Il est superflu d'indiquer le rapport du principe sec et chaud

---

1) Dict. WELLS WILLIAMS, p. 355. "The original is described as composed of 木 *wood* with a cap over it, representing the first motions of the sprout in spring."

D'ailleurs le mot a conservé son sens primitif: "The plumule or scaly covering of a growing seed just bursting; cover of a sprout". S'il a pris le sens de cuirasse, c'est sans doute à cause de l'analogie de la cuirasse avec le corselet brillant qui protège le bourgeon.

2) *Ibid.* p. 1096. "The original form of this character represents a curling *sprout* or bud just coming out of the seclusion of winter".

3) Le *Réglement mensuel* du *Li-ki* exprime la même idée en disant: 孟春之 月、草木萌動 . A propos du rôle de l'étoile *Kio*, antique repère du *Li-tch'ouen*, Schlegel cite le texte suivant où l'on voit précisément le mot 甲 associé au *primum ver:* 角蒼龍之首、鳥獸生角、草木甲折。[天皇會 通] *Ur.* p. 55.

4) *Ibid.* p. 699. "Composed of 一 *one*, 入 to *enter* and 冂 a *receptacle* or door. 一 represents the 陽 principle."

5) *Ibid.* p. 903. Originally written with 人 *man* above and 亅 below it, standing for 心 the *heart;* but others with more probability say it represents a bee's sting.

avec l'été. Quant à l'abeille, qui travaille en plein soleil, craint la pluie et disparaît en hiver, elle est (comme la caille) un animal essentiellement *yang*. En outre c'est dans la seconde moitié de l'été que l'on récolte le miel et qu'on affronte les piqûres d'abeilles.

Les deux termes suivants 戊 et 己 constituent le *milieu* de la série lorsqu'elle est disposée d'une manière linéaire et son *centre* lorsqu'elle est disposée sous sa forme normale, circulaire; et cela, de par une règle générale que nous retrouverons partout, notamment dans le chapitre *Hong-fan* du *Chou king*.

D'après la conception fondamentale qui est à la base non-seulement de la science mais de la politique et de la religion chinoises, et qui est resté à travers les siècles la clef de voûte de leur idéal, le centre de l'univers est le royaume central, civilisé, autour duquel, au delà des points cardinaux où sont confinés les barbares, tourne le firmament dont les quatre quartiers successivement parcourus par le soleil produisent les saisons. Le Royaume du Milieu a lui-même un centre, qui est la capitale, la cour, le Fils du Ciel. Nous devons donc nous attendre à voir les deux caractères médians de la série dénaire, qui correspondent à l'élément *Terre*, évoquer l'idée de *civilisation* et de *centre*.

Or le caractère 戊 est à l'origine équivalent à 茂 luxuriant, florissant (synonyme de civilisé) [1]) et le caractère 己 n'est qu'une altération de 中 et signifie comme lui *le centre* [2]).

---

1) *Ibid.* p. 1063. "The fifth of the ten stems relating to earth and answering to 茂 luxuriant". Le qualificatif de florissant, luxuriant, est resté un attribut de la *terre*, entendue dans le sens de *centre* du monde, comme dans 華夏 ou 中華國.

2) *Ibid.* p. 337. "This character is connected with the center of a thing as it is considered to be altered from 中". 中 ne désigne pas seulement la Chine par opposition aux barbares, mais aussi le palais impérial par opposition au reste de l'empire. Exemple: «Dans l'expression 中古文 le mot 中 spécifie qu'il s'agit de livres appartenant au Fils du Ciel 中者天子之書也.» (CHAVANNES, *Les livres chinois avant le papier*, Journal asiatique, Xe série, tome V, p. 86).

Les deux termes suivants, 庚 et 辛, correspondent au commencement et à la fin de l'automne: le premier figure la récolte des fruits de la terre [1]) et le second la tristesse que fait éprouver la venue de l'hiver [2]).

Le 9e terme 壬 qui correspond au début de l'hiver est celui dont le symbolisme est le plus douteux [3]). Enfin, 癸 qui correspond à la fin de l'hiver et à l'élément *eau*, représente de l'eau coulant sur le sol dans toutes les directions [4]).

V. Forme astrologique de la série dénaire.

Dans un précédent article [5]), nous avons vu que les Chinois ont noté les années: d'abord au moyen du cycle sidéral de Jupiter (A); puis, a partir de l'avènement des *Ts'in*, au moyen d'une liste duodénaire (B) dont chaque terme, composé de deux ou trois mots, désigne allégoriquement un des douze mois de l'année; enfin, au début de l'ère chrétienne, au moyen du cycle sexagésimal qui servait depuis la haute antiquité à la numération des jours.

Les deux premiers de ces systèmes étant duodénaires, il semblerait que la supputation sexagésimale des années fût inconnue avant l'ère chrétienne. Cependant *Sseu-ma Ts'ien* a inséré dans ses *Mémoires historiques*, sous une forme sexagésimale, un tableau dans

---

1) *Ibid.* p. 321. "The original form represents two hands receiving a thing as at autumn when all things are full".

2) *Ibid.* p. 806. "It is explained as depicting the arms of a man holding np a thing and referring to the sorrow one feels at winter coming".

3) *Ibid.* p. 287. "The character is defined as a man standing on the earth; others say it represents *the germ in the womb*". Si cette dernière étymologie est exacte, elle s'applique bien à l'hiver.

4) *Ibid.* p. 483. "The original form is like two sticks laid across to represent water flowing into the ground in all directions". 天癸至 se dit d'une fille arrivant à la puberté. L'hiver, on le verra plus loin, est considéré comme l'époque de la conception, de la génération, du mariage; il correspond à l'eau, l'élément du féminin.

5) *Le cycle de Jupiter*. T. P. 1908, p. 455.

lequel M. Chavannes a reconnu un très ancien calendrier dont l'usage s'était perpétué chez les astrologues officiels [1]).

Dans la liste sexagésimale de *Sseu-ma Ts'ien*, le cycle duodénaire n'est autre que la série B (*Cho-t'i-ko*, *Tan-ngo*, etc.) dont nous venons de rappeler l'emploi sous les dynasties *Ts'in* et *Han*; et le cycle dénaire qui se combine avec lui est une série dont chaque terme se compose de deux mots. C'est cette série (déjà indiquée dans notre tableau de la page 228) que nous nous proposons d'étudier ici.

Ce cycle de dix noms — écrit M. Chavannes — se trouve mentionné, non seulement dans le tableau des *Mémoires historiques*, mais encore dans le chapitre *Che t'ien* 釋天 du *Eul-ya* 爾雅 qui indique les équivalences de ces dix noms avec les dix caractères cycliques *kia*, *yi*, *ping*, *ting*, etc. On relève entre le texte du *Eul-ya* et celui des *Mémoires historiques* des différences notables, comme le montre le tableau ci-dessous [2]):

		Notation du *Eul-ya*.		Notation des *Mémoires historiques*.		
1	甲	閼逢	ngo-fong	焉逢	yen-fong	1	E
2	乙	旃蒙	tchan-mong	端蒙	touan-mong	2	
3	丙	柔兆	jeou-tchao	游兆	yeou-tchao	3	S
4	丁	强圉	k'iang-yu	彊梧	k'iang-wou	4	
5	戊	著雍	tchou-yong	徒維	t'ou-wei	6	Centre
6	己	屠維	t'ou-wei	祝犁	tchou-li	5	
7	庚	上章	chang-tchang	商橫	chang-heng	8	O
8	辛	重光	tch'ong-kouang	昭陽	tchao-yang	10	
9	壬	玄黓	hiuan-yi	橫艾	heng-ngai	9	N
10	癸	昭陽	tchao-yang	尚章	chang-tchang	7	

---

1) M. H. III, pp. 333, 646. — LE CALENDRIER DES YN, *op. cit.*

2) Au tableau de M. Chavannes (M. H. III, p. 652) j'ai ajouté: 1° la répartition des dix termes dans les cinq palais; 2° la dernière colonne indiquant les points cardinaux correspondants; 8° l'avant-dernière colonne montrant l'interversion de certains termes.

L'ordre des termes n'est point le même dans les deux énumérations; pour ne parler que de ce qui est incontestable, il est évident que le 5ᵉ, le 8ᵉ et le 10ᵉ termes des *Mémoires Historiques* sont identiques respectivement au 6ᵉ, au 10ᵉ et au 7ᵉ termes du *Eul-ya*. Si ce cycle avait été d'un usage réél et fréquent pour la numération des années, on ne comprendrait guère qu'il s'y fût produit de pareilles interversions; de fait, si on excepte les lettrés qui, pour faire preuve de bel esprit, se sont servis de la notation indiquée dans le *Eul-ya*, on ne trouve aucun monument où le cycle de dix noms soit employé; les inscriptions de l'époque des *Han* qui se servent volontiers du cycle duodénaire dont le premier terme est *cho-t'i-ko*, ne font jamais usage du cycle dénaire *ngo-fong, tchan-mong*, etc. D'autre part, même quand les termes sont identiques dans le *Eul-ya* et dans les *Mémoires historiques*, comme cela est le cas par exemple pour les quatre premiers termes des deux séries, on remarquera que les caractères chinois affectés à ces termes diffèrent grandement dans les deux textes. Il semble qu'on soit en présence de noms étrangers pour la transcription desquels on pouvait prendre n'importe quels caractères pourvu qu'ils fussent homophones. L'origine de cette liste de dix noms reste obscure.

Cette origine est purement chinoise et très ancienne. Si d'éminents sinologues en ont pu douter, c'est qu'il en est de cette série dénaire comme des autres institutions de l'astronomie: nées dans la haute antiquité elles sont tombées en décadence lors de l'affaiblissement du pouvoir central. L'astronomie étant en Chine une fonction d'Etat et une prérogative du Fils du Ciel, son unité devait naturellement disparaître pendant l'époque troublée où les princes feudataires se disputèrent l'hégémonie. Lorsque, sous les *Han*, le Nouvel-Empire se constitua, on chercha avec soin à recueillir les débris de la science antique, à laquelle l'incendie des livres avait porté encore un dernier coup. Mais cette restitution a toujours été fragmentaire et l'ensemble du système n'a jamais, depuis lors, été bien saisi par les Chinois eux-mêmes. Aussi les savants occidentaux ont-ils été amenés à lui attribuer une provenance étrangère. Qu'il s'agît des *sieou*, du cycle zoaire ou de la théorie des cinq éléments, ils ont été chercher dans l'Inde, au Turkestan, en Chaldée et jusqu'en Egypte, une origine qui remonte en réalité à la haute antiquité chinoise.

C'est Chalmers qui, le premier, a émis l'opinion que les termes des listes de *Sseu-ma Tsien* étaient une transcription de mots étrangers, probablement hindous [1]).

Il y a cependant, dans cette liste dénaire, des expressions dont le sens est, à première vue, manifeste et qui n'ont, au point de vue chinois, rien de barbare: 玄黓 et 昭陽, par exemple, dont le symbolisme évident se rapporte aux théories quinaire et binaire; de telle sorte que, dès l'abord, nous pouvons nous attendre à trouver dans cette série une réédition du sens révélé par l'étymologie du cycle 甲, 乙, etc. Suivons donc la même méthode et, à l'aide du dictionnaire, cherchons le rapport de chacun des termes avec l'élément ou la saison qui lui correspond, en nous basant de préférence sur la leçon du *Eul-ya* qui présente les meilleures garanties d'authenticité et d'antériorité:

Printemps. — 閼逢. *Ngo* signifie *obstruction*; *fong* signifie *survenir, rencontrer inopinément. Ngo fong* peut donc se traduire par *l'obstruction se produit* ou *l'obstruction inopinée.* C'est en effet un thème constant de la météorologie antique que les brusques retours de froid du printemps proviennent de la difficulté éprouvée par le principe *yang* à se dégager; le tonnerre était considéré comme ayant une action efficace pour l'aider à prendre son cours normal [2]).

旃蒙. *Tchan* (旃 = 膻) représente une bannière de soie «employée dans les anciens temps pour annoncer l'approche du prince» (Dict. W. W.). Or le soleil printanier est l'image du souverain. Le soleil est comparé à l'empereur comme l'empereur est comparé au soleil: leur symbole commun est le dragon. — *Mong,* actuellement le nom d'une plante, est le vocable affecté au 4e hexa-

---

1) "Ho employs words of two or three syllables, which, considered from a Chinese point of view, must be pronounced barbarous. Perhaps some one acquainted with the ancient language of the Hindoos may hereafter be able to identify them." (C. C. III, Proleg. p. 97).

2) Voir à ce sujet l'article ultérieur sur le *Yi king.*

gramme et le *Yi king* nous en donne le sens originel : « As *Chun* shows us plants struggling from beneath the surface, *Mang* suggests to us the small and undevelopped appearance which they then present; and then it came to be the symbol of youthful inexperience» (Legge, p. 66). C'est, comme on le voit, l'équivalent de 乙 le bourgeon entr'ouvert. L'expression *tchan mong* est donc parfaitement appropriée comme symbole du printemps équinoxial.

Eté. 一. 柔兆. *Jeou* signifie *doux*, tendre (as budding plants). *Tchao* représente les lignes divinatoires de l'écaille de tortue et signifie *augure, pronostic*. Pour se risquer à traduire l'expression *jeou tchao* il faudrait connaître un peu mieux la science augurale de l'antiquité; mais nous ponvons y voir un euphémisme saluant le venue de l'été.

强圉. *K'iang* (强 = 彊) signifie *fort, ferme, full grown;* c'est un qualificatif de l'été. Mais bien plus caractéristique encore est le mot *yu.* 圉 signifie en effet *parc à chevaux*; or, dans l'ancien symbolisme chinois le cheval indique aussi sûrement le solstice d'été que le signe de la Balance chez les Grecs indique l'équinoxe d'automne [1]). Non-seulement le cheval en général symbolise le Sud et le solstice d'été dans les séries zoaires de 6 et de 12 termes, mais encore les *hardes de chevaux* (et par conséquent les parcs à chevaux) évoquent spécialement cette même idée, probablement parce que c'est au solstice d'été qu'on offrait en sacrifice les premices des troupes de chevaux [2]). Le terme dénaire *K'iang yu*, qui correspond effectivement au solstice d'été, semble donc faire allusion à l'époque où les poulains ont atteint leur développement et sont prêts à être offerts en sacrifice.

---

1) V. ci-dessous p. 249.

2) "Au cinquième mois [午] — dit *Sseu-ma Ts'ien* — on offrait les prémices des hardes de chevaux" (M. H. III, p. 447). L'astérisme qui préside aux hardes de chevaux se trouve dans le voisinage de 星鳥 le repère antique du solstice d'été. Le *Li ki* prescrit de parquer les chevaux au milieu de l'été (Voy. D, T. P. 1910).

Centre. Les deux termes médians de la série, comme nous l'avons vu précédemment pour les caractères cycliques 戊 et 己 doivent correspondre à l'élément central, à la terre considérée comme centre du monde.

著雍. *Tchou* signifie *brillant, qui attire les regards, conspicuous.* Quant à 雍 *yong*, forme contractée de 雝, il équivaut à 邕 composé de 邑, *cité, entourée d'un fossé rempli d'eau* 巛 et signifie *une cité carrée bien protégée. Tchou-yong* désigne donc la brillante capitale, résidence du Fils du Ciel, qui assure au peuple la tranquillité.

屠維. Le sens de ce terme n'est pas facile à pénétrer; il semble se rapporter à des rites de sacrifice.

Automne 上章 et 重光 sont des appellations euphémiques applicables à l'automne mais qui ne présentent pas de lien bien caractéristique avec cette saison.

Hiver. — Au contraire, les deux derniers termes de la série correspondent manifestement aux deux moitiés de l'hiver. *Sombre* 玄 et *noir* 黑 sont en effet les attributs du palais septentrional et de l'hiver, particulièrement de leur première partie qui s'étend du commencement de l'hiver jusqu'au solstice. C'est l'époque où le principe *yang* achève de décliner et de mourir et où le principe des ténèbres et de l'humidité l'emporte complètement. Mais au solstice (子) le *yang* renaît et se manifeste de nouveau: 昭陽. C'est pourquoi l'hiver, et particulièrement le solstice, symbolisent la conception, la gestation, l'enfantement. C'est pour cette raison également que les appartements de l'impératrice sont appelés 昭陽宮.

*

En résumé, dans 7 cas sur 10, ces appellations astrologiques caractérisent nettement l'élément auquel elles correspondent. Cette liste n'est donc qu'une amplification de l'idée contenue dans le cycle dénaire 甲, 乙, etc. Elle n'a pu se former qu'à une époque où le sens des institutions primitives était clairement présent à l'esprit; c'est dire qu'elle est bien antérieure à la période *Tchouen-ts'ieou*, où l'on ne comprenait même plus l'ancien mode de numération des jours. Le fait que cette liste figure dans le *Eul-ya*, dictionnaire destiné à indiquer la signification des anciens termes, et que dès le temps de *Sseu-ma Ts'ien* elle avait dégénéré en corruptions dénuées de sens, confirme l'antiquité de son origine.

Il nous reste à dire quelques mots sur la différence qui existe, quant à l'ordre des termes, entre la liste du *Eul-ya* et celle des *Che-ki*:

1°. Dans le palais central l'ordre des termes est inversé: 5,6, dans l'une; 6,5, dans l'autre. Cela est conforme au changement introduit par le roi *Wen* dans l'ordre du *yin* et du *yang*. Sous la dynastie *Tcheou*, le *yang* correspondait au *nord* où il prend naissance et non plus au *sud* où il atteint son apogée [1]). L'ordre indiqué par le *Eul-ya* est celui des *Tcheou*; l'ordre indiqué par les *Che-ki* est celui de l'antiquité, par conséquent celui des *Han* qui suivaient le calendrier des *Hia*.

2°. Dans la liste de *Sseu-ma Ts'ien* l'ordre des termes de l'automne et de l'hiver n'est pas celui du *Eul-ya*, lequel est bien l'ordre primitif comme le montre la signification des termes. Nous reviendrons sur cette interversion (8, 10, 9, 7, au lieu de 7, 8, 9, 10) lorsque nous traiterons du cycle duodénaire qui présente une particularité analogue.

VI. La série de neuf termes.

La série dénaire a été obtenue, comme nous venons de le voir, en dédoublant chacun des termes quinaires, y compris l'élément central. Mais si le dédoublement de l'élément central se justifie lorsqu'il est spécialement question du *yin* et du *yang*, il n'a pas de

---

1) V. ci-dessous, p. 252.

raison d'être dans le cas général où le centre est opposé à la circonférence, le souverain aux sujets; où l'élément central, par conséquent, doit être représenté par un terme essentiellement unique.
Au lieu de la série

$$(4+1) \times 2 = 10$$

on rencontre alors la série

$$4 \times 2 + 1 = 9$$

qui, tout au long de l'histoire ancienne, exprime l'idée fondamentale de la cosmologie chinoise: le pôle, centre des cieux; le trône,
centre de la terre.

Dans les temps modernes, le Fils du Ciel se désigne encore
lui-même par l'expression 九五之尊 («Nous, la Prééminence
du 9 et du 5») parce que dans les séries 4 + 1, 8 + 1, le 5e et le
9e termes représentent l'élément central, le centre du monde, l'Empereur [1]).

Ce schéma du monde conçu sous la forme d'un élément central
(céleste ou terrestre suivant qu'il s'agit du Ciel 天 ou de l'Empire
天下) entouré de 4 quartiers ou 8 demi-quartiers considérés indifféremment comme des points cardinaux ou des saisons (et demi-
saisons), se manifeste en toute occasion. Lorsque, par exemple,
l'empereur *Wou* se préoccupe d'instituer un culte à *T'ai Yi* en
restaurant le rituel ancien, le cérémonial adopté offre tout naturellement l'image de l'étoile polaire (la Grande Unité) entourée d'abord
par la Cour céleste des étoiles circompolaires, puis par les quatre
quartiers correspondant aux saisons, puis par les huit subdivisions
(les huit orifices) qui représentent les huit phases annuelles (symbolisées par les anciens trigrammes) de la révolution annuelle du
yin et du *yang*.

---

1) Dans un article récent (Journal Asiatique, juillet 1909, p. 18). M. Chavannes, à
propos d'une allusion au *Che king* («la cigogne qui crie dans le neuvième étang») rappelle
que le «neuvième étang» signifie l'étang qui est au centre du marécage.

L'autel élevé à *T'ai Yi* eut trois degrés. Les autels des cinq Empereurs l'entouraient à la base; chacun avait l'orientation qui convenait à son empereur; mais l'autel de l'empereur jaune était au sud-ouest. Huit ouvertures servaient d'entrées aux esprits. (M. H. III, p. 490).

Nous avons dit précédemment pourquoi l'empereur jaune n'avait pu être placé au centre et nous aurons à revenir tout-à-l'heure sur ce sujet [1]).

En bas, sur le terrain des quatre côtés, on renouvelait les offrandes en l'honneur de la foule des dieux qui accompagnent *T'ai Yi* et en l'honneur de la constellation *Po-teou*.

Po-teou 北斗, le Boisseau septentrional n'est autre que la Grande Ourse, et la foule des dieux qui accompagnent *T'ai Yi* sont les étoiles circompolaires comme on peut le voir en divers passages du même chapitre [2]).

Cette disposition de huit secteurs rangés autour d'un centre se rencontre également dans la division du firmament en *neuf cieux*, qui ne sont pas des cieux concentriques suivant l'idée grecque mais bien des régions équatoriales groupées autour du pôle:

Il y avait à *Kan-ts'iuan* un temple des neuf cieux [3]). L'énumération des neuf cieux nous est fournie par *Lu Pou-wei* (section 有始覽 du 呂氏

---

1) Ci-dessous p. 256.

2) T. P. 1909 p. 275. M. H. III p. 473. Il est à remarquer que le texte ne parle pas ici de *dieux* mais de *ministres*. «Je substitue, dit M. Chavannes, au mot 臣 que nous avons ici la leçon 神 qui est donnée par le *Ts'ien Han chou* et par le chapitre XII des *Mémoires historiques*». L'évolution anthropomorphique qui se poursuivait depuis des siècles ayant, à l'époque des *Han*, transformé en dieux ou en génies les symboles de l'ancien culte naturiste, la leçon 神 convient sans doute fort bien; mais 臣 rend mieux compte des origines.

L'uranographie chinoise nous montre en effet l'ancienne étoile polaire, symbole de l'empereur céleste, flanquée de deux rangées de dignitaires qui constituent la cour céleste, l'enceinte 紫微垣, composée des deux haies 東藩 et 西藩. Dans sa description du Palais central, *Sseu-ma Ts'ien* dit aussi que tout autour de l'étoile polaire, résidence constante de *T'ai Yi*, douze étoiles qui forment une garde du corps sont les *Fan-Tch'en* 藩臣 (*sujets barrières* ou *ministres formant la haie*). L'ensemble de ces astérismes est appelé le *Palais pourpre* 紫宮. (M. H. III, p. 340. *Ur.* p. 508).

3) M. H. III, p. 452.

春秋 chap. XII, p. 1 v⁻): «Qu'appelle-t-on les neuf régions 九 野? Celle du centre s'appelle le Ciel régulateur 鈞 天 ¹);... celle du nord-est s'ap-

---

1) Dans un autre passage (M. H. V, p, 26) M. Chavannes traduit la même expression par *Ciel formateur* en s'appuyant sur différents textes où le ciel apparaît comme façonnant les êtres de même que la roue du potier façonne en tournant les objets d'argile. Mais la traduction *Ciel régulateur* me semble bien plus près du sens originel. Si, en effet, le tour du potier est désigné par le caractère 鈞 c'est qu'il tourne autour d'un axe comme le ciel circompolaire tourne autour du pôle. Les objets façonnés à la main sont irréguliers et dissemblables; façonnés au tour ils sont au contraire réguliers et uniformes. Le tour a donc été nommé par les Chinois *le régulateur, l'uniformisateur*; et l'on voit assez l'analogie de cette signification primitive avec celle de la région centrale du ciel tournant autour du pôle.

Qu'on me permette à ce propos une petite digression étymologique. Plusieurs auteurs ont fait remarquer que souvent, dans les caractères composés, la phonétique n'indique pas seulement le *son* mais qu'elle évoque aussi l'*idée*, de telle sorte que l'ensemble du caractère peut être considéré soit comme idéo-phonétique soit comme idéographique. A mon avis il est impossible d'expliquer ce fait en supposant que, parmi les phonétiques disponibles on a pu délibérément en choisir une qui par hasard indiquait à la fois le son et l'idée. De telles coïncidences proviennent toujours (hormis quelques cas peut-être fortuits) d'une communauté d'origine entre les deux mots représentés par la phonétique et par le caractère composé.

鈞 en est un exemple typique: à l'origine 勻 (une *enveloppe* contenant *deux*) signifie «diviser en deux parts égales, égaliser, uniformiser». Ce mot ayant servi à désigner le tour du potier (*régulateur*) a donné lieu à deux formes dérivées et autonomes 均, 鈞, dont la filiation est évidente. Ces mots ont tellement conservé leur sens originel que 均勻 signifie encore «uniforme, de même dimension». En français, l'uniformité des habits militaires a donné naissance au substantif *uniforme;* il en est de même en chinois où 兵鈞衣 est devenu 袀 *l'uniforme*, mot autonome dans lequel la phonétique indique à la fois le son et l'idée. La langue et l'écriture démotique (*chữ nôm*) annamites fournissent de nombreux cas analogues, l'altération des mots d'origine chinoise ayant pris souvent diverses formes dérivées. Un exemple frappant en est précisément ce mot *chữ* qui dérive de *tseu* 字, tout en se différenciant du mot mandarin *tự* = 字, et s'écrit 字字 caractère composé dans lequel la phonétique 字 se trouve identique à la clef 字.

Pour en revenir à notre point de départ, l'expression 鈞天 appliquée au ciel central (c'est-à-dire circompolaire) évoque avant tout la régularité de sa rotation autour de l'axe polaire. Quoique ce mouvement de rotation emporte solidairement tout l'ensemble du ciel, il caractérise ici spécialement le ciel circompolaire; de même, au sens religieux, 天 *le Ciel* ne désigne pas tant l'ensemble de la voûte azurée que le palais central, le palais pourpre, résidence de l'Empereur d'en haut et de l'Unité suprême. Aussi dans les textes cités par Chavannes retrouvons-nous cette idée primordiale de la philosophie chinoise que l'Empereur, cheville ouvrière du monde terrestre, n'est que le reflet du Pôle, pivot du monde céleste: «C'est pourquoi le roi saint, quand il dirige les hommes et règle les moeurs se borne à opérer sa transformation [ou «à puiser son influence»] dans les hauteurs du (Ciel) formateur».

Ciel de la transformation 變天 ¹); celle du nord s'appelle le Ciel sombre 玄天;... celle du nord-ouest s'appelle le Ciel caché 幽天;... celle de l'ouest s'appelle le Ciel éclatant 顥天;... celle du sud-ouest s'appelle le Ciel rouge 朱天;... celle du sud s'appelle le Ciel ardent 炎天;... celle du sud-est s'appelle le Ciel du principe *yang* 陽天» (M. H. III, p. 452).

Cette énumération, qui contient de nombreux indices d'une origine archaïque, est très intéressante; nous aurons plusieurs fois l'occasion de la citer dans la suite.

*

Une autre manifestation intéressante de la série de neuf termes est celle qui fait l'objet du chapitre *Hong-fan* 洪範 (Grand plan) du *Chou king*.

Rappelons les circonstances dans lesquelles ce document nous est présenté. *Ki*, vicomte de *Wei*, était le demi-frère du dernier souverain des *Yin*. Après avoir fait au roi d'inutiles remontrances, prévoyant la chûte de la dynastie il se confina dans la retraite. A l'avènement des *Tcheou*, *Ki* fit sa soumission. Quelque temps après, le roi *Wou* l'interrogea sur les règles d'un bon gouvernement et c'est à cette occasion que le vicomte aurait développé le schème philosophique dit *Hong-fan* que la tradition faisait remonter à l'époque de *Yu* le Grand ²). Legge estime que cette antiquité n'est point invraisemblable:

That the central portion of the Book, and more or less of the expository part, came down from the times of Hea is not improbable. The use of the

---

1) Je proposerais plutôt « le Ciel du renouvellement »; ce nom fait en effet allusion à l'origine sidérale de l'année civile: l'équinoxe vernal correspondant à l'E et le solstice d'hiver au N, le *Li tch'ouen* correspond au N-E.

2) On peut trouver étrange que le roi *Wou* soit allé demander des conseils à un membre de la famille déchue; mais cette invraisemblance disparaît dans le récit du *Tcheou chou*, souvent bien plus circonstancié et plus près des évènements que celui du *Chou king*: «Deux ans après, le roi *Wen* demanda au vicomte de *Ki* quelles étaient les causes pour lesquelles les *Yin* s'étaient perdus. Le vicomte de *Ki* n'était pas disposé à parler des vices des *Yin*; il discourut sur la conservation et sur la ruine, et sur ce qui est avantageux à un royaume; le roi *Wou* de son côté fut honteux de sa question et c'est pourquoi il l'interrogea sur la voie que suit le Ciel. (M. H. I, p. 244).

number nine and the naming of the various divisions of the «Plan», are in harmony with Yu's style and practice in his «Counsels», and in what we may call the «Domesday book». (C. C. III, p. 321).

En effet, si l'on se reporte au Tribut de *Yu* et à la carte qui s'y trouve jointe (Legge, *op. cit.* p. 92) on voit que dans l'Empire de *Yu*, la province contenant la capitale se trouve au centre, les huit autres provinces se groupant autour d'elle de manière à représenter, autant que possible, les huit divisions de la circonférence. Cette disposition aurait frappé bien davantage le Dr. Legge (et l'aurait aidé à mieux comprendre le sens originel du *Yi-king*) s'il en avait connu la raison d'être astronomique, cosmologique et religieuse. Comme le fait remarquer le grand sinologue anglais, un emploi du nombre *neuf* analogue à celui qui fait le cadre du *Hong-fan* se présente à plusieurs reprises — comme aussi l'emploi du nombre *cinq* — dans les Conseils de *Yu* [1]). Or cet emploi du 5 et du 9 correspond à un élément central prééminent (五九之尊) entouré de 4 régions (ou 8 demi-régions) cardinales. Dans ce même chapitre du *Chou king* se trouve l'archaïsme très intéressant 五辰 employé dans le sens de 四時 les quatre saisons, ce que Legge a traduit, d'après les commentaires, par «the five *elements-regulated* seasons» [2]).

Par ailleurs, nous n'avons pas à examiner ici l'objet des diverses sections du *Hong-fan*. Au point de vue qui nous occupe, ce qui est essentiel dans ce schème philosophique c est d'abord la répartition circulaire des divers agents autour d'un centre polaire 皇極. Ensuite la réunion des lois physiques et des lois morales sous un

---

1) Cf. pp. 56, 77, 80, 81, 74.

2) *Op. cit.* p. 72: «辰 is defined in the Dict. with reference to this passage, by 時, and *Ch'in* says 五辰四時也». L'année est en effet conçue comme la révolution des quatre palais équatoriaux qui supposent toujours au dessus d'eux le palais central, polaire.

même déterminisme universel auquel préside l'Empereur d'en haut assimilé au Pôle céleste.

L'ordre social, l'équilibre moral et les lois physiques forment, en effet, dans la philosophie antique un seul et même tout; de telle sorte qu'à une question sur la meilleure méthode de gouvernement il est répondu par l'énumération des facteurs en présence parmi lesquels les cinq éléments physico-chimiques figurent au même titre que les trois vertus.

De même que dans les séries dénaires nous avons vu les termes médians (5 et 6) représenter élément central et la puissance impériale, de même ici dans cette série de 9 c'est naturellement le terme médian, (le 5ᵉ) qui représente le centre. Et ce terme central s'appelle 皇極 ce qui signifie indifféremment, selon les circonstances, «la plus haute perfection du souverain» ou «le prince qui réalise la perfection» ou enfin «le pôle céleste». L'étoile polaire est en effet nommée 天皇大帝, ou 天極; et, dans l'antiquité, elle est identifiée au 上帝, à l'Empereur d'en haut [1]). «Que le roi réalise la perfection, dit le *Hong-fan*, telle est la doctrine (qui produira dans le monde) la conformité avec l'Empereur (céleste)» [2]). Confucius dira de même: «Celui qui règne par la vertu peut être comparé à l'étoile polaire».

VII. La série de huit termes.

Comme nous l'avons déjà vu à propos de l'origine de la série dénaire, la série de huit termes représente la division du *Contour du ciel* en huit parties, chaque palais équatorial étant scindé en deux moitiés; ou, ce qui revient au même, la division de l'année en huit demi-saisons.

---

1) B, p. 276.
2) M. H. IV, p. 223.

La manifestation la plus importante de la série de huit termes est le symbolisme des huit trigrammes 八卦 qui servent de cadre au *Yi king*. Ce symbolisme étant lié à l'action du *yin* et du *yang* nous aurons l'occasion de l'étudier lorsque nous traiterons de la théorie dualistique.

VIII. Les deux séries de six termes.

La série de six termes se présente sous deux formes bien distinctes: la première date de la très haute antiquité et symbolise les idées cosmologiques de la période créatrice. La seconde est d'accord avec la réforme opérée par le roi *Wen* et devient officielle à l'avènement des *Tcheou*; elle semble ainsi être postérieure de plus de mille ans à la première. Il n'est cependant pas impossible que les idées qu'elle représente remontent, en partie, à la haute antiquité. Nous discuterons plus tard cette question d'origine.

*

La série primitive. Nous avons vu que les quatre palais équatoriaux (E, S, O, N) d'où émane l'influence de chaque saison, sont eux-mêmes soumis à l'action des deux Principes (*yin* et *yang*) dont le premier est localisé dans la région Nord et le second dans la région Sud [1]). Le palais de l'hiver n'est donc pas seulement la résidence de l'*élément Eau* mais aussi du *principe yin*; et le palais de l'été n'est pas seulement la résidence de l'*élément Feu* mais aussi du *principe yang*.

	Porc Boeuf N *Yin*	
Chien O		E Coq
	S *Yang* Mouton Cheval	

北	陰
西	東
南	陽

---

1) B, p. 258.

Autrement dit, parmi les quatre éléments cardinaux, il en est deux qui sont extrêmes et deux moyens. Les deux éléments extrêmes (*eau* et *feu*) ne représentent pas seulement deux saisons (hiver, été) mais aussi deux principes (humide et froid; sec et chaud). Ce qui donne lieu à une série de six termes (4 éléments, 2 principes).

Ces six termes sont symbolisés par les six animaux de sacrifice:

le porc et le boeuf   N

le coq   E

le mouton et le cheval   S

le chien   O

Le boeuf et le cheval représentent respectivement le *yin* et le *yang*. — Le coq, le mouton, le chien et le porc représentent le printemps, l'été, l'automne et l'hiver. Cette répartition des six animaux domestiques forme l'armature du *cycle des douze animaux* obtenu, nous le verrons, par l'adjonction symétrique de six animaux sauvages [1]). Ce cycle devant être étudié en détail dans l'article suivant nous nous bornerons ici à indiquer sommairement les associations d'idées qui ont déterminé la répartition de ces animaux:

Le *boeuf*, dont l'allure est lente et docile, représente le principe passif *yin*; au contraire le *cheval* de par sa nature fringante et fière est essentiellement un animal *yang*.

Le *coq* annonce le lever du soleil, à l'Est; il correspond donc au matin, au palais oriental, au printemps.

Le *chien*, qui dénonce et punit les malfaiteurs, symbolise l'automne, la saison du métal, de la justice et des châtiments.

Le *mouton*, qui craint l'eau et recherche la chaleur et la sécheresse, symbolise l'été.

---

1) Comme nous l'avons déjà dit à propos des mois turcs (B, p. 288) la réforme de *Tchouan-hiu* (suppression du principe lunaire) fut appliquée au zodiaque des animaux, mais avorta en ce qui concerne le couple *dragon-chien* (d'où l'interversion des mois turcs 2 et 7) Il en est résulté que, dans le cycle duodénaire actuel, le *dragon* et le *tigre* se trouvent dans un même palais (E) comme aussi le *coq* et le *chien* (O).

Le *porc*, au contraire, qui aime la fange et l'humidité, représente l'hiver.

*

La série postérieure. Dans les trigrammes primitifs (dits de
Fou hi) le *yin* correspond au *nord* et le *yang* au *sud*. A partir de
l'avènement des *Tcheou* et par suite de la réforme opérée par le
roi *Wen*, c'est au coutraire le *yang* qui correspond au *nord* et le
yin au *sud*. A ce changement, que nous aurons à étudier en détail
à propos du *Yi king* et de la théorie dualistique, correspond une
modification de la série de six termes. Rendue officielle à l'avènement de la dynastie des *Tcheou*, la nouvelle série constitue le cadre
de l'organisation administrative décrite dans le *Tcheou li*.

Cette réforme était la conséquence d'une évolution qui se poursuivait depuis longtemps et dont on peut reconstituer les étapes.

La série primitive se déroulait tout entière sur le Contour du
Cìel, c'est-à-dire dans les palais équatoriaux. Si le *Nord* représentait l'hiver (quoique eu réalité le soleil se trouve alors au Sud de
l'équateur) c'est, comme nous l'avons vu, parce que l'argument latitudinal était entièrement absent des idées cosmologiques de la haute
antiquité. Le *Nord* et le *Sud* étaient conçus comme des régions
équatoriales où le Soleil subissait une influence locale du *yin* et du
yang.

Toutefois, quoique dans cette conception chinoise, le pôle soit
censé à égale distance des régions *nord* et *sud* de l'équateur où
résident les deux principes, et théoriquement *neutre* puisque c'est
lui qui crée les deux principes 太極是生兩儀, la notion
même de *nord* s'attache néaumoins au pôle parce que cette notion
dérive nécessairement du méridien, c'est-à-dire du fait que ce pôle
u'est pas au zénith mais au dessus d'un certain point de l'horizon.
Si l'hiver et l'été sont assimilés au *nord* et au *sud* c'est en vertu

de l'analogie de l'hiver avec la mi-nuit et de l'été avec le midi; d'où il suit que la chaleur (diurne ou annuelle) correspond au *sud* et que le froid (diurne ou annuel) correspond au *nord*. Quoique le pôle soit considéré comme l'Unité suprême 太一, il arrive donc cependant, par extension et par voie d'analogie, qu'il soit ainsi assimilé au *nord* et par conséquent au *yin*. Or, si la région polaire du ciel, c'est-à-dire le palais central ou Ciel proprement dit 天, est *yin*, il s'en suit que la terre centrale, ou Terre proprement dite 天下, est *yang*. Mais il y a là une inconséquence; car le Ciel est supérieur, la Terre est inférieure. Le Ciel est actif; il féconde la Terre élément réceptif [1]). Le sentiment de cette contradiction amène une évolution dans les idées. Autrefois le dieu du sol 社 était un personnage masculin: c'était *Keou-long* fils de *Kong-kong* et on l'appelait *Heou t'ou* 后土, le «prince *Terre*». Mais à mesure que l'on s'habitue davantage à envisager la Terre comme le corrélatif du Ciel, et à identifier l'élément *terre* 土 avec l'ensemble du monde terrestre 地, le sens de l'expression *Heou t'ou* se modifie et prend une acception féminine; 后土 devient «la souveraine Terre» [2]).

---

1) Cette inconséquence ne se fait sentir que lorsqu'on envisage la Terre comme le corrélatif du Ciel, après avoir introduit la notion de *nord* et de *yin* dans l'idée de *pôle*. Mais elle ne se manifeste pas si l'on se reporte à la philosophie primitive du *yin* et du *yang* attestée par les principes essentiels de l'astronomie chinoise. Comme les Chaldéens, les anciens Chinois ont considéré le principe humide comme primordial; le monde est sorti d'un chaos liquide de même que l'année naît, au solstice d'hiver, dans les ténèbres et l'humidité. C'est pourquoi l'on dit *yin yang* et non *yang yin*.

Quoique les équinoxes soient à égale distance des solstices et représentent une égalité entre le *yin* et le *yang*, le printemps est dit *yang* et l'automne *yin*, car l'un est une saison positive, de croissance; l'autre une saison négative, de déclin. D'où il suit que la gauche côté de l'E, est la place d'honneur.

Les six directions de l'espace étant le N (*yin*) et le S (*yang*); l'E (*yang*) et l'O (*yin*); le *haut* et le *bas*; la qualification de ce dernier couple variera suivant que l'on considère, le *yin* ou le *yang* comme le principe fondamental.

2) M. Chavannes a signalé ce changement de sexe de la divinité Terre. Dans sa traduction des *Che-Ki* (M. H. III, p. 474) il estime d'abord que cette transformation n'apparaît

Les changements de dynastie étant considérés en Chine comme des époques où de profonds remaniements s'accomplissent dans l'ordre physique et moral, et où il est opportun par conséquent de modifier les symboles, c'est à l'avènement des *Tcheou* que la conception nouvelle du couple *Ciel-Terre* reçoit une consécration officielle. Cette réforme avait été préparée par le roi *Wen* comme une sorte de testament politique présageant le mandat céleste dont ses descendants allaient être bientôt investis. La caractéristique de cette réforme qui se manifeste dans le *Yi king* 易 經 est que la Terre est dorénavant le corrélatif féminin du Ciel et qu'elle établit entre le Ciel et les éléments un lien qui donne naissance à une série de six termes.

A l'ancien couple équatorial ou horizontal *yin-yang* se substitue ainsi le couple vertical Ciel-Terre = *yin-yang*, puis à l'avènement des *Tcheou* le couple Ciel-Terre = *yang-yin*.

Série primitive	Yi-king	Série postérieure
Yin	*Yang*	Ciel
N	N	N
O E	O E	O E
S	S	S
Yang	*Yin*	Terre

La série de six termes primitive, équatoriale, ne comportait pas d'élément central puisqu'elle situait les deux principes dans les palais solsticiaux. La seconde série de six termes, au contraire, com-

---

avec certitude que sous les *Han*: «A l'époque de *Sseu-ma Ts'ien*, dit-il, il semble bien que 后 土 eût cessé de désigner le dieu local du sol et fût devenu le nom de la Souveraine Terre, divinité féminine opposée au Ciel, divinité masculine». Mais dans une étude postérieure (*Le dieu du sol*, op. cit.) il constate que «dès l'année 645 avant J.-C., on prend à témoin le Ciel majestueux et la Terre souveraine: „Votre Altesse marche sur la Terre souveraine et a au dessus d'elle le Ciel majestueux. — Le Ciel majestueux et la Terre souveraine ont entendu vos paroles.... etc.».

porte deux éléments centraux superposés: le Ciel et la Terre [1]). Sa figuration normale est donc celle-ci:

天　　　　　　　　　Ciel
南西土東北　　　S. O. Terre. E. N.

ou encore:

天　　　　　　　　　Ciel
地　　　　　　　　　Terre
火金　木水　　　Feu. Métal.　　Bois. Eau.

La terre sert ainsi de trait d'union entre le ciel et les éléments; car la terre peut être considérée soit comme le corrélatif du ciel, soit comme un des cinq éléments.

Cette nouvelle série de six termes forme le cadre du *Tcheou li*.

*

Que devient le symbolisme des six animaux domestiques dans ce remaniement de la série primitive? Nous avons vu que le *yin* et le *yang* sont représentés par le boeuf et le cheval; et puisque le couple Ciel-Terre correspond au *yang* et au *yin*, on pourrait penser qu'il est symbolisé par ces mêmes animaux. Mais ce serait une hérésie de comparer le Ciel au cheval; aussi le terme Ciel est-il laissé sans attribut zoaire, le cheval allant loger avec le mouton dans le palais de l'été = sud = *yang*:

```
                        Porc
                     Hiver. N.
                  ┌──────────┐
Chien. O.         │  Boeuf   │         Coq. E.
Automne           │  Terre   │         Printemps
                  └──────────┘
                     Été. S.
                   ╲ Mouton
                   ╱ Cheval
```

---

[1]) Par Ciel il faut entendre, en effet, le Ciel circompolaire, de même que par Terre il faut entendre la terre centrale opposée aux régions cardinales. Le couple Ciel-Terre qui remplace ici l'ancien couple N-S indique une direction de l'espace, la direction Haut et Bas 上 下 substituée à la direction N-S.

Cette irrégularité apparente est une conséquence naturelle de l'atteinte portée au système logique et symétrique de la haute antiquité, en substituant au couple *Yin-Yang* le dualisme Ciel-Terre qui ne lui est pas équivalent. Aussi bien, les Chinois n'ont-ils jamais spécifié formellement que le Ciel fût *yin* ou *yang*, cette assimilation du Ciel au *yin* ou au *yang* n'étant obtenue que par voie de parallélisme.

Le fait que le terme 乾 a été considéré successivement comme correspondant au Sud et au Nord, ne suppose pas d'ailleurs une réelle contradiction. Si le nord, en effet, est la région où le *yin* prédomine, c'est aussi celle où le *yang* naît [1]. C'est pour quoi les deux systèmes ont pu être mis successivement en honneur sans impliquer un changement radical de doctrine.

Le couple 乾 坤 Ciel-Terre (dualistique) peut ainsi correspondre valablement au couple primitif *yin-yang* ou au nouveau couple *yang-yin*; mais il n'en est pas ainsi du couple 天 地 et c'est pourquoi nous voyons les anciens Chinois s'abstenir de symboliser le Ciel par le cheval.

*

Les symboles de la terre. La réforme calendérique promulguée à l'avènement des *Tcheou* ne fut pas observée, on le sait, dans toutes les principautés et il est probable que l'ancien système astrologique subsista également dans les Etats qui ne suivirent pas le calendrier des *Tcheou*. Nous voyons d'ailleurs que même à la cour du Fils du Ciel, les trois méthodes étaient employées (*Tcheou li*). D'autre part, lorsque cette dynastie tomba en décadence, le déclin de la science astronomique fit perdre de vue la signification du

---

[1] 十一月陰極之至、陽氣始生。

symbolisme antique. Les divers systèmes, parfaitement distincts lorsqu'on se rappelle leur principe originel, se trouvent ainsi mélangés et confondus dans les ouvrages hétérogènes qui furent compilés sous les *Han* (dans les *Mémoires historiques* de *Sseu-ma Ts'ien* par exemple, dans le *Li-ki*, etc.). De tous les termes de la série, l'élément dont le symbolisme a le plus varié est celui qui sert de trait d'union entre les systèmes: la *terre*; nous allons rappeler ses divers symboles et montrer l'unité de doctrine sous leur apparente diversité.

La terre dans la série des cinq éléments correspond au centre; dans la série primitive de six termes elle correspond au *yang* et au *Sud*; dans la série postérieure au *yin*. Elle s'appelle, suivant le cas, 土, 地, 坤. Elle peut être, suivant les circonstances, symbolisée par le boeuf, le cheval, le mouton, le phénix, la caille.

Le *boeuf* est le symbole du *yin*; à ce titre il représente la terre 地.

Le *cheval* était le symbole du *yang* et du *sud*; étant resté attaché au sud, il a parfois représenté indirectement la terre 坤 (*Yi king*).

Pour la même raison la terre est parfois symbolisée par le *mouton* parce que cet animal représente l'*été* (= *sud* = 坤).

Pour la même raison encore, le principe féminin 坤 est symbolisé, en ce qui concerne l'impératrice, par le *phénix* (qui est, nous l'avons vu, une altération du symbole primitif, la caille) [1]). Quoique ce phénix, opposé à la tortue, soit à l'origine l'emblème du *yang* et du *feu*, il est devenu un symbole féminin lorsque le *sud* est devenu la résidence du principe *yin*. Le phénix, emblème de l'impératrice, s'oppose alors au dragon symbole du printemps, de l'est, du soleil et du Fils du Ciel.

Représentation excentrique de la Terre. Si, pour une raison

---

1) Cf. B, p. 74 et notre article ultérieur D

quelconque, l'élément central ne peut être représenté à sa place normale, au milieu des autres éléments, il est alors logé, comme nous l'avons vu, dans le palais méridional, par suite de l'équivalence 土 = 坤.

Ainsi, lorsque l'empereur *Wou* sacrifie à *T'ai yi* (le pôle) et à ses assistants les cinq empereurs, l'empereur jaune ne pouvant être placé au centre est placé avec l'empereur rouge dans le palais méridional. (M. H. III, pp. 490, 512).

De même encore, lorsque le *boeuf* est devenu le symbole de l'élément central, son ancien corrélatif le *cheval* est resté néanmoins, avec le *mouton*, dans le palais méridional.

```
            Porc
Chien  Boeuf   Coq
      │Cheval
      │Mouton
```

Le mouton fen. «Le duc *Ngai* de *Lou* avait chargé des hommes de creuser un puits; au bout de trois mois de travail ils ne trouvèrent pas de source mais ils trouvèrent un mouton de jade...

«Confucius vit le duc et lui dit: «L'essence de l'eau est le jade; l'essence de la terre est le mouton. Je désire que vous ne voyiez point là un prodige» [1].

Il s'agit évidemment de la découverte d'ossements fossiles et Confucius demande au duc de ne voir dans ce phénomène qu'un effet des lois physiques. L'aspect des silicates veinés formés par le dépôt des eaux justifie assez bien l'idée des les considérer comme l'«essence» de l'eau; d'autre part, le mouton étant le symbole de l'été, de la sécheresse et par conséquent du principe *yang*, on supposait que les squelettes pétrifiés trouvés parfois dans les profondeurs du sol s'étaient formés spontanément sous l'influence

---

1) Cf. M. H. V, p. 311 note. L'autre version suivant laquelle Tchong-ni énumère, à cette occasion, divers animaux fantastiques issus de l'imagination populaire et sans rapport avec la cosmologie orthodoxe, me paraît d'autant plus légendaire que les prodiges sont précisément un des trois sujets dont Confucius se refusait à parler.

des deux principes: le principe humide fournissant la secrétion pierreuse et le principe sec produisant la forme animale du mouton [1]).

La terre ne doit pas être entendue ici comme l'élément central 土, ni comme 地, mais comme le principe sud opposé à celui de l'eau (nord). Le mouton n'est d'ailleurs pas l'attribut de la terre plantureuse, nourricière et féminine, mais bien le symbole de la terre sans eau, du sud, de l'été. Dans sa réponse, Confucius n'exprime ni les idées de son époque, ni les principes institués par les *Tcheou;* il se reporte aux idées de l'antiquité.

IX. La Série de six termes dans le Tcheou-li.

Après des siècles de discussion sur l'authenticité du *Tcheou li,* les grands critiques chinois *Tchou hi* et *Ma Touan-lin* sont arrivés à la conclusion que ce livre a dû être rédigé en une seule fois, par un même homme, probablement le duc de *Tcheou.* Abstraction faite des interpolations introduites sous les *Han* et de la *Sixième section* qui est entièrement perdue (et remplacée par le Mémoire *K'ao kong ki*) l'ouvrage serait ainsi original et homogène.

Sur l'étendue des interpolations qui peuvent s'y trouver, je ne saurais avoir d'opinion. Mais je constate que le cadre, la distribution des offices administratifs et le plan tout entier du *Tcheou li* sont inspirés par une seule et même formule cosmologique, la nouvelle *série de six termes*, qui devient officielle à l'avènement du fils de *Wen-wang.* Cette particularité milite très fortement en faveur de l'homogénéité originelle de ce rituel et par conséquent en faveur de son ancienneté.

D'autre part, le fait que le *Tcheou li* conforme les règles ad-

---

1) Une idée analogue avait cours naguère en Europe. Aux XVIIe et XVIIIe siècles on affirmait encore que les fossiles étaient des "jeux de la nature" et se formaient spontanément dans le sol.

ministratives à une formule cosmologique, nons reporte à une époque
où les croyances astrales et l'antique autorité pontificale du Fils du
Ciel étaient encore florissantes; or cet état de choses a pris fin peu
de temps après l'avènement des *Tcheou*. Le rapide développement
économique des principautés feudataires éclipse bientôt le pouvoir
patriarcal de l'empereur et la décadence de l'astronomie suit de
près celle de la dynastie. Ni l'ancien culte, ni l'ancien empire ne
se relèveront de cette crise dont la Chine sortira transformée. Sans
doute sous les *Han* on cherchera à restaurer les vieilles idées cosmologiques et l'on établira, par exemple, un calendrier basé sur
les propriétés du chiffre 9. Mais cette dévotion qui s'essaie à reproduire l'antiquité est superstitieuse, éclectique, factice. Elle n'a
plus l'inspiration de la foi primitive. Autrefois, le Fils du Ciel et
ses ministres croyaient que les formules qui déterminent l'ordre
dans les mouvements célestes étaient efficaces pour assurer l'ordre
politique et social; c'est pourquoi ils s'astreignaient à un rituel
inspiré par des considérations cosmologiques. Tel est le *Tcheou-li:*
les offices n'y sont pas classés d'après le principe de la division du
travail, mais d'après leurs rapports avec les différents termes de la
série de six.

Les Chinois attribuent volontiers la composition de ce livre au
duc de *Tcheou* lui-même. Cette hypothèse ne me paraît pas invraisemblable [1]). La première phrase du texte, cette formule hiératique
répétée en tête de chaque section, pourrait bien être de sa main,
car elle reflète une préoccupation qui semble avoir été en quelque
sorte l'idée fixe du duc de *Tcheou* [2]). En tous cas nous voyons se

---

1) Il se pourrait que ce prince eût rédigé cet ouvrage comme une sorte de projet
resté inappliqué et peut-être même inachevé.

2) Nous aurons l'occasion d'y revenir en détail lorsque nous traiterons des déterminations de la méridienne et du solstice dans l'antiquité. Rappelons seulement que le duc
de *Tcheou* a proclamé que l'avènement de sa famille n'était pas une œuvre de conquête
mais l'effet d'un mandat du Ciel. Comme symbole d'une autorité universelle, il aurait voulu

manifester dans le cadre de l'ouvrage une des principales conséquences des réformes du roi *Wen*: la Terre est déjà conçue comme
le corrélatif du Ciel [1]). Les six ministères de l'organisation du
Tcheou li sont en effet ceux du Ciel, de la Terre, du Printemps,
de l'Eté, de l'Automne et de l'Hiver. Et nous pouvons mettre en regard

---

fixer la dynastie nouvelle dans une résidence qui fût le centre du monde; aussi fonde-t-il
la ville de *Lo-yang;* il y établit un observatoire (*Chi-king*), détermine les longueurs d ombre
(*Tcheou-li*) et célèbre le sacrifice solsticial *kiao*. Mais il n'arrive pas à décider son neveu,
le roi *Tch'eng*, à quitter le *Tcheou* ancestral. N'ayant pu vaincre cette résistance de son
vivant, le duc espère encore en venir à bout après sa mort: il exprime le désir d'être
inhumé à *Lo* «afin de montrer qu'il n'ose pas se séparer du roi *Tch'eng*», affectant
ainsi de ne pas mettre en doute que le souverain n'aille résider dans la nouvelle capitale.
Mais celui-ci élude encore cette insistance posthume en faisant transporter les restes de son
oncle au tombeau ancestral sous le prétexte «qu'il ne se permettrait pas de traiter le duc
en sujet».

    Les *Tcheou* restèrent dans leur ancienne principauté et ne s'établirent à *Lo-yang* que
lorsqu'ils furent chassés par les barbares et en pleine décadence. Depuis longtemps, les
rapports du souverain et des feudataires n'étaient plus alors ceux qu'indique le *Tcheou-li*
Aussi en dehors du duc de *Tcheou*, ne voit-on guère qui aurait pu écrire: 惟王建
國、辨方正位、體國經野、設官分職、以爲民
極。Les commentateurs chinois ont bien compris l'allusion qui est faite ici à la fondation
de *Lo-yang*.

    1) Cela ne signifie pas que dès cette époque on ait inauguré le sacrifice *kiao* à la
Terre, qui semble postérieur. Mais le couple Ciel-Terre, dès le premier jour de la dynastie
Tcheou, est invoqué comme une puissance solidaire. Le *Chou-king* nous montre *Fa* (*Wou
wang*) dénonçant les crimes des *Chang* au Ciel auguste et à la Terre souveraine 告于
皇天后土; quoique ce chapitre (武成) ne se trouve pas dans le texte
moderne, je ne crois pas qu'il y ait lieu de suspecter ce passage qui est confirmé par le
Tcheou chou où nous voyons le roi *Wou* annonçant simultanément la chûte des *Yin* au
dieu du sol (= 后土) et au Ciel 皇天 (M. H. I., p. 236). Beaucoup plus dou-
teuses sont les mentions du couple 天地 qui apparaissent dans la Grande Harangue
dont la reconstitution est postérieure à *Sseu-ma Ts'ien* (M. H. 1, p. CXXXV). Quoi qu'il
en soit de l'authenticité de ce texte, Legge signale avec raison le rapport qui existe entre
l'apparition du couple *Ciel-Terre* et la composition du *Yi-king:* "There can be no doubt
that the deification of *Heaven and Earth* which appears in the text took its rise from
the *Yi-king*, of which king Wăn may properly be regarded as the author. No one who
reads what Wăn says on the first and second diagrams, and the further explanations of
his son Tan (the duke of Chow), can be surprised to find King Woo speaking as he does
in the text." (C. C. III, p. 283).

de ces six sections les animaux symboliques correspoudants si nous considérons, en feuilletant la table des matières de la traduction française, les noms singuliers de certaines fonctions symétriquement réparties entre les divers ministères: il y a les *officiers du coq*, les *officiers du mouton*, les *officiers du chien* (et il y aurait sans doute les *officiers du porc* si la sixième section n'était pas perdue).

			Ciel	
			Terre	Boeuf
Printemps	Est	Coq		
Eté	Sud	Mouton	Cheval	
Automne	Ouest	Chien		
Hiver	Nord	Porc		

Comme on pouvait s'y attendre, les officiers du coq 雞人 ressortissent au ministère du printemps, les officiers du mouton 羊人 au ministère de l'été, les officiers du chien 犬人 au ministère de l'automne.

Restent le boeuf et le cheval: or nous voyons les *officiers du boeuf* ressortissant au ministère de la Terre, et le ministère de l'été presque entièrement consacré au *cheval*. Si l'on ne trouve pas, dans ce dernier, d'officiers appelés *ma-jen* 馬人, c'est que, par suite de l'importance militaire du cheval, les officiers de ce département sont beaucoup plus nombreux et portent des titres plus spéciaux, à commencer par le *Ta Sseu-ma*, grand maréchal, *magister equitum* [1]).

Cette complète symétrie nous montre la raison d'être, religieuse et traditionnelle, de la division administrative.

---

1) Cf. E. Biot, le *Tcheou li*, I, pp. 270, 470; II, pp. 162, 193, 364. — Biot, qui ne fait aucune remarque sur ce symbolisme ni en général sur la théorie des cinq éléments, traduit 牛人 par « bouviers »; mais il est clair qu'il s'agit d'administrateurs responsables; ils ont à « fournir » les boeufs pour les services de l'armée, des sacrifices, des convois, etc. Se rappeler les fonctions analogues remplies par Confucius dans sa jeunesse.

p10 261 Il y a d'abord un ministère en dehors — et au dessus — des cinq éléments, c'est celui de la Maison du Fils du Ciel, ou ministère du Ciel· et son directeur, sorte de Maire du Palais, prend, comme ailleurs, une prééminence sur ses collègues.

Puis le ministère de l'élément *terre* (centre)· qui s'occupe de la population, des terres du domaine impérial, et de l'instruction.

Puis le ministère des Rites, dit *du printemps*. Pourquoi les Rites sont-ils assimilés à l'*est = bois = coq*? Parce que le coq annonce le lever du soleil et s'acquitte ainsi d'une fonction protocolaire analogue à celle des officiers qui ont à annoncer l'heure et le détail des cérémonies ¹).

Ensuite, le ministère de l'été, représenté à la fois par le mouton et par le cheval suivant la règle que nous avons indiquée plus haut: le mouton. symbolise l'été par opposition au porc qui représente l'hiver; et le cheval symbolise le *yang* par opposition au bœuf qui représente le *yin*. Mais dans la nouvelle série le *yin* c'est la *Terre* et c'est pourquoi le boeuf symbolise le ministère de la Terre. Le cheval, toutefois, ne peut être considéré comme un symbole du Ciel qui ne saurait être assimilé à aucune créature; le ministère du ciel (comme le palais central de l'uranographie chinoise) reste donc sans emblème; et le cheval ne quitte pas son ancienne place, le palais méridional, qu'il partage avec son vieux camarade le mouton.

---

1) «Lorsqu'il y a un grand sacrifice, l'officier coq 雞人 annonce le lever de l'aurore, pour éveiller les divers officiers de la cour... En général pour toutes les cérémonies officielles dont l'époque est fixée, il annonce l'heure de la cérémonie».

Si l'on n'est pas familiarisé avec l'idée que l'ancien culte astral de l'antiquité constitue. une véritable et puissante religion, il semblera invraisemblable que les réglements administratifs aient pu s'inspirer du symbolisme de la théorie quinaire. Il est cependant facile de voir que les idées actuelles des Chinois en restent tout imprégnées. Si l'empereur en est encore à donner audience chaque matin au petit jour, c'est qu'il est obligé de suivre le rite du coq et d'être au travail dès le lever du soleil. D'où l'expression 朝 = aurore = Cour = dynastie.

Enfin, le département de l'automne, saison du *métal* et des châtiments, se trouve symbolisé par le chien; car ce fidèle serviteur en dénonçant les voleurs se fait un auxiliaire de la justice.

*

Quoique personne, à ma connaissance, n'ait signalé ce symbolisme zoaire du *Tcheou li*, les commentateurs chinois en comprennent sinon l'ensemble du moins certains détails. Exemples:

Le mouton est la victime qui correspond au feu du sud. Le commandant des chevaux étant le ministre du feu, il a sous ses ordres l'officier du mouton. (II, p. 144).

À propos du passage où il est dit; «Le *Siao tsong po* répartit les *six* animaux de sacrifice entre les cinq ministres» *Tcheng tong*, le plus ancien des commentateurs, dit:

Le *bœuf* est attribué au second ministre (Terre); le *coq* au troisième ministre (E); le *cheval* et le *mouton* au quatrième ministre (S); le *chien* au cinquième ministre (O); le *porc* au sixième ministre (I, p. 445).

Ceci confirme ce que nous avions induit par ailleurs: le Ciel n'a pas de symbole zoaire; par contre le sud en a *deux*. Mais si les animaux se trouvent énumérés en dehors de l'intervention du couple *Ciel-Terre*, ce groupement du mouton et du cheval n'a plus de raison d'être; le *Tcheou li* reproduit dans ce cas l'ancienne série de six termes. Par exemple, à propos du service de table de l'Empereur, il énumère les occasions où la viande des six animaux se trouve être mauvaise:

Si un *bœuf* mugit . . . . (Yin)
Si un *mouton* a sa laine feutrée . . . (S) ⎤
Si un *chien* a les cuisses rouges . . . (O) ⎟
Si un *oiseau* perd ses couleurs. . . . (E) ⎬ .
Si un *porc* regarde au loin. . . . . . (N) ⎟
Si un *cheval* a le dos noir. . . . . . (Yang) ⎦

Le centre n'étant pas ici représenté, le mouton et le cheval reprennent leurs positions respectives et les animaux sont disposés symétriquement par rapport au centre absent: S . . . N; O . . . E; *yin . . . yang.*

Cet emploi, comme norme, du nombre six se manifeste également dans le chapitre *Tcheou kouan* 周官 du *Chou king*. Tandis que dans la haute antiquité l'inspection des fiefs par le souverain et les visites des vassaux à la capitale s'accomplissent dans un cycle de cinq ans, c'est un cycle de six et de douze ans qui est institué par les *Tcheou*[1]). Ceci donne à penser que l'inspection quinaire de la haute antiquité n'est pas une invention des temps postérieurs.

X. Les six dieux cosmiques.

C'est ici le lieu de signaler la curieuse série des six dieux — du pôle et des cinq éléments — mentionnée dans certains documents de l'époque des *Han*. Les noms de ces six dieux appartiennent à la même sorte de terminologie que les séries dénaire et duodénaire, dites astrologiques, employées dans le cycle sexagésimal du calendrier archaïque des *Mémoires historiques;* Chalmers, qui estime cette terminologie dénuée de sens et *barbare* au point de vue chinois, est d'avis que ces noms de dieux sont, comme ceux du cycle, d'origine étrangère[2]). Les voici:

Le dieu du pôle nord	北帝	耀魄寶
Le dieu du bois (vert)	青帝	靈威仰
Le dieu du feu (rouge)	赤帝	赤熛怒
Le dieu de la terre (jaune)	黃帝	含樞紐
Le dieu du métal (blanc)	白帝	白招矩
Le dieu de l'eau (noir)	黑帝	叶光紀

On se demande tout d'abord comment Chalmers peut parler de «meaningless trisyllables» alors que le nom du dieu (ou empereur)

---

1) De même dans le *Tcheou li;* I, pp. 406—408.
2) Cf. ci-dessus p. 238. — Chalmers, *op. cit.* p. 97.

blanc 白 commence par 白, et que le nom de l'empereur *rouge* 赤 commence par 赤. Ensuite, comme Chavannes l'a fait remarquer[1]), 熛怒 signifie «flamme qui s'élève» de telle sorte que le nom de l'empereur rouge, dieu du feu, est: *rouge flamme qui s'élève.* D'autre part, le mot 靈 qui figure dans le nom de l'empereur vert est significatif, puisque c'est celui d'une constellation caractéristique du Palais oriental ou du Dragon vert, qui correspond au *bois*[2]).

Ces constatations suffisent à établir que cette série de six, pas plus que celles de dix ou de douze, n'est d'origine étrangère. Son obscurité provient seulement de sa haute antiquité. Elle exprime des idées de l'ancienne religion astrale que l'on ne comprenait plus sous les *Tcheou*; il est d'autant plus difficile d'en pénétrer la véritable signification, sans l'aide de commentaires traditionnels, qu'une partie de ces caractères reproduits pendant des siècles sans être compris, a pu être altérée[3]).

Dans le but de ne pas soulever ici la question de l'origine de la doctrine des Empereurs célestes, j'ai appelé «dieux», avec

---

1) Ci-dessous, p. 286.

2) *Sseu-ma Ts'ien* fait deux fois allusion à cet astérisme dans son traité des sacrifices *fong* et *chan*, et M. Chavannes ajoute en note: « D'après *Sseu-ma Tcheng* les étoiles *Ling* 靈 seraient identiques aux étoiles *Long* 龍, c'est-à-dire à tout l'ensemble de constellations qui forment le Dragon azuré» (p. 509). — «D'après les commentaires qui accompagnent cette phrase, la constellation Ling 靈星 paraît être la constellation *T'ien t'ien* 天田 le Champ céleste, qui préside aux travaux de l'agriculture » (p. 453). Le Champ céleste par sa position uranographique correspond au début du printemps et à la cérémonie du labourage accomplie par le Fils du Ciel (*Ur.* p. 89).

3) Je ne crois pas cependant qu'il y ait altération dans les noms des dieux du pôle, du feu et de l'eau. Sans essayer de traduire ces appellations vieilles peut-être de quarante siècles on peut dire que le sens en est cependant intelligible.

Le pôle, dans la religion astrale primitive, est conçu comme la demeure du Souverain céleste et des âmes des souverains morts; or 耀魄寶 est susceptible de recevoir une interprétation de ce genre. 死魄 se dit de la forme invisible de la nouvelle lune.

Quant à 叶光紀 sa signification est assez claire lorsqu'on considère que le solstice d'hiver est le point de départ de la révolution sidérale et que l'astérisme qui marque 紀 ce point initial est «l'alpha et l'omega» du ciel, le 上天.

Chalmers, ces six personnages cosmiques. Mais nous verrons que la doctrine des Empereurs célestes n'est pas, à l'origine, liée comme sous les *Han* à tel ou tel personnage historique et provient d'une combinaison entre le culte des ancêtres et la théorie des cinq éléments. Celui que Chalmers appelle le dieu du pôle nord, n'est autre que *Chang ti* le Dieu polaire, l'Empereur suprême. Le caractère polaire de cette divinité suprême (caractère qui a échappé à Legge) n'est révélé que par l'analyse et par la tradition dont les commentateurs chinois nous ont transmis l'écho (M. H. I, p. 60). Jamais on ne trouve, comme c'est le cas dans cette série, le pôle mis en rapport direct avec l'Empereur suprême. Cette association explicite du Pôle et de l'Empereur supérieur aux cinq *ti*, me paraît être un signe de haute antiquité. Je ne crois pas d'ailleurs que l'on puisse assigner à cette série une origine peu ancienne. C'est précisément à cause de cette impossibilité, qu'on lui supposait une provenance étrangère; cette hypothèse étant controuvée, il ne reste plus que celle d'une antiquité reculée.

XI. La série de cinq termes.

Nous avons déjà traité, dans un précédent article, de la série quinaire c'est-à-dire de la conception d'un centre entouré de quatre régions, base fondamentale de la cosmologie chinoise. Nous pourrions nous en tenir provisoirement à ce premier aperçu; cependant, comme Chavannes a contesté l'antiquité de la théorie des cinq éléments, et comme dans son argumentation en faveur de l'origine turque du cycle des douze animaux il s'appuie exclusivement sur l'hypothèse d'une importation turque de cette théorie en Chine, je profite de l'occasion qui se présente ici pour revenir sur cette question afin d'éviter une longue digression dans notre prochain article relatif au cycle zoaire.

Chavannes a dit [1]):

[A]. La théorie des cinq éléments n'a pas pris naissance en Chine. *Tscou Yen*, qui vécut au temps du roi *Houei* (370—335) du pays de *Wei* et du roi *Tchao* (311· -279) du pays de *Yen*, fut le premier à en parler dans les Royaumes du Milieu [2]); mais ses dissertations restèrent sans écho et ne pénétrèrent pas profondément l'esprit chinois. La doctrine des éléments ne prend une place importante dans l'histoire de Chine qu'à partir de *Ts'in Che-houang-ti*; ce souverain en effet déclara qu'il régnait par la vertu de l'eau et détermina toutes les mesures et les lois d'après les caractéristiques de cet élément. Cependant *Ts'in Che-houang-ti* ne fit en cela que suivre l'exemple de ses ancêtres, car· il est évident que la théorie des éléments est supposée par les sacrifices fort anciens que les rois de *Ts'in* adressaient aux quatre empereurs d'en haut: l'empereur vert, l'empereur jaune, l'empereur rouge et l'empereur blanc [3]). Ainsi la théorie des éléments semble avoir existé dans le pays de *Ts'in* dès une époque reculée; mais, comme le pays de *Ts'in* était à l'origine un état barbare, les Royaumes du Milieu ignorèrent cette théorie jusqu'à ce que *Tseou yen* la leur eût révélée et ils ne l'acceptèrent définitivement que lorsque la main-mise des princes de *Ts'in* sur tout l'empire eut imposé à la Chine entière les idées que les *Ts'in* devaient à leurs origines étrangères. Les Chinois ne l'adoptèrent d'ailleurs qu'en la modifiant; *Tseou yen* en effet parle déjà de cinq éléments; mais la religion, qui conserve intactes les croyances de la haute antiquité, nous révèle que, dans le pays de *Ts'in*, on ne rendait un culte qu'à quatre empereurs d'en haut et que, par conséquent, il ne devait y avoir que quatre éléments.

Si la thèse de M. Chavannes se trouvait être exacte, les plus graves conséquences en résulteraient pour la sinologie. Toute l'ancienne littérature chinoise devrait être alors considérée comme apocryphe; car, d'une manière explicite ou implicite, elle est partout imprégnée de la théorie des cinq éléments. Lorsque, par exemple, le *Tso-tchouan* [4]) mentionne explicitement cette théorie nous devons penser que c'est là une interpolation postérieure à *Tseou-yen*, postérieure même à *Ts'in Che-Houang* avant lequel cette doctrine n'était, paraît-il, pas définitivement

---

1) *Le cycle turc des douze animaux.* — T. P. Série II, vol. VII (1906) p. 96.
2) M. H. III, pp. 328, 435. V, p. 258, note 8.
3) M. H. III, p. 446, n. 3.
4) Legge, C. C. V, p. 731.

acceptée par les Chinois. Mais la difficulté ne s'arrête pas là: il ne suffira pas, en effet, de retrancher ce passage; car on y trouve d'étroites relations entre la théorie quinaire, les idées religieuses du temps, les traditions de la haute antiquité et le livre classique *Yi king*. Faudra-t-il attribuer aux Turcs l'invention de toutes ces choses? Mais quand bien. même ou s'y résoudrait, la difficulté subsistera encore, car, dans les annales de *Ts'in* (d'autant plus authentiques qu'elles furent exceptées de la proscription des livres), la théorie des cinq éléments se trouve intimément mêlée à l'histoire des souverains chinois. Noüs y lisons, par exemple, que l'ancêtre des princes de *Ts'in* reçut des mains de *Chouen* une insigne *noire* parce qu'il avait aidé à réprimer les eaux débordées [1]); on y voit aussi un vassal tenant au prince de *Ts'in* des discours relatifs à *Hwang-ti*. Ce *Hwang-ti*, (l'empereur jaune) est-il turc ou chinois? Et si l'empereur jaune est une invention turque longtemps ignorée des Chinois, il faut alors admettre que Confucius ne sut jamais rien de ce *Hwang-ti*, quoique les textes nous le représentent comme ayant approuvé *Wou-wang* d'avoir donné un fief au descendant de cet antique souverain [2]). — Il faudra admettre aussi que dans le *Chou king* collationné par Confucius les anciens empereurs n'étaient pas représentés comme faisant des tournées en rapport avec la théorie des cinq éléments [3]), que les Con-

---

1) M. H. II, p. 2. — Eau = nord = hiver = noir. Notons que la couleur noire est précisément celle de l'Empereur céleste dont l'absence suggère à M. Chavannes l'idée d'une théorie turque de 4 éléments.

2) M. H. III, 282.

3) Voy T. P. 1909, p. 280. En dehors de ces mentions formelles, les anciens textes sont pleins d'allusions indirectes à la théorie quinaire (dont font partie d'ailleurs les expressions *Royaume du Milieu* et *Fils du Ciel*); l'expression archaïque 四岳 (Chefs des quatre montagnes), par exemple, nous montre le centre impérial autour duquel sont les quatre régions cardinales: 此一王四伯 «Il ne faut pas — dit avec raison M. Chavannes — enlever à ces vieilles légendes leur symétrie mathématique sous le prétexte de leur donner plus de vraisemblance» (M. H. I, p. 50). Cette symétrie, comme celle des provinces de *Yu* et celle du *Hong-fan*, provient simplement de la théorie quinaire, origine des séries de 5 et de 9.

seils de *Yu* ne mentionnaient pas ces cinq éléments, ni la Harangue à *Kan*, ni le *Hong-fan* [1]), etc. Il faudra admettre enfin que, dans son traité sur les *Gouverneurs du Ciel*, *Sseu-ma* a commis une lourde méprise en considérant la tradition uranographique et astrologique comme antique et chinoise, alors qu'elle était simplement turque et d'importation récente. La théorie quinaire est, en effet, inscrite dans le firmament chinois; la date d'origine de ses palais célestes qui marquent les saisons du 24e siècle est certifiée par les lois astronomiques, confirmée par le texte du *Yao-tien* [2]). Bref il faudra admettre que l'astronomie, la littérature et même l'écriture chinoises ne sont que des innovations turques.

Heureusement, nous n'en sommes pas réduits à une telle extrêmité; car si nous examinons les textes invoqués par M. Chavannes, nous n'y trouvons pas d'arguments bien décisifs en faveur de son opinion.

Ainsi que je l'ai dit précédemment, la très antique théorie des cinq palais et des cinq éléments a donné lieu plus tard à deux doctrines secondaires: la doctrine des cinq empereurs célestes, et la doctrine de la *virtualité dynastique* des cinq éléments d'après laquelle les dynasties auraient successivement régné par l'efficace d'un élément correspondant. Il y a donc trois choses bien distinctes: d'abord la théorie quinaire primitive, astronomique et cosmologique; ensuite, deux doctrines postérieures et dérivées. Or si nous nous référons aux documents cités par Chavannes nous constatons qu'ils ne sont pas relatifs à la théorie fondamentale des cinq éléments, mais à ces doctrines dérivées:

---

1) Telle semble bien être l'idée de M. Chavannes. «Ce petit traité philosophique (*Hong-fan*) — dit-il dans son Introduction (p. CXLV) — a dû être fort remanié». Si la théorie des cinq éléments était étrangère au *Hong-fan* primitif, ce dernier a dû être en effet très fortement remanié, car son cadre tout entier, comme je l'ai dit plus haut, n'est qu'une des formes de la théorie quinaire.

2) 星鳥 . Voyez aussi le cycle de Jupiter *Chouen-wei, Chouen-ho, Chouen-cheou.*

[B]. C'est à partir de l'époque des rois *Wei* et *Siuan* du pays de *Ts'i* que les disciples des *Tseou-tseu* discutèrent et exposèrent la théorie de l'évolution que parcourent les cinq vertus en se succédant. Puis, quand (le prince de) *Ts'in* se fut proclamé empereur, les gens de *Ts'i* lui offrirent (ces explications) et c'est pourquoi *Che-Houang* en fit usage... *Tseou yen* fut célèbre chez les seigneurs par son traité sur «l'évolution maîtresse du *yin* et du *yang*». Les magiciens qui habitaient le rivage de la mer dans les pays de *Yen* et de *Ts'i* se transmettaient ces enseignements mais sans parvenir à les comprendre.

En premier lieu, la doctrine exposée par les frères *Tseou-tseu* est celle des cinq vertus et non pas la théorie fondamentale des cinq éléments. Deuxièmement, on ne voit pas dans ce texte que cette doctrine ait été importée de la principauté semi-barbare de *Ts'in* dans les Royaumes du Milieu; bien au contraire, on y lit que les gens de l'Etat (civilisé et orthodoxe) de *Ts'i* «offrirent ces explications au prince de *Ts'in*». Troisièmement, ce texte ne dit pas que la doctrine de *Tseou yen* fût incomprise des Chinois: il dit seulement qu'elle n'était pas comprise «par les magiciens» (dont le duc grand astrologue va dévoiler les agissements et contre lesquels il nourrissait un ressentiment particulier). Enfin, le premier mot du texte (自 , depuis) n'implique nullement que la doctrine exposée par *les disciples* de *Tseou yen* fût entièrement nouvelle en Chine. Le document C va nous fixer à cet égard. *Sseu-ma Ts'ien* n'a pu d'ailleurs avoir l'intention de présenter *Tseou yen* comme un novateur puisqu'il admettait que le traité 五帝德 remontait à Confucius lui-même [1]).

---

1) «Pourquoi, dit M. Chavannes, *Sseu-ma Ts'ien*, donne-t-il sa sanction aux «Vertus des cinq empereurs» et à la «Suite des familles des cinq empereurs», tandis qu'il rejette le *Chan hai king?* C'est parce que, dit-il, les premiers de ces écrits ne sont pas contredits par des ouvrages sûrs comme le *T'ch'ouen ts'ieou* et le *Kouo yu*; ainsi *Sseu-ma Ts'ien* n'accepte que les textes qui ne sont contredits ni par une autorité éprouvée ni par l'expérience» (M. H. I, p. CLXXXIV). Le passage en question est celui-ci (M. H. I, pp. 95 et CXLII): «Ce qui nous vient de *K'ong tseu* en réponse aux questions de *Tsai-yu* sur les «Vertus des cinq empereurs» et «la Suite des familles des empereurs», il est des lettrés qui ne le rapportent pas... Pour moi, j'ai examiné le *T'ch'ouen ts'ieou* et le *Kouo yu*:

Le sens général du passage et l'intention qui en justifie les premiers mots («à partir des rois *Wei* et *Siuan*») me semble d'ailleurs bien établis par le contexte. Dans ce traité sur les *Sacrifices*, *Sseu-ma* retrace l'histoire des croyances, des cultes, des cérémonies. Dans les lignes qui précèdent il vient de décrire le culte des «huit dieux». Puis, changeant de sujet, il va nous montrer le mouvement superstitieux qui, à partir du IIIe siècle, multiplie les pratiques charlatanesques et s'empare de l'esprit crédule des empereurs *Che-houang* et *Wou*. Les paragraphes qui suivent immédiatement ce texte le montrent clairement:

C'est à partir de l'époque des rois *Wei* et *Siuan* qu'on envoya des hommes en mer à la recherche des trois montagnes saintes...

Puis, au temps de *Tsin Che-houang*, quand celui-ci eut réuni l'empire dans sa main, il vint au bord de la mer. Alors des magiciens en nombre plus grand qu'on ne saurait dire débitèrent des récits à ce sujet...

Le texte B ne signifie donc pas que la théorie des cinq éléments, ni même que la doctrine des *Virtualités*, date de *Tseou yen*. *Sseu-ma* a voulu dire simplement que les pratiques charlatanesques des magiciens de son temps[1]) ont pris naissance dans les enseignements *des disciples* de *Tseou yen*. Quant à *Tseou yen* lui-même, non-seulement il n'est pas dépeint comme un novateur mais il est même formellement représenté comme le transmetteur des anciennes connaissances, comme le seul homme de cette époque en état de comprendre l'ancienne astronomie.

Ainsi que je l'ai dit précédemment, cette science est en Chine une affaire d'Etat. Quand le pouvoir central est fort, l'astronomie

---

ils donnent la preuve que „les Vertus des cinq empereurs„ et „la Suite des familles des empereurs„ sont des écrits canoniques».

Non-seulement *Sseu-ma Ts'ien* considère ces deux écrits comme confucéens, mais il attribue en outre à Confucius une parole qui reporterait jusqu'à la dynastie *Yin* tout au moins le germe de la doctrine des Cinq vertus: „*K'ong tseu* a dit: Le char impérial des *Yin* était exellent et la couleur qu'ils mirent en honneur fut le blanc„ (M. H. I, p. 208).

1) Cf. M. H. I, p. XCV.

est en honneur et le calendrier est bien règlé. Quand l'autorité impériale s'affaisse, comme sous la dynastie des *Tcheou*, le calendrier tombe dans le désordre et les notions se perdent. Dans cette période de décadence, *Tseou yen* était à peu près seul au courant des théories anciennes. C'est *Sseu-ma Ts'ien* qui nous le dit, précisément dans le second texte invoqué par Chavannes à l'appui de son opinion:

[C]. Après les rois *Yeou* et *Li*, la maison des *Tcheou* se pervertit; ceux qui étaient doublement sujets exercèrent le gouvernement; les astrologues ne tinrent plus le compte des saisons, les princes ne déclarèrent plus le premier jour du mois. C'est pourquoi les descendants des hommes dont la fonction était héréditaire[1]) se dispersèrent... La 26e année du roi *Siang* de la dynastie *Tcheou*, il y eut un troisième mois intercalaire et le *Tch'ouen ts'ieou* condamne cela... Dans la suite les royaumes combattants entrèrent tous en lutte; on se trouva plongé dans les attaques et les rivalités...; comment aurait-on eu le loisir de songer au calendrier? En ce temps-là il n'y eut que le seul *Tseou yen* qui fut instruit dans l'évolution des cinq vertus et qui divulgua la distinction de la mort et de la naissance[2]) de manière à se rendre illustre parmi les seigneurs. Et de même, lorsque *Ts'in* eut anéanti les six royaumes, les armes furent encore fréquemment mises en usage. Quoique *Ts'in Che-houang-ti* ne soit monté au rang suprème que pendant peu de jours et quoiqu'il n'eut pas eu de loisir il ne laissa pas que de faire avancer (la succession des) cinq triomphes (des vertus élémentaires)[3]); estimant que lui-même avait obtenu le présage favorable de la vertu de l'eau... il mit en honneur le noir. Cependant pour ce qui concernait le calendrier, les mesures, les intercalations et les restes, il ne put point encore voir clairement ce qui était la vérité.

L'opinion de M. Chavannes sur le rôle de *Tseou yen* ne paraît guère pouvoir se justifier par ces textes; examinons maintenant ceux qu'il cite à l'appui de l'origine turque de la théorie des éléments.

---

1) L'expression 疇人 s'est conservée jusqu'à nos jours pour désigner les astronomes et les mathématiciens.... (*Note de M. Chavannes*).

2) L'alternance de la vie et de la mort dont le prototype est la révolution des saisons est expliquée solidairement par les théories binaire et quinaire.

3) Cf. T. P. 1909, p. 267 et ci-dessus p. 231. — Si les *Ts'in* règnent par la vertu de l'*eau*, les *Tcheou* règnent par celle du *feu* et les *Yin* par celle du *métal*, ce qui est conforme à la tradition suivant laquelle ils mirent en honneur le *blanc*.

D'après lui, cette théorie, connue seulement dans l'état de *Ts'in*, n'y comportait que quatre éléments. Cette hypothèse repose exclusivement sur le fait que les princes de *Ts'in* auraient rendu un culte à quatre (et non cinq) empereurs d'en haut et que c'est dans les annales de ce pays que l'on trouve la plus ancienne mention d'une pluralité d'empereurs célestes.

Mais cet argument s'évanouit dès qu'on se reporte aux textes: car on n'y trouve aucune trace d'un système de quatre empereurs [1]); on y voit seulement que les princes de *Ts'in* élevèrent successivement, à plusieurs siècles d'intervalle et en des localités différentes, un sanctuaire à l'Empereur blanc (en 770) puis un autre à l'Empereur vert (en 672) puis à l'Empereur jaune et à l'Empereur rouge (en 422) [2]). De telle sorte que si l'on accepte le raisonnement (A, *ad finem*) d'après lequel «il ne devait y avoir que quatre éléments» à l'époque où des temples n'avaient été encore élevés qu'à quatre empereurs, il faudra alors admettre qu'il ne devait y avoir que deux éléments en l'an 500 et un seul en l'an 770.

Il serait superflu de contester davantage une opinion qui ne semble pas devoir être maintenue. Mais l'hypothèse d'une origine turque étant écartée, il est intéressant de rechercher comment la doctrine des Cinq Empereurs a pris naissance et pourquoi les plus anciens textes où elle est mentionnée sont les annales de *Ts'in*.

*

Origine de la doctrine des cinq empereurs. Depuis la haute antiquité jusqu'aux premiers souverains de la dynastie *Tcheou*, le

---

1) Le jaune et la terre correspondant au centre, les quatre empereurs en question ne correspondent même pas à une symétrie cardinale.

2) En outre ces divinités sont données comme étant d'anciens empereurs chinois. Quoique la population de *Ts'in* fût en grande partie turque et que ses princes aient suivi certaines coutumes turques (comme d'enterrer les serviteurs avec le maître) l'idéal politique, la culture, la mythologie, l'écriture, etc. y sont chinois. Les historiographes officiels y sont institués dès l'an 753.

Chang ti (Empereur d'en haut) est essentiellement unique comme l'étoile polaire dont il est le corrélatif animiste, comme aussi l'empereur terrestre qui est son vicaire ici-bas. Essentiellement unique, également, est le Royaume du Milieu, région centrale de la terre, dont le *Tribut de Yu* indique le diagramme théorique [1]). Mais sous les *Tcheou*, par suite de l'affaissement du pouvoir impérial, les vassaux s'arrogent le titre de 王 *roi* porté par le souverain; un simple duc ose se dire — 人 «l'homme unique» et, par une conséquence naturelle, l'expression 中 國 n'évoque plus l'unité du territoire central divisé en provinces, mais s'applique à chacun des Etats civilisés qui se sont constitués sur ce territoire; de telle sorte que l'on parlera dorénavant «des Royaumes du Milieu», jusqu'au jour où, l'Empire moderne ayant rétabli l'autorité du pouvoir central, l'ancienne conception unitaire s'imposera de nouveau.

Le symbolisme religieux a suivi les mêmes fluctuations. L'ancien *Chang ti*, essentiellement unique, de l'antiquité voit grandir à ses pieds cinq empereurs portant le même titre que lui; de telle sorte que pour éviter de le confondre avec eux l'habitude s'établira de le nommer *T'ien* ou *T'ai yi*. A l'avènement des *Han*, le souverain céleste récupère son autorité; toutefois les cinq empereurs secondaires sont encore mentionnés (quoique sur un rang très subalterne) dans le sacrifice solsticial [2]). Puis ils finissent par être éliminés et ne figurent plus dans le rituel moderne du sacrifice dans la banlieue [3]).

Les textes permettent de suivre assez bien la marche de cette évolution qui se poursuit parallèlement sur la terre et dans le ciel.

Pour le roi *Wen* et pour le duc de *Tcheou*, tous deux versés dans la science astrale, tous deux pleinement conscients de la signification astronomique des anciens concepts religieux, le *Chang*

---

1) M. H. I, p. 147.
2) M. H. III, pp. 485, 490.
3) On trouvera la traduction du cérémonial actuel dans l'article de M. Farjenel. *Le culte impérial en Chine* (J. asiatique 1906).

ti est essentiellement unique. Mais au bout d'un petit nombre de générations, la décadence du pouvoir politique de la nouvelle dynastie se fait sentir. En l'an 842 le souverain est déjà obligé de fuir sa capitale. En 771 les barbares de l'Ouest battent le roi *Yeou* et le tuent.

Alors — dit *Sseu-ma Ts'ien* — les seigneurs s'entendirent pour donner le pouvoir à l'ex-héritier présomptif, qui fut le roi *Ping, afin qu'il fut chargé des sacrifices des Tcheou.* Le roi *P'ing* transféra sa capitale du côté de l'est, à la ville de *Lo*, pour se soustraire aux incursions des *Jong*. Sous son règne la maison des *Tcheou* déclina et s'affaiblit; les seigneurs usaient de leur force pour opprimer les faibles. *Ts'i, Tch'ou, Ts'in* et *Tsin* commencèrent à grandir; le pouvoir fut exercé par celui qui avait l'hégémonie dans sa région. (M. H. I. p. 285).

Quoique le déclin du pouvoir impérial se poursuivît déjà depuis plusieurs générations, c'est cette date 771 qui marque l'instant où la souveraineté des *Tcheou* devient nominale. Ce n'est plus le roi qui investit les seigneurs, ce sont les seigneurs qui choisissent le roi. *Ts'in* profite de l'occasion pour se faire octroyer les territoires envahis par les *Jong*, à charge de les reconquérir; et cette Marche de l'Ouest dont la position stratégique est excellente, apparaît d'emblée comme un rival des Etats du cœur de la Chine.

Or c'est à l'instant même où le pouvoir du Fils du Ciel cesse de contenir les feudataires, que le duc de *Ts'in* imagine d'inaugurer un rite nouveau: le culte de l'Empereur blanc.

Le duc *Siang* (777—766), de *Ts'in*, attaqua les *Jong* et secourut les *Tcheou*; c'est alors que pour la première fois il fut mis au rang des seigneurs (771). Quand le duc *Siang* de *Ts'in* eut été fait seigneur, il résida dans la Marche d'occident. Comme il pensait qu'il devait présider (au culte rendu) à la divinité de *Chao-hao*, il institua le lieu saint de 西 (= Ouest) et y sacrifia à l'Empereur blanc (770). (M. H. III, p. 419).

M. Chavannes ajoute en note:

Le blanc est la couleur qui correspond à l'ouest dans la théorie des cinq éléments; *Chao-hao* est l'empereur blanc parce qu'il préside à l'ouest [1]. Il semble

1) Voy. ci-dessous, p. 278.

ainsi que dès l'année 770 avant J.-C., la théorie des cinq empereurs et des cinq éléments fut florissante dans le pays de *Ts'in*.

C'est assurément à bon droit que M. Chavannes (en 1895) reconnaissait là théorie des cinq éléments dans le culte rendu à l'Empereur *blanc* dans la Marche de l'*ouest*. Et dans ce culte, institué au déclin de l'autorité impériale, se manifeste l'ambition qui s'éveille chez les grands feudataires, leur désir de consacrer par un symbole religieux leur nouvelle autonomie politique. Nous allons voir maintenant ce culte se développer à mesure que les velléités conquérantes de *Ts'in* grandissent:

Quatorze ans plus tard (756)... le duc *Wen* de *Ts'in* vit en songe, un serpent jaune qui descendait du ciel jusqu'à la terre; sa gueule se posa sur le versant de la montagne *Fou*; le duc *Wen* interrogea l'astrologue *Touen* qui lui répondit: «C'est là une manifestation de l'Empereur d'en haut, prince sacrifiez lui». Alors de duc *Wen* institua le lieu saint de *Fou*; on s'y servait de trois victimes et on y faisait le sacrifice *kiao* à l'Empereur blanc.

Le sacrifice *kiao* est le sacrifice célébré par le Fils du Ciel au *Chang ti* dans la banlieue méridionale. Par une faveur exceptionnelle cette prérogative avait été accordée aux ducs de *Lou*, descendants du père du fondateur de la dynastie, en raison des services rendus par le duc de *Tcheou*; mais qu'un prince semi-barbare se permit d'accomplir ce rite, c'était là une véritable usurpation. Il est vrai que le prince de *Ts'in* n'adresse pas ce sacrifice à l'Empereur suprême *Chang ti* (ce que ses rivaux n'eussent d'ailleurs pas toléré) mais à un Empereur subalterne, à un ancien empereur humain, l'Empereur blanc considéré comme «patron» de la région occidentale. Cette innovation religieuse traduit, par un mouvement parallèle, l'évolution qui se poursuivait dans l'empire où le titre de 王 roi, exclusivement réservé au Fils du Ciel, commence a être usurpé par les vassaux [1]).

---

1) C'est en 704 que le prince barbare de *Tch'ou*, n'ayant pu obtenir officiellement l' titre de roi, déclare qu'il s'honorera lui-même. (M. H. IV, 344).

En 676, les sorts prédisent aù duc de *Ts'in* «que ses descendants feront boire leurs chevaux dans le Fleuve» c'est-à-dire que *Ts'in* s'étendra au delà des passes vers l'Est: quatre ans plus tard le duc *Siuan* de *Ts'in* institue le lieu saint de *Mi* en l'honneur de l'Empereur vert (qui correspond à l'est). Peu après, un rival, le duc de *Ts'i*, devient hégémon et ce n'est pas sans peine qu'on le dissuade de célébrer les sacrifices *fong* et *chan*, considérés également comme une prérogative du Fils du Ciel.

Pendant deux siècles et demi, les princes de *Ts'in* continuent à sacrifier aux deux empereurs *blanc* et *vert*. Pendant ce temps, la décadence des *Tcheou* s'accentue; ils n'obtiennent même plus que les seigneurs vinssent rendre l'hommage rituel.

Puis, en 422, le duc *Ling* de *Ts'in* fonde simultanément le lieu saint Supérieur «pour y sacrifier à *Houang ti*» (l'Empereur jaune) et le lieu saint Inférieur «pour y sacrifier à *Yen-ti* 炎帝» (l'Empereur rouge). [1]

Cette création d'un nouveau culte adressé aux empereurs du *Centre* et du *Sud* me semble traduire l'extension des visées conquérantes de *Ts'in*. Toutefois si la puissance de l'état de *Ts'i* explique que *Ts'in* se soit abstenu d'ériger un culte en l'honneur de l'Empereur noir (*Nord*) il n'est pas facile de dire ce qui pouvait légitimer les prétentions de *Ts'in* sur la région méridionale dont les Etats de *Yue* et de *Tch'ou* étaient alors les maîtres incontestés. On voit d'autre part que dans ce culte aux divers Empereurs célestes intervenait également la doctrine de la *virtualité* 德, suivant laquelle tel prince régnait par l'efficace de tel élément correspondant:

Il plut du métal à *Yo-yang*. Le duc *Hien* de *Ts'in* en conclut qu'il avait obtenu l'heureux présage du métal; c'est pourquoi il institua à *Yo-yang* le lieu saint appelé *Hoei* et y sacrifia à l'Empereur blanc (en l'an 368 ou 367)[2].

---

1) M. H. III, p. 429. — Sur *Yen-ti*, voir ci-dessous, p. 278.

2) M. H. III p. 429. — En résumé les princes de *Ts'in* fondent trois sanctuaires à l'Empereur blanc et trois sanctuaires à d'autres Empereurs, aux dates suivantes:

A la question «pourquoi les princes de *Ts'in* ne fonderent-ils pas de sanctuaire à l'Empereur noir», on pourrait répondre par cette autre question «pourquoi attendirent-ils plus de trois siècles avant d'en accorder aux empereurs jaune et rouge? Toutefois — l'hypothèse d'une théorie de quatre éléments étant par ailleurs absolument écartée — il faut reconnaître que, pour une raison politique ou religieuse inconnue, le culte de l'Empereur noir et de la région nord semble avoir été systématiquement omis dans la principauté de *Ts'in*; car dans le passage suivant des *Che-ki*:

> Or, à *Yong*, il y avait plus de cent temples qui étaient consacrés au Soleil, à la Lune, à *Yong-ho* (Mars), à *T'ai po* (Vénus), à la planète de l'année (Jupiter), à la planète *Tchen* (Saturne), aux vingt huit mansions, etc. (M. H. III, p. 444).

la planète Mercure (qui correspond au *nord*) ne figure pas [1]).

En résumé, dans l'Etat de *Ts'in*, et dans cet Etat seulement, on voit le prince rendre très anciennement un culte aux anciens empereurs divinisés, et il est très plausible que l'*adoration* de ces

Empereurs	Localités	Lieux saints		Dates
Blanc	?	Si	西畤	770 av. J.-C.
Blanc	Fou-chan	Fou	鄜畤	756
Vert	Wei-nan	Mi	密畤	672
Jaune	Wou-yang	Chang	上畤	422
Rouge	Wou-yang	Hia	下畤	422
Blanc	Yo-yang	Houei	畦畤	368

C'est, je crois, par erreur que Chavannes classe *Houei* parmi les quatre lieux saints situés dans le voisinage de *Yong*. Si l'on compare ce qui est dit (M. H. III) pages 446, 448 et 422, on voit que le lieu saint normal de l'Empereur blanc est celui de *Fou*

1) L'Empereur noir et la planète de *l'eau*, qui sont ainsi éliminés, correspondent aux Etats de *Ts'i*, de *Tsin* et de *Yen*:

«Pour le territoire de *Ts'in*, l'observation portait sur *T'ai po* (Vénus) Pour les territoires de *Wou* et de *Tch'ou*, l'observation portait sur *Yong-ho* (mars). Pour les territoires de *Yen* et de *Ts'i* l'observation portait sur la planète *Tchen*. Pour les territoires de *Song* et de *Tcheng*, l'observation portait sur la planète de l'année (Jupiter). Pour le territoire de *Tsin* l'observation portait aussi sur la planète *Tchen* mais l'augure se tirait des mansions *Chen* et *Fa*» (M. H. III, p. 405).

empereurs, qui tient une si grande place dans la métaphysique des *Han*, provienne du pays de *Ts'in*, où elle aurait été inspirée par l'ambition politique comme un prétexte à célébrer le sacrifice *kiao*. Mais cela ne veut pas dire que le *concept* des Cinq Empereurs ait pris naissance dans la principauté de *Ts'in*, vers l'an 770, car ce concept en lui-même est indépendant de cette application particulière; de nombreux indices, que nous allons maintenant examiner, montrent que l'idée d'associer d'anciens empereurs aux cinq régions et aux cinq éléments est beaucoup plus ancienne:

1°. Les conditions dans lesquelles ce culte est inauguré dans le pays de *Ts'in* indiquent assez que l'Empereur blanc n'est pas une entité abstraite mais bien un ancien souverain chinois [1]). M. Chavannes, fait observer que *Chao hao* est l'Empereur blanc parce qu'il préside à l'ouest et que le prince de *Ts'in* lui rend un culte parce que son territoire se trouve à l'ouest de l'empire. Mais ceci ne nous explique pas *pourquoi Chao hao* est l'Empereur qui correspond à l'ouest et à la couleur blanche. Le prince de *Ts'in* accepte le dogme: il ne le crée pas. Ce dogme se rattache à la haute antiquité chinoise et non aux annales de la Marche récente et demi-barbare de *Ts'in*.

2°. Considérons le nom de *Houang ti* l'Empereur jaune. A quelle époque ce nom, ou plutôt ce surnom, s'est-il formé? On ne peut le dire, mais il est visible qu'il est bien antérieur à la dynastie *Tcheou* [2]). D'ailleurs- personne ne voudra soutenir que le *Houang ti* du *Tso tchouan* et du *Li ki* sorte d'une légende de *Ts'in*.

3°. L'empereur *Yen-ti*, qui apparaît deux fois dans les annales de *Ts'in* telles qu'elles sont rapportées par *Sseu-ma Ts'ien*, est également un empereur chinois des temps légendaires.

4°. Le fait que *Chao hao* et *Yen ti* sont donnés par les annales de *Ts'in* comme les Empereurs de l'ouest et du sud est très remar-

---

1) Ci-dessus p. 274.
2) Cf. M. H. I, 239. IV, 13 note 1. III, 282. —

quable; cette tradition est absolument incompatible avec les théories historiques qui prévalurent lorsque la doctrine de la Vertu des cinq Empereurs devint dominante, c'est-à-dire à partir du IVᵉ siècle. Nous avons là une confirmation de l'authenticité des annales de *Ts'in* et un renseignement fort intéressant sur les notions qui avaient cours, au début de la dynastie *Tcheou*, sur les lointains souverains de la haute antiquité.

A partir du IVᵉ siècle [1]), les traditions historiques durent se conformer bon gré mal gré à la doctrine des cinq Empereurs. *Houang ti* étant celui qui correspondait à la *terre*, il fallait compter après lui quatre autres Empereurs représentant les autres éléments, et seulement quatre [2]); cette exigence fit rayer de la liste l'Empereur *Tche* = *Chao hao*) que le *Kouo yu* représente comme un monarque faible, il est vrai, mais n'en ayant pas moins occupé le trône [3]). Cette tradition du 語 國 corrobore celle de *Ts'in* d'après laquelle le duc sacrifia à la divinité de *Chao-hao*. Et ces renseignements renversent la théorie factice qui détermine la liste des cinq empereurs dans les *Annales écrites sur bambou* et dans les *Mémoires historiques*.

Les lettrés de l'époque des *Han* semblent bien, d'ailleurs, avoir vu l'incompatibilité de cette théorie avec la tradition. Et alors ils adoptèrent une variante:

D'après une autre théorie qui paraît avoir été exposée pour la première fois par *Lieou Hiang* et *Lieou Hin* à la fin du premier siècle avant notre ère, les éléments se succèdent en se *produisant* [4]) les uns les autres... Telle est la doctrine qui fait régner avant la première dynastie huit personnages et non plus cinq. (M. H. I. p. CXCII).

Mais cette nouvelle théorie, si elle permet de rétablir *Chao hao*, produit par ailleurs le même effet que la précédente: elle supprime,

1) Et peut-être avant, si le 五 帝 德 est du Vᵉ siècle.
2) Cf. M. H. I, pp. CXCI.
3) T. P. 1909, p. 288.
4) Et non plus en se *détruisant* (Cf. ci-dessus, p. 231).

de par des considérations d'ordre physique, certaines données traditionnelles d'ordre historique. C'est ainsi que, pour réduire le nombre
des souverains au chiffre obtenu par déduction, on réunit en un
seul individu, tantôt *Fou-hi* et *Niu-koua* « parce que *Niu-koua* ne trouve
pas sa place dans le cycle quinaire » tantôt *Chen-nong* et *Yen ti*
sous prétexte que l'un et l'autre passent pour avoir régné par la
vertu du feu. C'est ainsi également qu'on supprime *Kong-kong* pour
la raison « qu'il n'est pas à sa place dans le cycle des cinq éléments
et doit être par conséqument considéré comme illégitime » [1]).

Cette association de *Chao hao* au *métal* et de *Yen ti* au *feu*,
liée à la fondation de lieux saints qui garantissent l'ancienneté de cette
tradition, montre qu'au début de la dynastie *Tcheou* la corrélation entre
les empereurs et les éléments était déjà (et probablement depuis longtemps) établie; et que, d'autre part, cette corrélation n'était nullement
limitée à une série de cinq souverains. Plusieurs empereurs avaient
régné par la vertu du feu, plusieurs empereurs avaient régné par celle
du métal [2]). Cela nous donne à penser que, si le culte de l'Empereur
blanc est une innovation imaginée par les princes de *Ts'in* pour
symboliser l'extension de leur puissance politique, le support métaphysique de ce nouveau culte (c'est-à-dire l'association d'anciens empereurs aux divers éléments de la théorie quinaire) était déjà très ancien.

---

1) *Ts'ien Han chou.* Cf. M. H. I, pp. 10, 11. — Le personnage de *Kong-kong* semble
d'autant moins irréel qu'il est donné comme le père de *Keou-long*, canonisé comme dieu
du sol dès la première dynastie. J'ai déjà laissé voir précédemment (1909, pp. 288) que je
ne suis nullement porté à considérer ces empereurs légendaires comme mythiques si l'on
entend par ce mot qu'ils n'ont (comme Guillaume Tell par exemple) pas eu d'existence propre
en dehors d'un mythe ou d'un récit symbolique. Les traditions qui les concernent ne me
paraissent pas présenter un tel caractère. D'autre part, diverses considérations qui seront
exposées plus tard me font penser que la première dynastie a été précédée par une longue
période possédant déjà une civilisation remarquable, ce qui suppose un assez grand nombre
de souverains. Or, lorsqu'on compare les anciennes sources, on constate précisément que la
liste des empereurs y est beaucoup plus étendue que celle des historiens; et que ceux-ci
ont supprimé ou confondu divers noms sous l'influence d'une théorie préconçue.

2) *Yen ti* et *Chao hao*, l'un antérieur l'autre postérieur à *Hwang ti*, ne peuvent faire
partie d'une même série quinaire.

5°. Les théories quinaire et binaire dont la combinaison constitue la philosophie astrale de la haute antiquité fournissaient l'explication de toute évolution, de toute révolution. Aussi ne voit-on pas bien comment l'alternance de la vie et de la mort et la succession des générations au sein d'une même famille (la famille souveraine notamment) aurait pu rester en dehors de cette philosophie qui prétendait tout expliquer par une même formule.

Le prototype de la révolution circulaire des éléments de la nature est l'année, la révolution des saisons; ou plutôt la révolution des régions cardinales du firmament autour du Palais polaire. Et cette même révolution se produit aussi quotidiennement; car le jour et la nuit sont homologues à l'été et à l'hiver et le mouvement diurne fait passer chaque jour les Palais au méridien [1]). Mais la conception d'une révolution périodique des cinq éléments ne s'arrête pas aux rotations diurne et annuelle, elle s'étend à toute espèce de révolution. Le cycle calendérique des dix jours amène successivement des dates fastes et néfastes. Et l'alternance de la vie et de la mort est un autre cycle qui ne saurait échapper à son influence [2]).

Par son caractère cosmologique, cette remarquable philosophie bino-quinaire syncrétise et s'assimile toutes les autres croyances, antéhistoriques et plus grossières, de la race chinoise. Le dieu du sol devient le symbole de l'élément terre (后土); et le culte des ancêtres lui-même se conforme à la théorie binaire et quinaire. Dans le temple ancestral le culte est rendu à *cinq* ascendants directs et les générations successives sont considérées alternativement comme *yang* (昭) et *yin* (穆). La tablette du fondateur de la famille occupe le *centre* et reste inamovible tandis que les tablettes des générations *yin* et *yang* se succèdent et disparaissent à tour de rôle.

---

1) Le texte du *Yao-tien* (dont le terme 鳥 fait intervenir les Palais célestes) montre l'application diurne et annuaire de la théorie dualistique dans les expressions 日中 (printemps) 夜中 (automne). Cf. M. H. I, p. 47, n. 2.

2) Aussi le solstice d'hiver est-il associé aux idées de génération et de mariage.

Ces règles ne font que reproduire les traits fondamentaux de la cosmologie chinoise: le fondateur immuable placé au centre, c'est le Pôle qui engendre les deux principes 太極、是生兩儀.

Et les cinq générations représentées donnent l'image des cinq éléments [1]):

Ouest. C ⎰ métal ⎱ blanc ⎱ automne   A   B ⎰ bois ⎱ vert ⎱ printemps   Est.

Centre

陰 = 穆   terre; jaune   陽 = 昭

Nord. E ⎰ eau ⎱ noir ⎱ hiver   D ⎰ feu ⎱ rouge ⎱ été   Sud.

6°. Ce lien entre le culte ancestral et la théorie quinaire explique déjà comment, au début de la dynastie *Tcheou*, l'idée pouvait venir de sacrifier à un antique souverain désigné sous le vocable d'Empereur blanc. Mais cette association d'idées se trouve en outre précisée dans un curieux document cité par M. Chavannes à propos de ce passage du *Chouen tien* où il est dit: «Le premier jour du premier mois, *Chouen* reçut l'abdication (de *Yao*) dans (le temple de) *Wen-tsou*. [*Wen-tsou* était l'aïeul à la cinquième génération de *Yao*]» (M. H. I, 56).

Dans cette [dernière] phrase, ajoutée au texte du *Chou king*, *Sseu-ma Ts'ien* nous donne son avis sur le sens très controversé de l'expression *Wen-tsou*. *Wen tsou*, 文祖 = l'aïeul parfait, semble bien en tous cas être un ancêtre de *Yao* et c'est ainsi que le culte des ancêtres est la plus ancienne manifestation religieuse de l'esprit chinois. La glose de *Sseu-ma Tsien* implique une théorie quinaire que la doctrine des cinq éléments avait mise en vogue à

---

1) La règle d'après laquelle 7 générations sont représentées dans le culte ancestral de l'empereur semble particulière aux *Tcheou* et ne modifie pas, d'ailleurs, le caractère quinaire du rite, car au lieu d'un ancêtre inamovible il y en avait trois: 太王 l'Auguste roi; puis les rois *Wen* et *Wou*, considérés comme 祖 et 宗. Le *Li-ki* ne parle que de quatre générations amovibles. (Cf. M. H. V, p. 356, n. 2). Le titre rétroactif du 太王 est probablement en rapport avec le temple ancestral; mais les ducs de *Lou* n'avaient le droit de remonter qu'au roi *Wen*.

son époque, mais qui paraît bien postérieure à l'âge du *Yao-tien*. En effet, si *Wen tsou* est l'aïeul à la cinquième génération 大祖, il faut de nécessité qu'à côté de son temple se soient trouvés les quatre temples du trisaïeul 高祖, du bisaïeul 曾祖, de l'aïeul 祖 et du père 禰. Mais le trisaïeul de *Yao* est *Hwang ti* qui passe ponr le premier des souverains; l'aïeul à la cinquième génération ne peut donc être que le ciel qni seul régna avant *Hwang ti;* c'est le ciel qui serait l'aïeul accompli suivant *Ma Yong*. Nous ne craindrions pas, pour notre part, d'accepter cette interprétation qui montre bien comment le culte des ancêtres, fondement premier de la religion chinoise, se rattache par des gradations insensibles à l'adoration des forces naturelles. Le ciel est imposant par son immensité, mais si on le vénère, c'est parce qu'il est regardé comme le premier ancêtre, et cela non pas au figuré, mais au sens propre, car il est lui-même un souverain mort ou peut-être la réunion de toutes les âmes des souverains morts [1]).

Le commentateur *Tchang Cheou-tsie* explique d'une manière différente le terme *Wen-tsou* dans lequel il veut voir non pas le nom d'un personnage mais celui d'un temple. Qnoique sa note se fonde sur la théorie des cinq empereurs d'en haut qui ne date guère que de l'époque des *Han* et ne saurait expliquer les anciennes conceptions théologiques chinoises, elle mérite d'être citée à cause des renseignements curieux qu'elle nous donne sur les cinq empereurs: « L'ouvrage intitulé 尚書帝命驗 dit: Les empereurs continuent le ciel; on leur élève des palais pour vénérer les diverses formes que prend le ciel. Les cinq palais au temps de *Yao* et de *Chouen* étaient appelés 五府 ...».

Arrêtons-nous ici pour placer deux observations préliminaires.

D'abord, il ne semble pas que l'opinion de *Sseu-ma Ts'ien* et

---

[1]) Quoique d'accord sur cette conclusion je voudrais faire quelqnes réserves. En premier lieu, la théorie quinaire n'est pas postérieure mais plutôt antérieure à l'âge du *Yao-tien.* Secondement, ce qui est moderne dans la théorie quinaire, c'cst précisément l'idée (d'ailleurs éphémère) que *Hwang ti* fut le premier souverain et que le ciel régna avant lui. Enfin, lorsque l'on admet l'existence d'une cosmologie et d'unc astronomie très développées dans la haute antiquité, la croyance au ciel ancestral se présente sous une forme beaucoup moins primitive que celle qui est esquissée ici. Dans tous les anciens centres de civilisation géographiquement isolés (Egypte, Pérou, Chine) l'idée s'est logiquement formée que le souverain, n'ayant pas de supérieur sur terre, était le fils des forces de la nature. Ce qui est spécial à la Chine c'est que l'empereur n'y est pas considéré comme fils du Soleil mais comme fils du Ciel; ce Ciel étant d'ailleurs particulièrement représenté par l'étoile polaire, pivot du monde, et par la zone circumpolaire.

L'idée que le Ciel polaire représente la réunion des âmes des souverains morts, se manifeste dans la coutume d'associer au *Chang-ti* les fondateurs de la dynastie dans le sacrifice *kiao*, rite qui se perpétue de nos jours (Cf. Farjenel, *Le culte impérial*).

celle de *Tchang Cheou-tsie* soient essentiellement différentes; car si *Wen-tsou* est le nom d'un temple c'est en tous cas le temple de « l'aïeul parfait »; et si ces mots désignent directement « l'aïeul parfait » la cérémonie de l'abdication faite en sa présence a lieu néanmoins dans un temple ancestral.

Par contre, l'interprétation de ces deux auteurs me semble tout-à-fait incompatible avec la doctrine des Cinq Empereurs qui avait cours au temps des *Han*; car cette doctrine compte *Yao* et *Chouen* au nombre de ces « Cinq Empereurs » d'où il suit que les explications présentées par les commentateurs au sujet des rites observés par *Yao* et *Chouen* ne peuvent dériver des idées de leur époque.

Si M. Chavannes récuse l'ancienneté de tout document comportant la théorie quinaire, c'est que cette théorie, d'après lui, était d'importation récente au temps de *Sseu-ma Ts'ien* et d'origine étrangère. Mais comme nous tenons pour établi, au contraire, que la théorie des cinq éléments date de la haute antiquité et que la doctrine des cinq Empereurs se présente en 770, dans l'Etat de Ts'in, comme une importation chinoise, nous n'avons aucune raison d'écarter la tradition rapportée ci-dessous. Cette tradition, qui jette quelque jour sur les origines du culte quinaire, porte d'ailleurs en elle-même des signes d'authenticité: elle est incompatible avec la doctrine des *Han* et sa terminologie a paru tellement indéchiffrable que Chalmers lui a supposé une origine hindoue. Continuons:

Les cinq palais au temps de *Yao* et de *Chouen* étaient appelés les cinq palais 五府; sous les *Hia* on les appelait les maisons des générations 世室; sous les *Yin* on les appelait les habitations diverses 重屋; sous les *Tcheou* on les appelait la salle de la distinction 明堂. Tous ces édifices étaient les lieux où on sacrifiait aux cinq empereurs.

Pour ce qui est du terme *Wen-tsou* 文祖 le nom du palais de l'empereur rouge, *Piao nou* 熛怒, est *Wen-tsou*; l'essence du feu est l'éclat et la clarté; c'est l'ancêtre de ce qui est parfait et manifeste; c'est pourquoi on appelle (ce palais) *Wen-tsou*, l'aïeul parfait; sous les *Tcheou* le nom en fut *Ming t'ang* (salle de la distinction).

Pour ce qui est de *Chen-teou* 神斗, le nom du palais de l'empereur jaune,

Han-tcheou-nieou 含樞紐, est *Chen-teou; teou* signifie «présider»; l'essence de la terre est pure et calme; elle préside aux quatre autres éléments, c'est pourquoi on appelle (ce palais) *Chen teou* le président saint; sous les *Tcheou* on l'appelait *T'ai che* 太室 (grande maison) [1]).

Pour ce qui est de *Hien-ki* 顯紀, le nom du palais de l'empereur blanc, *Tchao-kiu* 招拒, est *Hien-ki; ki* signifie régler; l'essence du métal coupe et tranche toutes choses; c'est pourquoi on appelle (ce palais) *Hien-ki* (la règle manifeste); sons les *Tcheou* on l'appelait *Tsong-tchang* 總聾.

Pour ce qui est de *Hiuen-kiu* 玄矩, le nom du palais de l'empereur noir, *Kouang-ki* 光紀, est *Hiuen-kiu; kiu* signifie règle; l'essence de l'eau est sombre et obscure, elle peut peser le lourd et le léger; c'est pourquoi on appele (ce palais) *Hiuen-kiu* (la règle sombre); sous les *Tcheou* on l'appelait *Hiuen-t'ang* 玄堂 (la salle sombre).

Pour ce qui est de *Ling-fou* 靈府, le nom du palais de l'empereur vert, *Ling-wei-yang* 靈威仰, est Ling-fou; sous les *Tcheou* en l'appelait *Tsing yang* 青陽 (principe *yang* vert).

Le sens des noms attribués ici aux cinq empereurs est fort obscur; M. Chalmers

---

1) Le symbolisme astronomique est ici bien marqué. Il s'agit du *jaune* c'est-à-dire de l'élément central auquel correspond dans le ciel le palais circompolaire. Ce palais circompolaire contient un signe spécial (la grande Ourse) nommé 斗 le Boisseau, c'est-à-dire la Mesure, la Norme, le Contrôleur. La position que prend cette constellation montre à la fois la situation de l'étoile polaire et celle des quatre quartiers équatoriaux, d'où l'idée qu'elle préside (斗) à la révolution céleste (Cf. M. H. III, pp. 342, 405, 341, 370).

D'autre part, 神 désigne les esprits (ou dieux) du ciel par opposition aux esprits (ou dieux) de la terre. *Chen teou* « le président saint » peut donc se traduire aussi « la Norme surnaturelle » ou encore « *le régulateur divin* ». De par ce symbolisme, tout fondateur de dynastie ou de famille est assimilé à l'élément central prééminent; il est appelé 大祖 ou 太祖; son auguste demeure est appelée 大廟 ou 太室. Le temple du duc de *Tcheou* ancêtre des ducs de *Lou* est appelé 大廟. Au sens mystique, cela suppose que dans cette famille princière le duc de *Tcheou* joue le rôle de 神斗 président saint et correspond à l'élément terre et au centre.

La raison pour quoi dans cette série quinaire le banal adjectif 大, grand, désigne le superlatif et par conséquent le centre, est indiquée par l'étymologie idéographique. 大 signifie *souverain*, ce qui est supérieur aux autres hommes, l'homme unique 大 = 一 人 Cp. 古文 兀 (Dict. *K'ang hi*). Le ciel (polaire) est idéographiquement l'Etre unique supérieur au roi. 天 = 大 一. Cp. 古文 兀兀 天. 天 et 大 désignent les deux régions centrales superposées; dans le même ordre d'idées 中 équivaut à *impérial*. (Ci-dessus p. 234).

croit que ce sont des mots d'origine étrangère transcrits en chinois[1]). Il ne semble pas cependant que tel soit le cas pour tous ces noms sans exception; ainsi l'empereur rouge qui préside au feu s'appelle *l'iao-nou* et ces deux mots signifient: «flamme qui s'élève, s'élancer».

Nous avons déjà montré précédemment ce qu'il faut penser de cette hypothèse de Chalmers et comme quoi ces antiques appellations, purement chinoises, datent d'une époque où le symbolisme cosmologique de l'ancienne religion astrale était encore florissant.

Le commentaire qnc nous venons de reproduire attribue cette nomenclature archaïque à l'époque de *Chouen*. Cette opinion me paraît très plausible. Le culte inauguré en l'honneur de *Chao-hao* en l'an 770 suppose une tradition antique et l'on ne voit pas d'indice qui rende sa formation sous les *Hia* ou les *Yin* plus probable que dans la période créatrice de l'astronomie[2]). Le *Chou-king* nous montre *Chouen*, aussitôt après l'abdication de *Yao* et avant de sacrifier à l'Empereur d'en haut, observant le présage fourni par la position de la Grande Ourse; c'est là un rite en rapport direct avec la signification du nom du palais de l'empereur jaune, 神斗.

Toutefois, si les traditions rapportées dans ce document semblent bien provenir d'une antiquité reculée, elles ne permettent pas de rien préciser sur la doctrine. Nous voyons seulement que le culte rendu par le prince à plusieurs générations d'ancêtres, est lié à la théorie quinaire. Par ailleurs, le père, le grand-père et l'arrière-grand-père de *Yao* n'ont pas occupé le trône; parmi les *cinq empereurs* ne peuvent donc figurer à cette époque ni *Yao*, ni *Chouen*, ni leurs ancêtres. Nous constatons simplement qu'une très ancienne terminologie quinaire, considérée par les sinologues comme indéchiffrable, est mise en rapport par un commentateur chinois (du

---

1) V. ci-dessus, p. 263.

2) Supposer que les noms indiqués ci-dessus comme ayant désigné ces temples ancestraux sous les diverses dynasties, auraient été inventés de toutes pièces, serait contraire à ce que nous savons des habitudes d'esprit des Chinois. De tels changements de noms (qui répondent à une idée rituelle dont nous aurons à nous occuper dans la suite) ont été conservés en grand nombre.

VIIIᵉ siècle après J.-C.) avec d'autres traditions rituelles et attribuée par lui à la haute antiquité ce qui reporterait à cette époque l'association du culte des ancêtres et de la théorie des éléments d'où sort tout naturellement la doctrine que nous voyons officiellement proclamée en l'an 770 dans la principauté de *Ts'in*.

7°. Le fait que les *Yin* mirent en honneur le blanc est encore un autre indice, bien significatif, de l'association d'idées, très anciennement établie, entre la succession des générations ou des dynasties et la révolution des cinq éléments. Et il ne semble pas que l'historicité de ce fait puisse être valablement suspectée.

Sseu-ma Ts'ien termine par ces mots les Annales des *Yin*: K'ong-tseu a dit: « Le char impérial des *Yin* était excellent et la couleur qu'ils mirent en honneur fut le blanc ». M. Chavannes écrit en note:

Sseu-ma Ts'ien réunit ici deux textes classiques différents. Dans le *Louen-yu* on lit: Montez le char des *Yin*; dans le *Li-ki*: Au temps des *Yin*, on mit en honneur le blanc.

Mais ce n'est pas seulement le livre des Rites qui atteste le fait et *Sseu-ma* ne commet pas une confusion en attribuant ce propos à Confucius lui-même. M. Chavannes semble ici avoir, perdu de vue le passage emprunté à la Préface du *Chou-king* incorporé un peu plus haut dans les Annales des *Yin* (Cp. M. H. I, pp. 187 et 208):

T'ang alors changea le mois initial et le premier jour; il modifia la couleur des vêtements; il mit en honneur le blanc. Il tint ses audiences à midi.

Or *Sseu-ma Ts'ien* attribue formellement le 尚書序 à Confucius [1]); et quelle que soit la valeur de son opinion il est certain que sous les *Tcheou* le blanc était considéré comme la couleur dynastique des *Yin*. Or les rites des *Yin* étaient conservés chez les ducs de *Song* à la famille desquels se rattachait Confucius.

8°. Il est encore un autre rite qui concourt à expliquer l'élaboration de la doctrine des cinq empereurs: c'est la coutume d'associer

---

1) Cf. M. II. I. pp. CXXXIV et CXIII n. 1.

à l'Empereur d'en haut, les ancêtres personnels du souverain, dans la célébration du sacrifice *kiao*.

En fait, lors du sacrifice actuel dans la banlieue, cinq ancêtres de la dynastie mandchoue sont associés au *Chang-ti*. (Cf. Farjenel, *op. cit.*).

9°. Constatons enfin que dans le *Tcheou-li*, le culte des cinq empereurs, apparaît comme un culte de second ordre, ancien, et ne se distinguant pas beaucoup d'autres cultes, analogues, aux cinq esprits [1]). Alors que le sacrifice *kiao* adressé à l'Empereur d'en haut, fait partie des attributions du *Ta tsoung-po*, les sacrifices offerts aux cinq *ti* ne concernent que le *Siao tsoung-po* 小宗伯.

*

En comparant tous ces indices, on a l'impression que le culte adressé à certains empereurs de l'antiquité en les associant aux divers éléments, couleurs ou directions de l'espace, est très ancien. Ces empereurs étaient d'abord des dieux mânes 鬼 [2]). Par ailleurs, d'anciens ministres de race impériale avaient été faits dieux de la terre 祇 pour présider au sol et aux directions de l'espace.

Il semble que la principale innovation des princes de *Ts'in* ait consisté à magnifier un de ces anciens empereurs, *Chao hao*, en saisissant ce prétexte pour accomplir la cérémonie royale du sacrifice *kiao*. Les cinq empereurs (ou les diverses séries de cinq empereurs) furent ainsi élevés au rang de divinités célestes 神.

Au Ve siècle, il n'y a pas «l'Empereur du feu» mais divers Empereurs (parmi lesquels *Yen-ti*) ayant régné par le feu. Plus tard, la doctrine se précise et réglemente l'histoire. Les cinq empereurs sont désignés. Ils sont devenus des divinités célestes; on les appelle même les cinq *Chang ti*.

---

1) *Tcheou li*, I, pp. 419, 421, 441. II, p. 324. — Ces génies des cinq éléments sont des fils d'anciens empereurs (Voy. le *Tso tchouan*; LEGGE, p. 731).

2) Le *Li-ki* parle de sacrifices adressés aux anciens empereurs sans postérité. Il mentionne, ailleurs, les sacrifices adressés par les *Tcheou* à des personnages de la haute antiquité *Hwang ti*, etc.)

L'ancien *Chang ti* se trouve éclipsé par eux, comme le roi *Tcheou* — le 天王 — se trouve éclipsé par les rois de *Ts'in*, de *Tch'ou*, de *Ts'i*, de *Tsin* et de *Yue*.

La restauration de l'unité impériale va briser ces parvenus et les replacer à leur rang subalterne; mais plusieurs générations passeront avant que l'on s'aperçoive du caractère récent et illégitime des *Wou ti*. *Ts'in Che-houang*, le rude autocrate, se prosterne devant eux sans se douter qu'ils symbolisent l'antagonisme contre son oeuvre unificatrice. Quant au pieux empereur *Hiao wen*, il se figure bonnement, en lisant le *Chou king*, que l'expression 上帝 signifie *«les cinq empereurs d'en haut»* de telle sorte que le *Chang ti unique* n'est plus seulement égalé, mais éliminé, par les empereurs jaune, vert, rouge, blanc, noir. Et les fonctionnaires des Rites confirment *Hiao wen* dans son erreur:

«Dans l'antiquité, disent-ils, le Fils du Ciel allait lui-même accomplir les sacrifices en l'honneur des Empereurs d'en haut dans la banlieue». Alors le Fils du Ciel se rendit pour la première fois à *Yong* et fit en personne le sacrifice *kiao* aux cinq Empereurs. (M. H. II, p. 480).

L'empereur *Wou*, lui aussi, croyait que l'expression *Chang ti* désignait une pluralité d'Empereurs célestes; et dans le couple *Ciel-Terre* il opposait au terme *Terre* la collectivité des Cinq-Empereurs:

«Maintenant (disait-il en l'an 113 av. J.-C.) j'ai fait en personne le sacrifice *kiao* aux Empereurs d'en haut; mais je n'ai point sacrifié à la Souveraine Terre; les rites ne se correspondent donc pas».

Les officiers des Rites délibérèrent à ce sujet avec le duc grand astrologue (le père de *Sseu-ma Ts'ien*) et il est intéressant de constater quelles singulières idées le compilateur des *Che-ki* se faisait de l'ancien culte officiel.

La difficulté consistait évidemment à concilier le sacrifice à la Terre avec le sacrifice quinaire que l'on offrait an Ciel, sans choquer l'idéal de symétrie inhérent à l'esprit chinois. On pouvait choisir entre deux solutions: on bien renoncer à l'hérésie quinaire et revenir à l'ancien *Chang ti unique*, ou bien au contraire compléter l'hérésie quinaire en l'étendant du Ciel à la Terre. C'est ce dernier parti qui fut adopté :

« Pour la Souveraine Terre (déclara la commission) on doit élever *cinq autels* sur un monticule circulaire au milieu d'un étang... etc. ». Le Fils du Ciel suivit ces indications [1]).

Mais une réaction n'allait pas tarder à se produire. A cette époque où l'ancienne littérature était reconstituée et où les études avaient repris leur cours, il était impossible qu'on ne s'aperçût pas de l'erreur commise en prêtant aux Anciens une pluralité de *Chang ti*. Toutefois, la croyance aux Cinq Empereurs étant alors à l'apogée de sa puissance et la langue chinoise se prêtant mal à une distinction entre le singulier et le pluriel, il était bien difficile de restaurer l'ancien Dieu polaire en lui conservant son nom de *Chang ti*. Il était temporairement impossible que ce terme de *Chang ti* pût représenter la divinité suprême, essentiellement unique, de l'antiquité, tout en s'appliquant également aux cinq *Chang ti* de l'hérésie contemporaine. Telle est, je présume, la raison qui fit adopter le terme de *T'ai yi* (l'Unité suprême) pour désigner l'ancienne divinité céleste, autocrate de l'Univers.

---

1) L'ignorance où l'on était alors des anciens rites se manifeste encore en ceci que c'est la forme carrée, et non la forme circulaire, qui convient à la Terre. M. Chavannes attribue, un peu plus haut, une inconséquence semblable à une altération du texte; mais la répétition de la même particularité (un monticule *circulaire* au milieu d'un *étang*) exclut cette hypothèse, laquelle ne tient pas compte, d'ailleurs, du changement (signalé ci-dessus p. 250) survenu à l'avènement des *Tcheou* dans le *yin* et le *yang*: « Ce passage dit-il, est certainement altéré; il faut le corriger en substituant le terme *Terre* au terme *Ciel* et réciproquement; car c'est la Terre qui correspond au principe *yin* et le Ciel qui correspond au principe *yang*...». Il en a été ainsi, en effet, à partir de l'époque où le couple Ciel-Terre fut mis en honneur. Mais la disparition des rites des *Tcheou* et le rétablissement du calendrier des *Hia* avaient remis en vigueur l'ancienne équivalence, et ce n'est pas sans raison que *Sseu-ma* dit: « Le Ciel aime le principe *yin*; la Terre honore le principe *yang*». Seulement cet ancien système n'était pas de mise ici, puisqu'il s'agit du couple Ciel-Terre. On voit par là que sous les *Han* les astrologues ne savaient pas distinguer entre les systèmes des diverses époques. (M. H. III, pp. 474 et 433, n. 4).

Le sentiment de l'unité impériale dans le domaine céleste avait d'ailleurs tellement disparu depuis l'époque où le Fils du Ciel s'était laissé éclipser par les puissants rois de *Ts'in*, de *Tch'ou*, de *Ts'i*, de *Tsin* et de *Yue*, que les premiers empereurs *Han*, restaurés dans le pouvoir autocratique, concevaient difficilement un Souverain unique au ciel; et ce n'est pas sans hésitation que l'empereur *Wou* se décida à en rétablir le culte:

L'automne de cette même année (113 av. J.-C.) l'empereur vint à *Yong* pour y faire le sacrifice *kiao* (aux cinq Empereurs). On lui dit: «Les cinq Empereurs ne sont que les assistants de *T'ai yi*; il faut instituer (le culte de) *T'ai yi* et l'empereur doit lui faire en personne le sacrifice *kiao*». L'empereur conservait des doutes et ne se décida pas encore. (M. H. III, 485).

Il s'y décida cependant quelques semaines plus tard: le jour du solstice (24 décembre 113) il fit solennellement le sacrifice *kiao* à *T'ai yi.* Ce sacrifice est essentiellement identique à celui qui se fait de nos jours dans la banlieue de Pékin, et à celui qui est mentionné dans les livres antiques.

Le vocable même de *T'ai yi* n'était pas une innovation puisque ce nom était celui de l'étoile polaire dans la haute antiquité. Nous avons déjà montré le caractère polaire du sacrifice à *T'ai yi*; et l'équivalence des termes *Chang ti*, *Houang t'ien*, *T'ai yi* et *Houang ki* 皇極, est évidente [1]).

Née d'une combinaison entre le culte des ancêtres et la théorie des cinq éléments, la doctrine des cinq Empereurs prend une extension d'autant plus grande que le pouvoir central s'affaiblit davantage. Elle efface alors tellement le souvenir de l'Empereur suprême que, plus d'un siècle après la restauration de l'unité politique, son nom, *Chang ti*, n'est plus compris dans sa véritable acception et qu'il

---

[1]) Cp. B, pp. 274, 276; C, pp. 243, 247. «On fit des sacrifices à *T'ai yi* et à la Souveraine Terre» (= 皇天后土) (M. H. III, 495). «Les sacrifices que le Fils du Ciel actuel a institués sont ceux à *T'ai yi* et à la Souveraine Terre» (*Ibid.* 517). — Pour *Ma Touan-lin,* 太一 est le nom donné au 上帝 sous les *Han* (*Le culte impérial,* op. cit. p. 496).

faut adopter une nouvelle dénomination pour en rétablir le culte.
Il serait intéressant de rechercher comment cette doctrine des cinq
Empereurs déclina dans la suite, à partir de quelle époque elle fut
tenue pour hérétique et cessa d'être officielle.

Nota. Dans le précédent article (B, pp. 271, 272) j'avais accepté l'idée que
la doctrine des Empereurs célestes ne comportait d'abord que quatre personnages;
et j'ai cru, par erreur, que l'ancien *Chang ti* était compris parmi les cinq
Empereurs de l'époque des *Han*, alors qu'il y avait en réalité six Empereurs
dans la doctrine de ce temps-là: l'ancien *Chang ti*.(= *T'ai yi*) et les cinq
Empereurs subalternes.

Je retire donc le contenu des pages 271 et 272 (T. P. 1909).

D. LA SÉRIE DES DOUZE „TCHE" 十二支。

I. Origine astronomique du cycle duodénaire.

La série duodénaire 子, 丑, 寅, etc., ou des «douze branches», est celle qui se combine avec la série dénaire pour former le cycle sexagésimal 甲子, d'abord appliqué aux jours, et dont l'antiquité n'est pas contestée.

Grâce au caractère équatorial de l'astronomie chinoise et conformément à la théorie du *yin* et du *yang*, la révolution annuelle et la révolution diurne ont été (dès l'époque créatrice) intimément assimilées l'une à l'autre; et c'est la série duodénaire qui sert à en marquer les étapes: par exemple, le premier terme 子 représente le point de départ de la révolution, qui commence dans l'humidité et les ténèbres du *yin* (solstice d'hiver = minuit = nord); le 7ᵉ terme 午, au contraire, représente l'apogée du principe *yang* (solstice d'été = midi = sud). La série duodénaire sert ainsi à caractériser, dans l'espace et dans le temps, les diverses phases de la révolution dualistique conçue sous toutes ses formes: équatoriale, azimutale, annuelle, diurne.

Bien que la généralité de cet emploi soit une caractéristique originelle de l'astronomie chinoise, la série duodénaire a dû néanmoins prendre naissance en vue d'une application particulière; et comme la division de l'horizon et du nychtémère ne répond guère à un besoin primitif, c'est à la division de l'année en douze mois qu'il convient d'attribuer son origine. Cette induction est confirmée par l'examen étymologique de ses caractères : 子 *l'enfant* représente la naissance de l'année et du principe mâle; 卯 *la porte ouverte* représente l'équinoxe du printemps; 酉 *la cruche* symbolise les récoltes de l'automne, etc.

De par son origine la série duodénaire représente donc l'année lunaire, mais l'année lunaire mise en correspondance avec l'année dualistique, c'est-à-dire avec l'année tropique. C'est cette dernière représentation qui est devenue sa fonction essentielle: ses signes marquent géométriquement la division de l'année solsticiale.

En d'autres termes, 子 désigne l'instant précis du solstice d'hiver et de minuit. Il désigne aussi le douzième de circonférence dont ce point marque le milieu, c'est-à-dire le mois solaire, la dodécatémorie, ou l'heure-double dont 子 marque le milieu, comme on peut le voir sur cette figure empruntée à l'*Uranographie chinoise* de Schlegel.

Si la série duodénaire s'applique indifféremment à la révolution diurne et à la révolution annuelle quoique ces deux révolutions s'accomplissent en sens contraires, c'est que d'après une convention fondamentale de l'astronomie antique la révolution annuelle est censée avoir lieu dans le sens des aiguilles d'une montre comme le mouvement diurne apparent du soleil.

Cette fiction est évidemment liée au fait qui caractérise l'uranographie chinoise: les palais oriental et occidental sont soumis au régime lunaire et contiennent les constellations où se produisent respectivement les pleines lunes du printemps et de l'automne, tandis que les palais septentrional et méridional sont soumis au régime solaire.

L'interversion des palais équinoxiaux fait correspondre le palais oriental au printemps. Il est vrai que cette correspondance est relative aux levers acronyques, c'est-à-dire au spectacle qu'offre le firmament le soir du côté de l'Est; mais on ferme les yeux sur cette réalité pour ne retenir que la formule: *printemps = Est*. Les saisons se déroulent ainsi dans l'ordre N, E, S, O et le principe se trouve

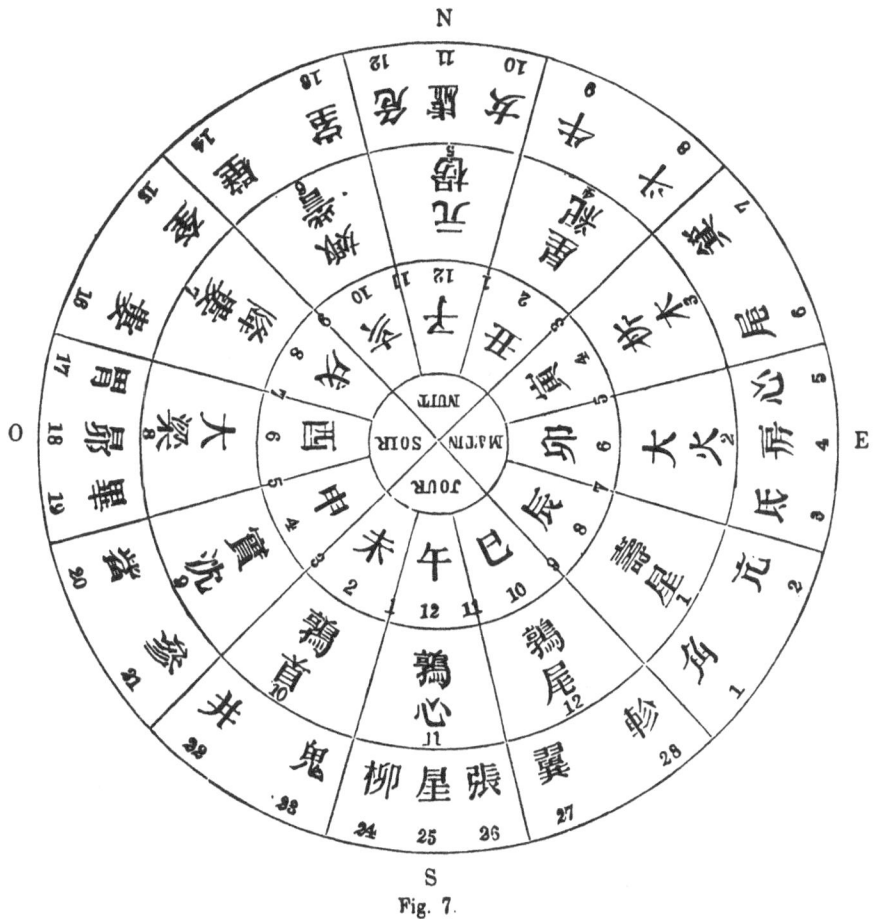

Fig. 7.

établi que le mouvement annuel se fait en sens direct, comme le mouvement diurne, ce qui permet d'assimiler le printemps au matin de l'année et le matin au printemps du jour.

II. Les cours fictifs de l'année sidéro-solaire.

Peut-être trouvera-t-on plus naturel d'attribuer tout simplement à l'ignorance des anciens Chinois la fausseté du sens dans lequel ils ont disposé le cycle duodénaire. Mais cette hypothèse ne pourrait se soutenir.

Le texte du *Yao tien*, qui révèle une science déjà fort développée, indique le sens vrai; en outre ce texte suppose l'uranographie déjà constituée et le symbolisme sidéral montre l'intime association des astérismes avec le cours de l'année. On admettra difficilement qu'après avoir constaté l'approche du printemps en observant l'apparition des *Cho t'i* et des Cornes du Dragon à l'Est, au crépuscule, les mêmes hommes pussent supposer que le soleil se trouvait dans le Dragon à l'Est alors qu'ils venaient de le voir se coucher à l'opposé, à l'Ouest.

La révolution en sens direct n'est d'ailleurs pas le seul itinéraire fictif attribué par les Chinois au cours de l'année, et il convient de le distinguer du cours discontinu, plus ancien, qui représente alternativement la marche réelle du soleil et de la lune dans les palais solsticiaux et équinoxiaux. Le cours fictif continu étant intimément lié au cycle duodénaire et invariablement représenté par lui, il est indispensable de spécifier ici en quoi il diffère du cours vrai et du cours discontinu.

a) *Révolution vraie alternativement solaire et lunaire.* Les traits caractéristiques de l'uranographie chinoise sont: d'abord que les évènements ou phénomènes de l'année terrestre sont symbolisés par le nom ou la fonction astrologique des astérismes correspondants; ensuite que ce cours sidéral de l'année est discontinu : les astérismes relatifs aux diverses époques de l'hiver et de l'été sont ceux où le soleil se trouve à ces époques; tandis que les astérismes correspondants au printemps et à l'automne se trouvent à l'opposé de la position du soleil. Ainsi, par exemple, les Cornes du Dragon (situées dans les *sieou Kio* et *Kang*) sont, dans l'uranographie chinoise, le signe du *Li-tch'ouen*, le repère du commencement de l'année. Or à cette époque de l'année le soleil se trouve à l'opposé de *Kio*, en *Kouei*; mais lorsque le soleil est en *Kouei*, la pleine lune se produit en *Kio* et se lève 朧 avec le Dragon. Me basant sur le fait que les Hindous utilisent précisément leur zodiaque lunaire (dont la communauté d'origine avec les *sieou* chinois u est pas douteuse) d'après la position sidérale de la pleine lune, j'ai avancé que l'interversion des palais équinoxiaux provenait de ce que, dans un lointain passé, les Chinois avaient commencé à observer la révolution sidérale d'après le *principe lunaire* [1]). Lorsque plus tard l'astronomie solaire et solsticiale se constitua, on appliqua le principe solaire aux saisons solsticiales mais en laissant les saisons équinoxiales sous le régime lunaire [2]).

D'après ce système mixte, l'année commence au *Li-tch'ouen lunaire* (à l'opposé du soleil), en *Kio* appelé pour cette raison 天門 la porte du ciel [3]), au S E du ciel.

Les trois mois du printemps (localisés par les trois pleines lunes du printemps) se placent entre le S E et le N E. (Fig. 7 et 8).

Ensuite les trois mois de l'été (principe solaire) viennent s'intercaler entre le S O et le S E, car au premier mois de l'été le soleil se trouve dans les *sieou Tsing* 井 et *Kouei* 鬼, et dans les *sieou Yi* 翼 et *Tchen* 軫 à la fin de l'été.

Puis les trois mois de l'automne (principe lunaire) se localisent entre le N O et le S O; car la première pleine lune de l'automne

---

1) Si, pour fixer les idées, on voulait faire cadrer cette période primitive avec l'histoire légendaire, c'est *Fou-hi* dont il conviendrait de prononcer ici le nom. Il ne me paraît d'ailleurs pas impossible que l'origine du zodiaque lunaire commun à divers peuples de l'Asie ne remonte à une époque préhistorique bien plus lointaine encore que le règne mythique de *Fou-hi*.

2) Les traces de cet ancien principe lunaire ont été presque partout effacées par l'invention de la *révolution fictive* qui explique le lien du palais oriental avec le printemps en supposant que le soleil se meut en sens direct (N, E, S, O.). Cependant il subsiste quelques vestiges traditionnels de l'ancien principe lunaire: le *Tcheou li*, par exemple, place les solstices sous la dépendance du soleil et les équinoxes sous celle de la lune: 冬夏致日、春秋致月、以辨西時之敘。(BIOT, II, p. 113).

3) Voy. ci-dessous, E, ch. V.

se produit à l'opposé de *Kio* — d'où le nom de la dodécatémorie *Hiang leou* 降婁 «la rentrée des récoltes» — et la dernière pleine lune de l'automne dans *Ts'an* 參.

Enfin les trois mois de l'hiver (principe solaire) s'intercalent entre le N E et le N O; car au premier mois de l'hiver le soleil pénétre dans *Teou* 斗 et passe sous Pégase (室 et 壁) à la fin de l'hiver.

Si nous désignons ces mois d'après les signes duodénaires tels

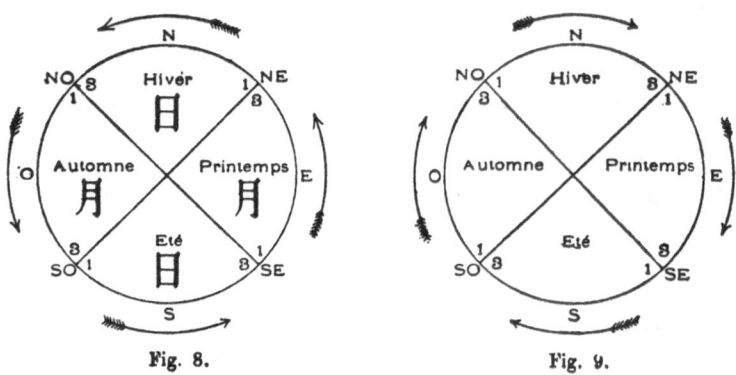

Fig. 8.   Fig. 9.

qu'ils sont répartis dans l'espace (*fig.* 7), le cours de l'année luni-solaire sera d'après ce système mixte:

辰卯寅、未午巳、戌酉申、丑子亥。

  Printemps   *Eté*   *Automne*   *Hiver.*

S E, E, N E, S O, S, S E, N O, O, S O, N E, N, N O.

Tel est l'ordre astrologique de l'uranographie chinoise, comme Schlegel l'a abondamment démontré.

b) *Révolution solaire fictive en sens direct.* Le régime mixte reposait sur les correspondances suivantes:

Hiver = N (solaire).

Printemps = E (lunaire).

Eté = S (solaire).

Automne = O (lunaire).

Si l'on fait abstraction de la raison d'être de ces équivalences (c'est-à-dire si l'on oublie que l'association du printemps à l'Est repose sur un autre principe que celle de l'hiver au Nord), il reste seulement le fait que les saisons sont censées se dérouler dans l'ordre N, E, S, O, dans le même sens que le mouvement diurne du soleil, ce qui permet d'assimiler la révolution annuelle à la révolution diurne, le printemps au matin, etc.. Cette fiction est à la base de la cosmologie chinoise et notamment de la théorie des cinq éléments (*Bois* = printemps = E).

C'est elle qui détermine le sens de l'évolution dualistique aussi bien dans le système dit de *Fou-hi* (震 = N E) que dans celui du *Yi king* (震 = E). C'est elle aussi qui détermine le sens dans lequel se déroulent les séries dénaire (乙 = E) et duodénaire (卯 = E).

Dans cette révolution fictive les saisons correspondent aux mêmes palais que dans la précédente; mais la marche en est continue et non plus discontinue; le sens en est direct et non plus rétrograde; de telle sorte que l'emplacement des mois dans chaque palais se trouve renversé: le *Li-tch'ouen* (et par conséquent le mois 孟 春) n'est plus au S E mais au N E; il n'est plus représenté par le signe 辰 mais par le signe 震 ou par le signe 寅.

A quelle époque cette révolution fictive a-t-elle été inventée? Sans pouvoir répondre avec précision à une telle question, nous pensons devoir l'assigner au temps de *Houang-ti*. Tous les indices que nous possédons montrent en effet qu'elle est antérieure à *Yao*:

1°) Le texte du *Yao tien* suppose la théorie dualistique déjà constituée; or cette théorie est fondée sur la révolution fictive continue.

2°) Le texte du *Yao tien* suppose la série duodénaire déjà constituée[1]) et cette série représente également la révolution fictive continue.

3°) Le texte du *Yao tien* suppose aussi, comme nous le verrons, les divisions joviennes déjà constituées; et l'origine du cycle de Jupiter en *Sing ki* (c'est-à-dire au N E, en 寅) se rattache aussi

---

1) Voy. ci-dessous p. 480.

à une astronomie encore basée sur l'ancien principe lunaire *Printemps = Est*.

4°) D'une manière générale le texte du *Yao tien*, entièrement dégagé du principe luuaire ou fictif, représente une astronomie solaire postérieure au système mixte, lunaire et solaire. Ce texte suppose l'uranographie chinoise déjà constituée et il serait inexplicable que le principe semi-lunaire de cette uranographie put être postérieur à l'astronomie solaire.

Pour ces raisons, qui seront développées ultérieurement, nous assignons la genèse de la révolution fictive à l'époque de *Houang ti*.

c) *Révolution solaire vraie*. Rappelons ici pour mémoire qu'en réalité le soleil situé (autrefois) au centre lu palais *septentrional* au solstice d'hiver, se meut en seus rétrograde et se dirige vers le palais *occidental* (*Fig.* 7 et 10).

Partant du *sieou* solsticial *Hiu* 虛 (N), il se trouve au *Li tch'ouen* à l'entrée du palais occidental, en *K'ouei* 奎 (N O). Il arrive en *Mao* 昴 (O) à l'équinoxe du printemps; en *Sing* 星 au solstice. d'été, en *Fang* à l'équinoxe d'automne:

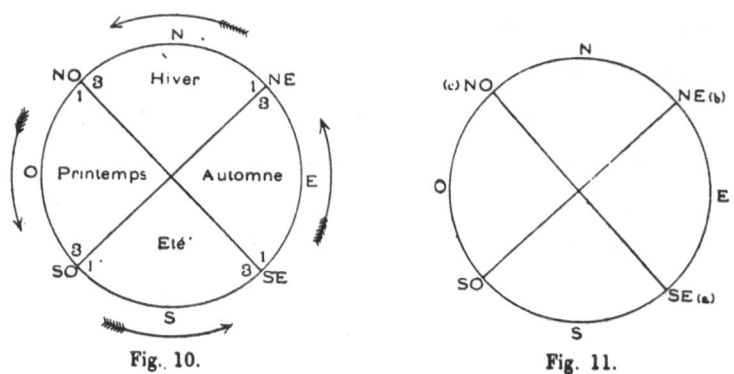

Fig. 10.   Fig. 11.

Résumé. La différence entre ces trois cours sidéraux *a*, *b*, *c*, peut se résumer dans les trois positions du *Li-tch'ouen*[1]) qui leur correspondent (*fig.* 11):

---

[1]) Rappelons que le *Li-tch'ouen* 立春 «établissement du printemps» est le point de séparation entre l'hiver et le printemps, à mi-distance entre le solstice et l'équinoxe.

a) Dans la révolution mixte:

S E, E, N E. — S O, S, S E. — N O, O, S O. — N E, N, N O.
Printemps   *Eté*   *Automne*   *Hiver.*

le *Li-tch'ouen* est au S E (*Kio*).

b) Dans la révolution solaire fictive:

N E, E, S E, S, S O, O, N O, N, N E.
Printemps   *Eté*   *Automne*   *Hiver.*

le *Li-tch'ouen* est au N E.

c) Dans la révolution solaire vraie:

N O, O, S O, S, S E, E. N E, N, N O.
Printemps   *Eté*   *Automne*   *Hiver*

le *Li-tch'ouen* est au N O.

III. Applications azimutale et horaire de la série duodénaire.

Quoique, à l'origine, la série duodénaire représente les douze mois de l'année et qu'elle ait constitué une division du «Contour du ciel» en douze parties, on peut dire que dès le début elle a servi également à la division de l'horizon et du nychtémère.

En effet, par suite de son caractère équatorial[1]) et de la convention d'après laquelle le printemps correspond à l'Est, le propre de l'astronomie chinoise primitive est justement de confondre entre elles et d'assimiler l'une à l'autre les révolutions annuelle, diurne et azimutale. Le *Nord* est pour elle synonyme d'hiver et de noir; l'*Est*, de printemps et de vert; etc.. Dire que le signe 寅 représente le *Li-tch'ouen* ou qu'il représente le N E, c'est exprimer une

---

1) Par «équatorial» il ne faut pas entendre quelque chose de très savant et de très compliqué, mais au contraire la simplification provenant du fait que les Chinois n'ont tenu aucun compte de la marche oblique du soleil et des astres mobiles. La base d'une astronomie écliptique est le cercle oblique. La base de l'astronomie équatoriale est le pôle. L'équateur est en effet la *jante* de la roue dont le pôle est le *moyeu*. Le pôle entouré des quartiers correspondant aux saisons, tel est le concept fondamental de l'astronomie chinoise. Même chez *Sseu-ma Ts'ien*, le cercle oblique ne joue aucun rôle et n'est pas mentionné. (Cf. B, p. 257).

seule et même idée sous la forme de l'espace ou sous la forme du temps. Dire que le *feu* correspond au *Sud* ou qu'il correspond à l'Eté, c'est encore une seule et même chose. La répartition des signes duodénaires (comme aussi des 8 trigrammes) sur l'horizon remonte à la période créatrice; cette assimilation des saisons aux points cardinaux est une des caractéristiques de la doctrine originelle.

Il en est de même de l'application des signes duodénaires aux heures de la révolution diurne; elle remonte à la haute antiquité parce que la doctrine de l'époque créatrice ne fait aucune différence entre l'Est de la révolution annuelle et l'Est de la révolution diurne. 卯 et 酉 désignent le Levant et le Couchant, l'Orient et l'Occident aussi bien dans la révolution diurne que dans la révolution annuelle.

Telle n'est pas cependant l'opinion de Chalmers. Cet auteur qui n'a tenu aucun compte des caractères propres à l'astronomie chinoise mis en lumière par Gaubil et Biot, estime que les Chinois.n'ont eu aucune division du jour avant les *Han:*

«It was an easy step, from the original application of the twelve branches to the months, to a duodecimal division of the day; but according to native authorities this was not adopted till the time of *Han*[1]). It does seem strange that the Chinese should have existed so long without any artificial division of the day; and yet in recording eclipses, where the time of the day is a most important item, it is never mentionned»[2]).

Je ne sais quel est l'auteur chinois dont l'autorité est ici invoquée; mais il est permis, même au point de vue purement philologique, de mettre en doute son affirmation. Voici, par exemple, une citation empruntée par M. Chavannes au *Kouo yu* (à propos de son étude sur la musique chinoise, M. H. III, p. 640) qui suffirait à la réfuter:

---

[1] «一 日 十 二 時 始 於 漢. See Morrison's *View of China*, Chron. tables».

[2] CHALMERS, *op. cit.* p. 96. — L'heure précise d'une éclipse est une donnée très importante pour l'astronome moderne, mais on ne voit pas bien pourquoi il en aurait été de même dans l'antiquité.

Le roi *Wou*, au deuxième mois, au jour *kouei-hai*, pendant la nuit rangea son armée en bataille; avant qu'il eût fini, la pluie se mit à tomber; au moyen du *kong* supérieur du *yi-tso*, il acheva (de ranger son armée en bataille). A l'heure *tch'en* 辰, la conjonction se faisait au dessus du signe *siu*, c'est pourquoi il déploya le *kong* supérieur du *yi-tso*. (Section *Tcheou yu*, 3ᵉ partie).

Mais alors même qu'il ne se trouverait aucun texte mentionnant formellement l'application ancienne des signes duodénaires à la division du jour, l'existence du fait n'en serait pas moins établie par induction comme nous aurons l'occasion de le montrer plus tard à propos de la clepsydre.

Nous avons cité (A, p. 138) un passage du commentaire de *Kong yang* dans lequel il est dit que *Sin* et *Ts'an* servent à annoncer «le matin et le soir des saisons». Cette équivalence entre les révolutions diurne et annuelle apparaît aussi dans le passage suivant, emprunté par *Sseu-ma* au *Ta Tai li* (M. H. III, p. 321): «Lorsque le coq a chanté trois fois, c'est le jour; on parcourt les douze divisions pour finir à *tch'eou* 丑». La révolution qui finit à 丑 est celle de l'année civile dont le premier mois est 寅. Ce texte exprime donc la complète équivalence du coq, de l'aurore et du *Li-tch'ouen*, de l'heure 丑 et du mois 丑. Quelques lignes plus haut (p. 318) *Sseu-ma Ts'ien* nous dit d'ailleurs qu'à son avis la division horaire du jour remonte à la haute antiquité.

IV. Forme astrologique de la série duodénaire.

A propos de la série dénaire nous avons eu l'occasion d'examiner la liste mentionnée par le *Eul ya* et les *Che ki*. Dans le calendrier qui s'était perpétué chez les astrologues officiels, cette liste se combine avec une série duodénaire analogue qui a servi dès le IIIᵉ siècle avant J.-C. à la numération des années [1]).

Cette série duodénaire fait partie de la terminologie considérée par Chalmers comme étant d'origine étrangère et ce sinologue suggérait un rapprochement entre *Cho-t'i-ko* et *Vrishaspati* (Jupiter)

---

1) C, p. 235.

chacra (cycle) des Hindous. Mais, depuis lors, Schlegel et Chavannes ont montré que *Cho-t'i-ko* signifie «la règle des (astérismes) *Cho t'i*».

Quant aux onze autres termes *tan ngo, tche siu*, etc., ils désigneraient, s'il faut en croire le commentateur *Li Siun* (fin de la dynastie des *Han* orientaux), le plus ou moins de force ou d'expansion avec lequel se manifeste le principe *yang* aux divers mois de l'année. Ces termes désignent donc, à l'origine, les mois. (M. H. III, p. 663).

Il en est de cette série duodénaire comme de la série *ngo-fong, tchan-mong*, etc.; comme de la série 甲, 乙, etc. et comme de la série 子, 丑, 寅, etc.. Tous ces cycles chinois décrivent les phases successives de l'année dualistique. Mais il y a entre eux cette différence que les cycles *dénaires* sont établis sur les saisons:

Printemps, Eté, CENTRE, *Automne, Hiver.*

Tandis que les cycles duodénaires ont pour point de départ le solstice d'hiver.

Les séries dénaires sont donc *lunaires* en ce sens qu'elles partent du *Li tch'ouen* 立春, repère de l'année civile; mais elles sont *solaires* en ce sens qu'elles représentent les demi-saisons solaires et la théorie quinaire: $(4 + 1) \times 2 = 10$.

Les séries duodénaires, inversement, peuvent être considérées comme *solaires* en ce qu'elles débutent par le solstice d'hiver et fixent les points cardinaux de l'année astronomique: N, E, S, O. Mais elles participent de l'année *lunaire* par leur division en douze mois.

*

Tandis que la série dénaire des *Che ki* diffère considérablement de celle du *Eul ya*, soit dans l'ordre des termes soit dans leur transcription, la série duodénaire se présente sous la même forme dans ces deux ouvrages. Cependant, en dépit de cet accord, nous pouvons dire que la liste du *Eul ya* et des *Che ki* n'est pas conforme à la série originelle; il y a eu un remaniement.

La liste traditionnelle se compose d'appellations formées tantôt de *deux* mots, tantôt de *trois* mots; tandis que la série dénaire analogue se compose exclusivement d'appellations de *deux* mots, et.

la liste des six dieux cosmiques d'appellations de *trois* mots. Etant donné le goût des Chinois pour la symétrie et le parallélisme, cette composition mixte de noms de deux et de trois mots mérite d'attirer notre attention.

Dans cette liste duodénaire, le nombre des appellations trisyllabiques est de 4; si elles étaient régulièrement réparties il y en aurait donc une par trimestre.

Or, pour obtenir cette distribution symétrique il suffit de faire permuter *tch'e-fen-jo* et *t'ouen-t'an*. Les appellations trisyllabiques correspondent alors aux signes cardinaux 子 卯 午 酉 c'est-à-dire aux solstices et équinoxes.

	Liste traditionnelle (*Eul ya*, *Che ki*).		Liste de CHALMERS.		
子	攝提格	*cho-t'i-ko*	攝提格	*cho-t'i-ko*	N
丑	單閼	tan-ngo	單閼	tan-ngo	
寅	執徐	tche-siu	執徐	tche-siu	
卯	大荒落	*ta-houang-lo*	大芒落	*ta-mang-lo*	E
辰	敦牂	touen-tsang	敦牂	touen-tsang	
巳	協洽	hie-hia	協洽	hie-hia	
午	涒灘	t'ouen-t'an	赤奮若	*tch'e-fen-jo*	S
未	作噩	tso-ngo	作噩	tso-ngo	
申	淹茂	yen-meou	閹茂	yen-meou	
酉	大淵獻	*ta-yuan-hien*	大淵獻	*ta-yuan-hien*	O
戌	困敦	k'ouen-touen	困敦	k'ouen-touen	
亥	赤奮若	*tch'e-fen-jo*	汭漢	jouei-han	

Comparons maintenant cette liste ainsi rectifiée à celle de la répartition des *sieou* parmi les dodécatémories : l'analogie est frappante. (Voyez la fig. 7, p. 459, et le tableau ci-dessous, E, ch. V).

Chaque dodécatémorie contient deux *sieou*, à l'exception des dodécatémories cardinales (N, E, S, O) qui en contiennent trois : $8 \times 2 + 4 \times 3 = 28$.

De même qu'il y a 28 *sieou* dans les douze divisions du ciel, de même il y a 28 caractères dans ces douze noms de mois.

Ces faits suffisent déjà à établir que la série duodénaire a été autrefois symétrique; et cette induction se trouve confirmée, d'une manière bien inattendue, par Chalmers lui-même qui, tout en déclarant cette liste dénuée de sens et composée de polysyllabes étrangers, la reproduit sans s'en douter sous la forme symétrique qui atteste sa conformité avec les anciens principes de l'astronomie chinoise [1]).

Mais il reste encore d'autres indices du remaniement qui a rompu la régularité primitive de la série. Considérons, en effet, les termes trisyllabiques en rétablissant leur correspondance avec les solstices et équinoxes :

攝　提　格
N

大　　　大
淵 O　　E 芒
獻　　　落
S

赤　奮　若

Nous remarquons tout d'abord la disposition symétrique des deux 大 qui qualifient l'appellation des mois équinoxiaux:

Ta mang lo (E), *Ta yuan hien* (O).

Nous remarquons ensuite que l'appellation du solstice d'été (S) est *Tch'e-fen-jo*; or 赤 *tch'e* (rouge) est la couleur du *Sud* et de

---

1) Il serait intéressant de savoir où Chalmers a trouvé cette disposition symétrique, dont l'exactitude n'est pas douteuse au point de vue des origines, mais qui diffère de la liste connue sous les *Han* et sous les *Tcheou* de la décadence.

La série duodénaire des *Che ki* se retrouve non-seulement dans le *Eul ya* mais aussi dans le chapitre *T'ien wen che* du *Ts'ien Han chou* et dans le IIIᵉ chapitre de *Houai-nan-tseu*. Je n'ai pas eu ce dernier sous les yeux; mais comme ces diverses listes ne présentent, dit M. Chavannes, que des variantes sans importance, j'en conclus que la liste de Chalmers est d'origine inconnue.

l'été; l'analogie entre 赤奮若 et 赤熛怒 est assez visible [1]).

Nous remarquons enfin, dans l'appellation de l'équinoxe d'automne le signe idéographique du *chien* 犬 qui est l'animal symbolique de l'*Ouest* et de l'*automne*.

Au figuré, 獻 signifie offrir, présenter à un supérieur; cette acception est très ancienne puisque c'est celle que l'on trouve dans les classiques. Mais la composition de ce caractère (*chien et chaudière rituelle*) montre qu'à l'origine il représentait un chien offert en sacrifice; le *Chouo wen* confirme cette signification en précisant qu'il s'agit du chien engraissé pour être offert dans le temple des ancêtres [2]).

Or à quelle époque de l'année ce sacrifice d'un chien dans le temple ancestral avait-il lieu? Le *Li ki* va nous le dire:

> Dans ce mois (milieu de l'automne)... le Fils du Ciel accomplit l'exorcisme destiné à promouvoir l'influence de l'automne, au moyen (du sacrifice) d'un chien et des prémices du chanvre, d'abord présentés dans l'arrière-salle du temple ancestral [3]).

Le mot 淵 *yuan* (gouffre, abîme) évoque, lui aussi, l'idée de l'ouest et de l'automne. De même que notre terme *occident* fait allusion au côté où les astres «tombent» et «se plongent dans les flots de l'Océan», de même en Chine l'expression *yuan* désigne par-

---

1) Cf. C, p. 263.

2) 宗廟犬名羹獻犬肥者以獻之从犬鬳聲.

Il semble d'ailleurs que ce mot *hien* n'est à l'origine qu'un dérivé de *k'iuan* 犬 chien. En effet, le *Chouo wen* donne 鬳 comme étant phonétique; et *K'ang hi* dit que ce mot se prononce comme 棻 et 眷 qui se prononçait anciennement *k'iuan*. — La signification de 鬳 d'après Wells Williams serait «a boiler used in sacrificing»; «une sorte de (chaudron à) trois pieds» dit le *Chouo wen*. Peut-être le mot chien a-t-il été appliqué, comme adjectif, à la bouilloire à chien, puis (après altération) à son contenu. le chien sacrifié.

Il est à noter qu'une des références (*Tcheou li*) indiquées par le dict. *K'ang hi*, à propos de *hien*, est inexacte: au lieu de 小宰 lisez 宰夫.

3) 仲秋之月、天子乃難(=儺)以達秋氣、以犬嘗麻、先薦寢廟.

fois le *couchant* par opposition à l'orient: «Le Dragon s'élève dans le ciel à l'équinoxe du printemps, dit le *Chouo wen*, et à l'équinoxe d'automne il se plonge dans l'abîme» [1]).

Tch'e-fen-jo (S) et *Ta-yuan-hien* (O) représentant respectivement le solstice d'été et l'équinoxe d'automne, il en résulte que *Cho-t'i-ko* (N) correspond au solstice d'hiver. Cette équivalence est très intéressante et nous ouvre des vues nouvelles sur une question précédemment traitée dans l'article intitulé *Le cycle de Jupiter* (1908) que nous aurons prochainement l'occasion de compléter et de rectifier.

Enfin, dans notre hypothèse, *Ta-mang-lo* doit correspondre à l'Est et à l'équinoxe du printemps: cela est parfaitement conforme à la signification de ce terme qui fait allusion aux jeunes pousses de céréales sortant de terre à cette époque de l'année. 落 *lo* équivaut en effet à 始 *commencer*, d'après le *Eul ya* [2]). Et d'après le *Chouo wen*, *mang* désigne les jeunes pousses d'herbes [3]).

D'ailleurs *mang* entre précisément dans le nom du dieu 勾芒 qui est le génie du printemps 春之神 [4]).

La correspondance des termes trisyllabiques avec les dates cardinales de l'année tropique ne saurait donc faire de doute. Il y a eu dans cette série duodénaire, non-seulement une interversion dans l'ordre des termes, mais encore un changement d'équivalence puisque *Cho-t'i-ko* correspond à 寅 et non plus à 子. Ces modifications doivent être antérieures à l'époque ou fut composée le *Eul ya* puisque cet antique dictionnaire, qui a encore connaissance de la forme

---

1) 春分而登天、秋分而入淵。 V. ci-dessous E, ch V.

2) On lit aussi dans le *Tso tchouan*: «Lorsque la tour fut achevée, le vicomte désira *l'inaugurer* 落之 avec les princes» (*Tch'ao*, 7e année).

3) 芒草端。 La forme 荒 *hwang* des *Che ki* s'explique facilement puisque, d'après *K'ang hi*, 芒 se prononçait aussi *hwang*. D'ailleurs en comparant les succédanés 㠎 et 茫, 穬 et 芒, 慌 et 忙, on voit bien la communauté d'origine des formes *mang* et *hwang*.

4) *Kâu-mang*, litteraly «curling fronds and spikelets» (LEGGE, *Li ki*, p. 250). — The Blade God, an agricultural deity (Wells Williams).

primitive de la liste dénaire, ignore celle de la liste duodénaire.

La raison d'être de ces divers remaniéménts est fort énigmatique. Il est probable que la décadence du pouvoir impérial et la diversité des calendriers suivis par les Etats feudataires n'y sont pas étrangères.

V. Combinaison des séries dénaire et duodénaire.

La juxtaposition des séries dénaire et duodénaire en vue de leur combinaison sexagésimale est naturellement conventionnelle. Les deux séries étant inégales ne peuvent concorder et c'est justement parce qu'elles ne concordent pas qu'elles donnent lieu au cycle de 60. Cette inégalité ne provient pas seulement de ce que l'une possède deux termes de plus que l'autre, mais aussi de ce que la série dénaire comporte deux termes centraux en dehors de la révolution des saisons. La seule disposition qui pourrait montrer l'équivalence des deux séries est celle-ci :

Centre	Année civile		Année astronomique	
			Solstice d'hiver 子丑 } 癸	
	Printemps	甲乙 寅卯辰	*Equin. printemps* 寅卯辰 } 甲乙	
中 { 戊己	Eté	丙丁 巳午未	*Solstice d'été* 巳午未 } 丙丁	
	Automne	庚辛 申酉戌	*Equin. automne* 申酉戌 } 庚辛	
	Hiver	壬癸 亥子丑	*[Solst. d'hiver]* 亥子 } 壬	

L'année civile commence ainsi par 甲寅 (= 立春) et l'année tropique par 癸子 (= 仲冬). Mais la combinaison 癸子 (10 et 11) n'existe pas dans le cycle sexagésimal où un signe pair ne doit pas s'accoupler à un signe impair; elle est remplacée par la combinaison la plus voisine, 甲子. Le cycle sexagésimal ne peut donc représenter que le point de départ de l'année civile (甲寅 = *Li tch'ouen — Li tch'ouen*). Il ne peut représenter le point de départ de l'année astronomique (癸子 = *solstice — solstice*. Par ailleurs on fait débuter le cycle en combinant le premier terme de chaque série (甲子 = *Li tch'ouen — solstice*) [1]).

Cependant deux vestiges de l'antiquité témoignent que la concordance 癸子 fut autrefois usitée:

1° Le *Chou king* attribue à *Yu* cette parole: «Quand je me mariai à *T'ou chan*, je ne restai auprès de ma femme que pendant les jours 辛壬癸甲». Pourquoi le texte du *Chou king*, en général si concis, énumère-t-il ces quatre termes cycliques au lieu de dire simplement «quatre jours»? C'est parce qu'il fait allusion au rapport entre l'idée de mariage, de conception, de génération, et le signe *zéro* 子 où commence une nouvelle génération, une nouvelle révolution. De même que le roi *Wen* franchit le fleuve au jour 戊午, de bon augure pour une entreprise militaire, de même la période qui précède et suit le signe 子 semble avoir été, dans la haute antiquité, l'époque favorable aux débuts du mariage:

冬前與冬後、
婚嫁利此時

Encore aujourd'hui, dit Schlegel, les paysans chinois ne se marient qu'en hiver [2]).

---

1) M. Chavannes a exprimé l'opinion que la série dénaire n'est pas fondée en réalité parce qu'elle commence à 甲 tandis que la série duodénaire commence à 子 pour les jours et à 寅 pour les lunaisons (cf. C, p. 226). Ce fait provient simplement de ce que 甲寅 est le début naturel des lunaisons et de ce que 癸子 n'est pas une combinaison régulière.

2) *Ur.*, p. 202.

La raison d'être de cette séquence de quatre jours est qu'elle est symétrique par rapport au signe 子 :

子
辛壬 | 癸甲

Les commentateurs chinois ne semblent pas avoir compris cela. (Cf. M. H. I, p. 158).

2° La même concordance 癸=子 se manifeste dans une ancienne forme du cycle sexagésimal (appliqué aux mois) qui nous a été conservée par le *Eul ya*:

	Série dénaire			Série duodénaire		
1	Printemps	甲 = 畢	陬	= 卯	寅	d'après le Eul ya
2		乙 = 橘	如	= 辰	卯	,,
3	Eté	丙 = 修	寎	= 巳	辰	,,
4		丁 = 圉	余	= 午	巳	,,
5	Centre	戊 = 厲	皋	= 未	午	,,
6		己 = 則	且	= 申	未	,,
7	Automne	庚 = 窒	相	= 酉	申	,,
8		辛 = 塞	壯	= 戌	酉	,,
9	Hiver	壬 = 終	玄	= 亥	戌	,,
10		癸 = 極	陽 N	= 子	亥	,,
		甲 (n° 1)	辜	= 丑	子 (n° 1)	,,
		乙 (n° 2)	涂	= 寅	丑 (n° 2)	,,

Cette notation des mois, dit M. Chavannes, paraît avoir été fort peu usitée. On n'en cite guère que deux exemples:

L'un se trouve au début du poème intitulé *Li-sao*... où il est question du mois *tseou* 陬. Le second nous est fourni par le *Kouo yu*, section *Yue yu*, 2e partie, à la 11e année de la seconde période du roi *Keou-ts'ien* (479 av. J.-C.); on lit cette phrase: «arrivé au mois *hiuan*...» 至於玄月 ; et un peu plus loin le roi dit: «maintenant c'est la fin de l'année» 今歲晚矣 ;

cette indication concorde avec le *Eul ya* qui assigne le nom de *hiuan* au 9e mois. (M. H. III, p. 664).

Il serait bien étonnant que le signe 玄, caractéristique de l'hiver et spécialement de la première moitié de l'hiver, ait été affecté à un mois de l'automne. Normalement, originellement, le signe 玄 représente sûrement le 10e mois, c'est-à-dire «la fin 終» de l'année, le mois qui précède immédiatement le mois solsticial et qui correspond par conséquent à 壬 et à 終 Mais d'autre part la combinaison 壬亥 (9 et 12) est irrégulière puisqu'elle accouple le pair et l'impair.

Il est donc visible que le *Eul ya* commet une erreur dans l'équivalence de ces anciens termes avec les signes du cycle ordinaire; mais cette erreur s'explique lorsqu'on constate que ces listes doivent provenir d'un document qui les présentait suivant l'ordre de l'année astronomique, 癸 = 子, que le *Eul ya* a interprété suivant la combinaison régulière la plus proche, 甲子 [1]).

D'après la terminologie constante de la théorie bino-quinaire, on peut affirmer en effet que 玄 et 陽 représentent le mois qui précéde le solstice (亥) et le mois du solstice (子) où le *yang* renaît. Ces deux termes correspondent évidemment aux termes dénaires 玄黓 et 昭陽 (C, pp. 236, 240). D'autre part, il est également manifeste que 終 et 極 (*la fin* et *la culmination*) représentent, eux aussi, les deux moitiés de l'hiver, celle qui précéde et celle qui suit le solstice, comme l'indique d'ailleurs le *Eul ya* en les faisant correspondre aux signes 壬 et 癸. Cette équivalence est confirmée en outre par le terme 圉 *le parc à chevaux* qui correspond, comme de juste, au solstice d'été 丁.

Ceci posé, si nous comparons les deux listes du *Eul ya* accolées sur le tableau ci-dessus, nous constatons qu'elles se trouvent en concordance précisément par ces termes du solstice d'hiver:

---

1) Il est fort possible que cette erreur ne soit pas imputable au *Eul ya* et provienne des remaniements dont nous avons vu les traces dans les autres séries dénaires et duodénaires.

$$壬 = 終 = 玄$$
$$癸 = 極 = 陽$$

Le choix de 畢 et de 陬 comme têtes de liste a donc pour but de faire concorder les deux termes solsticiaux 極 et 陽 , c'est-à-dire 癸 et 子 ; mais 癸 子 (pair et impair) n'est pas une combinaison régulière ; on a donc pris 癸 亥, de telle sorte que le cycle se continue par 甲 子 (nᵒˢ 1), 乙 丑 (nᵒˢ 2), etc..

Le *Eul ya* se trompe donc en disant 陬 爲 寅. En réalité c'est

$$畢 涂 \text{ qui correspond à } 甲 寅$$

et 畢 陽 qui correspond à 甲 子.

*

En résumé, nous voyons que sous la dynastie *Tcheou*, de grandes divergences s'étaient déjà produites dans les listes qui nous ont été conservées par le *Eul ya* :

La liste dénaire *Ngo-fong* présente dans les *Che ki* des altérations dans l'ordre et dans la transcription des termes.

La liste duodénaire *Cho-t'i-ko* diffère déjà dans le *Eul ya* de la liste primitive, d'abord par la position de *Ta-yuan-hien*, ensuite par l'équivalence de ses termes avec les mois de l'année.

La liste dénaire 畢 est la seule qui soit correcte.

La liste duodénaire 陬 ne semble pas altérée intrinsèquement ; mais l'équivalence que lui assigne le *Eul ya* avec les mois de l'année astronomique est erronée.

Pour que de telles divergences aient pu exister dès l'époque où le *Eul ya* fut composé, il faut vraisemblablement que l'origine de ces listes soit bien antérieure à la dynastie *Tcheou*, que leur signification étymologique ait été perdue de vue et que les règles de leur emploi aient été altérées à la suite des réformes promulguées à l'occasion d'un changement de dynastie. M. Chavannes a d'ailleurs montré que le tableau calendérique de *Sseu-ma Ts'ien* (où il est fait usage de ces anciennes listes) ne représente ni le calendrier des *Han*

ni celui des *Tcheou*, mais bien l'ancien calendrier des *Yin* conservé
par les astrologues officiels.

VI. La réforme de Tchouan-hiu.

Il est permis de supposer que dans un très lointain passé, le
système uranographique des Chinois a été, comme celui des Hindous,
uniquement basé sur le principe lunaire; c'est-à-dire que telle constellation était associée à telle époque de l'année parce que la pleine
lune se produisait à cette époque dans cette constellation. La réalité
de cette phase primitive ne peut d'ailleurs s'établir que par induction
ou d'après certains vestiges que nous examinerons plus tard.

Quoi qu'il en soit, l'uranographie chinoise se présente à nous
comme un système mixte, lunaire pour les saisons équinoxiales,
solaires pour les saisons solsticiales et se rapportant à la situation
du firmament telle qu'elle existait dans la haute antiquité. Cette
deuxième phase donne lieu, comme nous l'avons dit, au système
fictif qui est à la base des théories binaire et quinaire d'après les-
qelles le printemps est associé à l'Est.

Nous voyons cependant poindre très anciennement un troisième
système, purement solaire, qui se manifeste déjà dans le texte du
Yao tien. Ce système astronomique semble avoir été mis en vigueur
au temps de l'empereur *Tchouan-hiu* comme une réforme officielle
visant à supprimer l'ancien système luni-solaire. Les indices sur
lesquels se base cette hypothèse sont les suivants:

1°) Nous avons vu que le symbolisme qui associe les six animaux domestiques aux quatre saisons et aux deux principes est très
ancien et conforme à la théorie mixte, luni-solaire. D'après ce symbolisme, le coq et le printemps correspondent à l'Est. Or le cycle
des douze animaux, dont l'antiquité ne semble pas douteuse, porte
la trace d'un remaniement suivant lequel le coq et le printemps
sont transportés à l'Ouest tandis que le lièvre (symbole de la lune
et de l'automne) est déplacé à l'Est. En outre, dans la liste des

anciens mois turcs, cette interversion est manifestement liée au calendrier des Yin [1]).

Or cette même interversion se retrouve dans la plus ancienne terminologie sidérale. Le terme 卯 qui désigne, comme le coq, l'équinoxe du printemps supposé à l'Est, se trouve transporté à l'Ouest où il représente non plus l'équinoxe fictif, mais l'équinoxe vrai, la porte 卯 par laquelle pénétre le soleil 日 : le *mao* solaire 昴 occidental s'oppose ainsi à l'ancien 卯 oriental. (Voy. *fig.* 7, p. 459).

Nous savons d'ailleurs que l'astérisme auquel cette réforme imposa dorénavant le nom de *Mao* s'appelait *Lieou* 罶 [2]), comme Schlegel l'a deviné sans savoir que cet astérisme *Lieou* figure dans une des listes de *Sseu-ma Ts'ien* aux lieu et place de *Mao* [3]). «Dans sa forme antique, dit-il, ce caractère *Lieou* 罶 était composé de 戼, une *porte fermée*, et de 田 *champ*. Mais, à l'époque où l'on changea le caractère 昴 en 昴 [4]). on ? changé, dans tous les

---

1) Voy. ci-dessous, E, ch. XI.

2) *Ur.* p. 353. Schlegel voyait dans cette substitution du symbole printanier à l'ancien symbole automnal une confirmation de sa théorie suivant laquelle l'astronomie et l'écriture chinoises datent de l'époque où le soleil se trouvait reellement dans le palais occidental en automne. Pour lui, le signe 罶 représentait l'automne environ 16C00 ans avant l'ère chrétienne et 昴 lui fut substitué vers l'an 2300 pour représenter la position du soleil à l'équinoxe du printemps.

En réalité ce déplacement de 180° ne provient pas de la précession des équinoxes mais de la substitution du principe solaire au principe lunaire.

3) M. H. III, p. 311, note 6. — Cette liste donnée par *Sseu-ma* à propos des tuyaux sonores est très remarquable (abstraction faite des étymologies fantaisistes qu'elle établit sur des assonnances et des calembours). Elle provient vraisemblablement d'une source très ancienne et présente plusieurs particularités intéressantes: 1° Elle commence au *Li tch'ouen* solaire, à l'opposé de *Kio*. 2° Elle suit le sens direct. 3° Elle réunit en une seule les deux mansions d'Orion. 4° Elle donne *Lieou* à la place de *Mao*. En outre elle indique l'équivalence sidérale des séries dénaire et duodénaire ce qui confirme ce que j'ai dit à ce sujet (C, p. 229, n 2).

4) Le *Chouo wen* dit en effet que 昴 s'écrivait autrefois 昴. Mais ce caractère 昴 se prononçait-il *yeou* ou *mao*? Dans le premier cas ce serait une survivance de l'ancien *yeou* automnal; dans le second cas il y aurait alors une interversion complète dans les phonétiques: car tandis que 卯 se trouve à la place de 酉 dans 柳 et dans 留, 酉 se trouverait à la place de 卯 dans 昴. (古文酉爲戼).

caractères qui avaient ce même hiéroglyphe dans leur composition, l'élément 戼 en 卯 ; car tous les caractères qui ont maintenant l'élément *mao* dans leur composition avaient primitivement l'élément *yeou*». (Ex.: 留 *lieou* arrêter, 柳 *lieou*, saule, etc.).

卯 signifiait une porte ouverte et 戼 une porte fermée[1]).

說文曰。戼就也。卯爲春門、萬物己出。酉爲秋門、萬物己入。一閉門象也。

A quelle époque ce transport du signe *mao* à l'ouest s'est-il produit?

昴 figure dans le texte du *Yao tien* où l'énumération des astérismes qui marquent le milieu de chaque saison (ou palais céleste) est faite dans le sens véritable, c'est-à-dire en sens rétrograde. On peut donc supposer cette réforme très ancienne, antérieure à *Yao*.

2°) Dans son *Histoire de l'astronomie chinoise* Gaubil interprète de la manière suivante un passage du *Kouo yu* (楚語、下) dans lequel on pourrait voir une confirmation de cette hypothèse si la traduction était vraîment justifiée par le texte:

> L'astrologie judiciaire était en grande partie la source des désordres au temps de *Chao-hao*... C'est par le moyen des astronomes que *Tchouan-hiu* remèdia au mal. Le texte de l'ancien livre *Kouo-yu* dit que cet empereur *coupa la communication du ciel avec la terre*. Le texte de ce livre sur les désordres introduits par les devins du temps de *Chao-hao* et sur le remède employé par *Tchouan-hiu* est un monument remarquable de l'antiquité de l'astronomie: car ce texte dit que les astronomes eurent ordre de bien exécuter les règles de leur emploi. On voit les astronomes chargés des affaires de religion et des cérémonies religieuses.

Le déplacement du signe de l'équinoxe (卯 = *coq*) du palais oriental au palais occidental supprime l'ancienne corrélation entre

---

1) Schlegel (*Ur.* p. 44) dit que 酉 représentait à l'origine une cruche dont l'ancienne figuration est donnée dans les *Mémoires concernant les Chinois*. Cette étymologie paraît très plausible et le *Chouo Wen* semble y faire allusion lorsqu'il dit 八月黍成 可爲酎酒. Quoi qu'il en soit — porte fermée ou cruche — 酉 représente en tous cas l'équinoxe d'automne.

les éléments terrestres et les palais célestes[1]); elle remplace la fiction du sens direct (E, S, O, N) par la notion du sens vrai (N, O, S, E). Dans l'expression «couper la communication entre le ciel et la terre pour mettre un terme aux abus provoqués par les devins» on pourrait être fondé à voir une allusion à cette réforme astronomique.

Mais le texte du *Kouo yu* ne parle pas de devins et n'est que le commentaire d'un passage beaucoup moins explicite du *Chou king* dans lequel il est dit[2]): 乃命重黎、絶地天通。罔有降格、群后之逮在下、明明棐常。 «L'empereur chargea alors *Tchong* et *Li* de couper la communication entre la terre et le ciel, et les descentes (des esprits) cessèrent. Depuis les princes jusqu'aux officiers subalternes, chacun s'employa à maintenir les règles».

D'autre part les abus auxquels *Tchong* et *Li* sont chargés de mettre un terme apparaissent simplement, à la page précédente du *Chou king*, comme des désordres politiques et sociaux. Il semble donc que la version de Gaubil soit quelque peu imaginaire. La comparaison de certains textes me fait penser cependant que son interprétation n'est probablement pas éloignée de la vérité et qu'elle est intéressante au point de vue de la reconstitution des anciennes idées relatives à la science astrale.

Le texte du *Kouo yu* n'est pas une simple amplification de celui du *Chou king*; il donne des renseignements qui ne figurent pas dans ce dernier. Le texte du *Chou king* se rapporte à la fin du règne du roi *Mou*; et celui du *Kouo yu* met en cause un roi de *Tch'ou* contemporain de Confucius; il n'y a donc pas entre eux un intervalle très considérable. D'autre part le *Chou king* ne fait qu'une courte allusion à cette tradition en la donnant d'ailleurs comme connue: 王曰、若古有訓、 «According to the teachings of ancient times».

---

1) Sur le caractère terrestre des éléments, voy B, pp. 258, 259 et E, ch. VIII.
2) Cf. LEGGE, pp. 593, 590, 594. —

Le *Chou king* ne spécifie pas de quel empereur il s'agit. Le *Kouo yu* au contraire rapporte la nomination de *Tchong* et de *Li* à *Tchouan-hiu* et attribue au règne de *Chao-hao* les désordres qui s'étaient produits:

« Anciently, the people attended to the discharge of their duties to one another and left the worship of spiritual beings — seeking intercourse with them and invoking and effecting their descent on earth — to the officers who were appointed for that purpose. In this way things proceeded with great regularity. The people minded their own affairs and the spirits minded theirs. But in the time of *Shaou-haou* a change took place. The people intruded into the functions of the regulators of the spirits and their worship. They left their duties to their fellowmen, and tried to bring down spirits from above. The spirits themselves, no longer kept in check and subjected to the rule, made their appearance all irregularly and disastrously. All was confusion and calamity when *Chuen-heu* took the case in hand. He appointed *Ch'ung* the minister of the South to the superintendency of heavenly things, to prescribe the rules for the spirits; and *Le*, the minister of fire (or of the north) to the superintendency of earthly things, to prescribe the rules for the people » [1]).

Legge rejette ces éclaircissements du *Kouo yu*; il soutient que l'empereur dont il s'agit n'est pas *Tchouan-hiu* mais *Chouen*, et que les fonctions de *Tchong* ne concernent pas l'astronomie mais seulement la religion. « Gaubil's speculations about the employment of the astronomer not only to calculate and observe the motions of the heavenly bodies, but also to do away with conjurors, false worship, etc. fall to the ground ».

Cette opinion du sinologue anglais ne tient pas compte de celle de *Sseu-ma Ts'ien*, astrologue officiel et historien, qui vivait à une époque peu éloignée de celle où fut composé le *Kouo yu*. Dans son

---

[1]) 命南正重司天以屬神、命火正(=北正)黎司地以屬民。M. Chavannes adopte aussi la leçon d'après laquelle *feu* est ici pour *nord*. « Le commentateur *Tsan*, écrit-il, doit avoir raison quand il dit que 火 est un charactère erroné et qu'il faut lire 北 » (M. H. III. p. 324).

Il est à remarquer que le préposé aux choses célestes porte le titre de 南正. Dans les anciens trigrammes 乾 correspond en effet au sud et le sacrifice *kiao* a lieu dans la banlieue méridionale.

traité sur le calendrier, *Sseu-ma* trace de l'astronomie antique le tableau suivant que je reproduis intégralement à cause de l'intérêt qu'il présente au point du vue des origines de cette science.

Le duc grand astrologue dit: Avant *Chen-nong*, c'est la haute antiquité. Mais *Houang-ti* examina et détermina les étoiles et le calendrier; il institua et établit les cinq éléments[1]); il mit en mouvement la mort et la naissance[2]); il rendit corrects les intercalations et les restes. Alors il y eut les fonctionnaires préposés au Ciel et à la Terre, aux dieux du Ciel et de la Terre, et aux diverses classes d'êtres; ce fut ce qu'on appela les cinq (classes de) fonctionnaires[3]). Tous observaient leurs rangs respectifs et ne se troublaient pas les uns les autres. Par là, le peuple put être fidèle à son devoir; par là les dieux purent avoir une vertu évidente; le peuple et les dieux eurent chacun une tâche distincte; ils s'en acquittèrent avec soin et ne furent pas négligents; c'est pourquoi les dieux faisaient descendre (sur terre) d'excellentes moissons; le peuple jouissait de l'abondance; les calamités et les fléaux ne se produisaient pas; ce qu'on demandait ne faisait pas défaut.

Lors de la décadence (qui marqua le règne) de *Chao-hao*, les neuf *Li* bouleversèrent la vertu; le peuple et les dieux se confondirent et se firent du tort. Les fléaux et les calamités survinrent en foule.

Tchouan-hiu reçut (la succession de *Chao-hao*); il ordonna au directeur du sud *Tchong* de s'occuper du ciel et d'avoir ainsi sous son administration les dieux; il ordonna au directeur du feu, *Li*, de s'occuper de la terre et d'avoir ainsi sous son administration le peuple. Il fit que les dieux et le peuple observèrent de nouveau l'ancienne règle, n'empiétèrent plus les uns sur les autres et ne furent plus négligents.

Dans la suite, les trois *Miao* imitèrent la rébellion des neuf *Li* C'est pourquoi les deux fonctionnaires manquèrent à leurs devoirs et les intercalations et les restes violèrent l'ordre de succession. Le premier (mois) *Tseou* fut aboli;

---

1) On voit par là que *Sseu-ma* n'attribuait nullement l'invention de la théorie des cinq éléments à *Tseou yen* (cf. C, p. 266).

2) Ces deux termes symbolisent ici les principes *yin* et *yang*. (*Note de M. Chavannes*).

3) *Houang li* avait donné à ses fonctionnaires des noms de nuées (cf. tome I, p. 7, n. 3). Les cinq catégories de ses fonctionnaires portaient les noms suivants: les fonctionnaires du printemps s'appelaient les nuées vertes; ceux de l'été les nuées rouges; ceux de l'automne les nuées blanches; ceux de l'hiver les nuées noires; ceux du centre les nuées jaunes. (*Note de M. Chavannes*).

Il y a lieu d'ajouter l'ordre dans lequel les cinq éléments sont ici énumérés (1, 2, 3, 4, 5) aux trois énumérations données précédemment (C, p. 231).

Si l'on se reporte à la note indiquée par le renvoi ci-dessus (M. H. I, p. 7), on y trouve un passage du *Tso tchouan* spécifiant explicitement la théorie des cinq éléments. J'en ai signalé un autre. (Cp. LEGGE, C. C., V, pp. 667 et 731; III, Proleg. p. 108).

(la constellation) *Cho-t'i* ne servit plus de règle; les nombres du calendrier perdirent leur ordre.

Yao réintégra dans leur dignité les descendants de *Tchong* et de *Li*, ceux qui n'avaient point oublié les anciens principes; il institua donc les charges de *Hi* et de *Ho;* il rendit claires les saisons et rectifia les mesures; alors le *yin* et le *yang* furent en harmonie… *Yao étant devenu vieux céda l'empire à Chouen et lui donna cet avertissement: « Les nombres du calendrier du ciel vous sont confiés ».*

Par là on voit ce qui était tenu pour important par ceux qui furent rois. (M. H. III, p. 324).

Comme le fait observer M. Chavannes, ce texte de *Sseu-ma Ts'ien* montre que le sujet de la phrase dans le *Chou king* est l'empereur *Tchouan-hiu*. Il montre encore qu'il ne s'agit pas seulement de religion mais aussi d'astronomie et que ces deux choses étaient intimement confondues dans l'ancienne religion astrale, dans l'ancienne astronomie religieuse. Le calendrier est considéré comme le principe le plus important du gouvernement parce qu'il établit l'harmonie entre la Terre et le Ciel, entre le peuple humain et la foule des dieux célestes, c'est-à-dire des astres groupés autour de l'étoile polaire, qui président, suivant leur position, aux divers évènements de la révolution annuelle.

«Lorsque l'empire était dans la droite voie, ajoute *Sseu-ma Ts'ien*, le calendrier était bien réglé. Lorsqu'il n'était pas dans la droite voie, le premier mois et le premier jour du mois n'étaient pas observés par les seigneurs» [1]). L'astronomie étant une affaire d'Etat, aussi bien sous son aspect religieux que sous sa forme calendérique, lorsque le pouvoir central s'affaiblit la crédulité est exploitée par des individus intéressés; les magiciens s'emparent de l'esprit du public. Il appartient à un souverain énergique de restaurer l'autorité du Fils du Ciel et de remettre en ordre le calendrier et les croyances astrales.

La version de Gaubil, conforme à celle de *Sseu-ma Ts'ien* et à d'autres exemples analogues fournis par les annales chinoises sembl-

---

1) M. H. III, p. 326. — Cp. la Harangue à *Kan.* M. H. I. p. 164.

donc préférable à celle de Legge. D'autre part, si la réforme astronomique qui se manifeste par le déplacement de l'équinoxe du
printemps (symbolisé par le coq et le signe *mao*) de l'Est à l'Ouest,
date de la haute antiquité, l'expression 絕地天通 «couper la
communication entre la terre et le ciel» pourrait parfaitement s'appliquer à cette rupture de l'ancienne corrélation entre les éléments
terrestres (*bois* = *est*) et les palais sidéraux.

Cette interprétation est, évidemment, très hypothétique; mais,
comme j'aurai plus tard l'occasion de le dire en exposant la méthode
qui me paraît devoir inspirer l'étude de l'astronomie chinoise, on
ne peut prétendre déterminer la part individuelle prise par les divers
souverains de l'antiquité dans l'élaboration de cette science; la question
qui se pose, et qui intéresse non-seulement l'histoire chinoise mais
aussi celle de l'Asie et de l'humanité, est de savoir si les institutions
de cette astronomie sont homogènes, si elles proviennent d'une antique
période créatrice, ou si elles ont au contraire été importées en Chine
sous la dynastie *Tcheou* comme les sinologues inclinent actuellement
à le croire. A mon avis la réalité de la première alternative est
susceptible d'être démontrée, et l'on peut en outre distinguer les
principales étapes de la formation de cette astronomie antique. Ces
étapes concordent, en général, avec les traditions plus ou moins
légendaires relatives aux souverains antiques. On peut ainsi, pour
fixer les idées, établir une histoire hypothétique des origines de la
science astrale et assigner d'après divers indices à certains personnages (*Houang ti*, *Yao*, etc.) un rôle conventionnel dans l'élaboration de cette science. Selon cette acception et sous ces réserves, nous
appelons «réforme de *Tchouan-hiu*» l'apparition du sens rétrograde
des saisons dans les conventions astronomiques chinoises, sens rétrograde qui suppose le printemps à l'Ouest, et non pas à l'Est où
le place la théorie des cinq éléments.

*

Il est probable que la variation du rite de préséance suivant lequel la place d'honneur a été tantôt à gauche, tantôt à droite est aussi une conséquence des fluctuations de la doctrine astronomique qui situait l'équinoxe vernal tantôt en 卯 tantôt en 昴.

La gauche et la droite représentent en effet l'orient et l'occident[1]). Le père étant souverain dans la famille, la maison chinoise est conçue d'après le même principe astronomique que le palais impérial. Elle est orientée suivant la méridienne et sa partie principale est au midi, de telle sorte qu'en accueillant le visiteur le maître de maison fait face au sud; il l'invite à prendre la place d'honneur, du côté *yang*, c'est-à-dire à l'est suivant la théorie des cinq éléments, à l'ouest suivant la doctrine astronomique réformée.

Le printemps étant symbolisé par le coq, il en est de cette place d'honneur comme de la situation du coq; elle a été à l'est, puis à l'ouest, et dans certains cas où sa signification était perdue de vue elle est restée à l'ouest en dépit des conventions officielles.

Après avoir constaté, d'après les textes, qu'à l'époque de *Sseuma Ts'ien* le côté droit passait pour être plus honorifique que le côté gauche (contrairement à ce qui est admis en Chine aujourd'hui), M. Chavannes fait remarquer qu'il serait intéressant de rechercher à quelle époque et pour quelles raisons le côté gauche devint la place d'honneur[2]).

Ce changement s'est effectué vraisemblablement sous les *Han*, à l'époque où le rétablissement du calendrier des *Hia* et le progrès des études classiques fit restaurer successivement les rites primitifs basés sur la théorie quinaire originelle. Si, en effet, le côté droit fut sous les *Tcheou* le plus honorifique, il semble bien qu'il n'en a pas été ainsi dans la haute antiquité. Les anciens textes du *Chou king* nomment toujours la gauche avant la droite[3]).

Dans la Harangue à *Kan* notamment, les hommes de gauche

1) The guest sat facing the south, so that the east and west were on his left and right respectively. (LEGGE, *Li Ki*).

2) M. II. II, p. 415; IV, p. 72.

3) Voy. le répertoire de Legge, *Chou King*, p. 659.

sont interpellés avant les hommes de droite; car, en effet, ils appartiennent à une catégorie hiérarchique très supérieure à ces derniers. [1]) Et cette préséance de la gauche, dans le domaine militaire tout au moins, persiste sous la dynastie *Tcheou* alors même que la droite est devenue honorifique dans les rites de la courtoisie: en une même page du *Li ki*, par exemple, on voit la gauche considérée comme honorifique au point de vue militaire et la préséance accordée à la droite dans l'étiquette de la Cour [2]).

---

1) Les chars de guerre de l'antiquité étaient montés par trois hommes: le cocher au milieu, un personnage de qualité (prince ou officier) à gauche, et son assistant 右 à droite. C'est pourquoi les textes disent que dans tel combat, un tel était *l'homme de droite* de tel dignitaire, mais ne mentionnent pas autrement l'homme de gauche parce que cet homme de gauche est le dignitaire lui-même (Cf. *Tso tchouan*, LEGGE p. 345; *Tcheou li*, BIOT, II, pp. 247, 221).

2) 軍尚左、卒尚右. The left was the place for the general and officers of an army; the right for the soldiers. — 贊幣自左詔辭自右. « He who received the presents offered (to the ruler) was on his left; he who transmitted his words, on the right». *Li ki*, *Shao i*, § 39, 45). La glose ajoute: 立者尊右; toutefois l'idéographie de 右 peut jeter un doute sur cette interprétation, car la main droite est définie comme étant celle «qui aide la bouche» (en joignant le geste à la parole).

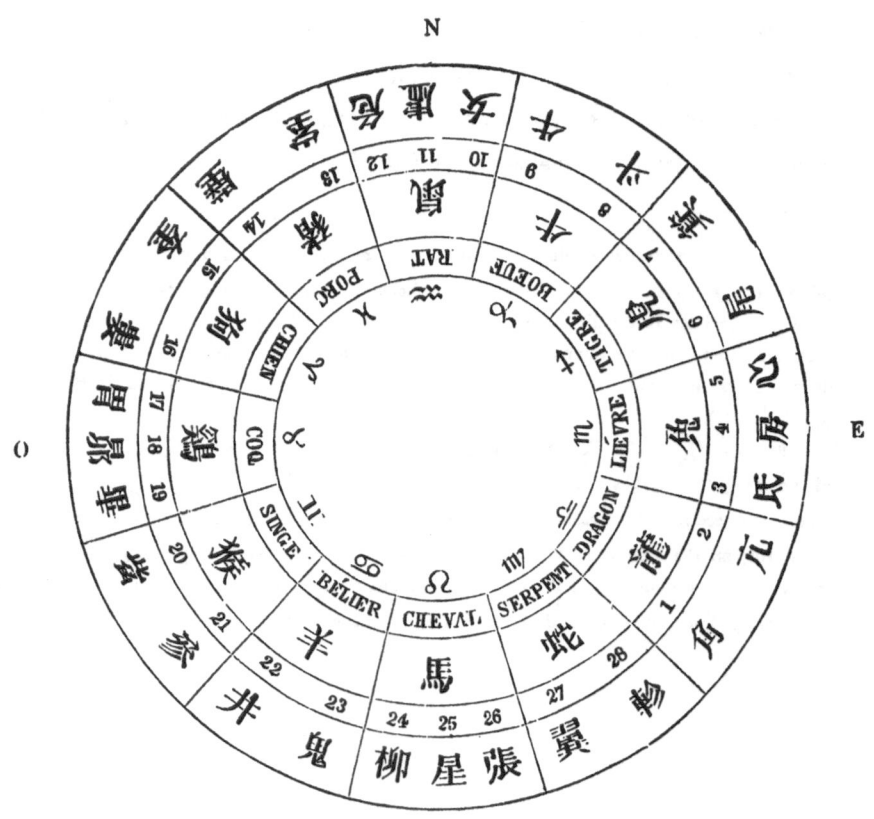

Fig. 12
(extraite de l'*Uranographie chinoise*.)

E. LE CYCLE DES DOUZE ANIMAUX.

I. Ses trois formes successives.

Nous avons vu précédemment que les six animaux de sacrifice — c'est-à-dire les six animaux domestiques — symbolisent respectivement le *yin*, le *yang*, le nord, le sud, l'est et l'ouest:

	N. Yin	
	Porc *Boeuf*	
O.		E.
Chien		*Coq.*
	S. Yang	
	Mouton *Cheval.*	

de telle sorte que les palais solsticiaux (N et S) comportent chacun deux animaux, tandis que les palais équinoxiaux (E et O) n'en ont qu'un.

Le cycle des douze animaux est constitué par l'adjonction de six animaux sauvages à ces six animaux domestiques:

	N. Rat	
O. Lièvre Tigre		E. Singe Dragon
	S. Serpent	

de telle sorte que les palais équinoxiaux comportent chacun deux animaux sauvages, tandis que les palais solsticiaux n'en ont qu'un seul.

Chaque palais reçoit ainsi au total trois animaux. Il ne reste plus qu'à déterminer l'ordre suivant lequel les animaux domestiques et sauvages sont rangés dans ces palais.

Chaque palais comprenant deux animaux sauvages et un domestique, ou deux animaux domestiques et un sauvage, on pourrait supposer que l'animal unique s'intercale entre les deux autres:

$$n$$
$$D \quad S \quad D$$
$$S \qquad\qquad S$$
$$o \quad D \qquad\qquad D \quad e$$
$$S \qquad\qquad S$$
$$D \quad S \quad D$$
$$s$$

Il arriverait alors que les deux solstices seraient représentés par des animaux sauvages et les deux équinoxes par des animaux domestiques [1]); mais, pour certaines raisons que nous aurons à

[1) Pour le lecteur peu familiarisé avec les conventions fondamentales de l'astronomie chinoise, je rappelle que les palais N, E, S, O, sont les quartiers du ciel correspondant aux saisons chinoises dont les solstices et équinoxes marquent le milieu. — Les saisons *yang* sont le printemps et l'été.

rechercher plus tard, les antiques inventeurs de ce zodiaque n'ont pas voulu qu'il en fût ainsi; ils ont combiné un arrangement tel que les solstices (*yin* et *yang*) et les équinoxes (*yang* et *yin*) fussent symétriquement représentés par un animal sauvage *yin* et un animal domestique *yang*, par un animal domestique *yang* et un animal sauvage *yin*. Une conséquence de cette disposition est que deux animaux de même catégorie se trouvent, en deux cas, contigus (au sud: DD; à l'ouest S S):

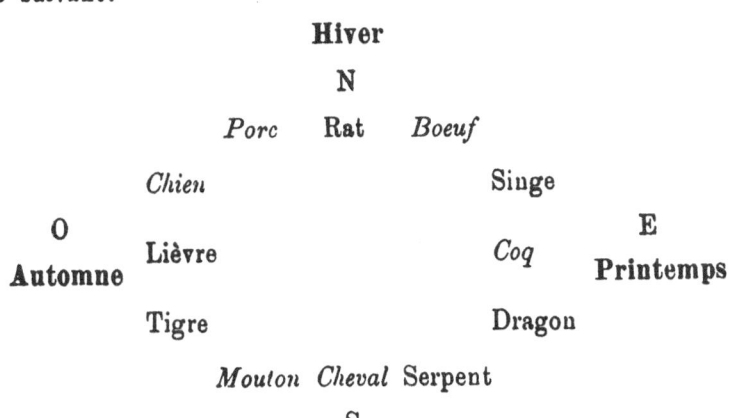

D'après ces règles dont nous justifierons tout-à-l'heure la réalité nous pouvons affirmer que le **cycle primitif** des douze animaux a été le suivant:

Hiver

N

Porc   Rat   Boeuf

Chien   Singe

O   E

Automne   Lièvre   Coq   Printemps

Tigre   Dragon

Mouton Cheval Serpent

S

Eté

Dans cette disposition, le *coq* se trouve à l'Est, comme dans le série de six termes. Telle est, en effet, sa place normale puisqu'il symbolise l'aurore, le soleil et le printemps. Mais dans le **cycle des animaux** tel que nous le connaissons, il n'en est pas ainsi: le coq se trouve à l'ouest. C'est dire que ce cycle a subi la réforme de *Tchouan-hiu* dont nous avons eu l'occasion de parler plus haut (p. 478). Cette réforme consistait à supprimer la corrélation astrologique entre les palais, les éléments et les saisons, et à suivre la marche véritable du soleil qui, au sortir de l'hiver, pénètre non pas dans le palais oriental mais bien dans le **palais occidental** puisqu'il parcourt les constellations en sens rétrograde. D'après cette réforme, les animaux du printemps doivent passer à l'ouest et ceux de l'automne à l'est en changeant diamétralement de place:

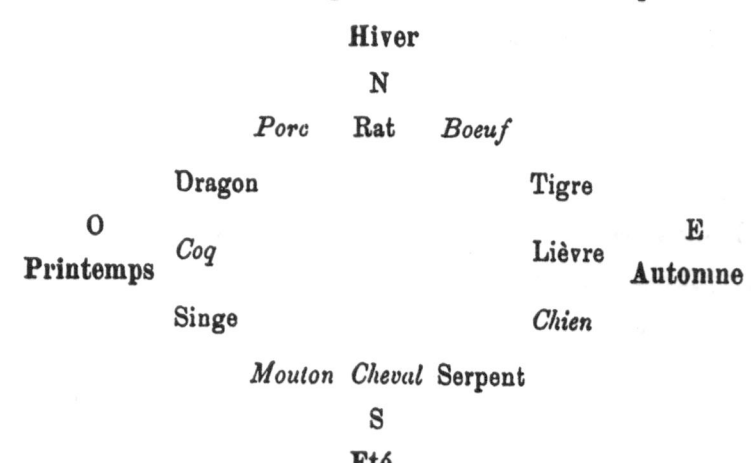

Tel a dû être le **cycle réformé** des douze animaux après l'abolition officielle de l'interversion des palais équinoxiaux. Tel est également le cycle traditionnel des douze animaux, à une seule exception près: le couple **dragon-chien** n'y suit pas la réforme de *Tchouan-hiu* et reprend la position qu'il occupait dans le cycle primitif:

N

Porc   Rat   *Boeuf*

Chien   Tigre

O   *Coq*   Lièvre   E

Singe   Dragon

Mouton *Cheval* Serpent

S

Le cycle traditionnel des 12 animaux.

Cette exception s'explique d'elle-même lorsqu'on se rappelle le rôle spécial joué par le Dragon, et plus particulièrement par la tête et les cornes du Dragon, dans l'astronomie de la période lunaire primitive: la pleine lune qui se produisait à gauche de *Kio* était la première de l'année; l'apparition des cornes (*Kio* 角) du Dragon au crépuscule était le signe du *Li-tch'ouen*, la marque du nouvel-an. La réforme de *Tchouan-hiu*, qui rendait officiel en toute saison le principe solaire, ne pouvait prévaloir contre la tradition uranographique qui plaçait les palais équinoxiaux sous le régime lunaire. Elle ne pouvait prévaloir notamment contre le mythe du dragon ouvrant la porte de l'année, mythe qui se manifeste dès les premières lignes du *Yi-king* et que nous étudierons plus tard en détail. D'autre part, comme je l'ai fait remarquer précédemment[1]), dans le système qui détermine les mois de l'année d'après la position sidérale de la pleine lune, le repère de la 1e lune présente seul de l'importance; car la lune initiale étant déterminée, les autres lunaisons suivent tout naturellement par une simple numérotation, et la question de savoir si l'année a 12 ou 13 mois est règlée, elle aussi, par le repère du nouvel-an. Ce repère dans l'astronomie chinoise primitive c'est *Kio, alias* 壽星 = 天門, c'est-à-dire la partie du palais oriental qui confine au palais méridional[2]). On comprend donc fort

---

1) B, p. 304.   2) Voy. ci-dessous, p. 599.

bien que la réforme de *Tchouan-hiu* transposant, d'après le principe solaire, les signes du printemps dans le palais occidental, soit, en définitive, restée sans effet sur le repère sidéral le plus important et le plus populaire de l'uranographie chinoise, dont l'emploi était lié au lever acronyque du palais oriental, c'est-à-dire à une observation faite le soir à l'opposé de la position vraie du soleil. Comme le dieu du sol des *Hia*, le dragon ne se laissa pas déplacer; et c'est pourquoi il occupe dans le cycle zoaire actuel une situation qui se trouve en désaccord avec celle du tigre (= Orion) et du coq (= est).

Le tableau suivant résume d'une manière synoptique ces trois phases successives du cycle des douze animaux:

LE CYCLE DES DOUZE ANIMAUX.

	primitif	réformé	traditionnel
N	Porc	Porc	Porc
	Rat	Rat	Rat
	Boeuf	Boeuf	Boeuf
E	Singe	Tigre	Tigre
	Coq	Lièvre	Lièvre
	Dragon	Chien	Dragon
S	Serpent	Serpent	Serpent
	Cheval	Cheval	Cheval
	Mouton	Mouton	Mouton
O	Tigre	Singe	Singe
	Lièvre	Coq	Coq
	Chien	Dragon	Chien

II. Les six animaux domestiques.

Le premier groupe à distinguer dans le cycle zoaire est celui des six animaux domestiques qui en constitue le cadre. Mais il est inutile de répéter ici ce que nous avons dit précédemment à ce sujet[1]). Nous avons étudié cette série zoaire dans le *Tcheou li* et nous la retrouverons plus loin dans le *Li Ki* et le *Yi king* (Voy. ci-dessous, pp. 604 et 609).

III. Le coq et le lièvre.

Nous avons vu que dans la série de six termes, le coq, symbole du matin, du soleil et du printemps, s'oppose au chien symbole de l'automne. Mais dans le cycle des douze animaux le *yin* et le *yang* solsticiaux ou équinoxiaux sont représentés alternativement par des animaux sauvages et domestiques. D'ailleurs si le chien est le symbole de l'automne considéré comme la saison des châtiments il n'est pas qualifié pour représenter spécialement le *yin* lunaire opposé au *yang* solaire. Depuis la haute antiquité c'est le lièvre qui est chargé de cette fonction.

Si le *yin* et le *yang* correspondent essentiellement au nord (= hiver) et au sud (= été), leur dualisme se manifeste également — avons-nous dit — dans le sens transversal: le printemps (= est = soleil) est une saison *yang*, tandis que l'automne (= ouest = lune) est une saison *yin*.

Le *yang* équinoxial, solaire, printanier, est symbolisé par le coq, l'animal combatif, ardent, qui annonce les premiers feux de l'aurore et semble saluer l'arrivée du soleil. — A l'opposé, le *yin* équinoxial, lunaire, automnal, est symbolisé par le lièvre timide et fugitif qui se cache pendant le jour et prend ses ébats au clair de lune.

---

1) C, pp. 249—262. — A propos de l'association du *chien* à l'*ouest* et à l'*automne*, saison de la justice et des châtiments, signalons l'idéographie du caractère 獄 (la *parole* entre deux *chiens*) qui signifie procès, cause judiciaire. (Cf. le *Chouo wen* et le *Chou king*).

Cette dernière particularité est à retenir car c'est elle évidemment qui a fait considérer le lièvre comme voué à la lune[1]). Cette association d'idées ne surprendra aucun chasseur au courant des habitudes nocturnes de cet animal; elle a même été en quelque sorte devinée par un écrivain cynégétique qui, sans rien connaître évidemment du symbolisme chinois, a dit fort justement que les jeux du lièvre au clair de lune avaient dû frapper l'esprit des primitifs. Le clair de lune semble en effet produire sur le lièvre une griserie qui le sort de son naturel; dans les jeux auxquels il se livre alors, il perd toute mesure et toute prudence, au point de courir à la rencontre du renard qui fond sur lui[2]).

L'assimilation du coq au palais oriental et au soleil remonte vraisemblablement à une antiquité reculée. Nous verrons plus loin que le *Yi king* des *Tcheou* l'a héritée du système antérieur et primitif. Dans le *Tcheou li* elle fait partie du cadre même de l'ouvrage, comme l'association du chien à l'automne et du cheval au sud; et pour que ce symbolisme ait inspiré les formes de l'administration il faut qu'il ait eu une valeur traditionnelle provenant d'une époque antérieure. L'heure matinale des audiences impériales en est, d'ailleurs, selon toute probabilité, une conséquence rituelle et le sens du mot 朝 montre que cette coutume date de loin.

Quant à l'assimilation du lièvre à la lune elle apparaît comme remontant aussi à la haute antiquité. Suivant Mayers, la légende du lièvre dans la lune est antérieure aux *Han*, et d'après la tradition ce lièvre dans la lune figurait parmi les douze symboles antiques dont il est question dans le *Chou king* et qui étaient encore officiellement employés sous les *Tcheou*.

Le passage du *Chou king* mentionnant ces emblèmes se trouve

---

1) 兎 明 月 之 精 (Schlegel, *Ur.* p. 607).
2) Cf. «*La vie à la campagne*» de Couteaux dans le journal *Le Temps*.

dans le chapitre *Yi* et *Tsi*, qui met les paroles suivantes dans la bouche de l'empereur *Chouen*[1])

Je désire voir les emblèmes des hommes de l'antiquité: le soleil, la lune, la constellation, la montagne, les dragons, le faisan bigarré qui étaient représentés; les coupes ancestrales, la plante aquatique, le feu, le riz en grains, la hache et le double méandre qui étaient brodés.

Dans sa traduction des *Mémoires historiques*, M. Chavannes a donné un dessin de ces douze emblèmes emprunté aux prolégomènes du 欽定書經傳說彙纂, dessin que je reproduis ci-contre.

Aucune **preuve** matérielle ne nous garantit que ces figures publiées en 1730 représentent bien les symboles des anciens. Mais rien non plus ne permet de supposer que les érudits qui, par ordre impérial, ont édité ce savant digeste des commentaires sur le *Chou king*[2]) aient commis la bévue d'attribuer à la haute antiquité des symboles importés en Chine par les Turcs ou les Hindous. Le fait que le *Chou king* mentionne ces emblèmes donne à penser qu'à chaque génération l'attention des lettrés à dû se porter vers eux et l'on sait avec quelle minutie se conservent en Chine de telles traditions, d'ordre rituel. Ces symboles étaient d'ailleurs encore officiellement employés sous les *Tcheou*:

Au temps mythologique de l'empereur *Chouen*, dit M. Chavannes, les six premiers de ces emblèmes passent pour avoir été peints sur le vêtement supérieur et les six derniers sur le vêtement inférieur. A l'époque des *Tcheou*, le soleil, la lune et la constellation furent représentés sur des étendards et il ne resta que neuf emblèmes pour les vêtements[3]).

Dans ces anciennes figurations, le lièvre est en train de piler des médecines dans un mortier, sous un canneficier. Le *Laurus cassia* (ou arbre à casse) était en effet considéré comme un arbre

---

1) LEGGE, C. C. III, p. 80. Une autre allusion à ces emblèmes se trouve p. 74. Le chapitre 益稷 n'est pas un de ceux dont la reconstitution est suspecte.

2) *Ibid.* Proleg. p. 201.

3) M. H. III, pp. 203—205. Voy. la légende gravée sous ces figures.

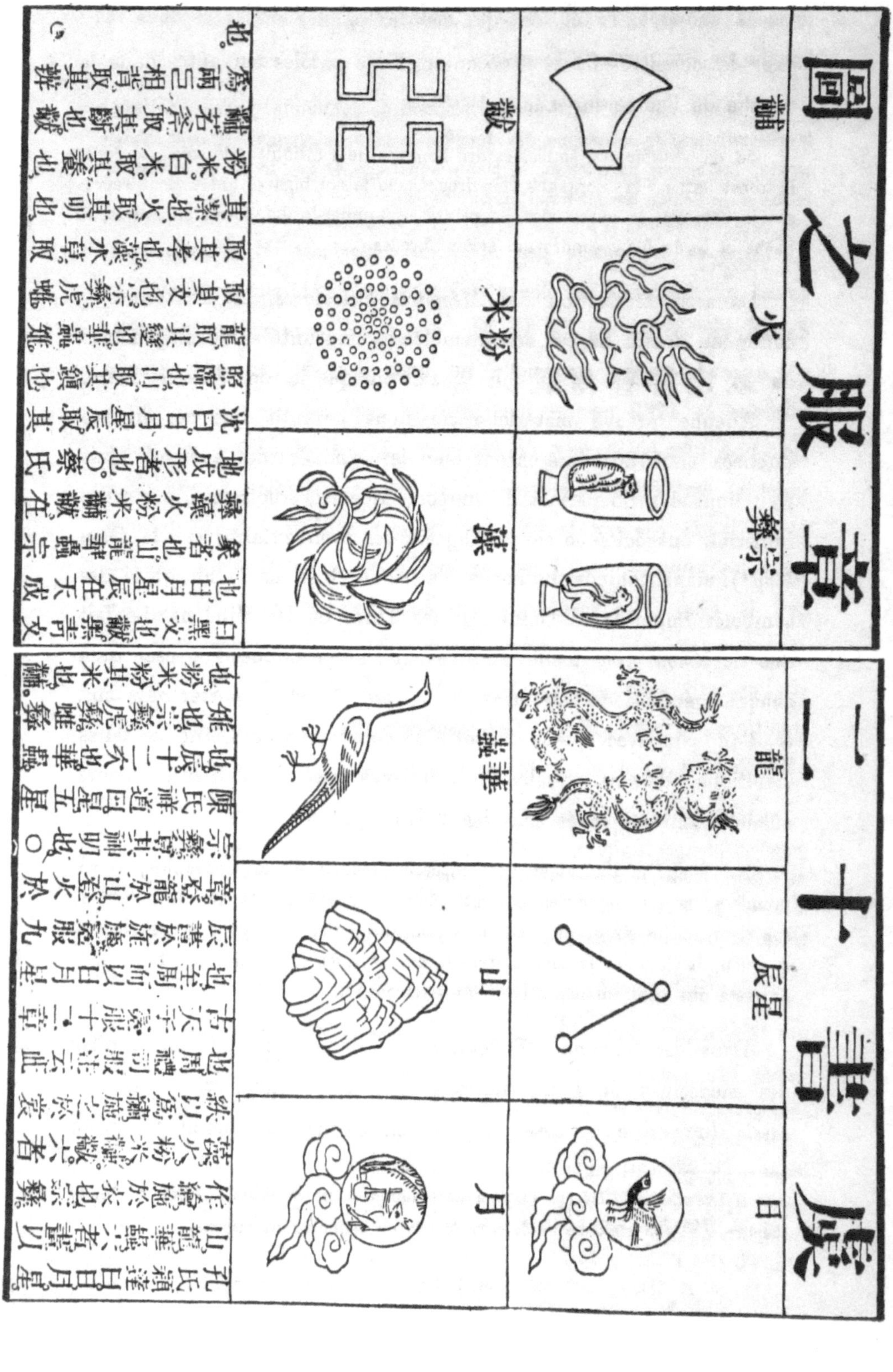

圜之服章

二十二章服

黼

黻

火

宗彝

粉米

藻

龍

星辰

山

日

月

華蟲

lunatique: d'abord parce que ses fleurs n'ont que quatre pétales (pair = *yin* = lune), ensuite parce qu'elles ont un reflet métallique (métal = blanc = ouest = lune), enfin parce qu'elles s'ouvrent en automne (automne = ouest = lune) et qu'elles présentent quatre phases comme la lune [1]).

La corrélation du soleil (représentant le principe *yang*) avec le printemps et l'est, et celle de la lune (représentant le principe *yin*) avec l'automne et l'ouest, est objectivée dans l'antique uranographie chinoise par deux étoiles respectivement appelées: l'*étoile-soleil* 日一星 et l'*étoile-lune* 月一星. Ces deux étoiles diamétralement opposées sont placées dans le voisinage immédiat des équinoxes de l'antiquité, l'une entre *Fang* et *Ti* l'autre entre *Mao* et *Pi* de telle sorte que leur position moyenne marque exactement la ligne équinoxiale du *Yao tien*[2]).

Ces deux étoiles n'étaient pas symbolisées par le *coq* et le *lièvre* mais par le *corbeau* et le *crapaud*, deux animaux qui représentent, à titre secondaire semble-t-il, le soleil et la lune. Les étoiles «soleil» et «lune» n'étant qu'une «émanation» des principes solaire et lunaire n'ont droit qu'à des symboles d'ordre subalterne. C'est cette idée qu'exprime un curieux passage du 甘氏星經 cité par Schlegel:

日一星在房之西、氐之東。日者、陽宗之精也。爲鷄三足、烏二足、鷄在日中、而烏之精爲星、以司太陽之行度。日生於東、故於是在焉。

月一星在昴之南、畢之北。月者、陰宗之精也。爲兎四足、蟾蜍三足、兎在月中、而蟾蜍之精爲星、以司太陰之行度。月生於西、故於是在焉。(*Ur.* p. 124).

---

1) 月中有桂樹。草木花皆五出。唯桂花四出而金色、且開於秋。(*Ur.* p. 608).

2) Schlegel les identifie à ϰ *Librae* et A 766 *Tauri*.

L'étoile *« soleil »* est à l'ouest de *Fang* et à l'est de *Ti*. Le soleil est l'essence du principe *yang*. Le coq ayant trois (doigts aux) pieds et le corbeau seulement deux, c'est le coq qui est dans le soleil tandis que l'essence du corbeau est devenue l'étoile qui préside à la révolution annuelle du *yang*. Le soleil naît à l'orient: à cause de cela l'étoile *« soleil »* se trouve en cet endroit.

L'étoile *« lune »* est au sud de *Mao* et au nord de *Pi*. La lune est l'essence du principe *yin*. Le lièvre ayant quatre (doigts aux) pieds et le crapaud seulement trois, c'est le lièvre qui est dans la lune, tandis que l'essence du crapaud est devenue l'étoile qui préside à la révolution annuelle du *yin*. La lune naît à l'occident: à cause de cela l'étoile *« lune »* se trouve en cet endroit [1]).

Schlegel traduit: *«* puisque le coq a trois pattes et le corbeau deux... puisque le lièvre a quatre pattes et le crapaud trois...*»* S'il est dans le vrai, j'ignore le sens de ces légendes et leur rapport avec celle du *«* corbeau à trois pattes *»* [2]). Le seul point à retenir ici est que le *coq* et le *lièvre* symbolisent respectivement le soleil et la lune, l'Est et l'Ouest, d'après les plus anciennes traditions.

IV. Le rat.

De même que le couple *coq-chien* représente le printemps (E) et l'automne (O) d'une manière générale, tandis que le couple *coq-lièvre* symbolise plus spécialement le soleil (E) et la lune (O); de même, le couple *boeuf-cheval* représente d'une manière générale le *yin* et le *yang*, tandis que le couple *rat-cheval* symbolise plus spécialement les solstices d'hiver et d'été.

Cette assimilation du rat au principe *yin* et à l'hiver est très antique. Elle est attestée par le *Yi king* [3]) et par le symbolisme de l'écriture idéographique; elle repose sur cette association d'idées

---

1) *« La lune naît à l'occident »*. En effet, le mince croissant de la nouvelle lune apparaît dans les feux du couchant et se développe les jours suivants en s'éloignant du soleil, c'est-à-dire de l'ouest à l'est. (Cp. M. H. III, p. 322).

2) Le corbeau à trois pattes figure le soleil dans les emblèmes de l'antiquité, comme on peut le voir sur les dessins ci-dessus. On le trouve sur des bas-reliefs de l'époque des *Han* (Cf. CHAVANNES, *La sculpture sur pierre en Chine*, pp, 83, 84).

3) 艮爲鼠。 Le trigramme *Ken* auquel est associé le rat, correspond au N E dans le système du *Yi king*.

que le *yin* est le principe humide, ténébreux, caché, et que le rat se cache dans les endroits humides et obscurs [1]).

Caché et *obscur*, sont en effet deux attributs qui caractérisent le principe humide et froid depuis la haute antiquité. On lit dans le texte du *Yao-tien:*

Il ordonna en outre au plus jeune des *Ho* de demeurer dans la région du *Nord*, au lieu appelé la Résidence *sombre* pour déterminer et surveiller le moment où les êtres se *cachent* [2]).

Dans l'expression *Résidence sombre*, le mot *sombre* 幽 a également le sens de *caché*, et nous avons vu que les deux parties du ciel correspondant aux deux moitiés de l'hiver s'appellent «le ciel *caché* 幽天» et «le ciel *sombre* 玄天» [3]).

Mais il y a deux autres attributs du solstice d'hiver que nous devons remarquer: ce sont les qualificatifs de *vide* et de *velu*.

L'idée de *vide* évoque celle du solstice d'hiver, parce le milieu de l'hiver est le moment où le principe positif, *yang*, achève de décliner et de mourir. L'instant du solstice d'hiver est «le point zéro», la séparation [4]) entre la mort (de la précédente révolution) et la naissance (de l'année nouvelle). C'est pourquoi le lieu sidéral du solstice antique, la constellation *Hiu*, est appelé 虛 le *vide*. La même idée se retrouve dans le nom de la dodécatémorie solsticiale *Hiuan-hiao* (composée des *sieou Niu, Hiu, Wei*): 玄 signifie *sombre* et 枵 signifie un creux d'arbre; de telle sorte que *Hiuan-hiao* peut se traduire «le sombre creux d'arbre». Le fait que les

---

1) Ce symbolisme est encore parfaitement compris par un auteur moderne cité par Chavannes: «子 est l'apogée du *yin*; on lui associe le *rat*, car le rat se cache». Voy. ci-dessous, p. 626.

2) M. H. I, p. 48. La leçon des *Che ki* est préférable à celle du *Chou king* classique. Voy. l'annotation de Chavannes.

3) C, p. 245. Voy. aussi p. 240.

4) Cette idée de séparation est contenue dans l'idéogramme 北 = nord = solstice, composé de deux signes inverses tournés l'un vers la droite, l'autre vers la gauche.

arbres out une tendance à pourrir et à devenir creux dans leur partie tournée vers le nord[1]) se conçoit facilement puisque c'est l'endroit où l'humidité n'est pas combattue par les rayons du soleil. Mais cette explication si simple n'est pas conforme à la théorie chinoise, d'après laquelle le chaud et le froid, le sec et l'humide out leur source dans les divers quartiers du ciel: de telle sorte que si les endroits exposés au nord sont froids, humides, sujets à la moisissure et à·la pourriture, c'est parce que le *Nord* est la source du principe *yin*.

L'hiver n'a pas seulement le pouvoir de faire le vide et de creuser les arbres, il possède encore la propriété de faire pousser les poils et les plumes des animaux, tandis qu'au contraire l'été a pour effet de les faire tomber et de mettre la peau à nu[2]).

Lorsqu'on s'est bien pénétré de ces idées, on comprend pourquoi le *Yi king* associe le rat au trigramme 艮 et pourquoi dans le

---

[1]) 北方樹木皆虛、衆木色黑。*Ur.* p. 219. — 楀木根空也。(說文)。Schlegel traduit *Hiuan-hiao* par « l'arbre creux et noir ». — Cette signification de *vide* attachée à *Hiu* et à *Hiuan-hiao* sert de fondement à la prédiction, rapportée dans le *Tso tchouan*, d'après laquelle une famine devait se produire dans le courant de l'année parce que Jupiter avait passé « irrégulièrement » dans la dodécatémorie *Hiuan-hiao*: « Le centre de *Hiuan-hiao* c'est (*Hiu*) le Vide. Or *hiao* signifie consomption dénûment. C'est dire que la terre sera vide et le peuple dans le dénûment.» 玄楀虛中也、楀耗名也、土虛而民耗。

L'assimilation de l'arbre creux et vermoulu au Nord est spécifiée, comme nous le verrons, dans le *Yi king*.

[2]) Le texte du *Yao-tien* en fait une des caractéristiques de l'hiver et de l'été. — Cf. M. II. I, pp. 47, 48. « D'après *Tcheng K'ang-tch'eng*, dit M. Chavannes, le mot 革 ne signifierait pas changer, mais aurait son sens propre de cuir, peau: en été les plumes et les poils se faisant rares on voit la peau qui est dessous ».

Même idée dans le *Li-ki*: une des caractéristiques de la «saison centrale» assimilée à la fin de l'été (voy. ci-dessous p. 605) est que les animaux sous sa dépendance 其蟲 sont ceux qui sont nus 倮 = 裸.

Même idée dans le *Yi king*, mais je ne retrouve pas le passage.

Même idée dans un texte cité précédemment (B, p. 264): La caille est chauve en dessous; cela est conforme à la nature du feu (= été).

cycle zoaire le rat symbolise le solstice d'hiver [1]). Il présente en effet tous les caractères du principe *yin*: il aime l'*humidité* (rats d'égouts, rats d'eau); il vit *caché* 竄 comme les voleurs, associés eux aussi à la région *yin* septentrionale; il habite dans des trous, dans des *creux;* il dévaste silencieusement et secrètement [2]); il ne sort que de nuit et vit dans les *ténèbres;* enfin, il est couvert de poils rudes 鼠 [3]).

V. Les termes zoaires uranographiques.

Après avoir distingué dans le cycle zoaire les termes qui symbolisent le *yin*, le *yang*, les points cardinaux, le soleil et la lune, nous trouvons une autre catégorie de termes empruntés aux astérismes de l'équateur chinois: ce sont le *dragon* et le *tigre*, le *boeuf*, le *porc* (ces deux derniers appartenant aussi à la catégorie des animaux domestiques). Ils sont reconnaissables à ce qu'ils occupent exactement dans le cycle zoaire (primitif) la même situation que sur le Contour du Ciel, comme on peut le constater par la notation sidérale 子, 丑, 寅, qui fixe les positions célestes par rapport aux solstices et équinoxes de la période créatrice. (Cp. fig. 7 et 12, pp. 459, 488).

Nous avons eu déjà l'occasion de parler du **dragon** dont les cornes jouent un rôle si important comme repère de l'année lunaire. Or les Cornes du Dragon se trouvent dans les *sieou Kio* et *Kang* qui constituent la dodécatémorie *Cheou sing* marquée du signe 辰.

---

1) Le trigramme 艮 correspond au N E dans le système du roi *Wen* et au N O dans le système de *Fou-hi*, tandis que le *rat* du cycle zoaire correspond au N franc. Nous devons nous contenter ici de prendre le trigramme 艮 dans une acception générale désignant le Nord, le *yin* et l'hiver. Mais nous montrerons plus loin qu'il y a eu permutation de symboles entre ken et *k'an*, et que le rat doit probablement correspondre à *k'an* (nord franc) dans le système du roi *Wen*. (Cf. ci-dessous, pp. 622 et 625).

2) D'où l'appellation 耗子 qui désigne les rats. Nous venons de voir le même caractère 耗 donné par le *Tso tchouan* comme équivalent à *hiao* dans *Hiuan-hiao*.

3) Remarquer l'idéographie du caractère 臘 désignant un sacrifice qui a lieu au *solstice d'hiver*, où l'on offre les dépouilles des bêtes velues 獵.

Nous avons vu également que si le dragon vert représente le printemps, le **tigre** blanc qui lui est opposé (Orion) symbolise l'automne. Orion se compose des *sieou Chen* 參 et *Tsouei* 觜 (*Tsan* et *Tsè* de Gaubil) qui composent la dodécatémorie *Che tch'en* marquée du signe 申. (Voy. A, pp. 139, 140. B, pp. 264, 266. D, p. 459).

Dans la liste des *sieou* nous avons eu aussi l'occasion de nommer la mansion *Nieou* 牛 le boeuf, appelée aussi *K'ien-nieou* 牽牛, *le boeuf tiré par une corde* [1]). Cette mansion *Nieou* compose, avec *Teou*, la dodécatémorie *Sing ki* marquée du signe 丑.

Enfin, dans un document de l'époque des *Han* que Stanislas Julien avait signalé à Biot comme indiquant les limites des dodécatémories sur l'équateur [2]), l'une, de ces douze divisions, généralement connue sous le nom de *Tsiu-tseu* 娵觜 et marquée du signe 亥, est appelée 豕韋 *Che-wei* l'Enceinte aux porcs. Ce fait n'a rien de surprenant puisque *Che-wei* et *Tsiu-tseu* sont deux appellations équivalentes du Carré de Pégase [3]).

Comme il arrive souvent dans l'uranographie chinoise, cette

---

1) *K'ien nieou* peut signifier aussi «celui qui tire le boeuf par la corde» et cet astérisme a donné lieu à la légende du Bouvier et de la Tisserande qui ne peuvent se rencontrer que dans la 7e nuit de la 7e lune. Mais en général les *sieou* sont désignés par un seul mot; on dit 牛 pour *K'ien-nieou* de même qu'on dit 女 pour *Siu-niu*. En outre le véritable sens de *K'ien-nieou* n'est pas *Conducteur de boeuf* mais *Boeuf conduit*. Sseu-ma Ts'ien le dit formellement: 牽牛爲犠牲 «*K'ien nieou* (le Boeuf tiré avec une corde) représente la Victime du sacrifice» (M. II. III p. 356). Il s'agit d'un holocauste impérial et dans ce cas celui qui conduit le boeuf n'est pas un vulgaire pâtre mais un haut fonctionnaire (cf. le *Tcheou-li*, I, p. 38, n. 3).

2) *Journal des Savans* 1840. J'aurai ultérieurement l'occasion de citer intégralement ce document et d'en reproduire le texte chinois.

3) Nous avons vu (B, 293) que le Carré de Pégase comprend les *sieou Che* (24) et *P'i* (25) et que le premier, *Che* 室 l'Edifice, porte en réalité le nom générique qui s'applique à l'ensemble 24 + 25. Le Carré de Pégase porte ainsi trois noms: l'Edifice, la Bouche de *Tsiu tseu*, l'Enceinte aux porcs.

室又名營室。營室謂之豕韋。 *Ur* p 281. (韋=圍).
娵觜之口營室東壁 (*Eul-ya*). *Ur.* p. 304. — *Che-wei* et *Tsiu-tseu* sont des noms de fiefs et de familles princières de la haute antiquité (M. H. I, pp. 41 et 40, n. 4; p. 169. — Voy. ci-dessous, p. 602.

localisation du porc rayonne sur les groupes stellaires environnants. L'astérisme le plus voisin de Pégase, 奎 K'ouei est appelé le Grand sanglier par *Sseu-ma Ts'ien*; il est appelé le Porc céleste et le Sanglier dans les recueils cités par Schlegel; enfin, la grande étoile située au S O de cet astérisme s'appelle l'Oeil du porc céleste[1]).

Résumons maintenant ces constatations. D'après l'antique notation qui situe les astérismes par rapport aux points cardinaux de l'équateur (c'est-à-dire par rapport aux solstices et équinoxes de l'antiquité), le Dragon, le Boeuf, le Porc et le Tigre portent respectivement les signes 辰, 丑, 亥, 申. Or ce sont là précisément les signes auxquels correspondent le dragon, le bœuf et le porc du cycle zoaire, ainsi que le tigre lorsqu'on le ramène à sa position primitive et normale, où se trouve actuellement son corrélatif diamétral, le singe.

		Dodécatémories	*Sieou*	Nom sidéral	Cycle zoaire	Signes	Couples
N	子	Hiuan-hiao	女 + 虛 + 危		Rat	子	1
	丑	Sing-ki	斗 + 牛	Boeuf	Boeuf	丑	2
	寅	Si-mou	尾 + 箕		Tigre	寅	3
E	卯	Ta-ho	氐 + 房 + 心		Lièvre	卯	4
	辰	Cheou-sing	角 + 亢	Dragon	Dragon	辰	5
	巳	Chouen-wei	翼 + 軫		Serpent	巳	6
S	午	Chouen-ho	柳 + 星 + 張		Cheval	午	1
	未	Chouen-cheou	井 + 鬼		Mouton	未	2
	申	Che-tch'en	參 + 觜	Tigre	Singe	申	3
O	酉	Ta-leang	胃 + 昴 + 畢		Coq	酉	4
	戌	Hiang-leou	奎 + 婁		Chien	戌	5
	亥	Tsiu-tseu	室 + 壁	Porc	Porc	亥	6

1) 奎曰封豕。(M. H. III, p. 351). 奎一曰天豕。奎曰封豨。奎西南大星爲天豕目。 *Ur.* p. 320.

VI. Le serpent.

Quoique le·serpent du cycle zoaire soit en rapport avec l'astérisme
天蛇, nous ne l'avons pas mentionné parmi les termes uranographiques parce que son cas est spécial et mérite d'être examiné à part.

La constellation chinoise du Serpent se trouve dans les *sieou*
Pi et *Che* qui constituent la division *Che wei* 豕韋 laquelle
correspond au signe 亥 tandis que le *serpent* du cycle correspond
au signe diamétralement opposé 巳 [1]).

Le Tigre (Orion) offre il est vrai la même particularité; mais
les deux cas ne sont pas comparables, car l'interversion du Tigre
n'existait pas dans le cycle originel et provient, comme celle du
Lièvre, d'une réforme postérieure; tandis que l'opposition du Serpent
céleste et du Serpent cyclique date de la formation même du cycle
originel.

Il n'y a pas eu, en effet, interversion entre le Serpent et le
Porc puisque le Porc se trouve parfaitement à sa place dans la
division 豕韋 et sous le signe 亥. Le Serpent céleste se trouve
également sous le même signe et c'est probablement parce qu'il
n'y avait pas d'autre moyen de le faire figurer dans le cycle qu'on
a pris le parti de l'y placer à l'opposé de sa situation sidérale.
Ces deux signes opposés représentent d'ailleurs une même époque
de l'année suivant que l'on emploie le principe solaire ou le principe
lunaire [2]): à la fin de l'hiver 季冬 le soleil se trouve dans le
signe 亥 (*porc*) et la pleine lune se produit alors en 巳 (*serpent*).

------

1) 騰蛇二十二星在營室北。居河中。謂之天
蛇 (*Ur.* p. 301).

Les *sieou* Pi et Che ou *Ying Che* (ci-dessus, p. 598) comprennent le Carré de Pégase
au nord duquel se trouvait autrefois le Serpent céleste, situé actuellement dans les *sieou*
Iliu et *Wei*. Cet astérisme chevauche sur la Voie lactée comme on peut le voir sur la
planche IV de Schlegel. — Il va sans dire que nous parlons toujours des positions sidérales
relatives au pôle antique.

2) Voy. ci-dessus, pp. 464 et 478.

Le Serpent est ainsi associé au Porc par opposition et au Dragon par contiguïté. Cette double corrélation est confirmée par d'anciens textes:

Contiguïté du Serpent et du Dragon. Le serpent est un animal à écailles qui se terre pendant l'hiver et dont le réveil annonce l'arrivée du printemps [1]). Aussi, quoique inférieur au dragon, le serpent est-il considéré par les Chinois comme étant de même nature que lui. Les oeufs de serpent peuvent donner naissance, au bout de 1000 ans, au dragon sans corne de l'espèce *kiao*. D'après le *Sing king*, l'astérisme Serpent est le chef des animaux aquatiques de la région boréale (ou du Palais septentrional) et le *Chouo wen* dit que le dragon est le chef des animaux à écailles [2]). Le dragon et le serpent annoncent tous deux la nouvelle année, mais le serpent appartenant au Palais septentrional annonce la fin de l'hiver 季冬, tandis que le dragon appartenant au Palais oriental annonce le commencement du printemps 孟春. C'est pourquoi le *Tso tchouan* exprime le fait que la température de la fin de l'hiver s'est trouvée aussi douce que celle du printemps en disant que le Serpent chevauche sur le Dragon. [3])

---

1) 及春出蟄（爾雅翼）.

2) 蛇遺卵於地、千年爲蛟 (*Ur.* p. 52).
　　騰蛇北方水蟲之長也。(*Ur.* p. 302).
　　鱗蟲三百六十而龍爲長。(*Ur.* p. 54).

3) 襄公二十八年、春、無冰。梓愼曰、陰不堪陽、蛇乘龍、宋鄭之星也、宋鄭必饑。

Le printemps des *T'cheou* dont il est question ici correspond à la fin de l année normale, notammout aux *tsie k'i* 小寒 et 大寒. Le *Yue ling* du *Li ki* fixe ainsi le régime de la congélation:

孟冬　　水始冰。
仲冬　　冰益壯。
季冬　　冰方盛。

Il n'y eut pas de glace pendant l'hiver de 544—545 avant J.-C. Les premiers mois

Opposition du Porc et du Serpent. Un proverbe chinois dit que *sseu* et *hai* se contrarient mutuellement 巳亥一冲; aussi les gens nés dans l'une et l'autre des années 巳 et 亥 ne doivent-ils pas se marier entre eux. (W. Williams).

La même opposition se manifeste dans un passage du *Kia yu* où *Tseu-hia*, le disciple de Confucius, fait allusion au gué de *Sseu-hai*, qui semble être un mythe astronomique relatif à la Voie lactée, analogue à celui du Bouvier et de la Tisserande [1]). «Dans l'expression 巳亥渡河, dit *Tseu hia*, 巳 est mis à tort au lieu de 三 et 亥 est mis à tort au lieu de 豕». Il s'agirait donc du «gué des trois porcs» (?) 三豕渡河 [2]). En tout état de cause ce texte montre qu'à l'époque confucéenne l'opposition de 巳 et de 亥 était employée comme métaphore, et que par ailleurs 亥

---

de l'année 545 ne furent pas froids: le *yin* n'était pas arrivé à surmonter le *yang*. Le Serpent (où la pleine lune se produit à la fin de l'hiver) était monté sur le Dragon (où la pleine lune se produit au printemps). Le Dragon étant le symbole du Palais oriental correspond aux Etats de *Song* et de *Tcheng* situés à l'est de la capitale; c'est pourquoi *Tseu chen* prédit que ces Etats souffriront de la famine.

1) Nous avons vu plus haut que l'astérisme Serpent est situé sur la Voie lactée: 蛇居河。

N'ayant pas le *Kia yu* à ma disposition, je ne puis juger de ce texte que par une citation (*K'ang hi, in verb.* 亥、豕。): 家語或讀史云三豕渡河、于夏日、巳亥渡河、巳譌爲三、亥譌爲豕、校之果然。

2) Le dictionnaire 正字通 propose une interprétation, qui ne paraît guère admissible, d'après laquelle il faudrait lire 己 et non 巳: «Dans le cycle sexagésimal le terme 亥 est répété cinq fois; sa troisième combinaison est *ki hai*: le gué du 3e *hai*, ou du 3e *porc* car d'après le *Chouo wen* ces deux caractères n'en faisaient qu'un». 或曰支干內有五亥、己亥位居三、三豕渡河、是隱語說文亥與豕溷。On voit par là que les Chinois ne connaissent plus le sens de l'opposition 巳亥; étant habitués à voir le signe duodénaire 亥 combiné avec le signe dénaire 己 ils sont portés à supposer une altération; mais le proverbe cité plus haut confirme le texte du *Kia yu* et montre que l'emploi de l'opposition 巳亥 est bien réel.

était considéré comme équivalent à 豕 , conformément au dire du *Chouo wen*.

VII. Le singe.

Des douze animaux du cycle, le singe est le seul dont la position sidérale ou tropique ne soit pas spécifiée par la littérature antique. Sa place est cependant indiquée d'une manière indirecte, car dans les rites du culte ancestral le **singe** se trouve en opposition avec le **tigre**, comme dans le cycle zoaire où ces deux animaux, diamétralement opposés l'un à l'autre, forment un couple contigu au couple *coq-lièvre*:

Aux sacrifices intermédiaires entre les quatre saisons (le préposé aux vases *Tsouen* et *Yi*) se sert, pour les libations, des vases *Yi* dits vases du *tigre* et vase du grand *singe* [1]).

De tous les rites chinois les usages relatifs au culte des ancêtres dans la maison impériale sont vraisemblablement ceux qui se sont transmis le plus fidèlement sous les premières dynasties.

Quant au détail des étals, des vases, des objets en jade et des pièces de soie, et quant aux rites des offrandes et des libations, c'est chez les préposés aux sacrifices que la tradition en est conservée. (M. H. III, p. 519).

Aussi ne peut-on guère s'étonner de voir ces deux vases ancestraux du tigre et du singe figurer parmi les douze emblèmes de la haute antiquité.

Comme le tigre représente l'automne et la région occidentale, il est probable que le singe représente le printemps et l'est. Peut-

---

1) Le *Tcheou li*, I, p. 474 西 時 之 閒 祀 祼 虎 彝 蜼 彝、皆 有 舟。

Il y avait six vases *Yi*: le vase au *coq*, le vase à l'*oiseau*, le vase au *tigre*, le vase au *singe* et les deux vases à la montagne.

Le *coq* et l'*oiseau* symbolisent le *yang* et le *yin* (voy. ci-dessous, p. 616).

Le montagne, l'oiseau (= faisan), le singe et le tigre font partie des emblèmes de l'antiquité (voy. ci-dessus, p. 592).

être ces deux animaux symbolisent-ils les séries ancestrales 昭
et 穆.

Le singe dont il est question ici appartient à l'espèce 雖 *wei*
(ou *lei*). Il a, dit le *Eul ya*, un grand nez et une longue queue.
D'après le *Chan hai king* ces singes (comme aussi les éléphants, les
rhinocéros et les ours) étaient nombreux à *Li chan*. [1])

VIII. Le symbolisme zoaire dans le Li Ki.

Nous avons ou précédemment que lorsque les séries dérivées de
la théorie quinaire et comportant un élément central (séries de 5,
de 9, de 10) sont disposées linéairement, comme cela arrive dans
l'énumération verbale ou écrite de leurs termes, l'élément central
(*terre*) doit être placé au milieu de la liste:

1.2.3.4.5.   (Liste des planètes).
1.2.3.4.5.6.7.8.9.   (Sections du *Hong fan*).
1.2.3.4.5.6.7.8.9.10.   (Série dénaire).

Le chapitre des Ordonnances mensuelles 月令 du *Li ki* apporte
à cette règle générale une confirmation qui vérifie en même temps
les correspondances du symbolisme zoaire.

Puisqu'il y a dans l'année ,quatre saisons et douze mois, on
pourrait s'attendre à trouver dans ce calendrier rituel une division
en quatre parties et en douze articles marqués par les signes de
la série duodénaire.

Il n'en est pas ainsi, cependant. Le *Yue ling* comporte *cinq*
saisons marquées par les signes de la série dénaire.

A la page 252 de sa traduction, Legge a reproduit un *schema*
explicatif de l'édition de *K'ien long* dans lequel la place centrale,
entourée par les douze lunes et les quatre points cardinaux (= solsti-

---

1) *Apud K'ang hi*. J'ignore où se trouve ce *Li chan* 鬲山.

ces et équinoxes) est appelée «saison du centre». Si l'illustre sinologue s'était souvenu, à cette occasion, du passage du *Chou king*
où il est question des *cinq saisons* et de la disposition des neuf
sections du *Hong-fan* [1]) peut-être aurait-il compris qu'il s'agit ici
d'une règle fondamentale de la cosmologie chinoise. Mais comme il
n'a jamais crû devoir prendre en considération les théories binaire
et quinaire de l'antiquité chinoise et n'en parle, lorsqu'il les rencontre,
que pour les tourner en dérision, il a complètement méconnu la
raison d'être de la partie *centrale* du *Yue ling*. A tel point qu'il
l'intitule **Section Supplémentaire** et la considère comme une interpolation:

«I have called this a supplementary section. It is dropt in, in all its
brevity, without mention of any proceedings of government [naturellement
puisque cette saison n'existe pas en réalité dans le temps mais dans l'espace],
between the end of summer and the beginning of autumn. It has all the
appearance of an after-thought, suggested by the superstitious fancies of the
compiler». (p. 281).

Legge reproduit cependant l'explication de Callery, à laquelle il
n'y a rien à reprendre si ce n'est qu'en parlant des «philosophes
chinois» le sinologue français semble méconnaître la haute antiquité
et l'origine astronomique de cette règle antérieure à la série dénaire:

«Ce passage ne peut être compris qu'à l'aide de la théorie des affinités
intimes que les philosophes chinois ont attribuées aux différents êtres de la
nature. Suivant eux les quatre saisons se rapportent aux quatre points cardinaux
de la sphère. Le printemps se rapporte à l'Est, l'été au Sud, l'automne à
l'Ouest, l'hiver au Nord. Les points cardinaux se rapportent chacun à un
élément. L'Est se rapporte au bois, le Sud au feu, l'Ouest au métal, le Nord
à l'eau. Mais comme il y a un cinquième élément, la terre, et que les quatre
points cardinaux n'ont une raison d'être que parce qu'il existe un point de
milieu, qui est encore la terre, il en résulte que la terre doit avoir sa place
au milieu des quatre saisons, c'est-à-dire au point de séparation entre l'été et
l'automne.

---

1) Cf. C. pp. 245, 246. — C.C. III, pp. 72, 325. A la page 344 Legge reproduit précisément deux diagrammes chinois du *Hong-Fan*, l'un circulaire, l'autre linéaire.

A ce commentaire, Legge ajoute encore celui de l'édition de *K'ien long:*

«Speaking from the standpoint of Heaven, then the earth is the midst of Heaven; that is (the element of) earth. Speaking from the standpoint of the Earth, then wood, fire, metal and water are all supported on it. The manner in which the way of Earth is affected by that of Heaven cannot be described by reference to one point or one month. Speaking from the standpoint of the «earthly branches», the 辰 戌 丑 未 occupy the corners of the four quarters. That is what the idea of reciprocal ending, and that of elemental flourishing, arise from. This may be exhibited in the several points, and reckoned by the periods of days. The talk about the elements takes many directions, but the underlying principle comes to be the same».

Mais ces explications ne satisfont guère le sinologue anglais, qui conclut:

I shall be glad if my readers can understand this.

Il me sera peut-être permis de dire que ces deux commentaires ne me paraissent pas si incompréhensibles, puisque, avant d'en avoir pris connaissance, j'ai formulé les mêmes principes d'après les seuls textes du *Chou king* et du *Tcheou li.* [1])

La série de six termes dans le **Yue ling.** Nous avons vu précédemment que la série dénaire représente l'année civile et la théorie des cinq éléments, tandis que la série duodénaire représente l'année astronomique et la théorie dualistique.

---

1) Voir B, p. 259; C, p. 253.

Les quatre palais équatoriaux du Ciel supposent un centre, le Ciel polaire régulateur d'où émane originellement l'influence des quatre saisons. De même les quatre éléments corrélatifs aux saisons supposent un centre, la *terre*, qui agit sur eux comme eux agissent sur elle. Cette action réciproque du centre sur la circonférence et de la circonférence sur le centre ne peut se définir ni dans le temps ni dans l'espace, car elle est transcendante. Mais on peut la représenter conventionnellement, soit au *Li-tch'ouen* (Voyez l'énumération des *neuf cieux* et l'ordre de *destruction* des éléments), soit au milieu de l'année civile (au centre de la série dénaire ou au «coin» trimestriel 未 de la série duodénaire).

Ces concepts peuvent paraître méprisables au point de vue de notre science moderne; mais ils présentent un intérêt historique et sont indispensables à la compréhension de l'ancienne littérature chinoise.

Le symbolisme zoaire de la théorie des cinq éléments et celui de la théorie du *Yin* et du *Yang* sont identiques en ce qui concerne l'Est et l'Ouest. Mais ils diffèrent en ce qui concerne le Nord et le Sud puisque l'une comporte un élément central 土 = 牛 et l'autre deux principes antithétiques 陰 = 牛、陽 = 馬。

	Porc		*Porc* et **Boeuf**	
Chien	**Boeuf** *Coq*	*Chien*		*Coq*
	Mouton		*Mouton* et **Cheval**	

En ce qui concerne les saisons, le *Yue ling* apparaît comme régi par la série dénaire et la théorie des cinq éléments. Mais si l'on considère le rituel des lunaisons, on voit apparaître la série duodénaire et la théorie dualistique:

Au troisième mois de l'hiver, c'est-à-dire au mois 丑 (= *boeuf*) qui suit le mois solsticial, les Ordonnances mensuelles «prescrivent 命 de faire sortir le *boeuf* en terre 出土牛 afin de chasser l'influence du froid 以送寒氣。»

Cette cérémonie placée sous le signe 丑, qui est la place du Boeuf parmi les constellations et parmi les animaux du cycle zoaire, présente un lien évident avec la théorie dualistique puisque le boeuf est le symbole du principe *yin*. A l'approche du mois 寅 qui inaugure le printemps d'une nouvelle année, on signifie au froid son congé afin d'aider le principe *yang* à prendre sa place.

Cette interprétation se trouve vérifiée si nous nous reportons au deuxième mois de l'été: puisqu'il est question du boeuf au mois 丑 on peut déjà supposer que les prescriptions relatives au mois 午 font allusion au **cheval**. Nous lisons en effet (p. 275):

Dans le deuxième mois de l'été... les juments pleines sont réunies en hardes et les fringants étalons sont entravés. Les règles pour l'élevage des chevaux sont promulguées.

Cette association des hardes de chevaux au mois du solstice d'été

(仲夏 = 午) est en quelque sorte rituelle. Nous l'avons trouvée dans la série dénaire où le terme 圉 marque le mois 午; dans.le *Tcheou li* où les haras, les parcs à chevaux et les 圉 人 dépendent du ministère de l'été; dans les *Che ki* où il est dit qu'au deuxième mois de l'été, on sacrifie les prémices des hardes de chevaux; et dans l'astrologie où l'astérisme qui préside aux chevaux rassemblés est exactement opposé à l'astérisme Boeuf.

La série quinaire dans le **Yue ling.** Si l'opposition Boeuf-Cheval se manifeste dans le *Yue ling* grâce à la série duodénaire des lunaisons, par ailleurs le plan général de ce rituel est nettement quinaire; de telle sorte qu'après avoir trouvé le boeuf associé à l'hiver comme symbole du *Yin*, nous allons le trouver associé au Centre comme symbole de la *terre*.

Nous avons vu en effet que si l'on passe de la série de six termes à la série de cinq termes, c'est le cheval qui est éliminé, puisque 乾 disparaît et que 坤 devient l'élément central 土.

Nous avons vu également que si, pour une raison quelconque, l'élément central doit se manifester à la circonférence, sa place est au S O, c'est-à-dire au milieu de l'année, à la fin de l'été [1]).

Cette règle se trouve exactement vérifiée par les prescriptions relatives au service de table du Fils du Ciel, qui doit manger selon les rites:

E	Au printemps,	du mouton.
S	En été,	du coq.
Centre	Au milieu de l'année,	du boeuf.
O	En automne,	du chien.
N	En hiver,	du porc.

---

1) La série de cinq ou de dix termes se rapporte en effet à l'année civile et lunaire puisqu'elle commence au *Li-tch'ouen* (甲 = 立 春): 1. 2. 5. 3. 4. L'élément central y est placé entre la deuxième saison (été) et la troisième (automne). Voy. ci-dessus, p. 606; C p. 240.

Le centre de l'année (c'est-à-dire la *terre* conçue dans l'*espace*) apparaît ici conçu dans le *temps* et devient le milieu de l'année, dont la place est entre l'été (S) et l'automne (O) [1]).

Par ailleurs, la correspondance entre les saisons et leurs symboles zoaires est ici rompue en ce qui concerne le printemps et l'été puisque le coq correspond au printemps et le mouton à l'été. Les commentateurs qui, tous, connaissent fort bien les correspondances normales, en donnent diverses explications. Il est inutile de les examiner ici puisque cette dissymétrie dans les rites culinaires ne saurait être valablement invoquée contre la fixité du symbolisme zoaire [2]).

Un autre fait intéressant, dans le *Yue ling*, est le sacrifice impérial d'automne où la victime est un chien, (*chien = ouest = automne*). Nous avons déjà eu l'occasion de l'examiner plus haut p. 471).

IX. Le symbolisme zoaire dans le Yi-king.

Dès les premières pages du *Yi-king* apparaît l'association du cheval au trigramme 坤 *k'ouen* ☷ qui se substitue dans le système du roi *Wen* au trigramme 乾 ☰ du système dit de *Foù-hi*. Comme nous l'avons vu précédemment [3]), dans l'ancien système le *yin* correspond au Nord (hiver) et le *yàng* au Sud (été);

---

1) C'est-à-dire au S O. C'est pour cette raison que dans le sacrifice à *T'ai yi*, l'Empereur jaune est placé au S O (Voy. C, p. 256).

2) Ces rites, qui soumettent le Fils du Ciel à un régime basé sur des croyances cosmologiques, sont sans doute un écho des temps antiques. Quoique le *Yue ling* (attribué à *Lu pou wei*) date des dernières années de la dynastie *Tcheou*, le cérémonial qu'il décrit est évidemment ancien (notamment le déplacement de l'empereur selon les diverses lunaisons; cp. 閏). Dans le *Tcheou li*, les rites culinaires sont beaucoup plus compliqués, ce qui donne à penser que dans le *Li ki* ils se trouvent à l'état de tradition simplifiée. Entre les rites culinaires du *Tcheou li* et du *Yue ling* il n'y a qu'un trait commun: ils sont inspirés par la théorie quinaire, mais des motifs d'opportunité viennent en déranger la symétrie. L'association du mouton au printemps, par exemple, provient de ce qu'en cette saison on mangeait des agneaux et des cochons de lait (Voy. le *Tcheou li*, et le *Che king* 七月).

3) C, p. 252.

mais à partir de l'époque où l'on commence à considérer la Terre comme une puissance féminine par 'opposition au Ciel puissance masculine, le Nord (côté de l'étoile polaire et du Ciel régulateur) cesse de représenter le maximum du *yin* et devient la région du *yang*, la région où le *yang* prend naissance. De même le Sud cesse de représenter le maximum du *yang* et devient la région du *yin*, la région où le *yin* prend naissance.

Quelle influence ce changement de système opéré au XIIe siècle va-t-il exercer sur le couple zoaire *Boeuf-Cheval* qui symbolisait depuis la haute antiquité le couple *yin-yang* = Nord-Sud? Le Cheval qui symbolise le *yang* va-t-il passer au Nord? ou restera-t-il au Sud pour symboliser le *yin*?

Il semble que le roi *Wen* ait opté pour la deuxième alternative puisqu'il associe 馬 et 坤 ; mais son idée n'a pas prévalu. Il en a été du système dualistique du roi *Wen* comme de son système calendérique. L'un et l'autre dérangent la symétrie et l'unité de la cosmologie chinoise. L'un et l'autre présentent un caractère fantaisiste et anormal par rapport aux principes fondamentaux de l'astronomie chinoise. Le système calendérique des *Tcheou* était désapprouvé par Confucius, et même dans le *Tcheou li* l'ancienne forme de l'année est considérée comme normale, 正年. De même, si le *Yi king* a été canonisé de bonne heure pour ses mérites littéraires et métaphysiques, le singulier système dualistique qui lui sert de base n'a jamais, néanmoins, prévalu contre les anciennes règles. L'antique symbolisme zoaire pénétrait trop profondément les idées pour que la réforme des trigrammes pût en modifier radicalement les équivalences.

*

Le texte du *Yi king* qui associe le cheval au terme *K'ouen* est celui-ci : 坤、元亨利、牝馬之貞。 que Legge traduit ainsi :

Khwan (represents) what is great and originating, penetrating, advantageous, correct and having the firmness of a mare [1]).

Cette proposition est amplifiée de la manière suivante par le *T'ouan* 彖, c'est-à-dire par le premier des Appendices que les Chinois attribuent dogmatiquement à Confucius, mais qui lui sont probablement bien antérieurs [2]): 牝馬地類、行地无疆柔順利貞、君子攸行。

The mare is a creature of earthly kind. Its (power of) moving on the earth is without limite; it is mild and docile, advantageous and firm: such is the course of the superior man». (p. 214).

Dans ces deux textes, le mot 牝, *femelle*, est introduit pour expliquer l'association paradoxale de 坤 et de 馬, contraire à l'ordre établi, suivant lequel le cheval représente le *yang* estival. Dans son commentaire, *Tchou hi* voit bien la contradiction, mais au lieu d'en chercher la cause dans l'opposition des deux systèmes de trigrammes, il tente de l'expliquer en paraphrasant le texte: «Le cheval est le symbole du ciel mais il appartient aussi au genre *Terre;* la jument est une créature *yin* et le cheval est une créature (spécialement douée) pour parcourir la Terre [3])».

---

1) S. B. E. XVI, p. 59.

2) «Après bien des hésitations, écrit M. Chavanaes, je me suis décidé à abandonner l'opinion traditionnelle d'après laquelle *Sseu-ma Ts'ien* attribuerait à Confucius la *composition* de ces appendices; dans le texte de l'historien je ne trouve pas un seul mot qui signifie «écrire» ou «composer»...; à mon avis la phrase ne peut avoir que ce sens: «Confucius se plut au *Yi king* et à ses appendices...» D'autre part nous avons la preuve formelle que certaines parties des appendices sont antérieures à Confucius...»

Si les critiques chinois donnent au témoignage de *Sseu-ma Ts'ien* une valeur diamétralement opposée, c'est qu'ils en voient le texte à travers celui de *Pan Kou* qui fait intervenir *Fou-hi, Wen wang* et *K'ong tseu* dans l'élaboration du *Yi king.* «Mais il est aisé de voir que c'est pour obtenir cette symétrie des trois sages et des trois antiquités qu'une part a été faite à Confucius dans la composition du *Yi king*; nous avons affaire ici à une systématisation arbitraire, qui n'a aucune valeur historique et que *Sseu-ma Ts'ien* n'a point connue». (M. H. V, p. 401).

3) 馬乾之象而以爲地類者、牝陰物而馬又行地之物也。(Le Ciel 天 n'a pas de symbole zoaire; c'est pourquoi j'écris ici *ciel* et *Terre*).

Pour concilier ces deux symbolismes contraires, les Chinois ont imaginé une théorie suivant laquelle le cheval dépendrait à la fois du principe yang et du principe yin: «Le cheval porte pendant douze mois lunaires, c'est-à-dire pendant les six lunes yang et les six lunes yin; il réunit ainsi leurs qualités 以合功». Schlegel qui cite divers textes à ce sujet (Ur. p. 310) n'a pas vu que cette dualité provient des deux systèmes de trigrammes.

De deux choses l'une: puisque le yang a été déplacé du Sud au Nord, il faut ou bien que le cheval reste au Sud et devienne le symbole du yin; ou bien qu'il reste le symbole du yang et passe au Nord.

C'est ce qu'a bien compris l'auteur de l'appendice Chouo koua 說卦傳 qui indique les équivalences suivantes [1]):

乾 爲 馬	K'ien	= Cheval
坤 „ 牛	K'ouen	= Boeuf
震 „ 龍	Tchen	= Dragon
巽 „ 雞	Souen	= Coq
坎 „ 豕	K'an	= Porc
離 „ 雉	Li	= Faisan
艮 „ 狗	Ken	= Chien
兌 „ 羊	Touei	= Mouton

Il serait superflu de souligner l'importance de ce document, non-seulement en ce qui concerne l'origine du cycle zoaire mais en général pour la reconstitution des anciennes théories chinoises sur lesquelles le même appendice fournit encore d'autres renseignements précieux [2]).

---

1) Cf. LEGGE (Yi king), p. 429.

2) Le P. Régis n'en faisait cependant pas grand cas, ni Legge non plus. Ce dernier écrit dans son Introduction au Yi king: «I confess my sympathy with P. Regis when he condenses the fifth Appendix into small space, holding that the 8th and following paragraphs are not worthy to be translated. «They contain — he says — nothing but the mere enumeration of things, some of which may be called Yang, and others Yin, without any other cause of so thinking being given».

Le cycle des douze animaux étant basé sur le diagramme-normal de la cosmologie chinoise (N = hiver = *yin*) les équivalences indiquées par ce texte ne sont pas directement utilisables: il faut d'abord les transposer du système des *Tcheou* dans le système primitif[1]).

Correspondance selon le système du **Yi king**	Symbolisme zoaire d'après le **Yi king**		Transposition dans le système de **Fou-Hi**	
N	K'an	= Porc	O	Animaux *Yin*
NE	Ken	= Chien	NO	
SO	K'ouen	= Boeuf	N	
E	Tchen	= *Dragon*	N-E	
S	Li	= *Faisan*	E	
O	Touei	= Mouton	SE	Animaux *Yang*
NO	K'ien	= Cheval	S	
SE	Souen	= Coq	SO	

Incohérente dans le système du roi *Wen*, la répartition des animaux se régularise, on le voit, dès qu'ils sont transposés dans le système de la haute antiquité.

Abstraction faite du *Dragon* et du *Faisan*, ajoutés aux six animaux domestiques pour compléter la série zoaire de huit termes, les trois animaux *yang* (*Mouton, Cheval, Coq*) se trouvent dans une région *yang* (SE, S, SO) et les trois animaux *yin* (*Porc, Chien, Boeuf*) se trouvent dans une région *yin* (O, NO, N).

Ce groupement significatif suffirait déjà à démontrer que le symbolisme zoaire du *Yi-king* est bien antérieur à la dynastie *Tcheou*. Mais il ne nous satisfait pas dans le détail, car les animaux n'y occupent pas leur situation réglementaire: le *Porc* se trouve à l'Ouest au lieu d'être au N O; le *Coq* se trouve au S O au lieu d'être à l'E. Nous allons rechercher la cause de ce dérangement.

---

1) Voy. *fig.* 14, p. 620.

Le couple **Dragon-Phénix.** Le premier point à élucider est la raison d'être du choix des deux animaux complémentaires, le **dragon** et le **faisan,** car leur introduction dans le système a pu y occasionner un remaniement.

L'association du faisan au dragon évoque immédiatement le couple *Dragon-Phénix* qui symbolise l'Empereur et l'Impératrice; nous avons vu en effet que l'oiseau symbolique du palais méridional (le 鳥 du *Yao tien,* le 鶉 du cycle de Jupiter) est à l'origine la *caille* symbole de l'été (B, p. 264); et que ce gallinacé se transforme plus tard en un oiseau mythique, le phénix. Mais cette transformation de la caille en phénix suppose un moyen terme: le faisan. «The type of the phoenix — dit Wells Williams — seems to have been the argus pheasant, which has been gradually embellished and exaggerated». Le fait que le phénix dérive à la fois du faisan (pour la beauté) et de la caille (pour son association à l'élément igné) est attesté par d'antiques traditions. D'après le *K'in king* [1]) il y a plusieurs espèces de phénix:

Le phénix bleu s'appelle *Ho*	青鳳謂之鶡.
Le phénix rouge s'appelle la *caille*	赤鳳謂之鶉.
Le phénix jaune s'appelle *Yen*	黃鳳謂之焉.
Le phénix blanc s'appelle *Sou*	白鳳謂之鷫.
Le phénix pourpre s'appelle *So*	紫鳳謂之鷟.

L'oiseau *Ho* est un faisan (*Phasianus superbus*) d'un naturel spécialement combatif et considéré à cause de cela comme l'emblème

---

[1]) 禽經. *Le livre des Oiseaux* qui nous est parvenu ne date que de la dynastie *Song* et ne saurait être assimilé à l'ancien ouvrage du même nom qui semble avoir existé antérieurement à l'ère chrétienne (Cf. Wylie, *Notes*). Une citation empruntée à ce livre moderne ne possède donc, intrinsèquement, aucune valeur probante. Mais lorsqu'il s'agit d'une tradition du genre de celle qui est rapportée ici, la date importe peu puisque les rapprochements qu'elle établit sont entièrement étrangers au syncrétisme moderne et que leur signification ne peut être expliquée en dehors du symbolisme antique.

du courage[1]). L'oiseau *Yen* est aussi un faisan, le faisan doré, considéré comme superlativement beau de telle sorte que très anciennement son nom 焉 a pris la valeur d'un adjectif superlatif, puis d'une particule comparative ou affirmative.

En résumé, le faisan, comme le coq et la caille, représente le principe *yang*. Mais le coq symbolise spécialement le *yang* équinoxial, l'aurore, le soleil, le palais oriental; tandis que le phénix, l'oiseau mythique dérivé à la fois du faisan et la caille, représente spécialement le *yang* solsticial, le feu, le palais méridional.

Dans la haute antiquité, l'Est et le Sud étant les deux régions *yang*, l'oiseau symbolique du Sud n'a certainement pas pu représenter l'impératrice en s'opposant au dragon, symbole de l'empereur. Mais vers la fin de la dynastie *Yin*, lorsque s'élaboraient les idées qui allaient se faire jour dans le *Yi king*, le *Sud* devenant la région du principe *yin* et de la terre féconde 坤, l'oiseau symbolique (faisan ou phénix) a pu devenir l'image de la souveraine[2]).

Il semble même, lorsqu'on examine attentivement le diagramme du *Yi king*, que cette opposition du **dragon** et du **faisan** ait été le point de départ du système du roi *Wen* et qu'elle donne la clef de cette singulière répartition des trigrammes dont personne n'a fourni jusqu'ici une explication quelconque.

---

1) *Ur.* p. 69, 70. — 鶡冠 a plumed cap with 雉鷄尾 in them, as these pheasant's feathers are called; lictors in theaters, called 鶡冠子, now wear them. (*Dict. W. W.*).

Cette dernière expression désigne aussi un traité philosophique composé vers l'an 400 avant J.-C. — L'auteur, dont le véritable nom est inconnu, avait reçu ce sobriquet parce qu'il portait des plumes de coq faisan à son bonnet. Schlegel emprunte à cet ouvrage la citation suivante: 鳳皇者鶉火之禽、陽之精也。 Le *Fong-houang* est l'oiseau de (la dodécatémorie) *Chouen-ho*; il est l'essence du principe *yang*.

T'seu-lou, le disciple de Confucius, qui aimait la force et la bravoure, portait aussi des plumes de coq à son bonnet.

2) Dans le *Tcheou li* l'oiseau qui symbolise l'impératrice n'est pas encore le phénix. C'est le faisan qui est brodé sur la robe 褘 de la souveraine.

L'opposition quadrantale. L'auteur du *Yi king* n'a pas seulement renversé d'une manière générale la position des termes *yin* et *yang* en plaçant le *yang* au Nord et le *yin* au Sud; il a en outre fixé le signe 乾 au N O et le signe 坤 au S O. De telle sorte que l'ancienne symétrie diamétrale se trouve rompue. Le *yang* et le *yin* ne sont plus directement opposés l'un à l'autre; ils ne sont séparés que par un quart de cercle (90°).

Or, tel est précisément le cas du couple *Dragon-Faisan* qui symbolise l'Empereur (E) et l'Impératrice (S). L'idée se présente alors que la position, en apparence arbitraire, du couple *Ciel-Terre* pourrait bien avoir été suggérée par l'opposition quadrantale du couple *Dragon-Faisan*. Pour vérifier cette hypothèse il n'y a qu'à rechercher si les divers couples d'animaux symboliques (diamétralement opposés dans le système primitif) se trouvent répartis par quadrants dans le système du *Yi king*. Effectivement, le fait se vérifie avec exactitude:

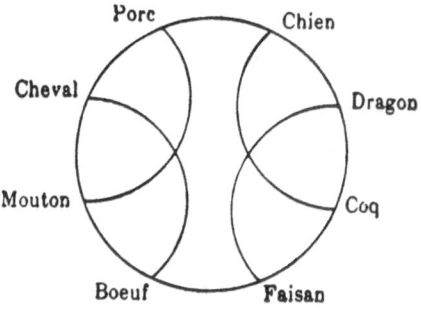

Fig. 14.

Le porc *(yin)* s'oppose au mouton *(yang)*, le chien *(yin)* s'oppose au coq *(yang); tandis que le cheval *(yang)* s'oppose au boeuf *(yin)* et le dragon *(yang)* au phénix *(yin).*

En lisant transversalement nous avons:

$$Boeuf \quad \text{et} \quad Faisan \quad yin$$
$$Mouton \quad \text{et} \quad Coq \qquad yang$$

Cheval et *Dragon yang*

Porc et *Chien yin.*

Et par ordre alternatif:

Cheval·	*yang*
Chien	*yin*
Coq	*yang*
Boeuf	*yin*
Mouton	*yang*
Porc	*yin*
Dragon	*yang*
Faisan	*yin*

Le *Yi king* a eu plus de mille commentateurs. Aucun d'eux n'a soupçonné cette règle fondamentale qui justifie la disposition de ses trigrammes en la reliant au système primitif par un principe conventionnel: à l'opposition diamétrale, le roi *Wen* a substitué l'opposition quadrantale, suggérée probablement par le couple *Empereur — Impératrice* = Est et Sud = *Dragon — Phénix.*

A l'opposition du solstice N au solstice S, il a substitué l'opposition de l'équinoxe E au solstice S, de l'équinoxe O au solstice N.

Position du **Dragon** *dans les divers cycles zoaires.* Dans le cycle des 12 animaux le Dragon est situé au S E; dans le système du *Yi king* il correspond à l'E; dans le système de *Fou-hi,* il est placé au N E. Ces trois positions sont parfaitement conformes aux principes respectifs de chacun de ces cycles.

1° Dans le système du *Yi king,* le Dragon et l'Oiseau représentent deux Principes, deux saisons, deux palais. L'Est est le centre du palais oriental comme le Sud est le centre du palais méridional. Le dragon est donc placé à l'E franc et le faisan au S franc. Et c'est précisément la régularité de cette position qui oblige le roi *Wen* à déplacer le terme 蚶 du S au S O, le S franc ne pouvant être représenté par deux symboles différents.

2° Dans le système primitif, le Dragon correspond au N E. Il ne saurait en être autrement puisque les trigrammes de *Fou-hi* retracent l'évolution annuelle du *yin* et du *yang* en sens direct (N, E, S, O) c'est-à-dire dans le sens de la série 子, 丑, 寅, etc.. L'apparition des cornes et de la tête du Dragon annonce le *Li-tch'ouen*, qui correspond au mois 寅 et au N E. C'est l'époque où le tonnerre aide le principe *yang* à se dégager, d'où le caractère 震.

3° Dans le cycle des 12 animaux le Dragon ne correspond pas au signe 寅 mais au signe 辰; car, en effet, les termes uranographiques de cette série occupent la place qui leur revient d'après leur position sidérale, et non plus d'après la révolution fictive 子 丑 寅. Le Dragon sidéral du cycle zoaire est donc placé sous le signe 辰 comme 角 le repère du *Li-tch'ouen* [1]).

Remaniements opérés par le roi Wen dans la correspondance entre les trigrammes et les animaux. La raison d'être des deux symboles ajoutés à la série étant ainsi élucidée, nous pouvons revenir à la question posée tout-à-l'heure: pourquoi les six animaux de sacrifice ne reprennent-ils pas leur situation normale lorsqu'on transpose les équivalences du *Yi king* dans le système de *Fou hi*?

Il y a deux alternatives à examiner:

Ou bien l'équivalence de tel animal à tel trigramme (*porc = ouest*, par exemple) n'a pas été modifiée en passant d'un système à l'autre. Dans ce cas il faudrait admettre que le symbolisme antique était (voy. p. 613):

Dragon	faisan	mouton	cheval	coq	porc	chien	boeuf
N E	E	SE	S	SO	O	NO	N

ce qui est bien invraisemblable [2]).

---

1) Voy. ci-dessus pp. 462 et 599.

2) Les correspondances classiques qui apparaissent dans le *Tcheou li* (coq = Est, etc.) et qui sont confirmées par l'uranographie chinoise (porc = 亥, etc.) ne proviennent pas du système *Tcheou* et lui sont nécessairement antérieures, comme nous l'avons vu.

Ou bien le roi *Wen* a opéré des changements dans l'équivalence de tel animal à tel trigramme. Examinons cette hypothèse.

Si nous admettons que les équivalences ont pu varier, nous ne devons pas reconstituer le système primitif d'après le symbolisme du *Yi king*, mais d'après ce que nous savons par ailleurs des équivalences zoaires fondamentales et classiques:

Porc   **Boeuf**

N

Chien O   E *Coq*

S

Mouton   **Cheval**

Ce diagramme présente toutefois un point douteux: le cheval et le mouton qui représentent le *yang* et l'*été* sont logés tous deux dans le palais méridional, mais on ne peut préciser si le mouton se trouvait à droite du cheval ou le cheval à droite du mouton[1]). Si nous en jugeons d'après le cycle zoaire, le mouton se serait trouvé à droite du cheval (vu du centre); tandis que d'après la position de l'étoile qui préside aux hardes de chevaux[2]) et qui est exactement opposée à *K'ien nieou*, ce serait l'inverse.

Quoi qu'il en soit, comme le Dragon correspond nécessairement au Palais oriental et le Faisan au Palais méridional, le couple Dragon-Faisan a pu s'intercaler seulement de deux manières:

La première (*a*) est conforme au principe d'opposition diamétrale des trigrammes de *Fou-hi*. La seconde (*b*) est conforme au cycle des douze animaux.

L'une et l'autre de ces répartitions zoaires sont géométriquement symétriques. Et nous avons vu précédemment que la répartition

---

1) Cette position relative est indiquée en ce qui concerne le *porc* et le *boeuf* par les astérismes *Che-wei* et *K'ien-nieou*.

2) Cf. ci-dessous, p. 634.

zoaire du *Yi king* est, elle aussi, symétrique. En outre la disposition
des trigrammes de *Fou-hi* est également symétrique. D'où il. suit

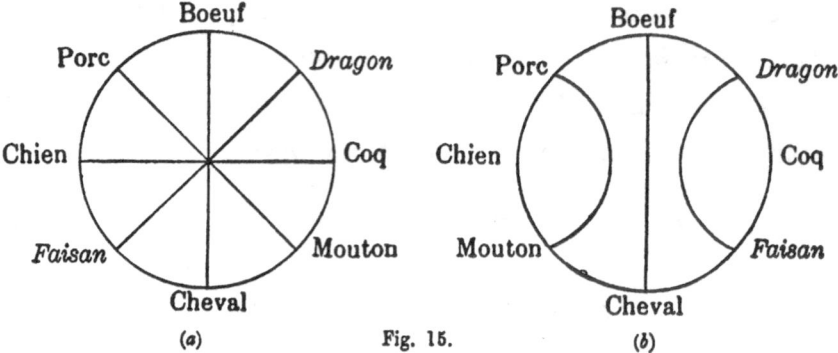

Fig. 15.

    (*a*)   (*b*)

que, si le roi *Wen* n'a pas modifié l'ancienne correspondance des
animaux, la disposition de ses trigrammes doit être nécessairement
symétrique.

    Nous avons donc un moyen de contrôler l'exactitude de notre
hypothèse sur un remaniement partiel des anciennes équivalences:
c'est de vérifier si les trigrammes du *Yi king* sont ou ne sont
pas symétriques.

    Les commentateurs et les traducteurs de ce livre canonique ne
semblent pas s'être posé une telle question. Mais il est facile de la
résoudre en jetant un coup d'oeil sur le diagramme du *Yi king:*

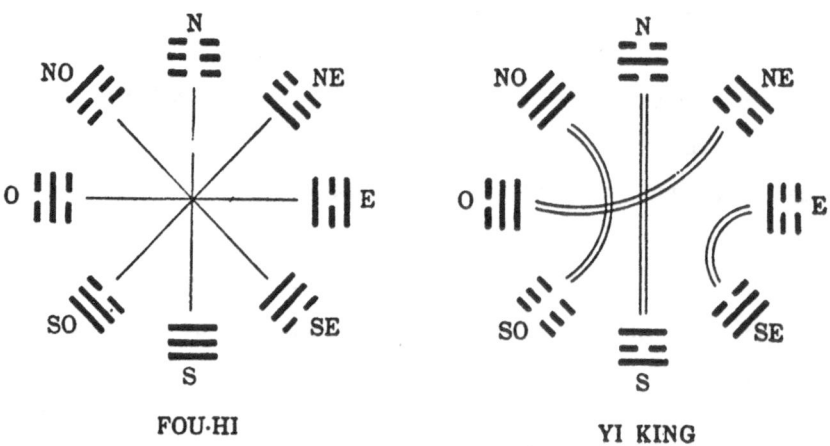

FOU·HI   YI KING

Fig. 16.

on y constate la symétrie quadrantale d'un couple (NO-SO), la symétrie diamétrale d'un autre couple (N-S) et l'incohérence des autres couples (O-NE; E-SE).

Les trigrammes du *Yi king* ne sont donc pas symétriques et c'est précisément cette anomalie qui explique pourquoi certains animaux se trouvent mal placés lorsqu'on les transpose dans le système de *Fou-hi* d'après les indications du *Yi king*.

*

Quels sont les animaux dont le trigramme a été changé? Et pour quelle raison ce remaniement affecte-t-il tel animal plutôt que tel autre?

Pour répondre à ces questions, il faut d'abord tracer le diagramme que le roi *Wen* aurait obtenu s'il s'était borné à substituer le principe quadrantal au principe diamétral (fig. 17 et 18). Il serait

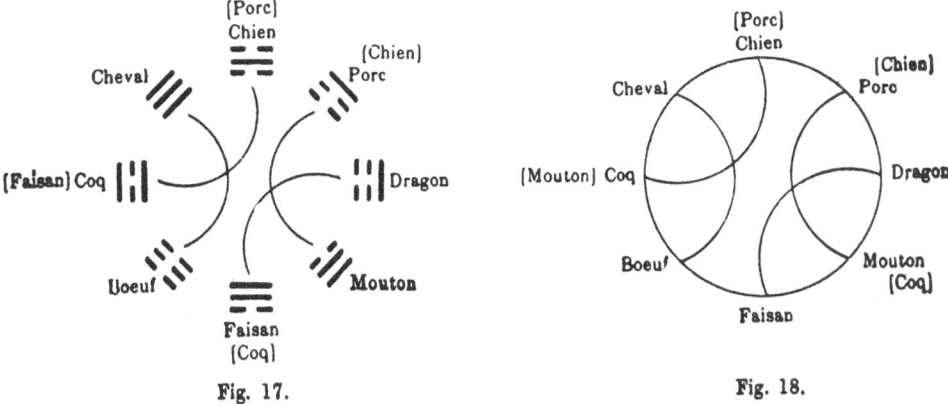

Fig. 17.   Fig. 18.

arrivé que le Nord et le Sud n'auraient pas été représentés par deux trigrammes symétriques (c-à-d. inverses) ni par deux animaux représentant des saisons opposées. Cet inconvénient est une conséquence naturelle et inévitable du nouveau principe adopté: si l'on substitue délibérément le principe quadrantal au principe diamétral, l'opposition diamétrale disparaîtra nécessairement. Mais il est bien conforme à l'esprit chinois de reculer devant l'application rigoureuse d'un principe nouveau si ce principe viole trop ouvertement la tradition. On pourrait citer une multitude de cas analogues où des

réformes — même théoriques — s'accomodent par un compromis
à l'ancien état de choses[1]).

Dans le système du roi *Wen*, le Sud et le Nord sont représentés
respectivement par deux animaux qui appartiennent aux palais
méridional (faisan) et septentrional (porc), ce qui n'est pas conforme
au principe quadrantal. En outre, ces deux points cardinaux opposés
sont représentés par les trigrammes symétriques *Li* et *K'an*.

Ce résultat a été obtenu en faisant permuter les trigrammes
du *chien* et du *porc*, du *faisan* et du *coq*.

D'après la fig. 18 il semblerait que cette seconde permutation
a eu lieu plutôt entre le *faisan* et le *mouton*; mais si l'on considère
simultanément le changement des trigrammes et des animaux, on
verra qu'il y a eu en réalité une triple permutation:

mouton	*souen*	*touei*
faisan	*touei*	*li*
coq	*li*	*souen*

CORRESPONDANCE ENTRE LES ANIMAUX ET LES TRIGRAMMES D'APRÈS LES SYSTÈMES

de Fou-hi					du Yi king	
(a)	*(Fig. 15)*	*(b)*			*(Fig. 16)*	
boeuf	N	boeuf	k'ouen	☷	boeuf	SO
dragon	NE	dragon	tcheu	☳	dragon	E
coq	E	coq	li	☲	*faisan*	S
mouton	SE	*faisan*	touei	☱	mouton	O
cheval	S	cheval	k'ien	☰	cheval	NO
faisan	SO	*mouton*	souen	☴	*coq*	SE
chien	O	*chien*	k'an	☵	*porc*	N
porc	NO	*porc*	keu	☶	*chien*	NE

[1] Voy. par exemple B, p. 295; D, p. 487; E, p. 588.

La permutation du coq et du faisan suggère une remarque importante: c'est que le trigramme auquel ces deux gallinacés correspondent dans les systèmes successifs se nomme *li* 離. Or le caractère *li* signifie *oiseau* et plus spécialement «un oiseau jaune au brillant plumage». L'idéographie du nom de ce trigramme confirme ainsi la haute antiquité du symbolisme zoaire.

La couleur jaune de l'oiseau solaire fait allusion à l'association d'idées: *jaune = centre = impérial = solaire*, comme on peut s'en rendre compte en lisant le résumé des commentaires dans la traduction anglaise, résumé d'autant plus significatif que Legge a tout ignoré du symbolisme zoaire:

«*Li* is the name of the trigram representing fire and light, and the sun as the source of both of these. Its virtue or attribute is brightness... If we take the whole figure as expressing the subject, we have „a double brightness", a phrase which is understood to denominate the ruler».

Interférences entre le système primitif et celui du roi Wen. L'esprit chinois est peu porté à rompre entièrement avec une tradition pour suivre la logique d'un principe nouveau. Aussi arrive-t-il que l'ancien système vienne se combiner avec le nouveau. Dans certains paragraphes de l'appendice 說卦傳 notamment, les équivalences des trigrammes entremêlent les deux systèmes d'une manière si contradictoire que l'on pourrait y voir une interférence involontaire entre deux documents originellement distincts si un mélange analogue ne se rencontrait dans d'autres ouvrages (tels que les *Che ki*, le *Tcheou li*, le *Li ki*) montrant ainsi que, bien avant l'époque confucéenne, les principes fondamentaux du symbolisme avaient été perdus de vue [1]).

---

1) *Sseu-ma Ts'ien*, par exemple, dit que la planète *Tchen* (qui correspond à la Terre), représente l'empereur; puis il ajoute, un peu plus loin, qu'elle représente l'impératrice. Dans le premier cas il s'agit du système primitif (Terre = centre = milieu des saisons = S O = *yang*); dans le second il s'agit du système des *Tcheou* (Terre 地 ou 坤 = *yin* = S = faisan ou phénix = impératrice). (Voir aussi C, p. 290, note).

Nous venons de voir, par exemple, que le trigramme *Li* représente le soleil, le feu, le *yang*. C'est l'ancien symbolisme. Mais
lorsque, à partir des *Tcheou*, le Sud est devenu la région du *yin*
symbolisé par le faisan ou par le phénix femelle 鳳凰, le mot
li a pris le sens de *conjoint* et de *vis-à-vis*. Legge signale cette
dualité de signification sans arriver à la comprendre:

« But *Li* has also the meaning of inhering in, or adherent to, being attached
to. Both these significations occur in connexion with the hexagram, and make
it difficult to determine what was the subject of it in the minds of the authors».
(p. 121).

Legge n'a pas remarqué que cette même contradiction se retrouve
dans le V⁰ appendice (pp. 430, 432) où le trigramme *li* est associé
d'abord au *yang* puis au *yin*:

Li suggests the emblem of fire... and of the tortoise. Referred to trees,
it suggests one which is hollow and rotten above.

La tortue et l'arbre creux pourri sont deux symboles du *yin*, du
nord, de l'hiver, diamétralement opposés au feu et au sud.

Inversement, au trigramme *K'an* qui représente l'eau, le nord,
l'hiver, certains attributs du *yang* se trouvent mêlés à ceux du *yin*:

K'an suggests the idea of water, of being hidden and lying concealed...
It suggests the idea of what is red. Referred to trees, it suggests that which
is strong and firm-hearted.

Un autre exemple typique de cette superposition des deux systèmes est le paragraphe relatif à *K'ien*:

Khien suggests the idea of heaven; of a circle; of a ruler; of a father; ...
of *cold*; of *ice*; of *deep red*; etc. (p. 430).

Le système de *Fou hi* (*yang* = sud) prédomine ici et l'association
de *K'ien* au Nord est représenté seulement par le froid et la glace.

Signalons encore une interférence assez curieuse relative à *Ken*.
Ce trigramme représente l'Ouest dans le système de *Fou-hi* et le
N O dans celui du roi *Wen*. Nous avons vu, d'autre part, qu'il y

a eu permutation de symbole zoaire entre ce trigramme *Ken* et le trigramme *K'an* qui représente le N E dans le système de *Fou-hi* et le N dans le système du roi *Wen*.

Or le *Chouo koua* lorsqu'il parle de *Ken* et de *K'an* entremêle précisément les attributs de ces deux trigrammes, ce qui confirme l'hypothèse de leur permutation dans l'ordre zoaire:

«*Ken* correspond au *chien* et aū *rat*.» 艮爲狗爲鼠。 Or le *chien* correspond à l'Ouest, le rat au Nord.

Inversement, le même appendice dit que *K'an* est le symbole: «de l'eau... de ce qui est furtif et caché... de la lune... des voleurs...»

Dans l'un et l'autre système, la lune correspond à l'ouest; d'autre part le rat appartient à la même catégorie que les voleurs; il est furtif, il se cache. C'est une caractéristique du *yin* et du nord.

X. L'opinion de M. Chavannes.

Dans le *T'oung Pao* de 1906, M. Chavannes a publié un article de 70 pages, accompagné de 16 figures, qui constitue un précieux recueil de documents sur la question. Dans cette étude, qui complète l'enquête de *Tchao yi* (1727—1814) sur les plus anciennes mentions du cycle des douze animaux, M. Chavannes, remontant le cours des siècles, passe en revue les textes chinois où sa présence peut être constatée.

Mais l'auteur ne s'est pas proposé seulement de réunir des documents; il discute aussi la provenance de ce cycle et arrive à la conclusion qu'il n'est pas originaire de la Chine. Est-il turc, chaldéen ou égyptien? Tout en inclinant vers la première de ces alternatives, M. Chavannes ne se prononce pas catégoriquement: «Nous en sommes réduits aux hypothèses» dit-il. Un seul point lui semble bien établi: le cycle n'est pas chinois.

Sur quelle sorte d'argumentation cette opinion est-elle fondée?

M. Chavannes a-t-il découvert quelque incompatibilité entre le symbolisme zoaire de la cosmologie chinoise et les douze animaux du cycle? — En aucune façon. Non-seulement il n'a pas abordé le côté astronomique de la question, mais il ne semble pas penser que la question puisse présenter un côté astronomique. Quoique le cycle des douze animaux se présente comme une institution calendérique, et que le rapport du calendrier à l'astronomie soit patent, on ne trouve dans son étude aucune allusion à cet aspect du problème.

Et cependant plusieurs textes chinois qu'il examine successivement semblent l'inviter à porter son attention de ce côté, par les liens qu'ils établissent entre les animaux du cycle et le symbolisme astronomique. Mais M. Chavannes, déjà convaincu que le cycle n'est pas né en Chine, n'est pas frappé par ces rapprochements qu'il attribue sans doute à un syncrétisme ultérieur.

Le premier auteur cité par lui, *Wang K'ouei* de l'époque des *Ming*, essaie d'expliquer la répartition des douze animaux d'après des considérations dualistiques, partiellement fausses car l'interversion de certains termes du cycle lui échappe, mais partiellement justes lorsqu'elles sont inspirées par les traditions cosmologiques:

« 子 est l'apogée du *yin*; il est obscur, caché, ténébreux; on lui associe le **rat**, car le rat se cache. 午 est l'apogée du *yang*; il est manifeste, facile ferme et énergique; on lui associe le **cheval**, car le cheval va vite [1]). 丑 est le *yin* qui s'incline et qui est affectueux; on lui associe le **boeuf**, car la vache lèche le veau. *Wei* est le *yang* qui se redresse, mais en restant respectueux; on lui associe le *mouton*, car l'agneau se met à genoux pour téter... 卯 et 酉 sont les deux portes du soleil et de la lune; leurs deux animaux symboliques [lièvre et coq] n'ont tous deux qu'un seul orifice pour leurs excrétions... 戌 et 亥 sont le *yin* qui se concentre et qui se conserve; le **chien** en est la forme parfaite; le **porc** vient ensuite; ainsi le chien et le porc sont associés à 戌 et à 亥 ». (p. 55).

Wang K'ouei voit très bien que le lièvre et le coq symbolisent

---

le *yin* et le *yang* équinoxiaux c'est-à-dire la lune et le soleil; que le porc, le rat et le boeuf représentent le *yin* de l'hiver; que le cheval et le mouton correspondent au *yang* estival[1]). Cependant M. Chavannes ne goûte nullement ces explications:

«Il est inutile de s'attarder à réfuter cette théorie; il est évident que les principes *yin* et *yang* n'ont eu aucune influence sur la manière *dont la concordance s'est établie* entre les douze animaux et le cycle duodénaire des Chinois».

Le savant professeur ne nous dit pas sur quoi se fonde cette évidence, mais il est permis de le deviner d'après les mots que j'ai soulignés. M. Chavannes ne discute pas le pour et le contre d'une origine chinoise. Dans son esprit la question est déjà tranchée. Pour lui ce cycle a été inventé hors de Chine, puis importé en Chine, puis ensuite *mis en concordance avec le cycle duodénaire des Chinois*. Si l'on admet ce *processus* il devient en effet évident que les séries zoaire et cyclique ont été accolées simplement d'après le rang de leurs termes (*rat* = 子 = n° 1) et que la théorie dualistique n'a pu avoir aucune influence sur leur juxtaposition.

Le deuxième texte cité par M. Chavannes est une sorte de jonglerie littéraire dans laquelle chaque vers contient une allusion

---

1) A propos du *mouton*, M. Chavannes écrit en note:

«Je traduis ici le mot 羊 par *mouton* parce que je crois que *Wang K'ouei* avait ce sens en vue; mais il est certain que, dans le cycle, l'animal désigné par le mot 羊 était primitivement une chèvre; c'est une chèvre qui est représentée sur les miroirs de l'époque des *T'ang* (voyez les planches à la fin du présent article) et le terme *momë* employé au Siam et au Cambodge signifie *chèvre*.»

Comment M. Chavannes peut-il affirmer d'après des témoignages aussi modernes que l'ovidé du cycle était *primitivement* une chèvre? Cette note, mieux que tout autre commentaire, montre que l'auteur n'a fait aucun rapprochement entre le boeuf, le coq, le cheval, le mouton, le chien et le porc du cycle et les six animaux de sacrifice des Chinois. Et cependant la corrélation antique de ces animaux avec les divisions de l'horizon et de l'année va être soulignée un peu plus loin par un texte du *Li-ki*. Si M. Chavannes avait prêté autant d'attention à la présence des 六畜 dans le cycle qu'il en a accordée au chat, au scarabée, à l'épervier et à l'ibis de Teukros le Babylonien, il aurait bien vite découvert la présence d'un zodiaque de six termes dans la littérature classique de la Chine.

historique ou proverbiale à l'un des douze animaux. Sur ces douze
dictons, il en est trois dont l'origine est astronomique et qui
s'appliquent aux termes sidéraux du cycle [1]):

1°. *Pour prendre le* **lièvre** *qui est dans la lune le ciel est trop*
vaste. Le texte précédent avait déjà fait allusion au rapport du
coq et du lièvre avec les deux «portes» (équinoxes) du soleil et
de la lune; et celui-ci rappelle de nouveau la connexion du lièvre
avec la lune. (Voy. ci-dessus, p. 589).

2°. *Le* **Bouvier** *et la Tisserande pendant toute l'année ont peine*
à se voir. «Le Bouvier 牽牛, remarque M. Chavannes, est ici
désigné par le seul mot 牛, ce qui permet de faire figurer l'animal
„boeuf", dans ce vers». Mais nous avons vu que l'astérisme *K'ien*
nieou représente réellement un boeuf (M. H. III, pp. 301, 356);
il correspond au signe 丑 (M. H. III, p. 654) et s'identifie avec
le boeuf du cycle zoaire [2]).

3°. *Quand le* **dragon** li *a sa perle il ne dort plus jamais.* Comme
nous l'avons expliqué, il s'agit ici de la première pleine lune du
printemps qui se produit dans la gueule du Dragon; le Dragon,
précédemment invisible (sous terre) cesse de dormir lorsqu'il tient
dans sa bouche cette perle représentée sous forme d'une boule rouge
dans les dessins chinois. La gueule du Dragon répond au signe
辰, comme le dragon du cycle zoaire [3]).

---

1) 月中取兎天漫漫。牛女長年相見難。驪龍
有珠常不睡.

2) Voy. ci-dessus p. 598. — «The Cow-herd is a pseudonym attributed to a group of
stars near the Milky Way identified by some with that called 河鼓 (β, γ Aquila)
and by others with the constellation 牛. A remarkable legend connects the cow-herd with
織女, the Spinning Damsel, α Lyra... etc.» (Mayers, *Chinese Reader's Manual*,
n°. 311). L'opinion suivant laquelle le Bouvier et le Boeuf seraient deux astérismes différents
(quoique voisins et placés sous le même signe 丑) est rejetée par Schlegel (*Ur.* p. 493).
Elle est contraire aux données de *Sseu-ma Ts'ien*. Cette dualité de noms semble provenir
de l'ambiguité du sens de *K'ien nieou*.

3) Voy. ci-dessus, p. 599.

M. Chavannes ne s'est pas demandé si le boeuf et le dragon
du cycle des douze animaux n'étaient pas, d'aventure, apparentés
au Boeuf et au Dragon du ciel chinois, ce dont on peut facilement
s'assurer grâce à la notation sidéro-tropique 子, 丑, 寅. L'idée
de procéder à cette vérification aurait pu lui être suggérée par la
conversation de *Tchou hi* avec *Ts'ai K'i-t'ong* rapportée par Schlegel [1]).

Après avoir examiné successivement d'autres documents relatifs
à diverses dynasties, M. Chavannes arrive à l'époque des *Han* et
constate la mention du cycle zoaire dans un texte du début de
l'ère chrétienne:

> Ainsi, on trouve exposée, dès le premier siècle de notre ère en Chine, la
> théorie complète de l'équivalence des douze animaux avec les douze caractères
> cycliques.

> Peut-on remonter plus haut encore et retrouver en Chine des traces du
> cycle des douze animaux antérieurement au premier siècle de notre ère? *Wang
> Ying-lin* le croit, mais *Tchao Yi* le conteste. Nous allons montrer que c'est ce
> dernier qui a raison, car les textes qu'invoquent *Wang Ying-lin* et les érudits
> qui soutiennent la même thèse que lui ne sont rien moins que probants.

L'enquête de M. Chavannes va prendre maintenant pour nous
un surcroît d'intérêt; car à partir d'ici le cycle des douze animaux
ne se trouve plus mentionné intégralement dans les textes; il ne
se présente plus qu'à l'état fragmentaire. Pour juger de la portée
des citations partielles qui en sont faites, il n'est pas inutile de
connaître la genèse de la composition du cycle, la diversité de ses
parties constituantes et la raison d'être de la position relative de
ses termes. M. Chavannes ne s'étant pas livré à cette analyse préalable se trouve privé d'utiles éléments d'appréciation. Il est ainsi
amené à formuler des objections qui paraissent bien fragiles lorsque
le sens cosmologique de ces textes est présent à l'esprit.

Le premier document cité par M. Chavannes est tiré d'un livre
classique, le *Li ki*:

---

1) *Ur.* p. 562.

Les Ordonnances mensuelles (chap. *Yue ling* du *Li ki*) disent que, pendant les trois mois de printemps, le Fils du Ciel mange du **mouton**; pendant les trois mois d'été, du **coq**; au milieu de l'année, du **boeuf**; pendant les trois mois d'automne, du **chien**; pendant les trois mois d'hiver, du **porc.**

Tcheng Hiuan (127—200) explique que le mouton est un animal qui correspond au feu; comme le printemps est encore froid, le Fils du Ciel mange du mouton pour mettre l'accord dans son tempérament en le réchauffant.

K'ong Yin-ta (574—648) commente cette glose de *Tcheng Hiuan* en montrant que, suivant la théorie qu'elle suppose, le coq correspond au bois; le mouton, au feu; le boeuf, à la terre; le chien, au métal; le porc, à l'eau; mais il a soin d'indiquer en même temps une autre théorie d'après laquelle le coq correspond au signe 西 *yeou*, c'est-à-dire au métal. C'est cette seconde théorie qui montre la liste des douze animaux correspondant aux douze caractères cycliques, et, puisque cette seconde théorie n'est supposée ni par le texte du *Yue ling*, ni par le commentaire de *Tcheng Hiuan* on voit que les cinq animaux mentionnés par le *Yue ling* n'ont aucun rapport avec le cycle des douze animaux ».

Ainsi, à cause du désaccord d'un seul terme, M. Chavánnes s'empresse de conclure que le symbolisme zoaire du *Li ki* ne présente «aucun rapport» avec celui du cycle [1]). Et cependant il constate que le porc dans le *Li ki* comme dans le cycle correspond au Nord; que le chien dans le *Li ki* comme dans le cycle correspond à l'Ouest et à l'automne; que le mouton d'après les commentateurs, correspond au Sud comme dans le cycle; que le coq correspond d'après une théorie à l'Est, d'après une autre théorie à l'Ouest comme dans le cycle.

L'enquête poursuivie par M. Chavannes n'est d'ailleurs pas nécessairement limitée au *Yue ling* du *Li ki*: ne serait-il pas intéressant de rechercher d'où vient le symbolisme zoaire d'après lequel les commentateurs interprètent le texte du *Li ki*? Puisqu'il existe un symbolisme zoaire chinois, est-il permis de prononcer que le cycle des douze animaux n'est pas chinois avant d'avoir fait aucune recherche sur ce symbolisme dont toute la littérature antique est imprégnée, et sans même signaler l'opportunité d'une telle recherche?

---

1) M. Chavannes ne semble pas porté à la même sévérité de jugement lorsqu'il s'agit des origines non-chinoises du cycle. Quoique les animaux de la série de Teukros le babylonien

M. Chavannes examine ensuite un autre document emprunté au même chapitre du *Li ki*:

Je ne crois pas non plus que le cycle des douze animaux soit nécessairement impliqué dans le texte du *Yue ling* où il est dit que, le troisième mois de l'hiver, on accomplit la cérémonie de faire sortir de ville un boeuf en terre. S'il est vrai, en effet, que le troisième mois de l'hiver soit marqué du caractère *tch'eou* 丑, lequel correspond au boeuf dans le cyle des douze animaux, *on peut fort bien concevoir cependant* que le choix du mois, comme celui de l'animal, aient été dictés ici par des considérations qui n'ont rien de commun avec la correspondance entre les caractères cycliques et les animaux; nous nous trouvons en présence d'un rite du labourage: au moment où l'hiver va prendre fin, on fait sortir dans la campagne un boeuf en argile, symbole de la victime expiatoire qui détourne sur elle tous les maux susceptibles d'atteindre le boeuf de labour.

Cette interprétation, purement hypothétique, est contredite par un autre texte cité par M. Chavannes:

Cependant, il faut reconnaître que la coïncidence de la désignation simul-tanée du douzième mois et de l'animal boeuf par le même caractère *tch'eou* 丑 n'apparaît pas comme fortuite dans le *Heou Han chou* où nous lisons: «Le dernier mois de l'année on dresse six boeufs en terre en dehors de toute ville qui est capitale de royaume ou préfecture de commanderie; *tch'eou* est en effet l'emplacement qui sert à renvoyer le grand froid» [1]. — Bien que cette explication méconnaisse certainement (?) la vraie signification du rite, elle n'en est pas moins importante parce qu'elle prouve que, dès l'époque où fut écrit le *Heou Han chou*, et peut-être dès l'époque même des *Han* postérieurs, le rite du boeuf de terre était interprété comme impliquant la corrélation entre un caractère cyclique et un nom d'animal; or cette corrélation n'a pu exister que si le cycle des douze animaux était constitué.

---

soient en majeure partie étrangers à la liste chinoise, et quoique les animaux communs aux deux systèmes occupent des positions tellement différentes qu'on pourrait les dire «sans aucun rapport», M. Chavannes n'y voit pas d'objection à une communauté d'origine; il se borne à observer que la littérature babylonienne n'a rien révélé jusqu'ici relativement à un cycle de douze animaux (pp. 120—122).

En ce qui concerne le symbolisme zoïre du *Li ki*, voyez ci-dessus p. 604.

[1] Ce n'est pas seulement un commentaire postérieur, mais le texte même du *Li ki* qui spécifie que la promenade du boeuf au troisième mois de l'hiver a pour but «de renvoyer le grand froid», comme nous l'avons vu plus haut.

Cette dernière assertion n'est point fondée, cár la corrélation
entre le bœuf et le signe 丑 ne provient pas de la place de cet
animal dans le cycle zoaire; c'est au contraire la place du bœuf
dans le cycle zoaire qui provient de la situation de l'astérisme *Nieou*
sous le signe 丑.

Ce texte du *Li ki* ne prouve nullement l'existence du cycle des
douze animaux. Il confirme seulement ce que nous savons par
ailleurs du cycle des six animaux, dans lequel le bœuf symbolise le
yin et le froid de l'hiver. Et le cycle des six animaux démontre
l'origine chinoise du cycle des douze animaux.

Avant de passer au texte suivant, revenons en arrière dans
l'enquête de M. Chavannes, pour examiner un indice intéressant,
tiré d'un texte postérieur mais dont la valeur probante me paraît
être rétroactive:

«Le dictionnaire *Chouo wen*, qui est l'œuvre de *Hiu Chen* et qui est
accompagné d'une postface datée de l'an 100 ap. J.-C., explique le caractère
巳 comme étant la figuration d'un serpent 巳爲它 (pour 蛇) 象形,
et le caractère 亥 comme étant identique dans l'écriture ancienne avec le
caractère 豕 qui signifie porc 亥爲豕。與豕同. Que ces deux éty-
mologies soient intrinsèquement exactes, c'est ce dont je doute fort; mais elles
ne peuvent avoir été imaginées que par un érudit connaissant la corrélation
des douze animaux avec les caractères cycliques, corrélation qui se trouvait
donc établie dès l'an 100 de notre ère». (p. 78).

Est-il bien vraisemblable qu'un paléographe aussi versé que
Hiu Chen dans les choses de l'antiquité ait pu chercher l'explication
des très anciens caractères cycliques dans des symboles zoaires tout
récemment importés par une tribu barbare? A mon sens, l'étymologie indiquée par le *Chouo wen* ne prouve pas seulement que la
corrélation entre les signes et les animaux se trouvait établie en
l'an 100; elle prouve aussi que les lettrés les plus compétents
attribuaient cette corrélation à la haute antiquité.

Examinons maintenant la valeur intrinsèque de ces étymologies.

亥 = 豕 paraît contestable, car le *Tso tchouan* (*Siang* 3ᵉ année) dit que le caractère 亥 est formé de *deux* placé sur trois *six*. Mais comme, par ailleurs, le signe 亥 s'appelle 豕韋 et correspond à cette constellation ¹) la corrélation supposée par *Hiu Chen* est au moins fondée en astronomie si elle ne l'est pas en paléographie.

Quant à l'étymologie 巳 = 蛇 je ne vois pas de motif de la suspecter. Les auteurs chinois sont d'accord à son sujet et ne proposent pas d'autre hypothèse. Cette étymologie est d'ailleurs d'autant plus vraisemblable que le caractère 巳 reproduit la forme de la constellation 天蛇 comme on peut s'en rendre compte sur cette figure empruntée à Schlegel. Les Chinois ont pris l'habitude de fermer entièrement le caractère 巳 pour le différencier de 已. Mais je ne crois pas que cette précaution soit ancienne et il est en général difficile de distinguer ces deux caractères.

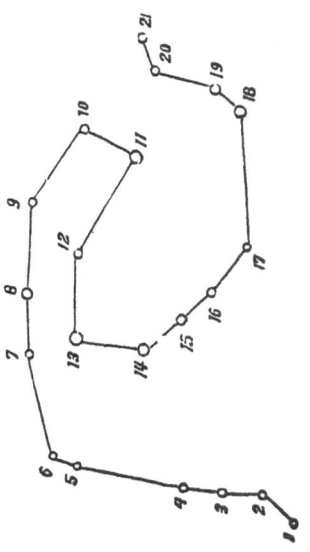

Fig. 17.

Reprenons maintenant la série des textes antérieurs à l'ère chrétienne:

Je ne parle que pour mémoire des deux vers du Che king (*Sia ya*, III ode 6): «Dans le jour fauste *keng wou*, nous avons choisi nos **chevaux**». Il me paraît bien invraisemblable qu'un texte aussi anodin suffise à prouver que le caractère *wou* 午 symbolisait le cheval au temps où cette ode fut composée. (p. 83).

M. Chavannes eut sans doute jugé ce texte moins anodin s'il avait remarqué, dans la littérature classique, d'autres passages qui

---

1) Ci-dessus, pp. 598, 602. Pour l'équivalence sidérale des signes, cf. *Ur.* 558, n. 3.

établissent l'antique association du cheval et du sud (= 午 = solstice d'été). Ce n'est pas seulement, comme nous l'avons vu [1]), le *Yi king* et le *Tcheou li* qui démontrent cette relation: c'est encore *Sseu-ma Ts'ien* qui nous dit qu'autrefois on sacrifiait au cinquième mois (= 午) les prémices des hardes de chevaux: c'est le *Li ki* dont les prescriptions rituelles, au cinquième mois (= 午 = 仲夏), concernent spécialement les chevaux et les parcs à chevaux. C'est encore la série dénaire dont le symbole solsticial 圉 est le parc à chevaux. C'est enfin l'uranographie chinoise dont l'astérisme qui préside aux hardes de chevaux se trouve au SSO (à l'opposé de *K'ien nieou*, N N E) à proximité du solstice d'été. [2])

L'ode en question ne fait que confirmer une chose amplement démontrée par ailleurs. Cette ode se rapporte à l'une des grandes chasses trimestrielles présidées par le souverain et considérées à la fois comme une cérémonie rituelle et comme un exercice militaire. L'organisation de ces chasses, comme on peut le voir dans le *Tcheou li*, dépendait du 大司馬 et du ministère de l'été (= 午 = 馬) symbolisé par le cheval [3]).

Reste enfin, dans le *Wou Yue tch'ouen ts'ieou* 吳越春秋, le passage où, décrivant la ville fortifiée que *Wou Tseu-siu* éleva pour *Ho-lu* roi de *Wou* (514—496 av. J.-C.), l'auteur dit: «*Wou* se trouvait dans le position marquée par le caractère cyclique 辰 ce qui est la place où est le **dragon**; c'est pourquoi, sur la porte méridionale du petit rempart, on fit avec des plumes rebroussées

---

1) Ci-dessus, pp. 608, 613.

2) Cf. M. H. III, p. 447. — *Ur.* p. 569. — C, pp. 239, 260, 262.

3) Cette relation de bon augure entre le signe 午 et les préparatifs d'une expédition militaire, nous fait comprendre, par analogie, pourquoi le roi *Wou* franchit le fleuve au jour *wou-wou* 戊午 et pourquoi il livre la bataille qui doit lui livrer l'empire, au jour *kia-tseu* 甲子. Le signe 戊 correspond en effet au centre, au trône impérial, et 午 aux entreprises guerrières: *wou-wou* présage donc un acte militaire d'ordre souverain. Quant à 甲子 c'est l'inauguration d'une ère nouvelle.

deux protubérances de baleine (?) ¹) pour représenter les cornes d'un dragon ²). *Yue* se trouvait dans la position marquée par le caractère cyclique 巳 , ce qui est la place occupée par le serpent; c'est pourquoi, sur la grande porte méridionale il y eut un serpent de bois qui se tournait vers le Nord et qui avait la tête rentrée, pour montrer que *Yue* était sous la dépendance de *Wou*». Si ce texte était digne de créance, il établirait que, dès l'an 500 avant notre ère, les caractères 辰 et 巳 correspondaient respectivement au dragon et au serpent, ce qui suppose l'équivalence du cycle des douze caractères et du cycle des douze animaux. Mais on ne saurait tirer une conclusion aussi grave d'un témoignage unique et fort peu sûr; le *Wou Yue tch'ouen ts'ieou*, en effet, a été rédigé par *Tchao Ye*, qui vivait au premier siècle de notre ère; *Tchao Ye* a pu introduire dans son récit des conceptions qui avaient cours de son temps mais dont la présence aux dates où il les rapporte constitue un véritable anachronisme.

Cette conclusion, remarquons-le, débute par une simple supposition qui se transforme dans le cours de la phrase en affirmation catégorique. La mention du serpent et du dragon ne constitue cependant pas plus un anachronisme ici que dans le *Tso tchouan* où, pour exprimer le caractère anormal de la température de la saison, il est dit que le serpent est monté sur le dragon ³).

Dans son Histoire des royaumes de *Wou* et de *Yue*, *Tchao Ye* rapporte sur l'antiquité des fables miraculeuses que Legge trouve «ridicules»; mais lorsqu'il rapporte un fait relativement récent et aussi topique que celui-ci, il est difficile de concevoir comment un tel récit (qui ne présente aucun caractère tendancieux) aurait pu être imaginé de toutes pièces.

M. Chavannes résume ainsi l'ensemble de cet examen des textes chinois:

En conclusion, le cycle des douze animaux était familier aux Chinois dès le premier siècle de notre ère; il est possible qu'il soit un peu plus ancien, mais

---

1) M. Chavannes donne la leçon *baleine* comme douteuse.

2) 龍角. Le texte fait ici allusion au Dragon sidéral. Les cornes du Dragon sont *Spica* et *Arcturus*, 角 et 大角, qui se trouvent dans les *sieou* 角 et 亢 dont la réunion constitue la division *Cheou sing* marquée du signe 辰 (ci-dessus, p. 599).

3) Ci-dessus, p. 601.

rien jusqu'ici ne permet de le prouver et toutes les *probabilités* tendent à nous faire croire qu'il n'a pas pu être *introduit* en Chine antérieurement au premier ou au second siècle avant notre ère.

J'ai souligné dans ce passage deux mots sur lesquels je voudrais attirer l'attention du lecteur.

En premier lieu, remarquons que M. Chavannes n'a pas apporté d'arguments positifs contre l'ancienneté du cycle. Il s'est borné à lui opposer des doutes non motivés: il suspecte la valeur des étymologies du *Chouo-wen*; il suggère que «l'on pourrait concevoir une autre interprétation du texte du *Li ki*»; à celui du *Che ki* il objecte qu'à lui seul il ne constitue pas une preuve suffisante; aux faits relatés par *Tchao Ye* il répond qu'ils ont pu être inventés, etc.. Ce scepticisme est sans doute parfaitement légitime, mais il est permis de penser qu'il ne conduit pas à la solution la plus *probable*.

En second lieu, quand bien même on ne trouverait aucune trace du cycle antérieure à l'ère chrétienne, il ne serait nullement démontré qu'il ait été *introduit* en Chine; au contraire, l'examen de son symbolisme permettrait d'affirmer qu'il est d'origine chinoise. On pourrait citer bien d'autres institutions antiques qui ont disparu sous les *Tcheou* ou qui, sans avoir disparu, ne sont pas mentionnées dans les textes. [1]

Mais M. Chavannes croit pouvoir tirer deux conclusions simultanées: 1° le cycle n'apparaît pas dans l'ancienne littérature (nous l'avons trouvé, au contraire, dans le *Yi king*, le *Tcheou li*, etc.); 2° il a été introduit en Chine par les Turcs.

C'est, dit-il, l'opinion à laquelle aboutissait déjà *Tchao Yi* (1727—1814):

D'après cet auteur, le cycle des douze animaux serait originaire des civilisations turques qui se trouvaient au Nord de la Chine; il se répandit dans la Chine même après que, en l'an 48 de notre ère, le chef des *Hiong-nou* méri-

---

[1] Nous avons vu, par exemple, que la division horaire du jour a été attribuée à l'époque des *Han*, alors que son origine est certainement antique.

dionaux fut venu s'établir dans le *Chân-si*; c'est la présence de cette population turque au milieu des Chinois qui amena la diffusion du cycle parmi ces derniers. Les considérations nouvelles auxquelles nous allons nous livrer ne feront que rendre plus plausible cette manière de voir.

Nous allons examiner succinctement cette deuxième partie de la démonstration.

*

M. Chavaunes a découvert différents textes bouddhiques traduits en chinois, relatifs au cycle des douze animaux. Un de ces documents est particulièrement intéressant car il établit que ce cycle était usité au VIe siècle après J.-C. dans le Turkestan oriental. D'autre part, comme la série des douze animaux semble avoir été inconnue dans l'Inde, ce sont les bouddhistes de l'Asie centrale qui doivent être tenus responsables de l'insertion de cette théorie dans un sutra.

Mais la question se pose maintenant de savoir d'où les peuples de l'Asie centrale ont reçu le cycle des douze animaux. On sait que le Turkestan oriental fut pendant de longs siècles le territoire contesté que se disputèrent les Turcs et les Chinois. A laquelle de ces deux influences dut-il le cycle des animaux? Je crois, pour ma part, que c'est aux Turcs; en effet, quelque anciennement que ce cycle ait été connu des Chinois, il n'en reste pas moins vrai que c'est aux deux époques de l'apogée des peuples turco-mongols, à savoir au huitième puis au treizième siècles, que le cycle des animaux devint soudain d'un usage général; il y a là un fait qui prouve que ce cycle était beaucoup plus inhérent à l'esprit turc qu'à l'esprit chinois; chez les Chinois, il reste toujours à l'état d'emprunt mal assimilé; chez les Turcs au contraire il est la base de toute chronologie.

Ainsi donc, c'est sur la constatation de l'usage de ce cycle chez les peuples turco-mongols aux 6e, 8e et 13e siècles que M. Chavannes appuie l'origine turque d'une institution familière aux Chinois, d'après lui, depuis cinq siècles au moins. Ce n'est pas, certes, que je conteste la légitimité de telles inductions, bien au contraire. Mais il me semble que la méthode employée ici est fort différente de celle que suivait l'auteur lorsqu'il rejetait successivement des textes chinois bien autrement probants.

M. Chavannes estime que le cycle des douze animaux reste toujours chez les Chinois à l'état d'emprunt mal assimilé, tandis que chez les Turcs il est la base de toute chronologie. On comprend fort bien, cependant, que les Turcs — plus connus dans le monde comme sabreurs que comme astronomes — aient éprouvé quelque peine à utiliser les savantes séries de la calendérique chinoise, la liste *Hiuan-hiao* et la liste *Cho-t'i-ko*; ces séries sont uniformisées, il est vrai, par le cycle duodénaire 子, 丑, 寅, qui prévaut à partir des *Han*; mais ces termes monosyllabiques dont l'écriture idéographique rend l'usage si commode, deviennent inapplicables et intraduisibles chez un peuple barbare de langue polysyllabique. Combien plus concrète et plus démotique se trouve être l'antique série astrologique des symboles zoaires chinois! Aussi bien n'est-ce pas le cycle des animaux qui a été mal assimilé par les Chinois, mais l'astronomie chinoise qui a été mal assimilée par les Turcs, à l'exception de la série zoaire. Leur prédilection pour elle date d'ailleurs de loin car la liste des mois turcs nous la montre associée au calendrier des *Yin*. (Voy. ci-dessous).

M. Chavannes fait valoir ensuite un autre argument: la théorie des éléments, dit-il, n'est pas chinoise. Elle a été importée par les Turcs au IIIᵉ siècle avant notre ère et ne comportait alors que quatre éléments: ce sont les Chinois qui ajoutèrent le cinquième. Le fait que les Chinois auraient été initiés par les Turcs aux principes fondamentaux de leur cosmologie rend naturellement très vraisemblable l'importation du cycle zoaire par le même peuple. En outre, M. Chavannes croit reconnaître cette ancienne théorie turque des quatre éléments dans le document bouddhique en question (le *Ta tsi king*) parce qu'on y trouve les correspondances suivantes:

serpent-cheval-chèvre   singe-coq-chien   porc-rat-bœuf   lion-lièvre-dragon

E	S	O	N
Bois	*Feu*	*Vent*	*Eau*

où quatre éléments seulement sont représentés; d'autre part, dans le cycle chinois des douze animaux, le cheval ne correspond pas, comme ici, à l'Est mais au Sud; le coq ne correspond pas au Sud mais à l'Ouest, etc.. Enfin ce document bouddhique fait figurer le Vent parmi les éléments au lieu du Métal.

Ces inductions sont purement illusoires, comme on peut s'en rendre compte d'après ce que nous avons dit précédemment des principes de la cosmologie.

La théorie des cinq éléments est essentiellement chinoise et date de la haute antiquité. Si quatre éléments seulement sont représentés par les diverses séries duodénaires, c'est que le cinquième, la *terre* est l'élément central et ne figure pas normalement à la circonférence [1]). L'équateur ne comporte que quatre éléments, de même que l'année ne comporte que quatre saisons.

---

1) A la disposition «turque» des quatre éléments correspondant aux quatre saisons, M. Chavannes croit pouvoir opposer «le système chinois» qui d'après lui consiste en ceci:

porc rat boeuf	tigre lièvre dragon	serpent cheval chèvre	singe coq chien
eau eau *terre*	bois bois *terre*	feu feu *terre*	métal métal *terre*
N	E	S	O

Le *terre* élément central est située normalement au centre. Cependant, comme cet élément central est le *substratum* des éléments équatoriaux; on a essayé de diverses manières, de représenter son action transcendante sur eux; mais, comme le dit un commentateur chinois cité plus haut (p. 606) ces différentes représentations sont conventionnelles: «The talk about the elements takes many directions, but the underlying principle comes to be the same». Les astrologues ont imaginé d'intercaler une fois sur trois l'élément central parmi les termes de chaque trimestre (métal, métal, *terre*), de même qu'ils ont imaginé une correspondance arbitraire des planètes avec les termes du cycle des 28 animaux. D'après ce système plus ou moins orthodoxe, le *chien*, qui correspond en réalité au *métal*, se trouve correspondre à la *terre*, c'est-à-dire à l'influence transcendante de la *terre* sur l'élément automnal. — M. Chavannes attribue cette variante à une dualité de système, le turc et le chinois, alors qu'elle constitue simplement un des divers procédés employés pour faire figurer l'élément central sur la circonférence. (Voy. ci-dessus p. 606, note 1).

Le *Ta tsi king* modifie d'un rang la correspondance des groupes zoaires trimestriels avec ces quatre éléments équatoriaux, de telle sorte que l'animal du Sud (cheval) ne correspond plus à l'été mais au printemps. M. Chavannes voit dans cette variante une caractéristique turque; mais le texte du *Yao-tien*, qui n'a rien de turc, associe, lui aussi, chaque saison non pas au palais qui lui correspond mais au suivant:

«星鳥 (le palais méridional) 以正仲春 (correspond au printemps).»

et nous avons vu qu'aux anciennes équivalences, le *Yi king* substitue également une correspondance quadrantale. A toutes les époques, en Chine, des variantes se sont produites; mais aucune d'elles n'a triomphé du système normal et primitif qui s'est perpétué d'un bout à l'autre de l'histoire chinoise.

Quant à la substitution du Vent au Métal, dans le texte du *Ta tsi king*, elle est sûrement inspirée par une influence étrangère: «Rien de pareil n'a jamais été soutenu en Chine» dit avec raison M. Chavannes. D'où cette innovation peut-elle venir? — Si l'on songe que le *Ta tsi king* est un document bouddhique tout imprégné d'idées hindoues et vraisemblablement rédigé dans le Turkestan, il semble naturel d'attribuer cette dérogation à l'influence hindoue puisque le Vent est un des quatre éléments hindous tandis que le Métal n'en fait pas partie. Telle n'est pas cependant la conclusion de M. Chavannes: la variante Vent au lieu de Métal est, d'après lui, turque; et voici pourquoi:

Dans les correspondances

    Est—*Bois*   Sud—*Feu*   Ouest—*Vent*   Nord—*Eau*

ne figurent que quatre éléments. «Le *Ta tsi king* suppose donc une forme de la théorie des éléments qui n'est pas la forme chinoise».

Cette forme n'est pas non plus hindoue; car si le *vent* figure bien dans la théorie indienne des quatre éléments (ainsi que le *feu* et l'*eau*) le quatrième terme est alors la *terre* et non le *bois*.

«N'étant ni chinoise, ni hindoue, il reste seulement. qu'elle soit turque».

Il me semble plus naturel de dire que cette forme est chinoise, avec une dérogation d'origine hindoue et bouddhique, car:

1° L'association des éléments aux points cardinaux est un concept spécifiquement chinois.

2° L'élément central (*terre*) n'a pas à figurer ici puisqu'il s'agit d'une série duodénaire représentant les quatre trimestres de l'année.

3° La correspondance de l'*eau* au nord, du *bois* à l'est et du *feu* au sud, est essentiellement chinoise.

Quant à la substitution du *vent* au *métal*, c'est évidemment une dérogation, dont l'origine hindoue n'est pas surprenante dans un document bouddhique.

XI. Le cycle zoaire et les anciens mois turcs.

Dans un précédent article j'ai signalé le caractère chinois de la liste des anciens mois turcs transmise par ALBIRUNI, liste dans laquelle l'ordre des mois se trouve interverti d'une manière bizarre en apparence, mais conforme aux principes de l'astronomie chinoise.

Depuis lors cette interprétation a été contestée par le professeur Oldenberg, dans une étude récente consacrée à l'examen critique des analogies que j'avais relevées entre les mois sidéro-lunaires chinois et hindous: [1]

«Täusche ich mich nicht, liegt ein ähnlicher Fehler in Saussures Behandlung der alttürkischen Monatsnamen. Alberuni giebt diese in einer Reihenfolge, die zur Zahlenbedeutung der Namen in seltsamem Widerspruch steht; z. B. heissen bei ihm die Monate 4—6: «der zweite, sechste, fünfte». Für S. ist die Erklärung «d'emblée évidente»: chinesische Schlösser der Himmelsgegenden mit Umstellung, teilweiser Beseitigung der Umstellung, Ausnahme von dieser teilweisen Beseitigung. Durch solche Operationen lässt sich ja Alles erreichen, aber

---

[1] Je reviendrai ultérieurement sur cet article, dont le Bulletin bibliographique du *Toung Pao* a rendu compte. (1910, p. 157).

sind sie wahrscheinlich? Wie einfach und nahliegend ist die Vermutung, dass
eben nur die Reihenfolge bei Alberuni in Unordnung geraten ist! So Marquart,
Chronol der Alttürkischen Inschriften; dasselbe spricht mir Herr Vilh. Thomsen
(brieflich) als seine Ueberzeugung aus; er fügt Verweisung hinzu auf Hirth und
Barthold ».

J'ai dit, et je répète, que «pour quiconque connaît les palais
chinois et leur interversion, l'explication de cette série est d'emblée
évidente»; mais il convient d'ajouter que le nombre des personnes
familiarisées avec les palais chinois et leur interversion est extrêmement restreint. [1])

Si l'on fait abstraction des règles propres à l'astronomie chinoise, il paraîtra sans doute plus simple de supposer qu' Albiruni
a voulu dire que le premier mois des Turcs s'appelait *premier mois*,
que le second mois des Turcs s'appelait *second mois* et ainsi de
suite; mais que le désordre s'étant mis dans sa liste, le hasard a
voulu qu'elle nous parvînt sous la forme suivante:

(C)   G . P . 1 . 2 . 6 . 5 . 8 . 9 . 10 . 4 . 3 . 7.

Si au contraire on ne fait pas abstraction des règles propres à
l'astronomie chinoise, il sera bien difficile d'admettre qu'une circonstance fortuite ait amené (sous réserve de la permutation de 7 et
de 2) la forme chinoise par trimestres discontinus:

(B)   11 . 12 . 1 . — 7 . 6 . 5 . — 8 . 9 . 10 . — 4 . 3 . 2.

---

1) Ni Gaubil ni Biot ne se sont occupés des palais chinois. Chalmers signale leur interversion, mais pour la tourner en dérision, et déclare qu'il est inutile de l'étudier: «But
the vernal mansions go to the west... in opposition to the prevailing notion of the
Chinese that spring belongs to the east. This discrepancy does not seem however to trouble
their mind at all, and we may safely leave it unexplained». Schlegel est tombé dans
l'excès contraire; il a voulu expliquer l'interversion des palais en supposant qu'elle provenait de l'époque où le soleil se trouvait réellement dans le palais oriental au printemps.
Depuis lors, l'étude de l'astronomie chinoise a été abandonnée et les sinologues ont pris
l'habitude de discuter les institutions calendériques en se plaçant au point de vue «purement philologique». C'est ainsi que le cycle zoaire et la série d'Albiruni, dont l'origine
chinoise est d'emblée évidente pour quiconque est familiarisé avec les principes fondamentaux
de la cosmologie chinoise, ont été considérés comme n'ayant aucun rapport avec la Chine.

Le nombre de combinaisons que peut former une série de 12 termes est en effet assez considérable; il atteint près d'un demi milliard:

$$1 \times 2 \times 3 \times \ldots 11 \times 12 = 439, 084, 800.$$

Si la liste d'Albiruni donnait par exemple:

1.2.6.5.10.9.8.7.4.3.11.12.

ou 11.12.5.6.8.9.2.3.4.7.10.1.

ou toute autre combinaison incohérente, il n'y aurait aucune raison d'y découvrir une provenance chinoise. Mais si elle venait à se présenter sous la forme

11.12.1. — 4.3.2. — 8.9.10. — 7.6.5. —

ou: 10.11.12. — 7.8.9. — 4.5.6. — 1.2.3. —

ou encore: 10.11.12. — 6.5.4. — 7.8.9. — 3.2.1. —

etc., etc.,

nous pourrions dire, au premier coup d'oeil, qu'elle vient en droite ligne de la Chine.

Cette répartition par trimestres discontinus est en effet spécifiquement chinoise. On ne la trouve, que je sache, ni en Chaldée, ni en Egypte, ni en Grèce, ni dans l'Inde, ni dans aucun autre centre de science astronomique. Si encore cette liste avait été découverte chez un peuple auquel il serait impossible d'attribuer un commerce quelconque avec la Chine, on pourrait être obligé de recourir à l'hypothèse d'une coïncidence fortuite extraordinaire. Mais il s'agit des Turcs, c'est-à-dire d'une peuplade née dans la zone d'influence de la civilisation chinoise et qui a conservé dans son expansion vers l'ouest les croyances religieuses empruntées à la théorie des cinq éléments et des cinq palais célestes. [1]

---

1) «Comme les anciens Chinois, les anciens Turcs reconnaissent et vénèrent cinq éléments incarnés dans cinq personnes...

«A cette ancienne religion des cinq éléments, dont tant de traces sont restées jusqu'à nos jours, a succédé (?) celle du *Tangri* «Ciel», en dualisme avec la Terre...

«Des religions aussi vigoureuses que l'islamisme et le boudhisme n'ont pu arriver à

Si, d'une manière générale, le caractère chinois de la série d'Albiruni se reconnaît au premier coup d'oeil, il faut ensuite un examen plus minutieux pour analyser le détail de sa répartition trimestrielle; car le cours sidéral de l'année peut être représenté selon plusieurs principes différents et le point de départ de l'année lunaire a varié sous les trois premières dynasties. [1]

Il y a cependant un point que l'on peut fixer immédiatement: le groupe 11 . 12 . 1 . (= G. P. 1.) correspond à l'hiver, car sous toutes les dynasties les onzième et douzième mois ont fait partie de l'hiver.

Le trimestre 11 . 12 . 1 . correspondant à l'hiver, il en découle que la liste turque appartient au calendrier des *Yin*, car le solstice marque le milieu de l'hiver et c'est seulement sous les *Yin* que le mois solsticial fut le *douzième*. [2]

D'autre part puisque le groupe 11 . 12 . 1 correspond au palais septentrional, il s'en suit que le groupe 8 . 9 . 10 correspond au palais méridional.

N   S

11 . 12 . 1 . — 7 . 6 . 5 . — 8 . 9 . 10 . — 4 . 3 . 2 . —

Hiver   Printemps   Eté   Automne

Quant aux groupes du printemps 7 . 6 . 5 et de l'automne 4 . 3 . 2, on ne peut pas dire d'emblée lequel correspond à l'E et lequel

---

détruire entièrement chez les Turcs et les Mongols les traces du vieux culte dualiste. Encore aujourd'hui le pointilleux musulman osmanli dit couramment *Tangri* au lieu d'*Allahv*. (L. CAHUN, *in* Hist. Gén. de LAVISSE et RAMBAUD.

1) Voy. ci-dessus, p. 460.

2) J'ai fait remarquer l'an dernier que Ginzel, sans affirmer l'origine chinoise de la liste d'Albiruni, avait fait observer cependant cette particularité que le mois n° 1 est le troisième de la série, de même qu'en Chine le premier mois de l'année lunaire est le troisième de la série solsticiale 子, 丑, 寅, etc. D'après cette analogie, la liste d'Albiruni représenterait le calendrier des *Tcheou* dans lequel l'ancienne lune initiale des *Hia* aurait conservé le n° 1. Mais la répartition par groupes trimestriels de cette liste est incompatible avec cette hypothèse qui d'ailleurs ne rend pas compte du désordre apparent de la série. (Cf. B. p. 284; ne pas confondre le mois *yin* 寅 avec la dynastie *Yin* 殷).

correspond à l'O, car il y a deux systèmes en présence: le système réformé qui se conforme à la réalité astronomique (*Printemps* = O) et le système primitif qui se conforme à l'antique fiction *Printemps* = E [1]). Mais, heureusement, une particularité de la liste d'Albiruni va nous fixer à cet égard.

Dans cette liste (C) nous avons en effet corrigé provisoirement l'interversion du *2* et du *7*, pour nous occuper d'abord uniquement de la répartition en groupes trimestriels. Mais il faut maintenant rétablir cette irrégularité apparente du texte et nous allons voir que, bien loin de soulever une difficulté d'interprétation, elle confirme au contraire, de la manière la plus décisive, nos précédentes inductions.

Cette interversion du *2* et du *7* tombe sur les saisons équinoxiales, printemps et automne, dont la correspondance sidérale comporte précisément deux variantes: *Printemps* = O et *Printemps* = E.

Appliqués à la liste d'Albiruni ces deux systèmes donneraient les deux séries suivantes:

(B)   11.12.1. — 7.6.5. — 8.9.10. — 4.3.2. —
　　　　 Hiver　　Printemps　　Eté　　Automne
(A)   11.12.1. — 2.3.4. — 8.9.10. — 5.6.7.

La liste traditionnelle d'*Albiruni* entremêle ces deux systèmes:

(C)   11.12.1. — 2.6.5. — 8.9.10. — 4.3.7. —

Or nous avons vu qu'il en est exactement de même du cycle des douze animaux: le *cycle traditionnel* diffère seulement du *cycle*

---

[1] Je me suis mal exprimé en écrivant (B, p. 286): «On ne peut dire d'emblée quels sont les mois relatifs au printemps, quels sont les mois relatifs à l'automne». Quel que soit l'ordre sidéral adopté, le cours des saisons reste le même et c'est le printemps qui succède à l'hiver. La question est seulement de savoir si le printemps correspond au palais oriental ou au palais occidental. Mais les saisons sont tellement liées aux éléments et les éléments aux palais, que les Chinois considèrent souvent ces trois choses comme interchangeables. Je me suis laissé aller à parler comme eux; mais en se reportant aux lignes qui précèdent (p. 286) on verra qu'il s'agissait bien de palais et non de saisons.

réformé par l'interversion du couple **dragon — chien**; et le *cycle réformé* diffère seulement du *cycle primitif* par l'interversion de la position sidérale du printemps et de l'automne. (Cp. p. 588).

Comme d'autre part personne ne conteste que les anciens Turcs aient fait usage du cycle des douze animaux, il devient évident que la série d'Albiruni représente le cycle zoaire:

E = **Automne**

5   6   7-

Tigre   Lièvre   *Chien*

1   Boeuf   Serpent   8
N   12   Rat   CYCLE RÉFORMÉ   Cheval   9   S
    11   Porc   (B)   Mouton   10

Dragon   Coq   Singe

2   3   4

O = **Printemps**

E = **Printemps**

5   6   2

Tigre   Lièvre   *Dragon*

1   Boeuf   Serpent   8
N   12   Rat   CYCLE TRADITIONNEL   Cheval   9   S
    11   Porc   (C)   Mouton   10

Chien   Coq   Singe

7   3   4

O = **Automne.**

La liste d'Albiruni provient de trois numérotages combinés:

1° Les saisons ne sont pas numérotées dans l'ordre chronologique mais d'après la métaphysique des 5 éléments (Cf. B, p. 287).

2° Les animaux sont numérotés en sens direct (亥 = *porc,* 丑 = *boeuf*) excepté le palais du Dragon qui suit l'ordre rétrograde.

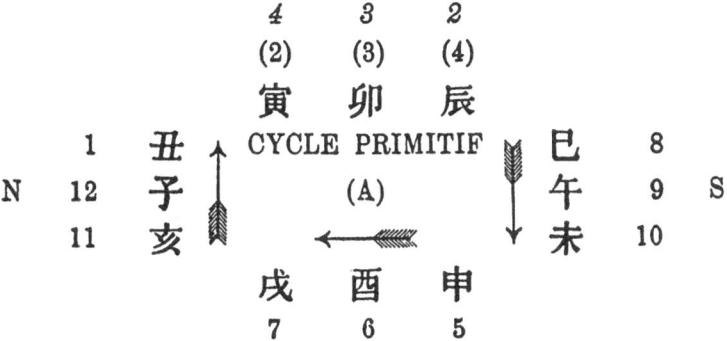

De même qu'il a résisté à la réforme de *Tchouan hiu*, de même encore ici le Dragon, vestige du principe lunaire primitif, résiste à l'emploi du cours fictif en sens direct dans lequel le *Li-tch'ouen* = 寅 = NE = 震. Immuable, il entend conserver sa place sidérale, au *Li-tch'ouen* lunaire, au SE, en 辰 : 震爲辰 dit le *Chouo wen* [1]).

3° La correspondance des numéros zoaires avec les mois est établie, par ce qui précède, en lisant sur le pourtour du diagramme C, en sens direct *sauf pour le printemps*: 11, 12, 1, 2, 6, 5, 8, 9, 10, 4, 3, 7. Cette série, dont le numérotage dérive du calendrier des *Yin*, se trouve correspondre à l'année des princes semi-turcs de *Ts'in* dont le 1er mois était le 10e des *Hia*, le 11e des *Yin*: 亥, le «Grand mois» d'Albiruni.

CONCLUSION.

Le cycle des douze animaux se compose de deux parties distinctes: 1° du cycle des six animaux domestiques qui en forme le cadre. 2° de six animaux sauvages.

Le cycle cosmologique des six animaux domestiques est indiscutablement d'origine chinoise et antique; cela est attesté par le *Yi king* et le *Tcheou li*. Les particularités de son symbolisme démontrent que ces deux livres l'ont emprunté à une antiquité bien plus reculée.

Les six animaux sauvages appartiennent également tous au symbolisme astronomique, cosmologique ou religieux des anciens

---

1) Cf. D, pp. 463, 465, 478; E, pp. 587, 597, 618; B, pp. 304, etc.

Chinois; et leur position dans le cycle est conforme à ce symbolisme.

Parmi ces animaux sauvages il en est deux, le *dragon* et le *tigre*, qui se trouvent dans le même palais alors qu'ils représentent des saisons opposées. Mais la même irrégularité se manifeste dans la position du couple *coq—chien* qui symbolise lui aussi le printemps et l'automne.

Ces deux appositions symétriques sont dues, comme nous l'avons vu, à une réforme astronomique incomplètement appliquée.

Cette série zoaire étant beaucoup plus concrète et plus simple que les diverses séries duodénaires de la terminologie astronomique, il est naturel que les peuples barbares soumis à l'influence chinoise l'aient adoptée avec empressement et l'aient utilisée pour marquer à la fois la révolution annuelle des mois lunaires et celle des douze années de Jupiter, que les Chinois représentaient par deux séries d'appellations entièrement différentes.

Il est possible que sous la dynastie *Tcheou* le cycle des douze animaux soit plus ou moins tombé en désuétude et qu'il ait été remis en honneur, au temps des *Ts'in* ou des *Han*, sous l'influence des peuples turcs. Cependant le *Tso tchouan*, le *Kia yu* et le *Wou Yue tch'ouen ts'ieou* montrent que le symbolisme des six animaux sauvages était compris sous les *Tcheou* tout aussi bien que celui des six animaux domestiques.

Addendum. Nous avons vu que l'étymologie du terme *Li* avait rendu acceptable la mutation du symbolisme zoaire de ce trigramme. J'ai omis d'ajouter qu'il en était de même de la mutation de *K'an* (= O = *chien*) associé par le roi *Wen* au N et au *porc*. *K'an* signifie en effet *creux, vide*, ce qui est une caractéristique du N. S'il est associé à l'O dans le système primitif, c'est parce que l'autel, tourné vers l'O, du sacrifice automnal à la lune s'appelait *K'an* (*Li ki*). Cet autel était *creux* parce que la lune, symbole du *yin* équinoxial, se creuse périodiquement. Voyez à ce sujet les commentaires, cités par Schlegel (*Ur.* p. 611) où *K'an* (= O) est expliqué par *Hiu* (= N). L'étymologie de *Li* et de *K'an* confirme ainsi la raison d'être du remaniement opéré par le roi *Wen* (Cf. ci-dessus, pp. 621, 623, 625).

F. LA RÈGLE DES CHO-T'I.

Avant de continuer l'étude des séries duodénaires, il convient d'abord de préciser la siguification du terme *Cho-t'i-ko*, que nous avons déjà rencontré dans la liste astrologique[1]) et qui interviendra dans la discussion de l'équivalence chronologique de cette liste avec celle des divisions sidérales de Jupiter.

I. Les textes et leur interprétation astronomique.

Cho-t'i-ko signifie la Règle 格 des *Cho-t'i* 攝提. Et les *Cho-t'i* sont deux groupes de petites étoiles placées symétriquement à droite 右攝提 et à gauche 左攝提 de l'étoile Arcturus appelée la *Grande Corne du Dragon* 龍大角:

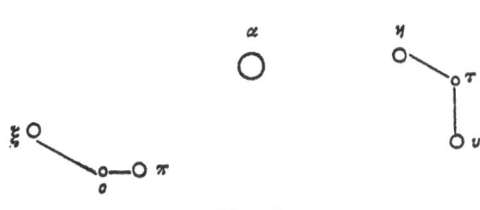

Fig. 19.

Sur chacun des côtés de (l'étoile) *Ta-kio* (Grande Corne) sont trois étoiles disposées en angle comme les pieds d'un trépied; on les appelle les *Cho-t'i* (celles qui guident et tiennent par la main). Les *Cho-t'i* sont indiquées en ligne droite par (les étoiles) *Piao* du Boisseau; elles servent à fixer les saisons et les divisions du temps; c'est pourquoi on dit *Cho-t'i-ko* (ce que déterminent les *Cho-t'i*). (M. H. III, p. 345).

---

1) Voir D, p. 469.

On attribuait donc aux *Cho-t'i* une sorte de fonction calendérique et l'emploi de ce critère sidéral était considéré comme remontant à une époque reculée; bien informé des traditions astronomiques de par sa charge de grand·astrologue, l'historien *Sseu-ma Ts'ien* caractérise la période de décadence astronomique qui aurait précédé le règne de l'empereur *Yao* en disant que «la constellation *Cho t'i* ne servit plus de règle» [1]).

On voudrait savoir en quoi consistait cette règle. Plusieurs auteurs ont déjà tenté d'en donner l'explication; mais ils se sont confiés, d'une part aux commentaires chinois qui sont partiellement erronés comme nous le verrons tout-à-l'heure, d'autre part aux principes illusoires sur lesquels certains astronomes ont basé une conception quelque peu fantaisiste de la science primitive. Faisant donc provisoirement abstraction des vues exprimées sur ce sujet, nous allons chercher à définir la règle des *Cho-t'i* par le seul secours des textes et des inductions que l'on peut tirer des caractères généraux de l'astronomie chinoise.

*

Puisque les *Cho-t'i* sont placées comme des satellites à droite et à gauche d'Arcturus, cette belle étoile de 1e grandeur représente la position moyenne du double groupe *Cho-t'i*. Nous ponvons donc, au moins par hypothèse, substituer Arcturus aux *Cho-t'i*: lorsque *Sseu-ma*, par exemple, dit que les *Cho-t'i* sont indiquées en ligne droite par les étoiles *Piao* du Boisseau, cela signifie qu' Arcturus est situé, comme chacun sait, sur l'alignement des deux dernières étoiles de la Grande Ourse (fig. 22). Avant de savoir en quoi consiste au juste la règle des *Cho-t'i*, on peut inférer qu'elle repose sur une certaine position des *Cho-t'i* (par rapport à l'horizon ou au méridien), position qui sera nécessairement celle d'Arcturus situé au centre des groupes *Cho-t'i*.

---

1) Voy. D, p. 484.

La règle des *Cho-t'i* semble être ainsi la règle d'Arcturus. Les *Cho-t'i* n'interviennent que par l'auréole qu'elles forment autour de cette étoile; elles lui font cortège, en la tenant par la main; elles sont comme une consécration de son rôle spécial, comme un attribut distinctif la désignant à l'attention des hommes.

S'il en est ainsi, nous avons à rechercher ce que pouvait être «la règle d'Arcturus» et pour cela nous devons nous demander d'abord quelles étaient les fonctions d'Arcturus dans l'ancienne astronomie chinoise.

Ces fonctions étaient de deux sortes: 1° Arcturus représente une des deux cornes du Dragon printanier dont l'apparition au crépuscule annonçait la nouvelle année. 2° Arcturus est désigné en ligne droite par le manche du Boisseau (la queue de la Grande Ourse); il participe donc spécialement au mouvement de la Grande Ourse dont la rotation autour du pôle indiquait les saisons.

Arcturus a donc un double titre au rôle de Régulateur que la tradition chinoise lui confère. Examinons séparément ces deux fonctions.

Les Cornes du Dragon. Le palais oriental, ou palais du printemps, était symbolisé, nous l'avons vu, par un dragon dont la tête et le cou se trouvaient dans les astérismes *Kio* (角 corne) et *K'ang* (亢 cou), dont le coeur était en *Sin* (心 coeur) et dont la queue se terminait en *Wei* (尾 queue) [1]). Ce palais du printemps était ainsi nommé parce que c'est là que se produisaient les pleines lunes du printemps ou, ce qui revient au même, parce qu'il apparaissait au printemps, le soir, à l'orient.

Ce que l'on apercevait tout d'abord c'étaient les deux Cornes du Dragon (*Arcturus* et *Spica*). Arcturus (*Ta kio*) apparaissait en premier lieu, quelques jours avant le *Li-tch'ouen*, puis ensuite *Spica*

---

1) Voy. A, fig. 2, p. 170.

qui marquait l'entrée du palais du printemps [1]). Dans le cours du
mois une partie de plus en plus grande du Dragon émergeait au
crépuscule; à la fin du printemps le Dragon tout entier se trouvait
au dessus de l'horizon et semblait prendre son essor dans le ciel [2]).

Pour comprendre l'importance de ce mythe astronomique, il faut
se pénétrer des anciennes conceptions chinoises. L'apparition de
telle constellation, à telle époque de l'année, n'évoquait pas simplement une idée de concomittance, elle n'était pas considérée seulement au point de vue de son utilité calendérique: elle éveillait
avant tout une émotion religieuse; le Ciel et les diverses parties
du ciel étaient considérés comme la cause immédiate des transformations terrestres qui marquent le cours des saisons. Si le printemps
succédait à l'hiver, ce n'était pas (comme nous le pensons aujourd'hui)
parce que la hauteur croissante du soleil augmentait la durée et
l'intensité de son pouvoir calorifique, mais bien parce que le dragon

---

1) Arcturus se levait le premier, mais c'est l'Epi, bien entendu, qui passait le premier
au méridien puisqu'il marque le point d'origine du premier *sieou* du printemps et se trouve
par conséquent *à droite* de toutes les étoiles du printemps. Toutefois, si l'Epi passait le
premier au méridien, Arcturus l'y suivait de très près, car ces deux étoiles, quoique fort
éloignées l'une de l'autre, sont situées dans un même fuseau horaire et faisaient partie du
même *sieou Kio* dont le nom pourrait ainsi se traduire, au pluriel, par «*Les cornes*».
C'est à tort que j'ai dit (E, p. 597) que «les cornes du Dragon se trouvent dans les
sieou Kio et *Kang*; cela est vrai depuis deux mille ans environ, mais dans l'antiquité elles
étaient toutes deux dans *Kio*, et c'est avec raison que *Sseu-ma Ts'ien* (ou plutôt les vieux
documents compilés par cet historien) classe Arcturus dans la mansion *Kio*. (Voy. à ce
sujet la note 4 de M. Chavannes, M. H. III, p. 345).
Cette situation de *Ta Kio* dans le fuseau horaire de *Kio* confirme que, dès la période
créatrice de l'astronomie chinoise, les *sieou* étaient des fuseaux horaires et non de simples
astérismes.
2) Ce processus de l'apparition du Dragon printanier se manifeste dès les premières
pages du *Yi king*, livre dont les développements d'ordre éthique reposent toujours sur un
canevas astronomique:
«The dragon lying hid (in the deep). It is not the time for active doing.
«The dragon appearing in the field....
«The dragon looking as if he were leaping up, but still in the deep.
«The dragon on the wing in the sky». (LEGGE, pp. 57, 58).
De même le *Chouo wen*: «A l'équinoxe du printemps, le dragon s'élève dans le ciel».

venait substituer son influence (*yang*) à celle de la tortue (*yin*). Et
le progrès de cette substitution se lisait chaque soir, au crépuscule,
à l'horizon oriental. Pour ce peuple agriculteur, l'apparition des
Cornes du Dragon était non-seulement le gage du réveil de la
nature, mais la cause même de ce réveil manifestée aux sens. Un
rapport s'établissait entre ces deux Cornes sidérales pointant au
dessus de l'horizon et les pousses des végétaux qui, à la même
époque, commençaient à percer le sol ¹). La constellation *Kio* présidait ainsi à la force productive du printemps. «Quand l'Empereur
vert (= Dragon printanier) exerce son influence, la Porte céleste
(*T'ien men* = *Kio*) à cause de cela s'ouvre» dit le duc grand astrologue (M. H. III, p. 411).

Le manche du Boisseau. Si, parmi les astérismes des quatre
saisons, les Cornes du Dragon jouaient un rôle prépondérant en ce
qu'elles ouvraient l'année et marquaient l'établissement du printemps,

---

¹) 角蒼龍之首、鳥獸生角、草木甲析、主化
生萬物者也。 *Kio* est la tête du dragon printanier. (Quand elle apparaît) les
oiseaux et les bêtes poussent leurs cornes et les plantes brisent leurs téguments. Elle préside au renouvellement de la nature. 角觸也。物觸地而出、戴
芒角也。 *Kio* (corne) signifie pousser, percer. Les créatures (végétaux, insectes, etc.)
percent la terre et sortent. Elles portent (toutes) des tiges pointues ou des cornes. (*Ur.*
pp. 55 et 37).

Ce dernier texte, emprunté au 前漢書, se rapporte à la note musicale *Kio*,
mais le nom de cette note provient lui-même du *Kio* sidéral comme on le voit par le
contexte: 角爲木、云云... (Chap. 律歷志 p. 3 r°). Le nom même
de ce chapitre affirme l'équivalence des lois de la musique et de l'astronomie.

Notons incidemment que ce même passage explique, un peu plus loin, la signification
des termes astrologiques 上章、尙章、商橫、 de la série dénaire (C, p.
239) et pourquoi *Sseu-ma* dit (M. H. III, p. 291) que la note *chang* fait aimer la justice:
en effet 商 = 章 = 金 = automne = justice.

On trouvera au verso de la même page l'explication de deux autres termes de cette
série dénaire, 彊 et 柔, avec référence au *Yi king* (cf. LEGGE, p. 423); à la page
7 r°, on verra en outre que la prééminence actuelle de la gauche sur la droite date bien,
comme je l'avais inféré (D, p. 486), de la restauration des anciens rites sous les *Han:*
左一右二陰陽之象也. (Voy. aussi M. H. III, p. 612, dernière ligne).

elles le cédaient cependant en prestige à la Grande Ourse, qui trônait dans le palais central, au dessus des palais équatoriaux.

Chez tous les peuples cette belle constellation a été la plus remarquée, non-seulement à cause de l'éclat de ses sept étoiles et de la régularité de ses lignes, mais encore parce que, comme le dit Homère, c'est la seule qui ne se baigne pas dans les flots de l'Océan. Par suite de sa situation circumpolaire elle est, en effet,

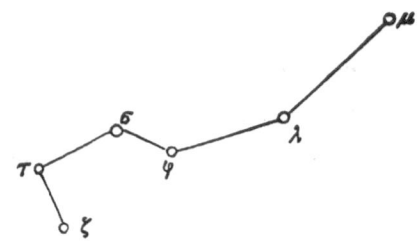

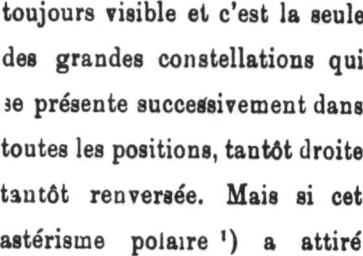

toujours visible et c'est la seule des grandes constellations qui se présente successivement dans toutes les positions, tantôt droite tantôt renversée. Mais si cet astérisme polaire [1]) a attiré l'attention de tous les peuples, il devait captiver spécialement celle des Chinois à cause du rôle capital joué, dès les origines lointaines de leur civilisation,

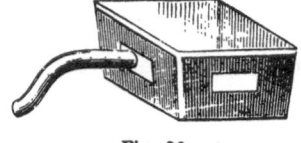

Fig. 20.

par l'idée de Centre et de Pôle, synonymes d'impérial et de divin [2]).

La situation unique de cette constellation hors de pair, auprès du pôle, était bien loin d'être considérée par les Chinois comme une circonstance fortuite. La forme et la position de tout astérisme avaient pour eux une raison d'être mystérieuse qui se révélait d'une manière particulièrement manifeste dans la Grande Ourse: elle affectait la forme d'un boisseau [3]) parce qu'elle était une norme céleste 神斗 [4]) réglant l'ensemble du mouvement sidéral et dont le

---

1) Le grande Ourse était antrefois beaucoup plus rapprochée du pôle que de nos jours. (Voy. fig. 21).

2) Voy. plus haut, A, B et C.

3) Dans la figure ci-dessus (*Ur.* p. 173) Schlegel reproduit la forme du boisseau antique d'après l'encyclopédie 日用便覽; l'astérisme qui s'y trouve représenté n'est pas le Boisseau du nord mais le Boisseau austral qui a, d'ailleurs, la même forme.

4) C, p. 285, note.

manche 斗柄 était un index surnaturel montrant à toute époque (au crépuscule) la marche de l'année.

Quand le Manche du Boisseau est dirigé vers l'Est — écrivait *Ho kouan tseu* au IVᵉ siècle avant notre ère — il est printemps dans tout l'univers... etc. [1])

Et *Sseu-ma Ts'ien* ajoute:

La Boisseau se meut au centre; il détermine les quatre saisons; il fait évoluer les divisions (du temps) et les degrés (du ciel); il fixe les divers comptes. (M. H. III, p. 342).

*

Revenons maintenant aux *Cho-t'i* ou, ce qui revient au même, à Arcturus. Cette étoile participait à la fois des deux règles sidérales que nous venons de rappeler et qui, toutes deux, indiquaient l'arrivée du printemps; d'une part elle se trouvait dans le *sieou Kio*, figurait elle-même une des cornes du Dragon et apparaissait au crépuscule au *Li-tch'ouèn*; d'autre part elle se trouvait sur le prolongement du Manche du Boisseau dont la direction vers le N E indiquait (au crépuscule) le *Li-tch'ouen* [2]); ces deux conditions se réalisaient donc au même moment (à la tombée de la nuit, en février, c'est-à-dire vers 6 heures du soir. D'après la première, Arcturus se montrait alors au dessus de l'horizon; et d'après la deuxième, cette apparition se produisait au N E. Nous pouvons donc, par ce rapprochement, deviner déjà en quoi consistait la règle des *Cho-t'i*:

Quand Arcturus apparaît le soir, c'est le *Li-tch'ouen*, c'est le mois *yin* qui commence 孟寅. A ce moment le manche du Boisseau est dirigé vers le N E c'est-à-dire vers le commencement du signe *yin* 孟寅.

D'où nous pouvons inférer qu' Arcturus se levait alors au N E, ce qui expliquerait cette phrase de *Sseu-ma Ts'ien*:

---

1) Voy. ci-dessous, p. 377.

2) Le *Li-tch'ouen* est en effet le milieu entre le solstice (où le Boisseau pointait vers le N) et l'équinoxe (où il pointait vers l'E).

Quand on fait usage de l'observation à 6ʰ du soir, ce qui indique, c'est *Piao*.

Car les commentateurs nous apprennent qu'il faut entendre par là que *Piao* (le manche du Boisseau) indiquait, au premier mois du printemps et à 6ʰ du soir, le signe 寅 sur l'horizon [1]).

A en juger d'après les textes, la règle des *Cho-t'i* indiquait donc l'approche du *Li-tch'ouen* par les positions successives de la Grande Ourse: au mois 子 le manche du Boisseau pointait vers le signe 子 de l'horizon et au mois 丑 vers le signe 丑. Arcturus restait encore invisible sous l'horizon; mais au moment où la Grande Ourse commençait à indiquer le signe 寅 (c'est-à-dire le mois 孟春), la Grande Corne du Dragon (Arcturus), entourée des *Cho-t'i*, faisait son apparition et donnait le signal du réveil de la nature. La règle des *Cho-t'i* faisait donc ressortir la concordance des deux grands indicateurs célestes qui annonçaient tous deux l'arrivée du printemps, *Po teou* et *Kio*, auxquels le mysticisme astrologique attribuait une finalité éminente dans le mécanisme sidéral.

II. Vérification astronomique.

Lorsque l'interprétation d'un texte suppose à telle époque, à telle heure. la situation particulière de tel astre par rapport aux repères locaux (horizon ou méridien), le procédé de vérification le plus simple est celui du globe à pôles mobiles inventé par Biot et actuellement construit par la maison Thomas à Paris [2]). Cet appareil va nous permettre de contrôler, en quelques instants, le bien-fondé des suppositions auxquelles nous avions été conduit par l'examen des textes.

---

1) M. H. III, p. 341. «Le plus souvent, écrit en note. M. Chavannes, *Piao* désigne les étoiles ε, ζ, η de la Grande Ourse; mais ici ce terme désigne uniquement l'étoile η». Nous montrerons plus loin qu'il n'en est pas ainsi et pourquoi les commentateurs ont admis cette interprétation erronée. Ici comme précédemment (p. 361), il s'agit de la direction de la queue de la Grande Ourse.

2) On en trouvera la description dans l'*Uranographie chinoise* de Schlegel (p. 11).

Puisque la règle des *Cho-t'i* est à coup sûr ancienne, il est naturel de commencer la vérification en nous plaçant dans les conditions où le centre des palais célestes correspondait effectivement au centre des saisons, où les positions cardinales du soleil étaient par conséquent dans les *sieou Hiu*, *Mao*, *Sing*, *Fang*, (comme l'indique d'ailleurs le texte du *Yao-tien*).

Il suffit pour cela de faire tourner la boule jusqu'à ce que le point vernal (intersection de l'équateur et de l'écliptique) vienne se placer devant les Pléiades (*Mao*). Serrons la vis qui immobilise l'équateur: nous avons obtenu la position antique des équinoxes et par conséquent du pôlè (ce dernier, remarquons le, au plus près de l'étoile *T'ai yi*; cf. B, p. 83, 86).

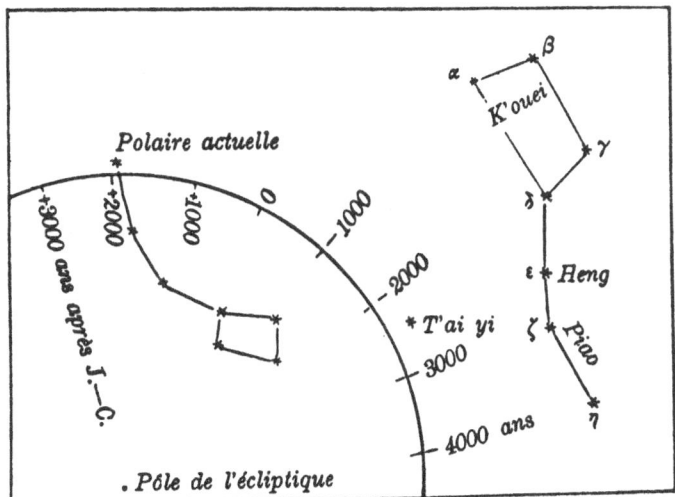

Fig. 21. Positions successives du pôle.

La Chine primitive se trouvant à 36° environ de latitude, abaissons maintenant le pôle jusqu'à 36° du plateau circulaire qui représente l'horizon: en faisant tourner la boule de l'E à l'O nous aurons l'image du firmament visible sur les bords du Fleuve Jaune aux environs du 24e siècle avant J.-C.

Au solstice d'hiver le soleil se trouve à 90° du point vernal [1]); marquons le sur l'écliptique, puis faisons tourner le globe jusqu'à ce que cette marque solsticiale atteigne l'horizon occidental: telle était la situation du ciel, au coucher du soleil (4^h 45^m) à la date du solstice; mais comme les étoiles ne sont pas visibles à ce moment, faisons tourner la boule encore d'une heure (= 15°). Nous avons alors la situation du ciel solsticial, à la tombée de la nuit à 5^h 45^m du soir.

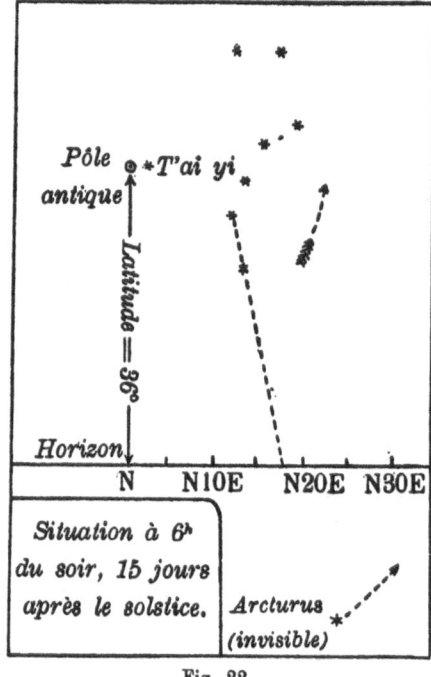

Fig. 22

Quelle est à ce moment la position de la Grande Ourse? D'après les textes sa queue doit pointer à cette heure vers le signe 子. Cette condition se réalise en effet: l'alignement des deux étoiles *Piao* coupe l'horizon au N 3 O au coucher du soleil et au N 6 E une heure plus tard [2]).

Tel est le résultat obtenu pour le solstice, c'est-à-dire pour le milieu du signe 子. Recommençons maintenant la même opération pour le milieu du signe (ou mois) 丑, puis pour le milieu du signe (ou mois) 寅; et enfin pour le *Li-tch'ouen*

---

1) L'écliptique de l'instrument étant gradué à partir du point vernal moderne, le point vernal antique (*Mao*) se trouve au 58e degré. D'où il suit que le solstice antique se trouve au 328e degré (58 [+ 360] — 90 = 328) et le *Li-tch'ouen* au 13e degré (58 — 45 = 13) de cette graduation.

2) Le moyen le plus simple de tracer de tels alignements sur le globe est d'appliquer le bord d'une bande de papier sur les deux étoiles et de la tendre suivant un arc qui sera, naturellement, un arc de grand cercle.

qui correspond à la limite entre 丑 et 寅, autrement dit au commencement de *yin*: 孟 寅 [1]). Nous obtenons le tableau suivant:

Mois ou signe	Azimut équivalent	Dates	Indication de *Teou ping*		Azimut d'Arcturus	
			au coucher ☉	au crépuscule	au coucher ☉	au crépuscule
子 {	N 15 O					
	N	Solstice	N 3 O	N 6 E	encore	invisible
	N 15 E					
丑 {	N 30 E		N 18 E	N 29 E	encore	invisible
	N 45 E	*Li-tch'ouen*	N 31 E	N 45 E	N 40 E	N 47 E
寅 {	N 60 E		N 58 E	N 77 E		
	N 75 E					
卯 {	E	Equinoxe				
	S 75 E					

Quant à Arcturus, au milieu des mois 子 et 丑 nous le trouvons invisible sous l'horizon. Mais au *Li-tch'ouen* nous le voyous émerger au coucher du soleil; et une heure après, lorsqu'il devient visible, il se trouve précisément, comme le disent les textes, au N E [2]).

---

1) Le solstice marque le milieu de l'hiver et par conséquent du signe 子 (= N) De même, dans l'équivalence horaire, 子 correspond à minuit, 丑 à 2ʰ du matin, le *Li-tch'ouen* à 3ʰ (= N E), 寅 à 4ʰ et 卯 à 6ʰ (= E) Cf. fig. 7 (D, p. 459).

2) Dans la haute antiquité, Arcturus était en effet beaucoup plus près du pôle que de nos jours. Son lever cosmique, en Chine, avait lieu au N 36 E, et lorsqu'il se dégageait des brumes de l'horizon il se trouvait au N E:

Pour une hauteur de 0° son azimut était N 36 E
  „ „ „ „ 4° „ „ „ „ N 40 E
  „ „ „ „ 10° „ „ „ „ N 45 E
  „ „ „ „ 13° „ „ „ „ N 48 E
  „ „ „ „ 20° „ „ „ „ N 56 E

Quoique le mouvement propre des étoiles soit en général négligeable, il est bon de s'en assurer lorsqu'il s'agit d'alignements, car un déplacement minime de deux étoiles peut influer notablement sur la direction de leur alignement.

Pour évaluer le changement survenu dans l'alignement des étoiles *Piao*, je me suis servi des figures 337 et 339 de l'*Astronomie populaire* de Flammarion, où l'on voit la transformation de la Grande Ourse depuis 50,000 ans; dans cet espace de temps la direction de *Piao* a changé d'environ 18°, soit 1°½ en 4000 ans. Cette ouverture d'angle cou-

*

Comme terme de comparaison, après avoir vérifié la concordance de la règle des *Cho-t'i* avec le ciel de la haute antiquité, voyons maintenant quel en sera le changement lorsque la précession des équinoxes aura modifié d'un signe (30°) cette situation première, c'est-à-dire 22 siècles plus tard, à l'avènement des *Han*.

On pourrait penser, à première vue, que cette concordance se trouvera modifiée d'un signe. Tel serait, en effet, le cas si la précession des équinoxes avait lieu selon l'équateur conformément à la conception chinoise de l'invariabilité du pôle [1]). Mais en réalité ce mouvement se produit autour du pôle de l'écliptique; il en résulte que si, d'une part, la Grande Ourse tend à se déplacer (sur l'horizon) du signe 子 vers le signe 亥, d'autre part elle s'éloigne en même temps du pôle, de sorte que le premier effet se trouve en partie annulé par le second: si l'on porte sur le globe céleste l'état du ciel au crépuscule du solstice d'hiver sous les *Han*, on constate avec étonnement que la queue de la Grande Ourse continue à pointer sur le milieu du signe 子, c'est-à-dire sur le point N de l'horizon: une heure après le coucher du soleil elle indique le N 3° O [2]).

───────────

pant l'horizon à une assez faible distance ne peut produire qu'une différence d'azimut insignifiante.

Par ailleurs, Arcturus étant une des étoiles dont le mouvement propre est le plus rapide, on peut se demander si la remarque d'après laquelle cet astre est situé sur l'alignement des étoiles *Piao*, était dans l'antiquité plus exacte ou moins exacte que de nos jours. Or il se trouve que le mouvement d'Arcturus se produit dans le même sens que le changement de *Piao* de sorte qu'en définitive la situation reste la même.

1) Par suite du caractère foncièrement équatorial de leur astronomie, lorsque les Chinois découvrirent la loi de précession ils en conçurent d'emblée le mouvement comme équatorial. Ce fut chez eux une idée tellement enracinée que les enseignements des Arabes, sous les *Yuan*, n'y purent rien changer. C'est ainsi que *Siu-fa*, quoique contemporain des premiers missionnaires jésuites, donne dans son *T'ien yuan li li*, un tableau fantaisiste dans lequel les indications de la Grande Ourse sont supputées rétrospectivement, à raison d'un signe horaire par 22 siècles, jusqu'aux époques fabuleuses du «règne céleste». (Ci-dessous, p.   ).

2) A ce moment, la queue de la Grande Ourse touche presque l'horizon, tandis que dans l'antiquité sa dernière étoile restait éloignée, de près de 20°, de l'horizon.

Mais si la règle des *Cho-t'i* est restée exacte en ce qui concerne le mois 子, elle s'est fortement dérangée en ce qui concerne le mois 寅. Au crépuscule du *Li-tch'ouen* le manche du Boisseau n'indique plus le N E mais le N 28 E; et Arcturus, au lieu de faire son apparition, se trouve encore à 9° sous l'horizon. Par suite du déplacement du pôle cette étoile ne se lève d'ailleurs plus au N 36 E mais au N 51 E, de sorte qu'elle ne commence à être visible qu'au delà du N 60 E, à la fin du mois 寅.

III. La règle des Cho-t'i n'avait pas de valeur pratique.

Nous avons vu *Sseu-ma Ts'ien* caractériser une époque de décadence du calendrier, dans la haute antiquité, en disant que «la constellation *Cho-t'i* ne servit plus de règle». De même, dans son traité des Trois Souverains, (M. H. I, p. 18), *Sseu-ma Tcheng* suppose que, dans les temps reculés d'une antiquité fabuleuse, la supputation des années se faisait au moyen de la constellation *Cho-t'i*.

La règle des *Cho-t'i* aurait ainsi possédé une valeur pratique utilisée pour l'établissement du calendrier? — N'en croyons rien. Nous pouvons nous convaincre que cette règle n'est pas le fait d'une astronomie rudimentaire dépourvue de repères plus précis; et que, d'autre part, cette tendance à confondre le rôle mystique des astres avec leur utilisation pratique se manifeste fréquemment chez les Chinois; elle est fort ancienne puisqu'elle apparaît déjà nettement dans le texte du *Yao-tien*.

Dans une étude précédente, nous avons vu que, dans ce texte, les mots 以定 («sert à déterminer») ne doivent pas être pris à la lettre, pour cette raison péremptoire que les étoiles ne peuvent servir à déterminer les dates tropiques si ces dates n'ont au préalable été déterminées par le guomon; de telle sorte qu'en réalité ce n'est pas l'astérisme du centre de chaque palais qui a fait connaître le milieu de la saison, mais au contraire la connaissance du milieu de la saison qui a permis de désigner l'astérisme correspondant.

Le cas des *Cho-t'i* est à peu près semblable; car, même en admettant que la date du *Li-tch'ouen* ne fut pas à l'origine une date tropique (c'est-à-dire dépendant du solstice) mais une date conventionnelle basée sur les premiers indices du réveil de la nature, l'application de la règle des *Cho-t'i* fait intervenir une astronomie solsticiale fort développée: d'abord, l'existence de la série duodénaire suppose déjà l'équivalence du N avec le solstice 子, de l'équinoxe 卯 avec l'E, etc. (cf. D, p. 458); ensuite, l'exacte division de l'horizon en 12 portions égales à partir du méridien suppose aussi des connaissances théoriques systématisées, sans lesquelles l'indication de *Teou ping* pointant sur le signe 寅 n'aurait pas de sens.

Personne, je suppose, ne sera disposé à admettre que des primitifs puissent concevoir et utiliser cette règle complexe consistant: à prolonger l'alignement de deux étoiles jusqu'à l'horizon (opération déjà difficile), puis à constater qu'à une heure donnée [1]) cet alignement coupe l'horizon en un point (N E) dont on a évalué la distance angulaire à un autre point (N) obtenu lui-même par la verticale de la polaire!

Mais la règle des *Cho-t'i* repose aussi sur l'apparition d'Arcturus au crépuscule. Ne pourrait-ou pas considérer comme une addition postérieure tout ce qui concerne la position de la Grande Ourse et supposer que la règle originelle concernait simplement le lever acronyque d'Arcturus entouré des *Cho-ti*?

Cette hypothèse ne rendrait pas plus vraisemblable l'utilisation pratique de cette règle dans une période primitive des connaissances

---

[1]) Même si cette heure (le crépuscule) est donnée par la nature, l'application de la règle suppose qu'on en observe avec soin le moment, car la position de l'alignement se modifie.

astronomiques. Les primitifs, en effet, ne choisissent comme repères que des étoiles à grande trajectoire — Sirius, le Scorpion, Orion ou les Pléiades — c'est-à-dire celles qui se lèvent et se couchent, comme le soleil, près de l'est et de l'ouest; et non pas celles qui, comme Arcturus, décrivent un assez petit cercle autour du pôle et dont le mouvement se trouve par conséquent beaucoup moins sensible. Nous avons vu que le lever d'Arcturus se produisait au N 36 E: aucune indication précise ne saurait être tirée du lever apparent d'une étoile d'aussi forte déclinaison.

En outre, ce que les primitifs observent, c'est le lever héliaque ou le coucher héliaque de ces grandes étoiles de la région médiane et non pas leur lever acronyque; car le lever acronyque n'est pas un fait aussi concret que la disparition totale ou la réapparition subite d'un astre: l'étoile qui se lève acronyquement était déjà visible précédemment quoique à une heure plus tardive (cf. A, p. 159).

C'est un trait caractéristique de l'astronomie chinoise que les levers et couchers héliaques des étoiles (si importants aux yeux des Grecs) n'y jouent absolument aucun rôle [1]). La situation typique du ciel est toujours pour elle celle qui se produit le soir (cp. *Yao-tien*, *Hia siao tcheng*) soit dans le méridien soit à l'horizon oriental. L'observation dans le méridien est liée à la méthode équatoriale; quant à l'observation des levers acronyques, elle provient sans doute des plus lointaines origines et ne peut s'expliquer, comme je l'ai exposé précédemment, que par le principe des stations lunaires: quand la lune est pleine elle se lève acronyquement et l'observation

---

1) On observait le lever héliaque de Jupiter parce que, vu le rôle capital de cette planète en astrologie, il était naturel d'en attendre la réapparition quand elle avait disparu dans les rayons du soleil. Mais le lever d'une planète étant variable ne peut servir de repère annuel (comme celui de Sirius, par exemple, chez les Egyptiens). Les Chinois avaient ainsi remarqué que le lever de Jupiter retardait (environ) d'un mois par an: cela ne signifie pas, certes, que le lever de Jupiter aurait pu «servir à déterminer» le mois (cf. H). Cette observation du lever de Jupiter ne modifie donc en rien le fait caractéristique que le lever héliaque des étoiles est totalement absent des traditions et méthodes chinoises.

du lieu sidéral où ce plein se produit fournit une indication susceptible de servir de repère calendérique. Ce principe seul peut expliquer pourquoi les Chinois appelaient Palais *oriental* ou *printanier*
la partie du ciel opposée à celle où réside le soleil au printemps,
et pourquoi ils considéraient les deux grandes étoiles qui marquent
l'entrée de ce palais comme les deux jalons indiquant le début de
l'année: c'est qu'en effet la première pleine lune du printemps se
plaçait nécessairement à gauche de *Kio*; on remarquait alors que l'autre
corne du Dragon était aussi visible et que la Grande Ourse semblait,
en pointant sur elle, la désigner comme le symbole du *Li-tch'ouen.*

IV. L'interprétation de Chalmers.

Nous avons vu que Chalmers ignorait le sens de l'expression
Cho-t'i-ko au point de suggérer un rapprochement entre sa prononciation cantonaise *Chip-t'ai-kak* et les mots *Vrihaspati* (Jupiter)
et *chacra* (cycle) des Hindous. Ce n'est pas cependant à cette étymologie que nous entendons faire allusion en parlant ici de l'interprétation de Chalmers, mais plutôt à ce qu'il a dit des positions successives de la Grande Ourse au cours de l'année. Quoiqu'il n'ait
pas vu le rapport de ces indications de la queue de la Grande
Ourse avec l'expression *Cho-t'i-ko*, l'interprétation qu'il a donnée
de cette antique tradition chinoise n'a pas été, comme nous le
verrons, sans influence sur les idées formulées depuis lors au sujet
de la règle des *Cho-t'i.*

Dans les prolégomènes du *Chou king* de Legge (pp. 93—94),
Chalmers s'est exprimé ainsi:

A very ancient and characteristic method of determining the seasons and
months of the year to which the Chinese are fond of alluding, was by the
revolution of Ursa Major... It is well to keep in mind that the body of the
Great Bear was in ancient times considerably nearer to the north pole that it
is now, and the tail appeared to move round the pole somewhat like the hand
of a clock or watch...

C'est avec raison que Chalmers reporte à la haute antiquité
cette conception de la Grande Ourse comme régulateur des saisons;
dans la figure, ici reproduite, dont il accompagne ses explications,
il place le pôle à sa plus courte distance de la Grande Ourse et
il exagère même un peu ce rapprochement qui, en réalité, n'a
jamais été si prononcé (cp. fig. 21).

«The annexed figure will illustrate the use of Ursa Major as a kind of
natural clock, whose hand makes one revolution in a year. The earth's surface
(square of course) is converted into a
dial, and the horizon is divided into 12
parts, making due north the centre of
the first division. In theory the time
of observation is 6 h. P. M. precisely.
But it was necessary to wait till the stars
were visible. If the tail then pointed
due east it indicated the vernal equinox;
but if it pointed due west, as repres-
ented in the figure, it was the autumnal
equinox.

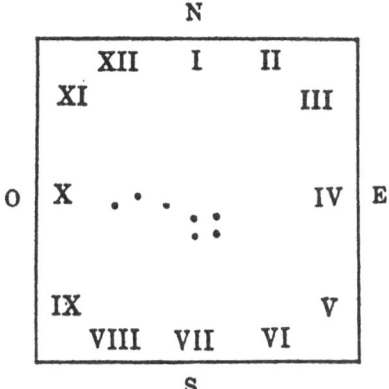

Fig. 23.

In this instance, the hand of the
clock points a little in advance of the
sun in the ecliptic, an to the bright
stars in Scorpio, for the tail of the Bear always points to Scorpio. So then we
have still Scorpio as the sign of mid-autumn [1]).

Le sens de ce dernier alinéa ne me paraît pas très clair. Les
étoiles fixes étant solidaires entre elles, il est évident que la queue
de la Grande Ourse pointe toujours sur la même constellation, le
Scorpion (= Dragon), en toute saison. Le soleil se trouve en ce
quartier du ciel (le palais oriental) en automne et non pas au
printemps; mais d'après les principes chinois ce palais oriental ne

---

1) Chalmers ajoute: «This symmetrical position of the Great Bear, or «Northern Bushel»,
with reference to the seasons, is essential to the Chinese creed; and hence to this day, maugre
the precession of equinoxes, it retains its position in the estimation of almost all Chinese,
learned and ignorant. The seasons still arrange themselves round the dial in exactly the
same way, Winter going to the north, Spring to the east, Summer to the south, Autumn
to the west».

correspond pas à l'automne mais au printemps; et la Grande Ourse indiqué l'époque du printemps, non parce qu'elle pointe sur le palais oriental (ce qu'elle fait en toute saison), mais parce qu'elle est tournée vers l'E (= printemps) au crépuscule. Le sens du mythe chinois est que le manche du Boisseau est, par prédestination, dirigé vers le signe sidéral du printemps et qu'il indique en outre l'*époque* du printemps lorsqu'il se trouve orienté le soir vers l'E. C'est dire que la situation typique qui caractérise cette loi astronomique est celle où le manche du Boisseau pointe vers l'E. Je ne comprends donc pas bien pourquoi Chalmers choisit comme exemple la position où il pointe vers l'O; il semble difficile de dire si, dans la dernière phrase, il entend exprimer une idée chinoise ou une notion européenne. Mais si ce dernier alinéa est un peu ambigu le précédent l'est bien davantage.

Que signifie en effet cette figure? D'après les explications de l'auteur, elle représenterait la surface de la terre (the earth's surface) dont la forme est carrée selon l'idée chinoise (square of course). Les lettres N, E, S, O, sont en ce cas les points cardinaux de l'horizon et le point central de la figure est le zénith. Mais la Grande Ourse, sauf dans la région arctique, ne tourne pas autour du zénith: elle tourne autour du pôle céleste. Il ne s'agit pas ici des Hyperboréens, mais bien des Chinois qui vivaient sous une latitude de 35°, où le pôle se trouve à 55° du zénith, ce qui rend inadmissible la figuration de Chalmers.

D'autre part, la Grande Ourse est représentée ici telle que nous la voyons dans la concavité de la voûte céleste et non pas telle qu'elle est représentée sur la convexité des globes célestes pour le spectateur supposé *en dehors* du firmament. Nous devons donc regarder la figure de Chalmers *de bas en haut* en la portant au dessus de notre tête, le N tourné vers le nord. Mais alors il apparaît qu'elle est fausse, car l'E devrait être à la place de l'O et réciproquement.

Admettons maintenant que le centre de cette figure ne représente pas le zénith mais le pôle, situé à 35° au dessus de l'horizon. Alors, la ligne N S sera la verticale passant par le pôle. Sur cette verticale, où est le *haut*, où est le *bas*? D'après la position de la figure et d'après la forme de la Grande Ourse, c'est le point N qui est situé au dessus du pôle et le point S au dessous. Dans ce cas encore la figure est erronée car en hiver la queue de la Grande Ourse est dirigée vers le bas, vers le point 子 de l'horizon; et les signes duodénaires devraient être disposés en sens inverse, puisque la Grande Ourse (pour l'observateur face au nord) accomplit sa révolution en sens rétrograde.

Ainsi, quelque signification qu'on lui suppose, le graphique de Chalmers est inexact et ses explications sont bien propres à induire le lecteur en erreur; elles suggèrent en effet, entre l'équateur et l'horizon, une confusion qui s'est manifestée depuis lors sous une forme plus explicite comme nous le verrons tout à l'heure [1]).

V. L'interprétation de Schlegel.

Quoique Schlegel ait entrepris de rapporter les fonctions astronomiques ou astrologiques des astérismes chinois à une époque (16,000 ans avant J.-C.) où le pôle se trouvait à l'autre extrêmité de sa course, il a consenti quelques exceptions à ce système et les

---

1) Chalmers, fort bon astronome, n'aurait sans doute pas commis de pareilles erreurs s'il n'avait été influencé par les commentaires chinois, qu'il a eu le tort de ne pas contrôler.

Dans la théorie chinoise, le pôle est le centre du ciel comme la capitale est le centre du monde terrestre; aussi la division de l'horizon est-elle identique à celle de l'équateur, ce qui suggère aisément la confusion d'après laquelle la Grande Ourse indiquerait successivement tous les signes de l'horizon.

Lorsque cette confusion s'est établie, il devient inutile de considérer la direction des étoiles *Piao*; car si l'on admet que la Grande Ourse se présente successivement devant chaque point de l'horizon (fig. 23) la dernière étoile suffit comme index. C'est ce qui a amené les commentateurs cités par Chavannes à considérer *Piao* comme désignant une seule étoile (ci-dessus, p. 368, note 1).

a groupées dans son Livre IV où il traite des «époques historiques et modernes». La Grande Ourse et les *Cho-t'i* se trouvent compris parmi ces astérismes des époques historiques: il eut été en effet difficile de soutenir que les indications de la Grande Ourse pointant vers les quatre points cardinaux, si manifestement conformes au firmament de la haute antiquité classique, se rapportaient à une époque où cette constellation se trouvait à 50° du pôle, bien au delà de la zone circompolaire.

Schlegel a bien compris, par ailleurs, le sens de l'expression *Cho-t'i-ko*:

«Le nom de *Cho-t'i* ou *Cho-t'i-ko* est parfaitement traduisible... Le *Yuan-ming-pao* dit que les étoiles de l'astérisme *Cho-t'i* 攝提星 *tiennent* la Grande Ourse 提斗 et *conduisent* Arcturus (par la main) 攜角... etc. (*Ur.* p. 500)..

Ce texte, on le voit, réunit les deux éléments de la règle des *Cho-t'i*: Arcturus et la Grande Ourse.

Mais Schlegel se livre à un véritable enfantillage lorsque, s'emparant d'un tableau imaginé par l'auteur du *T'ien yuan li li*, il le reproduit en le donnant comme extrait du *T'ien kouan chou*. Schlegel, qui connaît fort bien ce traité de *Sseu-ma Ts'ien* n'ignore pas que le document en question n'y figure pas, et n'y peut figurer puisqu'il suppose la connaissance de la loi de précession.

«(Ce tableau) des trois règnes et des quatre fixations, dit *Siu fa*, est tiré du *T'ien-kouan* de *Long men*; mais les hommes de l'époque actuelle ne l'entendent point et il a été erronément commenté par *Ming k'ang*». (*Ur.* p. 34).

L'expression «tiré de» 本出 n'affirme pas absolument que le tableau lui-même soit tiré des *Che ki*; mais Schlegel, toujours prêt à se leurrer lui-même lorsque sa fameuse théorie est en jeu, le spécifie à la page 31:

«Le célèbre historien *Sseu-ma Ts'ien* donne, dans son livre *T'ien kouan*, le tableau ci-contre des époques chronologiques préservées par les antiques traditions» [1]).

Le texte du traité des *Gouverneurs du ciel* où *Siu fa* et Schlegel ont cru voir de si belles choses est celui dont M. Chavannes a donné la traduction suivante:

«Quand on fait usage de (l'observation à) six heures du soir, ce qui indique, c'est (l'étoile) *Piao*; *Piao* va de (la montagne) *Hoa* vers le sud-ouest. A minuit, ce qui indique, c'est (l'étoile) *Heng*; *Heng* est au milieu de la région du centre, dans le pays compris entre le (*Houang-*)*ho* et (la rivière) *Tsi*. A six heures du matin, ce qui indique, c'est (l'étoile) *K'ouei*. *K'ouei* va de la mer et de la montagne *Tai* vers le nord-est (p. 342).

Nous avons là un nouvel exemple de la tendance des commentateurs à transformer en procédé de détermination calendérique les propositions mystiques des astrologues qui voient, dans la forme et la position des constellations, des concordances et des finalités mystérieuses. Ce texte fait simplement allusion à la position du Boisseau qui pend, le manche en bas, à droite du pôle (au crépuscule du *Li-tch'ouen*), puis qui se trouve, six heures plus tard, placé horizontalement au dessus du pôle; puis encore, six heures plus tard, verticalement le manche en haut, à l'ouest du pôle. Dans la première position, l'alignement des étoiles *Piao* pointe vers l'horizon. Dans la deuxième position, l'étoile du milieu (*Heng*) passe au méridien 地中, d'où son association «au milieu de la région du centre»; elle semble être, à ce moment, le pivot de la Balance 衡 dont la constellation serait le fléau. Dans la troisième position, ce sont les deux dernières étoiles *K'ouei* qui sont dirigées vers l'horizon.

Ces formules astrologiques semblent être fort anciennes et en

---

1) Voy. la note de Chavannes, M. H. III, p. 339. Ce qui enchante Schlegel, c'est que le tableau de *Siu-fa* reporte l'origine de l'institution à l'an 17827 avant notre ère, alors que lui-même fixe l'origine de la quadrature du *Yao-tien* à l'an 16916. «Cette différence de 900 ans, remarque-t-il, est insignifiante dans un calcul aussi global».

rapport avec le rôle attribué à la Balance de Jade dans le *Chouen-tien* [1]). Mais on n'en saurait tirer aucune indication précise.

VI. L'interprétation de M. Chavannes.

Dans son article sur le calendrier des *Yin*, M. Chavannes a eu l'occasion de formuler une interprétation de la règle des *Cho-t'i*. Cette étude, parue dans le *Journal asiatique* de 1890, est une des premières publications de l'éminent sinologue et ne représente peut-être pas exactement sa pensée actuelle sur cette question spéciale. Il y renvoie cependant le lecteur, dans sa traduction des *Che ki*, sans autre restriction que celle qui concerne la supputation de la date de naissance du poète *K'iu Yuan*. Quoi qu'il en soit. notre but étant ici d'examiner toutes les hypothèses formulées au sujet de la règle des *Cho-t'i*, nous devons analyser avec soin ce document qui est un des seuls où se trouve une vue d'ensemble de la question:

«Le mot *Cho t'i* peut avoir deux sens, au dire de *Sseu-ma Ts'ien* lui-même: d'une part il désigne la planète Jupiter, d'autre part deux astérismes composés l'un des étoiles η, τ, ν du Bouvier, l'autre des étoiles ξ, π, ζ, de la même constellation. Lequel de ces deux sens est impliqué dans l'expression *Cho-t'i-ko*? La solution nous est fourni par le mot *ko*. Dans le *T'ien kouan chou*, *Sseu-ma Ts'ien* dit en parlant de la constellation *Cho-t'i*: «Le *Cho-t'i* est la constellation que désigne en ligne droite la dernière étoile de la Grande Ourse; aussi fixe-t-elle les époques; c'est pourquoi on l'appelle *Cho-t'i-ko*». En effet, *ko* signifie *règle*, *limite*. La constellation *Cho-t'i* est la règle au moyen de laquelle on détermine les époques. C'est donc de la constellation et non de la planète qu'il est question. Maintenant, pourquoi la première année du cycle est-elle appelée *Cho-t'i-ko*? *Sseu-ma Ts'ien* nous dit qu'en cette année-là, au mois initial, la planète apparaît de bon matin à l'est dans l'astérisme *K'ien nieou* [qui fait partie de la Grande Ourse. D'autre part cependant nous venons de voir que la constellation *Cho t'i* était désignée en ligne droite par la dernière étoile de la Grande Ourse; on peut donc marquer la place qu'occupe à ce moment Jupiter en disant qu'il se trouve en droite ligne de la constellation *Cho-t'i*, c'est-à-dire

---

1) Il est à remarquer, d'ailleurs, que *Sseu-ma Ts'ien* semble donner ces formules comme une sorte de commentaire à ce texte du *Chou king* qu'il vient de citer (M. H. III, p. 341).

que cette époque sera appelée *Cho-t'i-ko*. Comme d'ailleurs Jupiter fait le tour du ciel en douze ans, il se retrouvera tous les douze ans dans la même situation et on aura tous les douze ans une année *Cho-t'i-ko*]. (p. 488.)

M. Chavannes, depuis lors, s'est aperçu que la dernière partie [mise ici entre crochets] de ces explications est erronée, car il s'est abstenu de la reproduire dans sa traduction de *Sseu-ma Ts'ien* [1]). Elle repose en effet sur une confusion entre le Boisseau boréal 北斗 (la Grande Ourse) et le Boisseau méridional 南斗 (le *sieou Teou*) [2]). Cette méprise n'a d'ailleurs pas grande importance car en définitive il semble bien que l'application des termes *Cho-t'i* et *Cho-t'i-ko* à la planète et au cycle de Jupiter soit fondée sur l'analogie du retour périodique du printemps (après 12 mois) et de Jupiter (après 12 ans) au point de départ commun des deux révolutions duodénaires [3]). Quoi qu'il en soit, le lien des *Cho-t'i* avec le cycle jovien n'est qu'une application secondaire et dérivée; l'essentiel dans la règle des *Cho-t'i* est son rapport avec les mois. Sur ce point l'interprétation de M. Chavannes semble inspirée par les commentaires chinois dont nous avons déjà perçu les échos chez Chalmers et Schlegel:

«La constellation *Cho-t'i* est à une telle distance de l'étoile *heng* de la Grande Ourse qu'elle marque toujours celui des douze points de l'horizon qui est immédiatement antérieur à celui que marque cette étoile (p. 490).

M. Chavannes a développé cette théorie jusqu'à en faire, en quelque sorte, la raison d'être de la série duodénaire 陬 qui, dit-il, repose sur une remarquable observation:

---

1) Cp. M. H. III, p. 662. — Aux *errata* (*ibid.*, p. 707) où l'effet de cette confusion est rectifié en ce qui concerne les pp. 366, 368, il y aurait lieu d'ajouter: p. 408, ligne 14.

2) Dans le texte en question (M. H. III, pp. 357—362) qui associe *Sing ki* (= 井) à *Teou* et *K'ien nieou*, *Sseu-ma* suit la répartition duodénaire des *sieou*: $2 + 3 + 2, 2 + 3 + 2, \ldots$ (Voy. G). — Dans son dictionnaire, le P. Couvreur fait une autre confusion à propos de ce même *sieou Teou*: «Le Boisseau boréal, dit-il, est la Grande Ourse *et le Boisseau austral la Petite Ourse*».

3) Voir l'article suivant, G.

«Le mouvement des étoiles fait avancer chaque mois d'environ 2 heures leur passage méridien; au bout d'un an le passage est donc en avance de 24 heures, c'est-à-dire qu'il se produit au même moment de la journée que 12 mois auparavant. Ainsi on peut déterminer les divers mois soit par les heures où une certaine étoile passe au méridien, soit par les positions qu'elle occupe à une même heure par rapport au méridien.

«Les anciens Chinois avaient remarqué cette révolution annuelle des étoiles; mais comme ils n'avaient pas la notion du méridien, ils tenaient compte des diverses positions que prend à la même heure, suivant l'époque de l'année, la projection d'une certaine étoile sur l'horizon, ce qui revient évidemment au même. (p. 476).

Ces anciens Chinois qui, paraît-il, n'avaient pas la notion du méridien, concevaient par contre — et savaient utiliser — les plans verticaux passant par les douze divisions de l'horizon, notamment par les points cardinaux N, S, E, O. Mais qu'est-ce donc que la notion du méridien, si ce n'est celle du plan vertical passant par le *nord* et le *sud*?

«Puisque le point de départ des calculs du calendrier ést le solstice d'hiver se produisant à minuit, et que, d'autre part le premier signe *tseu* 子 de la notation duodénaire correspond au nord parmi les divisions de l'horizon, il était logique de choisir, pour désigner le premier mois *tseu* (子), une étoile qui, lorsque le solstice d'hiver se produisait à minuit, était au dessus de l'horizon exactement au nord de l'observateur. Le mois suivant, cette étoile étant en avance de 2 heures, le pied de sa hauteur au dessus de l'horizon se sera pour une même heure déplacé vers l'est de $1/12$ de la circonférence de l'horizon et tombera sur le point appelé *tch'eou* (丑). Après 12 mois cette étoile se sera trouvée à minuit successivement au-dessus de chacune des 12 divisions de l'horizon et sera revenue au-dessus du point *tseu* (子). Ainsi une époque quelconque de l'année peut être fixée par la mesure de l'angle compris entre le nord et le point de l'horizon au-dessus duquel se trouve à minuit une étoile qui, au commencement de l'année, occupait à minuit la position du nord franc. (p. 477).

L'intérêt de cet exposé dépasse les limites de la question des *Cho-t'i*, car nous y trouvons une nouvelle application de ces principes astronomiques qui semblent avoir été créés à l'usage spécial de la sinologie: principes dont nous avons récemment contesté la légitimité, mais que M. Chavannes était alors en droit de considérer comme orthodoxes puisqu'ils avaient été admis, successivement, par nombre d'auteurs compétents parmi lesquels plusieurs astronomes [1]).

D'après ces principes, les anciens Chinois déterminaient la date des solstices et des équinoxes non pas par le gnomon mais par le moyen des étoiles, ce qui m'a toujours paru un inconcevable tour de force. De ce que telle constellation passait à telle heure au méridien ils savaient déduire, nous dit-on, la date du solstice. J'imagine au contraire que, connaissant au préalable (grâce au gnomon) la date du solstice, ils constataient *a posteriori* quelle était la constellation passant à telle heure au méridien à cette date.

En outre, d'après ces mêmes principes, les anciens Chinois n'appliquaient pas ce procédé, une bonne fois pour toutes, à un repère fixant annuellement le point de départ du calendrier; mais ils déterminaient successivement les diverses parties de l'année, comme s'ils se trouvaient en chaque saison dans une complète incertitude sur la durée de la saison suivante. Contrairement à cette opinion, je crois qu'ils n'utilisaient qu'un seul repère annuel, le solstice d'hiver, et que, connaissant (au moins à un jour près) la durée de l'année, ils savaient à l'avance la date des saisons en divisant simplement cette durée en quatre parties égales.

De l'exposé de M. Chavannes (comme aussi du texte du *Yao tien*) il découle implicitement que les Chinois pratiquaient une astronomie équatoriale et solsticiale fondée sur le gnomon, le plan méridien et la clepsydre. Mais l'interprétation de l'auteur (comme celle des commentateurs du *Yao tien*) est tout autre: il s'agit,

---

1) Cf. T. P. 1907, n° 3. — Cette singulière aberration semble provenir du fait que Chalmers (astronome et missionnaire) supposait *Yao* renseigné par Noé sur les concordances sidéro-tropiques. Les auteurs suivants ont cru pouvoir écarter simplement cette hypothèse sans prendre garde à son rôle fondamental et sans s'apercevoir qu'un dilemme s'impose: ou Noé, ou le gnomon. Ainsi s'est constitué, tacitement, cette doctrine astronomique spéciale à la sinologie et dont on peut voir l'épanouissement chez Schlegel.

d'après lui, d'un procédé sidéral «servant à déterminer» les diverses
parties de l'année, en l'espèce les mois. Ces mois sont-ils les mois
lunaires ou les mois solaires? S'il s'agit des premiers, il était beaucoup plus simple de les suivre d'après le cours visible de la lune;
et s'il s'agit des mois solaires (十二氣) il suffisait de diviser
en 12 parties égales l'intervalle de deux solstices d'hiver, puisque
le solstice d'hiver est ici supposé *exactement* connu.

«L'étoile qui, pour les Chinois, remplissait les conditions que nous venons
d'énumérer, était l'étoile *heng* 衡 (ε de la Grande Ourse). Mais si on voulait
faire l'observation à 6 heures du soir et non à minuit, il fallait s'arrêter à
l'étoile *piao* 杓 (η de la Grande Ourse), qui occupe à ce moment au-dessus
de l'horizon la même position que 6 heures après l'étoile *heng*. De même, et
pour une raison analogue, si l'observation était faite à 6 heures du matin, on
devait considérer l'étoile *k'ouei* 魁 (α de la Grande Ourse) [1]. Lors donc qu'à
minuit l'étoile *heng* était au-dessus du nord (子) de l'horizon, c'était le mois
initial; si à minuit elle était au-dessus de l'est, c'est-à-dire si elle indiquait le
signe *mao* 卯, c'était le quatrième mois à partir de l'origine, et ainsi de
suite» (p. 478).

De ces explications résulte que deux étoiles de la Grande Ourse
se seraient succédé au méridien à 12 heures d'intervalle (de 6^h
du soir à 6^h du matin); c'est dire que ces deux étoiles se trouvaient
diamétralement opposées, ou, en d'autres termes, que le pôle était
situé entre elles, ce qui implique que le pôle se serait trouvé alors
dans la Grande Ourse. Notre fig. 21 (p. 369) permet de constater
que jamais une telle condition ne s'est réalisée. Dans la haute
antiquité chinoise le pôle se trouvait précisément au point où sa
révolution le rapproche le plus de la Grande Ourse et l'on peut
voir que l'amplitude horaire de cette constellation était alors d'environ
90° (= 6^h) et non de 180° (= 12^h).

Mais laissons de côté cette théorie des trois observations dont

--- --- ---

1) M. Chavannes cite ici en note le texte de *Sseu-ma Ts'ien* que nous avons discuté
plus haut (p. 381).

nous avons donné une interprétation différente, et ne considérons que l'observation d'une seule et même étoile, l'étoile *heng*. Cette étoile, considérée toujours à la même heure (minuit) se serait trouvée successivement, en chaque mois, au dessus d'un des douze signes de l'horizon: au printemps au dessus du signe 卯 (= E), en été au dessus du signe 午 (= S), etc.. Une telle condition n'est pas irréalisable mais elle ne se rencontre, comme nous l'avons dit, qu'au pôle de la terre, où le pôle céleste se confond avec le zénith et l'équateur céleste avec l'horizon. Dans cette région singulière, la projection d'une étoile (considérée à la même heure) avance chaque mois d'$^1/_{12}$ d'horizon [1]); mais à mesure qu'on s'en éloigne, l'obliquité de l'équateur sur l'horizon augmente et les angles horaires cessent d'être proportionnels aux azimuts. Dans l'ancienne Chine notamment, dont la distance polaire était d'environ 55°, l'équateur se trouvait incliné de 55° sur l'horizon, de telle sorte que ce procédé, appliqué à une étoile équatoriale, aurait donné des résultats variant du simple au quintuple. En outre, les étoiles indiquées par les textes (*heng*, *piao* et *k'ouei*) ne sont pas situées sur l'équateur mais dans la Grande Ourse. Ce sont des étoiles circompolaires. Elles ne pouvaient donc être observées au dessus des douze signes de l'horizon puisqu'elles tournent dans un petit cercle autour du pôle et restent constamment au N, au N E, ou au N O.

VII. Conclusion.

On voit, en résumé, que la règle des *Cho-t'i* (ou plus exactement l'indication donnée par les *Cho-t'i*) ne doit pas être considérée comme proprement calendérique, mais plutôt comme se rapportant au mysticisme astrologique, à cette finalité attribuée aux figures célestes à laquelle *Sseu-ma Ts'ien* fait allusion lorsqu'il dit:

---

1) Par contre les points cardinaux n'existent plus et les étoiles cessent d'être visibles pendant le semestre où le soleil reste au dessus de l'horizon.

«Il y a sûrement une concordance céleste qui se voit dans les étoiles du Manche du Boisseau» (M. H. III, p. 370).

Toutes les institutions astronomiques des Chinois, les documents et les traditions nous montrent une astronomie solsticiale pratiquée dès la haute antiquité; la date du solstice et l'âge apparent de la lune étant les deux bases, nécessaires et suffisantes, du calendrier. Au delà de cette période on entrevoit une phase primitive où les stations lunaires servaient de repère calendérique. Mais à aucune époque une détermination du genre de celle attribuée aux *Cho-t'i* n'a pu avoir été utilisée, car le procédé qu'elle suppose est inefficace en pratique et complexe en théorie.

G. LE CYCLE DE JUPITER.

I. La planète annuaire.

Parmi les cinq planètes, à cause de son éclat et de la régularité de sa marche, Jupiter jouait un rôle astrologique prépondérant. [2]) Comme il fait le tour du ciel en douze ans (environ), les anciens Chinois avaient réparti les 28 *sieou* en douze groupes, constituant douze divisions sidérales, de telle sorte que la planète parcourait chaque année une de ces divisions.)

Jupiter paraissait ainsi avoir été prédestiné à marquer le cours des années: de même que la lune indique les mois dont une douzaine constitue une année, de même Jupiter indiquait les années

---

1) Voir le *T'oung pao* 1909 (A et B); 1910 (C, D et E); 1911, p. 347 (F).

2) Mercure et Vénus, visibles seulement à l'aurore ou au crépuscule, ne s'écartent pas du soleil. Mars, dont l'orbite est un peu supérieure à la nôtre, se trouve tantôt près, tantôt loin de la Terre, d'où l'irrégularité de sa marche apparente. Saturne, par la lenteur de sa révolution se prête peu à l'interprétation astrologique des évènements. Entre ces deux extrêmes, Jupiter se trouve à une distance telle que sa marche apparente est à la fois régulière et assez rapide.

3) Je simplifie ici l'exposé, car il n'est pas certain qu'à l'origine ces divisions aient été créées en vue de cette destination spéciale.

dont une douzaine constitue un cycle. Pour cette raison, on l'appelait 歲星 la planète de l'année, la planète annuaire. [1])

L'année commençant au printemps (et cette saison caractérisant ainsi le cours des années), la planète annuaire était dite correspondre au printemps, au palais oriental et par conséquent à l'élément *bois*. Pour cette raison, la révolution sidérale de Jupiter commençait au N E, c'est-à-dire au *Li-tch'ouen* fictif, à *l'astérisme déterminant* 建星. Le premier terme du cycle était donc *Sing-ki*.

Les *sieou* étant des divisions équatoriales, il va de soi que les dodécatémories le sont également puisqu'elles sont définies par les étoiles déterminatrices. Un astre mobile (Jupiter par exemple) se trouve dans telle division, ou dans la précédente, suivant qu'il passe au méridien après ou avant la déterminatrice de cette division; aucun compte n'étant tenu, par ailleurs, de l'obliquité de la trajectoire de cet astre mobile.

---

1) Ici encore j'exprime l'opinion reçue. Mais il n'est point certain que le mot *année* ait donné son nom à la planète; il ne me semble pas impossible que ce soit la planète qui ait donné son nom à l'année: le *Chouo wen* dit en effet que le caractère 歲 se compose de l'idéogramme 步 et de la phonétique 戌 *siu*; or, suivant le *Ts'ien Han chou* les cinq éléments se nomment aussi 五步, 步 exprimant l'idée d'avance (sidérale) graduelle: [歲] 從步戌聲。律歷書名五行爲五步一說、從步者躔度。 D'autre part le *Hong-fan* dit: 五紀一曰歲。 Le caractère *soui* semble donc s'appliquer au *processus* des éléments et des planètes plutôt qu'à la révolution de l'année. Cette dernière, au dire du *Eul-ya*, était désignée dans la haute antiquité par le mot 載 (dans lequel l'idée de révolution est indiquée par 車). 歲 lui aurait été substitué à partir des *Hia*; de même qu'on adopta le mot 祀 sous les *Yin*, puis le terme actuel 年 sous les *Tcheou*.

Ce dernier caractère (dont la composition primitive était 禾 placé sur la phonétique 千) signifiait originellement *récolte*, sens dans lequel il est encore employé (à 2 reprises) dans le *Tch'ouen-ts'ieou*, l'idée de bonne récolte évoquant naturellement celle de bonne année. Il est intéressant de constater à ce propos que, dans les inscriptions de la dynastie *Yin* gravées sur les écailles de tortue récemment découvertes, 年 figure avec le sens de *récolte* (voir les exemples cités par M. Chavannes, à la page 136, dans son intéressante note du *Journal asiatique*, janvier 1911).

II. **Les douze mansions de Jupiter.**

Les 28 *sieou* étant répartis à raison de 7, et les dodécatémories à raison de 3, par palais, il s'en suit que 3 dodécatémories comprennent 7 *sieou*.

Le goût des Chinois pour la symétrie permet déjà de deviner que, dans chaque palais, ces 7 *sieou* se répartissent de la manière suivante dans les 3 divisions duodénaires:

2. — 3. — 2. —

Le centre est en effet la partie essentielle du palais, celle qui caractérise la saison (solstice ou équinoxe). Il est donc naturel que la dodécatémorie cardinale du centre soit celle qui contient 3 *sieou*:

歲 星 二 十 '次 之 圖					
N	丑 子 亥	Siug-ki *Hiuan-hiao* Tsiu-tseu	星記 玄枵 娵訾	= 斗 + 牛 = 女 + 虛 + 危 = 室 + 壁	T'eou + Nieou *Niu + Hiu + Wei* Che + Pi
O	戌 酉 申	Hiang-leou *Ta-leang* Che-tch'en	降婁 大梁 實沈	= 奎 + 婁 = 胃 + 昴 + 畢 = 觜 + 參	K'ouei + Leou *Wei + Mao + Pi* Tsouei + Ts'an
S	未 午 巳	Chouen-cheou *Chouen-ho* Chouen-wei	鶉首 鶉火 鶉尾	= 井 + 鬼 = 柳 + 星 + 張 = 翼 + 軫	Tsing + Kouei *Lieou + Sing + Tchan* Yi + Tchen
E	辰 卯 寅	Cheou-sing *Ta-ho* Si-mou	壽星 大火 析木	= 角 + 亢 = 氐 + 房 + 心 = 尾 + 箕	Kio + K'ang *Ti + Fang + Sin* Wei + Ki

Ce principe de répartition remonte sans doute à la haute antiquité, à cette période créatrice où tous les principes solidaires et symétriques de l'astronomie et de la cosmologie chinoises se sont constitués. A défaut de preuve directe nous pouvons du moins constatér qu'à l'époque *Tch'ouen-ts'ieou* cette répartition était considérée comme inhérente à l'antique système astronomique puisqu'elle sert de base à des raisonnements astrologiques. [1])

Aucun des auteurs qui ont écrit sur l'astronomie chinoise ne s'est d'ailleurs occupé de cette répartition. Schlegel, il est vrai, à reproduit (*Ur.* p. 39) une figure moderne sur laquelle les *sieou* sont régulièrement répartis dans les dodécatémories et, d'autre part, M. Chavannes a inséré (M. H. III, p. 654) un tableau chinois dans lequel, au contraire, la répartition n'est pas régulière; mais ces documents nous sont présentés en vue d'une autre question (relative aux signes duodénaires) sans qu'il soit fait aucune allusion au détail de la répartition, symétrique ou dissymétrique, des *sieou*. [2])

Rappelons tout d'abord que les noms des dodécatémories sont des termes sidéraux, comme Schlegel l'a montré en détail (*Ur.* p. 558). Ainsi, par exemple, le *sieou Leou* 婁 se trouve compris dans la division *Hiang-leou* parce que l'un et l'autre tirent leur nom de l'astérisme 降婁; et le nom même des dodécatémories 鶉首、鶉火、鶉尾、 nous apprend que ces divisions sont celles du palais méridional symbolisé par l'Oiseau, le 鳥 du *Yao-tien*. Toutefois si la position de chaque dodécatémorie est ainsi indiquée par l'étymologie de son nom, ce renseignement ne suffit pas à préciser ses limites et à déterminer la répartition duodénaire des *sieou*, répartition conventionnelle sur laquelle les textes seuls peuvent nous fixer.

Ces textes sont d'ailleurs nombreux; négligeant ceux de l'ère chrétienne [3]) nous passerons de suite aux documents anciens.

----

1) 玄枵虛中也。 etc. Voyez plus bas.

2) Aussi verrons-nous plus loin que, par suite de cette lacune dans les sources d'information, M. Oldenberg a cru pouvoir considérer cette répartition symétrique comme moderne.

3) Citons cependant ce commentaire (晉灼) du *Ts'ien Han chou* où le principe général de la répartition symétrique est explicitement formulé: « Lorsque l'année se trouve

Eu premier lieu, dans le *T'ien kouan chou*, *Sseu-ma Ts'ien* indique (d'après un ouvrage antérieur, le *Sing king* de *Che*) la répartition régulière des *sieou* parmi les douze signes: 2 + 3 + 2, 2 + 3 + 2, ...

Il dit en effet:

[Dans la 1ᵉ année du cycle] la planète est en 丑 et se lève avec *Teou + Nieou*.
[Dans la 2ᵉ année du cycle] la planète est en 子 et se lève avec *Niu + Hiu + Wei*.
[Dans la 3ᵉ année du cycle] la planète est en 亥 et se lève avec *Pi + Che*.
Etc., etc. ...

Il va de soi que lorsque une planète se trouve dans un signe elle se lève avec les étoiles de ce signe; inversément, si elle se lève avec les étoiles de tel signe c'est qu'elle est dans ce signe. [1]) Ce texte indique donc l'équivalence des 12 signes avec l'énumération 2 + 3 + 2, 2 + 3 + 2, etc..

Dans un ouvrage plus ancien, celui de *Ho Kouan tseu* 鶡冠子, on lit que «le *Fong-houang* est l'oiseau de la dodécatémorie *Chouen-ho*» ce qui confirme notre précédente constatation et indique

---

dans les 4 centres (des palais ou saisons) la planète parcourt 3 *sieou*; quand l'année se trouve dans les 4 commencements ou dans les 4 fins (des palais ou saisons), la planète avance de 2 *sieou*: 3×4=12; 2×8=16; [12+16=28]. Ainsi en 12 années Jupiter parcourt les 28 *sieou* et fait le tour du ciel» (*T'ien wen che*, p. 4 r°).

1) C'est bien ainsi d'ailleurs que l'entend le *Ts'ien Han chou* qui dit (en citant ce même passage du 石氏星經): 太歲在寅、歲在斗牛。.. et ainsi de suite.

Un astérisme peut très bien se lever en même temps qu'une planète sans appartenir au même signe qu'elle; mais alors cet astérisme est *paranatellon* de la planète et en dehors de la série zodiacale, ce qui n'est pas le cas ici puisque les astérismes mentionnés sont exclusivement les 28 *sieou* de la série zodiacale.

Il ne faut d'ailleurs pas voir dans ce texte le résultat d'une série d'observations, mais simplement une de ces énumérations symétriques où se complaisent les auteurs chinois anciens et modernes. Cette énumération ne tient naturellement aucun compte des déclinaisons, fort diverses, qui rompent la régularité du lever des astérismes; ni de leurs latitudes, fort diverses également, qui les éloignent de la route de Jupiter. L'antique astronomie chinoise, *essentiellement équatoriale*, suppose toujours que les astres mobiles parcourent uniformément l'*équateur* et que cet équateur est jalonné régulièrement par les *sieou*. (Cp. l'énumération analogue des culminations dans le *Li Yue ling*).

que *Chouen-ho* correspond au centre du palais de l'Oiseau rouge, par conséquent au signe 午. C'est pourquoi cet auteur ajoute: Il est l'essence du principe *yang* (= feu = sud) [1]).

Ensuite, dans le *Kong-yang tchouan* nous trouvons cette légende que nous avons déjà rapportée, dans laquelle les noms de *Ngo-Po* et de *Che-tch'en* sont respectivement associés à *Sin* et à *Ts'an*. Dans le *Tso tchouan* et dans le *Kouo yu* cette même légende reparaît; elle établit l'équivalence de *Ta-ho* avec Antarès, de *Che-Tch'en* avec Orion. [2])

Ouvrons maintenant le *Eul ya*, nous y lisons:

Cheou-sing, c'est *Kio* et *K'ang*.
Ta-ho, c'est l'astérisme *Sin*.
Si-mou s'appelle le Gué; c'est le gué de la voie lactée, entre *Ki* et *Teou*.
Hiuan-hiao, c'est *Hiu*.
Tsiu-tseu, c'est *Che* et *Pi*.
Hiang-leou, c'est *K'ouei* et *Leou*. [3])

L'antique dictionnaire ne donne pas, on le voit, le tableau complet des dodécatémories et de leur correspondance sidérale. Il ne mentionne que 6 termes sur 12. [4]) Sur ces 6 termes, il en est 3 (*Ta-ho*, *Si-mou*, *Hiuan-hiao*) dont le *Eul-ya* ne donne pas l'équivalence en tant que dodécatémories mais seulement en tant qu'astérismes. Par contre, la composition qu'il donne de trois dodécatémories (*Cheou-sing*, *Tsiu-tseu*, *Hiang-Leou*) se trouve précisément conforme au cycle régulier et incompatible avec le cycle irrégulier cité par M. Chavannes. [5])

---

1) 鳳皇者鶉火之禽、陽之精也。(*Ur.* p. 69).
2) Cf. A, p. 139; M. H. III, p. 443, n.; *Ur.* p. 139; et ci-dessous, p. 400.
3) 壽星角亢也...大火心星也...析木謂之津、箕斗之間漢津也...玄枵虛也...娵訾之口營室東壁也...降婁奎婁也。
4) Encore ces six termes ne sont-ils pas groupés ensemble, mais disséminés parmi d'autres expressions uranographiques dans la section « Noms d'étoiles » du chapitre 釋天.
5) Sur ce cycle irrégulier, cf. l'article suivant (G').

Ceci, joint aux précédentes constatations tirées du *Kouo yu* etc., ne permet déjà guère de douter que le cycle classique ne soit le cycle régulier 2 + 3 + 2. [1]) Mais nous en avons en outre une preuve décisive dans le passage du *Tso tchouan* où il est dit: «*Hiu* est au centre de *Hiuan-hiao*». Il n'y a pas là seulement un renseignement explicite sur la composition de la dodécatémorie *Hiuan-hiao*: par son sens sous-entendu cette phrase (que nous avons déjà eu l'occasion de commenter) fait allusion au principe même de la répartition 2 + 3 + 2 dans laquelle la dodécatémorie trinaire est toujours celle qui contient le centre des palais, c'est-à-dire les solstices et équinoxes de l'époque créatrice. Dans la prédiction rapportée dans ce texte, *Hiu* ne joue en effet un rôle que parce qu'il représente le zéro absolu, l'anéantissement du *yang*, le solstice. [2]) Ce texte signifie donc: «C'est au milieu de *Hiuan-hiao* que se trouve le point solsticial.»

Le principe trinaire étant ainsi formellement établi par les textes pour trois palais (N, E, O), il serait bien peu conforme à l'esprit de symétrie des Chinois qu'il ne fût pas applicable au quatrième (S). Cela serait d'autant plus invraisemblable que la symétrie intentionnelle des trois dodécatémories estivales (Tête, Cœur et Queue de la Caille) suppose déjà une répartition systématique; et qu'en appelant 鳥 l'étoile centrale de l'Oiseau, le *Yao-tien* montre l'antiquité du principe suivant lequel le centre caractérise la saison entière; principe qui fait naturellement attribuer à

---

1) Les textes que nous venons de rappeler démontrent en effet déjà pour deux palais l'application du principe 2 + 3 + 2:

Palais oriental. La donnée du *Eul ya*: *Cheou-sing* = *Kio* + *K'ang* exclut que cette dodécatémorie soit trinaire. D'autre part si la dodécatémorie *Si-mou* était trinaire, elle engloberait *Sin*, ce qui serait contraire à une autre donnée du *Eul ya*: *Sin*, c'est *Ta-ho*. *Ta-ho* est donc nécessairement la division trinaire,

Palais occidental. Puisque *Hiang-leou* = *K'ouei* + *Leou* et puisque *Che-Tch'en* = *Tsouei* + *Ts'an* (c'est-à-dire Orion) il reste seulement que *Ta-leang* soit la division trinaire.

2) Cf. E, p. 596; M. H. III, p. 304, note 2.

la dodécatémorie centrale une prééminence sur les deux autres.

Je considérerai donc comme démontré que, dès son apparition dans les plus anciens documents, le cycle jovien se présente sous la forme symétrique et régulière: $2 + 3 + 2 \ldots$[1])

III. La prétendue chronologie de Jupiter.

Ce n'est pas seulement la répartition sidérale des divisions joviennes, c'est aussi l'ancienneté de leur existence qui a été contestée.

Dans mes premiers articles j'avais supposé une corrélation entre le groupement duodénaire des *nakṣatra* et celui des *sieou*. Aux arguments décisifs qu'il a fait valoir, comme indianiste, contre cette hypothèse[2]), M. Oldenberg a cru pouvoir ajouter une réfutation d'ordre sinologique. A cet effet, pour savoir si le cycle de Jupiter était vraiment ancien, il s'est adressé à M. Chavannes dont la réponse contient, entre autres, les lignes suivantes:

... «La première notation du cycle de Jupiter (cycle A) est purement chinoise[3]) et nous reporte à une époque plus reculée puisqu'on la trouve en usage dès l'année 644 av. J.-C. (M. H. III, p. 657). Est-elle beaucoup plus ancienne?

---

1) Il est superflu d'ajouter que l'équivalence sidérale des divisions joviennes fixe nécessairement leur correspondance avec les signes de la série duodénaire. Ces signes sont en effet invariablement attachés aux saisons de la période créatrice, de par leur origine première et suivant une règle absolue que personne ne saurait contester: 子 (l'enfant) représente la naissance du *yang*, le solstice, le centre du palais septentrional, le *Nord*. 卯 (la porte ouverte) représente l'équinoxe, le centre du palais oriental, l'*Est*, etc. D'où il suit que *Hiuan-hiao* = 子, *Ta-ho* = 卯, etc.

2) Voy. plus bas.

3) M. Chavannes donne à entendre par là que la liste B pourrait bien être d'origine étrangère. Contrairement à cette supposition, nous avons vu que la liste *Cho-t'i-ko* est foncièrement chinoise, comme aussi la liste *Ngo fong*. A propos de ce dernier terme, signalons en passant que la signification que je lui avais attribuée se trouve confirmée par *Hoai-nan tseu*: 春天萬物鋒芒欲出、攤遇未通、故日 闊蓬。 (*Ur.* p. 396); mais il faut lire 蓬 au lieu de 逢: *l'exubérance contrariée* (ou *l'expansion obstruée*) et non *l'obstruction inopinée* (C. p. 238); il s'agit bien, néanmoins, de obstruction printanière, à laquelle fait allusion un mythe du *Yi king* (celui du char ramené en arrière).

Je ne le crois pas; en effet l'usage d'un tel cycle entraîne immédiatement avec lui la constitution d'une chronologie rigoureuse; or nous savons que la chronologie exacte ne commence en Chine qu'en 841 av. J.-C. et que tous les systèmes qui prétendent remonter plus haut sont des combinaisons plus ou moins ingénieuses faites par des érudits. Il me semble qu'il y a là une confirmation indirecte de l'opinion que le cycle de Jupiter n'a dû être *observé et appliqué* à la numération des années que vers le neuvième siècle avant notre ère, au plus tôt. Peut-être même ne date t-il que du huitième siècle, car la chronologie de 841 à 722 av. J.-C. s'établit en réalité rétrospectivement par des calculs sur la durée du règne de certains princes» (*Nakṣatra und Sieou*, p. 566).

Il y a là, je crois, un malentendu ou une confusion **entre plusieurs questions distinctes.**

En premier lieu, ce que je supposais importé dans l'Inde, ce n'est pas le cycle de Jupiter en tant que tel, mais seulement une certaine répartition des *sieou* en 12 groupes. Ces 12 groupes, remarquons-le, peuvent fort bien avoir été constitués (comme leurs similaires hindous) en vue d'un emploi lunaire dans la période primitive. On pourrait même légitimement les supposer antérieurs aux *sieou*. La question adressée à M. Chavannes par M. Oldenberg ne pouvait donc concerner, logiquement, que le groupement des *sieou* et non pas l'utilisation de ce groupement.

En second lieu, cette division duodénaire, même appliquée aux positions de Jupiter, n'implique nullement la constitution immédiate d'une chronologie précise. Tout porte à croire que pendant de longs siècles les Chinois ont tiré des pronostics de la position de Jupiter sans que cette pratique ait donné lieu à une numération proprement dite des années. M. Chavannes considère l'observation des mouvements de Jupiter, la constitution des dodécatémories, et la fondation d'une chronologie précise, comme des faits solidaires et concomittants. Voici les raisons pour lesquelles je ne puis partager cette opinion:

*

Si leur chronologie ne remonte qu'au IXe siècle, ce n'est pas que les Chinois fussent dépourvus, auparavant, d'un procédé de numération des années. Le système dont ils usaient sous les deux premières dynasties est le même que celui dont Confucius se servit dans son Histoire: c'est la chronologie des années de règne. Mais, par suite de la mentalité de l'époque, on ne se préoccupait ni de livrer l'histoire au public, ni d'assurer à la postérité la connaissance exacte de la chronologie.

Si nous possédons cette connaissance à partir d'une certaine date, c'est grâce à l'initiative de Confucius qui, le premier, publia à *titre privé* un ouvrage d'histoire, alors que l'annalisme avait été jusque là strictement officiel, semi-astrologique et confiné dans le secret des archives. Mais dans ce livre de Confucius le nom jovien des années n'est pas une seule fois mentionné et la chronologie est uniquement exprimée en années de règne.

Ce premier ouvrage d'histoire ayant suscité, chez les disciples de Confucius, une série de commentaires et d'amplifications, quelques anecdotes relatives aux prédictions astrologiques basées sur les positions de Jupiter se sont trouvées ainsi projetées sous le plein jour de l'histoire. Mais des anecdotes analogues nous seraient sans doute rapportées sur les siècles antérieurs si l'histoire détaillée de ces siècles nous était parvenue.

En conclusion, la mention des divisions joviennes dans les premiers recueils anecdotiques ne signifie nullement que ces divisions fussent constituées depuis peu. Ce n'est pas l'emploi du cycle de Jupiter qui a provoqué l'éclosion d'une chronologie rigoureuse; mais c'est l'apparition d'une littérature historique qui a fourni l'occasion de mentionner certains pronostics tirés de la position de Jupiter.

*

Les anciens Chinois auraient eu d'ailleurs bien tort de renoncer à leur système chronologique des années de règne pour adopter celui des positions de Jupiter, car ce dernier est fort décevant par suite de l'irrégularité de la marche de la planète (voy. la fig. 24, p. 408).

Le cycle duodénaire ne peut constituer un système chronologique que s'il est conventionnel et composé de douze années solaires, indépendamment des positions de Jupiter.

Tel n'est pas, cependant, le cycle que M. Chavannes suppose avoir pris naissance au IXe (ou VIIIe) siècle et avoir constitué un système chronologique pendant les siècles suivants; car ce cycle, d'après lui, n'était pas fictif: il était basé sur les lieux vrais de la planète:

« Les Chinois avaient remarqué que la planète Jupiter accomplissait en douze ans sa révolution autour du ciel; leur première idée fut donc d'observer les douze places que cette planète occupait successivement dans le firmament, et d'attribuer un nom particulier à chacune des années correspondantes. Nous verrons que cette notation des années est en effet la plus ancienne dont il soit possible de retrouver la trace dans la littérature chinoise. .

Mais la planète Jupiter n'accomplit pas sa révolution en 12 années exactement, comme l'admettaient les Chinois; la durée exacte de cette révolution est de années 11.86; une chronologie fondée sur les mouvements de Jupiter est donc, chaque 12 ans, en retard(?) de année 0,14 sur la chronologie réelle; ces retards, en s'accumulant, produiront rapidement une divergence notable entre les deux chronologies. Aussi lorsque les Chinois renoncèrent à noter les années au moyen de la position de Jupiter et eurent recours à la nomenclature *Cho-t'i-ko* (ou, ce qui revient au même, aux caractères cycliques) s'aperçurent-ils que leur chronologie se trouvait en retard de deux ans sur la chronologie réelle. Il faut donc, quand on trouve une date exprimée avec le cycle A, prendre la date correspondante dans le cycle B et lui ajouter deux années pour obtenir la date réelle » (M. H. III, p. 655, 656).

L'observation des mouvements de Jupiter aurait ainsi donné lieu à un véritable système chronologique. Cette hypothèse me paraît soulever diverses objections que nous allons examiner successivement.

1° Puisque 12 années joviennes ne font que 11.86 années solaires, les années joviennes sont plus courtes que les solaires et s'écoulent plus rapidement; la chronologie jovienne ne sera donc pas « en *retard* » mais nécessairement en *avance* sur la chronologie ordinaire.

Il faut donc chercher une autre explication à l'hiatus chronologique de 2 ans que M. Chavannes attribue à l'observation des mouvements de Jupiter; car si son hypothèse était exacte la correction devrait sûrement s'effectuer en sens inverse.

2⁰ L'écart entre les chronologies augmentant d'une année tous les 83 ans (en moyenne), la correction devra être, elle aussi, progressive. Une correction constante de 2 ans ne saurait donc s'appliquer à des dates séparées par un intervalle de plusieurs siècles [1]).

3⁰ On peut fort bien admettre qu'un peuple adopte, comme notation chronologique, le cycle des positions de Jupiter et qu'il en continue par routine le roulement, de 12 en 12 années, sans s'apercevoir que cette notation ne correspond plus aux positions véritables de la planète. Mais l'inverse me semble difficile à concevoir: M. Chavannes suppose que les Chinois suivaient la notation *vraie* des positions de la planète sans s'apercevoir qu'elle ne concordait plus avec le nombre des années tropiques. Un tel fait ne pourrait se produire qu'en une contrée où les saisons n'existeraient pas et où l'année tropique ne se manifesterait aucunement aux sens, ce qui n'est certes pas le cas en Chine. Si un peuple adopte la notation jovienne, un siècle ne pourra s'écouler sans qu'il soit placé devant ce dilemme: renoncer à la notation *vraie* pour suivre une notation duodénaire *fictive*, ou bien sauter de temps à autre un terme de la liste. Car il arrivera nécessairement (au bout de 86 ans environ) qu'en deux années Jupiter embrassera trois divisions [2]).

4⁰ Les passages du *Kouo yu* et du *Tso tchouan* où apparaît la notation jovienne peuvent bien, à première vue, donner l'impression qu'il existait un système chronologique basé sur Jupiter. Mais lorsqu'on se réfère au contexte on voit qu'il ne s'agit nullement de

---

1) Voy. ci-dessous, p. 404.

2) Déjà au bout de 30 ans, Jupiter, dans la même année, empiètera largement sur deux divisions; au bout de 60 ans, il passera la plus grande partie de l'année hors de la division normale.

chronologie mais simplement d'astrologie. Par exemple: la maison princière des descendants de l'antique empereur *Tchouan-hiu* étant menacée d'extinction imminente, un annaliste prédit que sa fin n'est pas encore arrivée; car *Tchouan-hiu* étant mort dans une année *Chouen-ho*, sa maison périra seulement dans une année *Chouen-ho*. M. Chavannes estime qu'il s'agit là d'un système de chronologie précise tout récemment constitué; il me semble y voir plutôt un système astrologique pratiqué depuis un temps immémorial.

IV. Examen des textes.

Les textes où il est question des positions de Jupiter sont au nombre de six, dont deux se trouvent dans le *Kouo yu* et quatre dans le *Tso tchouan*, c'est-à-dire dans les plus anciens recueils anecdotiques de la littérature chinoise [1]).

a) Le premier en date se rapporte à l'odyssée du futur duc *Wen*, le célèbre hégémon, alors que simple *kong tseu* (fils de duc) en exil, il errait, suivi de quelques fidèles compagnons, dans les états voisins de son pays natal de *Tsin*:

Comme il traversait le district d'*Ou-lou*, (dans le pays de *Wei*), il demanda à manger à un paysan. Celui-ci (par dérision) prit une motte de terre et la lui présenta. Le *kong tseu*, furieux, le voulait cravacher quand *Tseu-fan* [2]) (l'arrêta) en disant: «C'est là une faveur du Ciel: ce peuple vous fait hommage de sa terre. Que demander de plus? Il y a là sûrement le présage d'un évènement (décidé par le) Ciel. Dans douze ans, cela est certain, vous vous emparerez de ce territoire. Nous sommes ici plusieurs à le reconnaître. (La planète de) l'année est actuellement dans *Cheou-sing*: quand elle atteindra *Chouen-wei* vous serez en possession de cette terre. Voilà ce que le Ciel vous annonce» [3]).

---

1) Il est à remarquer que le *Kouo yu* (quoique bien différent de style) a été attribué au même auteur que le *Tso tchouan*, c'est-à-dire à *Tso K'ieou-ming*. Si cette hypothèse est fondée, ces six textes proviendraient donc d'une même source.

2) C'est la désignation de *Kieou-fan* (M. H. IV, p. 542) dont l'appellation était *Ilou yen*.

3) 國語合注, section 晉語, chap. IV, pp. 1 v° et 2 r°. 乃行

Il n'est pas question ici de chronologie mais de prédiction astrologique: le présage s'étant produit en *Cheou-sing* (644 av. J.-C.), l'évènement corrélatif doit survenir lorsqu'un cycle entier se sera écoulé, c'est-à-dire en *Chouen-wei*; de sorte que, lorsque reviendra l'année *Cheou-sing* (13e année), le duc se trouvera déjà en possession du district en question, qui fut en effet conquis dans les derniers mois de l'année civile 633 [1]).

b) Le second texte se rapporte au même duc *Wen*, alors qu'avec l'aide de *Ts'in* il s'apprête à conquérir son trône, occupé par un demi-frère. Ayant questionné *Yen* sur le succès de l'entreprise, ce dernier répond:

> (La planète de) l'année se trouve actuellement en *Ta-leang*. C'est l'indice que le dessein du Ciel est sur le point de s'accomplir; car l'inauguration de votre règne aura lieu ainsi sous les auspices de la constellation *Che-tch'en*. *Che-tch'en* (= Orion) est en effet le signe qui assure la réussite aux gens de *Tsin* [2]).

過五鹿乞食於野人。野人舉塊以與之。公子
怒將鞭之。子犯曰、天賜也、民以土服、又何
求焉。天事必象。十二年必獲此土。二三子
志（＝識）之。歲在壽星、及鶉尾其有此土乎。
天以命（＝告）矣。

1) Le *Tso tchouan*, qui suit le calendrier des *Tcheou*, place l'évènement dans les premiers mois de l'année 634. Cf. M. H. III, p. 657; IV, pp. 285, 299.

2) *Ibid.* p. 15 r°. 歲在大梁將集天行（＝成天道）、元
年始受寶沈之星也。寶沈之虛（＝次）、晉人是
居所以興也。

M. Chavannes a cité (M. H. III, p. 444) la suite de ce passage, à propos de l'identification de 辰 avec 大火: « D'ailleurs, vous êtes sorti du pays de *Tsin* en *Tch'en* (辰, c'est-à-dire quand Jupiter était en *Ta-ho*); vous y rentrerez en *Chen* (參, c'est-à-dire quand Jupiter sera dans *Che-tch'en*); ces deux termes (*Tch'en* et *Chen*) sont de bon présage pour le pays de *Tsin* et sont la grande règle du ciel ».

Il s'agit en tout ceci de la légende précédemment rapportée (A, p. 139; G, p. 392) des deux frères ennemis qui furent préposés par l'empereur *Kao sin* aux sacrifices en l'honneur d'Antarès (*Sin*) et d'Orion (*Chen* = *Ts'an*). Le cadet fut envoyé à cet effet dans

Ici encore il n'est question que de la dénomination astrologique des années.

c) Le troisième texte se trouve dans le *Tso tchouan* à la 30ᵉ année du duc *Siang* et se rapporte à une prédiction faite en la 19ᵉ année à l'occasion des troubles de l'Etat de *Tcheng* dont les princes du sang, des branches collatérales, s'entretuaient périodiquement. A propos de la mort de *Po-yeou* (*Leang-Siao*), massacré en l'an 543, il est dit que sa fin avait été annoncée douze ans à l'avance (en 554), lors de l'échauffourée où périrent le *kong-tseu Kia* et le *kong-souen Tch'ai*:

Après la mort de *Tseu-kiao* (= *Tch'ai*), le *kong-souen Houei* et *P'i-Tsao* cheminaient ensemble de bon matin pour se rendre aux funérailles. Comme ils passaient devant le portail de la maison de *Po-yeou*, sur lequel poussaient quelques herbes, *Tseu-yu* (= *Houei*) demanda (à son compagnon): «Ces herbes en ont-elles encore pour longtemps?» [1]). En cette année-là Jupiter était dans *Hiang-leou* qui précisément passait alors au méridien à l'aurore. *P'i-tsao*, montrant du doigt cet astérisme répondit: «Cela durera pendant encore un cycle, mais non pas jusqu'à ce que la planète revienne à cette même place. (Effective-

---

le *Ta hia*, pays compris plus tard dans le marquisat de *Tsin*. C'est pourquoi, dit le commentaire, *Ts'an* était la constellation propre au pays de *Tsin*. (Sur le *Ta hia* du *Chan si*, cf. M. H. III, p. 643).

L'année *Ta-ho* où *Tch'ong-eul* s'enfuit de *Tsin* est l'an 655.

1) LEGGE (p. 557) traduit: « Ces herbes sont-elles encore là (*Are those weeds still there*)? » Cette question posée en l'an 554 supposerait donc une remarque antérieure, dont on ne voit pas le rapport avec l'incident en cause. D'autre part, si telle est la question, quelle réponse lui est-elle faite? On n'en voit aucune dans la traduction anglaise où l'allusion aux mauvaises herbes du portail reste inexpliquée. Il me semble que le mot 猶 s'appliquant aux herbes dans la question, s'y rapporte aussi dans la réponse, 猶可 étant le corrélatif de 猶在乎。Le verbe 在 (*être présent dans, durer*) est ici au futur.

Il est probable que les herbes poussant sur le toit d'un portique symbolisaient une existence tranquille à l'abri des dangers (cp. notre proverbe «pierre qui roule n'amasse pas mousse»). Dans les attaques à main armée que se livraient périodiquement les factions princières se disputant les ministères d'Etat, les palais étaient souvent incendiés (tel fut précisément le cas en 554) et l'on mettait sans doute le feu à la porte d'entrée pour la forcer. Cela me paraît expliquer pourquoi la vue des herbes du portail de *Po-yeou* rallume le désir de vengeance de ses adversaires et fait prédire, par allégorie, le sort qui lui est réservé.

ment,) la mort de *Po-ycou* survint dans l'année *Tsiu-tseu* et l'année suivante la planète atteignit (de nouveau) *Hiang-leou*.

Toujours le même emploi astrologique: le meurtre ayant été commis en une année *Hiang-leou* (considérée comme *première* d'un cycle) le châtiment arrivera en *Tsiu-tseu* (*douzième* de ce cycle) avant le retour de la planète en *Hiang-leou* (*treizième* année).

d) Le 4° texte se trouve dans le *Tso tchouan* à la 28e année du duc *Siang* et se rapporte à une prédiction basée sur le fait que Jupiter, au lieu de se trouver en *Sing-ki*, était allé irrégulièrement en *Hiuan-hiao*. Nous avons déjà commenté ce texte au point de vue de la théorie dualistique et de la signification des termes *Hiuan-hiao* et *Hiu*, signification qui sert de base à la prophétie[1]). Nous le discuterons en outre, plus loin, au point de vue astronomique; ce texte présente en effet cette particularité intéressante qu'il mentionne à la fois (semble-t-il) le *lieu vrai* et le *lieu moyen* de la planète. Il nous suffit actuellement de constater qu'il a pour but d'exposer une prédiction astrologique et non de fixer une date

e) Le 5e texte se trouve dans le *Tso tchouan* à la 8e année du duc *Tch'ao* (534 av. J.-C.). Le duc de *Tch'en* ayant été assiégé et mis à mort par *Tch'ou*, le marquis de *Tsin* demande à son historiographe si cette maison va disparaître. «Pas encore» lui est-il répondu; «car la famille princière de *Tch'en* descend de *Tchouan hiu* qui est mort dans une année *Chouen-ho*. Il en sera de même pour *Tch'en*; or Jupiter est actuellement au Gué (de *Si-mou*[2]) donc *Tch'en* se relèvera». Ici encore il s'agit d'un système astrologique et, chose remarquable, ce système se trouve appliqué à un évènement de la haute antiquité.

---

1) Cette signification de *Hiu* joue aussi un rôle dans une autre prédiction faite à l'occasion de l'apparition (dans le palais oriental) d'une comète qui marchait vers le nord (*Tch'ao*, 17e année).

2) Sur cette expression, voy. l'article suivant (G').

f) Le 6ᵉ texte suit de près le précédent (*Tch'ao*, 9ᵉ année) et se rapporte comme lui à une prophétie relative à la disparition de *Tch'en* récemment envahi par *Tch'ou*. Il prédit que cet Etat sera rétabli au bout de 5 années, puis anéanti 52 ans après sa restauration, lorsque Jupiter sera revenu 5 fois en *Chouen-ho*: 歲五 及鶉火、而後陳卒亡... 故日五十二年。Effectivement le marquisat de *Tch'en*, supprimé en 534 puis rétabli en 529, fut anéanti au 7ᵉ mois de l'année 478[1]), en punition de son attitude lors des troubles qui eurent lieu au 7ᵉ mois de l'année précédente dans le royaume de *Tch'ou*.

g) Le dernier texte se trouve à l'année suivante (*Tch'ao*, 10ᵉ année) et se rapporte comme tous les autres à une prophétie astrologique: une étoile anormale (bolide?) étant apparue dans la mansion *Siu-niu*, on en conclut que le prince de *Tsin* mourra dans le courant de l'année. Le texte spécifie que Jupiter se trouve en *Hiuan-hiao*[2]) et

---

1) Les *Che ki* placent ce fait tantôt en 480 (M. H. IV, p. 245), tantôt en 479 (*Ibid.*, pp. 382, 482), tantôt en 478 (*Ibid.*, p. 182 n. 6); mais le détail des évènements dans le *Tso tchouan* montre que 478 est bien la date exacte, la conquête de *Tch'en* ayant eu lieu après que le roi *Houei* eût écrasé la révolte du gouverneur de *Po*.

Les termes de la prédiction (而後) se rapporteraient d'ailleurs plus correctement à l'an 477, car si *Tch'en* se trouve bien en 478 dans la 52ᵉ année de sa restauration, les 52 ans ne sont cependant pas encore révolus.

Les cinq années *Chouen-ho* dont il est question sont les dates 526, 514, 502, 490, 478.

2) 今茲歲在顓頊之虛。Il est à remarquer que *Hiuan-hiao* est appelé ici «la place de *Tchouan hiun*. Le *Eul ya* dit en effet: 玄枵、虛也。顓頊之虛、虛也。ce qui établit l'équivalence des trois termes *Hiuan hiao*, *Hiu* et *Tchouan hiu che hiu* et confirme ce que nous avons dit plus haut: à savoir que les noms des dodécatémories sont des noms d'astérismes; *Hiu* l'astérisme solsticial de la haute antiquité caractérise la dodécatémorie solsticiale au centre de laquelle il est situé.

Notons en passant que l'expression *Tchouan hiu che hiu* est de nature à mettre en doute l'étymologie, donnée plus haut (E, p. 595) d'après *Sseu-ma* (M. H. III, p. 304) et le *Tso tchouan*, du nom de l'astérisme *Hiu*. Dans cette expression le mot *hiu* a en effet le sens d'*intervalle*, *place vide*, *emplacement* (qu'on lui trouve ci-dessus, p. 400, dans un texte du *Kouo yu*). Dès lors, il semble très probable que le nom de l'astérisme *Hiu* soit une abréviation (très antique puisqu'elle figure dans le *Yao tien*) de l'expression *Tchouan hiu che hiu*, de même que le nom des astérismes *Sing*, *Leou*, etc. est une abréviation de *Ts'i-sing*, *Hiang-leou*,

que *Siu-niu* est la première mansion de cette dodécatémorie [1]), ce qui confirme ce que nous avons dit plus haut sur la répartition antique et classique des *sieou* dans les dodécatémories.

Vérification astronomique.

On doit se demander tout d'abord si cette coutume d'établir des prédictions astrologiques sur la position de Jupiter reposait sur la constatation réelle du lieu de la planète ou sur une règle duodénaire conventionnelle. A cette question on peut immédiatement répondre qu'elle reposait sur une règle fictive, puisque les dates joviennes indiquées par les textes (qui embrassent un intervalle de 277 ans) se conforment exactement à un roulement duodénaire, comme le montre le tableau suivant, alors que pendant une telle période une notation cyclique basée sur les lieux vrais de la planète présenterait nécessairement un écart d'au moins 3 ans.

---

etc.. La première de ces étymologies (*Hiu* = vide) se rapporte à la théorie binaire du *yin* et du *yang*, tandis que la seconde (*Hiu* = emplacement) se rattache à la théorie quinaire des cinq éléments. L'une et l'autre font allusion au caractère solsticial de *Hiu*. Si cet astérisme est, en effet, la « place » de *Tchouan hiu*, c'est parce que cet antique souverain préside à l'hiver et à l'élément *eau*.

Nous avons dit précédemment (C. p. 277) que, pour une raison inconnue, le culte de cet Empereur noir (hiver = eau = noir) semble avoir été systématiquement omis dans le pays de *Ts'in* (dont le peuple était de race turque); depuis lors j'ai remarqué que cette même omission du *noir* se retrouve dans les couleurs des bannières mandchoues qui forment, on le sait, deux groupes de 4: jaune, rouge, blanc et bleu (= vert); puis: jaune bordé, rouge bordé, etc. Notons encore, à ce propos, que le drapeau de la nouvelle république chinoise se compose des cinq couleurs canoniques symbolisant le centre (jaune) entouré des régions cardinales et des diverses races de l'Empire; mais, pour éliminer l'idée de supériorité impliquée dans la position du jaune (symbole de la race purement chinoise) on a changé la place de cette couleur. Cette réforme, qui conserve la tradition tout en lui faisant subir une modification qui en détruit la logique, rappelle tout-à-fait les compromis analogues que nous avons signalés (E, p. 623): il y a là, semble-t-il, un trait caractéristique de la mentalité chinoise.

1) Le texte dit en effet: « Jupiter est actuellement dans la place de *Tchouan hiu* et *juste au commencement de cette division* 居其維首 se trouve cette étoile sur-naturelle ».

Textes	Nom jovien de l'année et son rang dans le cycle		Date avant J.-C.	Date cyclique et son rang duodénaire		Écart constant
b	Ta-ho	11	655	丙寅	3	11 — 3 = 8
a	Cheou-sing	10	644	丁丑	2	10 — 2 = 8
b	Ta-leang	5	637	甲申	9	12 + 5 — 9 = 8
b	Che-tch'en	6	636	乙酉	10	12 + 6 — 10 = 8
a	Chouen-wei	9	633	戊子	1	9 — 1 = 8
c	Hiang-leou	4	554	丁未	8	12 + 4 — 8 = 8
d	Sing-ki	1	545	丙辰	5	12 1 — 5 = 8
c	Tsiu-tseu	3	543	戊午	7	12 + 3 — 7 = 8
e	Si-mou	12	534	丁卯	4	12 — 4 = 8
g	Hiuan-hiao	2	532	己巳	6	12 + 2 — 6 = 8
f	Chouen-ho	8	478	癸亥	12	12 + 8 — 12 = 8

Toutefois cette conformité à une règle duodénaire n'empêcherait pas qu'à l'époque de l'un ou de l'autre de ces textes Jupiter ne se fût trouvé d'accord avec le cycle. Le texte *d*, notamment, suivant lequel la planète «aurait dû se trouver en *Sing-ki* mais était allée irrégulièrement en *Hiuan-hiao*», semble indiquer une conformité récente, et récemment rompue, entre le cycle fictif et le cycle vrai [1]). Cependant, lorsqu'on calcule les lieux de Jupiter à l'époque *Tch'ouen-ts'ieou*, on constate, non sans surprise, que cette planète se trouvait dans des positions très différentes de celles indiquées par les textes: en l'an 655 Jupiter ne se trouvait pas en *Ta-ho* mais en *Chouen-ho*, en retard de trois signes sur le cycle astrologique; en 545 il ne se

---

1) Dans l'article consacré précédemment au cycle de Jupiter (T. P. 1908), n'ayant pas eu à ma disposition le volume des *Annales de l'Observatoire* (*Mém.* t. XII) qui contient les éléments de Le Verrier permettant de faire le calcul, j'avais cru à tort pouvoir tabler sur ce texte. — D'une manière générale, cet ancien article, qui contient plusieurs erreurs, doit être considéré comme abrogé.

trouvait pas en *Hiuan-hiao*, ni même en *Sing-ki*, mais en *Ta-ho*, en retard de deux signes sur ce cycle.

L'hypothèse de Chalmers.

Chalmers a d'ailleurs signalé à Legge ce désaccord, dans une lettre que ce dernier a insérée dans son introduction au *Tch'ouen-ts'ieou*[1]):

The position of the planet Jupiter was observed in the year B.C. 104, and recorded correctly by Sze-ma Ts'ëen, in *Sing-ke* (Sagittarius-Capricorn); and he thought, as the writer of the notices in the Tso Chuen evidently did likewise, that Jupiter's period was exactly 12 years. But if this had been the case, Jupiter should not have been in *Sing-ke* in the 28th year of duke Sëang, B.C. 545, because the intervening time of 441 years is not divisible by 12. Moreover, Jupiter was not really in *Sing-ke* in B.C. 545, but he would be there in 543, two years later. How then did the writer of the Chuen say that Jupiter was in *Sing-ke*, or ought to have been there, but « had licentiously advanced into *Heuen-hëaou* (Capricorn-Aquarius)? » Probably because such was the course of the planet, and such the Chinese manner of viewing it 240 (12 ✕ 20) years later, say in B.C. 305. It might be 12 years before or after. And the writer knowing this, ventured to count back two centuries and a half in cycles of 12, and then to affirm that the same phaenomenon had been observed B.C. 545, and to found a story thereon. He could not have lived earlier that the time of Mencius. He might have been later. Jupiter in fact gains a sign every 86 years, or he completes seven circuits of the starry heavens in about 83 years instead of 84, and hence the discrepancy of 3 years, or 3 signs, between the observations of Sze-ma Ts'ëen and those on which Tso based his calculations. If he, or any authorities he had to quote from, had observed the planet in B.C. 545, they would have said it was in *Ta-ho* (Libra-Scorpio), not in *Sing-ke*, and much less in *Heuen-hëaou*. There would then have been a discrepancy of 5 signs between him and *Sze-ma* instead of 3. In the matter of the « year-star », as in that of the winter solstice [2]), Tso-she is *systematically* wrong » [3]).

---

1) C. C. IV, *Proleg.* p. [100]. — Ce passage m'avait échappé jusqu'ici. M. Chavannes semble aussi l'avoir perdu de vue dans sa note sur le cycle duodénaire.

2) Dans la même lettre, Chalmers, se basant sur l'inexactitude des dates de solstice indiquées dans le *Tso tchouan* attribue les passages où elles sont mentionnées à des interpolations de l'époque des *Han*. Nous verrons, dans l'article subséquent consacré aux déterminations solsticiales, que cette supposition n'est guère fondée.

3) J'ai rectifié les diverses dates indiquées dans cette lettre. Chalmers écrit en effet, contrairement aux usages: B.C. 103, B.C. 544 au lieu de —103, —104 (style astronomique) ou de B.C. 104, B.C. 545 (style chronologique). De même, dans le tableau des éclipses

Legge fait les réserves suivantes:

«I am not prepared to question the conclusions to which Mr. Chalmers thus comes regarding the dates of the winter solstice, and the positions of the planet Jupiter, given in Tso's commentary. But instead of saying, as he does, that Tso could not have lived earlier than the time of Mencius, and may have lived later, I would say that the narratives in which the Year-star is mentioned were made about that time, and interpolated into his Work during the Ts'in dynasty or in the first Han. They will come under the second class of passages for the interpolation of which I have made provision on p. 35 of the first Chapter. But after all that Mr. Chalmers has said, my faith remains firm in the genuineness of the mass of Tso's narratives as composed by him from veritable documents contemporaneous with the events to which they relate».

*

Cette hypothèse de Chalmers est intéressante. Je crois qu'elle doit être adoptée en principe, mais il y a lieu d'en corriger certains points.

D'abord — et bien que cela ne se rattache pas directement à la question — il est inexact de dire que « *Sseu-ma Ts'ien* observa correctement la position de Jupiter dans *Sing-ki* l'an 104 avant J.-C. », car on ne trouve rien de semblable dans les *Che-ki*. Chalmers fait évidemment allusion ici aux données suivantes: 1º dans le *T'ien kouan chou*, *Cho-t'i-ko* est le nom de la première année du cycle (d'où la déduction *Cho-t'i-ko = Sing-ki*)[1]); 2º dans le calendrier inséré à la fin du même chapitre, la 1ᵉ année (supposée être la 1ᵉ année *T'ai-tch'ou*) est appelée *Cho-t'i-ko* (d'où la déduction *Sing-ki = Cho-t'i-ko* = 104 av. J.-C.). — Mais 1º le susdit passage du *T'ien kouan chou*, comme nous avons déjà eu l'occasion de le

_____

qu'il a inséré dans sa dissertation sur l'astronomie des anciens Chinois, Chalmers indique les dates en jours astronomiques (comptés de midi à midi) et en style astronomique; il fait en outre usage du calendrier grégorien (new style) ce qui n'a aucune raison d'être en un tel cas; de sorte que l'éclipse du *Che king*, par exemple, qui se produisit le 6 septembre, au matin, l'an 776 avant J.-C., est donnée dans ce tableau comme ayant eu lieu le 29th August B.C. 775. Legge, à la demande de Chalmers, a d'ailleurs inséré une rectification à ce sujet, cf. C. C. Ṽ, p. [88].

1) Il s'agit ici du passage que nous avons cité plus haut, p. 391.

dire, n'exprime pas une opinion personnelle de l'historien: *Sseu-ma Tsien*, suivant l'expression de M. Chavannes, est avant tout un «collectionneur de vieux documents» et il ne fait que reproduire, en l'espèce, un passage du *Sing king* de *Che che* composé vers la

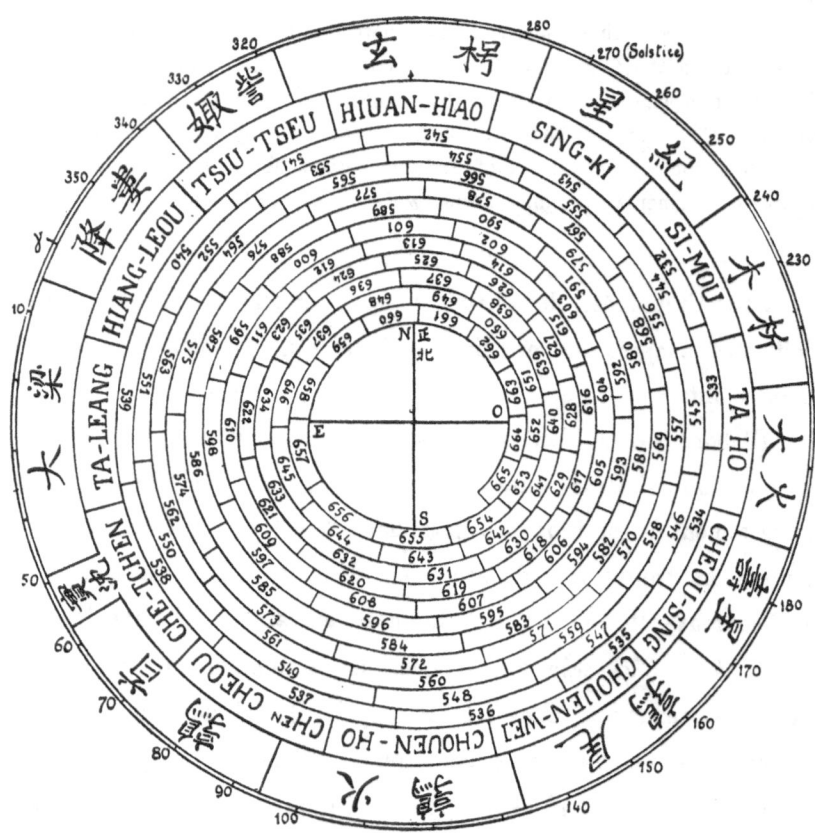

Fig. 24. Lieux vrais de Jupiter au *Tch'ouen-ts'ieou*, en projection équatoriale,
l'année étant comptée à partir du solstice d'hiver, le lieu du solstice étant
(en moyenne) au 3ᵉ degré de *Nieou*.

fin de la dynastie *Tcheou*; 2° en ce qui concerne le calendrier inséré à la fin du même chapitre, M. Chavannes a montré qu'il ne
peut être le calendrier *T'ai-tch'ou* et que, d'autre part, *Sseu-ma Ts'ien*
ne considérait nullement la première année *T'ai-tch'ou* comme

correspondant à *Sing-ki* [1]). Cette assertion de Chalmers ne repose
donc sur aucun fondement.

Mais cela n'empêche pas son explication d'être très vraisemblable:
l'inexactitude des positions sidérales de Jupiter proviendrait de ce que

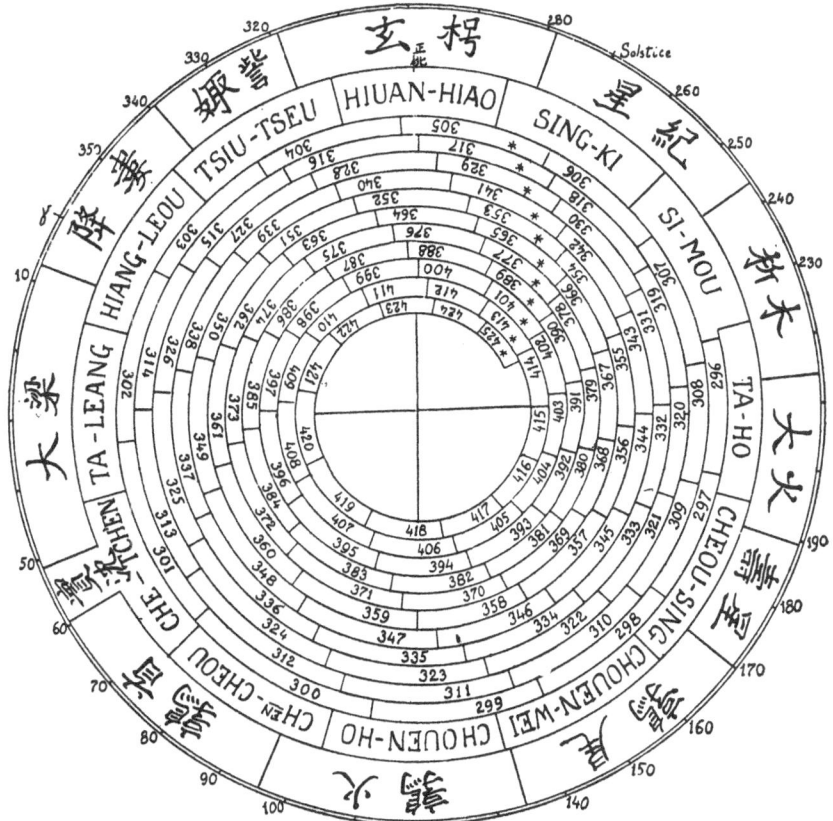

Fig. 25. Lieux vrais de Jupiter au IVᵉ siècle, le lieu (moyen) du solstice
étant entre *Nieou* et *Teou*. Les noms en caractères latins indiquent
les dodécatémories *égalisées*.

le récit des prophéties astrologiques fut composé à une époque très
postérieure aux faits qu'elles relatent. Ceci étant admis, il reste à
déterminer quelle fut cette époque; or sur ce point, fort important

---

1) Cf. *Le calendrier des Yin* et, ci-dessous, l'article G'.

puisqu'il fournit une base à la critique historique en ce qui concerne le problème des origines du *Tso tchouan*, le raisonnement de Chalmers n'est pas convaincant. C'est en effet aux environs de l'an 380 (et non pas de l'an 305) que le cycle astrologique se trouve en concordance avec les positions sidérales de Jupiter, comme on peut le voir sur la fig. 25 où les années dites *Sing-ki* sont marquées d'un astérisque. Et comme un changement d'un signe dans les positions duodénaires de la planète ne se produit qu'au bout de 86 ans, l'époque où le cycle astrologique peut être considéré comme conforme aux lieux de la planète commence même déjà avant l'an 400. Si Chalmers assigne à la rédaction du *Tso tchouan* la date 305 ou ses environs immédiats, c'est parce qu'il fonde son raisonnement sur ce seul texte dans lequel il est dit que Jupiter «aurait dû être en *Sing-ki* mais était allé irrégulièrement en *Hiuan-hiao*»; de cette donnée il conclut que l'anecdote astrologique en question a dû être inventée à une époque où Jupiter avait avancé d'un signe par rapport au cycle supposé par tous les autres textes. Mais la logique de cette déduction ne m'apparaît pas très clairement. Vers l'an 305, en effet, Jupiter ayant avancé intégralement d'un signe par rapport à ses positions antérieures de 86 ans, il y avait déjà bien longtemps que la planète se trouvait en *Hiuan-hiao* dans les années autrefois dites *Sing-ki*, et ce nouvel état de choses ne pouvait plus être considéré comme «irrégulier». Le raisonnement de Chalmers pourrait plutôt s'appliquer à l'année 361, par exemple, où Jupiter commençait à pénétrer dans *Hiuan-hiao* à la fin d'une année *Sing-ki* [1]).

---

1) Il est vrai que, d'après le texte, la planète se serait trouvée *dès le printemps* en *Hiuan-hiao* (alors qu'elle aurait dû être en *Sing-ki*), ce qui suppose une avance d'un signe entier par rapport au cycle.

Mais si l'hypothèse de Chalmers s'accorde sur ce point avec le texte, elle n'en est pas pour cela plus vraisemblable. Elle admet, en effet, qu'aux environs de l'an 300 les Chinois se souvenaient des positions différentes occupées par la planète aux environs de l'an 400; dès lors on ne voit pas bien pourquoi en l'an 400 ils n'auraient pas conservé le souvenir de positions antérieures susceptibles de suggérer le texte.

Appliquee à l'année 305 l'interprétation de Chalmers se contredit elle-même puisque, d'une part, elle suppose que l'auteur de ces textes se fondait sur la situation actuelle de la planète pour calculer rétrospectivement, d'après la règle duodénaire, sa situation au IVe siècle; et que, d'autre part, cette situation actuelle (de l'an 305) n'est précisément pas celle que l'on trouve dans le cycle astrologique commun à tous les textes.

L'affirmation si catégorique de Chalmers, suivant laquelle *Tso* n'aurait pu vivre antérieurement à Mencius, étant ainsi dénuée de fondement, le moyen terme proposé par Legge n'a pas non plus de raison de subsister. Si Legge, en effet, a proposé de considérer ces textes joviens comme une interpolation postérieure au reste de l'ouvrage, c'est uniquement pour tourner la difficulté soulevée par Chalmers et concilier son affirmation avec la date probable de la rédaction du *Tso tchouan*. Du point de vue purement philologique aucun indice ne vient d'ailleurs corroborer cette supposition; dans le texte *c*, notamment, ne retrouve-t-on pas la manière et le style caractéristiques de *Tso*?

L'hypothèse d'une interpolation pure et simple de tous les textes joviens (du *Kouo yu* comme du *Tso tchouan*) devant être, semble-t-il, écartée, il reste encore à se demander si, dans ces anecdotes astrologiques, la rédaction primitive n'aurait pas été remaniée dans la suite. Mais on peut vite se rendre compte que cette supposition est inadmissible car, à l'exception des textes *a* et *c*[1]), le nom jovien de l'année est lié à l'évènement historique dont il est question par une association d'idées servant de base à la prédiction, ce qui exclut la possibilité d'une substitution ultérieure[2]).

---

1) Dans ces deux textes le nom jovien de l'année est en quelque sorte indifférent, car la prédiction implique seulement que l'évènement se produira lorsqu'un cycle complet se sera écoulé.

2) Par exemple la position de la planète en *Hiuan-hiao* sert à prédire une famine parce que cette constellation (lieu du solstice antique) évoque l'idée de vide (*hiu*) et d'anéantissement.

En outre le texte *c* contient une particularité qui vient, à la fois, confirmer l'hypothèse de Chalmers et démontrer qu'il n'y a pas eu de remaniement postérieur dans les dates joviennes. Dans ce texte, en effet, la prédiction est prononcée par un *kong tseu* se rendant de bon matin aux funérailles de *Tseu kiao* et il est spécifié que Jupiter, à ce moment, se trouvait dans la constellation *Hiang-leou* qui passait au méridien. Or à cette date Jupiter (qui n'était pas en *Hiang-leou* mais bien en *Hiuan-hiao*) ne passait pas au méridien de bon matin mais déjà à $10^h 46^m$ du soir. Se trouvant dans la partie australe de l'écliptique (dans le palais de l'hiver), la planète ne culminait alors qu'à une faible hauteur et se couchait 5 heures après son passage au méridien, c'est-à-dire avant 4^h du matin [1]).

---

[1]) Le *kong tseu kia* fut tué au jour 甲 辰 de la 8ᵉ lune des *Tcheou*. En admettant que les obsèques eurent lieu quelques jours plus tard, le texte se rapporte donc aux environs du 5 août julien de l'an 554 avant J.-C. — A cette époque (143 jours avant le solstice) la situation sidérale à minuit était la suivante:

JUPITER	HIANG-LEOU
T☉ = $12^h 00^m$	Ts = $20^h 42^m$
A.R.☉ = $8^h 42^m$	A.R.✶ = 0^h
Ts = $20^h 42^m$	T✶ = $20^h 42^m$ en l'an 554
A.R.♃ = $19^h 28^m$	précession = 8^m en 150 ans
T♃ = $1^h 14^m$	T✶ = $20^h 34^m$ vers l'an 400

Aux environs du 5 août Jupiter passait donc au méridien à $(12^h - 1^h 14^m =) 10^h 46^m$ du soir et *Hiang-leou* à $(24^h - 20^h 42^m =) 3^h 18^m$ du matin en l'an 554, ou à $3^h 26^m$ du matin en l'an 400. Il est donc parfaitement exact qu'un peu avant l'aurore (qui en cette saison efface les étoiles vers 4^h du matin) *Hiang-leou* brillait au méridien. Mais à ce moment Jupiter, loin de culminer, était sur le point de disparaître à l'horizon. L'astrologue a fait un calcul juste en ce qui concerne les étoiles parce que, sur un si faible espace de temps, la précession est négligeable; mais il s'est trompé en ce qui concerne la planète parce que, lui appliquant la règle duodénaire, il a méconnu l'avance de deux dodécatémories, soit 4^h, gagnée par Jupiter en un siècle et demi.

A défaut de calcul notre figure 24 suffirait à établir ces constatations: on y voit en effet qu'au solstice d'hiver (1ᵉ lune) le soleil se trouvait en *Sing-ki*, donc en *Chouen-cheou* au solstice d'été (7ᵉ lune) et en *Chouen-ho* à la 8ᵉ lune; à minuit c'était donc la constellation opposée (*Hiuan-hiao*) qui passait au méridien et l'on voit que Jupiter, se trouvant alors à la droite de cette dodécatémorie, avait déjà franchi le méridien tandis que *Hiang-leou* ne culminait que beaucoup plus tard.

Il est donc inexact de prétendre que, de bon matin, on pouvait montrer du doigt Jupiter au méridien. Mais cette assertion s'explique fort bien si l'on suppose qu'elle fut émise par un astrologue qui, au début du IVe siècle, rédigea cette anecdote en calculant rétrospectivement la marche de cette planète à raison d'une dodécatémorie par année.

Il est donc établi, en résumé, que les anecdotes d'astrologie jovienne du *Tso tchouan* et du *Kouo yu* furent élaborées à l'époque où les positions duodénaires de la planète se trouvaient conformes à leurs indications, c'est-à-dire au début du IVe siècle; par ailleurs aucun indice, que je sache, ne permet de voir dans ces récits une interpolation postérieure à la composition de ces ouvrages. Il n'est guère probable, d'autre part, qu'ils aient été inventés de toutes pièces, comme Chalmers le suppose d'emblée, par l'auteur du *Tso tchouan*. Il est plus naturel d'admettre que ces racontars astrologiques furent trouvés par l'historien dans les documents divers (et provenant de différents royaumes) dont il fit la compilation. A l'appui de cette opinion on peut remarquer que, dans le *Kouo yu*, la prédiction de la conquête du district d'*Ou-lou* (texte *a*) est en rapport avec le calendrier des *Hia* qui précisément n'est pas celui du *Tso tchouan* ¹). Il est même permis de supposer que ces historiettes provenaient du pays de *Tsin*, parce que le texte *a* implique le calendrier des *Hia*, en vigueur dans ce pays, et que le texte *f* attribue à un astrologue de *Tsin* la prédiction relative à la disparition de *Tch'en*.

---

1) « C'est à la 27e année du duc *Hi* (633 av. J.-C.), marquée des signes 戊 子 que se rapporte la prédiction relative à la prise du territoire d'*Ou-lou*; si le *Tso tchouan* rapporte cet évènement à la 28e année du duc *Hi*, au 6e jour du 1er mois, c'est parce que le *Tso tchouan* se sert de la computation des *Tcheou* qui considérait comme le 1er mois d'une année nouvelle, le mois qui était le 11e de l'année précédente dans la computation des *Hia*; si l'on s'en tient à la computation des *Hia*, c'est bien en l'année marquée des signes 戊 子 qu'est survenue la prise de *Ou-lou* » (M. H. III, p. 657).

Au reste, il est bien évident que si ces prédictions ont été fabriquées deux siècles après les évènements, cela ne signifie pas que la coutume d'attribuer une valeur astrologique à la position de Jupiter n'existât pas auparavant. Bien au contraire, si ces anecdotes ont pu être présentées au public lettré comme contempo-raines du duc *Wen*, c'est assurément parce que cette pratique astrologique était notoirement ancienne. Je n'ai donc pas à modifier ce que j'ai écrit, plus haut, à un moment où je n'avais pas encore constaté le caractère apocryphe de ces textes joviens.

De la connaissance des planètes dans l'antiquité.

Chalmers, cependant, ne partage pas une telle manière de voir: ayant constaté que les prédictions joviennes ont été inventées à une époque postérieure aux évènements, il en conclut — on ne sait pourquoi — que l'utilisation astrologique de Jupiter ne date que de l'époque des Trois Royaumes «ou même des premiers *Han*»! C'est également à cette époque qu'il attribue la découverte de la révolution de Jupiter en douze ans et, par conséquent, l'origine du nom 歲星 donné à cette planète:

> The ancients knew nothing of the five planets. No reference to them as *five* can be found in the classics. On the contrary, they seem to have supposed, as the Greeks did before Pythagoras, that Lucifer and Hesperus were two stars. Hence in the book of Poetry we find lines to this effect:
> > « In the east there is Lucifer
> > In the west there is Hesper. »
>
> And the references to the five planets in the Chow Ritual and in the three annotated editions of the Chun Ts'ew, are evidence of their later origin. The same may be said of the use of the planet Jupiter for astrological pur-poses, which belongs to the time of the contending states, or to the early Han. At that time the period of Jupiter was supposed to be exactly 12 years, so that he gave a year to each sign of the Zodiac, therefore he is always called the *year star*.

et plus loin:

Besides this inconvenient system of unequal constellations or mansions, the Chinese have, in common with western nations and the Hindoos. the division of the Zodiac into twelve equal parts or signs. This improvement was probably also introduced in the end of the Chow, or the beginning of the Han dynasty. The Sinologue will see a reference to two of these signs in the Tso Chuen [1]), where they are mentioned for an astrological purpose, in connexion with the planet Jupiter [2]).

Comme nous venons de le voir, ce n'est pas des premiers *Han* ni même de l'an 300, mais bien des environs de l'an 400 que doit dater la rédaction de ces écrits astrologiques; et il va de soi que, non-seulement l'usage astrologique de la planète, mais plus évidemment encore l'existence des dodécatémories [3]) étaient à cette époque déjà anciens. Si Chalmers formule des conclusions très différentes, c'est parce qu'il suit, à son habitude, une méthode de critique sur laquelle nous aurons à revenir plus longuement à la fin de notre étude mais dont nous pouvons dès maintenant dire quelques mots.

Lorsqu'il s'agit de déterminer l'âge de telle ou telle institution, il est assurément très légitime de rechercher à quelle époque elle se trouve pour la première fois mentionnée dans les textes; mais la conclusion autorisée par cette constatation n'est évidemment que dubitative puisque cette institution peut fort bien avoir une origine beaucoup plus ancienne que sa première apparition dans les textes. Cette restriction s'impose tout particulièrement, en Chine, pour les choses qui se manifestent pour la première fois dans les textes de

---

1) 左傳襄公二十八年。 *(Note de Chalmers.)* On voit, par cette note, qu'en 1865 Chalmers n'avait encore connaissance que du texte *d*. Or, comme nous l'avons vu (p. 410), c'est précisément sur ce seul texte qu'il appuie un raisonnement très contestable en ce qui concerne le texte *d* et inadmissible en ce qui concerne tous les autres textes. Il semble donc que Chalmers, lorsque Legge lui communiqua la traduction du *Tso tchouan*, se soit borné à maintenir son ancienne opinion (basée sur un seul texte) sans faire une étude plus complète de la question.

2) C. C. III, proleg., pp. 93 et 95.

3) Nous avons vu, d'ailleurs, que les noms de plusieurs de ces dodécatémories se trouvent dans le *Eul ya*. Or le *Eul ya* n'est pas un recueil de néologismes mais au contraire un dictionnaire de termes déjà vieillis.

l'époque des *Han*, non-seulement à cause de l'incendie des livres qui détruisit sous les *Ts'in* une si grande quantité de documents, mais surtout parce que cette époque, par suite de la centralisation politique, de l'invention du papier, de la réforme de l'écriture, etc., marque une ère nouvelle dont la riche bibliographie ne peut se comparer à la rareté et à la concision des textes antiques. C'est ainsi, par exemple, que la liste complète des 28 *sieou* ne se rencontre pas dans les classiques (quoiqu'un certain nombre d'entre eux s'y trouvent très anciennement mentionnés); elle n'apparaît que dans les traités des *Han*: personne ne s'avisera, cependant, de soutenir que cette division en 28 *sieou* date seulement des *Han*.

Si l'institution dont il s'agit de déterminer l'origine possède un caractère absolument autonome, ne présentant aucun trait de filiation, de parenté ou d'analogie avec quoi que ce soit, la critique manque naturellement de base pour .prolonger les recherches au delà de la première apparition dans les textes; mais il n'en va pas de même lorsque cette institution fait partie d'un tout, parce qu'alors l'analyse et la comparaison fournissent de nombreux moyens d'investigation. C'est ainsi, par exemple, que le cycle des douze animaux, lorsqu'on le considère comme une entité et au seul point de vue bibliographique, peut apparaître comme d'origine étrangère et datant seulement en Chine de l'époque des *Han*, tandis que, dès qu'on l'envisage comme une institution d'ordre astronomique et qu'on en fait à ce titre l'analyse, il se révèle non-seulement comme antique mais encore comme figurant à l'état fragmentaire dans les plus anciens classiques. C'est en conformité avec ces remarques élémentaires que nous allons aborder la question de la connaissance des planètes dans l'antiquité.

Notons d'abord, à un point de vue général qui s'applique aussi bien à l'Inde qu'à la Chine, qu'un peuple ne peut pas posséder les mansions lunaires sans connaître, *ipso facto*, les planètes. Le propre

des mansions lunaires, en effet, est de jalonner la route de la lune —
c'est-à-dire l'écliptique — au moyen d'étoiles spécialement désignées,
choisies souvent parmi celles qui sont très peu visibles (4e et 5e
grandeurs) ce qui implique un examen très attentif de cette région
du ciel. Or les planètes circulent précisément sur cette route de la
lune et elles sont toutes des astres de première grandeur. Il serait
absurde de supposer que ces primitifs se transmettaient de génération en génération la connaissance exacte de ces mansions et de
ces repères sidéraux de très faible éclat, sans remarquer la présence,
parmi eux, d'astres mobiles dont la lumière est éclatante.

Cela est d'autant plus inadmissible que les planètes se signalent
infailliblement à l'attention par le fait qu'elles apparaissent au
crépuscule, bien avant les étoiles. Un peu après le coucher du
soleil, voici le mince croissant de la nouvelle lune qui se montre
dans les feux du couchant; un peu plus à gauche Vénus brille
comme un .phare; et Jupiter apparaît au méridien; à ce moment
il · fait encore presque jour et il faudra attendre encore une demi-
heure avant que les étoiles de 1e grandeur soient visibles. Le
lendemain, à la même heure la situation sera la même, sauf que
la lune se déplaçant vers la gauche sera venue ranger de près la
planète Vénus; puis, continuant se marche vers l'est, la lune s'éloignera
les jours suivants de Vénus en se dirigeant vers Jupiter à côté
duquel elle vient encore passer; enfin, devenue pleine et étant parvenue dans d'autres régions du ciel, elle se dirigera de la même
manière vers Mars, par exemple, puis vers Saturne.

Pour les primitifs dont l'attention, pour des motifs religieux et
calendériques, est tournée vers le firmament et qui ont soigneusement repéré par des astérismes spéciaux la route de la lune, les
planètes sont nécessairement connues, non pas seulement parce
qu'elles sont mobiles et que leur lumière n'est pas scintillante,
mais surtout parce qu'elles se manifestent d'elles-mêmes en appa-

raissant, seules, au crépuscule et qu'elles reçoivent successivement la visite de la lune.

Ces considérations sont en tous cas valables pour Vénus, Jupiter, Mars et Saturne; tout au plus pourrait-on faire une réserve pour Mercure, parce que cette planète, la plus rapprochée du soleil, n'apparaît que dans les feux du couchant ou de l'aurore, et à une assez faible hauteur sur l'horizon. On peut donc ici, par principe, soulever le doute philosophique. Mais si l'on se place au point de vue des probabilités, la supposition que les anciens Chinois n'ont pas connu Mercure ne sera pas admissible. Si Mercure ne se montre, en effet, qu'une vingtaine de fois par an au crépuscule ou à l'aurore, sa lumière n'en est pas moins éclatante et ne peut échapper à ceux qui observent le ciel avec attention. La question se ramène donc à se demander si les anciens Chinois observaient le ciel avec continuité et attention; la réponse n'est pas douteuse lorsqu'on étudie dans leur ensemble les origines de l'astronomie chinoise. Le soin avec lequel les étoiles déterminatrices ont été choisies (souvent parmi celles de 4e et 5e grandeur) en exacte opposition diamétrale, l'importance religieuse et politique attachée dans les plus anciens temps aux choses du ciel et du calendrier (*Yao-tien*, harangue à *Kan*, etc.) notamment à l'observation des éclipses — la peine de mort étant appliquée aux astronomes qui manquaient à leurs devoirs — tout cela rend de la plus haute invraisemblance qu'une planète aussi éclatante que Mercure ait pu échapper à l'attention d'un peuple dont la religion était, avant tout, astrale [1]). Lorsqu'il s'agit d'expliquer les phénomènes célestes, les anciens Chinois montrent une profonde incapacité; mais lorsqu'il s'agit seulement de regarder et de voir, ils ne se laissent pas prendre en défaut [2]).

---

1) Mercure étant souvent visible simultanément avec Vénus ne peut être confondu avec elle.

2) Ainsi, par exemple, l'éclipse de l'an 776 ne fut guère visible: elle ne consista qu'en

On pourrait cependant contester qu'ils eussent connaissance de Mercure, en s'appuyant sur le passage suivant du *T'ien kouan chou* auquel nous avons déjà fait allusion précédemment.

Or, à *Yong* [capitale du pays de *Ts'in*], il y avait plus de cent temples qui étaient consacrés au Soleil, à la Lune, à *Po tcou* (la Grande Ourse), à *Yong-ho* (Mars), à *T'ai-po* (Vénus), à la planète de l'année (Jupiter), à la planète *Tchen* (Saturne), aux vingt-huit mansions... etc.

Mais cette omission de la planète Mercure (laquelle dans la théorie des cinq éléments correspond à l'eau et à la couleur noire) est en rapport direct avec l'omission de l'empereur noir dans le culte rendu, par les princes de *Ts'in*, aux empereurs célestes [1]). Pour s'appuyer sur ce texte il faudrait donc pouvoir soutenir que la théorie chinoise ne comportait à l'origine — et jusque sous les *Tcheou* — que quatre éléments et quatre couleurs. Or cette opinion, comme je pense l'avoir démontré plus haut [2]), est entièrement inadmissible: il est hors de doute que la théorie quinaire date de l'époque créatrice de la haute antiquité.

Il reste encore un argument à examiner, le seul, en définitive, que Chalmers fasse valoir contre l'ancienneté de la connaissance

---

une petite échancrure dans le disque du soleil levant; le *Che king* montre cependant quelle importance on attribua à ce phénomène.

Sseu-ma Ts'ien (reproduisant en cela d'anciens documents qui eux-mêmes rapportaient des traditions antérieures) dit que Mercure, parmi ses nombreux surnoms, portait celui de «en forme de croc». Il a été constaté (cf. *Astronomie populaire*) que certaines personnes distinguent à l'oeil nu le croissant de Vénus. Flammarion ne dit pas si la même constatation a été faite pour Mercure, mais la possibilité de la chose me semble démontrée par ce témoignage de l'historien chinois comme aussi par le fait que certaines races asiatiques ont une vue bien supérieure à la nôtre: les Yakoutes peuvent apercevoir, dit-on, à l'oeil nu, les satellites de Jupiter.

1) Cf. C, p. 277, et ci-dessus p. 403—404, note 2.

2) Cf. C et D, pp. 223, 266. Depuis lors j'ai signalé (F) plusieurs autres passages du *Tso tchouan* impliquant la théorie quinaire et, indépendamment du *Hong fan* et de la harangue à *Kan*, il en existe aussi d'autres dans les classiques: le *Yi king*, par exemple, dit que les vêtements jaunes font présager le trône (hexagramme *K'ouen*, commenté dans le *Tso tchouan*, *Tch'ao* 12ᵉ année), ce qui confirme l'antique équivalence *jaune* = centre = trône et exclut une théorie quaternaire.

des cinq planètes: c'est à savoir que, dans une ode du *Che king*, Vénus apparaît sous une double dénominatiou (de même que nous l'appelons encore *l'étoile du soir* et *l'étoile du matin*) suivant qu'elle est visible à l'est ou à l'ouest:

東有啓明、西有長庚.

Mais on pourrait tout aussi bien prétendre que les Chinois voyaient dans Jupiter un grand nombre d'astres distincts parce qu'ils lui donnaient des noms différents suivant sa situation: d'après les documents astrologiques reproduits par *Sseu-ma Ts'ien* on l'appelait *Kien-tö, Kiang-jou, Ts'ing-tchang, Pien-tchong, K'ai-ming, Tch'ang-lie, T'ien-yin, Wei-tch'ang wang, T''ien-houei, Tcheng-p'ing, T'ien-ts'iuan* et *T'ien-hao* suivant les positious diverses qu'il occupe dans le ciel au cours de sa révolutiou. Il avait encore d'autres noms: *Tch'ong-hoa, Ying-sing* et *Ki-sing*. (M. H. III, pp. 358, 364).

De même, Mercure a sept noms; quant à Vénus, on l'appelle *T'ai-po, Chang-kong, Ying-sing, Kouan-sing, Kong-sing, Ming-sing, Ta-chouai, Ta-tseu, Tchong-sing, Ta-siang, T'ien-hao, Siu-sing, Yue-wei* et *Ta-sseu-ma-wei*. «Lorsqu'elle commence par se lever du côté de l'est.... ou l'appelle *Ming-sing* et *Ta-hiao*. Lorsqu'elle commence par se lever du côté de l'ouest.... on l'appelle *T'ai-po* et *Ta-siang*» (*Ibid.* p. 373). Il n'est donc pas étonnant que, dans un chant populaire, Vénus apparaisse sous deux noms différents suivant qu'elle se trouve à l'est ou à l'ouest.

Chalmers ne met pas en doute que cette double dénomination ne soit l'exact équivalent de la même dualité de noms, Lucifer et Hesper, que Vénus possédait chez les aucieus Grecs; et en cela il exprime une opinion tout-à-fait conforme à l'idée générale qu'il a conçue de l'astronomie chinoise et résumée dans cette assertion que «postérieurement à Méton et à Calippe les Chinois eu étaient encore réduits à baser leur calendrier sur les levers héliaques des étoiles»;

alors que, précisément, l'antique astronomie chinoise ne se basait pas sur les levers héliaques et que, deux mille ans avant Méton et Calippe, elle déterminait déjà l'année tropique (le milieu des saisons) par le moyen du gnomon.

Lorsque les philosophes grecs parurent, et s'occupèrent d'astronomie, il leur suffit de quelques siècles pour porter cette science à un degré extraordinaire de développement. Mais avant eux l'astronomie grecque, comme l'a dit Letronne, était *inexistante*. Tout autre est le cas des Chinois, qu'on ne doit pas comparer aux Grecs dont ils n'eurent pas le génie scientifique, mais bien aux Chaldéens qui eurent comme eux, à l'origine, une religion astrale et des observateurs professionnels. Dès les temps les plus reculés, les Chaldéens ont eu connaissance des cinq planètes.

Il y a toutefois, dans le rôle attribué aux planètes, une très grande différence chez les Chinois et les Chaldéens. Chez ces derniers — pour autant que j'en peux juger — elles jouent un rôle capital. Dans l'astronomie chinoise antique leur rôle paraît, au contraire, avoir été secondaire: la théorie des cinq éléments n'est pas basée sur les cinq planètes mais sur les cinq palais, c'est-à-dire sur le concept fondamental du *Centre* entouré des quatre régions cardinales; la vertu de ces éléments ne réside pas dans les astres mobiles, mais dans les diverses parties du firmament, c'est-à-dire dans les astres fixes.

Si donc nous affirmons ici que les Chinois de la haute antiquité ont dû connaître les cinq planètes, ce n'est pas qu'elles interviennent dans les règles essentielles de leur astronomie: bien au contraire elles n'y sont pour rien, ce qui contribue d'ailleurs à expliquer que ces planètes ne soient pas mentionnées dans les livres canoniques. C'est seulement parce que l'importance attachée aux choses du ciel, dans la haute antiquité et l'attention révélée par le choix des étoiles déterminatrices ne permettent pas de supposer que des astres aussi éclatants que les planètes aient pu échapper aux regards.

Il suffit d'ailleurs de lire dans le *T'ien kouan chou* les règles astrologiques relatives aux planètes pour être fixé sur la valeur de l'opinion de Chalmers [1]). Ces règles ne sont pas de l'invention de *Sseu-ma Ts'ien*, comme se le figure Chalmers lorsqu'il croit y voir une observation de Jupiter faite en l'an 104 av. J.-C. [2]). Elles sont empruntées aux traités astrologiques écrits vers la fin de la dynastie *Tcheou*; et il est à remarquer que le *Ts'ien Han chou* se borne, en fait d'astronomie planétaire, à reproduire des passages de ces même traités (de *Kan* et de *Che*), ce qui montre bien qu'il ne s'agit pas de notions nouvelles mais d'une astrologie traditionnelle. *Sseu-ma Ts'ien*, d'ailleurs, a dit en tout autant de termes que la seule différence existant entre l'astrologie de son temps et celle des *Tcheou* était que la rétrogradation, envisagée autrefois pour Mars seul [3]), était maintenant observée pour les autres planètes:

> Tandis que, autrefois, dans le système des cinq planètes tel que l'exposent les calendriers de *Kan* et de *Che*, il n'y avait que *Yong-ho* qui fut susceptible de marcher à rebours, de nos jours on tire des augures non-seulement quand *Yong-ho* marche à rebours dans le lieu qu'elle occupe, mais aussi quand les autres planètes marchent à rebours et quand le Soleil et la Lune sont voilés et éclipsés (M. H. III, p. 409).

Dira-t-on maintenant que cette ancienne astrologie planétaire fut inventée à l'époque de *Kan* et de *Che*? Il suffit de lire ce qui en est reproduit dans le *T'ien kouan chou* et le *Ts'ien Han chou* pour constater que *Kan* et *Che* se bornaient à compiler d'ancien-

---

1) M. H. III, pp. 356—384; voir aussi ce qui est dit des planètes à propos des palais célestes, pp. 346—356.

2) Ci-dessus, p. 406. — *Sseu-ma* ne prend la parole qu'à la page 401 de la traduction: «Le duc grand astrologue dit:».

3) Au dire de *Sseu-ma Ts'ien*, *Kan* était du pays de *Tsi* et *Che* du pays de *Wei* (M. II. III, p. 402).

nes traditions hétérogènes et confuses [1]). Toutefois, si ces traditions d'astrologie planétaires étaient anciennes dans le fond, elles variaient naturellement dans leur forme, en tant que méthodes d'interprétation des évènements politiques, par suite des changements profonds qu'amenaient le déclin du pouvoir impérial et la prédominance des principautés semi-barbares. *Sseu-ma Ts'ien* a noté ces variations successives: il retrace d'abord le système antique et normal où le territoire du Fils du Ciel, centre de l'empire, était entouré par les quatre régions correspondant aux quatre palais célestes équatoriaux:

Les 28 mansions président aux douze provinces; le Boisseau (la Grande Ourse) [PALAIS CENTRAL] les dirige toutes ensemble; l'origine de cela est ancienne. Pour le territoire de *Ts'in* [O], l'observation portait sur *T'ai po* (Vénus), l'augure se tirait des étoiles *Lang* et *Hou* [PALAIS OCCIDENTAL]. Pour les territoires de *Ou* et de *Tch'ou* [S], l'observation portait sur *Yong-ho* (Mars), l'augure se tirait des étoiles *Niao* et *Heng* [PALAIS MÉRIDIONAL]. Pour les territoires de *Yen* et de *Ts'i* [N], l'observation portait sur la planète *Tch'en* (Mercure) et l'augure se tirait des mansions *Hiu* et *Wei* [PALAIS SEPTENTRIONAL]. Pour les territoires de *Song* et de *Tcheng* [E], l'observation portait sur la planète de l'année [Jupiter] et l'augure se tirait des mansions *Fang* et *Sin* [PALAIS ORIENTAL]. [2])

On remarquera que la planète Mercure figure dans cet ancien système, ce qui confirme ce que nous avons dit plus haut à son sujet.

Puis *Ts'in* s'annexa et absorba les trois *Tsin*, *Yen* et *Tai*. Tout ce qui s'étendait au sud du *Hoang-ho* et de la montagne *Hoa* fut le royaume du Milieu... Ce qui était au SUD-EST constituait la région du *yang*; ce qui correspond au *yang* c'est le Soleil, Jupiter, Mars et Saturne. On tirait l'augure du sud de l'astérisme *Kie*. Ce qui était au NORD-OUEST, à savoir les *Hou*, les *Me*, les *Yue-tche* et les diverses peuplades qui s'habillent de feutre et de fourrures constituait la région du *yin*; ce qui correspond au *yin*, c'est la Lune,

1) « Leurs augures sont mêlés comme le riz et le sel » (M. H. III, p. 404).

2) M. H. III, p. 405. *Sseu-ma* ajoute: « Pour le territoire de *Tsin* [N], l'observation portait aussi sur la planète *Tch'en* (Mercure) et l'augure se tirait des mansions *Chen* et *Fa* [palais occidental] ». En effet, *Tsin*, se trouvant au nord de la capitale, correspondait à la planète de l'eau (Mercure), mais l'augure se tirait des étoiles d'Orion pour la raison qui se trouve indiquée, ci-dessus, p. 400, note 2.

Vénus et Mercure: l'augure se tirait du nord de l'astérisme *Kie*. Ainsi les montagnes et les cours d'eau du royaume du Milieu se dirigeaient vers le nord-est; leur principe et leur tête étaient dans les régions de *Long* et de *Chou*; leur queue et leur extrémité étaient dans les régions du *P'o hai* et du *Kie-che*.

On voit par là que *Ts'in*, ayant conquis la suprématie, abolit l'ancien système quinaire (le centre impérial entouré des quatre régions) et cherche à lui substituer une nouvelle doctrine binaire dans laquelle les régions barbares du nord (du fleuve) s'opposent aux régions civilisées du sud (du fleuve). Ceci vient confirmer et éclairer nos précédentes constatations [1]) sur ce système propre à l'état de *Ts'in* qui semble lui avoir été inspiré par le désir de s'affranchir de l'idée de vassalité symbolisée par la théorie quinaire classique. Le prince de *Ts'in* s'étant proclamé roi, n'entend plus reconnaître le territoire de *Tcheou* comme le centre du monde; à cet effet, à l'ancienne opposition du *centre (jaune)* et des quatre régions cardinales, il substitue l'opposition du *jaune* au *rouge* et du *blanc* au *vert* symbolisant les directions *haut* et *bas* [2]), *droite* et *gauche*. La couleur ainsi éliminée est le noir; la planète Mercure, qui correspond au noir se trouve donc, par raison de symétrie, éliminée du culte rendu aux planètes dans l'état de *Ts'in* [3]). Mais, comme on vient de le voir, cette planète est nettement spécifiée dans le système quinaire *antérieur*; les textes s'accordent donc avec les considérations d'ordre général qui rendent invraisemblable que les anciens Chinois aient pu posséder les *sieou* sans connaître les cinq planètes. Si Chalmers a pu soutenir une opinion aussi inadmissible c'est que, en ceci comme ailleurs, il se fait une idée fort

---

1) Ci-dessus, p. 419.

2) Les lieux saints consacrés aux empereurs *jaune* et *rouge* sont en effet dénommés 上 時 et 下 時 (M. H. III, p. 446, n. 4).

3) Elle ne se trouve pas éliminée dans le texte ci-dessus qui oppose simplement les astres *yin* aux astres *yang*, mais elle l'est dans l'énumération des planètes correspondant aux *quatre* empereurs célestes du système de l'état de *Ts'in*.

erronée de l'astronomie primitive en général et de celle des anciens Chinois en particulier [1]).

Sseu-ma Ts'ien connaît d'autant mieux les systèmes astrologiques qu'il est lui-même astrologue officiel, qu'il a à sa disposition les archives d'état et que, par ailleurs, les livres d'astrologie furent exceptés de la proscription des *Ts'in*. Et il semble que les documents conservés fussent assez anciens puisque *Sseu-ma* dit:

> Avant les rois *Yeou* (781—771 av. J.-C.) et *Li* (?—828 av. J.-C.), c'est la haute antiquité. Les changements célestes qui apparurent sont tous (notés) différemment par les (astrologues d')état et sont dénués (de certitude). Quant aux particuliers qui tirèrent des augures de prodiges afin de se conformer à ce qu'exigeait l'époque, dans leurs écrits, leurs tables et leurs registres les pronostics heureux et malheureux ne sont pas réguliers. C'est pourquoi, lorsque *K'ong tseu* expliqua les six livres canoniques, il rappela les choses extraordinaires mais l'explication n'en fut pas écrite par lui...

Alors que Chalmers attribue la connaissance des cinq planètes à une époque voisine de celle où vivait *Sseu-ma Ts'ien*, ce dernier la fait remonter à la haute antiquité:

> Le duc grand astrologue dit: Dès le moment où le peuple, pour la première fois, exista, y eut-il jamais un moment où, de génération en génération, les souverains n'observèrent pas le soleil et la lune, les planètes et les étoiles? Puis, au temps des cinq empereurs et des trois dynasties, on continua (ces observations) et on les rendit claires...... Dans le ciel, il y a le soleil et la lune; sur la terre, il y a le *yin* et le *yang*. Dans le ciel, il y a les cinq planètes, sur la terre il y a les cinq éléments.... Or les sages systématisèrent tout cela. (M. H. III, p. 401).

---

1) Non-seulement Chalmers ne mentionne pas les textes du *T'ien kouan chou* que nous venons de citer, mais il n'a pas connu non plus d'autres passages des *Che ki* tel que celui-ci (M. H. III, p. 245) où l'on retrouve le même système quinaire (Mars = rouge = sud = cheval = guerre):

«(En l'an 480 av. J.-C.) la planète *Yong-ho* s'arrêta dans la mansion *Sin*; *Sin* est la région du ciel qui correspond au pays de *Song*; le duc *King* en fut affligé..... L'astronome *Tseu-wei* lui dit: «Votre Altesse a prononcé trois paroles dignes d'un sage; il faudra que *Yong-ho* remue». Alors on observa la planète qui se déplaça en effet de trois degrés».

Cette opinion est la plus vraisemblable; car d'après ce que nous savons de l'astronomie antérieure à la première dynastie et de l'importance qu'on lui attribuait au point de vue religieux et social, il est à peu près certain qu'en Chine, comme en Chaldée, la connaissance des cinq planètes remonte aux lointaines origines de la civilisation [1]).

1) Dans ce qui précède je n'ai pas mentionné le texte du *Chouen tien* (concernant les *Sept directeurs*) où certains commentateurs chinois et occidentaux ont voulu voir une allusion aux sept astres mobiles: le soleil, la lune et les cinq planètes (cf. M. H. I, p. 58); car *Sseu-ma Ts'ien* affirme que ce texte se rapporte aux 7 étoiles de la Grande-Ourse (M. H. III, p. 341). Cette même interprétation doit aussi s'appliquer au prétendu texte du *Chou king* cité dans le traité des *Tuyaux sonores* (cp. M. H. III, p. 300 note 7 et M. H. I, p. cxxx).

G. LE CYCLE DE JUPITER (*Suite*).

I. La planète Soui 歲星.

Le mot *soui* possédant, vraisemblablement depuis une quarantaine de siècles, la signification d'«année», il semble tout naturel de traduire l'expression *soui sing* par «la planète de l'année». J'ai moimême suivi cette leçon et employé le terme de «planète annuaire» en faisant, il est vrai, des réserves: «J'exprime l'opinion reçue, disaisje, mais il n'est point certain que le mot année ait donné son nom à la planète; il ne me semble pas impossible que ce soit la planète qui ait donné le sien à l'année». Il m'a échappé, à ce moment, que ma manière de voir était conforme à la leçon établie par les étymologistes chinois et résumée ainsi par le P. Wieger (*Étude des caractères*) d'après les commentaires critiques du *Chouo wen*:

歲戌 *Soei*. Jupiter. La 步 planète d'après les indications de laquelle on attaquait ou n'attaquait pas l'ennemi...[2] Les anciens se servirent aussi,

---

1) Voir le *T'oung pao*, Série 2, vol. X (A, B), XI (C, D, E), XII (F) et XIV (p. 387, G).

2) Cp. M. H. III, p. 357.

pour le calcul des temps [1]), du cycle de douze ans basé sur la révolution de Jupiter; de là, plus tard, sens étendu, par adaption: la période de douze mois, une année solaire.

戌 *Su*. Attaquer, blesser, tuer. Une arme 戌 et une plaie ——

步 *l'ou*. Un pas, faire un pas, marcher. Le caractère figure l'alternance du mouvement des deux pieds. Sens étendu: les planètes, astres qui marchent.

D'après cette étymologie très vraisemblable, 歲 signifie proprement *la planète Jupiter*, tout de même que 年 signifie proprement récolte. Le mot *soui* ferait ainsi partie de cette catégorie de caractères sur laquelle j'ai précédemment attiré l'attention [2]), où la phonétique joue à la fois un rôle sémantique et phonétique, parce qu'elle représente la forme primitive du caractère, le radical ayant été ajouté plus tard pour consacrer une acception particulière devenue autonome: à l'origine, Jupiter, n'ayant pas encore de nom défini, était appelé *siu sing* 戌星, la planète de l'attaque; puis, à mesure que cet emploi du mot *siu* évoquait davantage l'idée d'un nom propre, on éprouva le besoin de le différencier du sens général du mot *siu*, d'où l'adjonction du radical 步. Quant à la légère différence de vocalisation représentée dans la langue moderne par *siu* et *soui*, elle peut être soit antérieure soit postérieure à l'adjonction du radical idéographique.

Le mot *soui* figurant, avec le sens d'année, dans les livres des *Hia*

---

1) Le mot *soui* ayant été appliqué à l'année dès la dynastie *Hia*, le P. Wieger semble affirmer ici que le cycle chronologique existait dès la haute antiquité. Comme nous l'avons vu, rien n'autorise une telle supposition; mais si la révolution de Jupiter n'était pas utilisée «pour le calcul des temps», elle l'était, du moins, pour les pronostics astrologiques, ce qui suffit à expliquer la double signification du mot *soui*.

2) Voyez plus bas, p. 673, note 1. — Il est à remarquer que le processus par lequel cette catégorie de caractères s'est formée, explique, en outre, comment s'est établi le principe idéo-phonétique des caractères composés chinois. Soit, en effet, un idéogramme primitif A, ayant acquis deux acceptions différentes $\mathit{\Delta}$, $\mathit{\Delta}$, auxquelles on a accolé des radicaux sémantiques pour les distinguer l'une de l'autre $b\mathit{\Delta}$, $c\mathit{\Delta}$. Lorsque, dans la suite, on a perdu de vue l'origine étymologique de la partie commune $\mathit{\Delta}$, $\mathit{\Delta}$, il n'en a subsisté que la valeur phonétique et on a été amené à croire que cette partie commune avait été placée intentionnellement pour indiquer le son. Ainsi a pu se constituer, inconsciemment, le principe idéo-phonétique.

du *Chou king*, on voit que l'étymologie du caractère 歲 nous reporte
à une époque encore plus ancienne et implique que, dès la haute
antiquité, les Chinois connaissaient la durée de la révolution de
Jupiter. Il n'y a là rien de surprenant et c'est plutôt le contraire
qui pourrait paraître invraisemblable. Il est, en effet, difficile de concevoir comment des astrologues possédant des repères sidéraux (les
sieou) fidèlement transmis de génération en génération, chez un peuple
attachant la plus grande importance aux présages célestes, pourraient
ne pas s'apercevoir que Jupiter progresse de droite à gauche, avançant
chaque année d'un signe. Un peuple peut, sans doute, parvenir à un
degré de civilisation bien plus avancé que celui de la haute antiquité
chinoise, sans se soucier des planètes et de leurs révolutions. Mais
alors on ne trouvera chez lui ni les connaissances remarquables que
celle-ci a possédées [1]), ni cette religion astrale qui lui fait placer les
choses du ciel et du calendrier au premier rang des affaires d'État,
ni ces divisions sidérales minutieuses qui n'ont d'autre raison d'être
que de fixer le cours des astres mobiles. Aussi bien, on peut être
assuré que les anciens Chinois ont connu la durée approximative de
la révolution de Jupiter (12 ans) et de Saturne (28 ans) [2]). S'il est
parfaitement indifférent, dans notre vie moderne, de savoir dans quelle
constellation se trouve Jupiter, il n'en allait pas ainsi dans la Chine

---

1) Sur l'état des connaissances astronomiques dans la haute antiquité, voyez l'article
suivant. Disons cependant que, parmi ces connaissances, l'évaluation de la durée de l'année
à 366 jours suppose, à elle seule, des observations et des recherches autrement plus com-
pliquées que la constatation, purement visuelle et objective, de la révolution de Jupiter.

2) Pour Mars, c'est une autre affaire. Son orbite étant peu éloignée de la nôtre, le
mouvement apparent de cette planète est fort irrégulier et ses rétrogradations sont énormes
(voyez les graphiques de Flammarion dans son *Astronomie populaire*); aussi la durée de
sa révolution n'est-elle pas indiquée dans le *Che ki*. Quant à Vénus et à Mercure, qui
accompagnent le soleil, la question ne se pose pas pour eux: en Chine, comme à Alexandrie,
la rotation de ces planètes autour du soleil n'étant pas soupçonnée, la durée attribuée à
leur révolution était celle de leur parcours à travers tout le firmament, c'est-à-dire (en
moyenne) l'année solaire; et leur mouvement de va-et-vient à droite, et à gauche du soleil
était assimilé aux rétrogradations (M. H. III, p. 373).

antique, où la position de la planète avait une importance capitale
pour le prince et pour l'annaliste-astrologue. Or il n'est guère possible
de noter — ne fût-ce qu'une fois par an — la situation de Jupiter,
sans constater qu'il se trouve, chaque année, successivement dans un
des douze signes du ciel. Il n'est donc pas surprenant que dès la
première dynastie la planète eût donné son nom à l'année. Cette
indication d'ordre philologique, la seule que nous possédons, est conforme à ce qu'on peut inférer des considérations d'ordre général.

Mais alors, dira-t-on, pourquoi le cycle n'a-t-il pas pris naissance dès la première dynastie? On peut répondre à cette question
qu'à Babylone le cycle de Jupiter n'apparaît qu'au IVe ou IIIe siècle
avant notre ère (comme en Chine) alors que les cinq planètes étaient
observées depuis la plus haute antiquité chaldéenne, c'est-à-dire plus
de 2000 ans avant *Yao*. La connaissance de la période jovienne et
la constitution d'un cycle chronologique n'ont, en effet, aucun lien
nécessaire entre elles, puisque la révolution de la planète ne s'accomplit pas exactement en douze ans; l'espace d'une seule génération suffit à en faire constater l'irrégularité et à décourager une
tentative de roulement duodénaire. Si un tel cycle a pu se constituer
au IVe siècle, ce n'est pas, vraisemblablement, par suite du progrès
des connaissances astronomiques, mais par suite de la diffusion des
idées et de la publication de certains livres qui répandirent dans le
public la mode de la notation jovienne.

Il est à remarquer, d'ailleurs, que même l'auteur des anecdotes du
Tso tchouan, qui applique rétrospectivement la règle duodénaire sur un
espace de plusieurs siècles, ne considère pas le mouvement de Jupiter
comme nécessairement constant. Ayant à fabriquer une prophétie relative à une famine (dont l'idée est évoquée par le nom de la dodécatémorie
Hiuan-hiao) survenue dans une année *Sing-ki*, il n'hésite pas à supposer que Jupiter, en cette année, était allé « irrégulièrement » en
Hiuan-hiao. Et si l'on se reporte aux données de *Sseu-ma Ts'ien*,

qui reproduisent celles des astronomes des *Tcheou*, on constate qu'à mainte reprise des pronostics sont tirés des irrégularités du mouvement de la planète; le cas est même prévu où elle serait à l'opposé de la place qu'elle doit occuper [1]).

II. Le Eul ya et les dodécatémories.

Lors de la rédaction du précédent article, n'ayant pas eu le *Eul ya* à ma disposition, je me suis fié à des notes qui se sont trouvées être incomplètes. C'est ainsi que j'ai dit par erreur (G. p. 392) que cet antique dictionnaire ne mentionne que six dodécatémories sur douze, alors qu'en réalité il en mentionne neuf. Cette erreur n'aura, cependant, rien eu de regrettable, puisqu'elle a montré que six termes suffisent à établir que le *Eul ya* suit le cycle régulier, les trois termes omis ne faisant que confirmer la démonstration. Le texte dit en effet:

Sing-ki, c'est *Teou* + *Nieou* [2])
Ta-leang [en tant qu'astérisme], c'est *Mao*.
Lieou, c'est *Chouen-ho* [en tant qu'astérisme].

---

1) Cp. M. H. III, p. 357, puis pp. 358—362 (passage emprunté au *Sing king*), puis p. 363. — A la page 357 il est fait allusion à un *retard* possible; Jupiter, en effet, peut se trouver en retard sur le mouvement duodénaire: comme il tourne autour du soleil, et non autour de la terre, sa distance à notre planète varie dans la proportion de $5 + 1$ à $5 - 1$ (5 et 1 représentant les distances de Jupiter et de la Terre au soleil. Il faut tenir compte, en outre, de la forme elliptique de l'orbite et de son inclinaison par rapport à l'équateur céleste. Pour ces raisons la marche annuelle de Jupiter varie (voy. fig 24 et 25) de 24° à 39°; dans les années 645—643, par exemple, il a parcouru 110° et seulement 76° dans les années 641—639.

C'est d'ailleurs une idée fondamentale de l'antiquité chinoise — nous l'exposerons plus tard — que les phénomènes naturels dépendent d'un déterminisme, non pas seulement physique, mais physico-moral; le cours des astres n'était donc pas considéré comme ayant une régularité assurée.

2) 星紀斗牽牛也。。。大梁昴也。。。柳鶉火也。。。

ce qui est conforme à la répartition $2 + 3 + 2$ comme on peut le voir (G. p. 389).

J'ai encore commis, au même endroit, une autre erreur en attribuant au *Eul ya* la phrase « *Ta-ho*, c'est l'astérisme *Sin* » (qui figure seulement dans la glose) alors que le texte dit en réalité:

Ta-tchen, c'est *Fäng* + *Sin* + *Wei*. — *Ta-ho* est synonyme de *Ta-tchen* [1])

d'où l'on pourrait déduire: $Ta\text{-}ho = Ta\text{-}tchen = Fang + Sin + Wei$. Mais ce syllogisme serait mal fondé, car *Ta-tchen* est une expression uranographique, tandis que *Ta-ho* est un nom de dodécatémorie, c'est-a-dire de groupement conventionnel. Or, en tant que dodécatémorie, *Ta-ho* ne peut pas comprendre $Fang + Sin + Wei$, car une

telle répartition supposerait: 1° que la dodécatémorie *Si-mou* ne contint qu'un seul *sieou*, ce qui est inadmissible; 2° que la dodécatémorie *Cheou-sing* en contint trois, ce qui serait contraire au texte même du *Eul ya*: *Cheou-sing*, c'est $Kio + K^cang$.

Ce qui est indiscutable, c'est que les noms *Ta-ho* et *Ta-tchen* (A, p. 138) désignent essentiellement Antarès (= *Sin*), auquel on adjoindra, suivant le cas, telles ou telles étoiles voisines. L'inexactitude de ma citation ne modifie donc pas la démonstration que j'ai faite de la composition des dodécatémories; et c'est à tort que Legge écrit (à propos du texte reproduit ci-dessous, p. 667): « *Ta-shin* is another name for *Ta-ho* the seventh (?) of the signs of the chinese zodiac *embracing the constellations* Fang, Sin *and* Wei.

*

Le *Eul ya* est un vocabulaire destiné à expliquer les termes déjà

---

1) 大辰、房心尾也。大火謂之大辰。

vieillis des livres classiques. Or la littérature antique, telle que nous la connaissons, ne mentionne pas les noms des dodécatémories. L'idée vient donc naturellement à l'esprit, que ces noms, dans le *Eul ya*, y ont été insérés parce qu'il figurent dans le *Tso tchouan* et le *Kouo yu*, c'est-à-dire postérieurement au premier quart du IVe siècle, puisque les anecdotes joviennes n'ont pu être élaborées qu'aux environs de l'an 380. Cette supposition se fortifie lorsqu'on constate que les formes spéciales de ces noms (*Tchouan hiu che hiu, Si-mou che tsin, Tsiu-tseu che k᷂eou*) qui figurent dans le *Tso tchouan* se retrouvent dans le *Eul ya* ; et que les dodécatémories *Chouen-cheou* et *Chouen-wei* qui ne figurent pas dans les anecdotes joviennes ne sont pas mentionnées dans le *Eul ya* :

SIGNES	EUL YA	TSO TCHOUAN	KOUO YU	TEXTES (G, p. 405)
壽星	壽星	—	壽星	a
大火	大火	—	大火	b
析木	析木謂之津	析木之津	—	e
星紀	星紀	星紀	—	d
玄枵	玄枵	玄枵	—	d
	顓頊之虛	顓頊之虛	—	g
娵訾	娵訾之口	娵訾之口	—	c
降婁	降婁	降婁	—	c
大梁	大梁	—	大梁	b
實沉	—	—	實沉	b
鶉首	—	—	—	
鶉火	鶉火	鶉火	—	f (et *Hi*, 5e année)
鶉尾	—	—	—	

Il faut reconnaître, cependant, que *Che-tch᷂en*, mentionné dans le *Kouo yu*, ne figure pas dans le *Eul ya*. Par ailleurs, je ne garantis pas que d'autres mentions des dodécatémories n'existent pas dans le

Kouo yu et le *Tso tchouan* n'ayant pas fait une recherche méthodique à ce sujet.

*

Il est à remarquer, également, que les noms des dodécatémories ne figurent nulle part dans le *Che ki* (du moins dans les cinq volumes publiés de la traduction; voyez les répertoires de M. Chavannes). Et lorsque *Sseu-ma Ts'ien* reproduit l'anecdote du *Kouo yu* relative au duc *Wen* et au territoire d'*Ou-lou* (M. H. IV, pp. 285—299) il en supprime l'allusion à la position de Jupiter. Peut-être soupçonnait-il le caractère apocryphe de ces prédictions? L'absence des dodécatémories dans le *Che ki* est d'autant plus remarquable que cet ouvrage contient plusieurs traités astronomiques ou semi-astronomiques: *Gouverneurs du ciel, Calendrier, Tuyaux sonores, Sacrifices* Fong et Chan. Si les prédictions astrologiques apocryphes n'avaient pas été intercalées dans le *Kouo yu* et le *Tso tchouan*, le *Eul ya* ne mentionnerait probablement pas non plus les noms des dodécatémories. Ces noms feraient leur première apparition dans le *Ts'ien Han chou* et l'assertion de Chalmers — que la division duodénaire date des *Han* — pourrait, quoique bien à tort, paraître fondée.

III. L'astérisme déterminant.

Pourquoi le cycle de Jupiter commençait-il par *Sing-ki* (= *Teou* + *Nieou*)? Si l'on en croit certains commentaires de l'époque des *Han*, ce fait proviendrait de ce que le solstice d'hiver se trouvait en *Sing-ki* sous la dynastie *Tcheou*: pour cette raison, le nom même de *Sing-ki* aurait été donné à cette catégorie.

K'ien-nicou, dit un commentateur du *Eul ya* [1], est le point de départ et d'aboutissement (de la révolution) du soleil, de la lune et des cinq planètes; c'est pourquoi on l'appelle *Sing-ki*.

---

[1] Cité par Schlegel, *Ur*, p. 493. 爾雅註曰。牽牛者、日月五星之所終始、故謂之星記。

Le *Chouo wen* dit aussi, mais sans mentionner *Sing-ki*:

Les nombres du Ciel et de la Terre (c'est-à-dire les cycles astronomiques et calendériques) commencent à *K'ien-nieou.* 天 地 之 數 起 於 牽 牛 。

De même le *Tcheou pi* 周 髀, lorsqu'il indique le moyen de mesurer l'amplitude des *sieou,* commence l'énumération par *K'ien-nieou* et place le lieu du solstice dans ce *sieou.*

Le solstice, qui dans la haute antiquité se trouvait au milieu du *sieou Hiu* et au centre de la dodécatémorie *Hiuan-hiao,* affectée pour cette raison du signe 子, après avoir quitté ce *sieou* et parcouru le *sieou Niu* avait en effet pénétré, au Xe siècle, dans le *sieou K'ien-nieou* et par conséquent dans la dodécatémorie *Sing-ki.* Il séjourna dans ce *sieou* depuis l'an 1000 jusqu'à l'an 350 (environ), c'est-à-dire pendant la plus grande partie du règne de la dynastie *Tcheou* [1]).

Il est ·donc fort naturel que vers la fin de la dynastie *Tcheou,* et sous les *Han,* on ait pu croire que le nom même de la dodécatémorie *Sing-ki* provenait, comme effectivement provient celui de la dodécatémorie *Hiuan-hiao* [2]), de son caractère solsticial. La chose en elle-même n'aurait rien d'inadmissible et cette étymologie n'impliquerait pas nécessairement que les dodécatémories eussent été créées seulement sous la dynastie *Tcheou*: car le nom *Sing-ki* pourrait fort bien avoir succédé à un autre nom sidéral antérieur. Mais elle n'est pas vraisemblable et il est facile de se convaincre que le terme *Sing-ki* ne se rapporte pas à *K'ien-nieou* mais bien à *Kien-sing* (l'Astérisme déterminant), qu'il ne fait pas allusion au solstice d'hiver mais

---

1) A l'avènement des *Han* il avait donc déjà commencé de s'avancer dans lo *sieou Teou.* Mais quoique ce fait eût été constaté par la commission chargée d'établir le calendrier *T'ai tch'ou* (de l'an 104 av. J.-C.), puis confirmé en l'an 85 après J.-C., nous voyons *Hiu chen,* en l'an 100 après J.-C., énoncer encore dans le texte ci-dessus (peut-être à titre rétrospectif) que «les nombres du Ciel et de la Terre commencent à *K'ien-nieou*».

Ces déterminations solsticiales seront spécialement étudiées dans l'article suivant, H.

2) Cf. ci-dessous, p. 673.

au *Li-tch'ouen*, et ne date pas de la dynastie *Tcheou* mais de la haute antiquité.

Remarquons d'abord que la dodécatémorie *Sing-ki* se compose de deux *sieou*, (*K'ien-*)*Nieou* et (*Nan-*)*Teou*, de grandeurs très inégales: *Nieou* 8°, *Teou* 26°.5 [1]). Or la précession des équinoxes ayant lieu dans le sens des aiguilles d'une montre, le solstice d'hiver, en quittant *Hiuan-hiao* au Xe siècle av. J.-C., a pénétré dans *Sing-ki* de gauche à droite; il n'arriva à l'extrêmité de *Nieou* que dans les dernières années de la dynastie *Tcheou*; par conséquent, à l'époque où, suivant l'hypothèse que nous examinons, le nom de *Sing-ki* aurait pu être inventé pour faire allusion à la position du solstice dans *Nieou*, cette position du solstice eût été nécessairement à la gauche de *Nieou*, donc à l'*extrême gauche* de *Sing-ki* (fig. 26). Mais les astres

Fig. 26.

mobiles (soleil, lunes et planètes) se mouvant dans le firmament en seus inverse des aiguilles d'une montre, la révolution *Sing-ki*, *Hiuan-hiao*, *Tsiu-tseu*, etc., commence nécessairement à la *droite* de *Sing-ki*. La révolution de Jupiter aurait donc eu son point de départ à la

---

1) Au XXIVe siècle leur amplitude équatoriale était *Nieou, Teou.*
2) Au Ve siècle avant J.-C.

droite de *Sing-ki* à cause de la position solsticiale d'un astérisme situé à la *gauche* de *Sing-ki*. Il y a là quelque chose de peu vraisemblable.

On pourrait, cependant, accepter, faute de mieux, cette explication si la dodécatémorie *Sing-ki* ne contenait pas d'autre astérisme susceptible de justifier son nom. Mais tel n'est pas le cas puisque précisément à l'extrême droite de *Sing-ki* se trouve un astérisme qui non-seulement marque le point d'origine du *sieou Teou* et par conséquent de la dodécatémorie *Sing-ki*, mais qui est en outre considéré comme le *nœud du ciel*, prédestiné à marquer la séparation entre le palais boréal et le palais oriental, c'est-à-dire entre l'ancienne et la nouvelle année; et cet astérisme porte le nom significatif de *Kien-sing* 建 星 L'ASTÉRISME DÉTERMINATIF, nom exactement équivalent à celui de *Sing-ki* (l'Astérisme-repère ou la Marque stellaire).

L'importance de cet astérisme qui marquait dans le ciel la position du *Li-tch'ouen*, la séparation de l'hiver et du printemps, était soulignée par un concours de circonstances qui vraisemblablement avaient, à l'origine, influé sur le choix de ce repère, mais qui, dans l'esprit des anciens Chinois, étaient des signes célestes prédestinés à indiquer sa fonction spéciale. Ce n'est pas au hasard que les Chinois, nous l'avons vu, attribuaient la forme du Boisseau (Grande Ourse) et la direction de son manche. Cette constellation était le Régulateur central 斗 (mesurer, régler) et son manche pointait, de par une finalité préétablie, vers les signes du printemps: d'abord vers Arcturus, puis, au-delà, vers *Nan-teou* 南 斗, le Boisseau méridional, dont la forme est exactement la même que celle du Boisseau boréal [1]) et qui se trouve effectivement à la limite entre le palais de l'hiver et le palais du printemps, à telle enseigne que c'est son étoile déterminatrice (φ du Sagittaire) qui, par son cercle de déclinaison, en établit la séparation.

---

1) Cf. F, p. 352, n. 3.

Juste au-dessus de cet astérisme *Teou* se trouve un astérisme nommé *K°i* 旗 (l'Étendard); et immédiatement à droite de *Teou* se trouve l'astérisme *Ki* 箕 qui fait partie, comme *Teou*, de la série des 28 *sieou*.

Considérons maintenant ces coïncidences remarquables: l'écliptique passe exactement entre *K°i* et *Teou* et la Voie lactée passe

N	E
HIVER	PRINTEMPS
K°i	
Teou	*Ki*

entre *Teou* et *Ki*; de telle sorte que dans ce carrefour du ciel viennent se croiser: la ligne de démarcation des palais boréal et oriental, la Voie lactée et l'écliptique. Nous allons examiner séparément ces deux intersections.

1° *Intersection de la Voie lactée avec la limite des palais N et E.* Les trois astérismes qui constituent ce *nœud* du ciel chinois, *K°i*, *Teou* et *Ki*, appartiennent à l'uranographie de la plus haute antiquité: *Teou* et *Ki* font partie de la série zodiacale des 28 *sieou* [1]). Le *Eul ya* dit d'autre part: «L'intervalle entre *Ki* et *Teou* s'appelle le *Gué céleste*». *Teou* appartenant au palais boréal et *Ki* au palais oriental, on voit par là que le *Gué* du Fleuve céleste (c'est-à-dire la Voie lactée) coïncide avec la démarcation des deux palais. On trouvera plus loin (p. 672) les réflexions inspirées aux commentateurs sur la raison d'être de ce Gué céleste qui sépare la région nord (= eau) de la région est (= bois).

2° *Intersection de l'écliptique avec la limite des palais N et E.* L'ancienne astronomie chinoise était fondée sur le pôle et l'équateur,

---

1) *Ki* est en outre la constellation à laquelle fait allusion le chapitre *Hong fan* du *Chou king* comme «aimant le vent». Dans l'uranographie traditionnelle cet astérisme est en effet considéré comme «la Bouche des vents» et présidant aux huit vents 箕又名風口、主八風 (Ur. p. 164). L'explication naturelle de ce mythe me semble résider dans le fait que l'astérisme *Ki* se trouve à la limite entre le palais N et le palais E, c'est-à-dire au N E; et que le vent dominant, en Chine, est la mousson de N E qui règne avec violence tout l'hiver et jusqu'à l'équinoxe, tandis que les autres vents sont tous faibles et intermittents.

et il n'y a pas d'indice qu'elle ait eu la notion de l'écliptique en
tant que route oblique et invariable du soleil parmi les constellations. Mais à défaut de la conception abstraite du plan oblique, dont
les éloignaient à la fois leur absence de faculté de généralisation et
l'originalité de leur méthode équatoriale, on ne peut mettre en doute
que les anciens Chinois n'eussent l'habitude de regarder où se trouvaient la lune et les planètes et à côté de quels astérismes elles
passaient. Des considérations d'ordre général suffiraient à nous en
assurer, car, ainsi que nous l'avons dit précédemment, le but même
des stations lunaires a été de suivre le parcours de la lune, et l'on
ne peut observer ce parcours sans remarquer celui des planètes que
la lune poursuit, rattrape successivement et dépasse en les rangeant
de près. Mais nous avons, en outre, des textes positifs: les vieux
documents astrologiques compilés par *Sseu-ma Ts'ien* nous montrent
les pronostics tirés de la route de la lune, suivant qu'elle passe au-
dessus ou au-dessous de telle étoile (M. H. III, p. 386) et une ode
du *Che king* fait allusion à la position de la lune dans l'astérisme
Pi. Il n'est donc pas douteux (puisque la révolution de Jupiter commençait à la droite de *Sing-ki* pour se terminer à la gauche de *Si-
mou*) que les Chinois savaient fort bien que la planète revenait périodiquement au Gué du ciel pour recommencer une nouvelle révolution en passant entre *K'i* et *Teou*.

Les textes, d'ailleurs, confirment cette induction. Le *Tso tchouan*,
mettant en scène un astrologue du VIᵉ siècle, lui fait dire: «Maintenant Jupiter se trouve au Gué de *Si-mou* 今歲在析木之
津。¹) et le fait, signalé plus haut, que cette anecdote a été inventée
longtemps après les évènements montre, avec plus de certitude en-

1) Cf. le texte *e*, G, p. 402. — Sur l'identité entre le Gué de *Si-mou* et le Gué
céleste, voyez ci-dessous p. 672 le texte du *Eul ya*: «*Si-mou* est l'intervalle entre *Ki* et
Teou, c'est le Gué».

core, qu'il ne s'agit pas d'une observation isolée, mais d'une notion familière au public, à savoir que Jupiter passe au Gué du ciel. D'autre part on lit dans le traité des Gouverneurs du ciel, en tête de la section consacrée à Saturne:

On tient compte de sa réunion avec *Teou* (le Boisseau méridional) pour déterminer la situation de la planète *Tchen* [1]).

Le retour périodique des planètes dans l'étroit couloir qui sépare *Teou* de *K'i* était donc observé et considéré comme le point de départ de leur course [2]). Ainsi s'explique tout naturellement le nom de *Kien-sing* (l'Astérisme déterminant) donné à *K'i*. Et un fait de nature à confirmer cette explication est que ce nom de *Kien-sing* est attribué souvent aussi à *Teou*: *Teou* et *K'i* formant les deux parois du couloir où venaient s'engager les planètes, le surnom d'*astérisme déterminant* pouvait en effet s'appliquer à l'un comme à l'autre. *Sseu-ma Ts'ien*, dans sa compilation, reproduit deux énumérations uranographiques, l'une dans son traité des Gouverneurs du ciel, l'autre dans son traité des Tuyaux sonores; la première dit:

Nan-teou (Boisseau austral) représente le Temple ancestral. — Au nord se trouve *Kien-sing* (l'Astérisme déterminant); l'Astérisme déterminant n'est autre que l'Etendard (*K'i*) [3]).

---

1) M. H. III, p. 366 (et p. 707). — Ce texte montre que ce n'est pas seulement la révolution de Jupiter qui avait pour point de départ le *Li-tch'ouen* céleste (contrairement à ce que j'ai dit G, p. 388), mais aussi celle de Saturne et probablement aussi celle des autres planètes, tout au moins de Mars.

2) La lune, par suite de l'obliquité de son orbite, pouvant s'écarter d'environ 5° au dessus et au dessous de l'écliptique, ne passait pas nécessairement dans ce couloir (dont la largeur est d'environ 7°) Les planètes au contraire s'y tiennent rigoureusement. Voyez la carte céleste chinoise reproduite dans le récent Mémoire de M. Chavannes « *L'instruction d'un futur empereur de Chine* ». Les astérismes *Teou* et *K'i* y sont marqués par les caractères 斗 et 建. Le nom de l'écliptique (黃道) se trouve inscrit précisément à la sortie du couloir.

3) M. H. III, p. 355. M. Chavannes ajoute en note (p. 356): « D'après M. Schlegel cette constellation déterminait par son lever héliaque le solstice d'hiver vers l'an 1224 avant notre ère ». Comme j'ai eu maintes fois l'occasion de le dire et comme je l'exposerai

Ceci est le leçon correcte, comme on peut s'en assurer par le témoignage de l'uranographie traditionnelle [1]). Toutefois, lorsqu'il n'est plus question d'astérismes mais seulement de *sieou* (mansions); il arrive que le surnom de *Kien-sing* se substitue au nom de *Teou*,. car la seconde énumération dit:

Plus à l'est, on arrive à (la mansion) *Kien-sing*; l'expression *kien-sing* signifie que (cette constellation préside à) l'établissement de toutes les existences [2]).

---

d'uue manière plus complète dans le prochain article, le solstice se détermine par le gnomon et non par un procédé sidéral. L'explication que Schlegel donne du nom *Kien-sing* est donc arbitraire et sans valeur. Le texte qui lui en a fourni l'idée est celui-ci: 建星爲建歷之原本也。是爲上古十一月甲子朔天正大歷所起之宿 (Ur., p. 548). Dans ce texte moderne, tiré du 考要, il n'est question ni de levers héliaques, ni de l'an 1224 avant notre ère (époque à laquelle, précisément, le solstice ne correspondait pas à la 11ᵉ lune); je n'y trouve qu'une allusion au passage du *Ts'ien Han chou* cité ci-dessous, p. 507, où l'on voit que la commission chargée d'établir le calendrier *T'ai-tch'ou* avait découvert dans la date du solstice de l'an 104 av. J.-C. de bien remarquables coïncidences: 1° ce solstice avait lieu dans *Kien-sing* (= *Teou*). 2° il se produisait le jour *kia-tseu* de la nouvelle lune comme cela avait eu lieu, disait-on, 4617 ans auparavant! On oubliait d'ajouter que le rôle joué autrefois par *Teou*, de par sa situation au Gué du ciel, ne concernait pas le solstice mais bien le *Li-tch'ouen*. D'autre part c'est à tort que le texte cité par Schlegel mélange ces deux données, la tradition uranographique relative à *Teou* n'ayant rien de commun avec la tradition imaginaire relative au 上元.

1) 建六星在斗北。etc. — Voy. Schlegel, *Ur.* p. 547. Les surnoms astrologiques et les commentaires des traités uranographiques confirment aussi le rôle important joué par l'étroit passage entre *Teou* et *K'i*, où les astres mobiles venaient s'engager à chacune de leurs révolutions: 斗建之間陰陽終始之門、聿歷之原本也。 «L'intervalle entre *Teou* et *Kien*(-*sing*) est le point de départ et d'aboutissement du *yin* et du *yang* et la base des calculs du calendrier (*Ur.* p. 548)».

Teou portait aussi, pour cette raison, le nom de Défilé céleste 天關 et de Porte d'entrée céleste 天關. Cet expressions sont d'autant plus significatives que 關 (idéographiquement *passer* dans *porte*) évoque l'idée d'un passage contrôlé (un poste de douane par exemple); et 闗 une porte de ville surmontée d'un poste de guet. Schlegel ne s'est pas aperçu que le surnom de 關 (comme celui de 建星) s'applique à la fois à *Kien-sing* et à *Teou*, et il imagine pour ce même terme deux interprétations différentes (cp. *Ur.* pp. 175 et 548).

2) L'expression «l'établissement de toutes les existences» désigne le *Li-tch'ouen*, c'est-à-dire la séparation entre l'ancienne et la nouvelle année, entre l'hiver (N) et le printemps

Ce texte n'est pas isolé. A diverses reprises, et notamment dans deux passages que nous citons plus bas (pp. 660 et 696), le *Ts'ien Han chou* (reproduisant des documents antérieurs) écrit « *Kien-sing* » pour *Teou*, même lorsqu'il s'agit de l'énumération des *sieou*.

On voit, par tout ce qui précéde, que *Kien-sing* marquait le noeud du ciel chinois, le point de départ du cours des planètes et de l'année; point de départ en rapport, non pas avec l'époque des *Tcheou*, mais bien avec les saisons de l'époque créatrice, ou, ce qui revient au même, avec les palais célestes, dont les centres sont *Hiu* = 子 = N, *Ho* = 卯 = E, *Niao* = 午 = S, *Mao* = 酉 = O. Il apparaît dès lors clairement que l'expression *Sing-ki* se rapporte à *Kien-sing* et non pas à *K'ien-nieou* Quelques commentateurs, nous l'avons vu, ont dit le contraire, mais leur erreur s'explique aisément: ayant lu dans le *Chouo wen* que *K'ien-nieou* était le point de départ des révolutions célestes, ils en ont conclu que l'étymologie de *Sing-ki* se rapportait à ce fait. Mais quand bien même l'assertion du *Chouo wen* serait exacte [1]), la déduction étymologique qu'en ont tiré certains commentateurs n'en est pas moins arbitraire et déuuée de fondement. Il y a d'ailleurs des cas où leur explication repose sur une simple confusion.

Le *Ts'ien Han chou* dit que la commission chargée d'établir le calendrier *T'ai-tchou* constata que le solstice avait lieu dans 建星 *Kien-sing*, c'est-à-dire dans le *sieou Teou* [2]). A ce propos

---

(E). C'est pourquoi le texte (qui vient d'énumérer les astérismes de *Sing-ki*) ajoute : « C'est le douzième mois »; puis immédiatement après: « Le vent *T'iao* réside au nord-est... on arrive à la mansion *Ki*. C'est le premier mois. »

1) Il est possible (puisque le *Tcheou pi* le met en tête de la liste des *sieou*) que *K'ien-nieou*, lieu du solstice sous les *Tcheou*, ait été considéré dans certains cas comme le point de départ des révolutions. Mais il est certain par ailleurs que, d'une manière générale, les positions dans le firmament étaient rapportées au système antique des palais célestes. (Voyez l'article suivant, H.)

2) Nous aurons à discuter ce texte dans l'article suivant, à propos des déterminations solsticiales.

le commentateur 李奇 *Li ki* écrit : « Le *sieou* qu'on appelait anciennement *Kien-sing* est celui que nous nommons aujourd'hui *K'ien-nieou* », ce qui constitue une erreur évidente [1]). Mieux informé, 晉灼 dit : Les computations, dans l'antiquité, étaient toujours basées sur *Kien-sing* ; *Kien-sing* n'est autre que l'astérisme *Teou*. 古歷皆在建星。建星卽斗星也。» (*Lu li tche*, p. 10 r°).

La même confusion entre les astérismes *Teou* et *Nieou* — dont le premier joue un rôle perpétuel parce que lié à la position invariable des palais célestes, tandis que le rôle solsticial du second ne fut que transitoire [2]) — se manifeste dans un commentaire d'un autre passage du *Lu li tche*, où la théorie fondamentale indiquée par le titre même (律歷) de ce chapitre, est exposée. Cette théorie, dont le fond est très ancien, consiste dans l'identification des lois de la musique (comme aussi de la morale, de la politique, etc.) avec les lois du ciel. De par cette identité, les cinq notes primitives sont assimilées aux cinq palais célestes, la note *kong* 宮 correspondant au palais central et au souverain, la note *chang* au palais occidental et au métal, etc. (Cf. *Li ki, Kouo yu*, M.H. III, p. 240, 278, 294, 640, et l'exposé que je ferai, plus bas, de la théorie quinaire). Lorsque le *Lu li tche* dit que « le manche de la Balance de Jade (la queue de la Grande Ourse) détermine la règle fondamentale du ciel, le point de départ (de la course) du soleil et de la lune, et le rang des constellations » [3]), il fait évidemment allusion à l'antique croyance mentionnée plus haut à propos de la règle des *Cho-t'i*, et relative à la direction du manche du Boisseau pointant vers les

---

1) Un autre commentaire erroné est celui de *Mong K'ang* : 建星在牽牛閒。

2) Sur l'importance de cette distinction, voyez l'article suivant.

3) 玉衡杓建天之綱也。日月初纏星之紀也。綱紀之变以原始造設合樂用焉。*Lu li tche*, p. 5 r°.

signes du *Li-tch'ouen* (cf. F, p. 351). C'est ce qu'a bien compris
le commentateur *Mong K'ang* qui établit un parallélisme: d'une
part entre le palais central, représenté par la Grande Ourse, et la
note centrale *kong*; d'autre part entre les quatre palais équatoriaux
et les quatre notes périphériques [1]). « Les vingt-huit mansions, dit-il,
réparties entre les quatre quartiers (ou palais), ont pour point de
départ *Sing-ki* ». Il n'est donc pas ici question de *K'ien-nieou* qui
ne se trouve pas à la limite d'un palais, mais bien de *Teou* qui est
le point d'origine à la fois d'un palais et de la révolution sidérale
entière. Et c'est sûrement à tort que le commentateur *Pien* fait
intervenir *K'ien-nieou* en cette affaire [2]):

La direction fondamentale du Boisseau embrasse la série (des constellations)
depuis *Ying-che* (Pégase) jusqu'à la Tisserande (Véga) désignant (ainsi) le
commencement de *K'ien-nieou* pour marquer (le point de départ) du soleil et
de la lune. C'est pourquoi on le nomme *Sing-ki*. Les cinq planètes commencent
(leur course) à sa partie droite; le soleil et la lune commencent (leur course)
à son milieu. C'est en cela que consiste la Régulation céleste [3]).

La confusion est ici manifeste. A la suite, probablement, des
spéculations de quelque astrologue, *Pien* imagine que l'antique signification attribuée à l'orientation de la Grande Ourse ne se rapporte
pas à la direction longitudinale de sa figure (notamment des trois
étoiles du manche), mais à la direction transversale des parois du

---

1) 孟康曰。斗在天中周制四方猶宮聲處中
爲四聲綱也。二十八舍列在四方日月行焉、
起於星紀而又周之猶四聲爲宮紀也。

2) 晉灼曰卜言斗綱之端連貫營室織女之
紀指牽牛之初以紀日月故曰紀。五星起其
紀初、日月其中。是謂天之綱紀也。

3) Ces derniers mots font allusion à la fin du texte du *Lu li tche* cité ci-dessus
(p. 661 note): « Cette concordance entre le contrôleur (céleste) 綱 et le point d'origine
(des révolutions) 紀 est la base fondamentale sur laquelle repose le fait même de la
musique et qui la relie (au déterminisme universel). »

boisseau obtenue en prolongeant les lignes $\beta\,\alpha$ et $\gamma\,\delta$ qui aboutissent en effet, respectivement, au carré de Pégase et à l'étoile Véga. Mais que viennent faire ici Pégase et Véga? On ne sait; on constate seulement que le prétendu rapport invoqué entre la Grande Ourse et *K'ien-nieou* consiste en ce que *K'ien-nieou* est situé dans le vaste secteur compris entre les lignes divergentes $\beta\,\alpha$, $\gamma\,\delta$ (cf. fig. 21, F, p. 355). C'est un peu vague et on ne voit pas bien en quoi *K'ien-nieou* se trouverait ainsi désigné (encore moins en quoi «le commencement de *K'ien-nieou*» se trouverait ainsi désigné) pour repérer le cours des astres mobiles. Pour ramener ces divagations à leur juste valeur il suffit de se reporter aux textes: quand *Ho-kouan tseu* écrivait (à une époque où précisément le solstice était réputé dans *K'ien-nieou*) 斗柄指東、天下皆春。 il n'était pas question de direction transversale, mais d'orientation longitudinale [1]); quand *Sseu-ma Ts'ien* écrivait: «Il y a sûrement une concordance céleste qui se voit dans les étoiles du Manche du Boisseau» il désignait spécialement les étoiles *Piao* et non les étoiles *K'ouei* [2]). Il spécifie d'ailleurs l'alignement auquel le *Lu li tche* fait allusion et qui relie le Boisseau boréal (la Grande-Ourse) au Boisseau austral (*Nan-Teou*), en disant: «*Heng* (la balance) mène au centre de *Nan-teou* [3])». Il

---

1) D'ailleurs, dans le texte du *Lu li tche* en question ne figure pas le mot *boisseau* mais bien le terme 玉衡 qui désigne plus particulièrement les trois étoiles du manche: 星經曰。北斗七星、三星直指爲杓、亦爲玉衡。西星方形爲魁。 «Des 7 étoiles du Boisseau septentrional, dit le *Sing king* (*Ur.* p. 503) les 3 qui forment un index en ligne droite s'appellent *Piao* ou encore Balance de jade. Les 4 qui forment un carré s'appellent *K'ouei*...». Le nom de Balance de jade s'applique soit à l'ensemble de la constellation (comme dans le *Chouen tien* (M. H. III, p. 341), soit aux trois étoiles Piao, soit encore à la seule étoile ε qui forme le pivot de la balance (cf. F, p. 355); mais, quel que soit le cas, ce nom fait toujours allusion à la forme allongée de la grande Ourse et non à sa direction transversale.

2) Rappelons aussi que le *Hia siao tcheng* indique la position du Manche du Boisseau 斗柄 aux diverses époques de l'année.

3) Cf. M. H. III, pp. 370, 341. M. Chavannes écrit: «Au centre de (la mansion)

est donc bien évident qu'il s'agit de *Teou* et non pas de *K'ien-nieou* [1]).

En résumé, à la question ci-dessus posée: « pourquoi le cycle de Jupiter commençait-il par *Sing-ki*? », nous pouvons répondre avec certitude: le cycle de Jupiter commençait à la droite de *Sing-ki* et se terminait à la gauche de *Si-mou*, comme celui de Saturne, parce que là se trouvait le noeud du ciel chinois, la séparation entre l'ancienne et la nouvelle année, le Gué du fleuve céleste. Le point de départ de la révolution de la planète était ainsi marqué par l'astérisme *Teou* au dessus duquel se trouve l'astérisme *K'i*, ces deux astérismes portant concurremment le nom de *Kien-sing* (astérisme déterminatif) parce que, l'écliptique passant dans le couloir qui les sépare, ils servaient à déterminer le point de départ des astres mobiles. Et nous pouvons ajouter avec la plus grande vraisemblance que le nom même de *Sing-ki* (l'astérisme-repère) provient de cette circonstance et peut être considéré comme l'équivalent du terme *Kien-sing*.

IV. Étymologie des noms de dodécatémories.

L'énumération des douze divisions sidérales peut commencer soit par *Sing-ki*, le point de départ du cycle jovien ; soit par *Cheou-sing*, si l'on suit l'ordre primitif des *sieou* ; soit encore par *Hiuan-hiao*, le signe antique du solstice d'hiver qui correspond au premier terme 子 de la série duodénaire. Mais comme les noms de ces signes,

---

Nan-teou », mais c'est à tort, car il est question ici de l'astérisme *Teou* et non de la mansion. Le *sieou Teou*, qui a une amplitude de 26°, s'étend en effet vers la gauche bien au-delà de l'astérisme *Teou*. Or l'alignement en question tombe en réalité plutôt à droite de *Teou*.

1) Cette confusion entre *Teou* et *K'ien-nieou* à propos du sens étymologique de *Sing-ki* est d'ailleurs très intéressante au point de vue de l'histoire des idées. Nous aurons à y revenir dans le prochain article à propos des déterminations solsticiales et de la découverte de la loi de précession.

dont nous nous proposons de rechercher l'étymologie sont en général des noms d'astérismes, il est naturel de commencer ici par *Cheou-sing*.

CHEOU-SING 壽星. L'astérisme de la Longévité, tire son nom — comme nous avons déjà eu l'occasion de le dire — du fait que la Corne du Dragon était, selon l'ancien principe lunaire, le repère du *Li-tch'ouen*, le signe du Nouvel-an. Vivre longtemps, c'est voir un grand nombre de fois la constellation *Kio* présider au renouvellement de la nature, d'où le nom de *Cheou-sing* donné à la première des dodécatémories de l'année lunaire [1]).

TA-HO 大火. Nous avons déjà fait remarquer (D, p. 470) que, dans la série duodénaire *Cho-t'i-ko* rectifiée, les deux termes pourvus du qualificatif 大 (grand) sont ceux qui correspondent à l'équinoxe du printemps 卯 et à l'équinoxe d'automne 酉 ; il en est de même dans cette série duodénaire des dodécatémories : 大火, qui correspond au milieu du printemps, s'oppose à 大梁 qui correspond au milieu de l'automne :

$$Ta\ ho\ = Ta\ Mang\text{-}lo\ = 卯$$
$$Ta\ liang = Ta\ Hiuan\text{-}hien = 酉$$

La présence de l'adjectif 大 étant ainsi justifiée, il reste à donner

---

1) Au jour de l'an on souhaitait au prince la longévité : 元正伏稱萬壽 。 Au chef de famille on offrait aussi en ce jour « la coupe de longévité » (*Ur.* p. 95). — Par ailleurs la singulière traduction de Schlegel « *L'ancien des constellations* » est inadmissible (*Ur.* p. 88). — La liste qu'il donne des douze signes (*Ur* p. 557) contient deux fautes d'impression : 1° les noms en français des deux premiers signes sont intervertis ; 2° le n° 3 est en réalité le n° 4, et le n° 4 devrait être le n° 3.

Le nom de *Cheou-sing* a été attribué aussi, dans les temps modernes, à l'étoile Canopus. Cette étoile australe n'était pas visible en Chine dans l'antiquité, par suite de la situation du pôle. Au temps de *Sseu-ma Ts'ien* (où elle culminait encore bien bas sur l'horizon) elle s'appelait 南極老人 le Vieillard du pôle austral (M. H. III, pp. 353, 446). Quelques siècles plus tard, à mesure qu'il se distinguait mieux et que le souvenir des anciens repères s'effaçait davantage, ce Vieillard devint le dieu de la Longévité et Canopus prit le nom de 老壽星, puis de 壽星 par suite de la confusion ainsi créée. Au VIIIe siècle, *Sseu-ma Tcheng* en était à croire que le *Cheou-sing* du *Che ki* désignait l'étoile du pôle austral ! (Cf. M. H. III, p. 446, n. 2).

l'explication du mot *Ho* (feu). Comme ce nom d'astérisme, dans le *Yao tien* est mis en rapport avec le milieu de l'été, certains commentateurs du *Chou king* ont supposé que le terme *Ho* faisait allusion aux chaleurs de l'été:

Il n'y a pas à proprement parler de constellation *ho*; le mot *ho* signifie feu et comme l'élément feu correspond au sud et par suite à l'été, on appelle *constellations feu* celles qui culminent au moment du solstice d'été; on donne plus spécialement ce nom, parmi les sept constellations qui occupent la région du ciel symbolisée par le dragon, aux deux constellations centrales qui sont *Fang* et *Sin*. (M. H. I, p. 46).

Cette explication comme on le verra en détail plus loin [1]), n'est pas admissible. Le terme *Ho* s'applique proprement à Antarès (avec quelques étoiles environnantes [2]) et c'est avec ce sens qu'il figure dans le *Hia siao tcheng* et le *Tso tchouan*; d'autre part, les sent constellations du Dragon (Palais oriental) ne correspondent pas à l'élément *feu* et à l'été, mais bien à l'élément bois et au printemps (parce que, comme nous l'avons vu, elles apparaissaient le soir à l'horizon oriental). On pourrait cependant citer, à l'appui de cette interprétation, un texte du *Tso tchouan* où *Sin* (= *Ho*) est mis en corrélation avec l'élément *feu*: une comète étant apparue à l'ouest de *Ta-ho*, dans le palais oriental, *Tseu chen* dit:

Je l'ai aperçue l'an dernier lorsqu'elle commençait à se manifester; elle s'est montrée lorsque *Ho* a fait son apparition [3]). Maintenant, cette année, au

---

1) Cf. l'article suivant H.

2) Cf. ci-dessus, p. 650.

3) Ce texte confirme ce que j'ai exposé plus haut (A, p. 159; F, pp. 350—362) sur la règle fondamentale de l'uranographie chinoise, et ce que nous aurons à établir ultérieurement d'une manière plus systématique: la position du firmament est caractérisée par le lever acronyque des étoiles (c'est-à-dire par leur lever à l'opposé du soleil couchant, à l'est, au crépuscule) et non par leur lever ou coucher héliaque. Ce texte spécifie qu' Antarès « apparaît»

⊞ à la 3e lune du printemps (par conséquent à la 2e lune dans la période créatrice de la haute antiquité): telle est en effet d'époque de son lever acronyque.

Si nous n'avions pas les textes védiques qui éclairent l'emploi du zodiaque lunaire, il serait difficile de comprendre qu'un peuple ait pu régler la situation du firmament sur les levers acronyques, puisque ces levers dépendent de l'heure à laquelle on les observe: lorsque

moment où *Ho* apparaît, elle brille avec éclat; elle a dû rester cachée avec lui depuis qu'il a disparu, elle a donc, pendant ce temps, résidé dans le feu (= *ho*)... Quand *Ho* réapparaîtra, quatre Etats seront concernés par le présage, à savoir *Song*, *Wei*, *Tch'en* et *Tcheng*. *Song* est la région qui correspond à *Ta-tch'en* [1]); *Tch'en*, celle qui correspond à *T'ai-hao*; *Tcheng*, celle qui correspond à *Tchou-yong*: tous (les trois) sont donc des emplacements (correspondant à l'élément) *feu*. D'autre part cette comète se dirige vers le Fleuve (la Voie lactée) et le Fleuve est sous la dépendance de l'élément *eau*. *Wei* est la région qui correspond à *Tchouan hiu* [2]) et c'est pourquoi on l'appelle « la place de l'empereur » [3])

---

le *Yi King* et le *Chouo wen* (Cf. B, p. 263; D, p. 472) font allusion au lever du dragon au printemps, ou lorsque le *Tso tchouan* mentionne le lever de *Ho* à la 3e lune, il faut sous-entendre « dès le crépuscule »; car, lorsqu' un astérisme se lève acronyquement, il était déjà visible les mois précédents (à une heure plus tardive). Mais tout s'explique lorsqu'on remarque que la constellation qui se lève acronyquement, c'est-à-dire à l'opposé du soleil, est celle où se produit la pleine lune, et que la localisation sidérale de la pleine lune apparaît, dans les textes hindous, comme la raison d'être du zodiaque lunaire.

On comprend dès lors comment le même texte peut dire, d'une part, qu'une comète est visible *en hiver* dans *Ta-ho* et d'autre part que *Ta-ho* apparaît 出 seulement à la 3e lune pour disparaître 入 à la 9e lune. Le *Tch'ouen-ts'ieou* mentionne l'apparition de la comète en hiver, époque à laquelle, se dégageant des rayons du soleil, elle se montre un peu avant l'aurore, dans *Ta-ho* qui, à ce moment, se lève héliaquement. Mais quoique *Ta-ho* soit à ce moment visible (à 3h du matin), il est censé, astrologiquement, être invisible; pendant les mois suivants il se lèvera successivement à 1h du matin, à 11h puis 9h du soir et sera toujours considéré comme invisible; c'est seulement lorsqu'il se lèvera dès le crépuscule, à 7h du soir, qu'il sera censé 出 faire son apparition.

1) *Song* correspond à *Ta-tch'en* 大辰 (= *Ta-ho*, centre du palais oriental) parce que cette principauté est située à l'est de la capitale: « Pour les territoires de *Song* et de *Tcheng* l'observation portait sur la planète Jupiter (= *bois*) et l'augure se tirait des mansions *Fang* et *Sin* » (M. H. III, p. 405).

Tch'en 陳 est ici en rapport avec *T'ai-hao*, c'est-à-dire avec *Fou-hi*, parce que cet empereur mythique eut sa capitale à *Tch'en* (Cf. M. H. I, p. 8).

Quant à *Tcheng* qui fait partie avec *Song* des Etats situés à l'est et correspondant à l'élément *bois*, je ne sais comment il se trouve ici en relation avec *Tchou-yong*. *Tchou-yong*, génie du *feu* et du sud (Cf. *Li ki yue ling*), est l'ancêtre mystique des princes de *Tch'ou*. Dans les légendes relatives à la formation tardive de l'Etat de *Tcheng*, *Tchou-yong* est donné comme un adversaire de la famille princière de *Tcheng*, issue de la maison des *Tcheou* (Cp. M. H. I, p. 11; IV, pp. 338, 451).

2) Nous avons vu (G, p. 403, n. 2) que le *sieon Hiu*, lieu du solstice antique, et qui, par conséquent, correspond au nord et à l'eau est aussi appelé 顓頊之虛 。

3) D'après le *Chouo-wen*, 丘 = 虛; en effet ces deux mots signifient étymologiquement « une colline inculte », d'où dérive le sens d'emplacement vide, intervalle, etc.....
帝丘 est donc l'équivalent du 顓頊之虛 du *Tso tchouan* et du *Eul ya*. Legge

et l'astérisme qui lui correspond est *Ta-choui* (grande eau). L'eau est l'opposé du feu. (La calamité présagée par la comète) tombera donc, soit sur un jour *ping-tseu*, soit sur un jour *jen-wou*, où se trouvent réunis les caractères cycliques de l'eau et du feu [2]). Si la comète vient à disparaître en même temps que *Ho*, (11e lune des *Tcheou*) ce sera sûrement un jour *jen-wou*. La calamité se produira au plus tard dans le mois où *Ho* réapparaît (5e lune des *Tcheou*). [*Tchao*, 17e année].)

Mais il est bien évident que cette élucubration astrologique n'est pas de nature à infirmer — et ne prétend pas infirmer [1]) — la règle fondamentale suivant laquelle le printemps correspond à l'est et au palais oriental dont *Ta-ho* est le centre. Pour apprécier ce texte à sa valeur, il faut lire, à la page suivante du *Tch'ouen ts'ieou*, ce qui arriva en la 18e année du duc *Tchao*: au 5e mois (des *Tcheou*), au jour *jen-wou*, des incendies se produisirent simultanément dans les Etats de *Song*, *Wei*, *Tch'en* et *Tcheng*. Comme une comète était apparue quelques mois auparavant (en la 17e année), il était très tentant pour l'astrologue qui fabriqua, vers l'an 400, ces prophéties rétrospectives, de trouver un lien causal entre ces deux événements survenus en deux années consécutives. Malheureusement l'Etat de *Wei* qui se trouve au nord n'a rien à démêler avec cette comète qui se meut dans le palais oriental; et les Etats de *Song*, de *Tcheng* et de *Tch'en*, qui sont dans la région orientale et correspondent au bois, n'ont rien de commun avec le feu. Mais comme le palais oriental où se trouve la comète est traversé par un fleuve (la voie lactée) et que d'autre part le nom de l'astérisme *Ta*-

---

(p. 668) n'a pas traduit cette expression et dit simplement « hence we have (?) *Te-k'ëw* in it ».

1) La théorie normale des cinq éléments, qui est spécifiée dans de nombreux passages du *Tso tchouan*, se manifeste aussi dans celui-ci puisque l'eau et le feu y sont dits correspondre aux signes 子 et 午 et que le territoire de *Song*, situé à l'est de la capitale, y est dit correspondre à *Ta-ho* conformément à la règle antique.

2) Les signes 丙 de la série dénaire et 午 de la série duodénaire sont ceux qui correspondent au solstice d'été = S = feu; ils s'opposent respectivement aux signes 壬 et 子 (C, p. 228; D, p. 459).

ho fait intervenir le feu, notre astrologue met à profit ces circonstances, sans témoigner d'un souci exagéré de la logique [1]). Pour rattacher les territoires de *Song*, de *Tch'en* et de *Tcheng* à l'élément *feu* tous les moyens lui sont bons: *Song* correspond à l'est franc, c'est-à-dire à *Ta-ho*, donc à *ho*, donc au *feu*, (quoique en réalité l'est corresponde au *bois*). *Tch'en* était la capitale de *T'ai-hao* (= *Fou-hi*); aucun système, il est vrai, ne fait correspondre *T'ai-hao* au *feu* [2]), mais comme son nom signifie *grand éclat*, c'est là, semble-t-il, un prétexte suffisant pour le rattacher au *feu*. Quant à *Tcheng*, par un lien qui nous est inconnu, on le relie à *Tchou-yong* qui est, lui, authentiquement un génie du feu. Tout cela n'est pas bien sérieux [3]).

La véritable raison d'être du nom de *Ta-ho* me paraît être celle qui a été indiquée par Schlegel. Antarès était appelé l'étoile du feu 火星 parce que son lever [4]) annonçait l'époque du renouvellement du feu, rite dont on retrouve les traces chez maint peuple de l'antiquité et qui se trouve mentionné dans le *Tcheou li*; il subsiste encore, paraît-il, chez certaines peuplades de la Chine (*Ur.* p. 143).

---

1) Ses déductions illogiques sont cependant quelque peu justifiées par les règles, souvent hétéroclites de l'astrologie chinoise. Ainsi, par exemple, l'astérisme *Wei*, quoique faisant partie du palais oriental, est dit afférent à *l'eau* 尾水星也。(*Ur.*, p. 156) à cause de sa proximité de la voie lactée.

2) Etant le premier des souverains il correspond à l'élément *bois* et au printemps (Cf. M. H. I, pp. CXC et 8).

3) Une autre prophétie du même genre et provenant visiblement du même auteur se trouve à la 9e année du duc *T'chao*, encore à propos d'un incendie survenu dans la capitale de *Tch'en*; mais ce même *Tch'en* qui, à la 17e année, est placé sous la dépendance du *feu*, se trouve cette fois mis sous la dépendance de *l'eau* pour ce motif que sa maison princière descend de *Tchouan hiu*; quant au feu, il désigne (avec raison cette fois) la principauté de *Tch'ou*.

4) Son lever acronyque, bien entendu, comme nous venons de le voir dans le *Tso tchouan*, et non son lever héliaque comme le dit Schlegel (*Ur.*, p. 142). On sait que Schlegel s'est persuadé, par des raisons imaginaires, que l'uranographie chinoise ne se rapportait pas aux levers acronyques (du soir) mais aux levers héliaques (du matin). Comme la révolution de l'équinoxe est de 26000 ans, il se trouve ainsi amené à reculer de 13000 ans la période créatrice de l'astronomie chinoise qui date en réalité des environs du 25e siècle avant notre ère.

«Au dernier mois du printemps, dit le *Tcheou li*, on sort le feu; au dernier mois de l'automne, on le rentre. 季春出火、季秋 納火。» Le rapport entre cette sortie du feu 出火 et le lever d'Antarès 火出 est spécifié par le commentaire: 季春火星 始見、出之以宣其氣。季秋火星始伏、納之 以息其氣。[周禮、夏官、司爟註] «Au dernier mois du printemps l'astérisme *Ho* commence à être visible; on allume alors le feu pour répandre l'influence (de la saison). Au dernier mois de l'automne l'astérisme *Ho* commence à disparaître; on éteint alors le feu pour modérer l'influence (de la saison).» Les saïsons dont il est question dans ce commentaire sont celles du calendrier normal (celui des *Hia*), d'après lequel, comme cela est spécifié dans le *Tso tchouan* [1]), l'astérisme *Ho* se lève au dernier mois du printemps [2]).

---

[1]) 火出于夏爲三月(=季春)、于商爲四月、于 周爲五月。 Ce texte qui fait partie du passage cité ci-dessus (pp. 490—492) me confirme dans l'opinion que ces prédictions astrologiques ont été élaborées dans un royaume soumis au calendrier des *Hia*, *Tsin* par exemple (cf. G, p. 413). En effet, les deux interlocuteurs de ce récit, sont *Tseu-chen* et *Tseu-tch'an*, grands officiers des Etats de *Lou* et de *Tcheng*, qui suivent le calendrier des *Tcheou*; le *Tch'ouen ts'ieou* et le *Tso tchouan* suivent également le calendrier des *Tcheou*. On peut donc présumer que cette inutile digression sur l'équivalence des calendriers était destinée à prévenir le lecteur, habitué à placer le lever de *Ho* au 3e mois des *Hia*, que cette époque équivaut au 5e mois où le *Tch'ouen ts'ieou* relate l'incendie en question. On peut remarquer, d'autre part, que le génie du feu, à la 17e année, est *Tchou-yong*, tandis qu'à la 18e année, c'est *Houei-lou* [*]); et si l'on compare la niaiserie des déductions astrologiques de la 17e année avec l'objectivité du récit de l'incendie de l'année suivante, il apparaîtra clairement que *Tso* reproduit des documents de sources différentes.

[2]) Schlegel, qui n'a pas remarqué ce texte dans le *Tso tchouan*, le cite, sans en reconnaître l'origine, d'après le 五經類編, et en dénature le sens: 1° il a cru que 火出于夏爲三月 (*Ho* se lève au 3e mois des *Hia*) signifiait «on renouvelait le feu au 3e mois sous la dynastie des *Hia*»; 2° il a cru que le texte indiquait trois époques différentes et que 于周爲五月 signifiait: sous les *Tcheou*, au 5e mois normal (c'est-à-dire au 7e mois des *Tcheou*) «au solstice d'été» (*Ur.* p. 140 dernière ligne).

[*]) D'après le *Li-ki* et ses commentaires, les empereurs et génies des points cardinaux sont: *T'ai-hao* et *K'eou-mang* (E); *Yen-ti* et *Tchou-yong* (S); *Chao-hao* et *Jo-cheou* (O); *Tchouan-hiu* et *Hiuan-ming* (N).

Et il est probable que tel est bien le sens qu'il faut donner au texte du *Tcheou li*: on sait, en effet, que dans maint passage de ce rituel il s'agit des saisons normales et non des saisons de la dynastie *Tcheou*.

SI-MOU. 析木。 La traduction qui se présente le plus naturellement à l'esprit est « la coupe des arbres »; c'est celle des anciens missionnaires jésuites [1]) comme aussi celle de Schlegel. Mais si cette étymologie se trouvait être exacte, il faudrait avouer notre impuissance à en donner une explication acceptable. Car, d'abord, l'ancienne Chine étant essentiellement un terrain d'alluvion, la coupe des arbres ne fait pas partie de ces travaux agricoles consacrés, dès la haute antiquité, par des prescriptions rituelles et calendériques; et, d'autre part, le printemps (saison à laquelle correspond incontestablement la division *Si-mou*) n'est pas l'époque qui convient à la coupe des arbres. Le seul texte cité par Schlegel à l'appui de cette interprétation est tiré d'un calendrier moderne qui dit que « le bois coupé au quatrième mois ne pourrit point »: or, le quatrième mois est un mois d'été; et par ailleurs ce dicton n'a pas de portée générale.

---

1) *Obs*. III, p. 98. « Je n'ai garde, dit Gaubil, de donner comme sûre la version latine, qu'on voit ici, des noms chinois des signes. Les caractères chinois ainsi détachés ont trop de significations pour s'assurer de la vérité de l'idée qu'on leur applique ici »:

Hiang-leou	?
Ta-leang	*Magnus splendor*
Che-tch'en	*Verum profundum*
Chouen-cheou	*Coturnicis caput*
Chouen-ho	*Coturnix ignea*
Chouen-wei	*Coturnicis cauda*
Cheou-sing	*Multorum annorum sydus*
Ta-ho	*Magnus ignis*
Si-mou	*Scindere lignum. Qui scindit lignum.*
Sing-ki	*Syderum annales*
Hiuan-hiao	*Vacuum profundum*
Tsiu-tseu	?

Le P. Noël et M. de Guignes, dit Schlegel (*Ur.*, p. 332) ont traduit *Hiang-leou* par *collectio fructuum decidentium*.

Par contre il rejette, comme incompatible avec son système, l'explication assez plausible donnée par la glose du *Eul ya* à propos du texte (cité ci-dessus, G, p. 392): « *Si-mou* s'appelle le Gué; l'intervalle entre *Ki* et *Teou* est le Gué ».

Le fleuve céleste passe entre les deux astérismes *Ki* et *Teou*. *Ki* fait partie du quartier (ou palais) oriental qui est le siège de l'élément *bois*. *Teou* fait partie du quartier boréal qui est le siège de l'élément *eau* [1]). Ce qui sépare [2]) l'eau et le bois, c'est l'astérisme *Ki*, qui sert de limite. Pour franchir un fleuve, il faut un gué; c'est pourquoi cet endroit est appelé le gué de la séparation du bois.

Le texte du *Eul ya* semble confirmer cette étymologie (ce qui d'ailleurs ne garantit pas son exactitude) en ce qu'il n'identifie pas *Si-mou* à tel ou tel astérisme [3]) mais seulement à la séparation entre *Teou* (palais boréal) et *Ki* (palais oriental). Il est remarquable, également, que le *Tso tchouan*, lorsqu'il mentionne la dodécatémorie *Si-mou*, la nomme « le Gué de *Si-mou* » ce qui semble bien corroborer l'hypothèse attribuant le nom de *Si-mou* à une limite et non à un astérisme. Si on acceptait cette étymologie il faudrait alors considérer l'expression *Si-mou* comme une abréviation de *Si-mou che tsin* (de même que *Tsiu-tseu* est l'abréviation de *Tsiu-tseu che k'eou*) et traduire le 析木之津 du *Tso-tchouan* par « le Gué de la séparation du bois » ou bien « le Gué qui limite le bois ».

---

1) Schlegel traduit 水位 par « le domicile de la planète Saturne » (*Ur.*, p, 156). Premièrement, la planète de l'eau n'est pas Saturne mais Mercure. Secondement, il n'est pas question de planètes dans ce texte Schlegel confond toujours la théorie des cinq éléments avec celle des cinq planètes qui en est dérivée.

2) Dans le *Yao-tien* le mot 析 a bien le sens de séparer: 民析 le peuple se disperse (les gens se séparent les uns des autres). Commentaire de *Kong Ngan-kouo*: 丁壯就功老弱分析也。

3) Le *Sing-king*, toutefois assimile *Si-mou* à l'astérisme *Wei* (*Ur.*, p. 156). Mais ce fait semble provenir de ce que la Voie lactée passe en réalité plutôt entre *Wei* et *Ki* qu'entre *Ki* et *Teou*. L'astronomie des *Soui* dit cependant: 天漢起東方。徑箕斗之間。(*Ur.*, p. 155).

Sing-ki. 星紀 ou 星記。 Le nom de *Sing-ki* « l'astérisme-repère » provient, comme nous l'avons vu, du fait que la révolution des planètes commençait à l'astérisme *Teou* (*Kien-sing*). La traduction « astérisme-repère » se rapporte plutôt à la leçon 記 et on pourrait la contester du fait que les plus anciens documents établissent la leçon 紀. Mas ces deux caractères sont en quelque sorte interchangeables (voyez *K'ang-hi*) et ont une commune origine. 紀 et 記 sont en effet au nombre des caractères chinois dont la filiation est certaine. L'un et l'autre proviennent de la primitive 己, dont la forme archaïque représentait la disposition des fils sur le métier à tisser [1]), et qui signifie ordre, suite, succession [2]); d'où les sens dérivés: succession des faits, noter, marquer. Les caractères 紀 et 記 ont pris ainsi un sens très analogue à celui du mot anglais *record*, et le terme *Sing-ki* se traduirait fort bien par *Recording-star*.

Hiuan-hiao. 玄枵。 Le symbolisme de ce terme a déjà été expliqué précédemment [3]). Le « sombre creux d'arbre » est une allusion au solstice d'hiver, au triomphe du *yin*, principe de l'humidité, de la pourriture et de la mort, et nous avons vu que ce symbolisme est confirmé par la Yi *king* et le *Tso tchouan* (cp. aussi M. H. III, p. 397, note).

---

1) Voyez: le *Chouo wen*; WIEGER, *Etudes sur les caractères*. Ce dernier ouvrage, dont je n'avais pas connaissance précédemment, aurait pu m'éviter diverses erreurs que j'ai commises dans l'étymologie des caractères cycliques (C, p. 232) et que je rectifierai ultérieurement.

On remarquera que 紀 et 記 font partie de cette catégorie de caractères dans lesquels la phonétique indique à la fois le son et l'idée parce qoe cette phonétique représente la forme primitive du caractère, le radical ayant été ajouté postérieurement pour consacrer une acception particulière érigée en terme autonome (cf. C, p. 244; G, p. 646 et *T'oung pao* 1913, p. 808: *Note à propos du caractère* 銅).

2) D'où l'acception de règle, principe, que l'on trouve très anciennement à 紀 dans le *Chou king* notamment dans l'expression 紀綱 les règles et les principes (comparez l'expression 綱紀 du *Lu li tche*, ci-dessus p. 661).

3) E, p. 597. — Sur la fig. 7 (D, p. 450; *Ur.* p. 39) le mot 玄 est remplacé par 元. Cette substitution a eu pour but d'éviter le nom personnel de l'empereur *K'ang-hi* (cf. M. H. III, p. 206, n. 3).

玄 *sombre* et 幽 *caché* sont en effet les qualificatifs qui caractérisent l'hiver, le nord, le palais septentrional, la région du *yin*, des ténèbres et de la mort; par suite de l'association de la mort à la région nord, les tombes étaient placées au nord: 北爲幽陰、葬則於北方 (*Ur.* p. 217); et, par extension, l'âme des morts était censée résider dans le palais septentrional, dans le sombre séjour de la nuit et du *yin* [1]).

Tsiu-tseu *alias* Che-wei. Ces deux appellations du Carré de Pégase (E, p. 600) sont des noms de fiefs et de familles princières de la haute antiquité. (Cf. M. H. I, *index*).

Tsiu-tseu est d'ailleurs une abréviation pour 娵訾之口 « la bouche de *Tsiu-tseu* » (*Eul ya*, *Tso tchouan*) expression mythique dont l'origine est inconnue.

---

1) C'est en raison de la survivance, chez nous, de mythes analogues, que M. Fréd. Masson peut faire débuter un de ses livres par cette évocation fantômatique: « *A minuit, quand l'empereur mort passe son armée en revue...* »

Qu'il me soit permis, à propos de ce terme 玄, de critiquer ici la traduction d'un membre de phrase, dans l'instructive et pénétrante étude épigraphique publiée par M. Chavannes dans le JA. *juillet* 1909 et dans le JRAS. *january* 1911: 幽潛玄穹、携手顏張。« *Soit dans le monde souterrain, soit dans la voûte azurée — il pourrait donner la main à Yen (Houei) et à Tchang (K'an)* ». Le parallélisme des termes solidaires 幽 et 玄 montre qu'il ne s'agit pas de deux régions distinctes, mais d'une seule et même région, celle du principe ténébreux et caché. 潛 a d'ailleurs le même sens que 幽: caché, clandestin, secret. Dans le texte suivant, tiré d'un livre astrologique, ce mot, accouplé à 匿 (de même sens également), sert précisément à caratériser le palais de l'hiver symbolisé par la tortue: 北宮則靈龜潛匿 (*Ur.* p. 62). Quand à 玄 il ne signifie pas bleu, si ce n'est le bleu sombre (confondu avec le noir par plusieurs peuples primitifs qui assimilent aussi le bleu clair au vert). En traduisant 天玄 par « le ciel est bleu », Stanislas Julien n'a pas tenu compte des idées métaphysiques (relatives à la théorie bino-quinaire) contenues dans ce passage du 千字文. En fait, 玄 n'est jamais l'équivalent d'azuré 青 ou 蒼, et 玄天 signifie (d'après M. Chavannes lui-même M. H. III, p. 452) « le ciel sombre ». (Voyez aussi M. H. III, pp. 206 et 629).

幽潛玄穹 contient trop d'idées chinoises pour être exactement traduit; mais on pourrait mettre à profit certaines expressions analogues de notre langue en disant: « Dans le monde *invisible*, dans le *sombre* Hadès, tu donnes la main etc... »

HIANG-LEOU. Avec le palais de l'automne nous retrouvons la vieille terminologie lunaire basée sur le lieu sidéral du plein de la lune, lieu diamétralement opposé à celui du soleil. En réalité ce palais est parcouru par le soleil *au printemps*; s'il représente l'automne c'est, comme nous l'avons vu (D, p. 460) par opposition. Or ce palais occidental a remarquablement conservé le symbolisme de sa saison, l'automne. Dans la description, très abrégée, de *Sseuma Ts'ien* apparaissent en une seule page (M. H. III, p. 350) les symboles de tous les évènements de l'automne: récoltes, (entretien des) canaux, greniers à blé, tas de foin, chasses, guerres sur la frontière, exécutions capitales, vêtements blancs (blanc = métal = automne), tigre blanc, etc...

Le sens du terme *Hiang-leou* ne présente donc aucune difficulté. *Collectio fructuum decidentium* (de Guignes); «les Moissonneuses descendantes» (*Ur.* p. 332); «Panier à récolte» dit M. Chavannes à propos de l'astérisme *Leou* (nom abrégé de *Hiang leou*). Quoique le caractère 婁 ait complètement perdu son sens primitif, ce dernier est établi par l'idéographie (femme portant un panier d'herbes sur la tête 婁) et subsiste encore dans son dérivé 簍 panier [1]). *Hiang leou* est en effet le premier *sieou* du palais occidental et correspond par conséquent au début de l'automne 孟秋, mois pendant lequel il est prescrit rituellement de procéder à la moisson et d'en offrir les prémisses dans le temple ancestral (*Yue ling*).

TA-LEANG. 大梁。 Dans le *Che king*, *leang* a, comme sens principal, celui de barrage, d'écluse, (ou d'ouverture pratiqué dans un barrage pour prendre le poisson) [2]). Un barrage est à la fois une digue et un pont (ou un gué) ce qui explique les sens dérivés:

---

1) Schlegel cite à ce propos un distique qui montre qu'en Chine la récolte est emportée, en gerbes, dans des paniers. (*Ur.* p. 332).

2) Cf. LEGGE, pp. 723, 56, etc. — Sous sa forme antique ce caractère ne dépend pas du radical *bois* mais de *l'eau*.

pont, digue ¹). Quoi' qu'il en soit, il ne semble pas douteux que cette dodécatémorie tire son nom des travaux de réfection qu'on s'empressait de faire aux digues et barrages dès la fin de la récolte, travaux dont l'importance se justifie dans un pays d'irrigation perpétuellement menacé d'inondation. Aussi cette obligation annuelle est-elle fixée par les rites et c'est le Fils du Ciel lui-même qui prescrit au peuple de s'en acquitter. Aussitôt la moisson terminée, il fallait se hâter à cette besogne afin de l'achever avant les pluies d'automne auxquelles présidait l'astérisme *Pi* (placé sous le même signe 酉): 是月完隄 (= 梁) 坊謹壅塞以備水潦。[注] 所以爲水潦之作者以月建在酉、酉中有畢星好雨也。(*Li ki yue ling*).

Nous avons vu que le *Eul ya* identifie *Ta-leang* à *Mao*; mais il est probable que cette association a été suggérée par la symétrie et ne répond pas à l'origine uranographique de *Ta-leang*. *Mao* étant le *sieou* central de l'automne et *Ta-leang* étant la dodécatémorie centrale de la même saison, il est naturel de penser que *Ta leang* est un surnom de *Mao* (comme *Hiuan-hiao* de *Hiu*). Mais le *Sing-king* le rapporte à l'astérisme voisin *Wei* et il est vraisemblable que cette donnée, en désaccord avec la symétrie et avec le *Eul ya*, représente la véritable tradition astrologique ²).

Quant à l'adjectif 大 dans *Ta-leang*, il correspond au 大 de *Ta-ho*; comme nous l'avons déjà fait remarquer.

CHE-TCH'EN. 實沉。 Nous avons vu plus haut que ce nom d'Orion est en rapport avec la légende des deux frères ennemis, Orion et Scorpion (cf. G, p. 392).

---

1) *Chouo wen*: 梁水橋也。 *Eul ya*: 隄謂之梁。 Cf. *Ur.* pp. 322, 343.

2) 胃又名大梁。 *Ur.* p. 343. — D'après le 天官書 l'astérisme voisin *K'ouei* préside aussi aux canaux d'irrigation 奎主溝瀆。 (*Ur.* p. 322; M. H. III, p. 351).

CHOUEN-CHEOU, CHOUEN-HO, CHOUEN-WEI. 鶉首火尾。La signification de ces termes s'explique d'elle-même puisqu'ils désignent les diverses parties de l'Oiseau rouge symbole de l'été [1]).

V. Le cycle jovien secondaire.

Alors que les Chinois, dès la haute antiquité, ont appliqué le cycle séxagésimal à la numération des jours, c'est seulement à partir des *Han* qu'ils l'ont utilisé pour la numération des années L'idée d'étendre le système séxagésimal des jours aux années semble cependant si naturelle qu'on peut à bon droit s'étonner qu'elle n'ait pas été réalisée plus tôt. Pour expliquer cette extension, il n'est donc nullement nécessaire de recourir *a priori* au cycle de Jupiter. Le cycle des douze branches représente originellement, nous l'avons vu, les douze mois; les Chinois auraient donc pu l'appliquer aux années, comme ils l'ont appliqué aux jours, d'une manière purement conventionnelle [2]); cependant il n'en a pas été ainsi: c'est par l'intermédiaire astrologique du cycle de Jupiter que la coutume s'est établie d'appliquer aux années la numération duodénaire, puis séxagésimale.

Avant d'en arriver, sous les *Han*, à la notation cyclique actuelle, on a eu d'abord recours, vers la fin de la dynastie *Tcheou*, à la série duodénaire *Cho-t'i-ko*. Cette série, nous l'avons vu, est équivalente à la série duodénaire 子 puisque les termes de l'une et de l'autre symbolisent les douze mois de l'année tropique. L'emploi de

---

1) G, p. 393. — *Ho*, le *feu* de la chaleur vitale, c'est-à-dire le *coeur*. — Contrairement à ce que j'ai dit (B, p. 265) il semble bien qu' indépendamment du vaste oiseau qui s'étend sur tout le palais méridional, il a existé une constellation plus restreinte représentant un oiseau dont le bec était dans le *sieou Lieou* (qui fait partie de *Chouen-ho* et non de *Chouen-cheou*).

2) Je n'entends pas par là que l'application du cycle aux jours ait été, à l'origine, purement conventionnelle: il est probable que le point de départ se trouve dans une pratique astrologique, hypothèse qui peut s'appuyer sur le passage du *Chou king* cité D, p. 474.

la série *Cho-t'i-ko* n'implique donc, en lui-même, aucun rapport nécessaire avec le mouvement de Jupiter. Ce rapport est cependant démontré par les textes.

La première mention de cette notation se trouve dans le *Tch'ouen ts'ieou* de *Lu Pou-wei*, qui mourut l'an 235 avant J.-C. (Cf. M. H. III, p. 659):

«Or la 8ᵉ année de *Ts'in*, l'année étant dans *T'ouan-t'an*» 維秦八年歲在涒灘。

Ce système de numération des années se rattache au cycle de Jupiter par un double lien: d'abord par l'expression 歲在 qui signifie proprement «Jupiter étant dans»; ensuite par le rang du terme *T'ouan t'an* qui correspond, comme nous le verrons, au roulement duodénaire du cycle jovien des environs de l'an 380 tel qu'il apparaît dans le *Tso tchouan* et le *Kouo yu*.

Cette dernière particularité est fort intéressante: elle semble indiquer que les anecdotes du *Kouo yu* et du *Tso tchouan* ne furent pas un cas isolé et qu' à cette même époque les pratiques astrologiques basées sur les positions duodénaires de Jupiter commencèrent à être utilisées pour la numération des années.

L'emploi de cette seconde liste se rattachait au mouvement de la planète par la relation indiquée dans les ouvrages de l'astronome *Kan Tö* 甘德, du pays de *Tsi*, auteur du 天文星占, et de l'astronome *Che chen* 石申, du pays de *Wei*, auteur du 星經[1]); *Sseu-ma Ts'ien*, dans le passage auquel nous nous sommes plusieurs fois référé et qu'il a emprunté à ce dernier traité, dit:

Dans [la première année du cycle] *Cho-t'i-ko*, la planète *Sou* apparaît au premier mois axec *Teou* et *K'ien-nieou*.

---

1) Sur *Kan* et *Che*, cf. M. H. III, p. 673. — Ils vivaient à l'époque des Royaumes combattants; on ne sait au juste à quelle date, mais on peut remarquer que le royaume de *Wei* 魏 disparut en l'an 225 av. J.-C, et que *Kan* semble antérieur à *Che* (voyez ci-dessous, p. 681)

Dans [la deuxième année du cycle] *Tan-ngo*, elle apparaît au deuxième mois avec *Niu*, *Hiu* et *Wei*.

Etc. . . .

Le soleil parcourant les douze signes en douze mois et Jupiter les parcourant en douze ans, la conjonction du soleil avec Jupiter se produit tous les treize mois; par conséquent la réapparition de la planète retarde chaque année d'un mois [1]).

Jupiter fait ainsi sa réapparition chaque année dans un nouveau signe: si son lever héliaque a lieu, par exemple, dans *Sing-ki*, l'année suivante il se produira dans *Hiuan-hiao*, et ainsi de suite, retardant chaque année d'un mois. Bien entendu, ce cycle duodénaire des levers héliaques étant sous la dépendance du mouvement de Jupiter (dont la révolution ne s'accomplit pas exactement en douze ans) est soumis à la même perturbation que l'autre. Mais ce dérangement, remarquons-le, n'affecte pas le rang de la constellation où le lever héliaque se produit au 1er mois, car ce rang dépend uniquement de la position du solstice, laquelle est pratiquement invariable pendant plusieurs siècles [2]). Le fait que la planète «apparaît au 1er mois avec *Teou* et *K'ien-nieou*» ne saurait donc nous renseigner sur l'époque précise où ce deuxième cycle fut adopté: car pendant bien longtemps, et même sous les *Han*, lorsque Jupiter faisait sa réapparition au milieu de la constellation *Sing-ki* (c'est-à-dire vers 260°, fig. 25, G, p. 409) le soleil se trouvait à 15° plus à gauche (c'est-à-dire vers le 275e degré) ce qui fixe le date moyenne à 5 jours après le solstice. Par contre, nous pouvons affirmer qu'il s'agit, dans ce texte, du calendrier des *Tcheou* (dont le 1er mois était le mois solsticial): car, pour que le lever héliaque de Jupiter pût se pro-

---

1) Un astre de 1e grandeur cesse d'être visible au crépuscule lorsqu'il se trouve à 15°, environ, du soleil (coucher héliaque); il réapparaît à l'aurore lorsqu'il se trouve à 15°, environ, du soleil (lever héliaque). Sa disparition dure donc (au minimum) un mois.

2) La révolution des équinoxes s'opérant en 26000 ans environ, le solstice reste dans la même dodécatémorie pendant 22 siècles.

duire dans *Sing-ki* au 1er mois des *Hia*, il faudrait que le solstice eût lieu à 60° plus à droite, c'est-à-dire en *Ta-ho*, condition qui est encore loin d'être réalisée de nos jours. Aussi, le calendrier *T'ai tch'ou*, qui suit la règle des *Hia*, donne-t-il des indications toutes différentes: « Au premier mois, dit-il, Jupiter apparaît avec *Che* 室 et *Pi* 壁 » (c'est-à-dire avec *Tsiu-tseu*); en effet, le lever héliaque du 1er mois correspondant à *Sing-ki* dans le calendrier des *Tcheou*, correspond à *Hiuan-hiao* dans celui des *Yin* et à *Tsiu-tseu* dans celui des *Hia* appliqué sous les *Han*. *Pan kou*, tout en constatant cette différence, n'a pu en trouver l'explication bien simple [1]).

Mais si le lieu sidéral du lever héliaque ne nous renseigne pas sur l'époque où ce deuxième cycle fut constitué, le texte de *Lu Pou-wei*, par contre, nous montre qu'il se relie au cycle issu des positions joviennes des environs de l'an 380; il est facile de s'en assurer d'après le tableau d'équivalence suivant qui résume le texte, cité plus haut, du *Che ki*:

1e année du cycle	*Sing-ki*			=	*Cho-t'i-ko*
2e »	»	»	*Hiuan-hiao*	=	*Tan-ngo*
3e »	»	»	*Tsiu-tseu*	=	*Tche-siu*
4e »	»	»	*Hiang-leou*	=	*Ta-houang-lo*
5e »	»	»	*Ta-leang*	=	*Touan-tsang*
6e »	»	»	*Che-tch'en*	=	*Hie-hia*
7e »	»	»	*Chouen-cheou*	=	*T'ouan-t'an* 479 et 239 av. J.-C.

1) Cf. *Ts'ien Han chou*, chap. *T'ien wen che*, p. 10, r°. — On peut cependant concevoir qu'elle lui ait échappé par suite de la confusion créée par le désaccord existant entre le calendrier des *Tcheou* et les règles fondamentales de l'astronomie chinoise: le cycle de Jupiter commence au N E, c'est-à-dire au *Li-tchouen* (entre 丑 et 寅, comme le calendrier des *Hia*. Le premier terme de la série énumérée par *Pan kou* est donc 寅: 太歲在寅曰攝提格、歲星正月晨出東方 . . . L'association de 正月 et du signe 寅 induit à croire qu'il s'agit du premier mois des *Hia*. Mais en réalité ce signe 寅 se rapporte au point de départ de Jupiter et non de l'année. (Voy, ci-dessous, p. 688).

8e	»	»	»	*Chouen-ho*	= *Tso-ngc*
9e	»	»	»	*Chouen-wei*	= *Yen-meou*
10e	»	»	»	*Cheou-sing*	= *Ta-yuan-hien*
11e	»	»	»	*Ta-ho*	= *K'ouen-touan*
12e	»	»	»	*Si-mou*	= *Tch'e-fen-jo.*

L'année *T'ouan-t'an* à laquelle fait allusion le texte de *Lu Pou-wei* (8e année de *Ts'in*, le futur *Che-houang-ti*) correspond à la date 239 av. J.-C.; et nous voyons, d'autre part (G, p. 405), qu'une année *Chouen-cheou* du cycle du *Tso tchouan* correspond a la date 479. Or 479 — 239 = 240 = 20 × 12. Le roulement duodénaire du cycle des levers héliaques continue donc celui du cycle sidéral.

Il découle de là que le cycle des levers héliaques a nécessairement pris naissance à la même époque que celui du *Tso tchouan*: si, en effet, la condition que Jupiter se levait au premier mois dans le signe 丑 ne suffit pas à fixer une date, il n'en va plus de même si l'on ajoute cette autre condition que ce phénomène se produisait dans la première année du cycle; car, alors, celà revient à dire que la planète se trouvait en *Sing-ki* dans une année *Cho-t'i-ko* (= *Sing-ki*) du cycle du *Tso tchouan*, ce qui n'a pu avoir lieu que dans la première moitié du IVe siècle [1]).

---

1) On pourrait conclure de là que les ouvrages de *Kan* et de *Che* datent aussi de cette époque. Il est possible, cependant, que ces astronomes se soient bornés à reproduire une règle antérieurement formulée et déjà inexacte de leur vivant; cette supposition est particulièrement vraisemblable en ce qui concerne le nommé *Che* 石氏, car, étant du pays de *Tsin* (dont la principauté de *Wei* 魏 faisait partie), soumis au calendrier des *Hia*, il aurait dû dire, semble-t-il, que la planète en 丑, se lève au 11e et non au 1er mois.

Il est à remarquer, d'autre part, que dans son énumération, par ordre chronologique, des principaux astronomes, *Sseu-ma Ts'ien* nomme *Kan* bien avant *Che* et lui accorde en outre le qualificatif «vénérable» qui dénote un homme éminent. On peut donc présumer, avec quelque vraisemblance, que *Kan* fut le promoteur du cycle des levers héliaques, que son ouvrage fut contemporain du *Tso tchouan* et du *Kouo yu*, et que ce furent ces trois livres qui déterminèrent dans l'empire la diffusion d'un cycle chronologique, à une époque où l'absence de pouvoir central et la disparition des petits états faisaient éprouver le besoin d'un nouveau système de numération des années.

Mais la concordance entre les deux cycles, *Sing-ki* et *Cho-t'i-ko*, s'arrête au texte de *Lu Pou-wei*. Dans le texte suivant (du poëte *Kia Yi* qui vécut de 198 à 165 av. J.-C.) l'année 174 est désignée par l'appellation *Tan-ngo* (qui correspond à *Hiuan-hiao*), alors qu'elle comporterait l'appellation *Ta-houang-lo* (qui correspond à *Hiang-leou*) si le roulement duodénaire avait été maintenu.

Un changement est donc survenu entre l'année 239 et l'année 174, c'est-à-dire aux environs de la date intermédiaire 207 av. J.-C.: le cycle a été *avancé de deux rangs*; et il est bien facile d'en donner la raison puisque ces deux rangs représentent précisément l'avance prise par la planète depuis la fondation du cycle duodénaire. Nous avons dit, en effet, que ce cycle concordait avec les positions de Jupiter des environs de l'an 380 et que la planète avançait d'un signe tous les 86 ans, par conséquent de deux signes tous les 172 ans: or 380 — 172 = 208. C'est donc bien dans l'intervalle compris entre les deux textes que Jupiter occupa des positions en avance de deux dodécatémories sur le roulement duodénaire. Il est permis de supposer que cette réforme du cycle fut opérée, sous la dynastie *Ts'in*, comme une conséquence de l'unification de l'empire succédant aux troubles continuels de la période des Royaumes combattants [1]).

---

1) On voit, en définitive, que c'est M. Chavannes qui a trouvé l'explication de l'hiatus de deux années en l'attribuant au mouvement de Jupiter, encore que les raisonnements par lesquels il a voulu rendre compte du détail des faits soient erronés (cf. G, p. 397). Il a cru, d'abord, qu'un cycle fondé sur les mouvements de Jupiter « se trouve, chaque douze ans, en *retard* sur la chronologie réelle », alors qu'au contraire il se trouve en *avance*; d'autre part, il a cru que les textes postérieurs à l'avènement des *Ts'in*, (à partir du texte de *Kia Yi*) représentaient la chronologie « réelle » et que les textes antérieurs représentaient les mouvements de Jupiter; alors que, au contraire, ces textes antérieurs (de l'an 655 à l'an 239) se rapportent tous à un cycle fictif purement duodénaire, tandis que le texte, postérieur, de *Kia Yi* est le seul qui indique un lieu vrai de Jupiter. Ces deux méprises se compensant mutuellement, la correction se trouve, en fin de compte, exécutée convenablement: il faut ajouter 2 années aux textes antérieurs pour les mettre d'accord avec les textes postérieurs. Seulement, en réalité, cette correction n'est pas faite pour compenser le *retard* de Jupiter dans les textes antérieurs: elle est faite pour compenser l'*avance* de Jupiter dans un texte postérieur.

Mais après cette mise au point, le cycle *Cho-t'i-ko* reprit son roulement duodénaire qui s'est perpétué sans plus tenir compte des positions de la planète. Les documents cités par M. Chavannes (M. H. III, p. 660), empruntés surtout aux inscriptions, nous montrent la continuation du même cycle dans les années 174 et 101 av. J.-C., 156, 174, 179, 186, 203 ... et 781 après J.-C. (cette dernière étant celle de l'inscription de *Si-ngan-fou*).

Il faut mentionner, cependant, une tentative de réforme en l'an 104 av. J.-C., à l'occasion de la promulgation du calendrier *T'ai-tch'ou*. Comme nous le verrons dans le prochain article, ce calendrier, comme aussi la période *T'ai-tch'ou* (*Grand commencement*), prétendait inaugurer une ère nouvelle dont le point de départ se trouvait dans les merveilleuses circonstances qui entourèrent le solstice d'hiver du début de cette année: ce solstice tomba (ou fut censé tomber) à la fois sur un jour *kia-tseu* et sur le premier jour du mois, Jupiter étant en outre situé dans *Sing-ki* [1]). Ces coïncidences furent présentées à l'empereur comme terminant une période de 4617 ans et inaugurant une ère nouvelle dont la première année était *Ngo-fong Cho-t'i-ko* [2]). Le cycle en usage à cette époque n'ayant pas été corrigé depuis les *Ts'in*, l'année 104 n'était pas *Cho-t'i-ko*, mais *Tch'e fen-jo*, et la promulgation du calendrier *T'ai-tch'ou* n'arriva pas à modifier, en pratique, le roulement duodénaire établi. A défaut de

---

1) Le cycle du *Tso tchouan* étant fondé sur les positions des environs de l'an 380, l'année 377, dite *Sing-ki*, concorde pleinement avec cette dodécatémorie (fig. 24; G, p. 408); si nous ajoutons 23 cycles duodénaires (377 — 23 × 12 = 101), nous voyons que l'an 101 serait aussi *Sing-ki*; mais comme la planète a avancé de 3 divisions, c'est dans l'année 101 + 3 =) 104 qu'elle était réellement en *Sing-ki*. D'autre part, la planète avançant d'un signe complet tous les 86 ans, on voit que c'est vers l'an (380 — 3 × 86 =) 122 que les 3 signes furent intégralement gagnés; en l'an 104, Jupiter sortait donc de *Sing-ki* avant la fin de l'année mais concordait encore assez bien avec cette division, dans laquelle il se trouvait au solstice d'hiver *T'ai-tch'ou* (son ascension droite en l'an 104 fut de 256° à 285°).

2) Le *Ts'ien Han chou* (*Lu li*, p. 10 v°) écrit *Ngo-fong* tandis que *Sseu-ma* orthographie *Yen-fong* (M. H. III, p. 332).

réforme durable il y eut cependant une tentative de réforme qui méritait d'être signalée [1]).

Nous avons vu que ce cycle des levers héliaques, basé sur le fait que Jupiter se lève au 1er mois avec *Sing-ki*, au 2e mois avec *Hiuan-hiao* etc., se rapporte nécessairement au calendrier des *Tcheou*: dans l'année *Cho-t'i-ko* la planète apparaît au 1er mois (子) des *Tcheou* (qui contient le solstice d'hiver), en l'année *Tan-ngo*, au 2e mois (丑) des *Tcheou*, etc.. Cela confirme ce que nous avons dit précédemment (D, p. 468 sqq.), à savoir que cette liste duodé-naire représentait, à l'origine, les mois de l'année tropique (qui équivaut à l'année des *Tcheou*). Il est en effet évident que la liste reproduite par Chalmers restitue la forme primitive de cette série duodénaire, dans laquelle les termes cardinaux correspondant aux solstices et aux équinoxes (c'est-à-dire aux signes 子 = N, 卯 = E, 午 = S, 酉 = O) comportent des noms de trois mots (de même que les dodécatémories cardinales possèdent trois *sieou*, G, p. 389), tandis que les autres n'en ont que deux [2]). D'autre part, d'après le

---

[1]) M. Chavannes est d'avis que le tableau inséré dans le *Che ki* ne représente pas le calendrier *T'ai tch'ou*, mais un calendrier dit «des *Yin*» auquel les astrologues étaient particulièrement attachés (M. H. III, p. 665). Sans contester sa démonstration, qui me paraît fondée, je dois faire remarquer qu'il en faut supprimer cet argument «que l'année *Yen-fong Cho-t'i-ko* ne peut être identique à l'année 104 av. J.-C.». Cette identité ne résulte pas seulement de ce tableau, elle est encore spécifiée par *Sseu-ma* à propos du décret impérial promulguant la période *T'ai tch'ou* (M. II. III, p. 332) et elle est donnée par le *Ts'ien Han chou* comme une des conclusions formulées par la première commission chargée d'établir le calendrier *T'ai-tch'ou* Il est probable, d'ailleurs que le tableau du *Che ki* représente le calendrier «des *Yin*» que *Sseu-ma Ts'ien* aurait voulu faire adopter, disposé, par conséquent, en vue de la période *T'ai-tch'ou*, et dans lequel il s'est abstenu de faire intervenir la division du jour en 81 parties inventée par *Lo hia-hong* (*Ts'ien Han Lu-li*, p. 1.: r° de l'édition de 1642).

Je dois donc retirer ce que j'ai dit (G, p. 407) au sujet de l'assertion de Chalmers «que *Sseu-ma Ts'ien* observa correctement la position de Jupiter dans *Sing-ki* l'an 104 avant J.-C.». *Sseu-ma* ne mentionne pas explicitement cette constatation, mais elle ressort de ce que nous venons de dire.

[2]) Cette idée de régler les nombres des mots d'un terme d'après le rang qu'il occupe

symbolisme que nous avons exposé, le terme (*Ta-*)*mang-lo* (les prémices de la végétation) correspond sûrement à l'est et à l'équinoxe
du printemps, de même que (*Ta-*)*yuan-hien* (l'offrande occidentale)
correspond à l'ouest et à l'équinoxe d'automne. Il est visible d'ailleurs que le 大 de l'un correspond au 大 de l'autre et que ces
deux 大 correspondent en outre à 大火 = E et à 大梁 = O [1]).
Il n'est donc pas douteux que cette liste représente les douze mois
de l'année tropique.

Mais alors la terme *Cho-t'i-ko* y est étranger. Nous avons vu,
en effet (F), que les *Cho-t'i* ne faisaient leur apparition qu'au *Li-
tch'ouen* et que, par conséquent, la règle des *Cho-t'i* s'appliquait au
mois 寅 ; ce terme *Cho-t'i-ko* placé en tête de la série où il correspond à 子 et au solstice d'hiver et donc hétérogène [2]).

On pourrait expliquer cette adjonction hétéroclite du terme
Cho-t'i-ko de la manière suivante: lorque, sous les *Ts'in*, on s'aperçut
que Jupiter se trouvait en avance de deux signes sur le cycle et se
levait, par conséquent, au 1er mois dès *Hia* (dans la 1e année du
cycle) au lieu de se lever au 1er mois des *Tcheou*, on remit tout

---

dans la série, est bien conforme à l'esprit de symétrie et à la métaphysique des Chinois:
sous les *Han* « le nombre 5 étant celui qui correspond à l'élément *terre*, on attribua 5
caractères aux inscriptions des sceaux... » (M. H. III, p. 515).

1) L'adjectif 大 est attribué aux termes centraux du printemps et de l'automne en
raison de l'importance rituelle de ces deux époques, de même que l'expression *Tch'ouen-
ts'ieou* représente l'année entière, les annales.

2) Cette différence d'origine entre le terme *Cho-t'i-ko* et les onze autres a été marquée
par M. Chavannes. Après avoir indiqué la signification sidérale de *Cho-t'i-ko*, il ajoute:
« Quant aux onze autres termes, *tan-ngo*, *tche-siu*, etc., ils représentent,
s'il faut en croire le commentateur *Li Siun* (fin de la dynastie des *Han*
orientaux), le plus ou moins de force ou d'expansion avec lequel se manifeste
le principe *yang* aux divers mois de l'année. Ces termes désignent donc, à
l'origine, les mois». (M. H. III, p. 663).

L'évolution du principe *yang* commence au solstice d'hiver. Le commentaire étymologique de *Li Siun* s'applique donc (je suppose) à l'année dualistique, c'est-à-dire à l'année
tropique, ce qui confirme mon opinion sur la signification originelle de cette série.

On remarquera qu'après avoir admis l'origine chinoise de cette liste, M. Chavannes
semble ensuite l'avoir mise en doute (Cf. G, p. 394).

d'accord en faisant correspondre les douze termes de la liste avec
les mois du calendrier des *Hia* qui, justement, se trouvait alors en
vigueur [1]); tout en en maintenant les anciens noms (*tan-ngo*, etc.)
dont le sens était depuis longtemps oublié, on changea le 1er terme
(resté inconnu de nous) en le remplaçant par le terme *Cho-t'i-ko*
(= 寅) dont la signification affirmait la nouvelle équivalence de
la série.

Mais cette hypothèse se heurte à deux objections insurmontables:
1°. les textes du *Eul ya* et des astronomes *Kan* et *Che* attestent
que, sous la dynastie *Tcheou*, *Cho-t'i-ko* était déjà le premier terme
de la série; 2°. le texte de *Lu Pou-wei* démontre l'existence d'un
hiatus de 2 années dans l'emploi chronologique de la liste des levers
héliaques avant et après les *Ts'in*, hiatus qui ne se manifesterait pas
si l'on s'était borné à en modifier l'équivalence avec les mois sans
changer le roulement duodénaire.

Toutefois si cette hypothèse ne s'accorde pas avec les contingences
du cycle historique né au IVe siècle, il se peut qu'elle soit valable
pour une époque antérieure, où l'altération de la liste primitive (liste
de Chalmers, sauf le premier terme) se serait produite. Si, en effet,
le cycle chronologique fondé sur le mouvement de Jupiter ne s'est
constitué qu'au IVe siècle, l'observation des positions de la planète
et leur emploi astrologique remonte, selon toute vraisemblance, à
la haute antiquité. Il est donc fort possible que la liste des levers
héliaques se soit altérée, par exemple dans les premiers siècles de
la dynastie *Tcheou*, en passant d'une principauté à l'autre, chez des
astrologues pratiquant des règles calendériques différentes. D'autre
part, le fait que, dès le IVe siècle, l'ancienne symétrie de la liste
se trouve dérangée, nous montre qu'à cette époque les noms des
termes avaient déjà perdu leur signification et que par conséquent

---

1) La dynastie *Ts'in* faisait commencer les années de règne au 10e mois, mais par
ailleurs son calendrier était bien celui des *Hia*.

la répartition $2 + 3 + 2$ qui caractérise cette liste originelle (D, p. 468) remonte à un lointain passé.

VI. La chronologie cyclique.

Afin de ne pas mêler deux questions distinctes, nous avons provisoirement laissé de côté, dans le texte de *Che* reproduit par *Sseuma Ts'ien*, l'indication suivante que nous allons maintenant étudier :

En l'année *Cho-t'i-ko*, le *yin* de Jupiter [1]) se meut vers la gauche et se trouve dans 寅 ; la planète tourne vers la droite et se trouve dans 丑 ...
En l'année *Tan-ngo*, le yin de Jupiter est en 卯 et la planète se trouve en 子 ...
Etc. ... (M. H. III, p. 357 sqq.)

Comme nous avons eu maintes fois l'occasion de le dire, et comme nous l'établirons d'une manière plus synthétique, dans l'article suivant, la série duodénaire 子, 丑, 寅, etc. (dont les termes représentent, à l'origine, les mois) sont distribués dans les palais célestes comme sur l'horizon, c'est-à-dire que : 子 représente le N, le milieu du palais boréal et s'associe par conséquent à *Hiuan-hiao* ; 卯 représente l'E, le milieu du palais oriental et s'associe par conséquent à *Ta-ho*. et ainsi de suite. Lorsque le texte dit qu'en la 1e année du cycle Jupiter se trouve en 丑, cela signifie donc qu'il

---

[1]) D'après ce que j'ai dit, plus haut, de l'étymologie du mot *soui*, l'expression 歲陰 doit se traduire par « le *yin* de Jupiter » et non par « le *yin* de l'année »; car il s'agit manifestement de la planète : Jupiter étant en 丑, son *yin* est en 寅 Par contre, dans l'expression 太歲, le mot *soui* a bien le sens d'« année »: la *grande année*, la *grande période jovienne* (de douze années).

Il va sans dire que, même antérieurement à notre ère, ces deux sens ont pu se confondre dans l'esprit des Chinois, comme en témoigne la formule 太歲在 (*Ts'ien Han chou*) calquée sur l'expression 歲星在. Mais pour ce qui est des textes plus anciens, ceux du *Tso tchouan* et du *Kouo yu*, traduire 歲在壽星 par « *l'année* est dans *Cheou sing* », c'est aller sûrement à l'encontre de la signification contemporaine; quant à la traduction *la planète de l'année*, elle n'aurait de raison d'être que si l'on prétendait contester le sens originel et l'étymologie du mot 歲.

se trouve en *Sing-ki* [1]). Le texte énumère donc les positions sidérales de Jupiter qui, partant du *Li-tch'ouen* (= N E), au Gué céleste, rétrograde en parcourant successivement les dodécatémories *Sing-ki*, *Hiuan-hiao*, *Tsiu-tseu*, etc. ou, ce qui revient au même, les signes 丑, 子, 亥, etc.... La série duodénaire se déroulant en sens direct (c'est-à-dire dans le sens des aiguilles d'une montre) il y a donc opposition entre le mouvement de la planète et l'ordre naturel de la série.

Mais les Chinois, familiarisés depuis la haute antiquité avec ces deux révolutions en sens contraires, n'éprouvaient aucune difficulté à les associer par la pensée: ils savaient fort bien que le soleil, parcourant les constellations de droite à gauche se trouve à l'équinoxe du printemps dans le palais occidental et non pas en 卯 qui symbolise, dans le palais oriental, le milieu du printemps; ils étaient donc habitués à suivre mentalement la marche rétrograde du soleil dans le firmament et sa révolution fictive, en sens direct, parmi les palais et les éléments. Ils suivaient, de même, par la pensée, la marche rétrograde de Jupiter et sa marche fictive. Le point de départ du cycle se trouvant au N E, entre les signes 丑 et 寅, l'équivalence entre les deux révolutions est, comme l'indique le texte, la suivante:

Sing-ki	=	丑	correspond à	寅
Hiuan-hiao	=	子	»	卯
Tsiu-tseu	=	亥	»	辰
Hiang-leou	=	戌	»	巳
Ta-leang	=	酉	»	午
Chè-tch'en	=	申	»	未
Chouen-cheou	=	未	»	申

---

1) Cela est confirmé, d'ailleurs, par cette autre indication du même texte, qu'il se lève avec *Teou* et *K'ien-nieou* (G, p. 391).

LES ORIGINES DE L'ASTRONOMIE CHINOISE.

Chouen-ho	= 午	correspond à	酉
Chouen-wei	= 巳	»	戌
Cheou-sing	= 辰	»	亥
Ta-ho	= 卯	»	子
Si-mou	= 寅	»	丑

Grâce à cette interversion de sens, le mouvement de la planète se trouve indiqué dans l'ordre naturel de la série des douze branches, c'est-à-dire dans l'ordre chronologique qui sert, depuis la haute antiquité, à la désignation des jours. Le cycle de Jupiter est ainsi tout prêt à servir pour la numération des années. Cependant aucun texte ne nous est parvenu, portant une date cyclique (exprimée par un des termes de la série des douze branches) conforme au roulement duodénaire de cette époque (IVe siècle av. J.-C.). Lorsque la notation moderne 甲 子 fait son apparition, postérieurement à *Sseuma Ts'ien*, elle se trouve d'abord, avec *Pan-kou*, en retard d'un rang sur le roulement de la série *Cho-t'i-ko* établi à partir de la dynastie *Ts'in* [1]; puis, bientôt après, d'accord avec ce roulement qui se manifeste, nous l'avons vu, sans interruption, dans les inscriptions des *Han*. La notation moderne dérive donc, quant à sa partie duodénaire [2]), de la réforme opérée sous les *Ts'in* et se trouve ainsi liée aux positions qu'occupait le planète Jupiter à cette époque.

---

[1] Il est possible que ce hiatus d'un an, de l'époque de *Pan-kou*, provienne, comme je l'avais déjà supposé en 1908, d'une tentative de réforme de la notation sidérale: on aurait essayé de déposséder *Hiuan-hiao* du signe 子 dont il est affecté depuis la haute antiquité, pour l'attribuer à *Sing-ki* où se trouvait alors le solstice. Le fait, signalé ci dessus, que sous les *Han* on expliqua le nom même de cette dodécatémorie comme dû à son caractère solsticial, pourrait venir à l'appui de cette hypothèse.

[2] Le mystère subsiste en ce qui concerne la partie dénaire. Les documents qui emploient, comme notation des années, la série *Cho-t'i-ko* ne lui associent pas la série dénaire *Ngo-fong*, hormis le tableau calendérique du *Che ki* dont la notation séxagésimale *Yen-fong Cho-t'i-ko* (peut-être usitée très anciennement chez les astrologues) ne représente qu'un projet dépourvu de sanction pratique. La plus ancienne notation sexagésimale employée effectivement à la numération des années est — si je ne me trompe — celle de *Pan-kou* et l'on ne sait pas à quelle occasion la partie dénaire fut ajoutée à l'élément duodénaire.

Les Chinois prétendent, il est vrai, que leur notation cyclique des années remonte au fabuleux *Houang ti*; mais il est bien invraisemblable qu'elle soit antique puisque ni le *Che*, ni le *Chou*, qui notent si fréquemment la numération des jours, ne font la moindre allusion à celle des années; on n'en trouve pas davantage dans les commentaires du *Tch'ouen ts'ieou*, ni dans aucun ouvrage antérieur aux *Han* occidentaux [1]).

VII. Les dodécatémories égalisées.

Les dodécatémories conçues comme groupes de 2 ou de 3 *sieou* sont naturellement d'étendues fort inégales (comme on peut le voir sur la fig. 25), puisque les *sieou* sont eux-mêmes font inégaux entre eux. Il est donc naturel de supposer que les astrologues et astronomes de l'antiquité avaient conçu une égalisation fictive des dodécatémories divisant le contour du ciel en 12 parties égales. Le fait est d'autant plus probable que la division de l'équateur en degrés remonte assurément à un très lointain passé et qu'il était dès lors facile de fixer les limites de ces divisions équivalentes. Mais nous n'avons aucune preuve à faire valoir à l'appui de cette hypothèse. Les dodécatémories égalisées n'apparaissent que dans le *Ts'ien Han chou* et les limites qui leur sont assignées sont en rapport avec la position sidérale du solstice du calendrier *T'ai tch'ou*, par conséquent de date récente. (Voyez l'article suivant).

A supposer que les dodécatémories égalisées existassent anciennement et fussent employées, notamment en ce qui concerne les positions de Jupiter, à l'époque du *Tso tchouan*, quelles pouvaient

---

1) Les dates cycliques du *Tchou chou ki nien* y ont été interpolées au VIIe siècle (Cf. M. II. V, p. 475). Ces dates sont d'ailleurs conformes, comme l'a montré M. Chavannes, à la chronologie traditionnelle admise sous les *Tcheou* et suivie en général par *Sseu-ma Ts'ien* (M. H. I, *Introd.*; III, p. 659; V, p. 472) Quant à la chronologie du *T'ong kien kang mou*, elle a été élaborée — nous le verrons plus loin — d'après des computations d'ordre astronomique analogues à celles qu'établit Gaubil quelques siècles plus tard.

être leurs limites? — D'après le principe fondamental de l'astronomie chinoise, la division du ciel en palais (et par conséquent en dodécatémories) se rapporte aux solstices et équinoxes de la saison créatrice, c'est-à-dire que les *sieou Hiu, Fang, Sing, Mao* sont affectés des signes 子, 卯, 午, 酉 et marquent le milieu des saisons ou palais. Ces *sieou* cardinaux, centre des palais, représentent de même le centre des dodécatémories cardinales [1]); la position des dodécatémories égalisées est donc déterminée par cette condition que le centre des divisions cardinales *Hiuan-hiao* (子), *Ta-ho* (卯), *Chouen-ho* (午) et *Ta-leang* (酉) coïncide avec le milieu de chaque palais. Chaque palais contenant trois dodécatémories, de même que chaque saison contient trois mois, on pourrait dire plus simplement: la position des dodécatémories égalisées est déterminée par cette condition que chacune d'elles représente le tiers d'un palais; mais alors il faut concevoir les palais égalisés eux-mêmes, ce qui n'est pas le cas dans la pratique par suite de l'inégalité des groupes de 7 *sieou* qui les constituent.

En raison de cette inégalité des palais, il existe une différence sensible dans le point d'origine du cycle sidéral de Jupiter (point d'origine situé entre *Si-mou* et *Sing-ki*) suivant que l'on considère les dodécatémories réelles ou les dodécatémories fictives (égalisées). Cette différence, comme on peut le voir sur la fig. 24, étant d'environ un tiers de dodécatémorie, correspond à une différence d'une trentaine d'années ($\frac{86}{3}$) dans les positions duodénaires de Jupiter. Nous avons vu que, selon les dodécatémories *réelles*, le cycle du *Tso tchouan* concorde avec les lieux vrais de la planète aux environs de l'an 380; selon les dodécatémories fictives, ce serait aux environs de l'an 350. Toutefois, comme l'origine du cycle était marquée par un repère sidéral réél, le Gué du fleuve céleste, situé à la droite de

---

1) Ce qui est d'ailleurs confirmé par le texte du *Tso tchouan*: « *Hiu* est au centre de *Hiuan-hiao* » (G, p. 390).

Teou, il semble difficile d'admettre la deuxième alternative. Quoi qu'il soit assez vraisemblable qu'on ait conçu, anciennement, une égalisation des dodécatémories, le plus sûr, en ce qui concerne le cycle de Jupiter, est de s'en tenir aux faits et aux textes qui nous montrent son point d'origine situé entre les *sieou Ki* et *Teou*.

VIII. Le cycle irrégulier.

En dehors de la répartition classique des *sieou* parmi les dodécatémories, qui se manifeste dans les plus anciens textes suivant l'ordre symétrique $2 + 3 + 2$, on trouve des traces d'une autre répartition que j'ai appelée le cycle irrégulier [1]); et cette répartition irrégulière mérite d'être examinée, comme pouvant être susceptible de représenter la forme archaïque de la division du contour du ciel en douze parties. Les douze groupes de *sieou* peuvent, en effet, fort bien avoir été constitués, comme leurs similaires hindous (les *monatnakṣatra*) en vue d'un emploi lunaire dans la période primitive (G, p. 395); et il serait intéressant de retrouver, dans quelque document, une liste de douze astérismes, choisis. non pas d'après une règle de symétrie conventionnelle, mais d'après leur espacement sidéral, de manière à jalonner pratiquement le cours de la lune.

On peut se demander, tout d'abord, si la liste des astérismes qui ont donné leur nom aux dodécatémories ne représenterait pas les vestiges d'une telle série primitive. Mais on doit vite renoncer à trouver là une indication positive; car, à supposer même que

---

[1]) Cf. A et B. — Cette appellation est d'ailleurs mal choisie, car les variantes de la répartition des *sieou* ne modifient pas le cycle en lui-même, dont les divisions restent. toujours réparties à raison de trois par palais. D'une manière générale, je ne maintiens d'ailleurs ,pas ce que j'ai écrit (dans ces articles A et B) au sujet de l'importation des *sieou* dans l'Inde; je me rallie aux vues du professeur Oldenberg (*Nakṣatra* und *sieou*) suivant lequel les *sieou* résulteraient d'un remaniement très ancien, que les Chinois auraient fait subir au zodiaque lunaire primitif pour l'adapter à leur méthode équatoriale. Cette question sera traitée, ultérieurement, à fond.

l'hypothèse fût exacte, et applicable au choix de certains astérismes (*Hiang-leou*, *Cheou-sing*, par exemple), il faudrait admettre un remaniement ultérieur: car les noms tels que *Si-mou, Sing-ki, Hiuan-hiao, Chouen-cheou, Chouen-ho, Chouen-wei* sont en rapport avec la division du ciel en quatre quartiers correspondant aux quatre saisons, par conséquent avec une astronomie solaire, solsticiale, dégagée de la phase lunaire primitive [1]).

A défaut de cette source de renseignement, nous devons rechercher si, dans les documents littéraires, il se trouve des listes de douze *sieou* différant de la liste classique établie selon la répartition $2 + 3 + 2$. Il en existe, en effet, que nous allons examiner.

Dans un document moderne (le commentaire du *Tcheou li* par *Wang*; cf. M. H. III, pp. 654, 656), reproduit incidemment par M. Chavannes, on voit les dodécatémories caractérisées par les douze *sieou* indiqués à la page suivante.

Ce qui frappe tout d'abord, dans cette liste irrégulière, c'est qu'elle comporte deux *sieou* contigus *Ki* et *Teou* [2]), ce qui suffit déjà à montrer qu'elle n'a pas été constituée en vue d'un jalonnement pratique des espaces sidéraux et qu'elle repose sur un principe conventionnel: *Ki* et *Teou* sont, en effet, les deux bords du Gué qui sépare le palais de l'hiver (N) du palais du printemps (E) l'ancienne année de la nouvelle. Et il est visible que, à partir de ce « nœud » du ciel chinois, on a compté les *sieou*, en deux directions opposées [2]), suivant la répartition $2 + 2 + 3$,

$$\longleftarrow \!\!\!\text{⫷}\!\!\!\text{O} \| \text{O}\!\!\!\text{⫸}\!\!\!\longrightarrow$$

$$\ldots\, 3 + 2 + 2 \, \| \, 2 + 2 + 3 \, \ldots$$

sous réserve d'une seule exception relative au *sieou* *Lieou* [3]).

---

1) *Si-mou* et *Sing-ki* sont deux astérismes contigus. Cette contiguïté (qui a sa raison d'être, nous l'avons vu, dans l'astronomie solaire) serait inexplicable dans l'astronomie lunaire.

2) La même particularité se produit dans la liste duodénaire des *sieou* qui ont donné leur nom aux dodécatémories: *Sing-ki* et *Si-mou* représentent, en effet, les astérismes *Ki* et *Teou*.

3) Ces deux directions opposées, partant du N E, se rencontrent au S O; et d'après

Nᵒˢ	Liste irrégulière	Dodécatémories	Liste régulière	Palais
1	—	CHEOU-SING	*Kio*	
2	—		*K'ang*	
3	Ti			
4	—	TA-HO	*Ti*	E
5	Sin		**Fang**	
			Sin	
6	—	SI-MOU	*Wei*	
7	Ki		*Ki*	
8	Teou	SING-KI	*Teou*	
9	—		*Nieou*	
10	Niu	HIUAN-HIAO	*Niu*	N
11	—		**Hiu**	
12	Wei		*Wei*	
13	—	TSIU-TSEU	*Che*	
14	—		*Pi*	
15	Kouei	HIANG-LEOU	*Kouei*	
16	—		*Leou*	
17	Wei	TA-LEANG	*Wei*	O
18	—		**Mao**	
19	Pi		*Pi*	
20	—	CHE-TCH'EN	*Tsouei*	
21	—		*Ts'an*	
22	Tsing	CHOUEN-CHEOU	*Tsing*	
23	—		*K'ouei*	
24	Lieou	CHOUEN-HO	*Lieou*	S
25	—		**Sing**	
26	—		*Tchang*	
27	—	CHOUEN-WEI	*Yi*	
28	Tchin		*Tchin*	

Ces deux directions opposées qui, partant du N E, se rejoignent au S O, sont précisément conformes à l'orientation des quatre animaux symboliques des palais: la tortue et le tigre étant tournés du N E au N O et du N O au S O, la tête face au S O; le dragon et l'oiseau étant tournés du N E au S E et du S E au S O, la tête face au S O (*Ur.* p. 1). Cela nous donne à penser que ce cycle irrégulier est d'ordre plus astrologique qu' astronomique; et cette impression se fortifie par les remarques suivantes: 1° si, dans la correspondance astrologique entre les régions de l'empire et celles du ciel indiquée par *Sseu-ma Ts'ien* (M. H. III, p. 384), on retranche ce qui concerne les fleuves (adjonction faite vraisemblablement sous les *Han*), on retrouve cette répartition astrologique 2 + 2 + 3; 2° suivant cette répartition, la division *Ta-ho* comprend seulement *Fang + Sin*, et celà est conforme à de nombreuses données où ces deux astérismes sont associés et forment une seule et même région astrologique (Cf. M. H. III, pp. 383, 346, etc., et ci-dessus p. 666).

Pour épuiser la question, citons encore la triple liste les levers héliaques de Jupiter (suivant les calendrier de *Che*, de *Kan* et *T'ai tchou*) reproduite dans le *Ts'ien Han chou*, où l'on trouve le groupement duodénaire des *sieou* indiqué à la page suivante.

Dans la première liste (石氏) les lieux des levers héliaques sont donnés (comme nous l'avons dit, G, p. 391, note 1) d'une manière conventionelle, suivant la répartition symétrique 2 + 3 + 2 [1]). Mais dans les 2e et 3e listes, il semble qu'on ait cherché à consigner le

---

le principe de répartition adopté, il serait arrivé que, au point de rencontre, deux dodéca-témories trinaires eussent été contigües. C'est vraisemblablement pour éviter cet inconvénient qu'on a dérogé à la règle en plaçant *Lieou* dans *Chouen-ho* et non dans *Chouen-cheou*. Nous avons déjà eu l'occasion de remarquer des compromis tout-à-fait analogues (G, p. 404, note).

1) Le *sieou Sin* 心 a été omis; cette omission ne se trouve pas dans le *Che ki* où le même passage est reproduit; elle s'explique, dans le *Ts'ien Han chou*, par le fait que le texte dit, par abréviation, que la donnée de *Kan* est ici pareille à celle de *Che*.

	石氏	甘氏	太初
[Sing-ki]	斗　牛	建星	建星　牛
[Hiuan-hiao]	女 虛 危	女 虛 危	女 虛 危
[Tsiu-tseu]	室 壁	室 壁	室 壁
[Hiang-leou]	奎 婁	奎 婁	奎 婁
[Ta-leang]	胃 昴 畢	胃 昴 畢	胃 昴 畢
[Che-tch'en]	觜 參	參 罰	參 罰
[Chouen-cheou]	井 鬼	弧	井 鬼
[Chouen-ho]	柳 星 張	張 星	張 星
[Chouen-wei]	翼 軫	翼 軫	翼 軫
[Cheou-sing]	角 亢	角 亢	角 亢
[Ta-ho]	氐 房	氐 房	氐 房 心
[Si-mou]	尾 箕	尾 心	尾 箕

résultat d'observations réelles, car on y trouve 軫 et 角 groupés ensemble quoique appartenant à des palais différents, et de nombreuses omissions de sieou montrent que l'on ne s'est pas soucié de symétrie ¹). Ces listes sont donc sans rapport avec ce que nous avons appelé « le cycle irrégulier », lequel semble avoir été une simple variante astrologique dont la particularité la plus remarquable est le groupement de Fang et de Sin en une seule région.

---

1) Ces listes contiennent aussi des variantes dans la dénomination des sieou: sur 弧 et 罰 voyez M. H. III, pp. 310, 311. Il est intéressant de noter que 斗 est appelé ici, à deux reprises 建星 (cf. ci-dessus, p. 660); dans la liste de Kan, par suite de l'ommission de 牛, 建星 semble même être donné comme équivalent à 斗 + 牛 c'est-à-dire à Sing-ki. La comparaison de ces trois listes montre d'ailleurs combien il serait absurde de supposer qu'elles commencent à Teou à cause de la présence du solstice dans Nieou.

Dans le Ts'ien Han chou, ces trois listes sont données en fonction des mois; ne s'étant pas aperçu que le 1er mois de Kan et de Che n'est pas celui des Han, Pan kou a mis la dodécatémorie Tsiu-tseu du calendrier T'ai tch'ou en face de Sing-ki, erreur que j'ai rectifiée dans le tableau ci-dessus.

H. LES ANCIENNES ÉTOILES POLAIRES.

Le P. Gaubil, au XVIIIe siècle, a montré que deux petites
étoiles, qui furent effectivement polaires au 27e et au 23e siècles
av. J.-C., portent dans l'uranographie chinoise des noms les caractérisant comme polaires. Le fait est d'autant plus intéressant qu'il
n'a pu être falsifié; car, même après la découverte de la loi de
précession, les Chinois ont ignoré le déplacement du pôle, ayant
interprété cette loi comme équatoriale. D'ailleurs le nom de ces
étoiles, *T'ien yi* 天 一 et *T'ai yi* 太 一, figure dans le chapitre
天官 de *Sseu-ma Ts'ien*, bien antérieurement à cette découverte.

La corrélation entre l'étoile polaire, au centre du monde céleste,
et le Fils du ciel, au centre de l'univers terrestre, forme la base
des concepts religieux de la haute antiquité [2]). L'un et l'autre sont

------

1) Voir le *T'oung pao* 1909, 1910, 1913; et 1914 p. 645.

2) Cf. *Les origines* (B) *T'oung pao* 1909 pp. 262, 273 et *Le système astronomique
des Chinois*, II, dans les Archives des sciences physiques et naturelles, décembre 1919.
Dans cette dernière publication (au chapitre *Rôle fondamental de l'étoile polaire*), j'ai montré que les expressions *Tchoung young* 中 庸 et *Kiun tseu* 君 子 se rapportent au
concept fondamental de l'étoile polaire symbole de la régularité dès lois de la nature et du
souverain terrestre. L'homme idéal, en Chine, est celui qui, tourné vers le sud, personifie
le centre parfait autour duquel tout évolue régulièrement.

essentiellement *uniques* de même que le centre d'un cercle est nécessairement *unique*. C'est pourquoi l'empereur est appelé 一 人 l'homme Unique et l'étoile polaire 天 一 l'Unique du ciel ou 太 一 l'Unique suprême [1]).

Le fait que ces deux étoiles ont été choisies comme polaires malgré leur petitesse (5e grandeur), quoique l'une et l'autre ne soient pas très éloignées de la belle étoile α Draconis, est également très remarquable. Il témoigne d'un souci d'exactitude qui s'explique

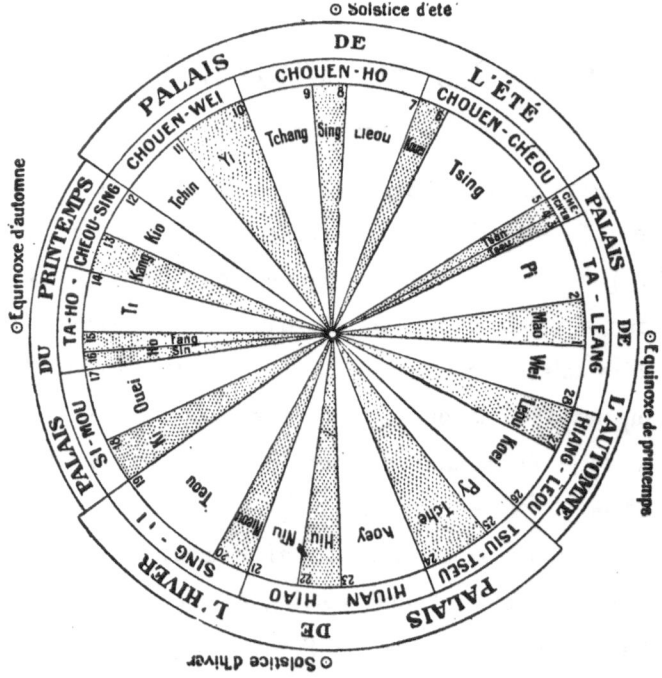

Fig. 27. — Projection des divisions sidérales sur l'équateur du 24e siècle.

fort bien depuis que j'ai révélé la symétrie générale des *sieou* (fig. 27) et montré que cette symétrie diamétrale des étoiles déterminatrices, perfectionnement du zodiaque lunaire primitif, n'a pu être réalisée que par l'observation concomitante du passage au méridien des étoiles

---

1) Le fondateur de la dynastie *Yin* a pris le nom de 天 乙 (= 天 一). Et la dénomination de 太 一 s'est perpétuée jusqu'aux *Han* comme celui de la plus grande divinité des cieux (*Les origines*, (B), p. 273).

circompolaires; ce qui nécessite une orientation précise du plan méridien et par conséquent une exacte détermination du pôle [1]).

Ce remaniement, par les Chinois, du zodiaque asiatique archaïque porte en lui-même, comme je l'ai montré, la date du 25ᵉ siècle environ [2]). Il coïncide donc, comme cela était d'avance probable, avec la création des palais célestes chinois, c'est-à-dire avec la répartition des 28 *sieou* en quatre saisons sidérales qui ont immuablement conservé tout au long de l'histoire chinoise la position des équinoxes et solstices du 25ᵉ siècle [3]).

Le nom caractéristique des petites étoiles *T'ien yi* et *T'ai yi*, qui furent polaires aux environs du 25ᵉ siècle, vient confirmer ces données. Il serait donc fort intéressant de pouvoir les identifier avec certitude; malheureusement, les auteurs qui se sont occupés de cette question ne l'ont pas traitée à fond. Ils n'indiquent pas leur documentation et présentent entre eux des divergences. Nous allons donc reprendre l'enquête depuis le commencement.

*

Le missionnaire Gaubil, S.J. (1689 — 1759), qui se donna tant de peine pour renseigner les savants européens sur l'astronomie chinoise, était un esprit curieux, modeste, d'une grande probité; mais souvent confus et ne s'exprimant pas clairement. Ses manuscrits étaient en outre peu lisibles; et leurs éditeurs les imprimèrent sans prendre le soin d'en faire corriger les épreuves par une personne compétente.

Les renseignements qu'il donne sur les étoiles polaires se trouvent dans trois ouvrages différents:

---

1) Cf. *Le zodiaque lunaire asiatique* dans les ARCHIVES DES SC. PHYS. ET NAT. (Genève) mars 1919. Tirage à part chez Geuthner à Paris.

2) Cf. le *Journal asiatique*, juillet 1919: *La symétrie du zodiaque lunaire*.

3) Cette origine, inscrite dans le système des saisons sidérales chinoises, est en outre confirmée par le texte du *Yao-tien* qui spécifie la corrélation des *sieou* cardinaux (fig. 27) avec les équinoxes et solstices de la haute antiquité (cf. *Le système astronomique des Chinois*, I, ARCH. SC. PH. NAT., mai 1919).

1° Dans son *Histoire de l'astronomie chinoise depuis le commencement de la monarchie jusqu'en l'an 206 avant J.-C.* [1]), où il dit:

[A]. Il est hors de doute que ces Chinois astronomes observaient l'étoile polaire et qu'ils lui donnaient un nom chinois. Dans le *Chou king*, chapitre *Hong fan*, l'empereur est désigné sous le caractère du pôle. Cette idée de l'empereur sous le titre du pôle est clairement marquée par Confucius... Les caractères chinois *Tien y* et *Tay y* ont à peu près le même sens et expriment le ciel... Cela supposé, les étoiles *Tay y* et *Tien y*, qu'on voit dans les plus anciens catalogues chinois et qui sont dans la queue du Dragon, paraissent avoir été successivement les étoiles polaires suivant ces catalogues et désignent le Souverain.

L'an 2259 l'étoile *Tay y* fut le plus près du pôle et était l'étoile polaire; et l'an 2667 l'étoile *Tien y* était la polaire. L'étoile *α* de la queue du Dragon fut avant ce temps là la polaire, l'an 2551 [lisez 2851], mais son caractère chinois ne désigne pas une étoile polaire. Ainsi c'est entre les ans 2259 et 2780 [date intermédiaire entre 2851 et 2667] qu'il faut fixer le commencement des observations chinoises de l'étoile polaire et sans doute d'autres observations.

L'étoile *Tay y* se voit à la vue simple. Je ne la vois pas dans les catalogues européens que nous avons ici.

Par ce qu'on vient de dire, on doit conclure qu'en l'an 2851, temps où l'étoile *α* de la queue du Dragon était l'étoile polaire, il n'y avait pas en Chine des astronomes observant les étoiles du pôle; car s'il y en avait eu, on aurait donné un nom convenable à cette étoile comme la polaire [2]); le nom qu'elle a lui a été donné ensuite [3]).

Gaubil indique en outre les coordonnées écliptiques des étoiles *T'ai yi*, *T'ien yi* et *α* Dragon. Mais, suivant l'usage de son temps, il rapporte les longitudes à l'origine du signe dans lequel l'astre se

---

1) Ne pas la confondre avec le *Traité* et l'*Histoire abrégée* publiés dans le recueil de Souciet (1729 et 1732). Elle a été écrite vers 1750 et imprimée dans les *Lettres édifiantes* tome XXVI (1783), puis réimprimée dans l'édition de Lyon, tome XIV (1819). Quant à la *Chronologie chinoise*, expédiée en France en 1749, elle ne fut tirée de l'oubli qu'en 1814 par Laplace qui la découvrit au bureau des longitudes dans les papiers de Fréret. — Un autre manuscrit de Gaubil, écrit en 1734, *Recherches sur les constellations et les catalogues chinois des étoiles fixes*, se trouve à la bibliothèque de l'Observatoire. (Cf. Biot, *Études*, 1862).

2) Gaubil n'a pas vu le fait, révélé par Schlegel, que si l'étoile *α* ne porte pas un nom polaire, elle porte du moins un nom circumpolaire: *Gond de droite*; de même que l'étoile *ι* (iota) porte le nom de *Gond de gauche*; ces termes indiquant une proximité immédiate du pivot céleste.

3) *Lettres édifiantes*, tome XIV (1819), p. 328, de l'édition de Lyon.

trouve. Or les éditeurs, prenant les signes de la Vierge ♍ et du Lion ♌ pour un M et un A, ont écrit: Longitude méridionale (!), Longitude australe (!). Biot a signalé cette méprise dans le *Journal des Savants* 1840 (p. 236) et rectifié ainsi le tableau [1]):

Coordonnées écliptiques en l'an + 1730.

Tay y	G = 25° 24′ 20″	♌ = 145° 24′ 20″	L = 64° 13′ 00′
Tien y	G = 0° 04′ 25″	♍ = 150° 04′ 25″	L = 65° 21′ 38″
α Draconis	G = 3° 37′ 40″	♍ = 153° 37′ 40″	L = 66° 21′ 40″

2° Dans un ouvrage antérieur, la *Chronologie chinoise*, Gaubil dit:

[B]. ₎D'après les catalogues chinois des étoiles, il est probable que deux petites étoiles près de l'antépénultième de la queue du Dragon, allant vers la pénultième, ont été autrefois étoiles polaires, au moins une des deux. La plus proche de l'antépénultième s'appelle *Tien y* (*Coelum unum*). L'autre s'appelle *Tay y* (*Magnum unum*).

3° Dans un mémoire inédit de Gaubil figure une indication citée par Biot dans son article du *Journal des Savants*:

[C]. Fréret, dans sa *Chronologie chinoise* croit que cette étoile (*Tien-y*) était α du Dragon; mais je pense qu'il a été trompé par une phrase d'un manuscrit de Gaubil dont nous avons la copie à l'Observatoire, et où il est dit que la dénomination d'*Unité du ciel* s'applique «à l'étoile *près* de l'antépénultième de la queue du Dragon»; puis, à ce dernier mot, on lit en note: «α in Dracone». Fréret aura cru que cette note désignait l'étoile *Tien y*, tandis qu'elle désignait l'antépénultième qui est réellement α [2]).

La comparaison des documents A, B, C, établit clairement que *T'ien yi* est l'étoile (de 5e grandeur) *i* du Dragon. Mais l'identifi-

---

1) A mon tour j'ai rectifié le tableau de Biot qui porte 149°, au lieu de 145°, pour la longitude de *Tay y* calculée par Gaubil.

2) Cela ressort, d'ailleurs, avec évidence du texte A qui établit la distinction entre les trois étoiles. L'erreur de Fréret s'est cependant propagée, car Flammarion écrit dans son *Astronomie populaire*: « Vers l'an 2700 l'étoile α du Dragon devint polaire et fut célèbre sous ce titre en Chine et en Egypte. Les anciens astronomes chinois l'ont inscrite dans leurs annales du temps de l'empereur *Hoang-ti*». Nous ne possédons malheureusement pas d'annales datant du fabuleux *Houang-ti*, et le caractère polaire des anciennes étoiles est attesté seulement par le nom significatif qu'elles ont conservé dans l'uranographie chinoise.

cation de *T'ay yi* est plus difficile. A son sujet, Biot s'exprime ainsi:

> J'ai eu moins de secours pour reconnaître l'étoile appelée *Tay y*, l'*An-cienne unité* [?], que je n'en avais eu pour *Tien y*. Gaubil la désigne cependant comme ayant aussi les caractères d'une polaire observée plus anciennement même que *Tien y* [1]); et il donne aussi ses coordonnées en longitude et latitude pour 1730...
>
> Mais je ne trouve pas d'étoiles du Dragon qui s'accorde avec les coordonnées de Gaubil et celles qui s'en approchent le plus sont deux très petites étoiles de cette constellation désignées par les n° 42 et 184 dans le catalogue de Bode. J'ai donc calculé leurs lieux sur le ciel d'*Yao*. Elles étaient toutes deux très près du pôle; et même l'une d'elles, la 42°, en était plus près que *Tien y*. Je les ai donc placées toutes deux dans le tableau de comparaison aux places que le calcul leur assigne; mais je n'oserais absolument répondre de leur identité avec celle que Gaubil a voulu indiquer.

Quoique Biot sût fort bien que les ouvrages de Gaubil fourmillent de fautes d'impression, il n'a pas pensé, dans son incertitude, à corroborer les longitudes avec les dates indiquées (A) pour la plus grande proximité de ces étoiles au pôle. Cela est cependant très facile car, à propos d'un autre sujet, Gaubil dit qu'il compte 1 degré de précession pour 72 ans [2]). Comme, d'autre part, Biot constate que la longitude d'α Dragon indiquée par Gaubil est exacte, nous avons tous les éléments nécessaires pour calculer, au moyen des dates, les longitudes de *T'ien yi* et de *T'ai yi*, en retranchant de la longitude d'α Dragon la précession comptée d'après la formule de Gaubil:

---

1) Biot, en général clair et précis, commet ici une double inadvertance qui vient compliquer un problème obscurci par tant d'étourderies et de méprises. *T'ai yi* signifie l'*Unique suprême* — ou l'*Unité suprême* si l'on veut adopter cette traduction défectueuse — mais en tous cas pas l'*Ancienne unité*, dénomination née d'un quiproquo dans l'esprit de Biot. Sa méprise se trouve aggravée par le fait que, contrairement aux indications du document A (coordonnées et date de la proximité du pôle), il prétend que Gaubil désigne *Tay y* comme une polaire plus ancienne que *Tien y*.

2) « Je vois que dans nos diverses tables le mouvement des fixes n'est pas le même. Le calcul que j'ai rapporté est dans l'hypothèse de 72 ans pour un degré » (*Op. cit.* p. 339). Cette expression de *mouvement des fixes* semble montrer que Gaubil n'admettait pas le mouvement de la terre. On sait d'ailleurs que la Sorbonne, au début du XVIII° siècle, considérait encore le système de Copernic comme « une hypothèse commode mais fausse ».

Etoiles polaires	Dates	Intervalles	Longitudes induites	Longitudes de Gaubil
α Dragon	— 2851	} 184 ans		153° 37′ 40″
T'ien yi	— 2667	} 408 ans	151° 5′	150° 4′ 25″
T'ai yi	— 2259		145° 25′	145° 24′ 20″

On voit que les longitudes induites par ce calcul approximatif concordent avec celles de Gaubil, sauf sur un point qui révèle une erreur typographique: 150° au lieu de 151°, ce qui explique pourquoi Biot a trouvé un peu inexacte la longitude assignée par Gaubil à *i* du Dragon.

En résumé les coordonnées et les dates indiquées par Gaubil — rectification faite des fautes d'impression — sont concordantes. Elles identifient avec certitude *T'ien yi* à *i* du Dragon, mais elles assignent à *T'ai yi* un lieu du firmament où Biot n'a pas trouvé d'étoile visible. Reste à savoir si Biot a cherché à lá longitude 145° ou à la longitude 149° qui figure par erreur à son tableau. Poursuivons donc notre enquête.

*

D'autres auteurs européens se sont occupés du firmament chinois: notamment Schlegel qui publia son *Uranographie chinoise* en 1875.

A la page 506, après avoir rappelé que le pôle passa autrefois près de α du Dragon [1]), il dit:

---

1) Sur la fig. 28, α du Dragon est porté à une distance un peu trop grande du cercle moyen de précession. Cela provient de ce que ce cercle a été tracé sur une carte ordinaire, où les étoiles sont portées d'après leurs coordonnées équatoriales, et n'a, par conséquent, pas pour centre le pôle de l'écliptique; il devrait donc être figuré par une ellipse et non par une circonférence, d'où une déformation qui affecte la proximité et la date. En outre *i* du Dragon est portée trop loin de α; et la lettre ϰ est attribuée par erreur à la petite étoile voisine de ϰ.

D'autre part l'obliquité de l'écliptique subit des fluctuations, de telle sorte que le trajet du pôle n'est pas exactement circulaire. Suivant mes calculs, le pôle a passé, au 27ᵉ siècle, entre α et *i* du Dragon (fig. 29):

[D]. Cette étoile et celles à l'entour doivent donc porter des noms indiquant qu'elles étaient polaires. En effet, ceci a lieu et nous trouvons dans cet

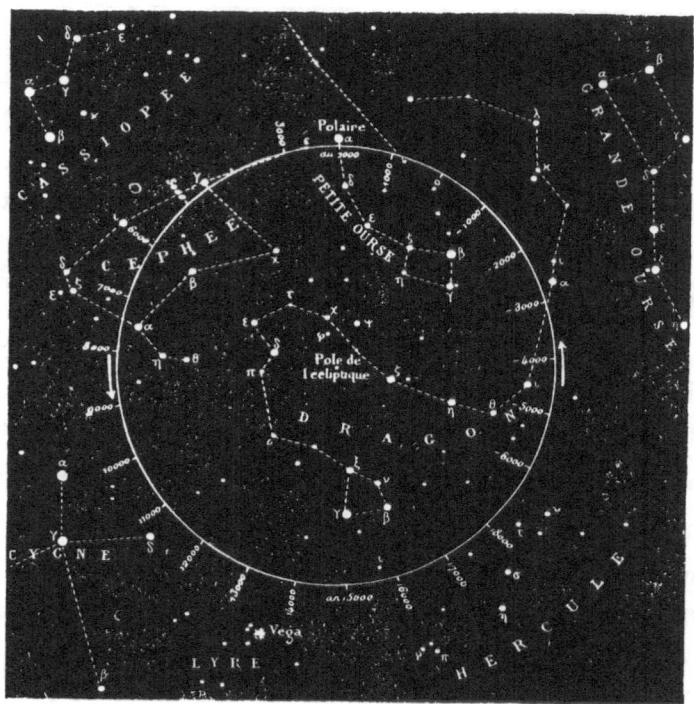

Fig. 28. — *Trajectoire moyenne de la révolution du pôle.*
Figure empruntée à l'*Astronomie populaire* de Flammarion.

endroit quatre étoiles dont les noms attestent incontestablement leur qualité
circompolaire.

Etoiles et grandeur	Co-latitude	Obliquité de l'écliptique	Distance polaire	Date ap-proximative	Longitude (+ 1855)
α Dragon............ 3.5	23° 39'	23° 59'	— 0° 20'	— 2824	155° 32'
i Dragon (*T'ien yi*).... 4.8	24° 41'	23° 58'	+ 0° 43'	— 2668	152° 52'
? (*T'ai yi*).....	[25° 47']	23° 55'	+ 1° 52'	— 2263	[147° 14']
T'ai yi supposée (A)... 6.4	24° 41'	23° 54'	+ 0° 47'	— 2171	146° 22'
x Dragon............ 3.8	28° 15'	23° 48'	+ 4° 27'	— 1357	134° 22'
β Petite ourse........ 2.	17° 1'	23° 47'	— 6° 46'	— 1097	131° 15'
α Petite ourse........ 2.	23° 54'	23° 26'	+ 0° 28'	+ 2105	86° 30'

La co-latitude est la distance de l'étoile au pôle de l'écliptique; le rayon du cercle de
précession est égal à l'obliquité de l'écliptique. En retranchant l'une de l'autre, on obtient
donc la proximité minima de l'étoile au pôle de l'équateur. — L'étoile *T'ai yi* n'ayant
pu être identifiée avec certitude, j'ai indiqué également sa position d'après les coordonnées
de Gaubil.

T'IEN-Y. LA PREMIÈRE DU CIEL. Cette étoile répond à *ϰ* du Dragon. Elle est de couleur noire dans la sphère chinoise. [Il ajoute ici en note:] Vide

天 元 曆 理。

T'AI-Y. L'ARCHI-PREMIÈRE. C'est une seule étoile rouge répondant probablement à l'étoile 3067 *i*, ou à quelqu'autre près de *α* du Dragon. Déjà Gaubil a soupçonné que ces étoiles ont été polaires: [Schlegel cite ici notre document B].

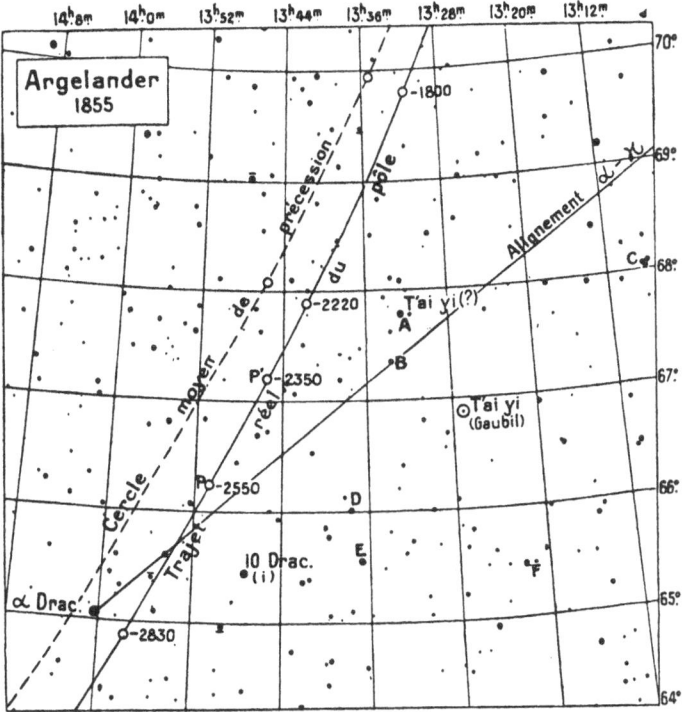

Fig. 29. — *Trajectoire vraie du pôle dans la haute antiquité chinoise.*
Le point P indique le pôle correspondant aux équinoxes et solstices de la fig. 27.

L'astrologie chinoise confirme cette supposition, car elle dit que *T'ien-y* est le génie du général céleste; qu'elle préside aux révolutions célestes; qu'elle commande aux douze généraux (les douze signes zodiacaux)...

Selon les astrologues chinois *T'ai y* est un autre nom pour le Souverain des cieux, le plus vénéré de toutes les divinités célestes. En effet l'étoile polaire autour de laquelle le firmament entier paraît tourner, devait être considérée comme le Souverain des cieux, comme la divinité la plus vénérée. [1]

---

1) Schlegel a vu le rapport entre le Souverain polaire et l'Empereur terrestre, mais il n'a guère compris l'importance de ce concept dans l'antiquité, ni discerné les nombreux textes classiques qui s'y rapportent. S'il avait saisi l'analogie entre le nom de l'étoile polaire (*l'Unique du ciel*) et le nom du Souverain terrestre (*l'homme Unique*) il n'aurait pas imaginé la traduction défectueuse: *la Première, l'Archi-première.*

Le fait que ces deux astérismes ont été autrefois polaires est confirmé par la présence de deux autres astérismes voisins qui portent le nom de Tso-tchou 左樞. Le pivot de gauche (iota du Dragon)... Yeou-tchou 右樞. Le pivot de droite (alpha du Dragon)...

Cette interprétation de Schlegel nous plonge dans une nouvelle perplexité: car elle intervertit les positions des deux étoiles polaires *T'ien yi* et *T'ai yi*, plaçant celle-ci le plus près et celle-là le plus loin d'*α* du Dragon.

Cette interversion concorde avec la phrase de Biot disant que *T'ai yi* est la plus ancienne de ces deux étoiles polaires. Mais on peut croire qu'il y a là, de la part de Schlegel comme de la part de Biot, une de ces inadvertances dont fourmille l'incohérente analyse de l'astronomie chinoise [1]).

Remarquóns d'abord que Schlegel cite, sans faire aucune objection, le passage décisif où Gaubil dit: La plus proche de l'antepénultième s'appelle *Tien y*. L'autre s'appelle *Tay y* . Et s'il avait eu l'intention de renverser cet ordre, il n'aurait pas manqué d'en avertir le lecteur.

Schlegel écrivit son *Uranographie* à Batavia. Il dit lui-même, dans sa préface, qu'il disposait de peu de documents. En feuilletant son livre on voit que l'identification, en nomenclature européenne, des étoiles chinoises lui est fournie: 1° par le catalogue (iucomplet) de Reeves. 2° par les croquis d'astérismes du *T'ien yuan li li* 天元曆理。

Les astérismes chinois se composent parfois d'une seule étoile; le croquis, naturellement, fait alors défaut et le texte chinois ne permet pas de déterminer la position de l'étoile. Or tel est le cas,

---

1) Dans la discussion du texte du *Yao-tien* on en trouve bien davantage que dans celle des astérismes polaires. Les auteurs n'ont pas pris connaissance des travaux antérieurs ou n'ont pas la double compétence voulue; il en résulte un réseau inextricable de méprises, coq-à-l'âne, non-sens et malentendus. J'ai pu dire sans grande exagération, qu'un vent de folie semble avoir passé sur cette discussion (*T'oung pao* 1907, n° 3).

d'après le *T'ien yuan li li*, pour les astérismes *T'ai yi* et *T'ien yi*. Schlegel ne manque jamais d'indiquer l'origine de son identification. Quant il ne le fait pas, c'est qu'il s'agit d'étoiles notables déterminées par les cartes chinoises. Mais comme, en ce qui concerne les petites étoiles *T'ai yi* et *T'ien yi* il est privé de ce secours; comme, d'autre part, il cite Gaubil sans le contredire, on peut supposer qu'il croit suivre cet auteur en identifiant ces deux petites étoiles à *i* et *x* du Dragon.

En ce cas il aurait commis une double erreur. 1° Il intervertit leur position en appelant *T'ai yi* la plus rapprochée de *α*, ce qui est contraire aux indications de Gaubil. 2° Il identifie l'étoile la plus éloignée de *α* à *x* du Dragon, grande étoile (3ᵉ grandeur) pénultième de la queue du Dragon, contrairement au texte de Gaubil disant:

Deux petites étoiles près de l'antépénultième [*α*] allant vers la pénultième [*x*].

d'après lequel non-seulement ces deux petites étoiles ne peuvent être confondues avec *x*, mais sont situées plus près d'*α* que de *x*.

L'étoile *x* du Dragon ne fut d'ailleurs polaire que beaucoup plus tard, au 12ᵉ siècle; et non au 23ᵉ siècle comme le dit Gaubil (p. 328) pour la petite étoile en question.

En outre, un peu plus loin (p. 347), Gaubil, traitant de l'époque du duc de *Tcheou*, note que deux étoiles se trouvaient alors à peu près à la même distance du pôle, une à droite (*x* Dragon), l'autre à gauche (*β* Petite ourse), pouvant toutes deux être considérées comme polaires (malgré leur grand éloignement latitudinal). Et il fait observer que c'est *β* Petite ourse et non *x* Dragon qui fut adoptée comme polaire par les Chinois: car la première porte un nom polaire caractéristique, ce qui n'est pas le cas pour *x*:

[E]. Il paraît certain que les Chinois, vers l'an 1111, regardaient la *Lucida Humeri* de la Petite ourse comme la polaire. Cette étoile a le nom de *Ti* (Souverain, empereur). On dit que c'est le siège de la *grande unité*, expressions qui désignent en Chine le pôle ou l'étoile polaire quand il s'agit des étoiles qui sont ou ont été près du pôle [1]). L'an 1113 av. J.-C. cette étoile fut ... dans sa plus grande proximité du pôle. L'étoile x [lisez κ] de la queue du Dragon pourrait être regardée comme la polaire de ce temps là; mais le nom chinois de l'étoile κ ne désigne nullement une étoile polaire; ce qu'on dit de cette étoile ne dénote en aucune façon le pôle ou l'étoile du pôle; c'est ce qui me fait juger que la *Lucida humeri* de la Petite ourse était l'étoile polaire que *Tcheou-kong* observe.

Remarques. 1° Entre le temps de *Tcheou-kong* et celui où on a vu que *Tay y* était la polaire chinoise, il n'y a aucune autre étoile qui ait un nom chinois convenant à une étoile polaire; on ne dit rien non plus d'aucune autre étoile qui dénote le pôle ou l'étoile polaire. Il paraît donc que l'étoile *Tay y* fut longtemps la polaire chinoise et qu'après que *Tay y* cessa d'être polaire, la *Lucida humeri* fut la polaire chinoise. — 2° Ni dans les fragments ou livres anciens, ni dans les catalogues chinois qui subsistent, on ne voit aucun fondement de croire que l'étoile κ de la Queue du dragon ait eu le nom d'étoile polaire ou que les Chinois ont changé le nom de polaire qu'a pu avoir l'étoile κ. Peut-être dans ces temps anciens l'étoile κ ne se voyait pas bien; ou, étant vue, était regardée *comme moins considérable que les étoiles Tay y et Lucida humeri*.

---

1) Gaubil entend par là que la tradition astrologique conserve aux étoiles qui ont été polaires les attributs de leur ancienne fonction, quoique aucun Chinois, depuis un temps immémorial, n'ait jamais pu soupçonner que les étoiles furent autrefois polaires.

Ainsi, par exemple, (Ur. pp. 507 et 524), à propos de *T'ien yi*, le 天皇會通 dit que cette étoile est le génie du général des cieux 天乙乃天將之神。 Qu'elle préside aux révolutions célestes 主承天運化。 Qu'elle commande aux 12 généraux (les dodécatémories) 冶十二將。 A propos de *T'ai yi*, le 史記正義 dit que *T'ai yi* est une appellation de l'Empereur céleste 太乙天帝之別名也。 Cela est d'autant plus remarquable que 太乙 est l'étoile polaire du 23° siècle et que 天帝 est l'étoile polaire du 12° siècle. Le même ouvrage dit encore que *T'ai yi* est la plus vénérée des divinités célestes 天神之最尊貴者。 (Voir aussi M. H. III, p. 473). Inversement, à propos de *T'ien ti sing*, l'étoile polaire du 12° siècle, il est dit qu'elle est la résidence de *T'ai yi* 卽太乙之座。 De même, à propos de l'étoile α Petite ourse 天極星, qui était déjà polaire depuis la fin des *Tcheou*, *Sseu-ma Ts'ien* dit qu'elle est la résidence constante de *T'ai yi* 太乙常居。 On voit par là que les expressions 太乙、天乙、天帝、天極 sont des appellations interchangeables caractérisant l'étoile polaire.

Le fait que ces dénominations ont été maintenues aux étoiles qui, insensiblement, se sont éloignées du pôle après avoir été polaires, est la plus étonnante manifestation du traditionalisme chinois.

Cette hypothèse est plausible, car, au cours de l'histoire, on a constaté le changement d'éclat d'assez nombreuses étoiles [1]). Quoi qu'il en soit, Schlegel a sûrement fait erreur en assimilant à κ Dragon une des deux petites étoiles qui furent polaires aux environs du 25ᵉ siècle. Ajoutons que Schlegel ne s'intéressait que médiocrement à cette question. Son idée fixe, celle qui lui a inspiré son livre, est, en effet, que l'astronomie chinoise n'a pas été créée aux environs du 25ᵉ siècle, mais bien 13000 ans avant *Yao*, (intervalle d'une demi-révolution du pôle) quand les levers et couchers d'étoiles étaient intervertis [2]). C'est pour cette raison qu'il ne mentionne jamais la division chinoise du ciel en cinq palais, qui est cependant le système fondamental de l'astronomie chinoise. La date originelle de ce système est inscrite dans les équinoxes et solstices qui marquent le centre des quatre palais équatoriaux; elle est inscrite en outre dans le centre du palais central, c'est-à-dire au pôle. Or le pôle qui correspond aux astérismes cardinaux des saisons, c'est le point P de notre figure 29. Schlegel ne voulait voir là qu'une coïncidence et évitait d'y insister.

*

L'erreur de Schlegel assimilant *T'ien yi* à κ Dragon s'est répercutée dans la traduction du *Che ki* par Ed. Chavannes.

---

1) En comparant les catalogues à partir d'Hipparque, Flammarion a confirmé 60 changements d'éclat parmi les 2000 étoiles classées. Deux des étoiles polaires mentionnées ci-dessus ont changé d'éclat au cours de l'ère chrétienne: α du Dragon, de 3ᵉ grandeur $\frac{1}{4}$, était de 2ᵉ grandeur au XVIᵉ siècle; α de la Petite ourse était autrefois inférieure à β, tandis qu'elle lui est actuellement égale et même plutôt supérieure (*Astr. populaire*, p. 773).

· 2) Le fait principal qui lança Schlegel dans cette voie paradoxale est que les Chinois nomment *Palais du printemps* le quartier du ciel où le soleil séjourne en automne et réciproquement. Cette interversion provient simplement de ce que les *sieou* dérivent d'un ancien zodiaque lunaire servant à localiser le plein de la lune qui a lieu, comme on sait, à l'opposé du soleil. Cette coutume s'est maintenue dans les palais équinoxiaux après que l'avènement de l'astronomie solaire l'eût fait supprimer dans les palais solsticiaux. Le souvenir traditionnel de ce partage des saisons entre la lune et le soleil se manifeste dans le *Tcheou li*, où il est dit: Aux solstices d'hiver et d'été, le soleil; aux équinoxes du printemps et d'automne, la lune; servent à régler les quatre saisons. (Cf. *Les origines* (D) *T'oung pao* 1910, p. 460 et *Le système astr. des chinois*, op. cit.).

Sseu-ma Ts'ien, dans sa description du Palais central, dit:

En ligne droite de la cavité du Boisseau sont trois étoiles qui forment un cône tourné vers le nord; tantôt elles sont visibles, tantôt non. On les appelle *T'ien yi* (M. H. III, p. 340).

Chavannes, d'après l'indication de Schlegel (voir la note, p. 339) dit que *T'ien yi* est actuellement *x* Dragon et émet l'hypothèse que les deux étoiles formant avec elle un cône sont *α* et *δ* de la Grande ourse, c'est-à-dire les deux grandes étoiles marquant l'ouverture de la cavité du Boisseau. Cela est inadmissible. Dans la nomenclature chinoise une même étoile ne fait pas partie à la fois de deux astérismes et les étoiles attribuées à *T'ien yi* ne sont évidemment pas celles du Boisseau. Le texte, en disant que « tantôt elles sont visibles, tantôt non », montre qu'il s'agit de petites étoiles. D'autre part nous avons vu que l'identification de *T'ien yi* avec *x* Dragon ne repose sur aucun argument et n'est qu'une méprise de Schlegel. *T'ien yi* n'est autre que *i* du Dragon (5e grandeur) et les deux étoiles qui lui sont associées [1]) sont deux petites étoiles de la même région, de 5e ou 6e grandeur sans doute, qu'on ne peut identifier avec certitude.

*

Un autre auteur a traité incidemment des étoiles polaires chinoises: S. M. Russell, professeur d'astronomie au *T'oung wen kouan* à Pékin. Par sa compétence et sa situation, cet auteur était bien placé pour traiter le sujet à fond; malheureusement il lui a consacré seulement quelques lignes dans un mémoire destiné principalement à la discussion des éclipses [2]). Il se borne à dire que, d'après

---

1) De même que, par exemple, *Sin*, qui représente essentiellement Antarès, comprend — en tant qu'astérisme — deux petites étoiles avoisinantes.

2) *Discussion of astronomical records in ancient Chinese books* dans le *Journal of the Peking Oriental Society*, vol. II, n° 3. C'est dans ce même article que M. Russell a donné, sur le texte du *Yao-tien*, cette singulière interprétation que j'ai réfutée dans le *T'oung pao*, 1907, pp. 826 sqq.: interprétation qui restera comme un exemple mémorable.

leur nom, on voit que les étoiles 天 一 *T'ien yi* et 帝 *Ti* ont été considérées comme polaires par les anciens Chinois, la première au temps de *Yao*, la seconde au début de la dynastie des *Tcheou*. Il assimile *T'ien yi* à 10 Draconis et *Ti* à β *Ursae minoris* ce qui confirme les indications de Gaubil. L'étoile 10 Draconis (dans la nomenclature de Flamsteed) n'est autre, en effet, que *i* Draconis de la nomenclature de Bayer. Quant à l'identification de l'étoile *Ti* à β de la Petite ourse, elle n'est contestée par personne. Russell, malheureusement, ne s'est pas occupé de *T'ai yi*.

*

Tel est l'état de la question d'après les auteurs européens. Les divergences portent sur les deux petites étoiles polaires *T'ien yi* et *T'ai yi* de la haute antiquité. Gaubil, Schlegel et Russell s'accordent à identifier l'une d'elles à 10 Dragon *i*, mais Schlegel l'appelle *T'ai yi*, tandis que Gaubil et Biot l'appellent *T'ien yi*. Quant à l'autre, Gaubil la désigne comme une très petite étoile située à 8 degrés de longitude en deçà de α Dragon, tandis que Schlegel l'assimile à × Dragon

Pour trancher le différend il faut recourir aux documents originaux, c'est-à-dire aux cartes célestes chinoises [1]). Je n'en ai qu'une à ma disposition, celle qui est reproduite dans le mémoire de Chavannes intitulé *Instruction d'un futur empereur de Chine* et dont j'ai fait agrandir le Palais central (fig. 30).

On remarque, sur cette carte de la calotte circompolaire, à droite et à gauche du pôle, deux lignes brisées qui sont la Haie orientale

des méprises auxquelles un astronome professionnel s'expose s'il s'aventure à traiter de l'astronomie primitive sans avoir au préalable réfléchi à cette question et conçu la distinction entre les procédés sidéraux et les procédés tropiques (cf. *Prolégomènes d'astronomie primitive* dans les ARCHIVES DES SC. PH. ET NAT., juin 1907).

1) Dans son article de 1840 (p. 237) Biot dit: «J'ai essayé de retrouver *Tay-y* par les indications des catalogues chinois du *Pou-tien-ko* et de l'encyclopédie japonaise, comme je l'ai fait aussi pour *Tien y*; mais les indications de ces catalogues sont trop vagues ou trop inexactes pour les définir avec sûreté».

東藩 et la Haie occidentale 西藩 des dignitaires de la Cour qui entourent le souverain céleste. Ces deux haies forment l'enceinte 紫微垣 (dont le nom est inscrit dans un cartouche à fond blanc). L'une commence au Pivot de gauche 左樞 (iota Dragon), l'autre au Pivot de droite 右樞 (alpha Dragon). Cette dernière étoile est,

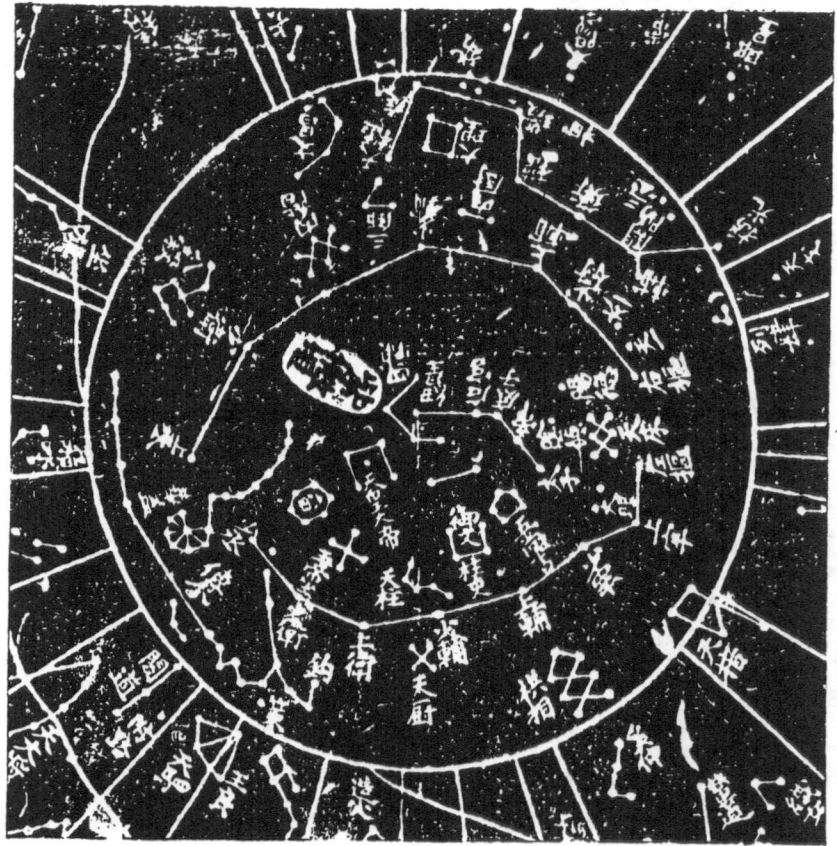

Fig. 30. — Le palais central, d'après une carte chinoise du XIIIᵉ siècle.

comme nous l'avons vu, celle dont Gaubil se sert pour indiquer la position de *T'ien yi* et de *T'ai yi*:

Deux petites étoiles près de l'antépénultième [α] de la queue du Dragon, allant vers la pénultième [κ]; la plus proche de l'antépénultième s'appelle *T'ien yi*, l'autre s'appelle *T'ai yi*.

La carte chinoise vérifie exactement ces indications. On y voit *T'ien yi* 天一 et *T'ai yi* 太一 placées le long de la haie occidentale entre 右樞 (α Dragon) et 少尉 (κ Dragon). Il est donc évident: 1° que Schlegel s'est trompé en intervertissant l'ordre de ces deux anciennes étoiles polaires; 2° qu'il s'est trompé en assimilant l'une d'elles (*T'ien yi*) à κ Dragon.

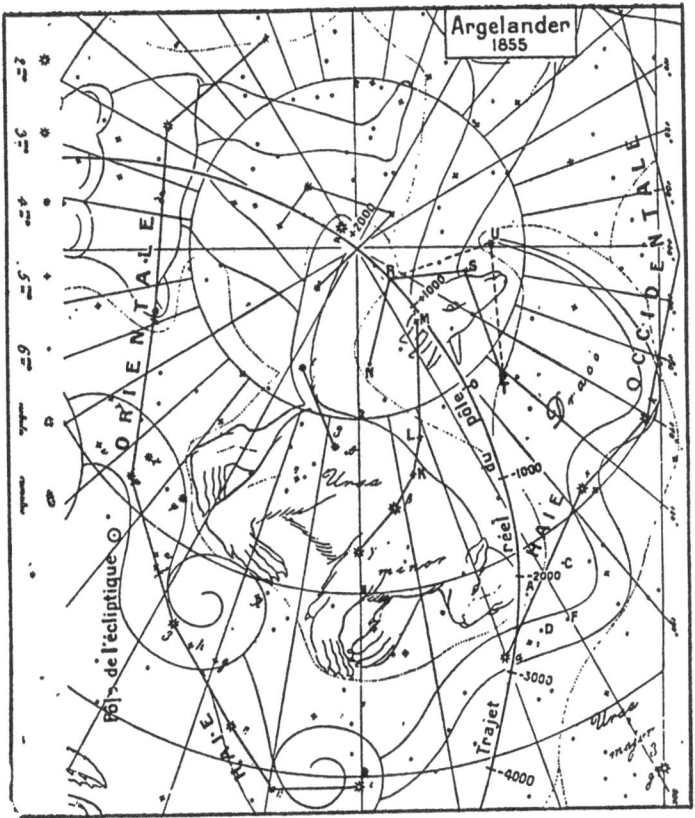

Fig. 31. — L'étoile polaire de la Girafe.

Remarquons maintenant que κ Dragon fait partie de la haie des diguitaires et porte sur la fig. 30 le nom de 少尉. Schlegel ayant baptisé cette étoile 天一, où donc a-t-il placé «Le petit commandant»? Il l'identifie à χ 2348 de la Grande ourse (*Ur.* p. 509) située à mi-distance entre ε Grande ourse et α Dragon, ce qui occasionne sur son atlas un brusque crochet dans la haie des dignitaires, crochet n'existant nullement dans la carte chinoise (fig. 30) où la haie file en ligne droite dans l'alignement α, x, λ (右樞、少尉上輔) lequel est, en effet, sensiblement rectiligne (fig. 28) [1]).

*

En définitive la question des étoiles polaires de la haute antiquité est ainsi tranchée conformément aux indications de Gaubil: *T'ien yi* n'est autre que 10 Dragon *i* et *T'ai yi* est une petite étoile située dans le voisinage du cercle de précession à environ 6 degrés de longitude en deçà. Mais quelle est, au juste, dans notre nomenclature le nom de cette petite étoile?

Si l'on porte sur la carte (fig. 29) la position indiquée par Gaubil (après avoir transformé les coordonnées écliptiques en coordonnées équatoriales) on constate, comme l'a fait Biot, qu'il n'existe pas d'étoile visible à cet endroit. Il faut donc, ou bien que Gaubil ait fait une erreur d'observation ou de calcul, ou bien que les coordonnées aient été altérées par des fautes d'impression. Cette dernière hypothèse n'est admissible que pour la latitude, car, comme nous l'avons vu, la longitude est corroborée par la date (2259) assignée à la plus grande proximité du pôle. Quoi qu'il en soit de la cause de cette regrettable inexactitude, il est probable que l'étoile en question est la petite étoile de 6e grandeur 42 (Bode), qui est l'étoile (visible à l'œil nu) la plus voisine de la position indiquée par Gaubil. Biot, comme nous l'avons vu p. 91, a déjà constaté que les deux étoiles les plus voisines sont celles qui portent les

---

1) Schlegel intitule sa planisphère: «Atlas céleste d'après le *Tien-youen-li-li* ». N'ayant pas cet ouvrage à ma disposition, je ne puis vérifier s'il comporte une figure de la Haie occidentale indiquant ce crochet. J'en doute fort; mais quand même il en serait ainsi, l'autorité du *T'ien yuan li li* ne pourrait prévaloir contre celle de la carte céleste, antérieure de plusieurs siècles, dressée officiellement *ad usum delphini*.

Ces méprises de Schlegel semblent provenir de ce qu'il a cru s'appuyer sur l'autorité de Gaubil, dont il cite le texte sans le contredire et sans l'avoir lu attentivement.

n°s 42 et 184 du catalogue de Bode[1]). Mais il n'a pas remarqué la confirmation apportée aux longitudes de Gaubil par l'indication des dates de proximité. Ces dates (2851, 2667, 2259) calculées par Gaubil à raison d'un degré de précession pour 72 ans, correspondent aux dates 2830, 2631, 2228, calculées avec le coefficient plus exact d'un degré pour 71,57 ans. On peut donc dire, indépendamment des fautes d'impression ou de calcul, que Gaubil a désigné comme étant *T'ai yi* l'étoile, visible à l'œil nu, située à proximité du pôle du 23e siècle. La figure 29 montre que cette étoile ne peut être que l'étoile A si Gaubil n'a pas commis une faute de calcul, ou l'étoile triple C, placée à droite de l'alignement α—κ, comme le *T'ai yi* de la carte chinoise, considération donnant à penser qu'il s'est trompé[2]).

Gaubil a pu se faire montrer cette petite étoile parce qu'à son époque la tradition uranographique existait encore en Chine. Mais il est peu probable qu'il y ait de nos jours un lettré capable de désigner *T'ai yi* dans le firmament. La réforme opérée officiellement par les Jésuites a eu pour effet de tuer l'ancienne astronomie. Comme elle a coïncidé avec le début de la dynastie *Ts'ing* et qu'elle était appuyée, pour des raisons politiques, par le jeune empereur *K'ang hi*[3]), elle a été considérée, non pas comme une importation d'idées occidentales, mais comme une de ces transformations rituelles instituées à l'occasion d'un changement de dynastie et qui tendent

---

1) Ces deux étoiles correspondent aux n°s 2029 et 2034 de Christiania. La première, marquée A sur la fig. 29, est de grandeur 6,4; la seconde, qu'on voit un peu au dessous, est de grandeur 7,7.

2) On peut remarquer, en outre, que la latitude de l'étoile 42 est précisément d'un degré plus faible que la latitude indiquée par Gaubil, ce qui pourrait s'expliquer par une faute d'impression: 66° au lieu de 65°. —

Je rappelle au lecteur peu familiarisé avec les notions astronomiques que la longitude et la latitude sont des coordonnées écliptiques; la première est donc concentrique au cercle de précession et la seconde lui est perpendiculaire (fig. 28 et 29).

3) *Les origines* B, *T'oung pao* 1909.

LÉOPOLD DE SAUSSURE.

à mettre le nouvel état de choses en harmonie avec l'influx des lois physico-morales de la nature. La réforme de l'astronomie et du calendrier par les Jésuites a été envisagée comme analogue à la réforme cosmologique et calendrique de la dynastie *Tcheou*. Aussi l'astrologie elle-même s'est-elle conformée aux règles nouvelles [1]). Les astronomes formés à l'école des Jésuites ou de leurs élèves n'ont pas eu la même éducation que leurs prédécesseurs. Et comme l'astronomie est, en Chine, un service officiel, impérial, et non une science d'ordre privé, il est probable que l'interruption de la transmission orale a fait perdre la connaissance traditionnelle de la petite étoile *T'ai yi*, que les livres et les cartes mentionnent sans préciser exactement sa position.

*

Pour compléter cette étude, il nous reste à dire quelques mots des étoiles polaires de l'ère moderne.

Au début de la dynastie *Tcheou*, c'était, comme nous l'avons vu, β de la Petite ourse 天帝星 qui était considérée comme la polaire; et actuellement c'est α de la Petite ourse. A quelle époque celle-ci a-t-elle été substituée à celle-là?

Si nous considérons la fig. 28, nous voyons que c'est seulement vers le IIIe siècle de notre ère que α s'est trouvée plus rapprochée du pôle que β. Or, comme nous l'avons vu, α était autrefois inférieure en éclat à β. On n'imagine pas comment les Chinois, si conservateurs, auraient été amenés à substituer α à β à une époque où la première ne possédait comme titre à la qualité de polaire, ni la plus grande proximité ni le plus grand éclat. Il est donc permis d'affirmer que, dans le chapitre *T'ien kouan* du *Che ki*, l'étoile polaire dont il s'agit n'est pas α, notre étoile polaire actuelle, mais β.

---

[1]) J'ai sous les yeux un almanach astrologique de l'année 1831 qui met en rapport l'année astrologique avec l'ordre rétrograde (et réel) des signes: 亥、戌、酉 ...

Schlegel, il est vrai, l'assimile à α, mais sans en donner aucune raison; et Chavannes dans sa traduction s'est conformé à cette identification [1]).

Mais rien dans le texte de *Sseu-ma Ts'ien* (qui, d'ailleurs, est vraisemblablement la reproduction d'un document de l'époque des *Tcheou*) n'indique la situation de cette étoile par rapport aux autres astérismes.

Le nom qui lui est donné dans le *Che ki* (天極星) ne peut servir à la préciser, car, comme nous l'avons vu, les appellations du pôle sont interchangeables. Si l'on voulait en tirer une indication, elle serait plutôt favorable à β qu'à α; car, dans le chapitre *Hong fan* du *Chou king*, le Souverain, image terrestre de l'étoile polaire, est appelé 皇極; dans l'ère moderne le nom uranographique de l'étoile polaire actuelle est 天皇大帝 que n'emploie pas *Sseu-ma Ts'ien*; et le nom uranographique resté à l'ancienne polaire des *Tcheou* est 天帝星.

Sous les *Han*, notre étoile polaire actuelle (α) se trouvant plus éloignée du pôle que β et d'éclat inférieur, ne pouvait être considérée comme polaire et ne portait certainement pas son nom impérial actuel. D'autre part β était alors fort éloignée du pôle [2]).

---

1) M. H. III, p. 339. — Chavannes ne semble pas, d'ailleurs, avoir pensé au problème de la révolution du pôle, car il dit que l'étoile *Faîte du ciel* « n'est autre que l'étoile polaire», sans spécifier laquelle.

2) On sait que le *Tcheou pi*, dans sa deuxième partie la moins ancienne, indique la manière d'orienter le méridien d'après les élongations de la polaire et, plus loin, dans la partie la moins ancienne qui date peut-être des *Han* expose un procédé (d'ailleurs illusoire) pour mesurer la distance de l'étoile polaire en mesurant son élongation verticale. Edouard Biot, dans sa traduction de cet ouvrage (*Journal asiatique*), a calculé que les indications très vagues de cette mesure angulaire reporteraient la rédaction de ce chapitre au IIe siècle de notre ère, époque qui semble dit-il un peu tardive. Lui non plus ne s'est pas posé le problème du changement de l'étoile polaire et admet implicitement que cette étoile est α. En appliquant le calcul à β on ne trouverait d'ailleur pas une époque beaucoup plus récente, car, comme nous l'avons vu, la distance polaire d'α et de β était la même au IIe siècle.

Mais en dehors de ces deux grandes étoiles α et β auxquelles fut successivement attribué le nom impérial, les Chinois n'ont-ils pas adopté, depuis deux mille ans, d'autres étoiles polaires, pour marquer plus exactement le pôle? On voit sur la fig. 18 qu'une petite étoile s'est trouvée fort près du pôle au début de notre ère; et qu'une autre petite étoile (4389 de la Girafe) a marqué presqu'-exactement le pôle au temps de Charlemagne. Est-il vraisemblable que les Chinois, dont les astérismes comprennent fréquemment de si petites étoiles, n'aient pas tenu compte de la proximité polaire de ces astres? Pour s'en assurer il faut rechercher si ces deux petites étoiles polaires modernes portent des noms caractéristiques dans l'uranographie chinoise; et, si possible, compulser les plus anciennes cartes célestes pour noter l'étoile qui figure au centre du palais central.

La seule carte chinoise à ma disposition est celle du XIIIᵉ siècle reproduite par la fig. 30; elle nous renseigne à souhait, car nous y voyons que la circonférence du palais central a pour centre 紐星 l'*Étoile-pivot* dont le nom est assez significatif pour se passer de commentaire.

Elle se trouve à l'extrêmité d'une ligne coudée formée de cinq étoiles: 太子、帝、底子、○宮、紐星。 En outre, elle est elle-même entourée par une ligne brisée de quatre étoiles appe-lées collectivement 四輔 *Les Quatre supports.* Ces circonstances fa-cilitent son identification.

Le *T'ien yuan li li* donne à plusieurs de ces cinq étoiles des noms un peu différents:

太子、天帝星、庶子、后妃、天樞。

Il appelle donc 天樞 *Gond du ciel* l'étoile polaire que la carte du XIIIᵒ siècle nomme 紐星. Le nom est équivalent et le *T'ien yuan li li* spécifie le caractère polaire de l'étoile: 此星似不動、

故爲天之樞紐。 Cette étoile semble immobile, c'est pourquoi elle est (considérée comme) le pivot du ciel.

Quant à l'astérisme qui entoure ce pivot du ciel, le *T'ien yuan li li*, comme la carte, le nomme 四輔 *Les quatre supports* sans indiquer de nom particulier à chacune de ses étoiles. Il dit que ces quatre étoiles autour du pôle représentent les ministres qui entourent (le Souverain). 四輔四星黑、在紐星傍、爲近臣象。 Ce trait est caractéristique, car les étoiles qui environnent la polaire symbolisent toujours, dans l'uranographie chinoise, les conseillers intimes de l'empereur (cf. T. P. 1910, p. 343, note).

On voit par là que le *T'ien yuan li li*, tout en employant l'appellation de 天樞 comme nom spécifique de l'étoile appelée 紐星, lui applique également le terme de 紐星 qui signifie l'étoile polaire [1]).

L'existence d'une étoile polaire de l'ère moderne est ainsi démontrée, à la fois par son nom, par sa position sur la fig. 30 et par les attributs astrologiques de son entourage. Cette constatation

---

1) Les termes 紐 et 樞 sont équivalents et, dans le texte cité plus haut, le *T'ien yuan li li* emploie l'expression 樞紐. Or 含樞紐 — que Schlegel a bien traduit par «Le domicilié du pivot» — est le nom de l'empereur jaune (*Les origines* T. P. 1910 pp. 263 et 284). L'empereur jaune placé au centre, correspondait au palais central, par conséquent au pôle et au *Chang ti* dont le culte était associé au culte des ancêtres impériaux. Plus tard les cinq empereurs ancestraux devinrent les cinq *Chang ti*; la tradition du *Chang ti* unique (alias *T'ai yi* ou *T'ien ti*) fit placer au dessus d'eux une divinité supérieure, polaire; tandis que les cinq *Chang ti* inférieurs furent assimilés aux cinq éléments. Mais le nom de 含樞紐 montre qu'à l'origine l'empereur du centre était également polaire. Il se trouvait ainsi y avoir deux empereurs centraux et polaires. C'est pourquoi, dans le culte de *T'ai yi* restauré sous les *Han*, on plaça l'empereur jaune au S W, à côté de l'empereur rouge (S). La raison pour laquelle on le plaça au SW est la même qui fait placer le cheval et le mouton dans le ministère du sud dans le *Tcheou li* et qui fait placer la cinquième saison au S O dans le *Li-ki*. (*Les origines*, T. P. 1910, pp. 253, 261, 604.)

Chalmers, qui cependant a écrit sur l'astronomie chinoise, a trouvé les noms de 含樞紐 et des autres divinités cosmiques tellement incompréhensibles qu'il les a taxées de «meaningless syllables» et leur attribuait une origine hindoue (T. P. 1910, p. 263).

est importante en ce qu'elle prouve qu'en dehors des grandes étoiles
impériales α et β de la Petite ourse, considérées successivement
comme étoiles polaires depuis les temps lointains de la dynastie
Yin [1]) il a pu y avoir d'autres petites étoiles considérées comme
pivot du ciel au point de vue technique. Le cas de l'étoile 紐星
montre que la tendance invétérée des Chinois à assimiler le pivot
du ciel à l'Empereur s'est manifestée même sur cette petite étoile
polaire technique à laquelle on a'accordé un entourage de ministres
quoique l'étoile impériale officielle fût déjà probablement α de la
Petite ourse.

Cela n'est cependant point certain. Nous avons vu plus haut
qu'au IIe siècle de notre ère α de la Petite ourse se trouvait à la
même distance du pôle que β. Comme elle avait alors un moindre
éclat, elle n'a guère pu détrôner β que vers le IVe ou Ve siècle.
Or au début de notre ère il y avait une étoile qui marquait le pôle
(fig. 28) et dès le Ve siècle l'étoile 紐星 était la plus proche du
pôle. Il est donc fort possible que l'interrègne entre β et α de la
Petite ourse ait été fait par une ou par deux petites étoiles polaires [2]).
Dans ce cas l'avènement de α n'aurait eu lieu qu'un peu plus tard
lorsque la distance polaire de β serait devenue trop grande pour lui
conserver la fonction impériale. Cet avènement est, en tous cas,
antérieur au XIIIe siècle puisque α porte (sur la figure 30) son titre
actuel de 天皇大帝. Il est d'ailleurs probable que ce titre lui
a été conféré par un décret officiel dont on trouvera peut-être la trace.

Il reste maintenant à identifier notre étoile 紐星 de la fig. 30.

---

1) La proximité polaire minima de β s'est produite au 12ᵉ siècle et cette étoile était
la plus proche du pôle, parmi celles de grand éclat, depuis plusieurs siècles.

2) Gaubil (*Observations*, tome II) dit qu'au IIᵉ siècle de notre ère un astronome découvrit
que l'étoile polaire n'était pas exactement au pôle et tournait autour de lui. Quelle que
fût la décadence où l'astronomie tomba à la fin des *Tcheou*, il est inadmissible qu'on ne
sût pas sous les *Han* que les grandes étoiles α et β de la Petite ourse, toutes deux également fort éloignées du pôle, tournaient autour de lui. Il s'agit donc évidemment de la
petite étoile voisine du pôle au début de notre ère (fig. 28).

Ni Reeves ni Schlegel ne se sont aperçus de son caractère d'étoile polaire, faute d'avoir marqué sur la carte le trajet du pôle [1]). Schlegel dit: « L'astérisme *T'ien-tchou* 天樞 (le pivot du ciel) n'a pas été vérifié par M. Reeves, mais doit également répondre à une étoile de la Petite ourse » [2]). Cette étoile n'a donc été identifiée par aucun de ces deux auteurs. Elle est cependant reconnaissable au fait qu'elle est la 5e de l'astérisme coude commençant à 太子 et 帝 (γ et β de la Petite ourse); en comparant les fig. 28 et 30, et en tenant compte du fait que ni le *T'ien yuan li li*, ni la carte du XIIIe siècle ne mentionnent d'autres étoiles entre notre Petite ourse et la Haie occidentale, on voit que la ligne coudée commençant à γ (n° 1) et β (n° 2) de la Petite ourse se continue par les trois étoiles marquées sur la fig. 28, dont la dernière (n° 5), très éloignée du n° 3, n'est autre que 4339 de la Girafe, qui fut effectivement polaire au VIIIe siècle de notre ère [3]).

CONCLUSION.

Dès les origines de la monarchie chinoise, l'étoile polaire a joué un rôle fondamental, par suite de la division homologue du Ciel et de la Terre en une région centrale, entourée de quatre régions périphériques, conception qui faisait du Fils du ciel, placé au centre de la Terre, l'image du *Chang ti* et de l'étoile polaire trônant au centre du ciel.

---

1) Schlegel a bien vu que les expressions 紐、樞、輔、臣、 indiquent la proximité du pôle, mais il a cru que ces termes faisaient allusion à la relative proximité de ces étoiles à la polaire α.

2) Nous avons vu que le *T'ien yuan li li*, suivi par Schlegel, nomme 天樞 la 5e étoile de l'astérisme (de même nom) qui correspond à l'étoile nommée 紐星 (l'étoile polaire) sur la fig. 30.

3) « Étoile double qui porte les nos 4337 et 4342 du catalogue » (Flammarion). Suivant les systèmes de nomenclature, on l'appelle N 2668 et 32 de Hevel; c'est à tort que Schlegel la place parmi les 四輔 en laissant 天樞 indéterminée (*Ur.* p. 525).

A cette considération, d'ordre philosophique et religieux, qui attirait l'attention des anciens Chinois vers le pivot du ciel, s'adjoignait une raison d'ordre technique. Ayant entrepris de perfectionner la symétrie diamétrale du zodiaque luni-solaire asiatique [1]), il leur fallait connaître exactement la situation du pôle pour choisir, sur le prolongement du cercle horaire des circompolaires, des étoiles diamétralement opposées, dans des régions équatoriales non visibles simultanément.

Précisément à cause de cette importance attachée à la notion du pôle, centre du ciel, l'astronomie chinoise a eu dès le début ce caractère équatorial qu'elle a conservé jusqu'à l'intervention des Jésuites. On ne trouve chez elle aucune trace de la notion du cercle oblique avant les *Han* [2]). Et même dans l'ère nouvelle les divisions de l'écliptique sont subordonnées à celles de l'équateur. Par suite de cette habitude d'esprit, lorsque les Chinois découvrirent la loi de précession, ils l'interprétèrent comme équatoriale, c'est-à-dire comme si le centre de ce mouvement était au pôle. Ils n'ont donc jamais soupçonné que le pôle, symbole de la rectitude et de l'immuabilité, ait pu varier au cours des âges. Ils ont calculé les solstices et les équinoxes du *Yao-tien*, mais sans se douter que l'équateur de la haute antiquité n'était pas l'équateur actuel et ne correspondait nullement au pôle actuel. Ils n'ont donc jamais su, ni recherché, pourquoi certaines étoiles du palais central, actuellement fort éloignées du pôle, portent un nom caractéristique d'étoile polaire.

C'est Gaubil qui, le premier, a été frappé par la singularité de ces appellations (天一、太一、天帝). Il vit l'analogie entre ces noms et le symbolisme de la littérature antique qui assimile l'Empereur terrestre à l'étoile polaire et réciproquement. Il nota

---

1) Cf. *Journal asiatique* novembre 1919.

2) Même dans la partie la moins ancienne du *Tcheou pi*, la déclinaison du soleil est attribuée à ce qu'il s'éloigne plus ou moins, *dans le plan équatorial*, suivant la saison.

que le fondateur de la dynastie *Yin* prit le nom de *T'ien yi* et que, soit dans le *Hong fan*, soit dans la doctrine de Confucius, le Fils du ciel est comparé au pôle. Il constata que les commentaires astrologiques des uranographies chinoises attribuent auxdites étoiles des fonctions impériales et polaires. Faisant alors le calcul de précession, il vérifia qu'en effet le pôle avait passé successivement, dans la haute antiquité, à proximité des petites étoiles *T'ien yi* et *T'ai yi*, ce qui parachevait la démonstration.

En ce qui concerne *T'ai yi*, Gaubil — qui cependant connaissait le chapitre *T'ien kouan* — ne semble pas avoir remarqué ce qu'en dit *Sseu-ma Ts'ien*. L'empereur *Wou*, étant tombé malade, alla consulter une magicienne qui révérait, au dessus de tous les dieux, une divinité nommée *T'ai yi*. Le Fils du ciel ayant guéri, ses conseillers l'engagèrent à rétablir le culte de *T'ai yi*: « Les cinq empereurs, disaient-ils, ne sont que les assistants de *T'ai yi*; il faut instituer le culte de *T'ai yi* et l'empereur doit lui faire en personne le sacrifice *kiao* ». Après avoir hésité, l'empereur *Wou* s'y décida et, le jour du solstice d'hiver, il fit solennellement le sacrifice *kiao* à *T'ai yi*. Ce sacrifice est essentiellement identique à celui qui se faisait de nos jours dans la banlieue de Pékin et à celui qui est mentionné dans les livres antiques.

Le culte même rendu à *T'ai yi* montre que cette divinité est bien l'étoile polaire, puisqu'on la voit entourée des astérismes circompolaires, la Grande ourse etc. (M. H. III, p. 490) et qu'elle trône au centre, les cinq *Chang ti* au dessous d'elle, entourée des huit orifices (les bouches des huit vents, autrement dit la rose des vents correspondant aux huit trigrammes de *Fou-hi*, aux saisons et demi-saisons) [2]. D'ailleurs dans maint autre passage du *Che ki*,

---

1) En réalité cette proximité est encore plus remarquable que ne l'avait cru Gaubil, car il ignorait la variation de l'obliquité de l'écliptique (fig. 29).

2) J'ai montré que la doctrine des cinq *Chang ti* s'est constituée sous les *Tcheou*

l'identité de *T'ai yi* avec l'étoile polaire est évidente: à la première page du *T'ien kouan ·chou*, il est dit que «l'étoile polaire est la résidence de *T'ai yi*»; et ailleurs: «Les sacrifices que le Fils du Ciel actuel a institués sont ceux à *T'ai yi* et à la Souveraine Terre» (M. H. III, pp. 339, 495, 517). «On fit des sacrifices à *T'ai yi* et à la Souveraine Terre» (cp. 皇天后土). D'autre part, à propos de la première apparition du terme *Chang ti* dans le *Chou king* (chapitre *Chouen tien*), les commentateurs chinois exposent que, dans la haute antiquité, le *Chang·ti* n'était autre que l'étoile polaire[1]). Et *Ma touan-lin* dit que *T'ai yi* est le nom donné au *Chang ti* sous les *Han*. On voit par là que l'équivalence des termes *Chang ti* 上帝, *T'ai yi* 太一, *T'ien* 天, *T'ien ti* 天帝, est établie[2]).

Si, à l'évidence des textes classiques montrant le caractère polaire de *T'ai yi*, on ajoute le fait que cette petite étoile, se trouve effectivement à proximité du cercle de précession et marquait le pôle aux environs du 23ᵉ siècle, on reconnaîtra, sans contestation possible, que le traditionalisme chinois nous a conservé la désignation de l'étoile qui fut polaire avant l'avènement de la première dynastie (*Hia*).

---

comme une conséquence de l'affaiblissement du pouvoir impérial et des prétentions des grands vassaux au titre de roi (T. P. 1910, p. 292). Ces cinq *Chang ti*, correspondant aux cinq éléments, sont placés au dessous de l'ancien *Chang ti* unique. C'est sans doute cet avènement de *Chang ti* inférieurs qui fit abandonner l'usage de ce terme pour désigner la divinité polaire suprême, que Confucius nomme toujours *T'ien.*

1) «Pour ma part, dit Chavannes, je ne vois pas de raisons scientifiques de rejeter cette explication» (M. H. I). Si l'éminent sinologue s'était souvenu de cette appréciation et avait remarqué le caractère astronomique du culte rendu à *T'ai yi*, il n'aurait probablement pas vu dans cette divinité suprême «une création de la raison abstraite» (M. H. I, p.   ).

2) Cette équivalence, toutefois, comporte une nuance. Dans la haute antiquité, comme le montrent bien plusieurs chapitres du *Chou king*, le *Chang ti* était anthropomorphique et l'étoile polaire n'était que sa résidence. A cette époque on n'aurait pas dit que «l'étoile polaire est la résidence de *T'ai yi*» mais plutôt que «*T'ai yi* est la résidence du *Chang ti*». Dans les siècles suivants la doctrine se corrompt. Au début de la dynastie *Tcheou* l'étoile polaire est appelée l'*Empereur céleste*; puis *T'ai yi*, qui est le nom d'une étoile, est adoré comme une divinité. On entremêle ainsi l'élément anthropomorphique et l'élément naturiste. L'étoile devient la divinité et la divinité devient l'étoile.

L'étoile *T'ien yi* se trouve dans le même cas. Son caractère polaire est établi: 1° par son nom significatif, l'Unique du ciel; 2° par le fait que ce nom fut porté par un empereur de l'antiquité; 3° par les attributs polaires que l'uranographie astrologique lui a conservés; 4° par le calcul qui montre qu'elle était effectivement l'étoile la plus rapprochée du pôle au 27° siècle.

*

Des cinq palais célestes de la haute antiquité nous connaissons donc les centres.

Le milieu des quatre palais équatoriaux (fig. 27 et 32) correspondant aux quatre saisons nous est indiqué par le système chinois, tel qu'il apparaît dans les documents des *Tcheou* et des *Han*, système qui conserve immuablement les saisons sidérales de la période créatrice avec leurs milieux (équinoxes et solstices) dans les *sieou Mao, Sing, Fang, Hiu*; ce que confirme, d'ailleurs, le texte du *Yao tien*.

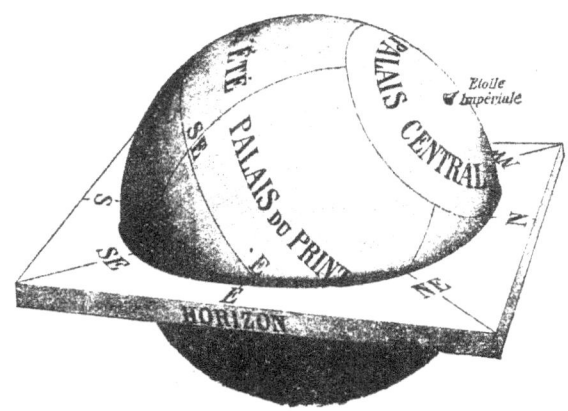

Fig. 32. La sphère céleste chinoise.

Si, sur un globe à pôle mobile, nous plaçons les équinoxes et solstices dans ces quatre *sieou*, le pôle viendra automatiquement se placer entre les points P et P′ de la fig. 30, c'est-à-dire entre les étoiles *T'ien yi* et *T'ai yi*, dans la situation occupée par le pôle céleste entre le 27° et le 23° siècles, précisément à l'époque où la tradition chinoise place le règne des empereurs légendaires créateurs de l'astronomie. Les noms de ces deux étoiles et le rôle joué par ces noms dans la littérature classique démontrant qu'elles ont été les étoiles polaires de la haute antiquité, nous connaissons donc documentairement le centre du palais central: à l'époque où les solstices et équinoxes commençaient à se trouver simultanément dans les quatre *sieou* cardinaux, le centre du palais central était en P, près de *T'ien yi*; à l'époque où l'équinoxe commençait à sortir de la division *Ho* (fig. 27) il était en P′, près de *T'ai yi*.

A toute position des équinoxes dans le firmament correspond, naturellement, une position déterminée du pôle parmi les étoiles. La concordance entre la position des équinoxes, indiquée par les quatre palais périphériques traditionnels, et la position du pôle, indiquée par les anciennes étoiles polaires du palais central, est extrêmement intéressante.

Cette confirmation de la haute antiquité du système astronomique des Chinois, en dehors de sa portée d'ordre historique et philosophique, possède une valeur chronologique. La position des équinoxes et solstices dans les *sieou* cardinaux indique par elle-même les environs du 25ᵉ siècle pour l'origine du système. Mais il pouvait toujours subsister un doute au sujet de l'exactitude des observations [1]). Sous

---

1) Ces observations, comme je l'ai exposé ailleurs (*Arch. des sc. ph. nat.*, mars, mai, novembre 1919) consistaient en ceci: 1° détermination de la date du solstice d'hiver par l'ombre du gnomon, opération très simple mais qui peut être entachée d'un ou deux jours d'erreur, laquelle s'élimine par la moyenne des années; 2° observation du lieu sidéral de la pleine lune à une date comptée à partir du solstice d'hiver, par exemple au 38ᵉ jour dans le *sieou Tche* 室 (n° 24, fig. 27); on en déduisait qu'à cette date le soleil était dans le *sieou Yi* diamétralement opposé et qu'un semestre plus tard, au (183 + 38 =) 221ᵉ jour le soleil serait en *Tche*. Par ce procédé, qui fut la raison d'être des divisions symétriques du zodiaque lunaire, on comprend que les anciens Chinois aient vu parfaitement les lieux cardinaux du Contour du ciel correspondant aux dates cardinales de l'année, évaluée alors à 366 jours mais rectifiée par l'observation de la date du solstice.

D'autre part le moment du plein de la lune est facile à préciser puisque, ce jour là, la lune se lève au coucher du soleil, tandis que l'intervalle est de trois quarts d'heure la veille et le lendemain.

ce rapport l'indication fournie par les étoiles polaires est décisive. Car, le choix d'une très petite étoile comme polaire garantit lui-même son exactitude. L'adoption de *T'ien yi*, au détriment de la belle étoile α Dragon nous certifie que les Chinois du 27e ou 26e siècle procédaient à des recherches précises, très probablement pour l'élaboration de la symétrie des *sieou*. La période créatrice du système de divisions astronomiques qui s'est perpétué tout au long de l'histoire chinoise, paraît donc avoir commencé au 27e ou 26e siècle avant notre ère.

I. LE ZODIAQUE LUNAIRE *(1re partie)*.

Le zodiaque lunaire qui, dans la haute antiquité, s'est répandu à travers le continent asiatique, présente une grande importance, non seulement pour la sinologie et l'indianisme, mais encore, à un point de vue plus général, pour le problème des origines de la civilisation et des communications antéhistoriques entre les peuples.

L'étude approfondie de ce zodiaque fait inévitablement intervenir l'analyse et l'argumentation astronomiques. Dans le but d'épargner, autant que possible, ces considérations techniques au lecteur désireux de s'en tenir au côté proprement historique et sinologique de la question, j'ai réuni, dans un chapitre spécial, les *Preuves documentaires* (p. 275).

---

1) Voir le *T'oung Pao* 1909, 1910, 1911, 1913, 1914 et 1921, p. 86.

I. DÉFINITION DU SYSTÈME.

Dès le début des études sanscrites, les indianistes constatèrent, dans la littérature védique, l'existence de 27 ou 28 divisions stellaires en rapport avec le mouvement de la lune et consacrées par des croyances religieuses. Ces divisions, très inégales entre elles, sout repérées par des astérismes appelés *nakṣatra* dont l'usage s'est perpétué jusqu'à nos jours.

On reconnut aussitôt la communauté d'origine de ce système avec celui des 28 *sieou* chinois que les ouvrages du P. Gaubil avaient fait connaître eu Europe au XVIIIᵉ siècle; et avec celui des 28 *menâzil* arabes.

La similitude des trois systèmes est mise en évidence par le tableau suivant, dressé par Whitney [1]), dont la répartition sera d'ailleurs partiellement contestée plus loin.

---

1) *The lunar zodiac* dans *Oriental and linguistic studies*, 2ᵉ série, p. 357. — J'ai déjà refuté la théorie de Whitney dans le *T'oung Pao* 1907, p. 301 et 559; mais, ne connaissant pas encore le principe du zodiaque lunaire tel que je l'ai exposé dans le *T. P.* 1909, p. 158, ma critique, encore influencée par les idées de Biot, fait intervenir à tort l'emploi de la clepsydre dans la haute antiquité chinoise. Dans cette œuvre de début, j'ai cependant signalé (p. 349) que la symétrie diamétrale était le but recherché dans la répartition des *sieou* et j'ai produit (p. 389) le diagramme qui a placé toute la question du zodiaque lunaire sur une base nouvelle.

Dans le *T'oung Pao* 1909, pp. 146—172, je me suis laissé entraîner, au courant de la plume, à une théorie de l'importation ancienne des *sieou* dans l'Inde, théorie dont je n'avais pas encore l'idée en écrivant l'Introduction et que j'ai désavouée après l'intervention du prof. H. Oldenberg (*Nakṣatra* und *sieou*, *Nachrichten d. Götting. Gesellsch. d. Wiss.* Phil. Kl. 1909), et surtout à cause des constatations nouvelles que j'ai exposées dans le *Journal asiatique* de Juillet 1919.

Dans le Supplément bibliographique, très bien informé, inséré au dernier volume (paru en 1914) de son ouvrage, M. Ginzel indique de nombreuses publications relatives au zodiaque lunaire et au cycle des douze animaux — notamment certains articles du *T'oung Pao* 1912 — mais il s'abstient de mentionner mes articles de 1909 et 1910 relatifs aux mêmes questions.

Primitive and modified forms of the system of lunar asterisms.

Probable original constituents of the system.	Hindu variations.	Arab variations.	Chinese variations.
1. η, etc. Tauri. Pleiades.			
2. α, etc. Tauri. Hyades.			
3. λ, φ¹, φ² Orionis. Head of Orion.			
4. ?	4. α Orionis.	4. η, μ, ν, γ, ξ Geminorum.	4. α, γ, δ, ε, ζ, κ, β Orionis.
5. α, β Geminorum. Castor and Pollux.			5. μ, ν, γ, ε, ζ, etc. Geminorum.
6. γ, δ, etc. Cancri. Belly of Crab.			
7. δ, ε, etc. Hydræ. Head of Hydra.		7. ξ Cancri, λ Leonis.	
8. α Leonis (Regulus) etc. Sickle.			8. α, ι, etc. Hydræ.
9. δ, θ Leonis. Rump of Lion.			9. κ, υ¹, λ, μ, etc. Hydræ.
10. β, 93 Leonis. Tail of Lion.			10. α, β, etc. etc. Crateris.
11. α, ε, γ etc. Corvi. The Crow.		11. β, η, γ, δ, ε Virginis.	
12. α Virginis. Spica.			
13. λ, κ, ι, etc. Virginis. Edge of Virgin's Robe.	13. α Bootis. Arcturus.		
14. α, β Libræ. Claws of Scorpion.			
15. β, δ, π Scorpionis.			
16. σ, α (Antares), τ Scorpionis. The Scorpion's heart.			
17. ε, μ, ζ, η, θ, ι, κ, λ, υ Scorpionis. Scorpion's tail.			
18. δ, ε, etc. Sagittarii. Bow of Sagittary.			
19. σ, ζ, etc. Sagittarii. Left shoulder of Sagittary.		19. Space near π Sagittarii.	
20. α, β Capricorni. Head of Goat.	20. α Lyræ (Vega) etc.		
21. ε, μ, ν Aquarii. Right hand of Waterbearer.	21. α, β, γ Aquilæ.		
22. β, ξ, Aquarii. Right shoulder of Waterbearer.	22. α, etc. Delphini.		
23. γ, ζ, η, etc. Aquarii. Left arm of Waterbearer.	23. λ etc. etc. Aquarii.		23. α Aquarii, θ, ε Pegasi.
24. α, β Pegasi. W. side of Square in Pegasus.			
25. γ Pegasi, α Andromedæ. East side of Square of Pegasus.			
26. Piscis Bor. and left side of Andromeda?	26. ζ, etc. etc. Piscium.	26. β, etc. etc. Andromedæ.	26. ζ etc. etc. Andromedæ.
27. β, γ Arietis. Left horn of Ram.			
28. 35, 39, 41 Arietis. Musca.			

Les étoiles déterminatrices. — Dans les systèmes hindou et chinois, ces divisions sont délimitées d'une manière précise par une étoile spécialement choisie à cet effet dans l'astérisme. Ces *étoiles déterminatrices* sont appelées *yogatârâ* par les Hindous (*yoga* jonction; *târâ* étoile). En Chine, le mot *sing* 星, qui signifie à la fois *étoile* et *astérisme* s'applique plutôt aux 28 mansions considérées comme des astérismes; tandis que le terme plus technique de *sieou* 宿 (cf. Appendice III) désigne les divisions précises repérées par les étoiles déterminatrices, sans spécifier toutefois la distinction entre ces étoiles et l'intervalle qui les sépare.

Ces étoiles déterminatrices n'apparaissent qu'à une époque relativement récente et on en a conclu qu'elles n'existaient pas à l'origine. Mais cette déduction est contredite par l'exacte symétrie de ces étoiles, laquelle n'aurait pu être réalisée si le choix avait été limité aux astérismes préexistants. Les documents anciens étant rares et peu explicites [1]), il est bien naturel qu'on n'y trouve pas la spécification des déterminatrices; mais il est déjà peu vraisemblable que de telles étoiles aient été introduites de la même manière dans les systèmes hindou et chinois, à une époque où les communications primitives étaient rompues et où l'on avait perdu le souvenir des origines du zodiaque. Ces étoiles déterminatrices sont d'ailleurs identiques dans un grand nombre de cas et elles offrent souvent cette particularité d'être de faible grandeur, sans qu'on ait pu expliquer (avant la découverte de la symétrie diamétrale) quelles raisons avaient milité en faveur du choix de repères à peine visibles à l'œil nu, alors qu'on disposait de belles étoiles aux alentours.

Dans l'Inde, les *yogatârâ* n'apparaissent que dans le Sûrya-

---

1) Dans la littérature antique, les termes astronomiques apparaissent isolément, mêlés incidemment à des textes d'ordre religieux ou rituel. Les traités techniques appartiennent à une époque bien postérieure. Le texte chinois du *Yao tien*, débris d'un ancien calendrier enchassé dans un document légendaire, est un cas exceptionnel.

Siddhânta, ouvrage d'astronomie contenant des données d'origine hellénique et attribué au IV⁰ siècle de notre ère. En Chine, c'est à partir des premiers *Han* (2⁰ siècle av. J.-C.) que la mesure précise de l'amplitude équatoriale des *sieou* atteste l'emploi des étoiles déterminatrices. A partir du I⁰ʳ siècle après J.-C., grâce au perfectionnement des instruments gradués et à la considération du cercle oblique, les tableaux insérés dans les Annales dynastiques indiquent la distance polaire des étoiles déterminatrices et l'amplitude de leur intervalle suivant l'équateur et suivant l'écliptique. Ces tableaux, de plus en plus précis, sont complétés par ceux qui ont été établis par les Jésuites aux XVII⁰ et XVIII⁰ siècles.

En outre, les cartes célestes[1]) et les croquis uranographiques des traités spéciaux marquent les cercles de déclinaison délimitant les fuseaux définis par les étoiles déterminatrices. Biot et Schlegel ont ainsi identifié, dans notre nomenclature, les étoiles fondamentales dont Gaubil avait indiqué en degrés, minutes et secondes, les coordonnées exactes relevées par lui en 1726 et dont on trouvera le tableau ci-dessous à l'Appendice I (voir aussi le *T'oung Pao* 1909, p. 124).

Comme l'affirme Gaubil à diverses reprises, les étoiles déterminatrices sont démonstrativement les mêmes sous les *Han* que sous les *Ts'ing*; et, à propos de la discussion de la loi de précession comme de celle des anciennes éclipses, «les interprètes des *Han* assurent que ces étoiles étaient les mêmes dans l'antiquité». L'analyse de la symétrie des *sieou* confirme cette tradition.

---

1) Voir la fig. 30, dans le précédent article (Vol. XX, p. 101). C'est par erreur que j'ai attribué cette carte au XIII⁰ siècle, puisqu'elle provient d'un document du XII⁰ siècle (cf. *Mémoires concernant l'Asie orientale*, 1913). En outre, comme elle place au centre du palais central l'étoile qui fut polaire vers l'an 800, elle reproduit vraisemblablement une carte antérieure.

II. La destination du système.

La théorie des indianistes. — La littérature védique mettant les *naksatra* en rapport avec la lune, et ce rapport étant également spécifié pour les *menâzil* des Arabes, on a donné — avec raison d'ailleurs — le nom de *stations lunaires* et de *zodiaque lunaire* au système. Mais aucun auteur n'a pu indiquer, d'une manière acceptable, en quoi consistait ce rapport et quelle était la destination du système.

Faute de mieux, on s'efforça de considérer comme satisfaisante l'explication élaborée par Sédillot et les indianistes, développée par Whitney en 1874 [1]) et rééditée par Ginzel en 1906 [2]): la révolution

---

1) While her daily rate of motion, like the sun's, varies quite notably, and while this variation is cumulative, so that in one part of her revolution she is six or seven degrees behind, and in another part as much in advance of her mean place, it is not the case, as with the sun, that her retardation and acceleration take place always in the same region of the heavens; on the contrary, as her line of apsides revolves once in a little less than nine years, the variation of velocity is rapidly shifting its action, and she will be, during the period of nine years, in every part of the heavens a whole asterism of advance or in rear of the position she occupied in her revolution four years and a half before, when of the same mean sidereal ago. What is of not less consequence, she revolves, not in the ecliptic, but in an orbit which is inclined to that circle a little more than five degrees; and the line of her nodes is also in rapid motion, making the circuit of the heavens once in about eighteen years; so that if at any time a line of measuring stars had been selected just upon her path, she would pass them nine years later at distances from them ranging all the way up to ten degrees. Nor must we leave out of account that, during a good part of each round, her light is so brilliant as to obliterate entirely all but the brighter stars with which she comes closely in contact or near to which she passes, and the fainter ones at a still greater distance; so that to mark her course by such stars only as are to be found immediately along the ecliptic would be unpractical; they would in many cases not be visible when she was at one or two asterisms' distance.

Thus all the conditions which would lead imperatively to a choice of stars or groups of stars separated by precisely equal intervals, or situated along one undeviating line, are entirely wanting. Nor should we expect a succession of single stars to have been pitched upon; where exactness of intervals was a secondary consideration, constellated groups had the advantage of being far more easily described, named, recognized and remembered.

Supposing, then, that a people whose only instrument of observation was the eye

sidérale de la lune s'accomplissant en 27.3 jours et le nombre des *nakṣatra* étant de 27 ou de 28 (le *nakṣatra Abhijit* apparaît comme surnuméraire), le système était destiné à jalonner la route moyenne de la lune dans le firmament, pour permettre d'en suivre le mouvement dans un but astronomique ou astrologique. Cette interprétation semble naturelle et vraisemblable. Elle est de nature à satisfaire le lecteur qui ne se propose pas d'approfondir la question; mais celui qui est amené à l'étudier spécialement y trouve des difficultés insurmontables.

En premier lieu, il suffit de jeter un coup d'oeil sur la carte annexée à la fin du vol. I de Ginzel (*Die Mondstationen um 4000 v. Chr.*) pour constater que la ceinture des astérismes zodiacaux ne suit pas la route moyenne de la lune. La rangée chinoise longe nettement l'équateur antique, comme je l'ai signalé dans le *T'oung Pao* de 1907, p. 559. Quant aux séries hindoues et arabes, elles ne suivent pas une route continue, mais zigzagante, dont l'intention générale est de ne pas s'aventurer dans l'hémisphère austral; elles ne craignent pas de se rapprocher du pôle (Vega, Arcturus) et visent à culminer à bonne hauteur au dessus de l'horizon (comme pour faciliter l'observation méridienne), sans laisser de faire des crochets déconcertants: il est étonnant que Whitney et Ginzel aient

should have noticed the moon's nearly equable movement through a certain region of the heavens, and the completion of her revolution in twenty-seven or twenty-eight days, and, feeling impelled to mark and define the stages of her progress, should set about choosing a means of definition among the stars through which she passed — what would they naturally seek in their selection? Obviously, I think, they would look for groups of stars, as conspicuous as the heavens furnished in the proper position, not too remote in either direction from the ecliptic, and tolerably evenly distributed, so that, at any rate, no considerable part of the series should be far away from the average place required by a division of the ecliptic region into nearly equal portions: and nothing more than this.

The three oriental systems of division, now — Hindu, Arab, Chinese — to which reference has been made above, and which are the only ones known to us in detail are precisely of this character. Moreover, they are but three somewhat varying forms of the same original. (Whitney, *op. cit.*, p. 348—350.)

1) *Handbuch der math. und techn. Chronologie*, tomo I, p. 70.

pu voir dans les séquences hindoues XI, XII, XIII, XIV, ou XX,
XXI, XXII, (fig. 33), ou XXIII, XXIV, XXV, etc., l'intention de
jalonner la route de la lune.

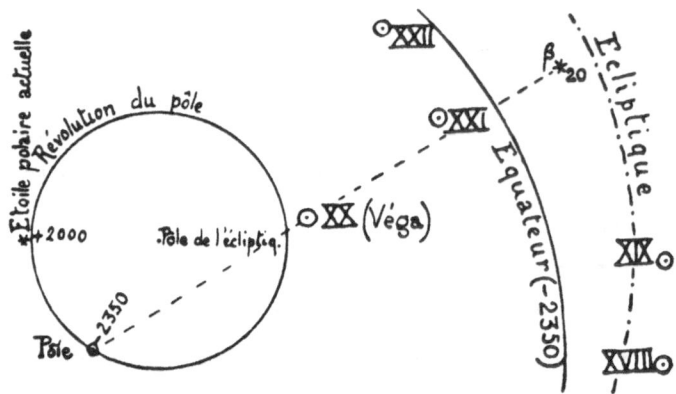

Fig. 33. — Remplacement de Véga (XX) par β du Capricorne (20) aux environs
de l'an —2400.

D'autre part les groupes d'étoiles qu'on nous présente comme
constituant spécialement ces trois zodiaques lunaires sont des astérismes préexistant dans l'uranographie des divers peuples en cause [1]).
En ce qui concerne la Chine, le *Chou king*, le *Hia siao tcheng* et
surtout la conservation scrupuleuse des attributs astrologiques afférents au firmament de la haute antiquité [2]) montrent que l'uranographie actuelle existait déjà à une époque reculée; par ailleurs,
j'ai démontré que le système des cinq palais célestes et des saisons
sidérales remonte aux environs du 24e siècle. Les groupes d'étoiles
(par exemple *Nan-teou*, le Boisseau méridional), présentés au lecteur
comme une ceinture de stations lunaires, n'ont donc nullement été
constitués *en vue de cette destination*, mais ont été simplement choisis

---

1) Etudier ainsi la marche sidérale de la lune témoignerait d'une astronomie déjà
fort avancée; car, d'après l'hypothèse de Whitney et Ginzel, on ne voit aucun but utilitaire à la recherche scientifique présentée comme la raison d'être du zodiaque lunaire.
Cela suppose une uranographie déjà constituée.

2) Voir le précédent article (H, 1921, p. 97).

parmi les nombreux astérismes analogues de l'uranographie chinoise [1]).

C'est là un point capital qui sépare ma théorie de celle des auteurs précédents. Le principe constitutif du zodiaque lunaire étant, à mon avis, la symétrie diamétrale des étoiles déterminatrices, la liste des astérismes qui le composent découle du choix originel de ces étoiles déterminatrices; choix fort difficile, comme nous le verrons, deux régions opposées du firmament n'étant pas visibles simultanément. La liste primordiale est donc, à mon sens, celle des étoiles déterminatrices tandis que, pour ces auteurs, c'est celle des astérismes. Leur opinion provient, comme nous l'avons vu, du fait qu'on ne trouve pas, dans les textes antiques, la spécification d'étoiles déterminatrices. Cette induction serait fort légitime si elle restait purement provisoire et dubitative; mais tel n'est pas le cas puisqu'ils n'examinent pas l'hypothèse du choix *primordial* des déterminatrices, n'en comparent pas les listes hindoue et chinoise, et ne jugent pas à propos d'expliquer pourquoi on a choisi, comme déterminatrices, des étoiles souvent très petites (4e et 5e grandeur) qui se trouvent être parfois les mêmes dans les deux systèmes. En ce qui concerne les déterminatrices chinoises, Whitney a été d'ailleurs mal renseigné par le tendancieux Sédillot [2]). Il prétend (p. 393) que Biot a substitué arbitrairement les étoiles déterminatrices aux astérismes et invoque, comme preuve, la signification du nom de certains *sieou* (par ex. *Pi* le Filet) [3]) et l'autorité de Gaubil:

---

1) La composition des astérismes du zodiaque chinois indiquée par Whitney dans le tableau ci-dessus, provient probablement des ouvrages antérieurs de l'indianiste Weber et de l'arabisant Sédillot. J'ignore à quelle source ces auteurs l'avaient puisée; mais le sinologue qui les a renseignés s'est borné à relever, dans un traité uranographique chinois, la composition des astérismes en question. A une époque postérieure, en 1875, Schlegel a publié son *Uranographie chinoise* d'après le *T'ien yuan li li* 天元歷理, où l'on voit tout le firmament chinois rempli de groupes analogues.

2) Voir le *T. P.*, 1907, p. 375.

3) La faiblesse de cet argument est manifeste, l'étoile déterminatrice portant naturellement le nom de l'astérisme auquel elle appartient (voir Appendice I).

Thus, the Jesuit missionary Gaubil, the father and founder of European knowledge of Chinese astronomy, always speaks of the *sieou as* "constellations" and here and there defines the groups of which one or another is composed.

Comme je l'ai exposé en 1907 (*T. P.* p. 369), suivant l'usage de son temps, Gaubil emploie le mot "Constellations" dans le sens de "divisions stellaires réelles" par opposition aux "Signes théoriques". Et Whitney n'aurait pu s'y tromper s'il avait pris la peine d'examiner le contexte. Gaubil, par exemple, intitule "Constellations" les tableaux qu'il donne de la mesure des *sieou* sous diverses dynasties depuis les *Han* antérieurs jusqu'au *Ts'ing*, y compris celui qui fut dressé sous la direction des Jésuites par ordre de l'empereur *K'ang hi* en 1683, lequel comprend quatre colonnes indiquant le *nom* de la "Constellation", la *longitude*, la *latitude* et la *grandeur*[1]). Il est bien évident qu'il s'agit des coordonnées et de la grandeur (1° à 5°) de l'étoile déterminatrice. C'est d'ailleurs ce tableau, complété par les mesures effectuées, avec des instruments plus perfectionnés, par Gaubil en 1726[2]) qui a permis à Biot d'identifier les étoiles déterminatrices, identification confirmée par Schlegel d'après les croquis uranographiques du *T'ien yuan li li*, comme je l'ai dit plus haut. D'ailleurs d'un bout à l'autre de ses ouvrages (voir notamment la discussion des anciennes éclipses et celle de la loi de précession), Gaubil entend par "Constellation" les *sieou* définis par leurs déterminatrices, qu'il affirme avoir été immuables depuis la haute antiquité et conçus exclusivement *selon l'équateur* jusqu'au temps des *Han*.

La théorie de Biot. En 1839 Ideler publiait sa *Zeitrechnung der Chinesen* d'après les ouvrages de Gaubil. Faute d'avoir eu la patience de les étudier de près, il n'avait pas remarqué les nombreux pas-

---

1) Ces tableaux sont reproduits ci-dessous (Appendice I).
2) Gaubil en intitule également le tableau: "Constellations".

sages où ce missionnaire, bien intentionné mais d'esprit brouillon et confus, indiquait — explicitement ou implicitement — le caractère équatorial de l'astronomie et du calendrier chinois. Au moment où paraissait le mémoire du savant chronologiste allemand, J.-B. Biot achevait l'étude approfondie et minutieuse des écrits de Gaubil. « C'est une mine, dit-il, mais une mine qu'il faut savoir exploiter ». Il l'exploita méthodiquement, sans oublier les manuscrits inédits et la correspondance du missionnaire avec Fréret.

Il était donc bien préparé pour relever certaines erreurs d'Ideler; c'est ce qu'il fit dans ses quatre articles du *Journal des Savants* de 1840. Mais il se trompa en contestant que les *sieou* chinois eussent été, même à l'origine, des *stations lunaires*. Il affirma (d'ailleurs avec raison) qu'ils étaient des divisions équatoriales, constituées, dans la haute antiquité, d'après leur correspondance avec les étoiles circompolaires.

Ces deux interprétations paraissaient alors incompatibles et elles le sont, en effet, si ou définit les stations lunaires à la manière de Whitney. Mais elles ne le sont plus depuis que j'ai révélé le principe du zodiaque lunaire, destiné à déterminer le lieu sidéral du soleil par son opposition diamétrale avec celui de la *pleine lune*; ce qui conduit à rechercher, non pas des stations écliptiques et équidistantes, mais des stations symétriquement disposées (en ascension droite) par couples diamétraux. Cette opposition diamétrale est obtenue par la concomitance du passage au méridien d'une étoile circompolaire et des étoiles déterminatrices opposées.

Intrigué par l'énigmatique diversité d'amplitude des divisions chinoises (variant de 3° à 30°) et par la petitesse des étoiles qui les délimitent, Biot avait fait construire un globe à pôles mobiles et chercha quelle était, au 24e siècle (date présumée du texte du *Yao-tien*), la particularité motivant cette singulière inégalité. Il put alors constater que les deux grands *sieou* opposés *Teou* et *Tsing* (n°s 19 et 5 de la fig. 2), correspondent à une absence de grandes étoiles circompolaires; cette découverte l'amena à calculer les ascen-

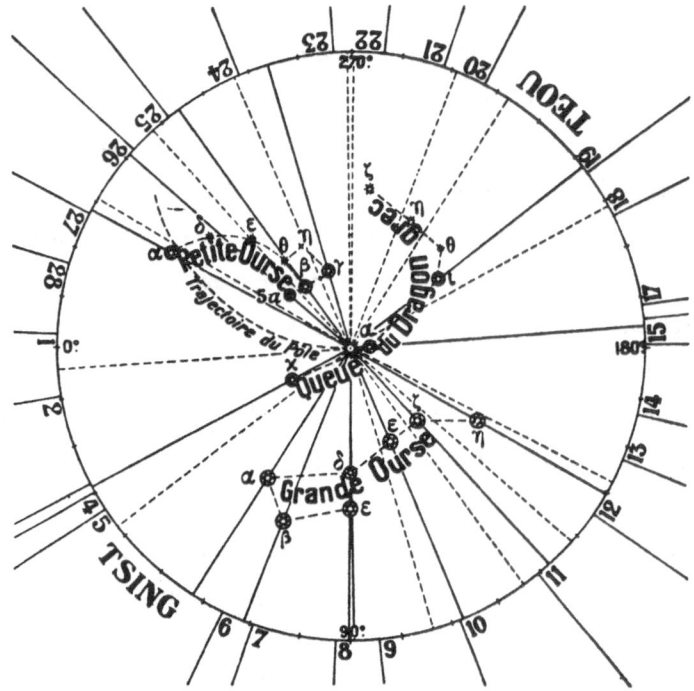

Fig. 34. — Prétendue correspondance des *sieou* avec les principales circompolaires au 24e siècle.

sions droites (longitudes équatoriales) des 28 *sieou* et des principales circompolaires, qu'il consigna dans des tableaux comparatifs montraut leur corrélation [1]).

[1) Quel que soit celui de ces procédés [globe, graphique ou calcul] que l'on emploie pour saisir l'ensemble des 28 divisions chinoises au temps dont il s'agit, ou est d'abord frappé de voir qu'elles offrent deux grands vides diamétralement opposés l'un à l'autre, et occupant sur l'équateur des intervalles de 26° 28' et de 30° 34'. Ce sont les stations appelées TSING et TEOU; elles répondent à deux époques de la révolution diurne, pendant lesquelles il ne passait au méridien aucune des étoiles circompolaires que les anciens Chinois observaient spécialement. Après ces deux stations, les plus étendues sont OUEY et PI, la première ayant 17° 49' de longueur équatoriale, la seconde 18° 6'. Elles sont aussi opposées en ascension droite, et répondent à une absence de circompolaires. Deux]

Si Biot avait dressé un diagramme circulaire au lieu d'exposer

autres encore présentent une étendue presque aussi grande, ce sont GOEY, 18° 48'; TCHANG, 16° 39'. Elles offrent la même particularité. Réciproquement, il n'y a pas une seule des étoiles circompolaires mentionnées plus haut qui n'ait une division équatoriale correspondante, exactement ou de très près, à ses passages supérieurs ou inférieurs pour cette époque, comme les nombres de nos tableaux le démontrent. Ceci, joint à la fixation des points solsticiaux et équinoxiaux, produit, dans les ascensions droites des déterminatrices, des oppositions par couples, qu'on remarque dans le plus grand nombre d'entre elles, et qui les placent alors, deux à deux, dans un même cercle horaire presque exact. Pour qu'on puisse aisément en juger, voici le tableau de ces oppositions, avec la mesure de l'angle compris entre les cercles horaires des déterminatrices correspondantes. J'ai annexé au nom de chaque division le numéro d'ordre de notre tableau général, pour qu'on puisse retrouver avec facilité les éléments qui la déterminent.

Numéros d'ordre des divisions comparées	Leurs dénominations	Leur différence d'ascension droite en —2357	Angle dièdre compris entre les cercles horaires des étoiles opposées	Mesure de cet angle dièdre en temps
1 — 15	Mao — Fang	182° 7′ 30″	2° 7′ 30″	8ᵐ 30ˢ
2 — 17	Pi — Oney	179 50 34	0 9 6	0 13
3 — 18	Tso — Ky	179 33 35	0 26 25	1 46
5 — 19	Tsing — Teou	183 6 39	3 6 39	12 26
6 — 20	Kouey — Nieou	179 0 51	0 59 9	3 56
7 — 21	Lieou — Nu	180 46 55	0 46 55	3 8
8 — 22	Sing — Hiu	175 37 42	4 22 18	17 29
9 — 23	Tchang — Goey	178 7 17	1 52 43	7 31
10 — 24	Y — Tche	180 16 2	0 16 2	1 4
11 — 25	Tchin — Py	178 59 14	1 0 46	4 3
13 — 27	Kang — Leou	175 20 27	4 39 33	18 38
14 — 28	Ti — Oey	177 10 15	2 49 45	11 19

Je ne prétends pas que ces douze couples, si approximativement opposés en ascension droite, aient été tous établis dès le temps d'Yao; car, dans ce nombre, il en est, par exemple, deux qui, n'ayant aucune application à ce temps, répondent si exactement aux équinoxes et aux solstices de Tcheou-kong, qu'on peut, avec une très grande vraisemblance, croire qu'ils ont été établis par lui pour fixer ces quatre points.

Mais presque tous les autres couples, si ce n'est tous, se rapportent de trop près aux passages méridiens des circompolaires, vers le temps d'Yao, pour qu'une pareille concordance puisse être raisonnablement considérée comme fortuite. Un astronome qui voudrait fixer ces passages par des divisions équatoriales, pour le temps dont il s'agit, ne pourrait choisir des déterminatrices plus favorables pour s'y adapter. Une autre circonstance encore qui convient à un tel genre d'observation, c'est que les étoiles déterminatrices sont prises le plus près possible de l'équateur de ce temps.

ses résultats dans des tableaux numériques, il aurait vu que cette corrélation est bien vague, tandis que la symétrie diamétrale des *sieou* (fig. 35 et 36) est un fait capital et non pas une conséquence indirecte de leur corrélation avec les étoiles circompolaires.

Biot croyait, en effet, que la *destination* du système des 28 étoiles était analogue à celui de nos propres étoiles fondamentales destinées à contrôler la mesure des intervalles de temps [1]). Il attribuait la méthode équatoriale des anciens Chinois à l'usage de la clepsydre, induction logique que j'ai admise (en 1907) jusqu'au moment où la découverte du principe du zodiaque lunaire m'a montré que la symétrie diamétrale de ce zodiaque est précisément destinée à suppléer au manque de garde-temps et aboutit, comme la clepsydre, à la méthode équatoriale fondée sur le pôle et le méridien.

Biot n'a d'ailleurs jamais expliqué pour quelle raison les anciens Chinois auraient tenu à faire correspondre leurs étoiles fondamentales avec les grandes circompolaires et à repérer ainsi des étoiles fixes par d'autres étoiles fixes. Il a confondu le *but* avec le *moyen*. Mais l'évidence de cette corrélation créa dans son esprit l'inébranlable certitude que les *nakṣatra* hindous ne pouvaient être qu'une corruption des *sieou* chinois importés dans l'Inde, thèse qu'il soutint jusqu'à sa mort (1862).

---

1) "Mais c'est surtout dans leur mode de division du ciel stellaire qu'on peut reconnaître le grand usage que les anciens Chinois ont fait de la mesure du temps; et ce mode de division est aussi le trait le plus caractéristique de leur astronomie. Comme la mesure des intervalles de temps est d'autant plus difficile et plus sujette à erreur qu'ils ont plus d'étendue, ils avaient imaginé, pour la rendre plus sûre et plus commode, un moyen que nous employons nous-mêmes. Ils avaient choisi certaines étoiles, dont le nombre a été définitivement de 28, lesquelles sont réparties d'une manière fort inégale et en apparence fort bizarre sur tout le contour du ciel..." (*J. des S.* 1840, p. 30).

III. Le principe du zodiaque lunaire.

A diverses reprises, depuis 1909, j'ai indiqué la destination réelle du système, qui est: 1º de fixer les dates annuelles par l'observation du lieu sidéral de la pleine lune; 2º de déterminer le lieu sidéral du soleil (diamétralement opposé à celui de la pleine lune). Mais dans mes précédents exposés, j'admettais, sur la foi de Ginzel et des indianistes, que le zodiaque hindou était écliptique. Ayant eu, depuis lors, la curiosité de tracer le diagramme des *yogatârâ* (fig. 3) j'ai constaté que le caractère équatorial des *sieou* se manifeste déjà dans les *nakṣatra* et que la répartition de ces derniers est motivée, elle aussi, par le désir d'obtenir des couples horairement symétriques (*Journal asiatique*, juillet 1919).

Cette similitude confirme mon hypothèse sur la destination originelle du système et montre que le zodiaque hindou est une forme archaïque du zodiaque primitif, dont la symétrie a été perfectionnée par les Chinois (voir plus bas, 2ᵉ partie).

Le lieu sidéral de la pleine lune. — Quand la lune est pleine, elle se trouve diamétralement opposée au soleil. Comme le soleil revient chaque année, au même mois, dans la même constellation (qui est alors invisible), il s'en suit que le plein de la lune se produit chaque année, au même mois, dans la constellation opposée. Si les rites, comme c'est le cas dans certains textes védiques, prescrivent d'accomplir tel sacrifice lorsque la pleine lune a lieu dans telle constellation, la date annuelle de cette cérémonie se trouve ainsi approximativement fixée.

L'observation du plein de la lune a donc une utilité calendérique; elle constitue un procédé qu'on peut appeler primitif puisqu'il n'exige l'emploi d'aucun repère artificiel. Et la précision du résultat qu'on en obtient est bien supérieure à celle dont l'observation des levers d'étoiles est susceptible.

Ces derniers, en effet, varient avec la même lenteur que la marche annuelle du soleil, c'est-à-dire d'un degré par jour. En outre, les brumes de l'horizon et les variations de l'état atmosphérique permettent rarement d'apercevoir les étoiles quand leur hauteur est faible, de sorte qu'il est souvent difficile de désigner — même à dix jours près — celle dont le lever (héliaque) précède immédiatement

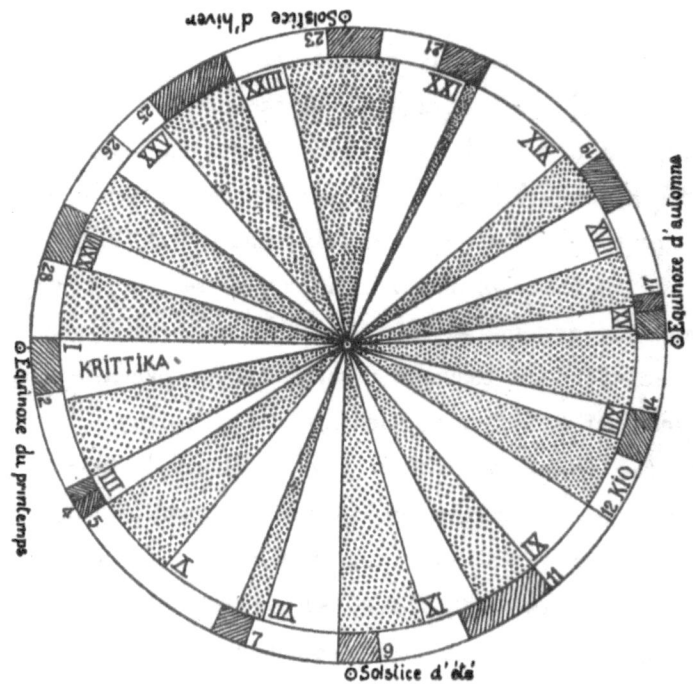

Fig. 35. — Projection des *nakṣatra* (chiffres romains) et des *sieou* (chiffres arabes) sur l'équateur du 24ᵉ siècle.

l'aurore ou celle dont le lever (acronyque) a eu lieu à l'opposé du soleil couchant.

Tel n'est pas le cas pour l'observation du lieu sidéral de la lune si l'on connaît avec exactitude le moment où elle est pleine. D'après l'aspect du disque, on pourrait sans doute commettre une forte erreur: car il est impossible, à simple vue, de discerner le plein à moins d'un jour près. Mais, comme le montrent d'antiques traditions chinoises, le moment du plein était apprécié à moins d'un quart de jour près, ce qui prouve qu'on se basait, pour cette détermination, sur la simultanéité du lever de la lune avec le coucher du soleil.

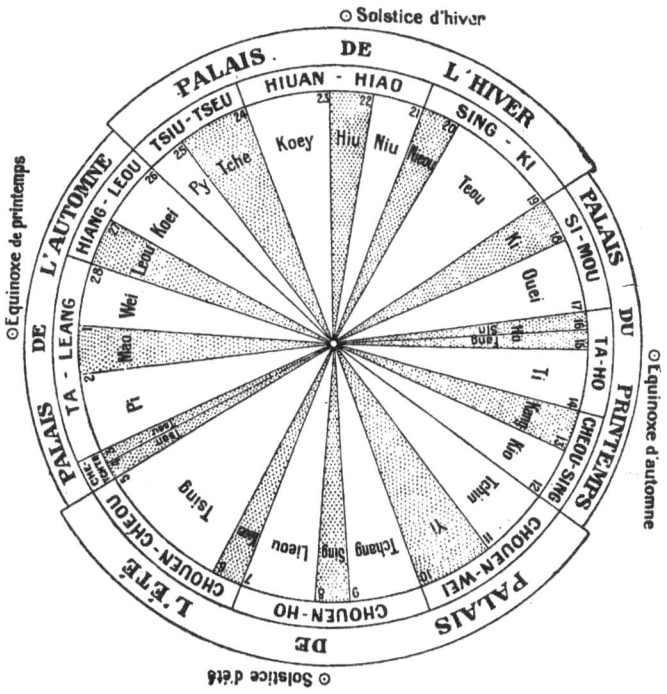

Fig. 36. — Projection des *sieou* sur l'équateur du 24ᵉ siècle.

La lune opérant sa révolution synodique en 29.5 jours, son lever retarde chaque jour de $\frac{24\,h.}{29,5}$ soit de 49 m. (en moyenne). Il est donc bien facile, dans les pays de plaine, de préciser le moment de l'opposition luni-solaire en comparant l'intervalle entre le coucher du soleil et le lever de la lune, ou entre le coucher de la lune et le lever du soleil. Dans les premiers centres de civilisation, où, dès la haute antiquité, des fonctionnaires spéciaux étaient chargés

d'observer le ciel, on était habitué à évaluer le déplacement de la
lune parmi les étoiles au cours d'une nuit (environ dix fois sa largeur).
Après avoir comparé la position de la lune et du soleil à l'horizon,
on pouvait donc désigner, avec une grande précision, en interpolant
à vue et sans l'aide d'aucun garde-temps, le lieu sidéral du plein
de la lune.

Fig. 37. — Ordre discontinu des saisons sidérales chinoises.

Dans la période primitive où le cours de l'année n'était encore
jalonné que par des repères sidéraux, ce procédé d'observation permettait de fixer une date annuelle et de rectifier l'année lunaire en
indiquant l'opportunité d'ajouter un mois intercalaire: en Chine,
c'était *Kio* (l'Epi de la Vierge) qui était chargé de cette fonction.
Cette étoile de première grandeur marquait dans le firmament l'entrée du Palais du printemps (n° 12, fig. 36): la pleine lune qui
se produisait à droite de *Kio* était la douzième (ou treizième) de

l'année; et celle qui se produisait à gauche de *Kio* était la première de la nouvelle année.

Repères sidéraux et repères tropiques. — L'utilisation effective des repères sidéraux n'a lieu que dans la période primitive où l'on n'a pas encore pris nettement conscience des phases tropiques et où l'on ne pense pas à déterminer la date du solstice pas le maximum de l'ombre d'un pieu vertical (gnomon). Ce procédé, très simple et très concret, inaugure une nouvelle période, celle de l'astronomie solaire et tropique, clairement indiquée en Chine, dès le 24ᵉ siècle avant notre ère, par le texte du *Yao tien*, confirmé par l'immuable système des saisons sidérales qui, en dépit de la précession. a conservé la position des équinoxes et solstices indiquée par ce texte.

Le zodiaque lunaire perd alors sa valeur calendérique, mais il n'en conserve pas moins son prestige traditionnel, astrologique et religieux. Dans l'Inde, les livres sacrés prescrivent d'offrir tel sacrifice quand le plein de la lune a lieu dans telle constellation. En Chine, la réforme astronomique qui marqua l'avènement de l'astronomie tropique, consacra au soleil les Palais solsticiaux où cet astre séjourne en hiver et en été, mais elle conserva à la lune les Palais équinoxiaux où l'astrologie sidéro-lunaire antéhistorique s'est maintenue jusqu'à nos jours: de telle sorte que le lien des diverses constellations chinoises avec le cours de l'année agricole et rituelle est établi d'une manière discontinue, tantôt par conjonction dans les Palais solaires, tantôt par opposition dans les Palais lunaires, le Palais du printemps étant celui où le soleil séjourne en automne, et le Palais de l'automne celui où le soleil séjourne au printemps (fig. 8 et 37).

La symétrie diamétrale. — Mais, en dehors du traditionalisme astrologique, l'avènement de l'astronomie solaire a trouvé, pour le zodiaque lunaire, une utilisation scientifique: on s'en servit dorénavant pour déterminer le lieu sidéral (invisible) du soleil aux diverses époques de l'année, grâce à une **répartition symétrique des stations lunaires.**

Dans la période sidéro-lunaire primitive, il suffisait de constater que le plein de la lune avait lieu dans tel astérisme pour déterminer la date annuelle et il était inutile, pour atteindre ce but, de deviner dans quel astérisme opposé se trouvait, au même moment, le soleil. Mais l'idée de régulariser le choix des stations lunaires, en les disposant par couples diamétraux, dut bientôt s'imposer. Elle commença d'être mise à exécution avant la diffusion du zodiaque lunaire à travers l'Asie, puisque le système hindou (fig. 35) est déjà nettement symétrique, quoique moins perfectionné que le zodiaque chinois.

Le choix d'étoiles opposées constituait un problème difficile à résoudre, car de telles étoiles ne sont pas observables simultanément. Mais la calotte circumpolaire étant toujours visible, on peut, à diverses époques de l'année, observer le passage au méridien supérieur et inférieur d'une étoile circumpolaire A et choisir, dans la zone équatoriale, deux étoiles a et a' passant au méridien en même temps qu'elle et, par conséquent, opposées en ascension droite. C'est là un procédé analogue à celui qu'emploient les ingénieurs pour obtenir l'exacte opposition de direction des deux amorces d'un tunnel: ils établissent sur le sommet de la montagne un jalonnement qui se prolonge sur les deux versants. La région circumpolaire, toujours visible, est le *sommet* du ciel et permet, elle aussi, d'établir un alignement prolongé sur les deux versants opposés.

Tel est manifestement le procédé que les créateurs du zodiaque lunaire ont employé pour établir la symétrie diamétrale. Cette méthode devait nécessairement recourir au choix de très petites étoiles. Car les astres de première, deuxième et même troisième grandeur sont trop rares pour que, à moins d'un hasard extraordinaire, on en trouve deux s'opposant l'un à l'autre. Aussi, dans le diagramme des *sieou* chinois, peut-on constater que les couples les plus exacts sont composés de petites étoiles évidemment choisies dans un but de symétrie: tandis que les couples les plus inexacts sont ceux où l'on a conservé des étoiles auxquelles s'attachent les mythes et traditions de la période primitive (*Kio*, *Sin* et *Tsan*), comme je l'ai montré dans le *Journal asiatique* de juillet 1919.

Caractère équatorial du zodiaque lunaire. — Le procédé équatorial de détermination des couples symétriques n'empêcherait pas de choisir des étoiles sur l'écliptique. Mais, comme la pleine lune efface par sa clarté les étoiles avoisinantes, il n'y a aucun intérêt à chercher des repères sur sa trajectoire même; il était préférable de déterminer sa position d'après les étoiles passant avec elle au méridien. Quand on compare les jalons du zodiaque hindou avec ceux, plus perfectionnés, du zodiaque chinois, on voit que, pour les diverses raisons qui précèdent, les divisions stellaires ont été, de plus en plus, considérées comme des fuseaux repérés par des étoiles équatoriales.

Ainsi s'explique le caractère si nettement équatorial — déjà signalé par Gaubil et Biot — de l'astronomie chinoise. Ce caractère équatorial s'est étendu de l'astronomie à la cosmologie chinoise, dont le concept fondamental, de l'univers terrestre comme de l'univers céleste, est celui d'un centre immuable entouré de quatre régions périphériques.

IV. Critique des théories antérieures.

Aussitôt que le principe de symétrie du zodiaque lunaire est formulé, avec diagramme à l'appui, et que sa destination est expliquée par les textes hindous et chinois montrant l'emploi de la localisation sidérale du *plein* de la lune, les théories précédentes s'écroulent. Il est cependant utile d'examiner en détail ce qui doit être rejeté ou conservé dans les écrits des divers auteurs.

Sédillot, partial et tendancieux, a eu tort d'affirmer que les renseignements de Gaubil s'accordaient avec sa propre théorie et de

présenter celle de Biot comme exclusivement fondée sur des calculs,
sans base documentaire, assertions qui ont induit Whitney en erreur.

Whitney, amené par la lecture de Sédillot à examiner les articles
du *Journal des Savants* de 1840, a eu tort de les lire d'une manière
tellement superficielle qu'il n'y a vu, ni la symétrie diamétrale des
sieou, ni l'allusion au texte du *Yao tien* [1]). Il a passé ainsi à côté
de la découverte (mal comprise d'ailleurs par Biot lui-même) du
principe d'opposition qui aurait pu lui ouvrir les yeux sur la
destination du zodiaque lunaire et sur la pauvreté de l'interprétation
suivant laquelle les astérismes jalonneraient, d'une manière « tolérable »,
la route de la lune.

Gaubil est mort avant que le problème du zodiaque lunaire fût
posé. Mais il a contribué à en obscurcir la discussion en omettant
de mentionner le système — cependant, fondamental — des cinq
palais célestes chinois [2]). Lui, qui attachait tant d'importance au
texte du *Yao tien*, il eut été bien aise de constater que les quatre
astérismes mis en rapport, par ce texte, avec les quatre saisons, ne
sont pas seulement équidistants et correspondants aux positions cardinales du soleil, mais sont en outre les centres des palais traditionnels N, E, S, W du firmament, centres marqués invariablement
des signes cardinaux 子, 卯, 午, 酉. Biot, renseigné uniquement
par Gaubil, n'a rien su des palais célestes et aurait été, lui aussi,
fort heureux d'apprendre que, bien antérieurement à le découverte

---

1) Il est vrai que Biot ne reproduit pas ce texte et se borne à faire allusion au
Chou king; mais il en a indiqué la teneur dans ses *Études* en 1862.

2) Peut-être les a-t-il dédaignés à cause des "superstitions" qui y sont attachées?
Toujours est-il qu'il n'y fait allusion nulle part, sauf dans la mention "ces 7 constellations
sont à l'Est, ... au Nord, ... etc." inscrites sur ses tableaux des *sieou*, mention inintelli-
gible pour les lecteurs auxquels ses écrits étaient destinés. Dans son *Histoire abrégée de
l'astr. ch.*, tout ce qu'il trouve à dire du *T'ien kouan chou* où le système chinois est
explicitement décrit est ceci: "L'an 104 avant Jésus-Christ, *Se-ma-tsien*, par ordre de
son père *Se-ma-tan*, rédigea plusieurs préceptes pour supputer le mouvement des Planètes,
les Eclipses, les conjonctions et oppositions. Celui qui eut le plus de part à ce travail
fut *Lo-hia-hong*" (*Souciet*, II, p. 5).

de la précession, les traités compilés par *Sseu-ma Ts'ien* décrivent un antique système de cinq palais célestes, dont un polaire et quatre périphériques (donc équatoriaux) correspondant aux quatre saisons, contenant chacun 7 *sieou*, le *sieou* central marquant par conséquent les équinoxes et solstices; et que ces *sieou* cardinaux se trouvent être précisément les mêmes que les astérismes cardinaux mis en rapport, dans le *Yao tien*, avec les quatre saisons.

Le texte du *Yao tien*, à lui seul, suffisait à prouver l'antiquité du système astronomique chinois, et sa haute valeur eût certainement frappé Whitney si Biot avait mieux su le mettre en vedette [1]). Et si Gaubil avait, dans ses écrits, fait au système des cinq palais célestes la place méritée par son caractère fondamental, Whitney n'aurait pu nier, sur la foi de l'indianiste Weber, l'antiquité des *sieou* [2]).

---

[1]) Les articles de Biot — intitulés *Ueber die Zeitrechnung der Chinesen* — ne sont que le compte rendu critique du mémoire d'Ideler. Comme ce dernier avait compris lui-même la valeur du texte du *Yao tien*, Biot n'avait pas à y insister. Il l'a d'ailleurs cité *in extenso* et commenté dans ses *Etudes* de 1862 que Sédillot et Whitney ont connues. Si ces auteurs avaient lu plus attentivement les articles de 1840 — qu'ils ont si fort dénigrés en les présentant comme des rêveries de mathématicien dépourvues de base documentaire — ils y auraient vu notamment le passage suivant (p. 234):

"Les équinoxes et les solstices de l'année —2357 tombent dans les quatre divisions stellaires que le Chouking nomme comme contenant ces quatre points au temps d'Yao; et les positions que nos calculs leur assignent s'accordent très approximativement avec celles que les astronomes chinois des temps postérieurs leur ont généralement attribuées...

M. Ideler a calculé aussi approximativement ces quatre positions dans son mémoire et il en a conclu également la réalité de leur application céleste au temps d'Yao..."

[2]) "We will take up first, as being of most authority and importance, the views of Professor A. Weber of Berlin. This great scholar has put forth, in the transactions of the Berlin Academy for 1860 and 1861, two elaborate essays, covering nearly two hundred quarto pages, entitled "Information from the Vedas respecting the *nakshatras*". The former of the two is a "historical introduction", in which... the author enters into a somewhat detailed critical examination of the Chinese authorities relied on by Biot, arriving at the result already reported above, that there is no certain evidence of the lunar zodiac in China earlier than 250 B.C....

The second essay offers us a collection of materials for the study of the aspects and applications of the *nakshatras* in the earliest period of their history, which is to be regarded as practically exhaustive. This is a service of the highest order; if any competent scholar would do the like for the *sieu*, he would give the discussion a solid basis which it has hitherto greatly lacked" (*The lunar zodiac*, p. 397). — Dans l'exposé qu'on

Le grand mérite de Biot est d'avoir abordé sans idées préconçues la recherche de l'origine des *sieou*.

La découverte de la correspondance des grands *sieou Tsing* et *Teou* avec une lacune d'étoiles circompolaires l'amena à constater l'opposition de ces deux divisions et le principe de symétrie par couples. Mais au lieu de mettre au premier plan de la discussion le *fait nouveau* de la symétrie diamétrale extraordinairement exacte des étoiles déterminatrices, il a présenté cette symétrie simplement comme une conséquence indirecte de l'observation du passage au méridien des circompolaires et n'y a prêté lui-même aucune attention. Dans ses articles de polémique (réunis en volume en 1862) il n'y fait aucune allusion [1]). Il eût suffi, cependant de publier, en 1840 ou en 1862, un diagramme circulaire tel que celui de notre fig. 36 pour couper court aux théories de Sédillot, Weber et Whitney. Comment, en effet, pourrait-on soutenir que ces couples, merveilleusement exacts, ont été choisis dans une série préexistante d'astérismes répartis d'une manière si inégale? Les indianistes eussent, à leur tour, tracé le diagramme des *nakṣatra* et constaté une symétrie analogue quoique moins précise. Le *fait* découvert par Biot eût alors été pris en considération, mais on aurait rejeté l'*explication* qu'il en donne.

Considérons en effet la fig. 34 où les étoiles circompolaires désignées par Biot comme ayant déterminé le choix des *sieou* par leur passage au méridien, sont marquées par un petit cercle [2]). On ne constate entre la répartition des *sieou* et de ces circompolaires aucun

lira plus bas (*Preuves de l'antiquité des sieou*) je me suis efforcé de combler la lacune signalée par Whitney.

1) Il ne la mentionne même pas dans le résumé (*Astronomie indienne*) où il parle de la division du firmament en 28 tranches.

2) De la liste qu'il donne, j'ai éliminé les petites étoiles *Tien i* et *Tay i* afférentes à une autre question (cf. *T'oung Pao*, 1921, p. 87) et les étoiles de la Lyre qui, plongeant largement sous l'horizon de la Chine, ne sont pas observables au méridien inférieur et ne peuvent, par conséquent, expliquer la symétrie diamétrale.

rapport caractéristique [1]); il est vraiment étrange que Biot ait pu écrire: « *Ceci... produit...* des oppositions par couples, qu'on remarque dans le plus grand nombre d'entre elles, et qui les placent alors, deux à deux, dans un même cercle horaire presque exact». Il est surprenant qu'il ait pu soutenir jusqu'à sa mort, sans la modifier, une *explication* aussi peu fondée en négligeant le *fait* incontestable, présenté comme une conséquence secondaire. Et il est non moins étrange que Whitney se soit complu à dénigrer l'*explication* sans mentionner ce *fait* incontestable.

Et cependant l'explication *devinée* par Biot est la bonne, quoique aucune coïncidence précise entre les circompolaires et les *sieou* ne milite en sa faveur. Les Chinois de la haute antiquité ne possédaient pas la clepsydre — comme l'affirmait Biot — et d'ailleurs la clepsydre ne pourrait expliquer l'exactitude de l'opposition diamétrale. C'est précisément l'absence d'instruments de mesure angulaire et horaire qui fit inventer l'observation du lieu sidéral de la pleine lune, complétée par l'opposition des divisions sidérales. L'exactitude de cette opposition, comme aussi le caractère équatorial et polaire du système qui en est résulté, résultent évidemment de l'observation diamétrale du passage des circompolaires au méridien supérieur et inférieur. Mais pour découvrir quelles furent les circompolaires utilisées lors de l'élaboration des zodiaques hindou et chinois, il faudra effectuer des recherches plus complexes, comme nous le verrons plus loin.

V. Preuves documentaires de l'antiquité des sieou.

L'évidence de l'antiquité des palais célestes entraîne naturellement celle de l'antiquité des *sieou*, car il serait bien invraisemblable de supposer que ceux-ci sont venus s'encastrer postérieurement dans ceux-là à raison de 7 par palais, de telle façon que, par une coïnci-

---

1) Pourquoi Biot admet-il dans sa liste l'étoile 5*a* de la Petite Ourse, qui est de 4ᵉ grandeur, et n'y fait-il pas figurer nombre d'étoiles circompolaires de 3ᵉ grandeur?

dence fortuite, les astérismes cardinaux du zodiaque lunaire auraient concordé avec les astérismes cardinaux du *Yao tien*, le principe de symétrie du zodiaque lunaire venant se superposer à celui des points cardinaux de l'équateur, et le principe lunaire des palais équinoxiaux — où règne l'uranographie acronyque — se trouvant ainsi, par prétérition, d'accord avec celui des *nakṣatra* hindous.

Mais comme on a jusqu'ici traité de l'astronomie chinoise sans prendre en considération l'existence des palais célestes [1]) et comme, par conséquent, l'antiquité, la cohésion, l'unité et la symétrie du système chinois sont choses nouvelles qui resteront longtemps encore suspectes aux sinologues non astronomes; comme, d'autre part, la question du zodiaque lunaire asiatique n'intéresse pas seulement la sinologie, il importe de combler la lacune signalée par Whitney et de réunir les preuves documentaires relatives aux *sieou*. L'utilité de cette discussion est mise en évidence par le fait que Chavannes lui-même (le traducteur du 天官書!), n'ayant à sa disposition aucun ouvrage exposant d'une manière acceptable l'antiquité du système astronomique chinois, s'est laissé influencer par les affirmations de Weber, rééditées par Whitney, suivant lesquelles aucune

---

1) Comme il a été dit plus haut, Gaubil, Ideler et Biot n'ont pas eu connaissance de ces palais. Ni Legge ni Russell, qui ont accrédité tant d'erreurs sur le texte du *Yao tien*, n'en parlent. Chalmers ne les mentionne pas non plus (quoique bon sinologue et connaissant le *Che ki*) et fait seulement allusion au groupement en constellations (écliptiques!) boréales, occidentales, etc.

Mais, dira-t-on, Schlegel en parle bien, puisque son *Uranographie* est précisément fondée sur les régions correspondant aux quatre animaux symboliques? — Il divise, en effet, le contour du ciel en quatre grandes constellations mais a bien soin de ne jamais les appeler "palais", ni de mentionner le cinquième (le Palais central); aussi intitule-t-il sa carte de la région polaire "Fuseau *Tsse-wi-houan*" quoique un cercle ne soit pas un fuseau et que l'enceinte 紫微垣 ne soit qu'une particularité secondaire du palais central. Profondément convaincu de la justesse de sa théorie, Schlegel considérait probablement la division du firmament en cinq palais célestes — telle qu'elle figure dans le *T'ien kouan chou* du *Che ki* — comme une fâcheuse apparence fixant manifestement au 25e siècle l'origine du système qu'il prétend reculer de 18000 ans au delà. (Voir ci-dessous, p. 817).

trace du zodiaque lunaire n'apparaît en Chine antérieurement à l'an
250 av. J.-C. [1]). Mais, pour éviter des malentendus, il convient de
préciser d'abord les rapports nécessaires entre les deux sortes de
documentation qui interviennent dans un débat de cette nature.

Documentation d'ordre philologique et induction d'ordre technique.
Les théories fantaisistes telles que celles de Dupuis (*Origine de tous
les cultes*), Baîlly (*Histoire de l'astronomie*), Schlegel (*Uranographie
chinoise*) etc., ont discrédité les inductions d'ordre historique ou
antéhistorique tirées des anciens systèmes astronomiques; une réaction
légitime, mais exagérée, s'est alors produite dans la critique historique: elle consiste à écarter toute interprétation technique des textes
d'ordre astronomique, notamment toute interprétation attribuant à
ces textes une valeur rétrospective.

Cette méthode «purement philologique» présente, elle aussi, des
dangers; et ses inconvénients sont d'autant plus grands qu'elle est
appliquée par des savants de premier ordre et entraîne ainsi des
erreurs qui font ensuite autorité.

Cette tendance est aggravée du fait qu'il n'existe pas actuellement
un bon manuel d'astronomie primitive comparée [2]); en outre, le
manque de documentation des auteurs -- qui ont écrit sans prépa-
ration ou sans prendre connaissance des travaux antérieurs -- a

---

1) Cela ressort implicitement de la note (M. H. III, p. 302) où il dit que "le meilleur travail à consulter sur les mansions lunaires est encore celui de Whitney", ainsi que
de son article sur *Le cycle turc des douze animaux* (*T. P.*, 1906, p. 106) où — à propos
d'un miroir portant les caractères chinois des 28 *sieou* — il dit: "Les animaux symbolisant les nakṣatras sont restés un motif usuel de décoration en Chine"; il considérait donc
le terme *nakṣatra* comme équivalent à *sieou* et ces derniers comme importés de l'Inde.

2) Les *Prolégomènes* que j'ai publiés (cf. *T. P.* 1907, p. 419), alors que je débutais
dans l'étude de ces questions, sont fort insuffisants. Ginzel, dans le premier volume de
son ouvrage (consacré d'ailleurs à la chronologie et non à l'histoire de l'astronomie) a exprimé des vues contestables où il ne fait aucune distinction entre les stades successifs de
la science primitive. Il dit, par exemple (I, p. 14), que "la mesure de l'ombre maxima
par le gnomon appartient aux plus anciennes observations et aux débuts de l'astronomie",
alors qu'au contraire elle inaugure la méthode tropique et savante, mettant fin à l'astronomie primitive (voir ci-dessus p. 269).

causé une extraordinaire incohérence dans les travaux relatifs à l'astronomie chinoise et au zodiaque lunaire. Enfin, la conception que l'on se fait de l'astronomie primitive est souvent faussée par le caractère abstrait de la science actuelle. Depuis que le système des apparences a été détruit par Copernic et Newton, l'astronomie (actuellement absente de l'enseignement scolaire) a été de plus en plus considérée comme une science de hautes mathématiques réservée aux spécialistes; on est donc porté à méconnaître le rôle primordial qu'elle a joué à l'aube des grandes civilisations, où de puissants mobiles, d'ordre philosophique, religieux et calendérique, la plaçaient au premier rang des connaissances utiles et où l'observation — souvent très précise — des mouvements apparents, était familière à l'élite sociale [1]).

1) Biot, qui était à la fois membre de l'Académie des Sciences et de celle des Inscriptions, présenta, en 1845, à ces deux compagnies, un mémoire dans lequel il observait que "avec ou sans la prévision des Egyptiens qui ont érigé la grande pyramide de Memphis, elle a, depuis qu'elle existe, fait l'office d'un immense gnomon qui, par l'apparition et la disparition de la lumière solaire sur ses diverses faces, alors complètement polies, a marqué les époques annuelles des équinoxes et des solstices avec une erreur moindre qu'un jour trois quarts". Cette communication obtint peu de crédit à l'Académie des Inscriptions "près des personnes, d'ailleurs très savantes, pour qui toutes les observations d'équinoxes ou de solstices, anciennement effectuées par les Egyptiens, n'étaient que des conjectures à peu près extravagantes". En effet, d'après les notions modernes, la représentation des phases cardinales (où interviennent la translation annuelle de la terre autour du soleil, la rotation diurne et l'inclinaison de l'axe des pôles) peut apparaître comme un concept effroyablement compliqué. Mais pour les anciens, qui observaient simplement la réalité des mouvements apparents, c'était une notion élémentaire (souvent ignorée, de nos jours, des gens cultivés) que l'équinoxe est marqué par le lever et le coucher du soleil sur la ligne est-ouest, qu'en hiver il se lève au nord de cette ligne et au sud en été.

Les savants collègues de Biot ne se rendaient peut-être pas bien compte que la simple notion des points cardinaux de l'horizon est d'ordre purement astronomique et que l'orientation exacte (à quelques minutes de degré près) de la pyramide de Memphis avait exigé nécessairement des notions et des opérations très précises (bissectrice des élongations de la polaire ou de l'azimut des levers et couchers du soleil).

Un jeune égyptologue, Mariette, eut alors la curiosité d'aller observer le lever du soleil dans le prolongement des faces de la pyramide et, malgré l'état de dégradation du monument, il obtint la date de l'équinoxe vernal à un jour près. Il fut en outre surpris

Par suite de ces diverses causes, les sinologues actuels mettent en carence tòutes les inductions, inspirées par les documents d'ordre astronomique, relatives à l'origine et à l'évolution de la civilisation chinoise. Cette exclusion serait légitime si l'on s'abstenait par ailleurs d'exprimer une opinion sur cette question; mais tel n'est pas le cas et celle qui s'accrédite actuellement à son sujet néglige la source la plus sûre et la plus abondante de renseignements. En effet, par suite de la nature des matériaux employés par les anciens Chinois pòur l'écriture et la construction, les témoignages directs du passé ont péri, à l'exception de certains textes d'autant moins nombreux ou explicites qu'ils sont plus anciens. Il est impossible, d'après ces rares vestiges, de se faire une idée adéquate de l'état de dévelop- pement de la civilisation antique si l'on fait abstraction des documents d'ordre astronomique. On est, au contraire, à même de porter sur elle un jugement motivé quand on constate que les institutions essentielles du système astronomique chinois sont homogènes et datent des environs du 25ᵉ siècle avant notre ère.

L'unité et la continuité de ce système sont particulièrement manifestes à cause de l'esprit de symétrie qui a toujours caractérisé le peuple chinois. Dans tous les centres primitifs de civilisation, c'est l'astronomie qui a servi de noyau à la science naissante et de cadre aux premiers systèmes philosophiques, parce que la corrélation évidente du cours des astres avec les saisons, la marée, etc., légiti-

---

de constater que les pauvres et ignorants bédouins du voisinage savaient fort bien que la pyramide indique les phases de l'année: "Les habitants de Koneisseh, en particulier, sont plus accoutumés que d'autres à déterminer ainsi les équinoxes, parce que, à ces deux époques de l'année, un peu avant le coucher du soleil, l'ombre de la grande pyramide, qui s'étend à plus de trois kilomètres, dirige sa pointe sur une pierre de granite située au nord de leur village; ce que leur cheik m'a signalé comme un fait bien connu d'eux" (*Journal des Savants*, 1855). A plus forte raison était-il connu des prêtres qui déterminè- rent l'exacte orientation du monument.

On a là un exemple mémorable des erreurs d'appréciation auxquelles entraîne la défiance inspirée par le sens critique, dans un domaine spécial qui ne lui est pas familier.

mait la supposition que leur action s'étendait à tous les évènements terrestres; par ailleurs, la régularité de leurs mouvements permettait aisément d'en formuler certaines lois. Mais nulle part cette systématisation n'a été faite d'une manière aussi logique qu'en Chine, où elle a constitué un ensemble unitaire, symétrique et synthétique, fondé sur le dualisme du *yin* et du *yang* combiné avec la division homologue du monde céleste et terrestre en cinq régions dont une centrale et quatre périphériques.

Ce fait d'ordre général a été jusqu'ici méconnu, et cela est plus particulièrement frappant chez Ed. Chavannes parce que son œuvre maîtresse a été la traduction des *Mémoires historiques* de *Sseu-ma Ts'ien* qui embrassent l'histoire chinoise depuis ses origines. Il a donc été amené — dès le premier chapitre — à se prononcer sur la valeur et la signification des textes astronomiques. Mal renseigné par les techniciens, non-seulement il n'a pas compris la valeur et l'homogénéité du système chinois qui se manifeste dans les plus anciens documents (trigrammes de *Fou-hi* et texte du *Yao tien*) mais il a si peu vu l'existence d'un antique système chinois qu'il en attribue les membres épars... aux Turcs.

Déjà dans son Introduction (p. LXIV) il méconnaît l'origine astronomique et chinoise des institutions des peuples turcs en contact, depuis la haute antiquité, avec la civilisation du Royaume du Milieu:

La religion des *Hiong-nou* semble avoir été fondée sur l'adoration des forces de la nature, tandis que celle des Chinois avait pour principe le culte des ancêtres [1]. Chaque matin leur chef suprême allait saluer le soleil levant; chaque soir il se prosternait devant la lune...

---

1) L'ignorance de la sinologie au sujet de la religion d'Etat — d'ordre astronomique et cosmogonique — qui fut, à côté du culte des ancêtres, la grande religion chinoise d'où proviennent les rites qu'on voit dans le *Yao tien*, le *Tcheou li* et le *Li ki*, ne se manifeste nulle part d'une manière aussi candide que dans ces lignes. Cette religion astronomique de la haute antiquité n'est d'ailleurs mentionnée par aucun auteur dans l'énumération des religions chinoises; et l'on n'a pas vu que les conceptions déterministes du confucianisme sont simplement un des aspects de cette cosmogonie religieuse à laquelle nous consacrerons un des derniers articles de cette série.

Au-dessous du chef — appelé le *chen yu* — se trouvaient deux grands dignitaires, les rois... de gauche et de droite. Le roi de gauche résidait à l'orient et était l'héritier désigné du *chen-yu*; le roi de droite commandait à l'occident...

En étudiant cette administration, on voit que les *Hiong-nou* devaient être de race turke: la division des fonctionnaires en orientaux et occidentaux indiquée par les expressions de « gauche » et de « droite » répond à ce que nous savons des Turks qui emploient les mots *sol* gauche et *ong* droite pour désigner l'est et l'ouest...

Le Fils du Ciel, au centre de l'univers terrestre, jouant le même rôle que l'Empereur d'en haut au centre de l'univers céleste, est tourné hiératiquement face au sud, comme l'étoile polaire. Dans cette position, à sa gauche se trouve l'est et le printemps (saison *yang*); à sa droite l'ouest et l'automne (saison *yin*). C'est pourquoi la place d'honneur est à gauche dans le système chinois originel et normal [1]).

La place honorifique du souverain était ainsi au centre de l'univers terrestre en tant qu'empereur, et à gauche de l'empereur céleste (par conséquent dans le Palais oriental 東宮) en tant que Fils du Ciel, de même que l'héritier présomptif d'un souverain de l'antiquité se trouvait être au centre de son fief en tant que prince apanagé et à la gauche de son père quand il résidait à la cour impériale. Le Palais oriental étant symbolisé par le Dragon et, d'autre part, l'est et l'ouest étant corrélatifs du soleil et de la lune, le Fils du Ciel est symbolisé par le Dragon; l'empereur et l'impératrice sont comparés au soleil (= *yang* = matin = est) et à la lune (= *yin* = soir = ouest) qui occupent dans le ciel chinois seulement les

---

1) Sous la dynastie *Tcheou* et probablement dans la principauté de *Ts'in*, on tenta de supprimer le lien (issu du zodiaque lunaire) entre l'est et le printemps et d'associer cette saison à l'ouest, conformément à la marche rétrograde du soleil dans les constellations (ci-dessous p. 303). Comme cette réforme rompait la concordance entre la révolution diurne et la révolution annuelle, elle ne dura pas. Mais elle a laissé son empreinte dans l'ordre discontinu du cycle traditionnel des douze animaux, ainsi que dans la liste d'Albîrûnî qui en est dérivée. Au temps de *Sseu-ma Ts'ien*, le calendrier normal n'ayant pas encore été restauré, le côté de préséance se trouvait être encore à droite, comme Chavannes le constate sans en soupçonner la raison cosmologiqu. (cf. *T. P.*, 1910, p. 196).

2e et 3e rangs, la place suprême étant réservée à l'étoile polaire.

Conformément à ce symbolisme cosmologique, l'héritier présomptif, même dans les temps modernes, est désigné par l'appellation 東宮. Mais, ces choses étant encore peu connues des sinologues, Chavannes a pris pour une coutume turque l'association de l'est à l'héritier présomptif, de même qu'il a attribué aux Turcs la savante théorie des cinq éléments, liée depuis la haute antiquité aux cinq palais célestes.

Il a commis la même erreur en ce qui concerne le cycle des douze animaux; et l'article où il en a contesté l'origine chinoise (*T. P.*, 1906) est un bon exemple des dangers que présente, en de telles matières, la méthode «purement philologique». Au lieu de se demander si le symbolisme zoaire de ce cycle ne se rattache pas au symbolisme zoaire chinois — dont il a eu l'occasion de rencontrer, çà et là, diverses manifestations — il s'abstient de toute analyse, écarte toute théorie et se borne à rechercher à quelle époque la liste des douze animaux apparaît dans la littérature chinoise. Cette enquête ne manque pas d'intérêt, mais elle renseigne peu sur le problème des origines si l'on néglige l'essentiel, à savoir que le cycle des douze animaux est une institution d'ordre calendérique et cosmologique dérivant des cycles chinois de quatre, six et huit animaux [1]).

---

1) Si Chavannes avait eu à sa disposition un manuel d'astronomie chinoise, il en aurait connu cette règle primordiale: aux cinq régions (dont une centrale) de l'univers céleste correspondent les cinq régions (dont une centrale) de l'univers terrestre; d'où il suit que l'équateur céleste, divisé en quatre saisons, correspond à l'horizon terrestre, divisé aussi en quatre quartiers. Par suite de cette équivalence, les quartiers du Contour du ciel portent les mêmes noms (oriental, boréal, etc.) que les quartiers du Contour de l'horizon et les mêmes séries de symboles s'appliquent à l'une et à l'autre des révolutions, qui, elles-mêmes, ne sont qu'un aspect de la révolution dualistique. Les signes des points cardinaux empruntés aux cycles de 4 (北東南西), de 8 (≡≡ ≡≡ ≡≡ ≡≡) ou de 12 termes (子卯午酉) s'appliquent indifféremment aux points cardinaux de l'horizon, de la journée, de l'année ou du firmament. Comme le symbolisme

Faute d'un fil conducteur le guidant parmi les conventions et les symboles cosmologiques des Chinois, Chavannes a méconnu ainsi le cadre essentiel de leur civilisation antique.

Les indianistes ont été entraînés par les mêmes causes à des erreurs analogues. Ils ont cru faire preuve de sens critique en abordant l'étude du zodiaque lunaire avec l'idée qu'une institution si ancienne devait être nécessairement grossière; et ils ont appliqué la méthode purement philologique établissant la succession des faits d'après l'ordre de leur apparition dans les textes. Ils ont considéré dogmatiquement les étoiles déterminatrices comme appartenant à un stade récent, n'ont jamais soupçonné que le caractère acronyque de l'ordre des mois expliquait la destination du système et n'ont prêté aucune attention à l'opposition diamétrale signalée par Biot en 1840.

Textes anciens relatifs aux sieou. — D'après les renseignements de Gaubil, Biot croyait que la plus ancienne liste nominative des *sieou* était celle qui figure dans le *Yue ling* de *Lu Pou-wei* ministre de *Ts'in Che-Houang-ti*; d'après cette même documentation, Weber a prétendu qu'on ne trouve pas de traces du zodiaque lunaire en Chine antérieurement à l'an 250 avant J.-C., la destruction des livres ordonnée par *Ts'in* rendant suspectes les mentions fragmentaires tirées des livres reconstitués depuis lors.

1°) L'assertion de Gaubil est inexacte et confirme qu'il a ignoré le *T'ien kouan chou* du *Che ki*. Il a cependant connu le *Lu li tche*

---

des animaux est afférent tantôt à l'une, tantôt à l'autre des révolutions (par exemple le coq qui annonce le lever du soleil à l'est est emprunté à la révolution diurne, tandis que le tigre provient de l'uranographie du palais occidental), sa signification échappe à qui ne connaît pas l'unité du système chinois. Elle lui échappe d'autant plus que l'ordre de deux couples d'animaux a été interverti dans les quartiers équinoxiaux par une réforme avortée qui tenta d'y supprimer le principe du zodiaque lunaire. Mais cette réforme illogique, qui a transporté à l'ouest le coq, symbole du matin, et à l'est le lièvre, symbole du clair de lune, et qui voile le symbolisme duodénaire à qui n'en a pas étudié les règles, apporte de précieuses indications à celui qui connaît le symbolisme zoaire des livres classiques. Il fait, par exemple, constater l'identité de la perturbation du nom des mois turcs d'Albiruni avec celle de la série des 12 animaux.

du *Ts'ien Han chou*, mais il lui a échappé que ce chapitre de l'*Histoire des Han antérieurs* reproduit maint passage des œuvres des astronomes *Kan* et *Che*, cités également par *Sseu-ma Ts'ien*, qui vivaient sous les *Tcheou*, à l'époque des Royaumes combattants [1]). Dans ces passages, non seulement on trouve l'énumération complète des *sieou*, mais on les voit systématiquement répartis dans les dodécatémories et dans les palais, à raison de 7 *sieou* par palais, la dodécatémorie cardinale (contenant l'équinoxe ou le solstice) comprenant 3 *sieou* et les dodécatémories latérales comprenant 2 *sieou*, répartition confirmée par le *Eul ya* et le *Tso tchouan*, comme je l'ai démontré dans le *T'oung Pao*, 1914, p. 649 [2]).

Ce fait, qui montre l'antiquité de la symétrie du système chinois, a échappé à Chavannes parce qu'elle est présentée, incidemment, à propos des levers héliaques de la planète Jupiter.

Au cours du cycle duodénaire:

[1e année] La planète est en	丑	et se lève avec	斗 牛
[2e »]	子	»	女 虛 危 [N]
[3e »]	亥	»	室 壁
[4e »]	戌	»	奎 婁
[5e »]	酉	»	胃 昴 畢 [W]
[6e »]	申	»	觜 參
[7e »]	未	»	井 鬼
[8e »]	午	»	柳 星 張 [S]
[9e »]	巳	»	翼 軫
[10e »]	辰	»	角 亢
[11e »]	卯	»	氐 房 心 (E)
[12e »]	寅	»	尾 箕

---

   1) 甘德, auteur du traité d'astronomie 天文星占, fit sa carrière dans la principauté de *Ts'i*, mais n'en était pas originaire. L'astronome 石申, auteur du traité 星經, semble lui être un peu postérieur d'après l'ordre d'énumération (*M. H.*, III, p. 402, 404, 409 et 357, note).

   2) La répartition normale 2 + 3 + 2, conforme aux principes chinois de la préséance

Chavannes n'a pas remarqué cette symétrie parce qu'il n'avait pas eu l'occasion de refléchir au problème de la répartition des *sieou* dans les signes. Il a cru qu'il s'agissait d'observations réelles (*M. H.*, III, p. 357), alors que cette liste est une de ces énumérations théoriques auxquelles se complaisent les auteurs chinois anciens et modernes (Cf. *T. P.*, 1913, p. 391).

2°) *Sseu-ma Ts'ien* — compilateur de vieux documents, dit Chavannes — reproduit, dans son traité des *Tuyaux sonores*, une autre liste des *sieou* sur laquelle nous aurons à revenir.

3°) Le *Eul ya*, comme il a été dit plus haut, indique la signification des noms de dodécatémories cités dans la littérature antérieure, en énumérant les *sieou* dont elles se composent, ou en désignant la fonction cardinale de certains *sieou*. Par exemple:

Cheou sing, c'est *Kio* + *K'ang*.

Hiang leou, c'est *K'ouei* + *Leou*.

Mao, c'est l'ouest.

Hiu, c'est le nord.

Si cet antique dictionnaire explique les dodécatémories d'après les *sieou* qui les composent et en suivant la répartition 2 + 3 + 2, c'est évidemment parce que la liste des *sieou* était considérée comme familière au lecteur.

4°) Le *Tso tchouan*, parmi d'autres mentions intéressantes, donne cette indication précieuse — sur laquelle nous aurons à revenir — «*Hiu* est au milieu de *Hiuan-hiao*».

5°) D'après le *Kouo yu* (section *Tcheou yu*) dans le discours tenu par un traditionaliste au roi *King* (à la date 554 av. J.-C.) pour le dissuader de tenter une innovation contraire aux rites, il

---

du centre et de la symétrie des phases cardinales de l'année, est suivie par l'astronome *Che*, tandis que *Kan* suit une liste astrologique irrégulière (*T. P.*, 1914, p. 693). Une autre répartition dissidente est celle qui résulte de l'association des 7 *sieou* de chaque palais avec les cinq planètes et avec le soleil et la lune, logiquement placés au centre: 木金土。日月。火水。c'est-à-dire 3 + 2 + 2 (ci-dessous, Appendice II).

est fait mention, incidemment, des 7 *sieou* du quartier boréal et des 7 *sieou* compris entre *Chouen-ho* et *Fang*, ce qui suppose 7 *sieou* par palais et 7 *sieou* d'un centre à l'autre des palais, donc 28 *sieou* en tout.

6°) Dans le *Tcheou li*, à l'article *Föng siang ohe*, il est dit, à propos des devoirs de l'astronome-observateur officiel:

« Il s'occupe des 12 années, des 12 lunes, des 12 heures, des 10 jours et des positions des 28 étoiles » (ou astérismes).

7°) Dans le traité *'K'ao kong ki* (Mémoire sur l'examen des artisans) par lequel *Hien wang* a remplacé la 6ᵉ section, introuvable, du *Tcheou-li*, lors de la reconstitution de ce livre au premier siècle avant notre ère, il est dit, à propos de le construction du char impérial:

« La fórme carrée du cadre... représente la Terre. La forme circulaire du dais représente le Ciel... Les 28 arcs du dais représentent les étoiles » (Trad. Ed. Biot, II, p. 488).

Cette prescription technique et rituelle est d'autant plus intéressante qu'on ne peut l'attribuer à une interpolation, comme c'est le cas de divers passages d'ordre politique, suspects d'avoir été tendancieusement ajoutés par *Lieou Hin* [1]).

8°) Dans un texte du *Chou king*, cité par *Sseu-ma Ts'ien* (*M. H.*, III, p. 300), mais appartenant à un chapitre perdu depuis lors (*M. H.*, I, p. cxxx), on lit:

Le *Chou (king)* dit: « Les sept directeurs et les vingt-huit mansions 舍, les tuyaux sonores et le calendrier sont ce par quoi le Ciel est en communication avec les émanations des cinq éléments et des huit corrects. »

---

1) Dans ses *Notes*, Wylie écrit: "The 考工記 now admitted to be a work of great antiquity, if not, as supposed by some, the original sixth section". Le fait que des critiques chinois ont pu admettre que le *K'ao kong ki* était la 6ᵉ section du *Tcheou li* montre combien peu on a remarqué la symétrie de l'ordre cosmologique des six ministères et de leurs symboles zoaires (*T. P.*, 1910, p. 260).

Enfin, parmi les anciens documents avidement recherchés sous les premiers *Han*, pour reconstituer les traditions rompues par l'édit de proscription des livres [1]), se trouvent des listes astrologiques où les douze mois sont désignés par des appellations composées soit de deux, soit de trois caractères, suivant que la dodécatémorie correspondante est latérale ou cardinale, c'est-à-dire suivant qu'elle contient deux *sieou* ou trois *sieou*, le nombre total des caractères étant ainsi de 28. Cette liste est tellement ancienne que, sous les derniers *Tcheou*, on n'en comprenait déjà plus la signification, comme cela ressort des variantes de l'orthographe dont la valeur n'était plus que phonétique [2]).

Cette documentation démontre que, sous les *Tcheou*, les 28 *sieou* et leur distribution symétrique dans les dodécatémories faisaient partie du système astronomique. Mais, en s'en tenant à la méthode purement philologique, on ne pourra pas remonter plus haut; car les documents relatifs aux dynasties *Hia* et *Yin*, sont rares et ne mentionnent pas les *sieou*. Pour trouver un texte applicable au zodiaque lunaire, il faut remonter jusqu'à la haute antiquité, dont un fragment de calendrier nous est parvenu, enchassé dans la légende de l'empereur *Yao*. Si nous nous bornons à en examiner la teneur littérale, ce document ne paraîtra guère probant. Il mentionne bien quatre astérismes qu'il met en rapport avec les équinoxes et solstices; mais sur ces quatre astérismes, deux seulement (*Hiu* et *Mao*) font partie de la liste des 28 mansions; un autre (*Niao*) désigne par abréviation le *centre* du groupe de 7 astérismes symbolisé par l'Oiseau 鳥 et le quatrième *Ho* 火 est le nom d'une petite

---

[1]) Sur cet édit et ses conséquences, voir Chavannes, *M. H.*, I, p. cxi.

[2]) Cette liste se trouve dans le IIIᵉ chapitre de *Houai-nan tseu*. Dans le *Eul ya*, le *Che ki* et le *Ts'ien-Han chou*, elle se présente avec une permutation de deux termes qui rompt la symétrie. Cette altération est aisément reconnaissable au fait que l'appellation du solstice d'été 赤奮若, transposée du signe 午 au signe 亥, contient le terme 赤 (rouge) caractéristique du sud et de l'été (cf. *T. P.*, 1910, p. 470).

région subdivisée en deux *sieou* minuscules *Sin* et *Fang*. Ce texte
prouverait donc simplement qu'à cette époque reculée l'uranographie
chinoise existait déjà, ce que l'on sait, par ailleurs, grâce au *Hia
siao tcheng* notamment. Si, comme l'a admis Chavannes, les *nakṣatra*
ont été importés à une époque relativement récente, il serait fort
naturel que les Chinois en eussent modifié le groupement stellaire
pour le faire concorder avec leurs propres astérismes; on ne voit
donc rien de probant à constater, dans le *Yao tien*, les noms de
deux mansions lunaires.

L'affaire change d'aspect si l'on fait intervenir l'interprétation
astronomique. Il apparaît alors que les quatre astérismes, mis en
rapport avec les quatre phases de l'année tropique, sont précisément
les centres des quatre palais périphériques (donc équatoriaux) du
système traditionnel chinois; et que les quatre divisions équidistantes
(d'environ dix degrés chacune) désignées par ces noms d'astérismes,
contenaient effectivement les équinoxes et solstices du 25ᵉ siècle av.
J.-C. Ce texte vient donc confirmer ce que l'on peut induire du
système traditionnel des cinq palais sidéraux: à savoir qu'il a été
constitué, dans la haute antiquité à une époque voisine du 25ᵉ siècle,
où l'on déterminait déjà la date du solstice au moyen du gnomon
et où la division — à partir de cette date — de l'anné en quatre
parties égales fournissait la date des phases cardinales. Le lieu sidéral
du soleil à ces dates (ou à toute autre date de l'année) était ensuite
déterminé, par l'observation du plein de la lune, au moyen de
couples symétriques d'étoiles diamétralement opposées.

Si tant d'auteurs ont nié ou méconnu l'antiquité du zodiaque
lunaire en Chine, c'est qu'ils ignoraient: 1º le principe de ce zodiaque
(opposition sidérale luni-solaire); 2º l'existence du système chinois
des cinq palais célestes. La connaissance de ces deux faits ne permet
plus de contester l'antiquité des *sieou*, car il serait absurde de
prétendre que les stations lunaires soient venues s'encastrer dans un

système équatorial et symétrique préexistaut. Le système — proprement chinois — des palais célestes n'étant qu'un perfectionnement du zodiaque lunaire asiatique et l'antiquité des *sieou* étant démontrée par ce système, nous devons compléter l'examen des preuves documentaires en présentant celles·qui concernent la répartition ·des *sieou* dans les palais célestes.

Le système des cinq palais célestes — auquel il n'est fait que des allusions fragmentaires ou iudirectes dans la littérature antérieure (五 辰, 五 時, 東 方, etc.) — apparaît sous le plein jour de l'histoire dans le chapitre *T'ien Kouan chou* du *Che ki* (*M. H.*, III, p. 339—356), où sa description détaillée provieut saus doute d'un ·document l'époque des *Tcheou* reproduit par *Sseu-ma Ts'ien*.

Le palais central. — Cette description successive des cinq palais est puremeut uranographique et les *sieou* ni les dodécatémories u'y interviennent en tant que divisions. Elle commence, comme de juste, par le palais central, c'est-à-dire par la région circompolaire qui ue plonge pas sous l'horizon et dont le rayon est égal à la latitude du lieu, c'est-à-dire à euviron 36° pour la Chine primitive. Et, dans le palais ceutral, l'énumération commeuca naturellement par le ceutre, c'est-à-dire par l'étoile polaire, symbole de l'empereur et résidence du *Chang ti*. Aussi les premiers mots du chapitre lui sont-ils consacrés: «Daus le Palais central, l'étoile *T'ien-ki* 天 極 est la plus brillaute; elle est la résidence constaute de *T'ai-yi*». Comme nous l'avous vu, l'Unique suprême, *T'ai-yi* 太 一, est le nom de la petite étoile qui fut polaire précisémeut à l'époque où les palais célestes out été constitués; et le palais central est en rapport direct avec le zodiaque lunaire puisque, comme on l'a vu, le zodiaque hindou lui-même présente une symétrie d'ordre équatorial qui n'a pu être réalisée que par l'observation des circompolaires. La symétrie des deux palais équinoxiaúx ainsi que des deux palais solsticiaux, réunis par la calotte circompolaire, dérive du groupemeut symétrique des subdivisions et le rapport du palais central avec les quatre palais périphériques n'est que l'expression du principe du zodiaque lunaire [1]).

Les palais équatoriaux. L'équateur, ou Contour du ciel 天周 comme l'appelaient les anciens Chinois, étant la jante de la roue dont le pôle est le moyeu, les palais périphériques groupés autour du palais central sont nécessairement des palais équatoriaux et non pas écliptiques, la notion du cercle oblique n'apparaissant d'ailleurs en Chine qu'au débnt de notre ère [2]).

La description de ces palais est présentée dans l'ordre des saisons de l'aunée et débute par l'indication de l'animal qui en est le symbole [3]):

Palais oriental   [Printemps] Dragon vert.

Palais méridional [Eté]   Oiseau rouge.

Palais occidental [Automne] Tigre blanc.

Palais boréal   [Hiver]   Guerrier (ou Tortue) sombre.

---

1) Biot, qui ignorait le traité dè *Sseu-ma Ts'ien*, eût été bien intéressé d'apprendre que la relation entre les *sieou* et les circompolaires — notamment avec la Grande Ourse — y est spécifiée comme une antique tradition: "(L'étoile) *Piao* se rattache à (la mansion) *Kio*; (l'étoile) *Heng* mène au centre de (la mansion) *Nan-teou*; (l'étoile) *K'ouei* s'appuie sur la tête de la mansion *Chen*... Le Boisseau est le char de l'empereur. Il se meut au centre; il gouverne les quatre points cardinaux; il sépare le *yin* et le *yang*; il détermine les quatre saisons; il équilibre les cinq éléments; il fait évoluer les divisions (du temps) et les degrés (du ciel); il fixe les divers comptes. Tout cela se rattache au Boisseau [Grande Ourse]." (*M. H.*, III, p. 341).

2) Aucune allusion à l'écliptique ne se trouve dans la littérature antique, ni dans les traités spéciaux du *Eul ya*, du *Che ki*, du *Ts'ien Han chou* et du *Tcheou pi*. Dans la partie la moins ancienne de ce dernier (écrite au temps des *Han* puisqu'elle mentionne les périodes luni-solaires *Pou* et *Tchang*) le soleil est supposé se mouvoir, suivant la saison, dans divers cercles concentriques du plan équatorial; cela montre qu'à cette époque l'obliquite de la route du soleil était encore considérée comme résultant d'un effet de perspective.

3) La saison correspondante n'est pas spécifiée, mais elle l'est plus loin à propos des planètes; d'ailleurs elle est implicitement indiquée par l'animal symbolique et sa couleur, ainsi que par la solidarité du système, démontrée par les documents anciens. La Tortue qui symbolise le quartier dit boréal, de l'équateur, est parfois remplacée par le Guerrier sous l'influence d'une légende rapportée par Chavannes (*M. H.*, I, p. 47). Sur les animaux symboliques, voir le *T. P.*, 1909, p. 262; et 1913, p. 393.

Puis vient l'énumération uranographique et astrologique du palais, sans ordre défini et sans tenir compte des dodécatémories ni des *sieou*. Il n'y est question que d'astérismes et c'est arbitrairement que Chavannes fait intervenir (d'ailleurs entre parenthèses) le terme de *mansion* dans les cas où l'astérisme en cause fait partie de la ceinture zodiacale.

Mais, s'il n'est pas question de *sieou* dans cette description uranographique, on peut constater, néaumoins, leur répartition dans les divers quartiers: l'astérisme *Kio* 角 est à l'entrée du palais oriental tandis que l'astérisme contigu *Tchen* 軫 appartient au palais méridional. *Tsing* 井 se trouve dans le palais méridional alors que *Chen* (= *Tsan*) 參 appartient à l'occidental, etc. On voit donc que les *sieou* sont distribués dans les palais suivant l'ordre déjà indiqué par leur répartition parmi les dodécatémories et les signes, puisque les signes cardinaux 子卯午酉 correspondent aux points cardinaux, c'est-à-dire aux centre des quartiers boréal, oriental, méridional et occidental (fig. 12, 32 et 36).

E. Palais du printemps	寅 卯 辰	箕尾 心房氐 亢角	E.
S. Palais de l'été	巳 午 未	軫翼 張星柳 鬼井	S.
W. Palais de l'automne	申 酉 戌	參觜 畢昴胃 婁奎	W.
N. Palais de l'hiver	亥 子 丑	壁室 危虛女 牛斗	N.

Les palais du *Che ki* sont donc les mêmes que ceux du *Yao tien* puisque leurs centres sont pareils et que l'Oiseau, qui embrasse les sept *sieou* du palais méridional (en donnant son nom aux trois dodécatémories estivales), figure déjà dans ce texte antique [1]).

Sans être nécessairement grand clerc en astronomie, chacun a entendu parler de la loi de précession des équinoxes, qui modifie la position des phases cardinales de l'année, dans le firmament, à raison d' 1° par 72 ans; soit de 10° en 720 ans et de 30° (une dodécatémorie) en 2160 ans environ. Par suite de ce déplacement, le solstice d'hiver [2]), au cours de l'histoire chinoise, a parcouru la division *Hiu* dans la haute antiquité, *Niu* sous les deux premières dynasties, *Nieou* sous les *Tcheou*; il a pénétré dans la vaste division *Teou* sous les *Han* — comme le constata la commission dont *Sseu-ma Ts'ien* fit partie — et traversé la division *Ki* dans les temps modernes. Les saisons occupent donc, dans le firmament, une position variable; et puisque l'uranographie du *Che ki* présente le Contour du ciel divisé en quatre saisons, cette répartition se rapporte néces-

---

1) Si, dans ce texte, le nom de l'astérisme central du palais méridional est remplacé par celui de l'animal symbolique, c'est apparemment parce que cet astérisme central — choisi par les Chinois pour indiquer exactement le lieu équatorial de l'opposition luni-solaire solsticiale *Hiu-Sing* en éliminant la belle étoile écliptique *Regulus* qui remplissait ce rôle dans le zodiaque primitif — n'avait qu'un nom technique 七星 "les sept étoiles" ou, par abréviation, 星 "les étoiles" (de même qu'on dit *Nieou* pour *K'ien-nieou*, etc.); d'après le parallélisme du texte, il aurait donc fallu dire 星星 "l'astérisme (des 7) étoiles" comme il est dit 星火, 星虛, 星昴, ce qui eût été moins clair que 星鳥 "l'astérisme (central) de l'Oiseau". Dans la description uranographique du *Che ki*, il est dit (*M. H.*, III, p. 349): "(La mansion) *Ts'i-sing* (les Sept étoiles)... forme le gosier (de l'Oiseau rouge)". Dans la série duodénaire, elle porte le nom de 鶉火 "Feu (cœur) de la caille".

2) L'astronomie grecque considérait principalement l'équinoxe, époque à laquelle la route oblique du soleil franchit l'équateur. L'astronomie chinoise faisant débuter l'année astronomique au point zéro de la révolution dualistique, c'est le solstice d'hiver qui était la date fondamentale, qu'on pouvait d'ailleurs déterminer directement au moyen du gnomon.

sairement à une époque déterminée, indiquant l'origine du système [1]).

Cette époque comme l'ont bien vu les astronomes chinois, dès qu'ils soupçonnèrent la loi de précession, sous les *Han* postérieurs; est celle où les phases cardinales de l'année correspondaient aux points cardinaux des *sieou*, des signes et des palais chinois; c'est-à-dire à l'époque où les divisions cardinales, déjà mentionnées par le *Yao tien*, contenaient les solstices et équinoxes [2]). (Voir les fig. 26 et 36).

---

1) C'est là un point intéressant que Chavannes, dans sa traduction, n'a pas signalé. Désireux de s'abstenir de toute théorie, il se borne à prévenir le lecteur que, tout en ayant à citer fréquemment l'*Uranographie chinoise* de Schlegel, il ne partage pas les opinions exprimées dans ce livre sur la haute antiquité de l'astronomie chinoise. Schlegel a reporté l'origine de cette astronomie jusqu'à l'époque où le soleil se trouvait effectivement dans le Dragon vert au printemps et dans le Tigre blanc en automne, c'est-à-dire à une demi-révolution de la précession (13000 ans) avant *Yao*, explication qu'il faudrait étendre également à l'uranographie hindoue puisque, elle aussi, étant acronyque, intervertit le lieu des saisons.

Tout en s'abstenant de théories astronomiques, Chavannes aurait pu noter que le palais occidental, lié à l'automne dans le système chinois, est en réalité celui où le soleil séjourne au printemps. Le seul cas où il s'aventure à faire une constatation impliquant une hypothèse d'ordre chronologique est celui de l'astérisme *Mao* (les Pléiades) qui est, en effet, caractéristique: "Cette constellation annonçait, par son lever héliaque, l'équinoxe du printemps vers l'an 2500 avant notre ère; l'idéogramme *Mao* 昴 représentait primitivement le soleil au dessus d'une porte ouverte". Ces remarques sont probablement empruntées au même auteur (que je n'ai pu identifier) dont Schlegel omet également le nom en le citant à propos du caractère 昴 dont l'étymologie sera discutée à l'Appendice III.

1° Le procédé primitif de la détermination d'une date annuelle par l'observation des étoiles (levers, couchers ou culminations) s'appliquait à un évènement terrestre (fête religieuse, travaux agricoles, crûe du Nil, etc.) mais non pas à une date tropique, laquelle ne peut être fixée que par un procédé tropique. J'ai signalé déjà maintes fois l'absurdité de cette assertion, répétée par tant d'auteurs, notamment par Schlegel.

2° L'astérisme des Pléiades, qui touche presque l'écliptique, coïncidait avec l'équinoxe vernal vers l'an 2500 avant notre ère. Son lever héliaque ne pouvait donc se produire, à cette époque, à l'équinoxe puisqu'il était alors en plein dans les feux du soleil et c'est seulement dix siècles auparavant que ce lever (supposant environ un écart de 15°) aurait pu être observé.

2) Les Chinois, par suite du caractère équatorial de leur astronomie, ont conçu le mouvement de précession comme agissant parallèlement à l'équateur, avec le pôle comme centre, ce qui exclut la révolution du pôle dans le firmament (*T. P.*, vol. XX, p. 408). Cette notion incomplète a suffi cependant à leur montrer que les quatre astérismes du *Yao tien* et le centre des quatre palais traditionnel représentaient les équinoxes et solstices

Unité du système. — Ce n'est d'ailleurs pas seulement le *Che ki* et le *Yao tien* qui montrent la correspondance originelle das divisions cardinales avec les équinoxes et solstices de la haute antiquité. Le système astronomique des anciens a servi de base à leur conception de l'univers, à la théorie du *yin* et du *yang*, à celle des cinq éléments et, d'une manière générale, à la division homologue du Ciel et de la Terre en une région centrale entourée de quatre régions périphériques. Le traditionalisme chinois a donc conservé immuablement le cadre sidéral originel, qui n'avait pas seulement une signification astronomique mais surtout la valeur d'un système cosmologique.

Sous les trois premières dynasties on s'est bien aperçu que l'état du ciel s'était modifié depuis l'époque lointaine où les empereurs légendaires avaient trouvé l'accord « entre les nombres du Ciel et les nombres de la Terre ». Mais comme la conception, manifestement déterministe, des anciens Chinois unissait étroitement l'ordre physique et moral, on attribuait le dérangement des cieux au désordre qui régnait sur la terre et on ne songeait pas à modifier le système originel considéré comme parfait [1]). Sous les *Tcheou*, par exemple, on savait fort bien que le lieu du solstice d'hiver n'était pas dans

---

de la haute antiquité. Pour ne pas compliquer l'exposé technique qui sera développé en une autre occasion, je me borne. à montrer ici le lien entre les palais équatoriaux du *Che ki* et les saisons antiques d'après la notion incomplète des Chinois. Mais cette démonstration se trouve renforcée lorsqu'on fait intervenir le déplacement du pôle dans le firmament: car alors la position de l'équinoxe en *Mao* détermine solidairement la position du pôle à l'étoile *T'ai yi* (fig. 29 et 30) dont le nom est lié au pôle dès la première ligne du chapitre *des Gouverneurs du ciel.*

.1) Pour la même raison, la planète Jupiter étant censée accomplir normalement sa révolution en douze ans, son dérèglement était attribué à des causes physico-morales et l'on ne songeait pas à modifier le principe théorique à cause des perturbations observées. "Quand le ciel a évolué pendant 30 ans, c'est une petite transformation; pendant 100 ans, une moyenne transformation; pendant 500 ans, une grande transformation". (*M. H.*, III, p. 358, 403, 406, 410). Comme on le verra dans un prochain article, la réforme calendérique promulguée par la dynastie *Yin* a été probablement inspirée par le changement constaté dans l'état du ciel.

Hiu mais dans *Nieou*; néanmoins le solstice cosmologique, c'est-à-dire le centre du palais boréal, toujours marqué du signe 子, restait fixé théoriquement dans le *sieou Hiu*, originellement solsticial, au milieu de la dodécatémorie *Hiuan-hiao* toujours marquée du signe 子 [1]).

Le système des palais célestes du *Che ki* a donc un caractère tout-à-fait général, étant l'expression du système cosmologique symthétique et déterministe qui a traversé toute l'histoire chinoise et dont l'admirable unité sera exposée, d'une manière détaillée, dans un article ultérieur [2]).

Contraste entre les documentations hindoue et chinoise. — A lire Weber, Whitney et Ginzel, il semble que la documentation hindoue sur le zodiaque lunaire soit beaucoup plus explicite et abondante que la chinoise. Il est vrai que les *nakṣatra* sont énumérés nominativement dans des textes bien plus anciens que la liste complète des *sieou*. Mais les textes védiques ne fournissent guère de renseignements systématiques tandis que, au contraire, par suite du goût des Chinois pour la symétrie, les *sieou* se trouvent enchassés, d'une manière explicite et logique, dans les quatre phases de l'année tropique et parmi les dodécatémories. Le seul fait qui apparaisse d'une manière plus nette dans le zodiaque hindou, c'est son caractère acronyque, c'est-

---

1) C'est pourquoi le *Eul ya* dit: 北陸虛也、西陸昴也; car *Hiu*, au centre du palais boréal, marque le nord, de même que *Mao*, au centre du palais occidental, marque l'ouest.

C'est pourquoi également le *Tso tchouan* (duc *Siang*, 28ᵉ année), à propos d'une prédiction, relative à la famine, suggérée par la présence irrégulière de Jupiter dans *Hiuan-hiao*, dit 玄枵虛中, c'est-à-dire: le *yin* absolu, le point zéro, associé à l'idée de vide et de famine, se trouve dans le *sieou Hiu* au centre de *Hiuan hiao* (*T. P.*, 1913, p. 402 et 1910, p. 595).

2) Bornons-nous à remarquer ici que le schéma de l'Empire, indiqué dans le *Tribut de Yu*, est le corrélatif terrestre des cinq palais célestes. d'après l'adage que le ciel est rond et la terre carrée; et que le cycle des 12 animaux — où le Bœuf, par exemple, est placé sous le signe 丑 (comme le *sieou* 牛) — est une autre manifestation du symbolisme cosmologique conforme à l'état du ciel dans la haute antiquité.

à-dire l'association des époques de l'année avec les astérismes respectivement *opposés* au soleil; mais la conservation de ce trait distinctif provient de la pauvreté de l'ancienne astronomie hindoue qui n'a pas conçu la symétrie de l'année tropique et des saisons [1]) avec la netteté de la science chinoise, où cette symétrie forme la base des concepts cosmologiques.

Quelle valeur les indianistes n'auraient ils pas attribuée à un texte védique mettant nettement en rapport quatre *nakṣatra* cardinaux avec les équinoxes et solstices? Et à un texte classique divisant le firmament en palais célestes concordant exactement avec cette indication? Et si ces faits avaient constitué la base d'une discussion de la loi de précession, comme c'est le cas en Chine du Ier au VIIIe siècle de notre ère, imagine-t-on que les plus éminents indianistes les auraient méconnus, comme c'est le cas des sinologues, abstraction faite de Gaubil?

VI. PRÉCISION DES OBSERVATIONS ANTIQUES.

Par suite de la différence de nature des méthodes hindoue et chinoise, la valeur chronologique des textes chinois est bien supérieure à celle des textes védiques, les Chinois ayant combiné les *sieou* avec les saisons tropiques et fixé exactement la position des équinoxes et solstices. La faible valeur de la documentation hindoue est mise en évidence par le passage suivant de Whitney [2]):

---

1) Sous les tropiques, les saisons astronomiques sont peu caractérisées et sont effacées par la prépondérance du facteur hygrométrique, comme on le verra plus bas.

2) *Ibid.* p. 362. — Il est singulier de lire ces lignes dans l'article même où Whitney réfute Biot sans admettre que ce savant s'appuie sur un document chinois (le texte du *Yao tien*) qui comble, et au delà, le vœu exprimé: "The mansion *Mao*... finds its *raison d'être* in the fact that it marked the vernal equinox of 2357 B.C.; on which account it is even made by Biot the starting-point of the whole series — as Weber maintains, without any support from the Chinese authorities." Si, au lieu de citer Gaubil d'après Sédillot, Whitney avait eu ses ouvrages entre les mains, peut-être eût-il douté des affirmations de Weber.

The hope has been ardently cherished, by some scholars of great eminence, that the nomenclature might be able to furnish to the astronomical calculator the date of its fixation, the time being rigidly determined at which it would have been applicable to the series of months in a year ...

But the difficulties in the way of deriving such a date are obvious and insuperable. In the first place, an ascertainment by a rigid astronomical calculation would imply that the ancient Hindus of the Vedic and Brâhmanic periods were skilled astronomers, furnished with instruments of precision, so that they were able to determine with absolute correctness the moment of full moon, and the limits of the various parts of the moon's path belonging to the several asterisms. But such an assumption would be without any foundation.

Il est fort utile que tant d'idées fausses aient été exprimées sur l'astronomie primitive — notamment par les sinologues et les indianistes — car leurs inconséquences conduisent à des rapprochements et à des réflexions que les textes eux-mêmes ne suggéreraient souvent pas.

Whitney — cependant compétent — imagine qu'il faut des instruments perfectionnés pour connaître le moment de la pleine lune, sans se douter que c'est justement la facilité de cette détermination qui fut la raison d'être du zodiaque lunaire et de sa diffusion à travers l'Asie. La pleine lune se levant à l'instant du coucher du soleil, et le lever de la lune retardant chaque jour d'environ 49^m, il suffit de constater si la lune s'est levée avant ou après le coucher du soleil, si elle s'est couchée avant ou après le lever du soleil, pour être à même d'évaluer, à un quart de jour près, le lieu sidéral du plein [1]).

Il imagine, d'autre part, qu'il aurait fallu des instruments perfectionnés pour fixer les limites des divisions sidérales. Or tel est précisément le rôle des étoiles determinatrices — dont Whitney

---

1) Les seules conditions requises sont: un horizon de plaine et une atmosphère diaphane, conditions réalisées en Chine, où la mousson de N-E purifie l'air en hiver (circonstance très favorable, en outre, à l'observation du solstice d'hiver par le gnomon). Un exemple nous en est fourni par Gaubil, qui a inscrit la date des observations qu'il fit pour relever les coordonnées des 28 *sieou*: elles se succèdent pendant un mois sans aucune interruption.

conteste l'antiquité dans l'Inde comme en Chine — et pour savoir
si la lune a franchi la limite d'une de ces divisions il suffit de
regarder, au moyen d'un pieu vertical, si elle passe au méridien avant
ou après telle étoile visible dont la position est elle-même bien connue
par rapport aux divers fuseaux horaires délimités par les déterminatrices. Il n'est pas indispensable pour cela que le méridien soit
exactement déterminé.

Mais l'opération envisagée par Whitney exige une observation
précise à laquelle il ne fait aucune allusion, c'est la détermination
du solstice au moyen du guomon [1]) Cette donnée, combinée avec
la précédente constatation, permet de dire, par exemple: 34 jours
après le solstice, le plein de la lune s'est produit entre (les cercles
horaires de) telle et telle étoiles; 152 jours après le solstice, le plein
de la lune s'est produit entre telle et telle étoiles, et ainsi de suite;
observations qui, répétées pendant des années par les prêtres ou
fonctionnaires spécialement chargés du service astronomique [2]), permet
de diviser le Contour du ciel en 365 ou 366 journées (ou degrés)
sans l'aide d'aucun instrument, et de dire à combien de jours (ou
degrés) correspond l'amplitude de telle ou telle région sidérale.

Lorsqu'on est arrivé à ce stade, les résultats considérés par
Whitney comme incompatibles avec la grossièreté du zodiaque lunaire,
sont au contraire acquis, en raison même de son principe constitutif

---

1) J'ignore s'il est vraisemblable que les Hindous, à l'époque védique, aient fait de
telles observations. Mais l'usage du zodiaque lunaire n'implique nullement l'emploi du
gnomon puisqu'il indique, par lui-même, le retour de dates annuelles non tropiques.

2) Dans la haute antiquité chinoise, c'était là une grande charge de l'Etat, dont le
titulaire était un haut dignitaire, comme on le voit dans le chapitre 胤征 du *Chou king*
où l'empereur dirige une armée contre les feudataires *Hi* et *Ho*, sous le prétexte qu'ils
ont négligé leurs devoirs à propos d'une éclipse. La reconstitution suspecte de ce chapitre
ne permet d'ailleurs pas de faire état de ses données astronomiques. — Le titre de duc
attaché à la fonction au temps de *Sseu-ma Ts'ien*, était un vestige de son ancienne importance (*M. H.*, I, p. IX).

qui amène aux constatations suivantes: la pleine lune se produit dans les Pléiades (éventuellement, et non pas chaque année) à l'équinoxe d'automne, aux environs du 274e jour de l'année solsticiale; le soleil se trouve donc en ce lieu au 91e jour de l'année, à l'équinoxe du printemps. Inversement, au 91e jour de l'année le plein° de la lune se produit un peu à droite d'Antarès (*Sin* des Chinois), cette région est donc le lieu où se trouve le soleil à l'équinoxe d'automne et il est diamétralement opposé aux Pléiades [1]). Le désir naît, alors, de perfectionner le zodiaque primitif en régularisant ses stations par des couples d'étoiles déterminatrices opposées. Cette étape nouvelle était déjà franchie lors de la diffusion du zodiaque lunaire à travers l'Asie, comme le prouve la similitude des diagrammes hindou et chinois. Mais Whitney ne l'a même pas soupçonnée et le passage ci-dessus cité — où il prétend que la localisation précise du plein de la lune supposerait l'usage d'instruments perfectionnés — n'y fait pas allusion; car, dans sa critique des articles de Biot, il a omis de considérer le tableau des oppositions qui aurait pu le mettre sur la bonne voie.

---

1) On pourrait même supposer que la symétrie des étoiles déterminatrices a été obtenue au moyen de constatations de ce genre. Mais cette méthode, applicable en théorie, exigerait de grands efforts d'attention pour atteindre à l'exactitude révélée par le diagramme du zodiaque chinois ou même du zodiaque hindou. Le procédé basé sur l'observation du passage concomitant au méridien d'une circompolaire et d'une étoile équatoriale est beaucoup plus précis; et le principe du zodiaque lunaire y conduit d'ailleurs naturellement: car la pleine lune effaçant les étoiles voisines par son éclat, sa position sidérale ne peut être repérée que par des étoiles fort éloignées; d'où la nécessité de relier, par un alignement, la position de la lune à ces repères éloignés. Or l'alignement le plus simple est la ligne verticale perpendiculaire au mouvement diurne, c'est-à-dire la ligne verticale dans le plan méridien. D'autre part, comme nous l'avons vu, le tracé de la méridienne pour l'orientation exacte des monuments était une opération usuelle, 4000 ans avant notre ère, dans les centres primitifs de la civilisation.

VII. L'ordre d'énumération.

Les indianistes ont admis cependant que l'ordre d'énumération des *nakṣutra* pouvait hypothétiquement fournir une vague indication sur le lieu originel de l'équinoxe. La lettre d'Aug. Barth reproduite par Chavannes (*M. H.*, IV, p. 555) montre bien de quelle manière on envisageait alors la question de la chronologie et de l'origine des *sieou*:

« La liste de *Se-ma Ts'ien* commençant par *K'oei* = Revatî (ou par Pi = Uttarâ Bhadrapadâ) ne correspond pas à une *liste* hindoue. De ces listes, nous en avons deux, la plus ancienne commençant par Krittikâ, et une plus récente commençant par Açvinî. En admettant qu'elles commencent avec l'équinoxe du printemps, la première nous reporterait vers 2500 av. J.-C.; la deuxième vers 500 av. J.-C.; avec une bonne marge, bien entendu, de plusieurs siècles, pour l'une et pour l'autre, dans les deux sens, en avant et en arrière. — Mais, outre ces listes, il y a des indications astronomiques: d'abord, celle du Jyotisha, un calendrier annexé au Veda, qui place l'équinoxe du printemps dans Bharanî, ce qui était exact vers 1500 av. J.-C. (toujours avec la même marge dans les deux sens); et une autre (chez les astronomes postérieurs, en possession des doctrines grecques), qui place cet équinoxe en Revatî, ce qui correspond au VIᵉ siècle après J.-C. (toujours avec la même marge). — Bien que Revatî = *K'oei* corresponde à peu près au commencement de la liste de *Se-ma Ts'ien*, la date, à elle seule, de l'auteur chinois empêcherait de voir là plus qu'une coïncidence et d'admettre un rapport quelconque avec l'équinoxe... Pour trouver ici une donnée chronologique, il faudrait savoir où *Se-ma Ts'ien* place cet équinoxe. A première vue, il semble nous donner à cet égard une certaine approximation, puisqu'il met les astérismes en rapport avec les mois de l'année chinoise. Mais, c'est précisément ici que je ne le comprends plus. Toutes les listes des Nakshatras, y compris la liste chinoise actuelle [1]), les donnent dans l'ordre où ils passent au méridien par suite du mouvement diurne et aussi dans l'ordre où le soleil et la lune les parcourent et, par conséquent, dans lequel ils peuvent être en rapport avec les mois. Or *Se-ma Ts'ien* énumère les mois dans l'ordre direct: pourquoi énumère-t-il les astérismes à rebours? Tant que vous n'aurez pas élucidé ce point, je ne vois rien à tirer chronologiquement de son énumération. »

---

1) La liste chinoise actuelle serait donc une liste des Nakṣatras. C'est probablement cette lettre qui a confirmé Chavannes dans l'opinion vers laquelle il inclinait dans le tome III et qu'il exprime dans le *T'oung Pao* 1906 (voir ci-dessous, p. 806).

Si Chavannes avait eu, pour le guider, un traité élémentaire d'astronomie chinoise, il aurait pu trouver dans sa propre traduction du *Che ki* tous les renseignements nécessaires à la réponse.

1° Le système chinois a conservé le principe d'opposition lunaire dans les palais équinoxiaux, tout en introduisant le principe solaire dans les palais solsticiaux, ce qui permet de faire cadrer la révolution diurne avec la révolution annuelle d'après la convention E = printemps = matin; S = été = midi; etc., établie dans la haute antiquité. Les 12 signes, quoique représentant originellement les mois sont, en conséquence, répartis immuablement en sens direct, sur l'équateur comme sur l'horizon. On les énumère en sens inverse lorsqu'il s'agit d'une constatation d'ordre proprement *astronomique*, comme c'est le cas dans la liste des lévers de Jupiter; mais il s'agit ici d'une élucubration d'ordre *cosmologique* et *étymologique* énumérant simultanément les diverses manifestations de la révolution dualistique — dont le symbole le plus ancien est celui des trigrammes de *Fou-hi*, qui décrivent la révolution annuelle (et diurne) dans le sens direct, E, S, W, N — en faisant des rapprochements parfois exacts, parfois fantaisistes sur la signification dualistique des termes homologues dans les diverses séries [1]).

2°. — Le système cosmologique chinois se rapportant toujours au firmament de la période créatrice (où *Hiu* marquait le solstice), les énumérations d'ordre *cosmologique* commencent au milieu ou à la limite d'un des palais immuables du système traditionnel, c'est-à-dire au milieu ou à la limite des saisons de la haute antiquité. L'année dualistique commence à *Hiu* = Nord = 子, parce que le

---

1) Le texte note, par exemple, que le nom de la mansion *Hiu* correspondant au solstice d'hiver, exprime le *vide*, comme on le voit dans le *Tso tchouan*. Mais, le plus souvent, ses explications étymologiques sont basées sur des jeux de mots.

solstice d'hiver est le point de départ de cette révolution. L'année
civile (ou la liste des saisons) commence au *Li-tch'ouen* (début du
printemps), lequel correspond au NE dans la révolution dualistique
en sens direct, au NW dans la révolution solaire vraie et au SE
dans la révolution uranographique discontinue lunaire et solaire.
Ce qui place, suivant le cas, le point de départ aux signes 子, 寅
ou 丑, 亥 ou 戌, 辰, comme je l'ai exposé dans mon chapitre
sur *Les cours fictifs de l'année sidéro-solaire* [1]).

Ces énumérations suivant tantôt l'année civile des quatre saisons,
tantôt l'année astronomique des phases cardinales, tantôt en sens
direct, tantôt en sens inverse, sont fort simples à comprendre quand
on connaît les principes élémentaires de la cosmologie chinoise.
Mais quand on les ignore, il est naturellement impossible d'en dé-
brouiller le chaos; aussi Chavannes en a-t-il tiré des inductions
— d'ordre historique — fort erronées. Il a cru (cf. *T. P.*, 1910,
p. 229) que l'ordre (normal) d'énumération des cinq éléments était
moderne et postérieur à *Sseu-ma Ts'ien* sans s'apercevoir qu'il figure
dans le *Che ki*; de même il suppose ici que cette énumération des
28 *sieou* est la forme la plus ancienne, alors que, datant de la fin
des *Tcheou*, elle est postérieure de vingt siècles à l'ordre d'énumération du système.

3° La base de la liste en question est l'ordre des huit vents
qui correspondent aux huit normes 八正, c'est-à-dire aux milieu

---

1) *T. P.* 1910, p. 464. Sur la fig. 11, j'ai indiqué les trois *Li-tch'ouen*: (a) au SE,
(b) au NE, (c) au NW; (par suite de la convention internationale intervenue depuis lors,
on écrit maintenant NW au lieu de NO). Le NE et le NW étant la limite des signes
丑 et 寅, 戌 et 亥 une énumération peut commencer: par 丑 (par exemple ci-
dessus, p. 284), si elle est en sens inverse vrai, ou par 寅 si elle est en sens direct
fictif; par 戌 si elle est en sens inverse vrai, ou par 亥 si elle est en sens direct fictif.
C'est pourquoi M. Barth était amené à dire: "La liste commençant par *K'oei* (ou par *Pi*)"
quoiqu'elle commence, en fait, par *Pi* (fig. 36).

et limites des quatre quartiers, autrement dit aux trigrammes de *Fou-hi* ou encore aux *orifices des huit vents* (*M. H.*, III, p. 490; *T. P.*, 1910, p. 221). L'énumération des huit vents commence — dans le système antique et normal — au NE qui est à la fois le début des quatre saisons, le noeud du ciel (*T. P.*, 1914, p. 655) et le siège de la mousson de NE, vent prépondérant en Chine. C'est donc par le NE que *Houai-nan tseu* commence sa liste des huit vents. Mais sous les *Tcheou*, probablement dans la principauté de *Ts'in*, on tenta de réagir contre l'antique convention — qui conciliait l'astronomie acronyque du zodiaque lunaire asiatique avec l'astronomie solaire, et la révolution annuelle avec la révolution diurne — associant l'est au printemps et l'ouest à l'automne. Le soleil se trouvant en réalité dans le palais occidental au printemps, on prétendit associer le printemps (*yang*) à l'ouest, ce qui fit passer de gauche à droite la place de préséance: le Prince ou le Sage (君子), assimilé à l'étoile polaire, assis face au sud, ayant l'est à sa gauche et l'ouest à sa droite [1]). Mais les réformateurs qui entendaient rompre ainsi avec le traditionalisme avaient une mentalité trop chinoise pour aboutir à une refonte radicale, qui eût exigé la séparation définitive (et regrettable) des symboles de la révolution diurne (en sens direct) de ceux de la révolution annuelle (en sens inverse). Ils se bornèrent à prendre la contre-pied de l'ancienne symétrie en faisant passer les symboles de l'est à ouest et réciproprement. C'est ainsi que le coq, symbole du matin et de l'est dans le *Tcheou li*, fut illogiquement déplacé à l'ouest, où on le trouve encore dans le cycle des 12 animaux qui l'a fait permuter

---

1) C'est pourquoi la boussole chinoise marque le sud; c'est pourquoi également les cartes chinoises supposent le lecteur face au sud. On sait que sous les premiers *Han* la place d'honneur était encore à droite (*T. P.* 1910, p. 486). — C'est par erreur que j'ai attribué cette réforme à la haute antiquité.

avec le lièvre, symbole du clair de lune et du soir. De même, les
8 vents étant énumérés à partir du N-E, on en fit commencer la
liste par le N-W. Mais, pour être logique, la réforme eût alors dû
disposer les 12 signes (qui représentent originellement les mois)
dans l'ordre rétrograde de la marche du soleil. Tel ne fut pas le cas:
on ne produira jamais un document chinois où les douze signes
soient disposées à l'inverse du mouvement des aiguilles d'une montre.
D'ailleurs les réformes de ce genre, qui méconnaissent l'unité et la
sagesse du système primordial, se heurtent bientôt à des incompatibilités. Elles ne sont que partielles, locales et provisoires; mais
comme tout se conserve en Chine — et se conserve sans discrimi-
nation — des interférences, dont j'ai cité maints exemples, se produisent entre les diverses modalités admises (*T. P.* 1910, p. 623).
C'est ainsi que la liste ici en question commence l'énumération des
vents au N-W (au lieu du N-E), mais suit l'ordre direct des signes —
associés néanmoins aux mois de l'année, ce qui a surpris Barth
comme, précédemment, Ideler [1]).

4° Plus de 150 ans après la publication des travaux de Gaubil,
on voit ainsi deux éminents orientalistes supputer la date d'origine
des *sieou* en attribuant à *Sseu-ma Ts'ien* l'ordre d'énumération d'un
document inséré dans le *Che ki* mais provenant, en réalité, de
l'époque des *Tcheou*; et en se demandant où cet historien plaçait
l'équinoxe — question restée, depuis lors, sans réponse.

Le texte indique lui-même le lieu de l'équinoxe puisqu'il associe
Hiu au solstice d'hiver, ce qui place l'équinoxe (mais l'équinoxe
cosmologique, c'est-à-dire de l'origine du système) dans *Mao*. Si l'on

---

1) "Je ne sais comment expliquer cet ordre inversé qui, d'après nos idées, est absurde"
(*Zeitrechnung der Chinesen*). — Quant à Ginzel (*Handbuch*, I, p. 469) il se borne à noter
que les douze signes sont énumérés tantôt dans un sens, tantôt dans l'autre.

désire, en outre, savoir où *Sseu-ma* plaçait l'équinoxe de son temps
— quoique ce renseignement ne soit, en l'espèce, d'aucun secours,
il n'y a qu'à consulter le tableau de Gaubil (reproduit ci-dessous,
Appendice I) relevé dans le *Ts'ien Han chou* [1]).

Cette rectification préalable nous permet d'aborder maintenant
la classification des divers ordres d'énumération des *sieou*.

a) La liste discontinue commençant par *Kio*. Dans la très haute
antiquité, lors de l'apparition du zodiaque lunaire en Chine, il est
possible que l'ordre lunaire (acronyque) commençant au *Li-tch'ouen*
lunaire *Kio* ait été continu, comme c'est le cas dans l'Inde où tous
les mois de l'année se succèdent, d'après le lieu de la pleine lune,
à l'opposé du soleil. Mais, aussi haut que nous puissions remonter,
nous ne trouvons en Chine le principe lunaire que dans les seuls
palais équinoxiaux. L'ordre d'énumération, suivant la série chronologique des saisons, commence donc par les 7 mansions du printemps (1er, 2e, 3e mois) puis saute à l'opposé (du lieu de la pleine
lune au lieu du soleil) et parcourt les 7 astérismes de l'été (4e, 5e,
6e mois); après quoi il reprend l'ordre lunaire pour les 7 astérismes
de l'automne (7e, 8e, 9e mois) et termine d'après le principe solaire
par les 7 astérismes de l'hiver (10e, 11e, 12e mois) (fig. 37). Tel
est l'ordre dans léquel l'uranographie astrologique lie les astérismes
aux mois de l'année, ordre qui s'est perpétué jusqu'à l'intervention

---

1) *Lu li tche*, 2e partie, p. 10, v°. — Ce document place le solstice au 1er degré de
Nieou et l'équinoxe vernal au 4e degré de *Leou*. Mais, comme je le montrerai dans l'article consacré au calendrier, le tableau inséré par *Pan kou*, est antérieur à la commission
du calendrier *T'ai-tch'ou* dont *Sseu-ma* fit partie (M. H., I, p. xxxiv). Cette commission
se décida, en effet, à admettre que le solstice avait pénétré dans *Teou* (où elle le relégua
d'ailleurs à l'extrêmité, au 26e degré, alors qu'il avait atteint déjà le 24e). Mais, auparavant, on admettait encore la localisation correspondant à l'époque des astronomes *Kan* et
Che de la fin des *Tcheou*, où le solstice était au 1er degré de *Nieou* (fig. 38). Entre les
deux évaluations, *Nieou* 1° ou *Teou* 26°, il y a d'ailleurs un seul degré de différence.

des Jésuites et dont le dernier témoignage est — sauf erreur —
celui du *T'ien yuan li li* publié en 1682 ¹).

b) La liste continue commençant par *Kio*. Cette énumération est
une conséquence naturelle de la précédente; car, étant admis que
Kio est le *princeps signorum*, la liste sidérale continue commençant
par *Kio* se trouve justifiée dans tous les cas où il s'agit de décrire
le contour du ciel indépendamment de l'ordre chronologique des
saisons ²). Celles-ci se présentent alors dans l'ordre sidéral suivant

---

1) Schlegel, qui se base sur cet ouvrage, a suivi, dans sa description, l'ordre uranographique continu, d'où il suit que l'énumération des saisons est alors discontinue, comme
on le voit dans sa table des matières: printemps, pp. 86—170; été, pp. 404—477; automne, pp. 316—403; hiver, pp. 171—315.

2) A propos de la liste combinée des vents et des astérismes (qui fait l'objet de la
lettre de Barth), Chavannes écrit en note (*M. H.*, III, p. 303): "Il est très vraisemblable
que l'énumération de *Se-ma Ts'ien* nous présente la liste des 28 mansions sous sa forme
la plus ancienne; l'énumération usuelle, qui commence à la mansion *Kio*, fut une modification apportée à la liste ancienne sous les premiers *Han*, lorsqu'on se préoccupa de
constituer un système de philosophie naturelle dans lequel l'orient (et par suite la mansion *Kio*) occupait la première place. Cette simple remarque infirmerait tous les raisonnements de M. Schlegel (*Ur. ch.* p. 79 et 487) qui veut faire remonter à plus de 14000
ans avant notre ère la détermination par les Chinois des mansions lunaires, sous le prétexte que l'astérisme *Kio*, étant le premier sur la liste, devait annoncer par son lever
héliaque l'équinoxe de printemps...". — L'erreur de Schlegel a été de vouloir expliquer
le lien astrologique des astérismes chinois avec le cours discontinu des saisons, par l'observation des levers héliaques au printemps et en automne, ce qui l'amenait à faire
remonter à 16916 ans avant J.-C. (p. 30) la constitution de la quadrature du *Yao tien*
(qui date en réalité du 25ᵉ siècle) et à 14600 ans avant J.-C. la quadrature où *K'ien
nieou* marquait le solstice (qui est en réalité celle des documents des *Tcheou*). Mais,
abstraction faite de l'inanité de ses raisonnements techniques, Schlegel a vu juste en
constatant l'unité originelle du système, sur laquelle se superposent, sans en modifier le
cadre, les repères transitoires des époques postérieures. Tandis que Chavannes, tout en
croyant appliquer une méthode purement documentaire, en arrive à l'anachronisme énorme
d'attribuer à la création d'un système philosophique sous les premiers *Han*: 1° l'entité
T'ai yi (*M. H.*, I, p. xcvii et *T. P.* vol. XX, p. 113), 2° l'association des groupes de 7
sieou aux divers quartiers et saisons, alors que l'étoile *T'ai yi* marque le pôle de l'époque
où les 7 astérismes cardinaux correspondaient aux équinoxes et solstices, dans la haute
antiquité.

Cette note de Chavannes explique pourquoi il présente le système des cinq palais
célestes sans faire aucune réflexion touchant son origine, qu'il attribuait probablement,
comme celle de *T'ai yi*, à l'époque de l'empereur *Wou*.

la formule 春終秋夏 que l'on trouve fréquemment dans les ouvrages techniques chinois, comme Schlegel l'a fait remarquer [1]).

c) La liste commençant par *K'ien-nieou*. Cet ordre d'énumération, datant de l'époque où *K'ien-nieou* contenait le solstice d'hiver, est purement technique, astronomique et non pas cosmologique, la cosmologie étant toujours liée au système originel immuable [2]). Nous ne possédons pas de liste, proprement dite, commençant par *K'ien-nieou*, mais nous avons de nombreux vestiges de l'énumération commençant par ce *sieou*; car, le lieu solsticial du soleil étant arrivé au 1er degré de *K'ien-nieou* au temps des astronomes *Kan* et *Che* de la fin des *Tcheou*, et les troubles politiques ayant ensuite causé, pendant deux siècles, un déclin de l'astronomie, on continua jusqu'au règne de l'empereur *Wou* à placer le lieu solsticial au 1er degré de *K'ien-nieou* ou « entre *Teou* et *Nieou* » [3]), alors qu'en réalité il était déjà parvenu au 24°. Tous les documents des premiers *Han* conservent donc la notion de *Nieou* lieu solsticial: le *Lu li tche* (2e partie, p. 11) place le solstice au 1er degré de *Nieou*; il en est de même du *Che hiun kie* du *Tcheou chou*; et le *Chouo wen*, quoique postérieur à la découverte de la précession, dit encore:

---

[1]) La description des palais célestes — empruntée au *Sing king* par le *Che ki* et par le *Ts'ien Han T'ien wen che* — suit l'ordre des saisons; mais elle n'énumère par les *sieou*.

[2]) On ne produira jamais un document *Tcheou* attribuant le caractère 子 à la mansion *K'ien nieou*, ni un document moderne attribuant ce caractère 子 à la mansion *Teou* devenue solsticiale depuis les *Han*. Depuis l'antiquité le mois 子 a cessé de correspondre au signe 子 du firmament. Mais, comme on le voit dans le *Tso tchouan* ou dans n'importe quel traité, l'astrologie et la cosmologie ont laissé pendant quarante siècles le signe 子, ou 三三, à *Hiu*, au centre de la dodécatémorie *Hiuan-hiao*.

[3]) Cf. *Lu li tche*, 1e partie, p. 11, commentaires. — Le *Heou Han chou* (*Lu li*, II, p. 2) spécifie que l'astronome *Che* plaçait le solstice au début de *Nieou*. Ce texte est, à ma connaissance, le seul qui mentionne l'écliptique sous les *Tcheou*.

«Les nombres du Ciel et de la Terre commencent à *K'ien-nieou* [1]).
Enfin le *Tcheou pi*, indiquant la manière de mesurer angulairement
le distance entre les étoiles déterminatrices dit: «Observez le passage
au méridien de l'étoile centrale au milieu de *K'ien-nieou*.... Puis,
de nouveau, observez l'étoile de *Siu-niu* qui vient en avant....» [2])
L'énumération ne va pas plus loin, mais commence par *K'ien-nieou*.

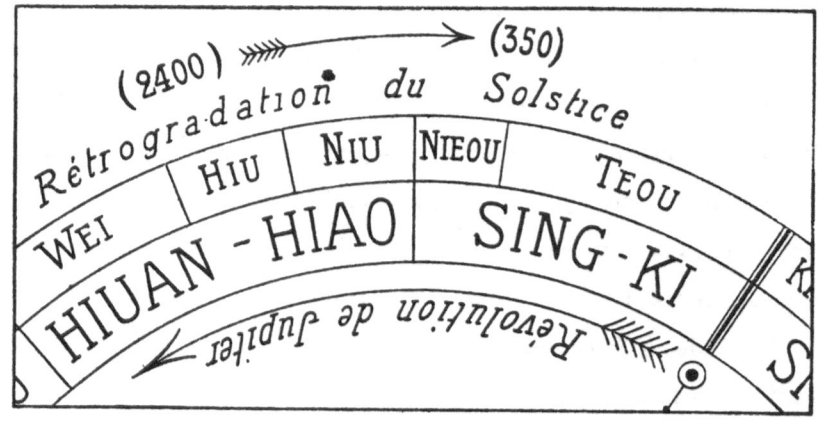

Fig. 38. — Déplacement du solstice par la loi de précession.

d) La liste commençant par *Teou*. Après la découverte de la loi
de précession, le solstice se trouvant dans *Teou*, on essaya parfois
de commencer l'énumération par *Teou*. Mais, ce *sieou* étant très
vaste, et le lieu du solstice y pénétrant à reculons, le point d'origine
de *Teou* se trouvait fort éloigné du début de la révolution annuelle;
aussi cet usage n'a-t-il pas prévalu. Une des listes de l'amplitude
des *sieou*, relevée par Gaubil dans le *Heou Han chou* (ci-dessous,
Append. I), commence cependant par *Teou* (l'an 103 après J.-C.).

e) Mentionnons, pour terminer, la liste commençant par *Mao*,
quoiqu'elle ne soit pas chinoise, car elle présente — comme on le

---

1) Cf. *T. P.*, 1914, p. 652.

2) Traduction Ed. Biot, *J. A.*, 1841. I, p. 626. Encore un texte qui aurait pu intéresser Whitney.

verra plus loin — un grand intérêt au point de vue de la chronologie et de l'origine du zodiaque lunaire asiatique.

Cette liste provient simplement de l'énumération hindoue qui commence à *Krittikâ* (les Pléiades), astérisme correspondant identiquement au *Mao* chinois et présentant deux particularités importantes: il touche presque à l'écliptique et marque exactement l'équinoxe vernal du 25ᵉ siècle av.. J.-C.

Pour ces diverses raisons, et pour faciliter la comparaison entre les divisions chinoises et hindoues, Biot a choisi les Pléiades comme point de départ de ses tableaux de coordonnées (reproduits ci-dessous, App. I) dans le *Journal des Savants* de 1840. Vingt ans plus tard, Stanislas Julien lui a appris que ce tableau synoptique avait un précédent, celui de la liste hindoue et chinoise des 28 mansions figurant dans le manuscrit tétraglotte du grand dictionnaire bouddhique sanscrit-tibétain *Mahâvyutpatti*, dont l'ordre d'énumération est le même (*Etudes*, 1862, p. 140).

Par ailleurs, Biot, comme on l'a vu, considérait les *nakṣatra* comme une importation des *sieou* dans l'Inde et niait l'existence d'un antique zodiaque lunaire asiatique. Il ne pouvait donc pas se rendre compte de l'intérêt que présente, sous le rapport de l'origine antique, la conservation de la mansion *Krittikâ* en tête de la liste hindoue. *Mao* (= *Krittikâ*) fait partie de la quadrature originelle des palais célestes chinois, telle qu'on la voit dans le texte du *Yao tien*; le palais occidental, dont l'équinoxe en *Mao* marque le milieu, porte donc la même date d'origine que la liste primitive hindoue *Krittikâ*; ce que corroborent, comme on le verra plus loin, les indices montrant que les zodiaques hindou et chinois datent de la même époque, aux environs du 25ᵉ siècle [1]).

1) Nous avons vu que Whitney, pour des raisons bien mal fondées, témoigne son

La numérotation partant de *Mao* n'est donc pas purement conventionnelle; comme elle facilite la comparaison des séries hindoue et chinoise, je l'ai maintenue, depuis 1907, dans les diagrammes et dans les tableaux de coordonnées.

En résumé, à part la liste hindoue *Mao* — étrangère aux principes chinois, mais qui semble bien être en rapport avec la position antique de l'équinoxe vernal dans les Pléiades — il n'existe qu'une seule liste *cosmologique* (c'est-à-dire permanente) des *sieou*, celle qui débute par *Kio*, alias *Cheou-sing*, antique repère lunaire du Nouvel-An, sur l'importance duquel nous avons insisté à mainte reprise. Ce repère, qui marque l'entrée du palais du printemps s'est maintenu vivace dans la tradition populaire. Il a résisté à la réforme avortée qui à désorganisé le cycle originel des douze animaux. Il a conservé dans l'uranographie astrologique sa place de *princeps signorum* comme l'a bien vu Schlegel qui, se basant sur le *T'ien yuan li li* et le *Sing king*, l'a trouvé naturellement en tête des quatre saisons. Cet astérisme porte les noms significatifs de Racine du ciel 天根, d'étoile de la Longévité et surtout celui de Porte du ciel 天門 qui caractérise sa position à l'entrée des quatre saisons, justifiant ainsi son rang de *princeps signorum*: « Quand l'Empereur vert [= printemps] exerce son influence, *T'ien men* (la Porte céleste) à cause de cela s'ouvre » [1]).

---

scepticisme. à l'égard des indications chronologiques fournies par l'ordre d'énumération. A la suite du passage que j'ai cité il ajoute: "Sir Williams Jones hints at this, when he states it to be an assertion of the Hindus that, when their lunar year was arranged by former astronomers, the moon was at the full in each month on the very day when it entered the *nakshatra* from which that month is denominated." Cette assertion des Hindous est une tradition non prouvée, tandis que, dans le système chinois, elle s'appuie sur la position des palais célestes et sur le texte du *Yao tien* qui spécifie la corrélation des astérismes cardinaux avec les équinoxes et solstices. La différence essentielle est que, d'après l'antique principe chinois, les points cardinaux (de l'équateur comme de l'horizon) marquent le *milieu*, et non l'origine, des quatre quartiers de la révolution dualistique.

VIII. Traditions lunaires.

Le principe lunaire, c'est-à-dire la règle qui associe les diverses parties du contour du ciel, non pas à l'époque de l'année où le soleil y séjourne, mais — d'une manière diamétralement opposée — à celle où s'y produit le plein de la lune, a disparu de l'astronomie technique des Hindous et des Chinois depuis très longtemps [2]); mais il a été conservé par les textes anciens et par des traditions populaires.

Traditions hindoues. L'uranographie hindoue est acronyque, c'est-à-dire que l'association des astérismes avec les mois de l'année est en rapport avec le lieu sidéral de la pleine lune:

« At the time of the great grammarian Pânini, the *nakshatras* are a familiar institution and the subject of frequent reference; especially, as having

---

1) Chavannes ne fait pas de remarque sur la signification de ce texte; il se borne à indiquer en note l'identification uranographique de *T'ien-men*: «L'Epi de la Vierge«. C'est-à-dire *Kio*. (*M. H.*, III, p. 411 et 345; et ci-dessous, Appendice III).

. 2) "Dans le *Suryá Siddhanta*, dit Whitney, tout vestige d'un rapport spécial entre la lune et les *nakṣatra* a complètement disparu. En Chine, également, dans les traités des *Han*, dans les trois traités astronomiques du *Che ki* (qui reproduisent ceux de la fin de la dynastie des *Tcheou*) et dans le *Tcheou pi* 周髀, on n'y trouve aucune allusion consciente.

Le fait suivant semble indiquer que le principe lunaire et son emploi astronomique se sont conservés plus longtemps chez les Arabes: à la suite de mon article du *Journal asiatique* (juillet 1919) sur la *Symétrie du zodiaque lunaire*, le Dr J. J. Sottas a bien voulu me signaler le texte syriaque suivant, tiré du cours d'astronomie rédigé en 1279 par Grégoire Aboulfaradj dit Bar Hebraeus, qu'il a cité dans son mémoire sur l'Astrolabe de Rouen (en collaboration avec l'Abbé Anthiaume, Thomas éd. Paris 1910) p. 33: "Par un certain artifice, mal choisi, il est vrai, les Arabes trouvèrent moyen de fixer la position du soleil au moyen de la marche de la lune". On lit en outre à la p. 43: "Dans les deux dernières colonnes [d'un tableau gravé sur l'instrument] sont indiqués le *lever* et le *coucher cosmiques* de chaque mansion, c'est-à-dire les dates auxquelles le commencement de la mansion [l'étoile déterminatrice chez les Chinois] se lève ou se couche au moment du lever du soleil [la deuxième date équivaut au lever acronyque] phénomènes qui ne se produisent qu'une fois l'an". Sur la définition des levers cosmiques et acronyques, cf. Ginzel (*Handbuch*, I, p. 24).

furnished [1]) a nomenclature for the months and therefore requiring to be mentioned whenever the date of a religious ceremony is prescribed...

Through all the known periods of Indian history, down even to the present, the current appellations of the lunar periods into which the year is divided have been asterismal, and taken in each case from the *nakshatra* in (or near) which the moon, during that particular synodical revolution, reached her full. Thus, the revolution in which the moon was full in Ashâdhâ — that is to say, in the Sagittary, the sun being in Gemini [à l'opposé] — was called Ashâdhâ; ...and so of the rest. The significance and appropriateness of such a nomenclature are obvious» (Whitney, p. 360).

Traditions chinoises. Le même principe s'est maintenu dans les palais équinoxiaux chinois. Mais, indépendamment de la description technique du système, on trouve dans la littérature antique et moderne diverses allusions à ce caractère acronyque de l'uranographie du printemps et de l'automne. A ma connaissance, ces vestiges sont les suivants:

1º Dans le *Yi king*, dès la première page, on voit le Dragon, d'abord caché (sous terre) 初 九、潛 龍、勿 用; puis apparaissant à l'horizon 九 二、見 龍 在 田; puis s'élevant dans le ciel 九 五 飛 龍 在 天 [2]). Le Dragon est la grande constellation qui s'étend sur les astérismes du palais oriental, depuis *Kio* qui en représente les cornes et *K'ang* le cou, jusqu'à *Sin* qui en représente le coeur et *Wei* la queue. Le soleil y séjournait en automne, mais elle contenait les *pleines lunes* du printemps et c'est d'après le prin-

---

1) Ce mot montre que Whitney et Weber ne voyaient aucunement, dans ce fait, la raison d'être du zodiaque lunaire et de sa diffusion à travers l'Asie. Ils étaient aveuglés sur ce point essentiel, comme je l'ai dit plus haut, par la dangereuse règle limitant les inductions à l'ordre chronologique des textes.

2) Cf. *T. P.*, 1911, p. 850. Legge, qui n'a pas compris le sens astronomique de ce passage, traduit: "The dragon appearing in the field" au lieu de "on aperçoit le Dragon *dans les champs*" c'est-à-dire à l'horizon; dans le *Che ki*, à propos d'une planète apparaissant près de l'horizon, on trouve l'expression analogue 桑 榆 間 "parmi les mûriers et les ormeaux" (*M. H.*, III, p. 377).

D'autre part, comme nous l'avons vu à propos d'un texte du *Tso tchuuan*, quand un astre est dit "faire son apparition" il est sous-entendu que c'est son lever acronyque, à l'opposé du soleil couchant (*T. P.*, 1910, p. 667).

cipe acronyque du zodiaque lunaire que l'uranographie chinoise l'associe au printemps. L'étoile *Kio* (Corne du Dragon), marquant l'entrée 天門 du palais oriental se trouvait être ainsi le repère sidéral du *Li tch'ouen* à l'époque où se constituèrent les palais célestes. Le souvenir de ce rôle est resté vivace dans les traditions populaires comme nous l'avons vu à maintes reprises, notamment à propos du cycle des douze animaux et de la série des anciens mois turcs.

A cette situation de l'étoile *Kio* marquant l'entrée du palais lunaire du printemps, se rattache aussi le distique, dont Chavannes n'a pas compris le sens astronomique (*T. P.*, 1910, p. 628): « *Quand le dragon a sa perle, il cesse de dormir* » 龍有珠常不睡。 La perle dont il est ici question, souvent représentée par une boule rouge dans l'imagerie chinoise, est le disque de la pleine lune qui se produisait au printemps devant la gueule du dragon, lequel se réveillait alors du sommeil hivernal.

On peut également trouver une allusion au lever « draconitique » de la pleine lune dans le mot *long* 朧 (lever de la lune) qui appartient à cette catégorie de caractères dont j'ai expliqué la formation [1]) et où la prétendue phonétique représente le mot original; le sens primitif, dérivé du mot 龍, serait ainsi: le « dragonnement » de la lune; c'est-à-dire le lever le plus typique de la lune, celui qui est attendu comme signe du renouvellement de l'année et où l'on aperçoit, au crépuscule, le disque de la pleine lune entouré des étoiles du dragon [2]).

---

1) Vol. XI, p. 244. — *New China Review* 1922, p. 148.

2) On a créé ensuite, par analogie, le caractère 曨, qui n'a pas la même raison d'être puisqu'on ne voit pas la constellation où se lève le soleil et que le lieu du soleil, au printemps, est à l'opposé du Dragon. — Le lever de la lune n'est guère observé qu'aux environs du plein: aux 4ᵉ et 1ᵉʳ quartiers, il est invisible; au 3ᵉ quartier il a lieu à la fin de la nuit.

2° Dans le *Tcheou li*, à l'article *Fong siang che* (BIOT, II, p. 113), il est dit à propos des fonctions de l'astronome: « Aux solstices d'hiver et d'été, le soleil; aux équinoxes du printemps et d'automne, la lune; servent à pourvoir au règlement des quatre saisons »

冬 夏 致 日 、 春 秋 致 月 、 以 辨 四 時 之 敍 [1]).

Ce texte précieux est, avec celui du *Yao tien* et la liste des anciens mois turcs, un des trois documents, conservés par un hasard providentiel, qui vérifient expressément les principes fondamentaux du système chinois tels que je les ai déduits de l'ensemble des faits.

Il est clair que l'expression « servent à pourvoir » ne doit pas être prise dans un sens littéral et utilitaire, mais dans une acception traditionnelle et rituelle; car lorsqu'on observe la date du solstice au moyen du gnomon, le calendrier se trouve du même coup réglé, sans qu'il soit nécessaire d'y aider par le moyen imprécis et anté-historique du lieu sidéral de la pleine lune [2]). Mais l'ancien procédé

---

1) Le commentateur *T'cheng Hiuan* (*Tcheng K'ang-tch'eng*, II° siècle après J.-C.) ajoute: "Au solstice d'hiver le soleil était dans *Nieou* et au solstice d'été dans *Tsing* (Fig. 36).
A l'équinoxe du printemps, le soleil était dans *Leou*... et la pleine lune [à l'opposé] dans *Kio*. A l'équinoxe d'automne, le soleil était dans *Kio* et la pleine lune [à l'opposé] dans *Leou*."
Ce commentaire montre que le souvenir du principe du zodiaque lunaire s'était plus ou moins conservé. Mais, en même temps, il montre que le système ne correspondait plus à ce qu'il était à l'origine. Dans la haute antiquité les solstices se produisaient dans le couple symétrique *Hiu-Sing*, les équinoxes dans le couple symétrique *Mao-Ho*. Tandis que, sous les *Tcheou*, les phases cardinales n'étaient plus contenues dans une quadrature symétrique des *sieou*. *Nieou*, autrefois exactement opposé à *Kouei*, correspondait en partie à *Tsing*. Et les équinoxes tombaient sur le couple le plus inexact, *Kio-K'ouei* (12—26).
Ce commentaire aide à comprendre comment le souvenir de l'opposition originelle s'est perdu. Malgré le goût des Chinois pour la symétrie, *Tcheng* accouple *Nieou* et *Tsing*, *Kio* et *Leou* qui, d'après le rang des divisions, ne font pas la paire.
2) De même, le texte du *Yao tien* dit que "le jour moyen et l'étoile *Niao* servent à déterminer le milieu du printemps" et dans l'uranographie du *Che ki* (*M. H.*, III, p. 342, 379) il est dit de la Grande Ourse et de Mercure qu'ils déterminent les quatre saisons. Faute de comprendre le mysticisme qui faisait attribuer aux astres un rôle pré-destiné dans la finalité céleste, des commentateurs occidentaux — même astronomes — ont émis à ce sujet bien des absurdités.

lunaire ayant été conservé dans les Palais équinoxiaux, le Rituel des *Tcheou*, suivant le goût des Chinois pour la symétrie, ne manque pas de mentionner l'observation lunaire aux équinoxes comme le corrélatif de l'observation solaire aux solstices [1]).

3° Dans le *Tso tchouan* (duc *Tchao*, 17e année) un texte montre clairement le caractère acronyque de l'uranographie astrologique chinoise, comme je l'ai exposé précédemment (*T. P.*, 1914, p. 376 note 3).

Dans les palais du printemps et de l'automne, quand une étoile est dite «faire son apparition» 出, cela signifie qu'elle se lève acronyquement, au crépuscule, à l'opposé du couchant. Ce caractère acronyque ne peut s'expliquer que par le principe du zodiaque lunaire [2]).

4° Lorsque commence, avec les *Han*, la période moderne qui succède à l'antiquité et au moyen-âge féodal chinois, les documents deviennent explicites. On n'est plus réduit à tirer des inductions de tel ou tel passage de la littérature classique où figure fortuitement quelque terme astronomique; on dispose maintenant de traités didactiques. En ce qui concerne l'uranographie, nous avons notamment le *T'ien kouan chou* du *Che ki*, compilé par *Sseu-ma Ts'ien* d'après les traités de la fin des *Tcheou* dont certains fragments sont en outre reproduits par le *Ts'ien Han chou*.

Le firmament apparaît alors divisé en cinq palais, ont un central et *polaire* et quatre périphériques. Ces quatre palais équatoriaux,

---

1) La corrélation de la lune avec le printemps et l'automne, du soleil avec l'été et l'hiver est indiquée encore, à propos d'un autre passage du *Tcheou li*, par le commentateur *Tcheng K'ang-tch'eng* de l'époque des *Han* (Trad. Ed. Biot, I, p. 489).

2) Les peuples primitifs, qui cherchent à fixer des dates annuelles d'après la révolution du firmament, observent les couchers ou les levers *héliaques*, mais non pas les levers *acronyques*, moins bien définis. Une étoile qui se lève acronyquement était déjà visible auparavant (à une heure plus tardive) et continue à être visible au crépuscule (à une plus grande hauteur). L'observation des levers acronyques s'explique par le fait que les étoiles se levant acronyquement sont celles qui entourent la *pleine lune*.

qui représentent les quartiers sidéraux des quatre saisons, ne correspondent pas aux saisons de cette époque, mais bien à celles de la
haute antiquité: chacun d'eux est divisé en 7 *sieou* et le *sieou* central de chaque palais — qui contient par conséquent le milieu de
la saison, solstice ou équinoxe — correspond au N, S, E, W, aux
signes 子. 卯, 午, 酉, aux trigrammes ☵ ☳ ☲ ☱.
Le palais (oriental) du printemps est donc celui où se produisent
les trois pleines lunes du printemps, le palais (occidental) de l'automne
celui où se produisent les trois pleines lunes de l'automne.

5° L'astrologie uranographique chinoise est conforme à ces constatations astronomiques. Elle met en rapport les astérismes du palais oriental avec les 1ᵉ, 2ᵉ, 3ᵉ lunes de l'année civile (principe
lunaire); ceux du palais méridional avec les 4ᵉ, 5ᵉ, 6ᵉ lunes (principe solaire); ceux du palais occidental avec les 7ᵉ, 8ᵉ, 9ᵉ lunes;
ceux du palais boréal avec les 10ᵉ, 11ᵉ, 12ᵉ lunes; cette numérotation étant, bien entendu, celle du calendrier normal (de la haute
antiquité et de l'époque moderne), où le milieu des saisons correspond aux équinoxes et solstices, comme cela est spécifié dans le
Yao tien.

Les astres mobiles parcourant le firmament au sens inverse des
aiguilles d'une montre et des signes chinois, il s'en suit que l'ordre
astrologique est discontinu: les lunaisons du printemps correspondent
aux signes et dodécamétories 辰 = *Cheou-sing*, 卯 = *Ta-ho*, 寅 = *Si-
mou*, celles de l'été aux signes 未 午 巳, celles de l'automne aux
signes, 戌 酉 申, celles de l'hiver aux signes 丑 子 亥. L'astrologie des astérismes commence donc au SE, puis saute du NE au
SW, puis du SE au NW, puis du SW au NE, puis du NW au
SE où recommence le cycle ¹) (fig. 37).

_____

1) Schlegel a, le premier, attiré l'attention sur ce fait, mais en l'interprétant d'une

6° La fête de la pleine lune de la mi-automne 中秋節, qui a lieu le 15ᵉ jour du 8ᵉ mois. L'association de la lune à l'automne, c'est-à-dire à l'ouest, s'explique — il est vrai — par la théorie du *yin* et du *yang*. Déjà le texte du *Yao tien* oppose la *nuit* moyenne de l'équinoxe d'automne au *jour* moyen de l'équinoxe du printemps. Les deux grands luminaires — le soleil et la lune — sont considérés comme les émanations du *yang* et du *yin*, correspondant à l'est (= printemps) et à l'ouest (= automne). Cependant, quoique la symétrie du système chinois fasse concorder les deux principes (dualistique et luni-solaire) dont il est issu [1]), on peut voir dans cette fête de la lune un vestige de l'uranographie lunaire qui, d'ailleurs, s'est remarquablement bien conservée dans le palais occidental (ou automnal) [2]).

Cette association de la pleine lune à la mi-automne se manifeste d'une manière caractérisée dans l'*Élégie sur la mort d'une épouse* [3])

---

manière fantastique: cette discontinuité provient, d'après lui, de ce que, 17000 ans avant notre ère, les Chinois, alors pêcheurs et chasseurs, basaient leur calendrier, trimestre par trimestre, sur deux sortes d'observations: au printemps et en automne, ils déterminaient les équinoxes par les levers héliaques; en hiver et en été, ils déterminaient les solstices (sans chronomètre) par le passage au méridien à minuit des astérismes *Iliu* et *Sing*. Personne ne s'est trouvé pour lui expliquer qu'on ne peut déterminer les équinoxes et solstices au moyen des étoiles; et que, si on connaît la date du solstice, l'année calendérique tout entière est alors réglée. Mais, sous l'absurdité des raisonnements de Schlegel, subsiste un fait exact, spécifié par le *Tcheou li*, expliquant l'ordre discontinu de l'astrologie: l'observation solsticiale du gnomon et l'observation équinoxiale du lieu de la pleine lune.

1) D'après le principe dualistique, les saisons *yang* (ou actives) sont le printemps et l'été, les saisons *yin* (ou passives) sont l'*automne* et l'hiver. — D'après le principe astronomique luni-solaire, les saisons consacrées au soleil sont les saisons solsticiales, hiver et été; celles consacrées à là lune sont les saisons équinoxiales, printemps et *automne*. L'automne est ainsi doublement associé à la lune.

2) Voir dans le *Che ki* (*M. H.*, III, p. 351) combien les occupations de l'automne (récoltes, chasse, pêche et guerre) sont mieux caractérisées dans l'astrologie sidérale que celles des autres saisons. Remarquons à ce propos que le signe 戌, fin de l'automne, est (dans l'ordre fictif direct) l'équivalent de 參 dans l'ordre réel, Orion étant associé aux guerres qui succédaient à la rentrée des récoltes.

3) Traduite par Stanislas Julien (*Contes indiens et chinois*, 1860). On retrouve dans

où un veuf exhale ses plaintes au cours des mois solaires de l'année; exception faite du 8ᵉ mois, où la terminologie des douze *k'i* 氣 (*Li-tch'ouen* ... *Ts'ing-ming* ... *Mang-tchong* ..., d'ailleurs incorrectement énumérée) fait place, non-seulement au mois lunaire, mais spécialement au jour de la pleine lune: « Le 15ᵉ jour de la 8ᵉ lune, lorsque son disque brille de tout son éclat, ... »

On retrouve ici l'association de la pleine lune à l'équinoxe, mentionnée dans le *Tcheou li*; de l'automne au soir, indiquée dans le *Yao tien* et figurée par le lièvre, comme on le voit dans les symboles attribués par le *Chou king* à la haute antiquité et encore usités, dans les insignes officiels des fonctionnaires, sous la dynastie *Tcheou* [1]).

---

ce conte cette tendance à la symétrie — symétrie réglée par les lois astronomiques et calendériques — propre à l'esprit chinois.

1) Cf. *T. P.*, 1910, p. 589. — L'association du lièvre à la lune est bien connue dans l'Inde. Elle est d'ailleurs naturelle, vu les habitudes nocturnes de cet animal. La bande de lièvres assis en rond au clair de lune est un thème fréquent de l'imagerie allemande.

TABLE DES MATIERES

Les Origines de l'Astronomie Chinoise

Le Texte astronomique du Yao-Tien

Avant-propos. . . . . Page 1

I. L'œuvre du P. Gaubil et de J.-B. Biot. 6

II. Genèse de l'Astronomie. 9

    Origines de l'astronomie zodiacale. . . 10

    Origines de l'astronomie chinoise. . . . 15

III. Examen du texte. 18

IV. La détermination des Saisons. 21

    le problème tropique. 22

V. Conséquences et contradictions des interprétations admises
    par Chalmers, Legge, Scahlegel et Russel. . . . 26

VI. Le zodiaque lunaire d'Ideler. 45

VII. La théorie de Biot. 48

VIII. " The lunar zodiac " de Whitney. 54

IX. Sédillot. 75

X. Kühnert. 81

XI. Ginzel 85

    Conclusion. 87

      Appendice 89

INTRODUCTION. . . . . Pages 91

A. — L'Origine des " sieou ". . . . . . , ... 98

    I. Méconnaissance de leur symétrie. 98

    II. Symétrie diamétrale des Palais. 99

    III. Sin et Tsan. 102

    IV. Le zodiaque lunaire asiatique. 110

    V. Les fêtes préhistoriques. 116

    VI. Le principe du zodiaque lunaire. 128

    VII. Origines chinoises des mois sidéros-lunaires hindous. . 133

    VIII. Interversion de Tse et de Tsan. 142

    IX. Insuffisance de la Théorie de Biot. 148

B. — Les cinq palais célestes. 153

    I. Les Origines des cinq Eléments. 153

    II. Le Palais central et le Royaume du Milieu. . . . 159

    III. Les quatre cardinaux symboliques. 160

    IV. La doctrine des cinq Empereurs. 165

    V. La religion physico-astronomique de la haute antiquité. 175

    VI. Renseignements fournis par la numérotation turque. . 188

C. — La série quinaire et ses dérivés. 205

    I. La série dénaire. 206

    II. Evidences historiques de l'antiquité de la série dénaire. 207

    III. Origines astronomiques de la série dénaire. 209

    IV. Etymologie des signes de la série dénaire. 216

    V. Forme astronomique de la série dénaire. 219

    VI. La série des neuf termes. 225

    VII. La série des huit termes. 231

    VIII. Les deux séries de six termes. 232

    IX. La série de six termes dans le Tcheou-li. 241

    X. Les six dieux cosmiques. 247

    XI. La série de cinq termes. 249

D. — La série des douze `` tche ``. 277
    I. Origine astronomique du cycle duodénaire. . . . 277
    II. Les cours fictifs de l'année sidéro-solaire. 280
    III. Applications azimutale et horaire de la série duodénaire. 285
    IV. Forme astrologique de la série duodénaire. 287
    V. Combinaison des séries dénaire et duodénaire. . . . 293
    VI. La réforme de Tchouan-hiu. 298

E. — Le cycle des douze animaux. 309
    I. Les trois formes successives. 309
    II. Les six animaux domestiques. 315
    III. Le coq et le lièvre. 315
    IV. Le rat. 320
    V. Les termes zoaires uranographiques. 323
    VI. Le serpent. 326
    VII. Le singe. 329
    VIII. Le symbolisme zoaire dans le Li-ki. 330
    IX. Le symbolisme zoaire dans le Yi-king. 335
    X. L'opinion d'Édouard Chavannes. 351
    XI. Le cycle zoaire et les anciens mois turcs. 367
    Conclusion. 373

F. -- La règle des `` cho-t'i ``. 375
    I. Les textes et leur interprétation astronomique. . . 375
    II. Vérification astronomique. 382
    III. La règle des `` cho-t'i `` n'avait pas de valeur pratique. 387
    IV. L'interprétation de Chalmers. 390
    V. L'interprétation de Schlegel. 393
    VI. L'interprétation d'Édouard Chavannes. 396
    Conclusion. 401

G. — Le cycle de Jupiter. 403
    I. La planète annuaire. 403
    II. Les douze mansions de Jupiter. 405
    III. La prétendue chronologie de Jupiter. 410

IV. Examen des textes. 415

V. Vérification astronomique. 420

VI. L'hypothèse de Chalmers. 422

VII. De la connaissance des planètes dans l'antiquité. . . 430

G. — Le cycle de Jupiter (suite). 443

I. La planète Soui. 443

II. Le Eul-ya et les dodécatémories. 447

III. L'astérisme déterminant. 450

IV. Etymologie des noms de dodécatémories. 462

V. Le cycle jovien secondaire. 475

VI. La chronologie cyclique. 485

VII. Les dodécatémories égalisées. 488

VIII. Le cycle irrégulier. 490

H. — Les anciennes étoiles polaires. 495

Conclusion 519

I. — Le zodiaque lunaire 527

I. Définition du système. 528

II. La destination du système. 532

III. Le principe du zodiaque lunaire. 541

IV. Critique des théories antérieures. 547

V. Preuves documentaires de l'antiquité des " sieou ". . 551

VI. Précision des observations antiques. 572

VII. L'ordre d'énumération. 576

VIII. Traditions lunaires. 587